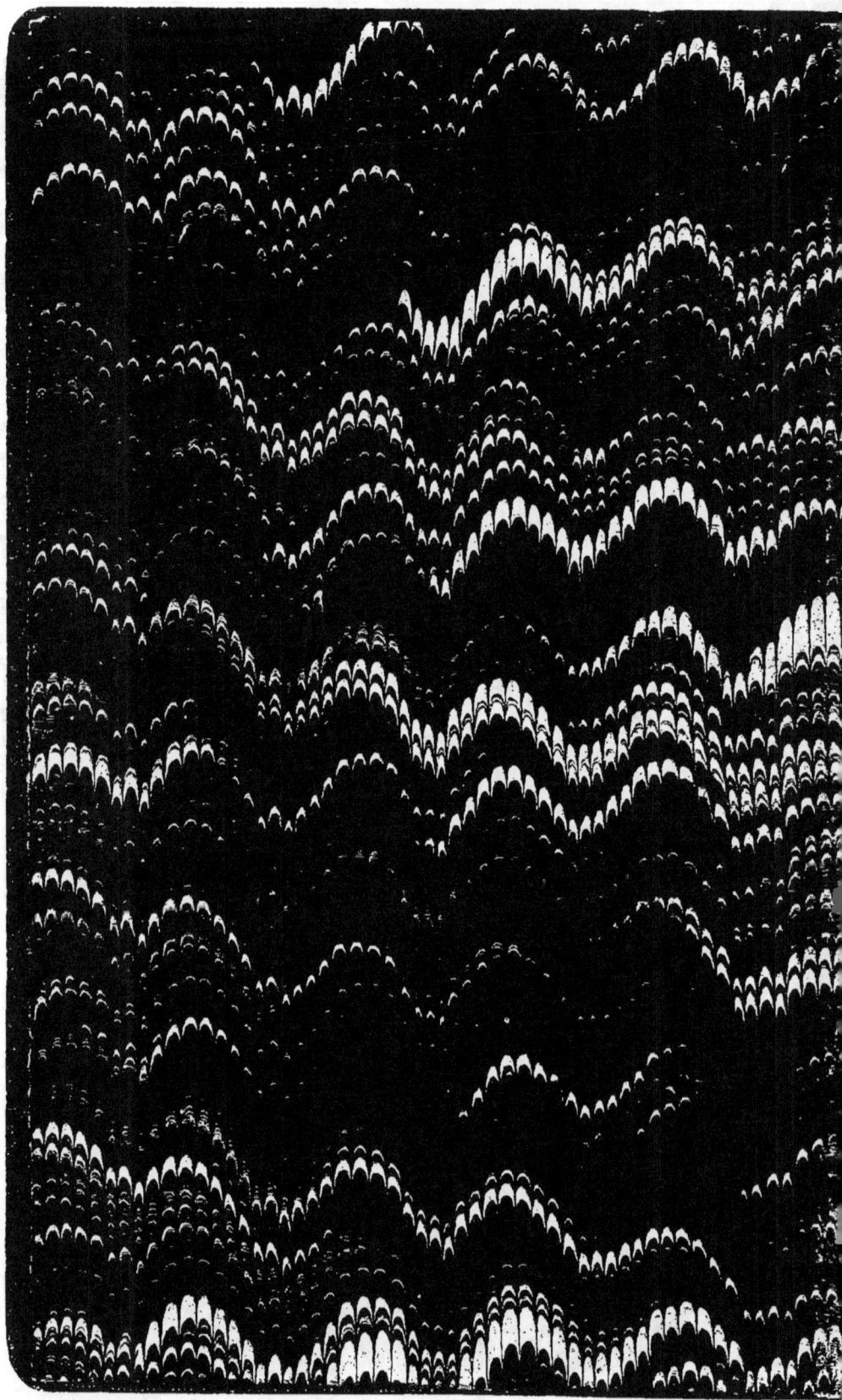

LE NOUVEAU PARIS

VUE DU NOUVEL OPÉRA.

GUIDES GARNIER FRÈRES

LE
NOUVEAU PARIS

GUIDE DE L'ÉTRANGER

PRATIQUE, HISTORIQUE, DESCRIPTIF ET PITTORESQUE

CONTENANT :

1° Tous les renseignements généraux,
toutes les informations spéciales pouvant servir aux étrangers pour leur installation de séjour,
leur manière de vivre et l'emploi de leur temps;
leurs affaires, leurs démarches, leurs études, leurs exercices religieux,
leurs promenades, leurs excursions et leurs plaisirs ;
enfin pour le choix des divers modes de transport et de locomotion dans Paris et hors de Paris;
2° L'histoire et la physionomie générales de Paris;
l'indication et la description de tous les monuments, de tous les musées,
de tous les établissements et de toutes les curiosités ; une appréciation de la société
et de la vie parisiennes,
avec une revue artistique, littéraire et morale des théâtres et des spectacles

PAR

AMÉDÉE DE CESENA

Auteur du *Guide général en France* et du *Guide populaire aux Environs de Paris*

ACCOMPAGNÉ D'UN PLAN DE PARIS ET DE GRAVURES DANS LE TEXTE

PARIS
GARNIER FRÈRES, LIBRAIRES-ÉDITEURS
6, RUE DES SAINTS-PÈRES

1864

PARIS. — IMP. PLON RAÇON ET COMP., RUE D'ERFURTH.

AVIS SPÉCIAL

Au moment même où ce livre était sous presse, un décret impérial du 23 juin 1863 a modifié l'organisation des ministères, telle qu'elle se trouve indiquée dans *le Guide pratique*, d'après l'almanach impérial du 1er janvier de la même année.

Les théâtres, qui dépendaient du ministère d'État, sont maintenant placés dans les attributions du ministère de la Maison de l'Empereur. Les beaux-arts relèvent également de ce dernier ministère, qui a pris le titre de *Ministère de la maison de l'Empereur et des beaux-arts*. Les théâtres y forment une section placée sous l'autorité d'un surintendant; les beaux-arts y forment une autre section, qui est également placée sous l'autorité d'un surintendant, chargé en même temps de la direction générale des musées impériaux. Enfin le Conservatoire impérial de musique et de déclamation, l'École spéciale des beaux-arts, la Direction générale des archives de l'Empire, le musée des Thermes et l'hôtel de Cluny sont aussi placés sous le contrôle du ministère de la maison de l'Empereur et des beaux-arts. En conséquence, c'est à lui que doivent être adressés désormais toutes les demandes de billets pour visiter les établissements et les monuments qui viennent d'être indiqués.

Le même décret a apporté les autres modifications suivantes dans les attributions des ministères : la Chancellerie de la Légion d'honneur et la Direction générale des haras sont passées du ministère d'État au ministère de la Maison de l'Empereur et des beaux-arts. *Le Moniteur universel* a été transporté de ce même ministère d'État au ministère de l'Intérieur; l'Institut impérial de France, l'Académie de médecine, l'École des Chartes, la bibliothèque Impériale, ainsi que les trois autres grandes bibliothèques publiques, la Division des sciences et des lettres, relèvent aujourd'hui du ministère de l'instruction publique; enfin la Direction des cultes a été réunie au ministère de la Justice.

Pendant l'impression de ce livre, un arrêté du directeur général des postes a également modifié l'application primitive de la loi du 9 mai 1863, qui permet d'accorder, ainsi que je l'ai indiqué dans le *Guide pratique*, de nouvelles facilités pour l'expédition des correspondances, en admettant, moyennant une taxe d'affranchissement supplémentaire, le dépôt des lettres dans certains bureaux après les heures des levées générales jusqu'aux limites les plus rapprochées des départs des courriers.

Voici, d'après cet arrêté, le nouveau système d'après lequel cette loi est mise à exécution.

La taxe supplémentaire, quel que soit le poids des lettres, est fixée à :

20 centimes pour les lettres déposées pendant le premier quart d'heure qui suit les levées actuelles ;
40 centimes pour les lettres déposées pendant le quart d'heure suivant ;
60 centimes pour les lettres déposées pendant tout délai ultérieur jusqu'à la clôture des dépêches.

Des levées exceptionnelles auront lieu aux heures et dans les bureaux indiqués ci-après, savoir :

De 5 h. 45 à 6 h. du soir, moyennant une surtaxe de 20 centimes : rue Tirechappe, 1 ; boulevard Beaumarchais, 95 ; rue des Vieilles-Haudriettes, 4 ; rue Sainte-Cécile, 2 ; place de la Madeleine, 28 ; rue Saint-Dominique-Saint-Germain, 56 ; rue Mazarine, 12 ; rue Cardinal-Lemoine, 22 ; rue Bourdaloue, 5 ;

De 6 h. à 6 15 du soir, moyennant une surtaxe de 40 centimes, mêmes bureaux que ci-dessus ;

De 6 h. à 6 h. 15 du soir, moyennant une surtaxe de 20 centimes ; de 6 h. 15 à 6 h. 30 du soir, moyennant une surtaxe de 40 centimes : place de la Bourse, 4 ; rue de Cléry, 28, hôtel des Postes ;

De 6 h. 30 à 7 h. du soir, moyennant une surtaxe de 60 c. : hôtel des Postes.

Des boîtes spéciales pour ces levées exceptionnelles sont établies aux bureaux de la place de la Bourse et de la rue de Cléry ; à l'hôtel des Postes, une boîte particulière se trouve placée à droite de la grande boîte, rue Jean-Jacques-Rousseau.

Dans les autres bureaux ci-dessus désignés les lettres seront reçues dans les boîtes ordinaires.

Une décision de la Commission administrative de Paris faisant fonction du Conseil municipal a décidé que la partie du boulevard de Sébastopol qui se trouve sur la rive gauche prendrait le nom de boulevard Haussmann. Bien que cette décision ne soit pas encore matériellement mise à exécution, on a, dès aujourd'hui, donné dans ce livre, à cette ancienne partie du boulevard de Sébastopol, sa dénomination définitive. Le boulevard Haussmann est donc ce que l'on appelle encore vulgairement boulevard Sébastopol, rive gauche.

ERRATA

Page 7, ligne 54. — Au lieu de : on ne pouvait, lisez : on pouvait.

Page 25, ligne 28. — Au lieu de : l'ancien parc de *Berny*, lisez : l'ancien parc de Bercy.

Page 337, lignes 50 et 51. — Au lieu de : assassiné par *les gardes de Paris*, lisez : assassiné par le garde du corps Paris.

Page 440, ligne 11. — Au lieu de : l'une pour l'état-major de la *garde nationale*, lisez : l'une pour l'état-major de la garde de Paris.

TABLE MÉTHODIQUE

Avis spécial. v
Errata. vi

INTRODUCTION. 1
    Le Paris de Napoléon III. 1-56

PREMIÈRE SECTION
GUIDE PRATIQUE

CONSEILS PRÉLIMINAIRES. . . . .
    Entrée en gare. 57
    Départ de la gare. 38
    Installation de séjour. 40
RENSEIGNEMENTS GÉNÉRAUX. 54
    Gouvernement central. 59
    Administration urbaine. 89
    Instruction publique. 166
INFORMATIONS DIVERSES. 116
    Monuments et curiosités. 116
    Annuaire administratif. 127
    Logement et nourriture. 156
    Objets de toilette, de luxe et de fantaisie. 165
    Hygiène. 168
    Petit dictionnaire. 172
    Divertissements publics. 175
    Moyens de transport. 185
    Dictionnaire des rues. 205

DEUXIÈME SECTION
GUIDE HISTORIQUE ET DESCRIPTIF

NOTICE HISTORIQUE. 253
    Formation du sol. 253

TABLE MÉTHODIQUE.

    Le Paris des Gaulois. 255
    Le Paris des Romains. 261
    Le Paris des municipes. 266
    Le Paris des Mérovingiens.. 266
    Le Paris des Carlovingiens.. 270
    Le Paris des Capétiens. 272
    Le Paris des Valois 277
    Le Paris des Bourbons. 283
    Le Paris des Révolutions. 287
EXCURSIONS INTÉRIEURES. 290
    Premier arrondissement. 290
    Deuxième arrondissement. 366
    Troisième arrondissement. 385
    Quatrième arrondissement.. 400
    Cinquième arrondissement. 447
    Sixième arrondissement.. 479
    Septième arrondissement. 507
    Huitième arrondissement.. 542
    Neuvième arrondissement. 577
    Dixième arrondissement. 588
    Onzième arrondissement. 599
    Douzième arrondissement.. 605
    Treizième arrondissement.. 611
    Quatorzième arrondissement. 614
    Quinzième arrondissement. 620
    Seizième arrondissement. 622
    Dix-septième arrondissement. 629
    Dix-huitième arrondissement. 631
    Dix-neuvième arrondissement. 634
    Vingtième arrondissement. 638
EXCURSIONS EXTÉRIEURES. 643
    Le Bois de Boulogne. 643
    Le Bois de Vincennes. 655
OBSERVATION GÉNÉRALE. 657

TROISIÈME SECTION
GUIDE PITTORESQUE

LES HOMMES.. 660
    La Société parisienne. 660
LES CHOSES. 678
    La Vie parisienne. 678

INTRODUCTION

I

Un jour viendra où l'histoire dira, en parlant de la capitale de la France, transformée comme par magie, en moins d'un quart de siècle : LE PARIS DE NAPOLÉON III, comme elle a dit : LA ROME D'AUGUSTE.

En effet, le Paris d'aujourd'hui, qui prépare le Paris de demain, est déjà si différent du Paris d'hier, qu'on dirait presque une ville nouvelle. Cette miraculeuse transformation a été si rapide, elle est si complète, qu'elle semble tenir du prodige.

Quelques esprits chagrins se plaignent de la disparution des anciennes masures. De quoi ne se plaint-on pas? Ils déclament contre le luxe des maisons neuves. Contre quoi ne déclame-t-on pas? J'avoue que je ne puis partager, ni ces regrets, ni ces désolations.

J'aime, tout comme un autre, les vieux souvenirs qui s'attachent aux vieux édifices. Mais je ne comprends pas qu'on ait l'amour des antiquités, jusqu'à préférer des rues étroites et tortueuses, à des voies larges et régulières, des demeures décrépites et malsaines, à des habitations élégantes et salubres.

Je vénère le passé, mais c'est à la condition qu'il ne nuit pas aux beautés du présent et qu'il ne devient pas un obstacle aux progrès de l'avenir.

Je conçois qu'une rue qu'on crée ou qu'on modifie se détourne de sa route naturelle pour laisser debout un monument d'une grande beauté, une œuvre d'art d'une importance capitale. Mais je ne sais pas verser des larmes de désespoir sur chaque pierre qui tombe, sur chaque ruine qui croule.

Je n'ai jamais trouvé que la vétusté, qui n'est que de la vétusté, fût un mérite, et j'applaudis de grand cœur à cette reconstruction du vieux Paris, qui choquait le regard par ses mille laideurs et ses mille irrégularités.

Qu'importe qu'en se rajeunissant et en se renouvellant, ce vieux Paris disparaisse. Si le marteau des démolisseurs anéantit quelques vestiges qu'on aimerait à conserver, emporte quelques souvenirs qu'on aimerait à garder, il détruit encore plus de repaires de voleurs et de lieux de débauche.

On rencontre également des philanthropes de circonstance qui gémissent avec fracas sur le sort des locataires que la transformation de Paris déplace. A les entendre, on croirait vraiment que ces malheureux locataires sont condamnés à coucher à la belle étoile, faute de domicile où ils puissent trouver un abri.

On a beau prouver qu'on reconstruit beaucoup plus de maisons neuves qu'on ne détruit d'anciennes maisons ; on a beau expliquer qu'avant d'abattre, on élève ; on a beau montrer un grand nombre de logements vides qui attendent des habitants : ces philanthropes n'en veulent pas démordre. Ils répètent à satiété la même complainte sur le triste sort du pauvre peuple qu'on jette dans la rue, et ils crient par-dessus les toits qu'on démolit trop.

Il est encore des esprits frondeurs qui, tout en convenant que cette transformation de Paris est une belle et grande idée, s'effrayent de la prodigalité avec laquelle ils trouvent qu'on dissipe les ressources de la ville : ceux-là se contentent de dire qu'on va trop vite.

Il est vrai que ces mêmes esprits frondeurs demandent tous les jours, pourquoi les travaux de démolition n'avancent pas davantage sur un point qu'ils ont remarqué, pourquoi les travaux de reconstruction s'exécutent avec tant de lenteur dans un quartier qu'il leur plairait de voir sortir de terre, tout bâti, comme un décor d'opéra, surgit, tout dressé, du troisième dessous, sur la scène.

Rien n'est moins rare que d'entendre les mêmes personnes blâmer d'une manière générale la rapidité avec laquelle on procède à la transformation de Paris, et s'étonner, se plaindre de ce qu'on ne démolit pas telle rue qu'il leur plairait de voir disparaître, de ce qu'on n'abat pas telle maison qu'elles voudraient voir tomber.

Comment s'y prendre pour mettre d'accord avec eux-mêmes les mécontents qui trouvent qu'on fait trop en bloc, et qu'on ne fait pas assez en détail ?

Faire bien et laisser dire.

C'est le parti qu'on a pris, et à ce parti, nous ne gagnons pas seulement de voir s'exécuter de grandes et belles œuvres, comme on pourrait le croire, nous y gagnons surtout de voir s'accomplir de bons et utiles travaux.

On se tromperait étrangement, si on croyait que c'est principalement dans le but d'embellir Paris qu'on s'est mis à remuer son sol et à refaire son plan. Sans doute, en le rebâtissant, autant qu'on peut rebâtir une ville qui date de vingt siècles, on met à profit toutes les occasions qu'on a d'en faire la première cité du monde par sa magnificence.

Mais ce point de vue n'occupe qu'une place accessoire dans les gigantesques projets d'où le nouveau Paris doit sortir, tel que l'empereur Napoléon III l'a conçu dans sa pensée, tel qu'il l'a indiqué sur le plan qu'il a tracé, tel enfin que le refait l'administrateur habile et laborieux qui est, depuis dix ans, placé à la tête du département de la Seine.

Les lois de la stratégie : telle est la base première de cette vaste entreprise qu'on appelle la transformation de Paris.

Ces lois dominent tous les détails du nouveau plan de cette immense cité ; c'est d'elles que procède l'ensemble de ce plan, où la main de Napoléon III a marqué tout d'abord le point de départ et le point d'arrivée des grandes voies stratégiques.

Armer le gouvernement d'une force telle qu'on ne songe même pas à l'attaquer, désespérant de le vaincre ; épargner, en conséquence, à la population l'épouvante des émeutes ; en un mot, prévenir le retour jusqu'ici trop fréquent des révolutions dont la ruine, le chômage et la misère sont le cortège ordinaire : voilà le but principal qu'on a poursuivi, l'intérêt supérieur qu'on a voulu garantir, par la création de ces grandes voies.

Ainsi la pensée fondamentale qui préside aux grands travaux publics de la ville de Paris est une pensée d'ordre social et de sécurité publique.

Une fois le nouveau plan de Paris établi d'après ces exigences de premier ordre, on s'est préoccupé d'abord des besoins de circulation et ensuite des nécessités de perspective. C'est ici que commence l'œuvre de l'édilité.

Cette œuvre se heurtait à des obstacles sans nombre, à des difficultés de diverse nature, et il n'a rien moins fallu que la grande expérience, l'esprit pratique, et l'infatigable activité de M. le baron Haussmann pour triompher de ces difficultés ou tourner ces obstacles. M. le baron Haussmann était bien l'édile qui convenait à Napoléon III, pour la bonne et prompte exécution de ses projets, pour l'intelligente et ferme réalisation de ses idées.

On vient de voir que le nouveau plan de Paris a été tracé par Napoléon III, spécialement au point de vue stratégique. Il y avait donc à faire concorder les exigences de la circulation et de la perspective avec ce point de vue auquel ces exigences étaient subordonnées.

Ainsi, l'habileté du préfet de la Seine consistait, en premier lieu, à utiliser, dans ce double intérêt de la circulation et de la perspective, le parcours des grandes voies stratégiques, dont le tracé était impérieusement fixé d'avance, et, en second lieu, à dissimuler, dans la mesure du possible, les défectuosités qu'offrira toujours dans quelques détails de son plan général, une ville que le temps et le hasard ont faite, au gré de tous les caprices, sans symétrie et sans méthode.

Les efforts qu'on a tentés depuis Louis XIV pour améliorer ce plan général, en atténuant ce qu'il a toujours eu d'irrégulier, en ont sans doute diminué les défauts dans l'enceinte du vieux Paris. Mais l'ancienne banlieue est restée de tout temps complétement en dehors de tout système d'ensemble.

Cependant, le jour où cette banlieue est devenue, par la loi d'annexion, partie intégrante de Paris, il a bien fallu la rattacher au plan général et la faire entrer dans les combinaisons de ce plan, puisqu'elle doit désormais participer aux avantages comme aux charges de la Ville et avoir une large part dans les améliorations de toute sorte qu'on réalise ou qu'on projette.

C'est là, assurément, une immense difficulté de plus à vaincre, car aux irrégularités anciennes sont venues s'ajouter de nouvelles irrégularités, plus saillantes et plus choquantes que les premières.

Le Paris d'aujourd'hui, comme la Rome d'autrefois, peut s'appeler avec orgueil la ville aux sept collines. Mais ces collines sont loin d'y être entrées de prime abord et tout d'un jet. Chacune d'elles crée un obstacle à l'unité du plan et à l'harmonie de l'ensemble.

Le point de départ et le point d'arrivée des grandes voies stratégiques étaient irrévocablement fixés d'avance. L'édilité n'avait donc pas à examiner où devaient commencer, où devaient finir ces voies principales. Mais elle devait s'inquiéter de la rencontre des monuments qui se trouvent sur leur parcours, soit pour faire dévier ce parcours de sa ligne droite, afin de ne pas toucher à ces monuments, soit pour mettre à profit cette occasion de dégager les abords des édifices publics enclavés dans des constructions particulières.

Mais ce qui devait dominer et ce qui dominait aussi dans les préoccupations de l'édilité, c'était l'étude et la constatation des nouveaux besoins de circulation que les années et les circonstances avaient créés dans Paris, c'était enfin la recherche des moyens les plus pratiques et les plus faciles de satisfaire à ces besoins, tout en tenant compte des reliefs et des enfoncements que le sol de Paris présente fréquemment, même dans l'intérieur de la vieille ville. Ces difficultés de nivellement ont été et sont toujours les plus considérables et c'est seulement à l'aide de gigantesques travaux de déblais et de remblais qu'on a pu, qu'on pourra les vaincre.

Toutes les fois qu'on l'a jugé nécessaire, on n'a pas hésité à entreprendre ces travaux. Mais on ne saurait trop le répéter, c'est beaucoup moins dans une pensée d'embellissement que dans un but d'utilité.

La question d'art a tenu et tient encore une large place dans les projets de l'édilité. Mais l'administration songe bien davantage à l'importance qu'il peut y avoir à établir, d'abord entre toutes les extrémités, ensuite entre ces extrémités et le centre, enfin entre les deux rives de la Seine, des communications faciles et multipliées, de façon à restituer à la vie et au mouvement de vastes quartiers, restés trop longtemps déserts, parce qu'ils étaient isolés.

C'est ainsi que trois villes nouvelles vont s'élever rapidement : l'une dans l'espace libre qui avoisine le quartier Saint-Antoine, espace que l'ouverture du boulevard du Prince-Eugène va vivifier ; l'autre dans l'ancienne plaine de Monceaux, où la création du boulevard Malesherbes, qui se prolonge jusqu'aux fortifications, où il aboutit à la porte d'Asnières, appellera désormais la population ; la dernière sur les immenses terrains qui sont placés entre l'avenue des Champs-Élysées, le quai de Billy, l'avenue de l'Impératrice, et l'avenue Montaigne.

On a tracé le boulevard Malesherbes à travers des monticules qu'il a fallu couper et qu'il faudra enlever, monticules dont la disparution entraînera tout à l'entour des nivellements considérables.

Dans le rayon de la montagne de Chaillot, ce sont tout à la fois des hauteurs à abaisser et des fossés à franchir. On y verra une voie, la rue François Ier, passer par-dessus une autre voie, l'avenue Marbœuf, à l'aide d'un pont.

Le boulevard du Prince-Eugène rencontrait tout d'abord des creux à combler dans la première partie. Ce boulevard se heurtait ensuite à une difficulté qui pouvait paraître insurmontable à vaincre et dont il fallait cependant triompher pour le conduire à la place du Trône : c'était le passage du canal Saint-Martin.

On ne pouvait traverser cette voie d'eau sur un pont, mais on aurait alors élevé le niveau du sol du boulevard du Prince-

Eugène, et il eût ensuite fallu raccorder avec ce niveau celui des rues adjacentes. C'était impossible.

M. le baron Haussmann trouva un moyen plus ingénieux. Il se dit que puisque le boulevard ne pouvait passer sur le canal, ce serait le canal qui passerait sous le boulevard.

C'est ainsi qu'est née l'idée heureuse de faire creuser plus profondément le lit du canal Saint-Martin, de dissimuler, depuis l'entrepôt de la Douane jusqu'à la place de la Bastille, le cours de ce canal sous une voûte, et de créer, au-dessus de cette voûte, une splendide promenade.

Voilà comment des travaux d'utilité deviennent des travaux d'embellissement. On ne songeait qu'à vivifier un quartier inhabité; qu'à appeler dans ce quartier le commerce et la population, et la nécessité de triompher de l'obstacle qui s'opposait à la réalisation de ce projet a fait trouver, par surcroît, le beau boulevard Richard-Lenoir.

La question trop fréquente de bosses à niveler et de trous à remplir, sur un même parcours, est peut-être la plus grande des difficultés que crée à l'édilité l'exécution du nouveau plan de Paris.

La rue de Réaumur, déjà commencée, et la rue de l'Impératrice, récemment décidée, sont des exemples saillants de la réunion de cette double nature d'obstacles.

Tracée à travers des quartiers populeux et commerciaux, dans l'axe de la partie des boulevards qui commence à celui du Temple, vers la rue de ce nom, pour finir à celui des Capucines, vers la rue de la Paix, la rue de Réaumur est appelée à être l'une des voies les plus considérables et les plus fréquentées, les plus belles et les plus utiles. Elle servira à dégorger la circulation de cette partie des boulevards déjà trop encombrée de voitures.

Mais que d'obstacles le tracé de cette rue ne rencontre-t-il pas sur sa route? A la hauteur de la rue Thévenot, c'est un creux profond ; à la rencontre de la rue du Petit-Carreau et de la rue de Cléry ce sont d'énormes bosses ; là, des vides à combler; ici, des élévations à abaisser; puis d'autres trous encore à remplir, avant qu'elle n'atteigne la rue Montmartre par la rue du Croissant qu'elle doit absorber, dans sa première partie, qui aboutit à la place de la Bourse, d'où partira sa seconde partie.

La rue de l'Impératrice aura moins d'étendue, mais elle établira une magnifique voie de communication entre le palais des Tuileries et la place du nouvel Opéra. Chacun sait qu'elle rencontrera sur son parcours la butte des Moulins qui devra disparaître; ce qui exigera d'immenses travaux de nivellement dans le rayon de toutes les rues adjacentes. Mais ce qu'on sait moins, c'est qu'après avoir coupé cette énorme bosse, elle trouvera un trou profond qu'il faudra combler, à la rencontre de la rue Louis-le-Grand qui dissimule une vaste cavité au point où aura lieu cette rencontre.

Après les nécessités de la circulation viennent les exigences de la perspective.

Ici, on est trop souvent condamné à tenir compte des faits accomplis. Ainsi les boulevards de Strasbourg, de Sébastopol et Haussmann auraient dû être dirigés de façon à ce que, de la gare de Strasbourg on aperçût le dôme de la Sorbonne, qui aurait terminé la perspective.

C'est ce qu'aurait désiré M. le baron Haussmann. Mais la direction imprimée au boulevard de Strasbourg avant son administration ne lui a pas permis de réaliser cette idée. Il a dû se borner à dissimuler ce défaut de perspective, en faisant construire sur la rive gauche le Tribunal de commerce, en face du point où le boulevard de Sébastopol débouche sur la rive droite.

Le Tribunal de commerce finit heureusement sans doute la

perspective de cette grande ligne de boulevards au point où se termine sa première partie. Mais combien n'aurait-il pas mieux valu que cette perspective pût se prolonger, au delà de cette première partie, sur la rive gauche jusqu'à la Sorbonne.

Quel magnifique effet n'eût pas produit cette immense et large voie, allant, sans rien rencontrer qui arrêtât le regard émerveillé, de la gare de Strasbourg au dôme de la Sorbonne.

Je ne parle pas du Palais de Justice, de la Sainte-Chapelle et de la Préfecture de police, ensemble irrégulier de bâtiments et d'édifices de tous les styles et de toutes les époques. Là, il n'y a rien à regretter, car personne n'a la responsabilité de défauts de perspective qui sont moins l'œuvre de l'homme que l'œuvre du temps. Il n'y a qu'à prendre les choses telles qu'elles sont et à en tirer le meilleur parti possible.

On n'en peut dire autant de la rue de Rivoli, dont la direction n'est pas moins défectueuse dans sa dernière partie, que celle des boulevards de Strasbourg, de Sébastopol et Haussmann dans la première partie de cette voie nouvelle. Elle aurait dû être continuée en ligne droite du palais du Louvre à l'Hôtel-de-Ville, et c'est seulement à la hauteur de ce dernier édifice que le pli de cette rue aurait dû se faire.

La tour Saint-Jacques-la-Boucherie, qui est en recul et qu'on n'aperçoit, en venant de la place de la Bastille, que lorsqu'on la touche, aurait été alors dans l'axe de la seconde partie de la rue de Rivoli qu'il eût été facile de diriger, à partir de l'Hôtel-de-Ville, vers cette même place de la Bastille, de façon à finir la perspective par la vue de la colonne de Juillet, qu'on ne découvre actuellement d'aucun point éloigné.

Malheureusement le pli de la rue de Rivoli a été fait beaucoup trop avant l'Hôtel-de-Ville, sans qu'on se préoccupât de l'utilité qu'il y avait à mettre en regard la tour Saint-Jacques-la-Boucherie et la colonne de Juillet. On le regrette d'autant plus qu'il n'est plus au pouvoir de l'édilité de revenir sur cette faute de l'administration précédente

Les promenades publiques devaient occuper une place importante dans le programme de la transformation de Paris. Aussi l'attention de l'Empereur et la sollicitude de l'édilité se sont-elles portées sur ce point d'une manière toute spéciale.

Là, tout était à créer, tout était à faire. Les boulevards et les avenues se trouvaient dans un état déplorable; leurs plantations, faites d'ailleurs sans aucun soin, dépérissaient à vue d'œil, et, chaque année, d'informes baliveaux, plantés dans un sol infertile, y remplaçaient, sans aucune chance de durée, les arbres anciens qui disparaissaient.

Les Champs-Élysées, le bois de Boulogne, le bois de Vincennes, nos principales places enfin, n'offraient qu'un sol fangeux en hiver, qu'une épaisse poussière en été. Dans les quartiers populeux on ne trouvait qu'une végétation souffreteuse. Les habitants de ces quartiers étaient complètement privés de promenades où ils pussent jouir d'un peu d'air, d'un peu de lumière, d'un peu d'ombrage. Les arbres, si utiles à l'hygiène d'une grande cité, étaient partout d'une excessive rareté. Un plus grand nombre de fontaines monumentales manquaient également à l'ornementation de Paris. Enfin, l'éclairage de cette vaste ville ne répondait, ni par l'intensité de la lumière, ni par l'élégance des appareils, à la magnificence des monuments et à la splendeur des palais qu'on y admire.

M. le baron Haussmann songea, dès son arrivée à la tête de l'administration du département de la Seine, à modifier cet état de choses. Il créa un service spécial des promenades et des plantations qui fut confié à M. Alphand. Cet habile ingénieur en chef se mit immédiatement à l'œuvre, et bientôt, sous la haute inspiration de l'Empereur, sous l'heureuse direction de l'édilité, l'aspect général de Paris prit une physionomie nouvelle.

Quelques années ont suffi pour transformer tout le système des promenades publiques et enfanter des prodiges. Le bois de Boulogne, le bois de Vincennes, les Champs-Élysées, le parc de Monceaux font, aujourd'hui, l'envie de toutes les capitales du monde, l'admiration de tous les voyageurs du globe.

De nombreuses fontaines ont surgi sur des emplacements arides; des squares nouveaux, entourés de grilles et ornés d'objets d'art précieux, de fleurs et d'arbustes rares, ont été créés; d'anciens jardins particuliers sont devenus des promenades publiques.

Ces améliorations, au surplus, ne sont que le prélude de celles que l'édilité projette. Chacun des vingt arrondissements du Paris d'aujourd'hui sera successivement doté d'un vaste square.

Ce n'est pas tout encore.

Le bois de Boulogne et le bois de Vincennes sont pour les habitants de l'est et de l'ouest de Paris d'immenses promenades d'une étendue et d'une beauté exceptionnelles, qui offrent à la population de ces deux régions tous les agréments et toutes les facilités désirables.

Deux autres grandes promenades seront également créées, l'une au nord, l'autre au sud, dans des conditions analogues. Ces promenades, dont on étudie les plans, procureront à la population de ces deux dernières régions les mêmes agréments et les mêmes facilités.

On a transformé les boulevards et les avenues; le sol a été nivelé et sablé; des bancs d'une forme élégante ont remplacé les anciens bancs en pierre. Les plantations surtout sont actuellement l'objet de soins spéciaux et de précautions minutieuses.

On plante aujourd'hui, sur chaque voie publique, des arbres

de la même essence ; on choisit de préférence le platane et le marronnier, qui se font remarquer par la richesse de leur feuillage, la beauté de leur aspect et la rapidité de leur croissance. On les met dans de vastes tranchées garnies de terre végétale ; de petites galeries peintes en vert servent à les soutenir et des cuvettes recouvertes de grilles en fonte sont ménagées à leurs pieds pour faire les arrachements et les binages. Un double système de drainage, procure successivement à leurs racines l'eau et l'air qui sont indispensables à leur développement. Enfin, c'est également au moyen d'un drainage des conduites du gaz d'éclairage qu'on les met à l'abri de son action délétère.

Sur les principales voies où les anciennes plantations devaient être renouvelées, à raison de leur décrépitude et aussi à raison du désordre des essences, on a transplanté de gros arbres de dix à vingt mètres de hauteur. On obtient immédiatement, par ce système, à peu de frais, l'ombre et la verdure que de jeunes plantations ne peuvent donner qu'après un assez grand nombre d'années.

La transformation de tous les anciens boulevards intérieurs n'est pas encore complète ; mais cette heureuse transformation est déjà accomplie de la place de la Madeleine à la porte Saint-Martin ; elle ne tardera pas à s'achever jusqu'à la place de la Bastille. On a également renouvelé les plantations de toute la ligne des quais de la rive droite, d'une partie des quais de la rive gauche, de l'esplanade qui précède et des belles avenues qui entourent l'hôtel des Invalides.

L'édilité a aussi entrepris dans ce genre une œuvre vraiment gigantesque : c'est la transformation des anciens boulevards extérieurs, auxquels on a ajouté tous les chemins de ronde, aujourd'hui supprimés, et qui formeront une magnifique promenade de vingt-cinq kilomètres de circuit, d'une largeur variant de quarante à soixante-dix mètres.

Là, deux chaussées, bordées de trottoirs, longeront les maisons; entre ces deux chaussées on verra se développer une vaste voie continue, plantée de deux rangées de grands arbres et ornée de deux autres rangées de bancs et de candélabres d'une rare élégance.

Ce travail immense est déjà exécuté en très-grande partie, surtout sur la rive droite, qui est la plus peuplée. On le poursuit avec activité, et le moment n'est pas éloigné où les habitants de cette zone éloignée pourront trouver, sur tout son parcours, de l'air et de la lumière, de l'ombre et de la verdure, sans s'éloigner de leur demeure.

L'édilité a également apporté d'importantes améliorations au système d'éclairage de la ville de Paris, surtout sur toutes les grandes voies, sur les boulevards, sur les quais, sur les places, sur les avenues. Aux anciens candélabres, que leur trop grande élévation empêchait de bien répartir la lumière, on a substitué des modèles élégants beaucoup plus bas. Les lanternes qu'on employait autrefois avaient le défaut de projeter des ombres sur le sol. On les a remplacées par de gracieuses lanternes rondes, divisant mieux la lumière et qui, étant terminées par des courbures pleines, en cuivre poli, la réfléchissent tout entière sur le sol. Enfin, on a apporté dans la forme des lanternes une ingénieuse modification qui a permis de tripler la puissance et le nombre des becs de l'éclairage public, sans augmenter la dépense de ce service. Le procédé de la galvanoplastie a été appliqué successivement aux nouveaux candélabres, aux colonnes rostrales et aux fontaines monumentales en fonte. On a recouvert ces candélabres, ces colonnes et ces fontaines d'une couche de cuivre qui leur donne l'aspect et la solidité du bronze.

Je ne ferai pas ici l'énumération des fontaines restaurées

ou établies, des boulevards ouverts ou transformés, des squares créés ou embellis qui complètent cette œuvre de transformation, que l'édilité a fait exécuter par le service des promenades et des plantations.

Je retrouverai ces fontaines, ces boulevards, ces avenues, ces squares dans le *Guide historique et descriptif* des vingt arrondissements de Paris, de même que les monuments achevés, restaurés, isolés ou édifiés : le palais du Louvre terminé, le Palais de Justice agrandi, l'hôtel de la Préfecture que l'on reconstruit, le Tribunal de Commerce qu'on élève, le palais des Tuileries qu'on restaure, les églises de la Trinité et Saint-Augustin qu'on édifie, le nouvel Opéra qui sort de ses fondations, la caserne monumentale du Prince-Eugène, la caserne de la Cité, l'arc de triomphe de la place du Trône et la vaste église de Saint-Ambroise qu'on projette, et tout ce que l'édilité a déjà réalisé, tout ce qu'elle médite pour l'utilité et l'agrément de la population parisienne.

D'anciens monuments dégagés, de nouveaux édifices élevés, d'heureux effets de perspective ménagés avec art, des communications plus nombreuses et plus faciles établies sur tous les points ; une circulation générale mieux répartie, la vie et l'activité ramenées là où il n'y avait que le silence et la solitude, d'immenses quartiers créés tout d'une pièce ; les promenades publiques métamorphosées, telle a été la part de l'édilité dans la transformation de Paris. Cette part ne pouvait suffire à son dévouement et à son ambition. Après l'avoir élargi et embelli, elle a voulu l'assainir.

C'est alors qu'on a inventé un vrai Paris souterrain qui n'existe que pour le service et la commodité de celui qui est à la surface du sol et à ciel découvert.

Ce Paris souterrain, ce sont les égouts : conception utile,

gigantesque travail qui dépasse tout ce que les édiles de Rome ont jamais imaginé et entrepris dans ce genre et dont l'ingénieur en chef, M. Belgrand, a dirigé l'exécution.

La base du système des égouts de Paris, c'est le collecteur général, qui, de la place de la Concorde, où il commence, suit la direction d'Asnières, où il débouche dans la Seine. C'est ce collecteur général qui porte au fleuve toutes les eaux et toutes les immondices de cette vaste et populeuse cité.

Déverser ces eaux et ces immondices dans la Seine, après qu'elle est sortie de Paris, telle était la question à résoudre. On avait d'abord songé à diriger le collecteur général de la place de la Concorde au delà de la montagne de Chaillot.

Mais la pente de l'égout devait être de toute nécessité plus forte que la pente du fleuve, puisque le volume d'eau, et par conséquent la puissance du courant étaient plus faibles dans le premier que dans le second.

Dans ce premier projet, le débouché de l'égout se serait trouvé au-dessous du niveau du fleuve.

Ce sont donc les eaux de la Seine qui seraient entrées dans l'égout et non les eaux de l'égout qui seraient tombées dans la Seine.

Comment vaincre cette difficulté ? C'est la question que se fit M. le baron Haussmann, qui réfléchit tout à coup que pour égaliser la pente du fleuve et la pente de l'égout, il n'y avait qu'un moyen : c'était d'allonger le chemin que la Seine avait à faire avant de rencontrer le débouché du collecteur général. C'est ainsi qu'il trouva l'idée de reporter ce débouché à Asnières.

En effet, de la place de Laborde au rivage d'Asnières, le collecteur général n'a pas un parcours beaucoup plus long que celui qu'il aurait eu s'il avait été dirigé de façon à aboutir au bas de Chaillot ; tandis que, pour arriver à ce même rivage, la Seine fait un long détour. L'inégalité de distance produit l'égalité de pente et, à la rencontre du débouché de l'égout, le fleuve peut recevoir dans son lit les eaux et les immondices qu'il lui apporte, parce qu'alors il se trouve au-dessous de ce débouché.

Le problème de la pente et du niveau a donc été résolu par la création du collecteur général d'Asnières. Mais on voit que pour rester à la hauteur de sa tâche le préfet de la Seine doit presque réunir aux qualités de l'administrateur le triple talent du géomètre, de l'ingénieur et de l'architecte, car, s'il n'exécute pas, il est du moins nécessaire qu'il puisse apprécier les conceptions qui lui sont soumises.

On doit également à M. le baron Haussmann le système de curage des égouts, tel qu'on le pratique aujourd'hui, système aussi ingénieux qu'efficace.

On a bordé la cuvette des égouts principaux de cornières en fer formant rails et sur lesquelles roulent des wagons. Dans les égouts de moyenne dimension, ces wagons, qui peuvent également servir à transporter des matériaux, sont employés à enlever les immondices et à les pousser vers le collecteur général, dans lequel ils sont remplacés par des bateaux.

Les wagons des grands égouts et les bateaux sont garnis à l'arrière d'une vanne profilée qui produit sur la cuvette une retenue d'eau.

Cette retenue d'eau crée la force propulsive qui pousse en avant le wagon ou le bateau, la vanne et les vases amassées, soit dans les collecteurs principaux, soit dans le collecteur général, de sorte que l'instrument de curage de toutes les galeries est fourni par les eaux sales elles-mêmes.

Le développement total des égouts actuellement construits est d'environ 270,000 mètres; mais on poursuit activement cette œuvre colossale. D'après le plan arrêté dans la pensée de l'édilité, ils auront un jour un développement de 700,000 mètres ou 700 kilomètres.

Ce développement comprend le collecteur général qui aboutit à la Seine sur le rivage d'Asnières, et dans lequel le curage est fait par des bateaux; les collecteurs principaux qui aboutissent au premier, et dont le curage est fait par des wagons, collecteurs qui se subdivisent en galeries de grande et de moyenne section, de divers types; les égouts de petite section, également de divers types, qui déversent leurs eaux et leurs immondices dans ces divers collecteurs, à l'aide de pentes naturelles.

Chaque voie de Paris aura son égout correspondant, de grande, de moyenne ou de petite section, où son nom se retrouvera; chaque maison aura son aboutissant dans l'un de ces égouts, qui lui servira de déversoir, et où elle se retrouvera également avec son numéro. Ces noms de rues et ces numéros de maisons sont indiqués sur des plaques de dimension uniforme en porcelaine.

Le collecteur général est construit en souterrain depuis la rue de la Pépinière jusqu'à l'enceinte continue; au delà des fortifications, il a été exécuté par voie de tranchée, à ciel ouvert. C'est la seule galerie qui ne dessert ni rue ni maison, et où il ne se trouve aucune conduite pour aucun des services spéciaux auxquels tous les autres égouts seront un jour employés.

Après le collecteur général, l'égout des boulevards de Sébastopol et de Strasbourg est sans contredit celui qui possède les dimensions les plus considérables et qui a exigé les travaux les plus importants. Il présente même plus d'intérêt, car il est utilisé pour des usages et des services de diverse nature, qui en font le type du Paris souterrain, tel que ce Paris doit être un jour, d'après les projets actuels de l'édilité.

Cet égout est construit en forme de galerie sous la contre-allée de droite. De la Seine au boulevard Saint-Denis, le diamètre de la voûte est de 5 mètres 20 centimètres. Cette voûte, en plein cintre, recouvre deux banquettes de 1 mètre 80 centimètres de largeur, entre lesquelles existe une cuvette large de 1 mètre 20 centimètres, et dont la profondeur varie de 1 mètre 30 centimètres à 2 mètres. Du boulevard Saint-Denis à la rue du Château-d'Eau, le diamètre de la voûte est de 5 mètres 60 centimètres ; la cuvette, qui conserve la même largeur, est bordée d'un côté par une banquette de 1 mètre 70 centimètres, de l'autre par une banquette de 50 centimètres.

L'égout des boulevards de Sébastopol et de Strasbourg a été utilisé pour la distribution des eaux pures. Sur l'une des deux banquettes on a placé une conduite en fonte de 80 centimètres de diamètre, qui distribue l'eau du canal de l'Ourcq et la porte aux bassins de la rive gauche. L'autre banquette recevra une conduite de 1 mètre 10 centimètres de diamètre pour le service des eaux de sources. Ces deux artères maîtresses sont posées sur des colonnettes en fonte de 1 mètre 60 centimètres de hauteur, afin qu'elles n'entravent ni la circulation sur les banquettes, ni l'écoulement des eaux pendant les pluies abondantes, ni l'accès des égouts des rues latérales. Des conduites de moindre dimension, se détachant de ces deux conduites principales, pénètrent dans les petits égouts aboutissant à celui du boulevard.

Sous le sol du boulevard Saint-Denis on a édifié une chambre de 6 mètres 50 centimètres de largeur, et de 4 mètres 20 centimètres de hauteur, où sont disposés les énormes robinets-vannes qu'exige ce système de canalisation.

Il y a là l'indication d'un immense progrès qu'on eût à peine osé rêver il y a dix ans, et dont on devra la réalisation à l'initiative intelligente et hardie de M. le baron Haussmann, qui en a depuis longtemps fait commencer l'exécution, aujourd'hui très-avancée.

Tout cet ensemble de voies souterraines qui constituent un véritable second Paris où l'on circule de rue en rue, où l'on va de maison en maison, comme dans le Paris qu'on voit à la surface du sol, servira donc, à une époque qui n'est pas encore déterminée, mais qui ne saurait être éloignée, à distribuer l'eau partout. Des conduites en fonte, déjà en grande partie établies la feront circuler dans tous les égouts où chaque habitant aura sa prise particulière. Douze réservoirs principaux, actuellement en fonctionnement alimentent ces conduites.

D'après un second projet, seulement à l'étude en ce moment, on se servira également, un jour, de ces mêmes voies souterraines pour la distribution du gaz dans tout Paris. D'après un troisième projet, plus avancé, les égouts seront enfin utilisés pour la vidange des fosses d'aisances et dissimuleront aux regards de la population le spectacle quotidien de ce travail immonde, en le cachant dans leurs galeries souterraines.

La construction de la plupart des grands égouts est maintenant achevée.

Chaque ligne d'égout principale est pourvue d'une galerie de grande section, ayant un chemin de fer, comme celle de Sébastopol.

Des galeries de moindres dimensions, mais garnies également de rails et pouvant encore permettre la circulation facile des ouvriers et des wagons, suivront les lignes secondaires.

Une galerie de petite section, mais qui sera cependant assez large pour le passage de brouettes ou tinettes, enveloppera chaque îlot de maisons, de tous les côtés qui ne pourront pas être desservis directement par un des égouts principaux ou secondaires.

De deux en deux maisons, en face du mur mitoyen, s'ouvrira une courte galerie transversale, mettant chacune de ces maisons en communication avec le petit égout de ceinture de l'îlot, ou directement avec l'égout secondaire ou principal.

C'est dans cette galerie transversale que se déverseront les eaux domestiques; on y fera aussi écouler les eaux épurées des fosses d'aisances, au moyen de conduites spéciales qui pourront être continuées jusqu'aux établissements extérieurs où elles seront utilisées. C'est par ce même chemin que des tinettes seront approchées de ces mêmes fosses pour en recevoir les matières denses, qui seront également extraites par les égouts.

On ouvrira enfin dans les cours des maisons des trémies par lesquelles toutes les immondices seront descendues dans les galeries, où l'on pourra organiser un puissant service de chasse par l'eau.

Ainsi, un jour viendra bientôt où Paris sera délivré du même coup des porteurs d'eau, des voitures des boueurs, des voitures de vidange et des perpétuels remaniements du sol que nécessite la distribution de l'eau et du gaz. Tous ces services se feront dans les égouts et s'y feront sans que la population s'en aperçoive.

Voici, au surplus, le plan général des principaux égouts, tel qu'il est indiqué dans les documents officiels; plan général dont les parties importantes sont déjà exécutées.

Sur la rive droite, de l'entrée du boulevard Mazas, en amont du pont d'Austerlitz, part un égout collecteur qui, passant en siphon sous la dernière écluse du canal Saint-Martin, à l'extrémité du bassin de la Bastille, suit les quais jusqu'à la place de la Concorde. Cet égout assèche d'abord complétement toute la voie qui va de la place du Trône à la place de la Bastille, voie dont les eaux ne peuvent être écartées du fleuve et dirigées en aval par aucun autre égout existant ou possible. Il recueille ensuite, le long de son parcours, le produit des égouts situés entre la rue de Rivoli et la Seine, ainsi que le trop plein des égouts collecteurs de la même rive et dessert le Marais proprement dit et le versant méridional des buttes Bonne-Nouvelle et des Moulins.

Le service spécial des quartiers compris entre ces deux élévations, dont l'une va bientôt disparaître par la création de la rue de l'Impératrice et les boulevards intérieurs, est fait par un collecteur de moindre étendue que les précédents, qui prend son point de départ aux Halles, suit les rues Coquillière, de la Banque, Neuve-des-Petits-Champs, des Capucines, et gagne la place de la Madeleine, en longeant le boulevard de ce nom.

L'ancien égout de ceinture qui occupe le lit du ruisseau de Ménilmontant est conservé jusqu'à la rue de l'Arcade, c'est-à-dire jusqu'au point où il cesse de cheminer sous la voie publique pour s'engager sous des propriétés particulières.

Une longue galerie, partant des environs de l'église Sainte-Marguerite, près de la rue de Charonne, longe plus loin la rue Popincourt, le quai Jemmapes, passe sous le canal, aux écluses de la Douane, se continue par les rues de la Douane, du Château-d'Eau, des Petites-Écuries et Richer, et gagne par les rues Saint-Lazare et de la Pépinière la place Laborde.

Enfin deux égouts collecteurs de moindre importance descendent, en sens inverse, des pentes de Beaujon et de Chaillot, l'un en suivant les rues d'Angoulême et de la Pépinière jusqu'à la place Laborde; l'autre, en parcourant les quais, de la Pompe à feu à la place de la Concorde.

Sur la rive gauche un égout collecteur absorbe la Bièvre et toutes les eaux de la vallée qu'elle traverse; près du Jardin des Plantes, à la rue Geoffroy-Saint-Hilaire. Il se dirige ensuite;

par la rue Saint-Victor et les boulevards Saint-Germain et Haussmann, vers les quais dont il suit la ligne jusqu'au pont de la Concorde. Sur ce parcours, il reçoit les eaux des pentes de la montagne Sainte-Geneviève et celles du versant septentrional de la butte Saint-Germain des Prés. Il se continue au delà du pont de la Concorde jusqu'aux fortifications.

Enfin, l'assainissement de la rive gauche, sera complété par un collecteur qui contournera la butte Saint-Germain des Prés, par la rue de Sèvres et le boulevard de l'Alma.

Les deux collecteurs de la rive gauche communiqueront avec la rive droite, par un double siphon en forte tôle d'un mètre de diamètre intérieur, établi dans le lit du fleuve, à 2 mètres au-dessous des basses eaux, près du pont de la Concorde. Des chasses d'eau, puissantes et régulières, dégageront les siphons de toute immondice et en maintiendront le libre jeu.

Les îles de la Cité et Saint-Louis seront mises en communication avec les égouts de la rive droite par des siphons semblables.

L'entretien et le curage de tous ces égouts n'exigent que deux cent trente hommes, qui vivent pour ainsi dire sous terre, comme dans leur élément, et qu'on y voit aller et venir, munis de lanternes ordinaires et de grandes bottes, avec la même insouciance que s'ils respiraient l'air pur du dehors à pleins poumons.

Des magasins ont été ménagés dans des enfoncements ; c'est là que sont réunis les outils, les bottes, les lanternes et les instruments de travail.

De distance en distance des cheminées de garage et des bouches de sortie permettent aux ouvriers de se mettre à l'abri, lorsqu'une pluie d'orage occasionne une inondation subite de la galerie.

Il existe aussi quelques chambres de refuge plus spacieuses, situées à quelques mètres de hauteur, où plusieurs ouvriers peuvent trouver un abri.

On parvient, par les cheminées de garage, aux bouches de sortie, à l'aide d'échelles en fer, scellées dans la muraille. Ce sont également des échelles en fer fixes qui conduisent aux chambres de refuge.

Tous les égouts ont deux sortes d'ouverture sur la voie publique : des bouches pour la chute des eaux, des regards destinés au nettoiement, à l'inspection et à l'entretien.

Chacune de ces ouvertures répond à une cheminée ; celles des regards sont fermées par une trappe en fonte; les bouches ont un recouvrement en granit placé dans l'alignement des bordures de trottoirs.

L'édilité ne s'est pas bornée à chercher et à trouver le moyen le plus logique et le plus commode de distribuer l'eau dans Paris; elle a songé à une question plus importante encore, question de premier ordre pour une grande cité : celle de la qualité et de la quantité.

La quantité n'est pas assez grande ; la qualité n'est pas assez bonne. C'est là un double et grave inconvénient auquel il importait de remédier à tout prix et qu'il fallait faire promptement disparaître.

M. le baron Haussmann a trouvé la solution de cet important problème dans un système qui consiste à réserver pour les usages serviles les 200,000 mètres cubes d'eau que la Seine peut fournir par jour, à l'aide de puissantes machines à vapeur ; à consacrer l'eau chaude des puits artésiens aux moteurs des fabriques et des usines parisiennes, qui trouveront dans l'emploi de cette eau chaude une économie d'environ trente pour cent sur la dépense qu'elles font en combustible ;

et à n'employer pour la boisson que l'eau de quatre sources : celles de la Dhuys, de la Somme, de la Soude et de la Vanne, que trois immenses aqueducs doivent amener successivement dans de vastes réservoirs qu'on établit en ce moment sur les hauteurs de Ménilmontant.

Le premier de ces trois aqueducs est actuellement en construction : il aura 139 kilomètres de longueur ; c'est celui qui doit conduire les sources de la Dhuys au réservoir de Ménilmontant. Un second aqueduc y conduira, dans quatre ou cinq ans seulement, celles de la Somme et de la Soude ; enfin un troisième aqueduc y conduira un jour celles de la Vanne.

Ce système, longuement étudié, vivement combattu, a enfin triomphé de tous les obstacles, il sera bientôt réalisé. Ainsi la population de Paris devra également à la persévérance de M. le baron Haussmann une alimentation d'eau plus en rapport, par son abondance et sa salubrité, avec les exigences de la civilisation moderne.

L'édilité doit également réaliser deux autres améliorations : elle débarrassera Paris des voitures de maraîchers et du passage des troupeaux de bœufs, de moutons et de veaux que l'on conduit aux abattoirs actuels. Le moment n'est pas éloigné, en effet, où le chemin de fer de ceinture conduira, de tous les points extérieurs, les approvisionnements de toutes sortes à la gare de Strasbourg, d'où un autre chemin de fer souterrain les amènera aux Halles centrales. Enfin, on sait que les marchés aux bestiaux de Sceaux et de Poissy seront remplacés dans quelque temps par un marché unique établi aux portes de la ville, dans l'ancien parc de Berny. Les animaux destinés à l'alimentation de la population passeront alors directement de ce marché dans un abattoir central contigu, substitué à ceux qui existent aujourd'hui dans l'intérieur, d'où cette catégorie d'établissements est destinée à disparaître, aussi bien que les cimetières qui seront transférés, un peu plus tôt, un peu plus tard, en dehors des fortifications.

J'ai constaté les efforts et les travaux à l'aide desquels on a fait de Paris ce qu'il est déjà, en attendant qu'il devienne, par la continuité de ces mêmes travaux et de ces mêmes efforts, ce qu'il doit être. Il me reste maintenant, pour compléter cette introduction, à indiquer sa physionomie générale extérieure et physique.

II

Première place de guerre de l'Empire, siège séculaire du gouvernement de la France, complétement entouré d'une vaste enceinte bastionnée qui la protége contre les ennemis du dehors, sans entraver les mouvements de sa population, dont le chiffre s'accroît chaque année, Paris doit son rapide et prodigieux développement à l'admirable position qu'il occupe sur les deux rives de la Seine, dans la vallée de ce nom. Cette ville immense est située, d'après le méridien de l'île de Fer, par 48° 50′ 13″ de latitude septentrionale et par 19° 53′ 45″ de longitude occidentale, en partie au fond d'un large bassin circonscrit par une enceinte de petites collines enfermées dans ses fortifications; en partie sur les versants et les plateaux de ces collines, qui forment, à gauche et à droite, en avant du rempart extérieur, création de l'homme, une sorte de rempart intérieur, œuvre de la nature.

La Seine prend sa source dans la forêt de Chanceaux, qui appartient au département de la Côte-d'Or, reçoit, comme affluents, trois rivières, l'Yonne, l'Aube et la Marne; traverse ensuite Paris dans la direction du sud-est au nord-ouest, en y décrivant une forte courbe, reçoit encore, comme affluents, deux rivières, l'Oise et l'Eure, et trouve son embouchure dans l'Océan entre le Havre et Honfleur, qui appartiennent au département de la Seine-Inférieure.

Le parcours de ce fleuve, de sa source à son embouchure, est de 280 kilomètres ; celui qu'il fait dans l'intérieur de Paris représente 11,600 mètres ; il y forme deux îles : l'île de la Cité et l'île Saint-Louis. Il communique avec la Loire par le canal de Briare et le canal d'Orléans, avec la Saône par le canal de Bourgogne, avec la Somme par le canal de Saint-Quentin.

La Seine coupe Paris en deux parties inégales : celle qui se trouve sur la rive gauche est la plus petite ; la plus grande est celle qui est sur la rive droite. L'une et l'autre forment chacune une sorte de demi-cercle dont le fleuve est le diamètre.

La partie qui est sur la rive gauche est la partie méridionale ; elle est bornée à l'est par les plateaux d'Ivry et de Gentilly ; au sud, par le plateau de Montrouge ; à l'ouest, par les plateaux de Vanves et d'Issy. La partie qui est sur la rive droite est la partie septentrionale ; elle est bornée : à l'est, par les plateaux de Charenton et de Bagnolet, que sépare le bois de Vincennes et par les hauteurs des Prés-Saint-Gervais ; au nord, par la plaine de Saint-Denis ; à l'ouest, par le plateau de Clichy-la-Garenne et par les territoires de Levallois et de Billancourt, que sépare le Bois de Boulogne.

La Seine coupe également en deux parties inégales l'enceinte bastionnée. A l'entrée, du côté de l'est, la partie méridionale et la partie septentrionale sont réunies l'une à l'autre par un pont qu'on nomme le pont Napoléon III ; à la sortie, du côté de l'ouest, les deux parties seront aussi reliées l'une à l'autre par un pont qu'on nommera le pont de Billancourt, pont dont la construction est commencée ; c'est sous le pont Napoléon III que le fleuve entre dans Paris, c'est sous le pont de Billancourt qu'il en sort.

La Seine a sa plus grande largeur au-dessous du Pont-Neuf, où elle a 265 mètres et sa plus petite largeur dans son petit bras, vers le pont Saint-Michel ou elle n'a que 49 mètres; sa vitesse moyenne est de 54 centimètres par seconde; sa hauteur au-dessus du niveau de la mer est de 35 mètres. Son cours est généralement régulier; elle n'est jamais à sec, ne déborde que rarement. Du reste, les subites et accidentelles élévations de son niveau n'offrent aucun danger aujourd'hui qu'elle est contenue dans une ligne de quais qui lui forment, des deux côtés, une barrière infranchissable. Elle charrie quelquefois des glaçons. Mais on cite comme un phénomène les hivers où sa surface, entièrement gelée, devient un sol de glace assez ferme et assez épais pour qu'on puisse la traverser, à pied, sans péril.

Ce fleuve reçoit, enfin, dans Paris même, la Bièvre, petite rivière qui naît dans la vallée de Bouvière à 20 kilomètres environ. Cette rivière a son entrée sur la rive gauche, à la poterne des Peupliers, entre la porte d'Italie et la porte de Gentilly; elle se divise ensuite en deux petits bras, qui, après avoir traversé les quartiers Saint-Marcel et Saint-Victor, se réunissent de nouveau pour ne plus former qu'un égout recouvert qui aboutit au grand égout collecteur de la région méridionale.

Sur la rive droite, il existe également un cours d'eau intérieur qui traverse plusieurs quartiers de la région septentrionale. Mais ce cours d'eau est artificiel. C'est le canal Saint-Martin dont j'ai déjà parlé et qui unit la Seine au canal de l'Ourcq.

Lorsqu'on déplie dans toute son étendue un plan géométral de Paris, on est tout d'abord frappé de l'irrégularité de son aspect général. Presque carré à l'est, il se termine à l'ouest en une sorte de pointe qui touche au Bois de Boulogne. Ce bois est en dehors de l'enceinte continue bastionnée ; mais il est artificiellement compris dans les limites de l'octroi ; un saut-de-loup, qui l'entoure de tous côtés, en protège les approches, et on ne peut y entrer ni en sortir que par l'une des portes à grilles tournantes qu'on y a ouvertes ; il est contigu, d'un côté à l'avenue de Neuilly, d'un autre côté à la commune dont il porte le nom, enfin à l'Hippodrome de Longchamps et au champ d'entraînement, contigus eux-mêmes à la rive droite de la Seine, en face de Suresnes.

L'enceinte continue bastionnée fait le tour de Paris, qu'elle enferme ainsi dans une triple ligne de voies circulaires intérieures, de remparts élevés et de fossés extérieurs larges et profonds.

Les voies circulaires intérieures forment ce qu'on appelle la rue militaire. Cette rue qui longe toute l'enceinte à l'intérieur se trouve au niveau du terrain naturel. Elle a 5 mètres de chaussée et 2 mètres d'accotement. Elle est presque partout macadamisée ; cependant elle a des parties pavées ; elle est plantées d'arbres dans toute son étendue.

Après la rue militaire, viennent les terrassements ou remparts qui comprennent : 1° le *terre-plein*, lié avec la route par un talus intérieur ; 2° les *gradins* ou *banquettes*, où se tiennent pendant les sièges des soldats qui font la fusillade ; 3° le *parapet*, plus élevé que les gradins, protégeant les défenseurs de la place et qui a 6 mètres d'épaisseur.

Un talus extérieur surmonte le mur ou revêtement en maçonnerie qui soutient ces terrassements. Ce mur a 10 mètres de hauteur, et en moyenne une épaisseur de 3 mètres 50 centimètres. Il est renforcé, de 5 mètres en 5 mètres, par des massifs de maçonnerie qui entrent de 2 mètres dans les terres du parapet, construit en moellons et en mortier hydraulique, revêtu d'un parement en meulière de 1 mètre d'épaisseur, et couronné d'une tablette en pierre de taille faisant saillie.

Les chaînes d'angles saillant du mur sont en pierre de taille sur la face intérieure; il est protégé contre l'humidité par un enduit, et une chape en mortier bitumineux le préserve des filtrations de la pluie.

La ligne formée par la tablette se nomme la *magistrale*, et a face extérieure de ce revêtement s'appelle l'*escarpe*.

L'*escarpe* forme un des côtés du fossé, qui a 15 mètres de largeur, et au milieu duquel se trouve une rigole de 1 mètre 50 centimètres de largeur.

L'autre côté du fossé se nomme la *contrescarpe*; elle se compose, à l'intérieur, d'un talus incliné à 45°. En avant du fossé, le terrain est disposé de façon à couvrir les maçonneries de l'escarpe. Le terrassement extérieur s'appelle *glacis*.

Le rempart se compose d'une série de lignes brisées ayant des angles saillants et rentrants. Les angles saillants forment ce qu'on nomme les bastions; en arrière se trouvent les courtines. Un ensemble de courtines et de bastions s'appelle front.

Presque tous les fronts se développent en ligne droite, ce qui les rend inattaquables. On en compte 26 sur la rive gauche, 70 sur la rive droite : en tout, 96.

L'enceinte continue bastionnée commence sur la rive gauche en face l'extrémité occidentale du parc de Bercy, gagne Gentilly sur une ligne droite, s'y contourne en forme de fer à cheval, atteint directement Montrouge, d'où elle fait un coude, et s'étend en ligne droite jusqu'à la Seine, en face du Point-du-Jour, après avoir enfermé Austerlitz, le Petit-Gentilly, le Petit-Montrouge, Vaugirard et Grenelle.

Sur la rive droite, cette même enceinte reprend à peu près à 1,000 mètres en aval, contourne le hameau du Point-du-Jour, gagne Auteuil en longeant le Bois de Boulogne jusqu'à Sablonville, forme un rentrant à la porte Maillot, donne passage au chemin de la Révolte, et s'infléchit jusqu'au milieu de l'angle formé par l'avenue de Clichy et l'avenue de Saint-Ouen. De là elle atteint directement le canal Saint-Denis, où elle tourne au sud-est. Arrivée au canal de l'Ourcq, elle prend la direction du sud jusqu'aux Prés-Saint-Gervais, fait un crochet à l'est, et reprend dans la direction du sud jusqu'à Saint-Mandé, d'où elle continue en faisant un coude pour arriver juste en face du point d'où elle part sur le rivage opposé.

L'enceinte de Paris n'a aucune porte de ville; elle laisse passage à 36 routes ou avenues. Sur ces différents points, le fossé est comblé. En cas de siége, on serait obligé de recreuser ces portions du fossé et d'exécuter sur tous ces points les travaux que nécessiterait leur défense.

Cette même enceinte a 66 ouvertures fermées par des grilles pour la circulation des piétons, des chevaux et des voitures, et 8 autres percées beaucoup plus vastes pour le passage des chemins de fer.

Un chemin de fer intérieur de ceinture, dont l'exécution complète n'est pas encore achevée, tourne presque autour de Paris, comme l'enceinte. Ce chemin de fer reliera toutes les gares les unes aux autres; il sera surtout utile pour le transport des marchandises qui n'arrivent que pour repartir et qui changent de ligne. Il passe, en amont, sur une moitié du pont Napoléon III, et, en aval, sur une moitié du pont de Billancourt.

On étudie enfin l'ouverture d'un boulevard militaire de 45 mètres de largeur qui sera tracé, en dehors des fortifications et qui en suivra le circuit.

Le périmètre de Paris est, à l'intérieur, au pied du rempart, de 33,930 mètres, et, à l'extérieur, au pied du glacis, de 34,530 mètres; sa surface totale est de 7,802 hectares ou de 78,020,000 mètres carrés.

Paris a deux grandes artères longitudinales principales. C'est d'abord la double ligne des quais qui bordent la Seine, l'une sur la rive gauche, l'autre sur la rive droite, du point où sera le pont de Billancourt au point où se trouve le pont Napoléon III. C'est ensuite une immense voie en ligne directe qui commence à la porte Maillot et qui rencontre successivement l'avenue de ce nom, la place circulaire de l'Étoile, l'avenue des Champs-Élysées, la place de la Concorde, où elle fait un détour, la rue de Rivoli, la place de la Bastille, l'ancienne rue qui relie cette place à la place du Trône et le Cours de Vincennes.

La seule grande artère transversale de Paris, c'est la grande ligne de boulevards, qui date d'hier, et qui part de la gare de Strasbourg pour aboutir au carrefour de l'Observatoire.

Sur la rive droite, on remarque la grande artère que forment du pont de Bercy au pont d'Iéna les anciens boulevards extérieurs, transformés en nouveaux boulevards intérieurs, voie immense, magnifique promenade; la ligne des boulevards dits boulevards du Nord, création de Louis XIV, voie splendide qui part de la place de la Madeleine pour aboutir à la place de la Bastille, et qui se relie à la plaine de Monceaux par le boulevard Malesherbes, et à la place du Trône, par le boulevard du Prince-Eugène; enfin la grande voie, capricieusement tracée qui, partant d'un point des fortifications, à la porte de Pantin, absorbera la rue d'Allemagne, la rue Lafayette, passera derrière le nouveau Grand-Opéra, rencontrera la rue de Rouen, la place du Havre, la rue de la Pépinière, et ira aboutir, par le boulevard de

Neuilly, à un autre point des fortifications, à la porte de la Révolte.

Sur la rive gauche on remarque d'abord la grande artère que forment aussi du pont de Bercy au pont d'Iéna les anciens boulevards extérieurs.

Ces anciens boulevards extérieurs sont également devenus des boulevards intérieurs dont on fera une promenade. Mais on leur donnera difficilement l'animation et le mouvement qui ont toujours fui cette Thébaïde parisienne. Il n'en sera pas de même d'une belle et large voie nouvelle qu'on y a tracée beaucoup plus à proximité de la Seine : c'est le boulevard Saint-Germain, qui doit traverser tout le faubourg de ce nom, depuis le pont d'Austerlitz jusqu'au pont de la Concorde.

Ce boulevard, qui a un peu la forme d'un arc, est, sur la rive gauche, le pendant de la ligne des anciens boulevards intérieurs de la rive droite. Il doit, du reste, franchir un jour la Seine, à son point de départ, pour aller retrouver la place de la Bastille. Alors cette magnifique ceinture d'arbres, de maisons monumentales et de lumières qu'on appelle les boulevards, que Louis XIV a commencée au nord, que Napoléon III aura finie au midi, sera complète.

Une ligne de boulevards et d'avenues qui constitue également une large et belle voie relie depuis longtemps l'Observatoire à l'esplanade des Invalides et la place Vauban au Champ de Mars.

Le boulevard de l'Alma, qui est de création récente, formera également une grande voie, actuellement en construction. Cette voie reliera l'avenue des Champs-Élysées, où elle commence, en face de la rue de l'Oratoire, à la gare de Montparnasse, après avoir longé, par côté, l'École militaire.

A une autre extrémité de Paris, une voie analogue partira

de la rue de Charenton, traversera le Petit-Charonne, passera derrière le cimetière du Père-Lachaise, coupera Ménilmontant et se terminera à la Petite-Villette.

La magnifique avenue de l'Impératrice, qui conduit de la splendide place de l'Étoile à la principale entrée du Bois de Boulogne, formera par ses deux extrémités, un triangle avec le boulevard du Roi de Rome et l'avenue du Prince Impérial, qui aboutiront également à la place de Roi de Rome, sur le quai, en face le Champ de Mars et au bas des hauteurs de Passy.

De cette même place du Roi de Rome part déjà la belle et large avenue de l'Empereur, qui ne s'arrête qu'à la porte de la Muette, à l'entrée du Bois de Boulogne.

De ces deux vastes places de l'Étoile et du Roi de Rome, d'autres avenues, d'autres boulevards rayonneront dans toutes les directions, entre la Seine, l'avenue des Champs-Élysées, le quartier Monceaux et le boulevard Malesherbes, ouvrant dans cet immense espace de nombreuses voies de circulation et y apportant le mouvement et la vie.

Enfin, sur deux autres points, le boulevard de Magenta reliera les anciens boulevards intérieurs, d'abord aux anciens boulevards extérieurs, du Château d'Eau à l'extrémité du faubourg Poissonnière, et ensuite à la rue Militaire où il aboutira à la porte de Clignancourt et la rue de Turbigo mettra le boulevard du Temple en communication avec les Halles centrales.

Paris renferme aussi des perspectives de ville d'une rare étendue et d'une beauté exceptionnelle. Ainsi l'ensemble de jardins et de promenades, de palais et de monuments qu'on embrasse de la place de la Concorde, au pied de l'Obélisque, est, sans contredit, le plus beau point de vue qu'il y ait dans les capitales d'Europe ; c'est à coup sûr celui d'où l'on découvre l'espace le plus immense.

Le Palais-Bourbon, l'église de la Madeleine, le jardin des

Tuileries, les Champs-Élysées, l'arc de triomphe de l'Étoile, la vue du fleuve, une échappée sur une ligne de quais, bordée d'hôtels, une autre échappée sur la rue de Rivoli : quel splendide assemblage de merveilles groupées dans un seul tableau !

Quelle éblouissante réunion offre également cette radieuse mosaïque de palais qu'on appelle les Tuileries, qu'on agrandit et qu'on restaure, le Louvre de Napoléon III, le Louvre de Henri II, le Louvre de Louis XIV avec sa superbe colonnade qui s'élève orgueilleusement en face de la délicieuse église de Saint-Germain l'Auxerrois.

Les rues qui jadis étaient renommées pour leur largeur et leur étendue ne sont plus aujourd'hui qu'au second, ou même qu'au troisième rang. La rue de Réaumur, la rue de Rouen, qui reliera la place du nouvel Opéra à la place du Havre ; la rue de Rennes, qui part de la gare de l'Ouest, sur la rive gauche, et qui aboutira sur le quai Conti ; la rue des Écoles, qui reliera le quartier Saint-Victor au quartier latin ; la rue de l'Impératrice, la rue Lafayette les feront oublier. Cependant on admirera toujours la rue de Castiglione, qui traversera quelque jour le jardin des Tuileries, franchira la Seine sur le pont de Solférino et ira retrouver, sur la rive gauche, le boulevard Saint-Germain ; la rue Tronchet, la voie qui relie la place de la Madeleine à la place de la Concorde, la rue de la Paix qui va de la place Vendôme au boulevard des Capucines, et surtout la rue de Rivoli, de même que la vogue des boulevards des Capucines et des Italiens survivra longtemps à l'ouverture du boulevard de Sébastopol, même à la création projetée de l'avenue monumentale qu'on doit tracer un jour sur la rive gauche, en face les nouveaux guichets du Carrousel, avenue qu'un pont de plus de cinquante mètres de largeur reliera à la rive droite et qui ira rejoindre le boulevard Saint-Germain.

La place Royale, avec sa statue de Louis XIII, ses maisons régulières et ses vieilles arcades, a perdu de sa célébrité ; la belle place de l'Étoile où s'élève le plus grandiose des arcs de triomphe anciens et modernes ; la place de la Concorde, où se dresse l'obélisque de Louqsor ; la place du Trône même, où bientôt on admirera un arc de triomphe monumental, ont relégué au second plan la création d'Henri IV. Mais la place Vendôme avec sa colonne de bronze, a gardé tout son prestige.

Désormais enfin la promenade à la mode, merveille parmi les merveilles, le Bois de Boulogne, fera toujours négliger le parc de Monceaux, qui est de nouvelle création, le jardin du Luxembourg et le jardin des Tuileries, qui perdent chaque jour de leur charme et même les Champs-Élysées, qui ne sont plus que la grande route du *Bois*, comme on dit dans la langue du monde.

Que d'églises, de musées, de palais, de monuments enfin à visiter, à admirer ! Des dômes élevés, des flèches de clochers, de hautes tours en signalent de loin un grand nombre à l'attention des étrangers. Ces dômes, ces flèches, ces tours, que le regard émerveillé découvre dans l'espace, forment l'un des tableaux les plus pittoresques et les plus grandioses du Paris de pierre et de marbre que les touristes viennent chercher de tous les points du globe. Ils sont comme les points de repère du voyageur dans cet immense labyrinthe de rues, de boulevards et d'avenues.

Mais, Paris a par-dessus tout une qualité, un avantage qui en fait une ville unique : il a sa physionomie qui n'est qu'à lui ; ses mœurs qui ne sont qu'à lui ; sa vie qui n'est qu'à lui ; en un mot, il est Paris.

PARIS NOUVEAU

PREMIÈRE SECTION
GUIDE PRATIQUE

I
CONSEILS PRÉLIMINAIRES

ENTRÉE EN GARE

Cinq minutes avant l'heure de l'arrivée à Paris, le premier soin d'un voyageur ou d'une voyageuse qui a passé toute une journée ou toute une nuit, ou seulement quelques heures en chemin de fer, c'est d'abord de réparer, autant que possible, le désordre inévitable de sa toilette, et, ensuite, de réunir avec soin les divers objets dont on s'est chargé soi-même. De cette façon, lorsque le train entre en gare, on peut sortir sans précipitation du wagon qu'on occupe, et on est sûr de n'y rien oublier. Dès qu'on en est descendu, on prépare son billet que l'on tient à la main afin d'être plus prompt à le remettre à l'employé chargé de le recevoir, puis on se rend en toute hâte dans la salle des bagages. On demande les siens avec son bulletin d'enregistrement, et on s'arme de patience et de résignation, car ce n'est pas tout que de découvrir ses malles, ses cartons et ses caisses parmi les nombreux colis qui sont étalés dans cette salle sur l'immense table où on les dépose pêle-mêle. Après s'être assuré qu'aucune erreur n'a été commise et qu'on a bien sous ses yeux tous les objets qu'on est en droit de réclamer, il faut, avant d'emporter ses effets, les soumettre à la visite des agents de la douane. Ce qu'on a de mieux à faire, c'est de se prêter à cette visite de bonne grâce, en ouvrant tout avec empressement et en montrant tout avec docilité. On en abrége ainsi la durée en prouvant qu'on ne songe ni à violer la loi, ni à frauder le Trésor, et comme on préside soi-même à cette investigation, elle se fait alors avec plus de précaution pour tout ce qui se brise, se déchire, se froisse ou se fane.

DÉPART DE LA GARE.

Les personnes qui ne doivent pas séjourner à Paris et qui ne font que traverser cette ville trouveront, dans le voisinage de la gare d'arrivée, des hôtels suffisamment confortables où elles pourront descendre sans inconvénient et où elles devront faire porter ou conduire leurs effets par un facteur de l'administration du chemin de fer, dès qu'elles seront libres de quitter la salle des bagages, avec leurs malles, leurs cartons et leurs caisses.

Toutefois, ce mode accidentel d'installation ne peut convenir qu'aux voyageurs ou aux voyageuses de passage, qui, n'arrivant à Paris que pour en repartir presque aussitôt, n'ont aucun intérêt à faire une longue course et à perdre un temps précieux dans le seul but d'aller à la recherche d'une chambre ou d'un logement à leur convenance dans un quartier de leur choix. En effet, toutes les gares sont situées à une extrémité quelconque, également éloignées des centres de plaisirs et d'affaires. Du reste, les hôtels dont elles sont environnées ne servant pas d'habitude à de longs séjours, ne sont point organisés pour une destination de cette nature et offrent par conséquent peu de variété de prix et de facilités d'arrangement aux familles de la province ou de l'étranger qui viennent habiter quelque temps, pour s'instruire et se distraire, la splendide métropole du monde des arts et des lettres.

Mais, que faire à son arrivée à Paris? où se rendre en sortant de la gare? Premièrement, on devrait savoir d'avance ce que l'on désire, on devrait avoir arrêté, en partant, le système d'installation et la façon de vivre qu'on préfère; on devrait choisir, avant de monter en chemin de fer, non-seulement le quartier, non-seulement la rue, mais même l'établissement où on veut loger. Alors, on n'aurait qu'une seule chose à faire : se procurer, au plus vite, soit une voiture de place, soit une voiture sous remise sur laquelle on ferait charger ses bagages par l'un des facteurs de service et se faire conduire directement là où l'on a l'intention de fixer son domicile pour toute la durée de son séjour.

Ce moyen de transport et de locomotion est à la fois le plus rapide, le plus commode et le plus économique. Il est de beaucoup préférable aux commissionnaires qui ne peuvent que porter les effets et qu'il faut escorter à pied, et aux *omnibus spéciaux* des chemins de fer, qui stationnent aux abords de toutes les gares, attendant l'arrivée des trains. En effet, ces omnibus suivent une route déterminée dont ils n'ont pas le droit de s'écarter, et par conséquent il est rare qu'on ne soit pas obligé d'en descendre, avant d'être arrivé à l'hôtel où l'on doit s'arrêter. Ils ne peuvent convenir qu'au retour d'une excursion de plaisir dont on revient sans bagages, car alors il peut suffire d'être conduit à proximité de sa demeure.

Il y a bien encore les *omnibus de famille*, dans lesquels une famille entière, quel que soit le nombre de ses membres, peut trouver place avec tous ses bagages; mais il faut écrire à l'avance et prévenir du jour et de l'heure de son arrivée. Cette obligation crée une gêne sur laquelle on ne passe que lorsqu'on est trop nombreux et qu'on a trop de bagages pour se contenter d'une voiture ordinaire.

Malheureusement on a souvent le tort de partir pour Paris, à l'aventure, sans avoir réfléchi à rien, sans être renseigné sur rien, et alors on y arrive dans l'ignorance absolue du quartier où l'on veut loger, de l'établissement où l'on doit descendre et de la manière de vivre qu'il convient d'y adopter, pour mettre d'accord ses goûts et ses intérêts, les convenances de sa position et ses moyens de dépenses.

Dans cette dernière hypothèse, le plus sage et le plus prudent, c'est d'imiter, tout d'abord, les personnes qui ne font que changer de chemin de fer et qui passent presque instantanément d'un train à un autre train, en séjournant vingt-quatre heures dans l'un des hôtels situés dans le voisinage de la gare d'arrivée. De cette façon on a la faculté de s'informer, le loisir de voir et de juger par soi-même, le temps enfin de s'éclairer, et on s'installe ensuite, en connaissance de cause, d'une manière définitive, dans le quartier et dans l'établissement qu'on a choisis, après avoir discuté et fait ses conditions.

INSTALLATION DE SÉJOUR.

Le mode d'installation que l'on doit adopter et le quartier où l'on doit se fixer pour le temps de son séjour à Paris dépendent tout à la fois de la durée de ce séjour, du but qu'on se propose, des goûts que l'on a, de l'âge, du caractère, de la fortune, du sexe même et aussi du nombre.

Des indications générales seraient insuffisantes pour diriger les lecteurs et les lectrices de ce livre dans un choix qui est l'acte préliminaire le plus important d'un voyage à Paris, puisque ce choix a une influence quotidienne et permanente sur le plus ou moins de facilités qu'on y trouve pour ses plaisirs ou ses affaires, et sur l'emploi, plus ou moins intelligent, plus ou moins profitable, de l'argent qu'on y dépense.

On va donc entrer ici dans les détails les plus complets et les plus divers, afin de répondre, autant que possible, par la multiplicité des renseignements à la variété des hypothèses qui peuvent se présenter, à la diversité des situations qui peuvent se rencontrer. Toutes les personnes qui consulteront ce guide seront, dès lors, certaines d'y trouver, dans cette sphère d'informations, celles qui leur sont spécialement applicables et pratiquement utiles.

Il y a d'abord les catégories de voyageurs de la province et de l'étranger, qu'on peut qualifier d'exceptionnelles. Ainsi, les personnages de haut rang ou simplement les grands personnages qui viennent à Paris avec ou sans caractère officiel. Ceux-là n'ont qu'un seul mode d'installation possible et qui, du reste, leur est habituel. S'ils arrivent avec la pensée d'un long séjour, ils louent un hôtel particulier dont ils font leur résidence privée, et s'y établissent comme ils pourraient le faire s'ils devaient habiter la France à perpétuité. S'ils ne viennent qu'en voyageurs de passage, ils font louer, à l'avance, dans l'un des deux grands hôtels meublés, hors ligne, qui, seuls, peuvent les recevoir et qui seront indiqués plus loin, de vastes appartements où ils s'organisent avec leur suite, sans regarder à la dépense, aussi confortablement et aussi luxueusement que s'ils prenaient possession d'une habitation permanente.

Il y a ensuite les ecclésiastiques et les malades. Les uns et les autres adoptent de préférence, quelle que soit la durée de leur séjour, les rares hôtels meublés spéciaux qui conviennent, ceux-ci, aux premiers, à raison de leur caractère, ceux-là, aux seconds, à raison de leur état, et qui seront également signalés plus loin dans ce guide pratique. Les uns sont unanimement adoptés par le clergé ; dans les autres on rencontre l'ensemble de facilités que le soin de sa santé exige.

Il y a enfin les voyageurs de commerce. A ceux-là, ce guide pratique ne peut rien apprendre en ce qui concerne le mode d'installation et la manière de vivre qu'il convient d'adopter. En effet, appelés souvent à Paris par leurs affaires, ils s'y sont fait, en connaissance de cause, pour le logement et la nourriture, des habitudes qui ont impérieusement leur raison d'être dans le motif de leur voyage et le but de leur séjour. Aussi subordonnent-ils ces deux questions, si importantes pour d'autres, si secondaires pour eux, à ce motif et à ce but, qui consistent généralement dans le désir de vendre ou d'acheter des marchandises quelconques. Or, la nature de ces marchandises, en leur imposant des relations forcées, leur impose également un quartier, un hôtel meublé, un restaurant, dont le choix est indépendant des considérations auxquelles obéissent ordinairement ceux qui ne font qu'une simple excursion d'agrément. Néanmoins, ils trouveront plus loin des indications spéciales dont pourront profiter, du moins, ceux qui débutent dans cette carrière.

Le grand nombre de voyageurs et de voyageuses de la province et de l'étranger, de tous rangs, qui viennent visiter Paris, en dehors des catégories exceptionnelles dont il vient d'être parlé, peut se diviser en trois classes principales : les personnes riches, les personnes aisées et les personnes gênées.

Une famille riche peut, à la rigueur, louer dans le quartier qu'il lui plaît d'habiter, un appartement vide, distribué à sa convenance, et le faire garnir par un tapissier, qui reprend ses meubles, lorsqu'elle le quitte; mais ce système a des inconvénients de diverses sortes. D'abord, il oblige à avoir affaire à deux personnes : au propriétaire de la maison et au loueur du mobilier. C'est déjà une complication inutile, qui donne plus d'embarras et qui offre rarement un avantage de situation, tandis qu'elle conduit généralement à un surcroît de dépense.

En effet, le prix de location d'un appartement vide, réuni au prix de location d'un mobilier fourni par un tapissier, qui fait entrer dans ses calculs l'usure et la dépréciation de ce mobilier par un usage de quelques mois, forment ordinairement une somme plus élevée que l'unique prix de location d'un appartement meublé qui serait situé dans le même quartier et au même étage et qui, ayant la même grandeur et la même disposition, réunirait, en outre, les mêmes conditions de luxe et de confortable.

Ensuite on loue rarement un appartement vide de quelque importance sans un bail d'au moins trois années. Enfin, les locations de ce genre qui se consentent sans bail se font, dans tous les cas, de trimestre à trimestre, à quatre époques de l'année déterminées, et avec l'obligation, pour le locataire, lorsqu'elles atteignent seulement le chiffre modeste de quatre cents francs par année, de donner congé au propriétaire de l'appartement qu'il occupe dans sa maison, trois mois à l'avance.

Des locations faites dans de telles conditions ne peuvent convenir à des étrangers dont les arrivées et les départs ont lieu à toutes les dates de l'année, et qui sont exposés à repartir comme ils arrivent, à l'improviste.

Mais une famille riche qui doit séjourner à Paris pendant une année, pendant un semestre ou seulement pendant un trimestre, aurait tort de s'établir dans un hôtel où on mange en même temps qu'on y loge, et où l'on reçoit indistinctement tous les étrangers qui se présentent, que ce soit pour un an, un mois, ou seulement pour une semaine, cet hôtel fût-il de premier ordre. La même installation lui coûtera toujours moins cher dans une maison dont le propriétaire borne uniquement ses spéculations à de simples locations au mois d'appartements meublés. Là, du moins, elle pourra s'organiser à sa guise, avec sa cuisinière et sa domesticité. Elle gagnera à ce système une importante économie relative sur sa dépense normale pour la nourriture, le chauffage et l'éclairage, car tous ces objets ne lui coûteront que le prix réel qu'ils coûtent à tous les ménages parisiens, et non le prix de fantaisie auxquels ils reviennent dans un établissement dont le propriétaire spécule sur tout, sur le bois ou le charbon comme sur la bougie et jusque sur sa politesse et son sourire.

Il n'y aura pas seulement économie, il y aura aussi agrément pour cette famille, car elle sera bien plus chez elle, moins exposée à la fatigue qui résulte du mouvement perpétuel des allées et des venues, au bruit qui remplit nécessairement, à toute heure de jour et de nuit, un établissement où constamment les arrivées succèdent aux départs, les départs aux arrivées et à l'inconvénient des rencontres équivoques sur l'escalier, dans la cour et sous la porte. Enfin sa nourriture sera plus conforme à ses goûts et à ses habitudes, et, étant servie par ses propres domestiques, ils seront davantage à ses ordres que ne pourraient l'être ceux d'un établissement public qui sont à tout le monde.

La recherche d'un appartement meublé pour une famille riche ne saurait être longue. Si ce sont des provinciaux, ils circonscriront cette recherche au rayon qui embrasse la rue de Rivoli, depuis la rue de Marengo jusqu'à la place de la Concorde, la ligne des boulevards, depuis la place de la Madeleine jusqu'à la rue de Richelieu, et tout le quartier qui se développe entre la rue Saint-Lazare et cette même ligne de boulevards, depuis la rue Laffite jusqu'à la rue Tronchet et à la rue du Havre.

Les étrangers étendront cette même recherche, soit à tout le quartier des Champs-Élysées, jusqu'à la place de l'Étoile, soit à tout le quartier du boulevard Malesherbes, jusqu'au parc de Monceaux, ainsi qu'aux boulevards et aux voies qu'on vient d'ouvrir dans cette région qu'une baguette de fée semble avoir métamorphosée, tellement sa récente transformation a été rapide et complète. Là, ils trouveront l'air et l'espace qu'ils aiment, avantages qu'apprécient surtout les Anglais, les Russes et les Américains qu'on y trouve en si grand nombre, qu'ils semblent y former trois colonies compactes et distinctes.

Il est des familles riches qui, cependant, sont dans la nécessité de limiter leur dépense, à raison du grand nombre des membres dont elles se composent. Il faut à ces familles de spacieux appartements, dont le prix de location ne soit pourtant pas trop élevé. Celles-là feront bien de s'établir de préférence dans ce qu'on appelle encore, par habitude et par tradition, le faubourg Saint-Germain, entre la rue de Varennes, la rue de Lille, la rue Bonaparte et la rue de Bourgogne. Dans cet espace, elles trouveront, pour un chiffre relativement modeste, des appartements meublés, moins élégants peut-être, de ce qu'on pourrait appeler l'élégance moderne, mais qui contiendront, avec des pièces plus vastes et plus aérées, selon l'ancien mode de construction, davantage de ces dépendances accessoires qui contribuent à la commodité d'un logement.

On peut rencontrer également, dans des conditions matérielles analogues, des appartements meublés d'un caractère plus moderne, dans tout l'espace compris entre la rue Saint-Lazare, la rue de Clichy, la rue des Martyrs et l'ancien boulevard extérieur, espace qui s'étend, en montant, jusqu'à l'entrée des anciennes communes de Batignolles et de Montmartre. Enfin, les familles riches qui par goût, par raison, ou par convenance, cherchent à la fois le calme et l'économie et qui en même temps n'ont pas à s'inquiéter des distances se logeront, soit dans l'île Saint-Louis, soit dans le quartier du Luxembourg, soit au Marais. C'est dans ces trois régions qu'elles trouveront, à la fois, plus de silence et de solitude et les appartements meublés les moins chers. Un ménage peut s'y installer grandement pour 250 francs par mois avec des enfants. Dans les parties du faubourg Saint-Germain qui se rapprochent de la Seine ou dans le quartier qui s'étend de la rue Saint-Lazare à l'ancien boulevard extérieur, entre la rue de Clichy et la rue des Martyrs, le même ménage devra payer, pour être à son aise, au moins 300 fr., et devra souvent aller jusqu'à 350 et même 400 fr. par mois. Partout ailleurs, il devra consacrer à son loyer, pour être convenablement logé, 500, 600 ou 700 fr. par mois, selon qu'il sera dans une rue plus ou moins commerçante et animée, plus ou moins silencieuse et écartée. Il lui sera difficile de s'installer un peu à l'aise et avec luxe, sur la ligne des boulevards, dans la rue de Rivoli, la rue Royale, sur la place Vendôme, dans la rue Castiglione, la rue de la Paix, ou l'avenue des Champs-Élysées, à moins d'environ 1000 fr. par mois. Mais à ce prix, il sera assurément beaucoup mieux en appartement qu'à l'hôtel.

Une famille riche, qui ne doit séjourner à Paris au plus que six semaines, agira de tout autre manière. Elle ne s'imposera pas l'embarras d'une installation de ménage pour un séjour d'aussi peu de durée. Elle amènera avec elle le moins de domestiques possible; il lui suffira, dans tous les cas, d'une femme de chambre et d'un valet de chambre. Comme elle devra vivre beaucoup plus dehors que dedans, et qu'elle n'aura généralement ni relations de société à suivre, ni visites à rendre ou à recevoir, elle choisira un quartier situé au centre même des plaisirs et des affaires et y louera, dans un hôtel de premier ordre, un appartement confortable composé du nombre de chambres à coucher qui lui sera nécessaire, avec ou sans salon, selon ses convenances, mais avec une salle à manger où elle pourra prendre ses repas à ses heures. Elle aura soin de bien établir ses conditions en entrant et de bien déterminer les prix de tout ce qui peut être arrêté d'avance. Il pourra lui être avantageux de faire une convention au mois, ou à la quinzaine, ou au jour, pour le logement et la nourriture. Mais moins elle devra rester de temps à Paris, mieux elle fera de ne pas choisir ce système qui gênerait son indépendance, en la forçant de rentrer régulièrement à l'hôtel pour le déjeuner et le dîner, ou à payer les repas qu'elle serait obligée cependant de ne pas prendre, les jours où elle sortirait de bonne heure pour ne rentrer que très-tard. Il lui sera encore plus commode et plus économique de se faire servir à la carte dans son appartement, lorsque cela lui conviendra, et de rester libre de déjeuner ou de dîner au restaurant, soit dans Paris, soit à la campagne, chaque fois qu'elle en aura la fantaisie. Lorsqu'elle mangera au restaurant, elle ira toujours dans un établissement de première classe; mais elle examinera avec soin la carte à payer, et ne craindra pas de discuter les prix de fantaisie qui pourraient y figurer, sans que rien en justifiât l'élévation.

Un homme riche, qui est seul, eût-il l'intention de séjourner un an à Paris, doit raisonner et agir d'une tout autre manière que s'il était chef de famille. Il doit s'épargner à tout prix les embarras d'un ménage, surtout s'il est jeune encore et s'il est exposé à se coucher et à se lever tard, à déjeuner et à dîner à toute heure, à souper souvent, à découcher quelquefois et par conséquent à n'avoir de régularité que dans l'irrégularité.

Celui-là doit simplement s'installer, avec ou sans valet de chambre, selon sa fantaisie, au centre même des plaisirs et des affaires, dans un hôtel de premier ordre où il mange simplement à la table d'hôte, quand cela lui plaît, avec la faculté, lorsqu'il ne lui convient pas d'y prendre ses repas, de déjeuner, de dîner et de souper, là où bon lui semble, mais toujours dans un restaurant de premier ordre.

Les familles dont la fortune peut être classée seulement parmi les fortunes moyennes qui constituent l'aisance et non la richesse et qui, par conséquent, sont tenues de mettre beaucoup d'ordre dans leurs dépenses pour se procurer toutes les jouissances de la vie sans se créer d'embarras, en sacrifiant le luxe et la représentation au confortable, devront, comme les familles riches, louer un appartement meublé au mois, si elles ont l'intention de faire à Paris un séjour de quelque durée. Seulement elles ne choisiront ni la ligne des boulevards qui va de la place de la Madeleine à la rue de Richelieu, ni la rue de Rivoli depuis la rue de Marengo jusqu'à la place de la Concorde, ni la rue de la Paix, ni la place Vendôme, ni la rue Tronchet, ni même la grande avenue des Champs-Élysées. Elles y seraient logées tout à la fois trop étroitement et trop chèrement. Elles n'iront pas davantage, à moins de raisons spéciales, s'établir dans un quartier situé à l'une des extrémités de Paris et elles se garderont bien d'aller dans l'avenue de Neuilly, au Marais ou dans le voisinage de l'Observatoire. Là, elles seraient condamnées à passer toutes leurs soirées dans l'isolement et l'ennui ou à prendre constamment des voitures, même pour jouir simplement du charme si attrayant qu'offre aux étrangers le spectacle toujours varié, toujours nouveau, d'une promenade sur les boulevards ou dans les rues qu'animent perpétuellement le brillant étalage des magasins et le splendide éclairage des cafés. Il en serait de même le jour pour toutes les courses qu'elles auraient à faire. Elles ne pourraient rien voir à pied, sans s'exposer à une extrême fatigue, et ne pourraient jamais sortir de leur demeure, même pour de modestes emplettes, sans être obligées de faire la dépense d'une course de voiture de place ou de voiture sous remise.

Les familles aisées qui doivent passer au moins trois mois à Paris, et y vivre avec autant d'économie que possible, sans se condamner à des privations qu'on ne saurait s'imposer dans un voyage d'agrément, choisiront donc un quartier assez rapproché du centre des plaisirs et des affaires pour qu'elles puissent se rendre, le soir, à pied, dans ce centre où elles se trouveront aussitôt au milieu du mouvement de ce qu'on nomme la vie parisienne. Dans l'espace, déjà cité, compris entre la rue Saint-Lazare, la rue de Clichy, la rue des Martyrs et surtout en s'éloignant encore un peu plus, soit à droite, soit à gauche, ou bien en montant un peu plus haut, et enfin dans quelques rues moins somptueuses et plus écartées du quartier de la Madeleine, du quartier du Palais-Royal, du quartier du Grand-Opéra, du quartier de la Boule-Rouge et du quartier des Tuileries, elles trouveront aisément des appartements meublés bourgeois qui leur coûteront 150, 200 et 250 fr. par mois, et où elles pourront être plus convenablement installées que dans un hôtel. Elles se garderont bien, dans cette condition, de faire leur ménage et d'avoir leur cuisinière. Elles auront tout au plus une femme de chambre. Elles s'entendront avec un restaurateur du voisinage, de bonne composition, qui leur enverra leur déjeuner et leur dîner, tout préparés, à des prix modérés, les jours où il ne leur conviendra pas d'aller au restaurant. Lorsqu'elles mangeront dehors, elles iront habituellement, soit dans un restaurant, à la carte, de second ordre, soit dans un restaurant, à prix fixe, de première classe, seul moyen de faire de bons et copieux repas, en limitant sa dépense.

Les familles aisées qui ne devront pas rester à Paris plus de trois semaines devront se borner à descendre dans un hôtel de second ordre, situé à proximité des promenades du soir, en se réservant la faculté de déjeuner ou de dîner dehors, soit dans un restaurant, à la carte, de second ordre, soit dans un restaurant, à prix fixe, de première classe, selon la dépense qu'elles voudront faire.

Un homme seul qui, sans trop regarder à sa dépense, doit cependant la limiter et qui veut habiter quelque temps Paris, peut comprendre son installation de diverses manières. S'il aime le bruit, le mouvement, l'apparat, il peut sacrifier surtout à son logement et au quartier, et s'installer dans un hôtel de premier ordre, au centre même des plaisirs et des affaires, et manger ensuite modestement dans un restaurant à prix fixe de première classe, ou dans un restaurant à la carte de seconde classe. Il peut encore choisir, à proximité de ce même centre, mais dans une rue sans mouvement commercial et d'un prix moins cher, un hôtel de second ordre, où il y ait une table d'hôte de seconde classe et où il ait la faculté d'être logé et nourri au mois comme dans une pension de famille. Ce système serait, à coup sûr, le plus économique et le plus commode, et lui laisserait plus d'argent disponible pour toutes ses autres dépenses. Avec 300 fr. par mois environ, il aurait un petit appartement de garçon et une nourriture saine et abondante. Enfin, il peut louer dans un quartier de son choix un appartement meublé suffisant pour s'y établir avec un valet de chambre, ne déjeuner chez lui que par accident, et manger d'habitude, soit dans un restaurant à la carte de second ordre, soit à une table d'hôte de seconde classe, soit dans un restaurant à prix fixe de première classe, selon le jour et la circonstance. Il sera à la fois plus indépendant dans sa vie intérieure, plus libre dans sa vie extérieure, mais il dépensera davantage pour son service, sa table et son logement, et, par conséquent, aura moins d'argent à consacrer à ses plaisirs, à sa toilette et à ses fantaisies.

Une dame seule, qu'elle soit très-riche ou simplement aisée, qui vient habiter Paris pendant quelque temps, si indépendante de caractère et de situation qu'elle puisse être, devra s'installer, avec sa cuisinière et sa femme de chambre, dans un appartement meublé qu'elle choisira dans le faubourg Saint-Germain, dans le quartier des Italiens, ou dans la région des Champs-Élysées, selon la vie qu'elle devra mener et surtout selon la manière dont elle se proposera de passer ses soirées. Au surplus, comme elle sortira beaucoup en voiture, la question de distance pourra n'en pas être une pour elle. Cette manière de vivre sera en même temps plus convenable et plus commode, surtout dans le cas où elle aurait des relations de famille et de société et devrait recevoir des visites de femmes et d'hommes du monde.

Mais une dame seule, voyageant avec ou sans femme de chambre, qui ne doit rester à Paris que quelques jours qu'elle doit utiliser le mieux possible et qui est au moins très-aisée, sinon très-riche, devra sans hésiter se loger, plus au moins grandement, plus ou moins luxueusement, selon sa fortune, dans un hôtel meublé de premier ordre, où elle se fera servir à manger dans sa chambre ou son appartement, qui sera situé au centre des beaux quartiers et à proximité des principaux théâtres.

Les conseils et les indications qui précèdent s'adressent, dans leur généralité, aux deux premières classes de voyageurs et de voyageuses de la province et de l'étranger qui visitent Paris, attirées par la curiosité vers cette ville unique et qui font, en s'y rendant, une excursion de plaisir. Ces deux catégories pouvant à peu près ce qu'elles veulent, il est possible de les diriger dans leur installation, de façon à leur faire choisir celle qui convient le mieux à leur goût, à leur fortune, à leur situation et à leur caractère. Mais que dire à ceux qui font comme ils peuvent? Leur manière de s'arranger dépend de tant de circonstances diverses qui leur sont personnelles, qu'eux seuls, pour ainsi dire, sont en état de bien savoir de quelle façon ils doivent s'installer et vivre.

Bien des familles rêvent un voyage à Paris pendant des années, avant de réaliser leur vœu. Puis un événement survient qui leur permet enfin d'accomplir cette excursion tant désirée. Mais elles n'y peuvent, néanmoins, consacrer qu'un temps limité et une somme restreinte. D'autres familles ne songeaient guère à visiter cette cité si renommée pour ses monuments et ses plaisirs. Tout à coup, une circonstance inattendue les appelle à la traverser, et alors elles se décident à y séjourner pendant une semaine. Mais elles sont également tenues de n'y faire qu'une dépense relativement modique.

A moins qu'une raison toute personnelle, qu'une circonstance tout accidentelle n'appelle ces familles à se loger à une extrémité quelconque de Paris, elles s'installeront, du mieux qu'elles pourront, en se resserrant, dans un hôtel meublé d'ordre inférieur, où du reste, elles ne feront guère que coucher, et qui sera très-rapproché du rayon dans lequel se concentrent le mouvement et l'animation de la vie parisienne. De cette façon, elles feront une économie d'argent en faisant une économie de temps qui leur permettra de substituer souvent une course à pied, ou tout au moins une course en omnibus, à une course en voiture de place ou en voiture sous remise. Elles se rendront chaque jour sur un point à visiter en suivant le programme particulier, qui leur est spécialement applicable et qu'elles trouveront plus loin dans ce guide pratique. Elles déjeuneront et dîneront en route dans un restaurant, soit un restaurant à la carte de troisième ou même de quatrième ordre, soit dans un restaurant à prix fixe de seconde ou même de troisième classe, selon la somme qu'elles pourront consacrer à cette nature de dépenses. Ce dernier système sera préférable, sous le rapport de l'économie, en leur permettant de limiter plus sûrement leur dépense.

Un mari et une femme qui viendront, sans enfants, passer ainsi huit jours à Paris, et qui seront obligés de regarder de très-près à leur dépense, agiront comme ces familles et adopteront le même mode d'installation, la même manière de vivre, avec cette différence que n'ayant besoin que d'une seule chambre, ils seront plus commodément logés qu'une famille, pour un prix moindre, et qu'ils pourront plus aisément se permettre le restaurant à la carte de troisième ordre, ou, s'ils le préfèrent, un restaurant à prix fixe de seconde classe.

Il en sera également de même d'un homme seul dont la situation sera pareille, et qui viendra faire seulement une pointe sur Paris, pendant ses vacances de professeur universitaire, ou d'avocat stagiaire. Il ne cherchera pas à économiser quelques francs sur le prix du loyer de sa chambre en allant dans le quartier de l'Odéon. Il s'installera dans un modeste hôtel du quartier du Palais-Royal ou du quartier du Grand-Opéra. Il mangera partout où le conduiront ses excursions quotidiennes, soit dans les restaurants, à la carte, de troisième ou de quatrième ordre, soit dans les restaurants, à prix fixe, de seconde ou de troisième classe, selon l'état de sa bourse.

Les ménages avec ou sans enfants, et les hommes seuls, obligés à une stricte économie dans leurs dépenses quotidiennes, qui, par une raison quelconque, sont dans l'intention de faire à Paris un séjour de quelque durée, préféreront à la vie d'hôtel et de restaurant les établissements de création moderne qu'on désigne sous le titre de pension de famille et qui en ont réellement le caractère. Le choix d'une pension de ce genre, qu'il ne faut pas confondre avec la pension bourgeoise du quartier Latin, de l'ancienne banlieue ou de la rue Copeau, est très-délicat, car il peut s'en trouver qui ne soient pas une demeure convenable, même pour des hommes de bonne éducation, à plus forte raison pour les dames d'honnête compagnie et surtout pour les demoiselles. Ces maisons, en outre, ont l'inconvénient d'être généralement placées dans des quartiers éloignés. On en rencontre peu dans le centre des plaisirs et des affaires où il leur serait impossible de s'organiser dans des conditions économiques. Les plus anciennes sont établies dans le faubourg Saint-Germain. Les plus nouvelles, celles qui sont le plus heureusement situées se trouvent dans la région des Champs-Élysées, à droite et à gauche de la l'avenue, dans les rues avoisinantes. Mais cet inconvénient de l'éloignement est largement compensé par les avantages qu'offre ce système pour toutes les bourses modestes. En effet, on y trouve la régularité dans les repas, une nourriture plus hygiénique et plus de fixité dans le règlement de sa dépense. Du reste, la question de la distance a moins d'importance lorsqu'on doit rester quelques semaines à Paris, puisque alors on a le temps de tout voir et de tout visiter à l'aise.

Les dames seules, surtout, qui sont peu aisées et qui, par conséquent, voyagent sans femme de chambre, devront, par convenance autant que par calcul, préférer une installation dans une pension de famille à toute autre organisation, de quelque durée que doive être leur séjour à Paris, cette durée ne fût-elle que d'une semaine. C'est spécialement pour elles que sont institués ces établissements où l'on rencontre, principalement dans la région des Champs-Élysées, un grand nombre de voyageuses anglaises, américaines et russes.

Quelque économie qu'on puisse trouver dans une pension de famille, ce mode d'installation ne permet pas cependant de faire descendre le chiffre de la dépense pour le logement, la nourriture et le service, aussi bas que si on était mal logé dans un méchant hôtel meublé, mal situé, et mal nourri dans un mauvais restaurant à la carte ou à prix fixe. Cette nature de frais dans ce genre d'établissement ne peut guère être au-dessous de 150 francs, et le plus souvent elle s'élève à 200 francs par mois et par personne. Lorsqu'on ne s'y installe que pour une semaine, on doit calculer à peu près sur une somme de 50 à 75 francs par chaque voyageur ou voyageuse.

Mais on ne doit pourtant pas supposer que les voyageurs et les voyageuses qui se donnent le luxe d'une excursion d'agrément en soient réduits à cette dure nécessité d'être volontairement logés et nourris comme des familles dans la détresse ou des célibataires dans la pauvreté.

Ce *Guide pratique* ne s'adresse qu'aux personnes qui viennent à Paris dans un but de distraction, d'instruction ou même d'ambition, mais qui ont, si modestes qu'elles soient, des ressources certaines pour y pourvoir à leurs dépenses quotidiennes. Il n'y a ni conseils, ni renseignements utiles à donner à ceux qui s'y rendent, sachant qu'ils devront y vivre à l'aventure et au jour le jour, et qui sont condamnés à y épuiser leurs derniers et faibles moyens d'existence, en attendant l'emploi qu'ils ont l'imprudence d'y venir chercher. On s'abstiendra donc de s'occuper, à cette place, de ces deux classes de la population flottante qui appartiennent de droit, comme les diverses classes de la population permanente, au tableau des mœurs de cette cité exceptionnelle qui est moins aujourd'hui la capitale de la France que le vaste caravansérail des deux mondes. C'est dans ce même tableau, qui forme, sous le nom de *Guide pittoresque*, la troisième section de ce livre, que se trouve la revue générale de tous les lieux d'habitation, de consommation et de distraction que leur physionomie excentrique ou leur nature exceptionnelle classe parmi les curiosités de la vie parisienne, dont ils forment l'un des traits caractéristiques. Ici, on se bornera à indiquer plus loin les hôtels et les restaurants de premier et de second ordre et les établissements spéciaux importants, de façon à éviter aux voyageurs et aux voyageuses de la première et de la seconde catégorie de trop longues recherches et de trop cruelles expériences. Les hôtels et les restaurants de troisième ordre sont trop nombreux et touchent de trop près, d'ailleurs, aux hôtels et aux restaurants de quatrième ordre, pour qu'il soit possible de faire entre eux un choix sûr et équitable. Ce sont de ceux, du reste, qu'on adopte communément, sur leur seule apparence, surtout lorsqu'on n'y est pas conduit par une circonstance spéciale et personnelle.

II

RENSEIGNEMENTS GÉNÉRAUX.

Les provinciaux et les étrangers qui viennent à Paris en voyageurs ne sont pas dans une situation tout à fait identique. Les premiers sont tous soumis, en vertu des lois existantes, à l'obligation du passe-port à l'intérieur. Mais cette obligation est tellement tombée en désuétude que personne ne songe plus à la remplir avant de se mettre en route. Autrefois les étrangers étaient tous indistinctement astreints à l'obligation rigoureuse d'un passe-port, délivré par les autorités de leur pays, et visé à l'ambassade ou à la légation de France. Aujourd'hui cette formalité est supprimée pour beaucoup d'entre eux, et le jour n'est pas éloigné où elle n'existera plus pour personne, soit qu'on parte, soit qu'on arrive. Néanmoins, à défaut de passe-port, on doit, par prudence, se munir d'un document quelconque, d'une authenticité certaine, qui puisse servir, au besoin, à constater son identité. C'est une pièce que l'on garde dans son portefeuille et que l'on exhibe, s'il y a lieu, pour prouver, à qui de droit, qui on est, et éviter ainsi d'être momentanément l'objet d'une erreur compromettante. Du reste, tout voyageur qui est porteur d'un passe-port en règle, soit à l'intérieur, soit de l'étranger, doit se borner à le confier au maître de l'hôtel où il est descendu ou bien au loueur de l'appartement qu'il occupe. Celui-ci le remet à l'agent de police chargé de vérifier chaque jour son registre d'entrées et de sorties. Cet agent le porte, à son tour, à la préfecture de police, où il reçoit le visa d'usage, et il est ensuite restitué à son propriétaire, revêtu de ce visa.

Un voyageur français qui se trouve à Paris sans passe-port, et qui veut en avoir un, soit pour circuler à l'intérieur, soit pour passer à l'étranger, doit, tout d'abord, se faire délivrer un certificat d'identité par le commissaire de police de sa section, en se présentant à ce magistrat, assisté de deux témoins patentés, domiciliés dans les limites de cette même section. Muni de ce certificat il se rend à la préfecture de police, au bureau des passe-ports, où on lui délivre celui qu'il réclame. Il paye deux francs s'il s'agit d'un simple passe-port à l'intérieur, et dix francs s'il s'agit d'un passe-port à l'étranger. Dans ce dernier cas, ce passe-port doit être visé, en outre, d'abord au ministère des affaires étrangères de France, et ensuite à chacune des ambassades ou des légations des pays qu'on se propose de visiter. Cette double formalité est indispensable pour le rendre valable.

Un voyageur étranger ne peut se trouver à Paris sans passe-port qu'autant que cette obligation a été supprimée entre son pays et la France. Il peut donc, dès lors, circuler librement sans cette pièce à l'intérieur. Mais s'il veut se rendre directement de France dans des contrées où l'obligation du passe-port existe pour les voyageurs de sa nation, il doit s'adresser pour s'en faire délivrer un à l'ambassade ou à la légation qui représente à Paris son souverain ou son gouvernement, et le faire viser ensuite aux ambassades et aux légations des pays qu'il se propose de parcourir.

Enfin, les voyageurs qui ne sont pas Français sont exceptionnellement soumis à un régime spécial et discrétionnaire. Ainsi, le préfet de police a le droit de les expulser de France, et de les faire reconduire d'autorité à la frontière de leur pays. D'un autre côté, tout créancier qui justifie qu'il y a péril en la demeure, peut faire incarcérer à la prison pour dettes, en vertu d'une ordonnance du président du tribunal civil de la Seine, rendue sur la simple requête de la partie intéressée, tout débiteur étranger, qu'il soit ou ne soit pas négociant, qu'il ait ou qu'il n'ait pas souscrit de lettre de change.

Toutefois il est extrêmement rare que de semblables mesures soient prises. Les fournisseurs parisiens n'usent guère du droit rigoureux que la loi leur donne que contre les débiteurs de mauvaise foi qui ne viennent en France que pour y faire des dupes. Le préfet de police, enfin, n'expulse que les individus réellement dangereux, qui ne se rendent à Paris que dans le coupable but d'y fomenter des troubles politiques et d'y favoriser des complots contre la sûreté de l'État. Son action, tout à la fois préventive et répressive, sans doute contre les fauteurs de révolution, dans l'intérêt même des honnêtes gens, qui ont tout à gagner à la sécurité et à la tranquillité publiques, est surtout protectrice, puisqu'elle tend sans cesse à préserver la vie et la fortune des étrangers comme des nationaux contre les malfaiteurs de toute espèce.

Les étrangers qui visitent Paris y ont, certainement, plus de sécurité pour leur personne et pour leur argent, que dans aucune autre capitale de l'Europe. La police de sûreté y est très-vigilante et très-zélée. Les violences nocturnes y sont devenues presque impossibles, ou du moins très-rares, grâce à l'ensemble des moyens de surveillance dont l'autorité dispose. Ce dont les voyageurs et les voyageuses de la province et de l'étranger ont surtout à se préserver, ce sont des escrocs de tous genres, des chevaliers d'industrie de tous les pays et des filous de toute nature, qui tenteront d'exploiter leur inexpérience et leur crédulité, et qui imagineront toutes sortes de ruses pour leur extorquer de grosses ou de petites sommes, ou qui profiteront de leur inattention pour enlever leur montre, leurs bijoux ou leur bourse. Si un accident semblable leur arrive, ils doivent immédiatement faire leur déclaration au commissaire de police de la section qu'ils habitent, et ce magistrat fera tout ce qu'il pourra pour leur faire rendre les sommes extorquées, ou restituer les objets volés, et pour faire condamner les auteurs de ces méfaits à la peine qu'ils auront méritée. C'est également à ce magistrat qu'ils doivent s'adresser, en cas de difficulté ou d'altercation d'une nature quelconque. S'ils ont raison ils en obtiendront facilement justice, et sont certains, alors, de trouver auprès de lui une protection efficace. Dans le cas où ils ont à faire réduire le chiffre exagéré d'une note de dépenses, ou à faire vider un différend d'argent avec un fournisseur quelconque, ils doivent s'adresser à la justice de paix de l'arrondissement dans la circonscription duquel ce fournisseur est logé.

Tout voyageur de l'étranger que des circonstances extraordinaires et inattendues rendent victime d'une méprise ou placent dans le cas d'un danger, peut en appeler à la justice ou à la protection du préfet de police et, même au besoin, s'il est dans une situation spéciale, à la justice et à la protection du ministre de l'intérieur. S'il rencontre quelque difficulté à pénétrer promptement jusqu'à eux, il devra d'abord recourir à l'intervention de leur chef de cabinet, qui leur fera accorder, s'il y a lieu, une audience particulière.

Beaucoup de provinciaux viennent à Paris soit pour suivre un procès, soit pour solliciter une place ou un avancement. Eux seuls peuvent savoir ce qu'ils ont à faire à cet égard pour obtenir gain de cause ou pour réussir, sur quel motif repose leur droit, et enfin quels sont leurs titres. On ne peut leur donner ici que des renseignements matériels propres à leur épargner d'inutiles pertes de temps, et leur indiquer où et quand ils doivent se présenter pour les démarches qu'ils ont à faire.

Les voyageurs de la province et de l'étranger sont entraînés les uns et les autres à des correspondances actives soit par la voie ordinaire de la poste, soit par la voie exceptionnelle du télégraphe. Ils peuvent aussi avoir diverses sommes à recevoir ou à envoyer par la poste ; ils ont également des monnaies d'or et d'argent, ou des billets de banque ou d'État à échanger contre de la monnaie d'or et d'argent française, ou des billets de la banque française ; enfin ils peuvent avoir besoin momentanément d'argent et ne pouvoir s'en procurer qu'en engageant des objets de valeur au Mont-de-Piété, ou en empruntant, sur titre, à l'un des grands établissements financiers de Paris.

Il peut aussi arriver accidentellement aux voyageurs de la province et de l'étranger qui séjournent longtemps à Paris, d'avoir des naissances ou des décès à constater et même des mariages à contracter.

Les chancelleries des ambassades, des légations ou des consulats enregistrent les naissances et les décès des voyageurs étrangers ; mais c'est dans les mairies de Paris que les voyageurs français doivent déclarer les naissances et les décès qui surviennent dans leur famille. C'est également dans ces mêmes mairies qu'ils ont à faire consacrer leurs unions matrimoniales. Les étrangers s'adressent, pour ce même objet, à leur ambassade ou à leur légation, et se marient entre eux devant le consul de leur pays.

Toutefois, lorsqu'il s'agit de mariage entre Français et étrangères ou entre Françaises et étrangers, l'intervention de l'un des maires de Paris est indispensable, et, par conséquent, les uns et les autres ont alors des démarches à faire auprès de ces fonctionnaires.

Enfin, bien des familles de la province ou de l'étranger viennent à Paris pour y conduire leurs enfants dans une école spéciale ou une école universitaire.

Il est donc nécessaire de renseigner, sur tous ces points, les voyageurs de la province et de l'étranger, à l'aide d'indications sommaires qui leur servent de guide et qui leur facilitent leurs recherches et leurs démarches. Ils trouveront plus loin ces diverses indications, placées les unes à la suite des autres, selon l'ordre de leur importance et de leur caractère.

GOUVERNEMENT CENTRAL

La constitution de 1852, qui est la base fondamentale du gouvernement impérial, et qui régit en ce moment la France, est une sorte de retour au principe d'autorité, mieux combiné qu'aux temps de Napoléon Ier avec le principe de liberté.

Au sommet de l'État, il y a l'Empereur; immédiatement au-dessous, se placent les trois grands corps de l'empire : le Sénat, composé de membres qui tiennent leurs droits de dignités inamovibles, comme les maréchaux et les cardinaux, et de membres à vie à la nomination du souverain; le Corps législatif, renouvelable tous les six ans, et dont les membres sont élus, par circonscription territoriale, d'après le mode du suffrage universel; le Conseil d'État, composé de conseillers, de maîtres de requêtes et d'auditeurs, tous à la nomination du souverain, comme les sénateurs, mais, en outre, tous révocables. Tous les membres de ces trois grands corps de l'État reçoivent sur le budget de l'État soit un traitement fixe, soit une indemnité annuelle.

Seul responsable vis-à-vis du peuple et de l'opinion des actes de son gouvernement, l'Empereur jouit, comme chef du pouvoir exécutif, de la plénitude des prérogatives naturelles de la souveraineté. Il fait la paix ou la guerre, décide les traités d'alliance et de commerce et dirige la politique intérieure aussi bien que la politique extérieure de la France.

A la vérité, au début de chaque session, le Sénat et le Corps législatif ont maintenant la faculté de dire toute leur pensée sur la marche générale des affaires publiques; mais cette opinion, qu'ils expriment régulièrement et librement dans une Adresse à l'Empereur, n'est que consultative, et ils n'ont aucun moyen de l'imposer au gouvernement, attendu qu'ils n'ont pas le droit de provoquer, par un vote, un changement de ministère, pour arriver, par cette route, à un changement de système.

L'Empereur choisit ses ministres avec une liberté entière, sans que ni le Sénat ni le Corps législatif puissent exercer sur la composition des Conseils de la couronne une influence soit directe, soit indirecte. Toujours étrangers au Corps législatif où ils ne vont jamais, ils sont généralement membres du Sénat, mais ils n'y parlent qu'en leur qualité de sénateurs et non en leur qualité d'agents du pouvoir exécutif.

Les ministres, du reste, n'étant responsables des actes de leur administration que vis-à-vis de l'Empereur, et étant irresponsables vis-à-vis des grands corps de l'État, comme vis-à-vis de la nation, ne doivent et ne peuvent avoir à eux aucune politique. Leur rôle consiste à servir celle de l'Empereur.

Les départements ministériels sont au nombre de dix.

Les ministres réunis sous la présidence de l'Empereur forment le Conseil, qui est complété par trois ministres d'État, sans portefeuille, orateurs officiels du gouvernement, chargés, surtout pendant la discussion de l'Adresse, d'expliquer et de justifier sa politique intérieure et extérieure.

Il existe, en outre, un Conseil privé que l'Empereur convoque dans les circonstances spéciales pour le consulter sur des questions de haute importance.

Le pouvoir de l'Empereur est constitutionnellement très-limité en matière d'impôt et de finance. En effet, s'il propose les lois d'impôt, c'est le Corps législatif qui les vote et, comme chaque année, on doit soumettre à ce corps le budget de l'année suivante; comme aucune taxe n'est obligatoire pour les citoyens, qu'aucune dépense ne peut être faite par le gouvernement, à moins qu'il n'ait autorisé l'une et l'autre, il exerce dans cette sphère spéciale une autorité souveraine.

Une Cour supérieure que l'on appelle Cour des comptes assure, par un contrôle sévère, la stricte exécution des lois de finance. Cette Cour surveille, denier par denier, l'emploi des fonds publics; telle est la régularité du mécanisme financier qui fonctionne en France, qu'il n'est pas possible d'y détourner un centime de sa destination légale. La Cour des comptes se compose de présidents, de conseillers et de référendaires, que l'Empereur nomme, mais qui sont inamovibles.

L'Empereur, au surplus, s'il jouit d'une complète indépendance dans l'exercice du pouvoir exécutif, partage, dans une certaine mesure, avec les grands corps de l'État, la puissance législative. Seul, à la vérité, il a le droit de proposer des lois de toute nature. Mais ces lois, il les fait d'abord étudier par le Conseil d'État, sorte de grand Conseil de l'empire. Si l'avis de ce Conseil n'est jamais obligatoire pour le gouvernement de l'Empereur, il est rare qu'on le rejette, et on le demande toujours, chaque fois qu'il s'agit d'un projet d'utilité publique, d'une mesure ayant un caractère général.

En sortant du Conseil d'État, les lois sont portées au Corps législatif d'où elles vont ensuite au Sénat. L'Empereur ne peut les mettre à exécution qu'après que le Corps législatif les a adoptées et que le Sénat a déclaré ne pas s'opposer à leur promulgation.

Là est la distinction entre le rôle du Corps législatif, qui examine et discute les lois en elles-mêmes, et les adopte ou les rejette, parce qu'il approuve ou condamne leurs dispositions, et le Sénat, qui se borne à les considérer dans leurs rapports avec les principes fondamentaux de la constitution. L'adoption d'une loi par le Corps législatif veut dire qu'il la trouve utile ; la déclaration du Sénat qu'il ne s'oppose pas à sa promulgation veut simplement dire qu'il ne la trouve pas contraire à la Constitution.

Il y a également, pour tout l'empire, dans l'ordre judiciaire, une cour suprême qu'on appelle Cour de cassation, et qui est hiérarchiquement placée sur le même rang que la Cour des comptes. Cette cour ne connaît pas du fond des affaires ; mais elle casse les jugements des Tribunaux de première instance, ou les arrêts des Cours d'appel rendus sur des procédures dans lesquelles les formes ont été violées, ou qui contiennent quelque contravention expresse à la loi, et renvoie le fond du procès à la Cour ou au Tribunal qui doit en connaître.

On compte, enfin, une grande institution centrale ; la Chancellerie de la Légion d'honneur, à laquelle les étrangers ont affaire pour la décoration française, et quatorze directions générales, placées, chacune, sous l'autorité de l'un des dix ministres de l'Empereur.

L'Empereur ne reçoit que sur lettre d'audience ; les demandes d'audience doivent être remises au grand chambellan, au palais des Tuileries.

Les demandes pour assister, le dimanche, à la messe impériale, dans la chapelle des palais impériaux, doivent être adressées au grand aumônier de France, au palais des Tuileries.

Tous les ministres, à l'exception de celui de la maison de l'Empereur, ont le rang de secrétaires d'État.

Le ministre de la *maison de l'Empereur* est chargé de l'administration des bâtiments et domaines de la couronne, de la direction générale des musées impériaux, des manufactures impériales, de la bibliothèque du Louvre. Les bureaux de ce ministère sont sur la place de Carrousel.

La direction générale des musées impériaux est établie dans le palais du Louvre. Elle a dans ses attributions la conservation de tous les objets d'art placés dans les palais du Louvre, du Luxembourg, de Versailles, de Saint-Germain et dans les résidences impériales ; le classement des collections impériales ; les expositions annuelles des artistes vivants, et la distribution des médailles et récompenses décernées à la suite du Salon ; les propositions pour les encouragements aux arts dans leur rapport avec la maison de l'Empereur.

Une seule manufacture impériale est établie à Paris ; c'est celle des **Gobelins**, 270, rue Mouffetard, ouverte le mercredi et le samedi, aux personnes munies de billets délivrés par le ministre de la maison de l'Empereur ou sur la simple présentation d'un passe-port, de une heure à quatre heures.

Les ministres secrétaires d'État sont : le ministre d'État, le ministre de la justice, le ministre des affaires étrangères, le ministre de l'intérieur, le ministre des finances, le ministre de la guerre, le ministre de la marine et des colonies, le ministre de l'instruction publique et des cultes et, enfin, le ministre de l'agriculture, du commerce et des travaux publics.

Le ministre *d'État* a dans ses attributions les rapports du Gouvernement avec le Sénat, le Corps législatif et le conseil d'État ; la correspondance de l'Empereur avec les divers ministères; le contre-seing des décrets portant nomination des ministres, nomination des présidents du Sénat et du Corps législatif, nomination des Sénateurs et concession des dotations qui peuvent leur être attribuées, nomination des membres du Conseil d'État; le contre-seing des décrets de l'Empereur, en exécution des pouvoirs qui lui appartiennent, conformément à la Constitution, et de ceux concernant les matières qui ne sont spécialement attribuées à aucun département ministériel; la rédaction et la conservation des procès-verbaux du conseil des ministres; la direction exclusive de la partie officielle du *Moniteur;* l'administration des archives, des haras, des Beaux-Arts, des Académies, de la Légion d'honneur. L'hôtel du ministre et les bureaux du ministère sont au palais du nouveau Louvre avec entrée rue de Rivoli. Les bureaux particuliers de la direction générale des haras sont dans le même palais.

L'hôtel de la grande chancellerie de l'ordre impérial de la Légion d'honneur est situé quai d'Orsay avec entrée rue de Lille.

La Légion d'honneur a été instituée par la loi du 29 floréal an X ou du 19 avril 1802, pour récompenser les services et les talents militaires et civils. L'administration de l'ordre est confiée à un grand-chancelier, qui travaille directement avec l'Empereur. L'ordre de la Légion d'honneur est composé de chevaliers, d'officiers, de commandeurs, de grands-officiers et de grands-croix. Les membres de l'ordre sont à vie. Le nombre des chevaliers est illimité; celui des officiers est fixé à quatre mille, celui des commandeurs à mille, celui des grands-officiers à deux cents, et celui des grands-croix à quatre-vingts. Les étrangers auxquels est conférée la décoration ne sont point compris dans le nombre ci-dessus fixé. Les étrangers sont *admis* et non reçus. La décoration de l'ordre de la Légion d'honneur consiste dans une étoile à cinq rayons doubles; le centre de l'étoile, entouré d'une couronne de chêne et de laurier, présente d'un côté l'effigie de Napoléon Ier, empereur des Français, avec la légende de *Napoléon, empereur des Français;* et de l'autre côté l'aigle impériale, avec cet exergue: *Honneur et Patrie.* Cette décoration, émaillée de blanc, est en argent pour les chevaliers, et en or pour les grands-croix, les grands-officiers, les commandeurs et les officiers. Les chevaliers portent la décoration en argent, à une des boutonnières de leur habit, attachée par un ruban moiré rouge, sans rosette. Les officiers la portent aussi à une des boutonnières de leur habit, mais en or et avec une rosette au ruban moiré rouge. Les commandeurs portent la décoration en sautoir, attachée à un ruban moirée rouge, un peu plus large que celui des officiers. Les grands-officiers portent sur le côté droit de leur habit une plaque en argent, semblable à celle des grands-croix, mais du diamètre de sept centimètres deux millimètres. Ils continuent en outre de porter la croix en or à la boutonnière. Les grands-croix portent un large ruban moiré rouge passant de l'épaule droite au côté gauche, et au bas duquel est attachée la grande décoration; ils portent en même temps une plaque en argent du diamètre de dix centimètres quatre millimètres, attachée sur le côté gauche des habits et manteaux, et au milieu de laquelle est l'effigie de Napoléon Ier, empereur des Français, avec l'exergue : *Honneur et Patrie*. Ils cessent, ainsi que les commandeurs, de porter la décoration en or à la boutonnière lorsqu'ils sont revêtus des marques distinctives de leur grade. Les membres de l'ordre de la Légion d'honneur portent toujours la décoration. Nul ne peut être admis dans la Légion d'honneur qu'avec le premier grade de chevalier, et après avoir exercé, pendant vingt ans, en temps de paix, des fonctions civiles ou militaires avec la distinction requise, sauf les dispenses accordées, au temps de guerre, pour les actions d'éclat et les blessures graves, et, en tous temps, pour les services extraordinaires rendus à l'État dans les fonctions civiles ou militaires, ainsi que dans les sciences et les arts.

Pour monter à un grade supérieur, il est indispensable d'avoir passé dans le grade inférieur, savoir :

1° Pour le grade d'officier, quatre ans dans celui de chevalier;

2° Pour le grade de commandeur, deux ans dans celui d'officier;

3° Pour le grade de grand-officier, trois ans dans celui de commandeur;

4° Pour le grade de grand-croix, cinq ans de celui de grand-officier.

Chaque campagne est comptée double aux militaires dans l'évaluation des années exigées; mais on ne peut compter qu'une campagne par année, sauf les cas d'exception qui doivent être déterminés par un décret spécial. Outre les cas extraordinaires, il peut y avoir une nomination et promotion dans l'année.

Lorsque les promotions doivent avoir lieu, l'Empereur détermine d'avance le nombre des décorations pour chaque grade, et la répartition s'en fait par le grand-chancelier de l'ordre, sur 40/40es, entre les divers ministères.

Les grands-croix, les grands-officiers, les commandeurs, officiers et chevaliers qui sont convoqués et assistent aux cérémonies publiques, civiles ou religieuses, y occupent des places particulières qui leur sont assignées par les autorités constituées, conformément au règlement sur les préséances.

Pour les honneurs funèbres et militaires, les grands-croix et les grands-officiers de la Légion d'honneur sont traités comme les généraux de division employés, lorsqu'ils n'ont pas un grade militaire supérieur; les commandeurs, comme les colonels, les officiers comme les capitaines, les chevaliers comme les lieutenants.

Des grands-croix et des grands-officiers de la Légion sont désignés par l'Empereur et convoqués par le grand-chancelier pour assister aux grandes cérémonies publiques civiles ou religieuses et funèbres.

On porte les armes aux officiers et aux chevaliers; on les présente aux grands-croix, aux grands-officiers et aux commandeurs.

Institut impérial de France. palais de l'Institut, 25, quai Conti.

L'organisation actuelle de l'Institut impérial de France a été faite par une ordonnance du 21 mars 1816, complétée par une autre ordonnance du 26 octobre 1832 et comprend cinq Académies. Ces Académies prennent rang selon l'ordre de leur fondation, et sont dénommées ainsi qu'il suit, savoir : 1° l'Académie française; 2° l'Académie des inscriptions et belles-lettres; 3° l'Académie des sciences; 4° l'Académie des beaux-arts; 5° l'Académie des sciences morales et politiques.

Chaque Académie a son régime indépendant et la libre disposition des fonds qui lui sont spécialement affectés. Toutefois, l'agence, le secrétariat, la bibliothèque et les autres collections de l'Institut sont communs aux cinq Académies.

Les propriétés communes aux cinq Académies, et les fonds y affectés, sont régis et administrés, sous l'autorité du ministre d'État, par une commission de dix membres, dont deux pris dans chaque académie. Ces commissaires sont élus chacun pour un an, et sont toujours rééligibles.

Les propriétés et fonds particuliers de chaque Académie sont régis en son nom par des bureaux ou commissions, et dans les formes établies par les règlements.

Chaque Académie dispose, selon ses convenances, du local affecté aux séances publiques.

Les cinq Académies tiennent une séance publique commune le 15 août.

Les membres de chaque Académie peuvent être élus aux quatre autres Académies.

L'*Académie française*, composée de quarante membres, est régie par ses anciens statuts. Elle est particulièrement chargée de la composition du Dictionnaire historique de la langue française : elle fait, sous le rapport de la langue, l'examen des ouvrages importants de littérature, d'histoire et de sciences. Elle nomme dans son sein un secrétaire perpétuel, qui fait partie des quarante membres qui la composent

L'*Académie des inscriptions et belles-lettres* est aussi composée de quarante membres. Les langues savantes, les antiquités et les monuments, l'histoire et toutes les sciences morales et politiques dans leur rapport avec l'histoire, sont les objets de ses recherches et de ses travaux ; elle s'attache particulièrement à enrichir la littérature française des ouvrages des auteurs grecs, latins et orientaux qui n'ont pas encore été traduits. Elle s'occupe de la continuation des recueils diplomatiques. Elle nomme dans son sein un secrétaire perpétuel, qui fait partie des quarante membres dont cette Académie est composée.

L'*Académie des sciences* est divisée en onze sections ; ces sections sont composées et désignées ainsi qu'il suit : *sciences mathématiques* : géométrie, six membres ; mécanique, six ; astronomie, six ; géographie et navigation, trois ; physique générale, six. *Sciences physiques* : chimie, six membres ; minéralogie, six ; botanique, six ; économie rurale, six ; anatomie et zoologie, six ; médecine et chirurgie, six.

Cette académie nomme deux secrétaires perpétuels, l'un pour les sciences mathématiques, l'autre pour les sciences physiques. Ils sont membres de l'Académie, mais ne font partie d'aucune section.

L'*Académie de beaux-arts* est aussi divisée en sections, désignées et composées ainsi qu'il suit : peinture, quatorze membres ; sculpture, huit ; Gravure, quatre ; composition musicale, six. Elle nomme un secrétaire perpétuel, qui est membre de l'Académie, mais qui ne fait point partie des sections.

Il est ajouté, soit à l'Académie des inscriptions et belles-lettres soit à l'Académie des sciences, soit à l'Académie des beaux-arts, une classe d'académiciens libres, au nombre de dix, pour chacune de ces trois Académies.

Les académiciens libres n'ont d'autre indemnité que celle du droit de présence ; ils jouissent des mêmes droits que les autres académiciens, et sont élus dans les formes accoutumées.

L'*Académie des sciences morales et politiques* est également composée de quarante membres. Elle est divisée en six sections, savoir : philosophie morale ; législation, droit public et jurisprudence ; économie politique et statistique ; histoire générale et philosophique ; politique, administration, finances.

L'Académie des sciences morales et politiques nomme un secrétaire perpétuel par voie d'élection, conformément aux règlements de l'Institut ; elle a six académiciens libres, six associés étrangers, trente correspondants au moins et quarante au plus.

Il est, chaque année, alloué au budget du ministre de l'instruction publique un fonds général et suffisant pour payer les traitements conservés et indemnités aux membres, secrétaires perpétuels et employés des cinq Académies de l'Institut, et pour les divers travaux littéraires, les expériences, impressions, prix et autres objets.

Ce fonds est réparti entre chacune des cinq Académies qui composent l'Institut, selon la nature de leurs travaux, et de manière que chacune d'elles ait la libre jouissance de ce qui lui est assigné pour son service.

Les nominations aux places vacantes sont faites par chacune des Académies où ces places viennent à vaquer; les sujets élus sont confirmés par l'Empereur.

Toutes les ans les Académies distribuent des prix, dont le nombre et la valeur sont réglés ainsi qu'il suit : l'Académie française et l'Académie des inscriptions et belles-lettres, chacune un prix de 2,000 francs; l'Académie des sciences, un prix de 3,000 francs; et l'Académie des beaux-arts, des grands prix de peinture, de sculpture, d'architecture, de gravure, de composition musicale et de paysage historique. Ceux qui remportent un de ces grands prix sont envoyés à Rome et entretenus aux frais de l'Etat.

L'Académie des sciences morales et politiques propose chaque année deux sujets de prix de 1,500 francs chacun. Ces sujets sont choisis tour à tour entre les questions qui se rapportent aux objets spéciaux de chacune des sections qui la composent. L'Académie se réserve de proposer des sujets de prix extraordinaires.

En outre, l'Institut impérial et chacune des Académies décernent des prix fondés par divers donateurs.

Institut impérial. — 1° Prix biennal de 20,000 fr. fondé par l'Empereur, décerné par l'Institut en assemblée générale sur la proposition de chaque Académie alternativement; 2° Prix de linguistique fondé par M. de Volney; et Prix Bordin, distribués annuellement par chacune des cinq Académies aux auteurs qui ont le mieux rempli les programmes qu'elles ont proposés.

Académie française. — 1° Deux prix annuels Montyon en faveur, d'abord d'un Français pauvre qui a fait dans l'année l'action la plus vertueuse; ensuite d'un Français qui a composé et fait paraître le livre le plus utile aux mœurs; 2° Prix annuel Gobert pour l'ouvrage le plus éloquent sur l'histoire de France; 3° Prix Achille-Edmond Halphen à décerner tous les deux ou trois ans à l'auteur de l'ouvrage le plus remarquable au point de vue littéraire et historique, et le plus digne au point de vue moral.

Académie française et des beaux-arts. — 1° Prix Maillé-Latour-Landry, décerné chaque année alternativement par ces Académies à l'écrivain ou à l'artiste pauvre dont le talent paraîtra digne d'encouragement; 2° Prix annuel Lambert, décerné à de pauvres artistes peintres, musiciens, hommes de lettres ou à leurs veuves.

Académie des inscriptions et belles-lettres. — 1° Prix annuel Gobert pour l'ouvrage le plus savant sur l'histoire de France; 2° Prix annuel de numismatique, fondé par Allier de Hauteroche; 3° Prix Louis Fould, pour l'histoire des arts et du dessin jusqu'au siècle de Périclès.

Académie des sciences. — Fondation Montyon : 1° Des prix pour récompenser les perfectionnements de la médecine et de la chirurgie, et les découvertes ayant pour objet le traitement d'une maladie interne et celui d'une maladie externe; 2° Des prix pour récompenser ceux qui ont trouvé les moyens de rendre un art ou un métier moins insalubre, et à décerner aux ouvrages ou découvertes qui ont paru dans l'année sur des objets utiles; 3° Prix de statistique; 4° Prix de physiologie expérimentale; 5° Prix de mécanique. — Cette même Académie décerne encore annuellement : 1° Un prix d'astronomie, fondé par feu Lalande; 2° Un prix dit prix Cuvier; 3° Un prix fondé par feu M. Jecker; 4° Un prix fondé par feu M. Bréant; 5° Un prix fondé par madame la marquise de Laplace, consistant dans les œuvres de Laplace, remis au premier élève sortant de l'École polytechnique; 6° Prix Trémont, pour aider un savant sans fortune dans les frais de travaux et d'expériences qui font espérer une découverte ou un perfectionnement très-utile dans les sciences, dans les arts libéraux industriels; 7° Prix Alhumbert, pour les progrès des sciences et des arts; 8° Prix Barbier, pour celui qui fait une découverte précieuse pour la science chirurgicale, médicale, pharmaceutique, et dans la botanique ayant rapport à l'art de guérir.

Académie des sciences et Académie des sciences morales et politiques. — Un prix fondé par M. Bigot de Morogues, pour être décerné tous les cinq ans alternativement par ces Académies, à l'ouvrage qui a fait faire le plus de progrès à l'agriculture en France, et sur l'état du paupérisme et les moyens d'y remédier.

Académie des beaux-arts. — 1° Fondation Leprince, pour les concurrents qui ont remporté les premiers grands prix de peinture, sculpture, architecture et gravure; 2° Fondation Deschaume, pour encouragement à un jeune architecte peu favorisé de la fortune; 3° Prix Achille Leclerc, pour l'élève qui a obtenu le second grand prix d'architecture; 4° Prix Chartier, pour les meilleures œuvres de musique de chambre; 5° Prix Benoît Fould, pour deux jeunes Israélites, l'un cultivant la peinture, l'autre la sculpture, et dont les dispositions méritent d'être encouragées. La rente est servie pendant cinq ans.

Académie des sciences morales et politiques. — 1° Prix quinquennal Félix de Beaujour; 2° Prix triennal Léon Faucher à l'auteur du meilleur mémoire proposé par l'Académie sur une question d'économie politique ou sur la vie d'un économiste célèbre, soit Français, soit étranger; 3° Prix Achille-Edmond Halphen, à décerner tous les deux ou trois ans soit à l'auteur de l'ouvrage littéraire qui a le plus contribué au progrès de l'instruction primaire, soit à la personne qui, d'une manière pratique, par ses efforts ou son enseignement personnel, a le plus contribué à la propagation de l'enseignement primaire.

L'Académie française tient ses séances le jeudi de chaque semaine; celle des inscriptions et belles-lettres, le vendredi; celle des sciences, le lundi; celle des beaux-arts, le samedi; celle des sciences morales et politiques, le samedi de chaque semaine.

Ces séances ont lieu au palais de l'Institut, et durent depuis trois heures jusqu'à cinq pour les quatre premières Académies, et de midi à deux heures pour la cinquième.

La séance publique annuelle de l'Académie française se tient dans le mois de mai; celle de l'Académie des inscriptions et belles-lettres a lieu dans le mois de juillet; celle de l'Académie des sciences se tient le premier lundi de novembre; celle de l'Académie des baux-arts, le premier samedi d'octobre, et celle de l'Académie des sciences morales et politiques dans le mois d'avril.

On ne peut assister soit à la séance générale annuelle du 15 août, soit aux séances annuelles particulières, soit aux séances de réception des élus de l'Académie française, que muni d'un billet d'entrée délivré par l'un des secrétaires perpétuels de l'Institut.

Le costume officiel des membres de l'Institut consiste en un habit vert à la française, sur lequel sont brodées en soie verte des palmes, en un pantalon également vert, en un chapeau demi-claque et en une épée à poignée d'or.

Académie de médecine. — L'Académie de médecine a son siége, 56, rue des Saint-Pères. Créée en 1820 et réorganisée en 1855, elle compte cent membres titulaires, dix associés libres, vingt associés français, vingt associés étrangers, des correspondants de tous pays, en nombre illimité. Elle a pour mission spéciale de répondre aux demandes du gouvernement sur tout ce qui intéresse la santé publique, et en particulier sur les épizooties, les différents cas de médecine légale, la propagation de la vaccine, l'examen des remèdes nouveaux, les eaux minérales ou factices.

Un président, un vice-président, un secrétaire perpétuel, un secrétaire annuel, un trésorier, le doyen de la Faculté de médecine et trois membres annuels composent le bureau de l'Académie de médecine.

Les candidats au titre de membre titulaire doivent être docteurs en médecine ou en chirurgie, ou bien avoir été reçus dans une école spéciale de pharmacie ou de médecine vétérinaire.

Le costume officiel des académiciens consiste en un habit noir à la française avec broderies violettes, un chapeau demi-claque, et une épée à poignée d'or.

Archives de l'Empire. — Le dépôt central des archives de l'Empire est actuellement, situé, 30, rue de Paradis-du-Temple, le dépôt renferme tous les documents d'intérêt public appartenant à l'État, c'est-à-dire tout ce qui s'est conservé de plus précieux des nombreuses archives que formèrent successivement, depuis l'origine de la monarchie, les souverains de la France, les établissements religieux, les diverses juridictions et toutes les administrations.

Ces documents sont divisés en quatre sections, placées, ainsi que les autres parties du service, sous les ordres d'un directeur général nommé par l'Empereur, sur la proposition du ministre d'État.

Les demandes de renseignements, de communications et d'expéditions doivent être faites, ou par lettres adressée au directeur général, ou directement au secrétariat des archives, de dix heures du matin à trois heures de relevée.

Les expéditions, les recherches que les expéditions ont occasionnées et les épreuves de sceaux (soufre et plâtre) sont soumises à des droits fixés par un décret impérial du 22 mars 1856.

Une salle, dite *salle du public*, est ouverte, au palais des archives, chaque jour, sauf les dimanches et fêtes, de dix à trois heures, pour les communications sans déplacement. Un archiviste préposé à la surveillance de cette salle y fournit aux travailleurs autorisés par le directeur général tous les éclaircissements à la disposition de l'administration.

Les archives de l'Empire sont régies par les décrets organiques des 22 décembre 1855, 22 mars et 1er août 1856, et par un règlement arrêté par S. Ex. le ministre d'État le 12 novembre 1856.

École impériale des Chartes. — Établie dans le palais des archives de l'Empire, cette école a son entrée particulière, 14, rue du Chaume; réorganisée en 1846, elle est destinée à former des archivistes-paléographes. C'est parmi les élèves sortis de l'École et munis du diplôme d'archiviste-paléographe que sont choisis, exclusivement, les archivistes des départements, et, de préférence, les professeurs de l'École, les auxiliaires aux travaux de l'Académie des inscriptions, les bibliothécaires ou employés dans les bibliothèques publiques de France, les archivistes aux archives de l'Empire.

L'École est placée sous l'autorité d'un directeur nommé par le ministre d'État. L'ancienne commission de l'École a été réorganisée sous le titre de conseil de perfectionnement.

Les cours de l'École sont publics et entièrement gratuits. Une bibliothèque spéciale est mise à la disposition des *élèves inscrits*, seuls appelés à concourir, à la fin de leurs études, pour le diplôme d'archiviste paléographe. Les jeunes gens reçus bacheliers ès-lettres et âgés de moins de 24 ans peuvent se faire inscrire du 1er au 20 novembre.

Le Conservatoire impérial de musique et de déclamation est situé, 15, rue du Faubourg-Poissonnière, au coin de la rue Bergère.

Cet établissement, dont l'organisation date de 1784 et a été souvent modifiée, est destiné à la conservation et à la propagation de l'art musical et de la déclamation dans toutes ses parties. Six cents élèves environ des deux sexes y reçoivent gratuitement des leçons des meilleurs professeurs : l'on n'y est admis que par voie d'examen et de concours. Quoique cette école soit particulièrement destinée à alimenter les théâtres impériaux, les autres théâtres de la capitale et ceux des départements y trouvent les sujets qui leur sont nécessaires. L'on y forme aussi des professeurs, et, en cela, elle offre tous les avantages d'une école normale.

Il y a, dans cet établissement, une bibliothèque de musique et de livres relatifs à l'art musical et à la déclamation. Cette collection, la plus complète de l'Europe, pour ce qui regarde sa spécialité, peut être consultée par le public, comme toutes les autres bibliothèques, tous les jours, depuis 10 heures du matin jusqu'à 5 heures du soir, les dimanches, les jours de fêtes et le temps des vacances exceptés.

Le Conservatoire de musique et de déclamation comprend des classes de lecture à haute voix, de déclamation lyrique et dramatique, de maintien théâtral, d'escrime, d'étude des rôles, de solfége individuel et collectif, d'ensemble vocal, d'histoire et de littérature dramatiques, des classes pour instruments, des classes d'harmonie écrite, de composition idéale, de contre-point et de fugue. Deux comités spéciaux surveillent, l'un les études musicales, l'autre les études dramatiques. Les élèves lyriques et dramatiques qui se distinguent sont admis à donner des représentations sur le théâtre de l'établissement, devant un public de choix, avec un orchestre formé également des meilleurs élèves des classes instrumentales.

Tous les ans, ceux des élèves de composition que l'on juge les plus avancés sont admis, après certaines épreuves préparatoires, à concourir pour le **grand prix** fondé par le gouvernement et décerné par l'Institut. Le sujet du concours est ordinairement une cantate à plusieurs voix, avec accompagnement d'orchestre. Le lauréat reçoit une pension de 3,000 fr. pendant cinq années qu'il doit employer à parcourir l'Italie et l'Allemagne, afin d'étudier l'art dans toutes ses manifestations. Des prix particuliers sont aussi chaque année l'objet d'un concours, suivi d'une distribution solennelle pendant laquelle les lauréats se font entendre successivement, comme en un concert.

La plupart des compositeurs qui, depuis quarante ans, ont honoré l'école française, sont sortis du Conservatoire. Cet établissement a produit aussi beaucoup d'artistes remarquables.

Un *pensionnat*, ouvert au Conservatoire même, ne reçoit à la fois que dix élèves du sexe masculin, choisis parmi les jeunes chanteurs qui se destinent aux théâtres lyriques et qui possèdent une belle voix de basse ou de ténor.

Le Conservatoire comprend aussi une division d'*élèves militaires*, destinée à former des chefs de musique pour l'armée. Cette division suit des cours spéciaux d'harmonie et de composition, de solfége et d'instruments.

Enfin, une *classe gratuite* de chant populaire s'ouvre tous les soirs pour les adultes.

École impériale et spéciale des beaux-arts. — Située, 15, rue Bonaparte, cette école, consacrée à l'enseignement public des arts du dessin, a été substituée aux corps enseignants de l'Académie de peinture et sculpture, établie en 1648 et de celle d'architecture fondée en 1671. Elle est divisée en deux sections : l'une comprend la peinture et la sculpture; l'autre comprend l'architecture.

Le musée de l'École est ouvert à l'étude les mardi, mercredi et jeudi de chaque semaine, de midi à quatre heures; des cartes sont délivrées aux élèves, au bureau du secrétariat.

L'enseignement pratique consiste en un cours de dessin d'après le modèle vivant et l'antique, qui a lieu tous les soirs dans le grand amphithéâtre de l'École. Ce cours est professé par douze membres de l'Académie des beaux-arts, élus par leurs collègues pour venir, à tour de rôle, pendant un mois corriger les dessins des élèves et donner la pose au modèle.

Pour être admis à suivre le cours pratique, il faut avoir été reçu élève de l'École à la suite d'un concours, d'après le modèle vivant. Tous les ans les élèves de chaque catégorie doivent prendre part à divers concours, en rapport avec leurs études. Les lauréats de ces concours reçoivent des médailles de trois catégories; ils sont, en outre, exemptés jusqu'à l'âge de trente ans des concours semestriels de classement. Tous les ans également, est ouvert le concours dont il a déjà été parlé pour les GRANDS PRIX de Rome que décerne l'Académie des beaux-arts. On a déjà dit aussi que les élèves peintres d'histoire et les sculpteurs qui remportent ces prix jouissent du privilége d'être entretenus à Rome pendant cinq ans, dans le palais Médicis. Ils peuvent pendant ce temps obtenir des permissions de voyager en Italie, avec indemnité. L'architecte lauréat peut être envoyé à Athènes pour deux ans. Mais les pensionnaires de Rome et d'Athènes sont tenus d'exécuter, chaque année, pour l'École des beaux-arts des œuvres qui justifient du bon emploi de leur temps en Italie et en Grèce.

Les candidats aux grands prix de Rome doivent être Français, célibataires, et n'avoir pas plus de trente ans; plusieurs épreuves préparatoires leur sont imposées avant l'admission en loges pour le concours définitif. On appelle *loges* des ateliers distribués dans l'intérieur de l'École, et où les concurrents doivent exécuter, sans avoir de relations entre eux ni avec le dehors, et sans y apporter ni livres, ni dessins, ni gravures, les travaux déterminés par l'Académie. Les élèves architectes se divisant en deux classes, auxquelles on arrive par examens successifs, aucun d'entre eux ne peut concourir pour le prix de Rome, s'il n'a subi avec succès les différents examens et concours de la deuxième classe en mathématiques et en histoire.

Tous les quatre ans, il y a un concours pour le paysage historique et pour la gravure en médailles; un concours pour la gravure en taille-douce a lieu tous les deux ans.

Chaque année, les travaux des élèves peintres, sculpteurs, architectes, graveurs en médailles et en taille-douce, sont l'objet d'une exposition publique, avant et après le jugement de l'Académie.

Les concours pour les grands prix de Rome ont lieu dans le second semestre de l'année; la moyenne de leur durée est de trois mois. Ils sont d'ordinaire terminés dans le courant du mois de septembre.

Bibliothèque impériale. — Situé, 48, rue de Richelieu, ce vaste établissement qui ne peut être qu'indiqué à cette place et que je retrouverai dans le *Guide historique et descriptif*, est ouvert tous les jours aux lecteurs, et seulement le mardi et le vendredi aux visiteurs, de 10 heures du matin à quatre heures du soir, excepté les jours fériés, excepté aussi pendant les vacances de la quinzaine de Pâques.

Cours d'archéologie. — Ce cours, qui est public et gratuit, a lieu, le mardi à 3 heures du soir, à la Bibliothèque impériale. On entre par le n° 8 de la rue Neuve-des-Petits-Champs.

École impériale spéciale des langues orientales vivantes. — Fondée en 1795, plusieurs fois modifiée, cette École est établie à la Bibliothèque impériale et a également son entrée, 8, rue Neuve-des-Petits-Champs. Elle comprend le grec moderne et la paléographie grecque, l'arabe littéral, l'arabe vulgaire, le persan, le turc, l'arménien, l'hindoustani, le chinois moderne, le malais et le javanais. On affiche les jours et les heures des cours dans l'intérieur de l'École.

Le ministre de la *Justice* a dans ses attributions l'organisation et la surveillance de toutes les parties de l'ordre judiciaire, l'organisation et le régime du notariat, les ordres et instructions à transmettre aux cours impériales et tribunaux pour l'exécution des lois et règlements; la correspondance avec les procureurs généraux et procureurs impériaux, les rapports à l'Empereur sur les matières de législation, sur l'administration de la justice, sur les demandes en naturalisation, sur les recours en grâce, les dépenses judiciaires. Le ministre de la justice prend le titre de *garde des sceaux*. Son hôtel et les bureaux de la chancellerie sont situés place Vendôme. Les bureaux sont ouverts au public deux jours par semaine, de onze heures du matin à deux heures du soir. Le ministre reçoit les sénateurs, députés et magistrats les lundi et vendredi à neuf heures du matin, et il donne des audiences particulières sur la demande qui lui en est faite par écrit. Le public n'est point admis dans les bureaux ; il est reçu par les directeurs, le vendredi, de deux à quatre heures du soir.

L'imprimerie impériale, située, 87, rue Vieille-du-Temple, relève du ministre de la justice. On peut visiter les ateliers le jeudi à deux heures, sur billet délivré par le directeur de l'établissement.

Le ministre des *Affaires étrangères* est chargé des relations politiques avec les ambassadeurs des puissances étrangères, comme de la correspondance avec les ambassadeurs, les ministres, les consuls ou agents français placés près des cours ou puissances étrangères. Le ministre qui dirige ce département a son hôtel quai d'Orsay et ses bureaux à l'extrémité de la rue de l'Université, 130, près les Invalides.

Les bureaux de la chancellerie et des passe-ports pour l'étranger sont ouverts au public de onze heures du matin à quatre heures du soir. Le ministre reçoit tous les jours les ambassadeurs, les sénateurs et députés, et, sur demandes d'audience, les simples particuliers.

Le ministre de l'*Intérieur* a la correspondance avec les préfets sur tout ce qui concerne les élections, la police générale, la garde nationale, les administrations municipales, les budgets des communes, les conseils de canton et de département, les prisons, la police, la presse. L'hôtel du ministre est situé place Beauveau. Le ministre reçoit les lundi, mercredi et samedi, de dix à onze heures du matin, les sénateurs et députés, et, sur demandes écrites, les simples particuliers.

La direction générale de l'administration départementale et communale a ses bureaux, 41 et 45, rue de la Ville-l'Évêque ; la direction générale de la sûreté publique a ses bureaux, 26, quai des Orfèvres à la Préfecture de police ; la direction générale des lignes télégraphiques est installée, 103, rue de Grenelle-Saint-Germain Tous ces divers bureaux sont ouverts au public de 11 heures du matin à 4 heures du soir.

Le ministre des *Finances* est chargé de l'administration des revenus publics, du payement de la dette inscrite et des dépenses générales du gouvernement, de la comptabilité générale des finances de l'État, du mouvement des fonds, des relations avec la Banque de France, des régies financières, telles que les administrations des douanes et des contributions indirectes, des contributions directes, de l'enregistrement et des domaines, des forêts, des tabacs et des postes ; puis des monnaies, du Trésor public et des caisses de service ; enfin, il est chargé de tous les projets de loi sur les finances. L'hôtel des finances est situé rue de Rivoli. Les bureaux du Trésor et des caisses sont ouverts de 9 heures du matin à 3 heures du soir. Le ministre des finances reçoit tous les jours sur demande motivée d'audience. Les bureaux sont ouverts au public tous les jours de 10 heures du matin à 4 heures du soir. Dans le même hôtel sont réunies, indépendemment du Trésor public et de la comptabilité générale, la direction générale des contributions directes dont l'entrée spéciale est rue de Rivoli ; la direction générale de l'enregistrement et des domaines dont l'entrée est, 3, rue Castiglione ; la direction générale des douanes et contributions indirectes dont l'entrée spéciale est 21, rue du Mont-thabor ; la direction générale des tabacs dont l'entrée spéciale est, 2, rue du Luxembourg ; la direction générale des forêts dont l'entrée spéciale est, 6, rue du Luxembourg.

La direction générale des postes est située, 9, rue Jean-Jacques-Rousseau.

Les manufactures impériales des tabacs de Paris sont établies, l'une, 63, quai d'Orsay ; l'autre, 107, rue de Charenton.

L'École d'application des tabacs est établie à la manufacture impériale des tabacs, 57, quai d'Orsay.

Les entrepots de la douane centrale sont situés rue de l'Entrepôt et de la Douane, dans le voisinage de la caserne du prince Eugène, quartier du Château-d'Eau.

Le ministre de la *Guerre* est chargé de l'organisation, du mouvement et du maintien de l'armée et de tout ce qui s'y rattache, dotation, récompenses, comme aussi de tous les établissements militaires et de l'École polytechnique. L'hôtel du ministre est situé rue Saint-

Dominique, 90, et ses bureaux se développent sur un carré long entre cette rue et celle de l'Université. Au ministère de la guerre sont attachés plusieurs comités pour les différentes armes. Il y a, en outre, une direction générale des poudres et salpêtres établie à l'Arsenal, un dépôt des cartes et plans avec une bibliothèque, rue de l'Université, 61, et un dépôt spécial des fortifications, rue Saint-Dominique, à côté des bâtiments des bureaux, ouvert, chaque année, pendant trois mois, du 1er avril au 30 juin. Le ministre reçoit tous les jours les sénateurs et les députés, et, sur demande d'audience, les simples particuliers. Le public est admis dans les bureaux de la guerre les mercredi et vendredi de deux heures à cinq heures.

École impériale polytechnique. — Située, rue Descartes, Montagne-Sainte-Geneviève, cette École, dont l'organisation a été plusieurs fois remaniée, a été reconstituée sur ses bases actuelles par décret du 1er novembre 1852. On ne peut y être admis que par voie de concours. A cet effet, des examens publics ont lieu tous les ans. Un arrêté du ministre de la guerre, rendu public avant le 1er avril, fait connaître le programme des matières sur lesquelles doivent porter ces examens, ainsi que l'époque de leur ouverture.

Pour être admis au concours, il faut être Français, et avoir plus de seize ans, et moins de vingt ans au 1er janvier de l'année courante. Toutefois les militaires des corps de l'armée y sont admis jusqu'à l'âge de vingt-cinq ans, pourvu qu'ils n'aient pas accompli leur vingt-cinquième année avant le jour fixé pour l'ouverture dudit concours, et qu'ils justifient de deux ans de service effectif et réel sous les drapeaux.

Le prix de la pension est de 1,000 fr. par an; celui du trousseau est déterminé chaque année par le ministre de la guerre.

La durée du cours complet d'instruction est de deux ans. Les élèves qui ont satisfait aux examens de sortie et dont l'aptitude physique aux services publics a été constatée, ont le droit de choisir, suivant le rang de mérite qu'ils occupent sur la liste générale de classement, dressée par le jury, et jusqu'à concurrence du nombre d'emplois disponibles, le service public où ils désirent entrer, parmi ceux qui s'alimentent à l'Ecole, savoir : l'artillerie de terre et de mer, le génie militaire et le génie maritime, la marine impériale et le corps des ingénieurs hydrographes, les ponts et chaussées et les mines, le corps d'état-major, les poudres et salpêtres, l'administration des télégraphes et celle des tabacs.

L'École impériale d'application d'état-major est établie dans l'hôtel de Sens, rue de Grenelle-Saint-Germain.

Cette École, instituée par ordonnance du 6 mai 1818, est destinée à former des élèves pour le service de l'état-major.

Les élèves sont choisis parmi ceux de l'École impériale spéciale militaire et de l'École impériale polytechnique susceptibles d'obtenir le brevet de sous-lieutenant, ainsi que parmi les sous-lieutenants de l'armée. Ils ne sont admis que par voie de concours.

La durée des études est de deux ans. Après ce temps, les élèves qui ont satisfait aux examens sont appelés, dans l'ordre de leur numéro de sortie, à remplir les emplois de lieutenant vacants dans le corps d'état-major, et sont détachés, pendant un temps déterminé, dans les régiments d'infanterie et de cavalerie de l'armée.

L'École impériale de médecine et de pharmacie militaire est établie à l'hôpital militaire du Val-de-Grâce.

Il y a eu outre une ÉCOLE NORMALE DE TIR à Vincennes et une ÉCOLE NORMALE DE GYMNASTIQUE à la redoute de la Faisanderie, près Vincennes qui relèvent du ministère de la guerre.

Le ministre de la *Marine et des colonies* est chargé de la direction de la marine, de la construction des vaisseaux, de l'entretien et du mouvement des forces navales, de la surveillance des ports, des bagnes, et de tout ce qui a trait aux relations maritimes et aux colonies. L'hôtel du ministère de la marine est sur la place de la Concorde. Un conseil de l'amirauté est attaché à ce département, qui possède, en outre, un dépôt de plans et cartes de la marine et une bibliothèque. Le ministre reçoit tous les jours sur les demandes d'audience qui lui sont adressées et qui indiquent l'objet. Les bureaux sont ouverts au public le jeudi de deux heures à quatre heures du soir.

Le dépôt des cartes et plans de la marine est établi, 13, rue de l'Université, où une ÉCOLE D'HYDROGRAPHIE est également installée.

Le ministre de l'*Instruction publique et des cultes* a dans ses attributions tout ce qui concerne les cultes formant une direction générale établie, 66, rue de Bellechasse, et tout ce qui concerne l'instruction publique. Ce dernier service est établi à l'hôtel même du ministre, rue de Grenelle-Saint-Germain.

Conseil impérial de l'instruction publique. — Ce conseil suprême est consulté sur toutes les questions qui concernent l'instruction publique. Il siége au ministère sous la présidence du ministre et se compose de trois sénateurs, de trois conseillers d'État, de cinq prélats, de trois membres des cultes non catholiques, de trois membres de la Cour de cassation, de cinq membres de l'Institut, de huit inspecteurs généraux, et de deux membres de l'enseignement libre.

Comité des travaux historiques et des sociétés savantes. — De création moderne et reconstitué sur ses bases actuelles en 1858, le comité des travaux historiques et des sociétés savantes est divisé en trois sections, qui sont apppléesà délibérer et à donner leur avis sur les divers projets de publication pour la *Collection des documents inédits relatifs à l'histoire de France;* sur la formation des listes de correspondants du ministère; sur les encouragements qui peuvent être accordés aux sociétés savantes; sur les demandes de reconnaissance légale formées par ces sociétés. Les sections présentent au ministre la liste des correspondants et des membres des compagnies savantes qui leur paraissent mériter des encouragements ou des récompenses honorifiques. Elles examinent les communications des correspondants, ainsi que les publications des sociétés savantes.

Le comité se réunit quatre fois par an en assemblée générale; il prend connaissance des travaux des sections, prépare les questions qui seront proposées au ministre pour le concours annuel établi par le même arrêté entre les sociétés savantes, et dresse la liste des mémoires qui lui semblent mériter les prix. Il a des membres honoraires qui peuvent assister à toutes les séances. Il est présidé par le ministre ou par un président de section, vice-président du comité.

Chaque section se réunit une fois par mois, le lundi.

Observatoire impérial de Paris, situé à l'extrémité d'une avenue à laquelle il donne son nom, et qui forme le prolongement de la grande allée du jardin de Luxembourg. Cet établissement scientifique, fondé par Colbert, est destiné à faire des recherches et des études sur l'astronomie, la météorologie, la gravitation universelle, la lumière, la température du globe, le magnétisme terrestre. Il est placé sous l'autorité d'un directeur qui est nommé par l'Empereur et qui y demeure, et comprend en outre quatre astronomes et un physicien; un nombre variable d'astronomes adjoints, d'élèves astronomes et de calculateurs proportionné aux besoins du service.

Le directeur dirige seul les observations, leur rédaction, leur publication et généralement tous les travaux scientifiques qui s'exécutent à l'Observatoire. Il a l'administration du matériel, des bâtiments de l'Observatoire et de tout ce qui en dépend.

L'Observatoire impérial de Paris n'est pas ouvert au public; on doit, pour le visiter, s'adresser au directeur.

Bureau des longitudes. — Le bureau des longitudes a son siège à l'Observatoire impérial de Paris.

Le bureau des longitudes est composé : 1° de treize membres titulaires, savoir : trois membres de l'Académie des sciences; cinq astronomes; trois membres appartenant au département de la marine; un membre appartenant au département de la guerre; un géographe; 2° d'un artiste ayant rang de titulaire; 3° de deux artistes.

Le bureau des longitudes rédige et publie *la Connaissance des temps*, à l'usage des astronomes et des navigateurs. Il assure la publication trois ans au moins à l'avance. Il rédige et publie un annuaire. Enfin il est appelé à porter et à provoquer des idées de progrès dans toutes les parties de la science astronomique et de l'art d'observer, ce qui comprend : 1° les améliorations à introduire dans la construction des instruments astronomiques et dans les méthodes d'observation, soit à terre, soit à la mer; 2° la rédaction des instructions concernant les études sur l'astronomie physique, sur les marées et sur le magnétisme terrestre; 3° l'indication des missions extraordinaires ayant pour but d'étendre les connaissances actuelles sur la configuration ou la physique du globe; 4° l'avancement des théories de la mécanique céleste et de leurs applications; le perfectionnement des tables du soleil, de la lune et des planètes; 5° la réduction et la publication des observations anciennes qui seraient restées inédites dans les registres de l'Observatoire ou dans les manuscrits appartenant à sa bibliothèque.

Sur la demande du gouvernement, le bureau des longitudes donne son avis : 1° sur les questions concernant l'organisation et le service des observatoires existants, ainsi que sur la fondation de nouveaux observatoires; 2° sur les missions scientifiques confiées aux navigateurs chargés d'expéditions lointaines.

Muséum d'histoire naturelle. — Le muséum d'histoire naturelle ou le Jardin des Plantes, vaste établissement scientifique dont l'origine date de 1626, et qui occupe un vaste espace dans le quartier Saint-Victor, est composé de plusieurs galeries où se trouvent disposées méthodiquement des collections appartenant aux trois règnes de la nature; d'un vaste jardin dont plusieurs parties, ouvertes aux élèves, sont destinées à l'étude de la botanique et de la culture; de serres chaudes et de serres tempérées; d'une ménagerie; d'une bibliothèque d'histoire naturelle, et d'amphithéâtres pour les cours.

Les cours publics, au nombre de seize, se font dans les amphithéâtres, dans les galeries et à la campagne. Il y a, en outre, des leçons de dessin et de peinture, appliqués à l'histoire naturelle. Les galeries d'anatomie, d'anthropologie, de zoologie, de botanique, de minéralogie et de géologie sont ouvertes au public le dimanche, de midi à quatre heures, et les mardi et jeudi de chaque semaine, de deux à cinq heures, depuis le 1er février jusqu'au 30 novembre, et de deux heures jusqu'à la nuit, pendant les mois de décembre et de janvier; elles le sont aux personnes munies de cartes ou de billets, et aux étrangers, sur la présentation de leurs passe-ports, les mardi, jeudi et samedi de chaque semaine, depuis onze heures jusqu'à deux. Les étudiants reçoivent, en suivant les cours, des cartes d'entrée qui peuvent leur servir toute l'année courante. Les billets ne servent qu'une seule fois. La bibliothèque est ouverte aux lecteurs de dix heures à trois, tous les jours, les jours fériés exceptés. — La ménagerie est ouverte tous les jours, depuis onze heures du matin, en

hiver, jusqu'à quatre heures, en été, jusqu'à cinq heures du soir.
— Le jardin fournit aux établissements publics qui lui sont analogues, des graines d'arbres et des plantes utiles aux progrès de la botanique, de l'agriculture et des arts, et entretient une collection de plantes officinales destinées à servir aux études des élèves et à être distribuées aux malades pauvres, comme médicaments.

Tout est gratuit dans l'établissement ; en conséquence, les garçons de service des galeries, de la bibliothèque et des laboratoires, les gardiens des animaux de la ménagerie et les garçons jardiniers ne doivent recevoir, sous aucun pretexte, ni rétribution, ni don volontaire.

École normale supérieure. — Située, 45, rue d'Ulm, cette École est destinée à former des professeurs dans les lettres et dans les sciences pour tous les lycées.

L'École normale supérieure prépare aux grades de licencié ès lettres, de licencié ès sciences et à la pratique des meilleurs procédés d'enseignement et de discipline scolaire. La philosophie y est enseignée comme une méthode d'examen, pour connaître les procédés de l'esprit humain dans les lettres et dans les sciences. Les élèves de l'École normale supérieure qui ont subi avec succès les *examens de sortie* sont chargés de cours dans les lycées. Après un an de professorat à ce titre dans un lycée ou collège, ils peuvent être déclarés admissibles à se présenter aux examens de l'agrégation sans condition d'âge. Sur la proposition de la commission des examens de sortie de l'École, le ministre peut autoriser les élèves qui auront suivi avec le plus de distinction le cours triennal à se présenter immédiatement à l'agrégation.

Nul n'est nommé professeur titulaire s'il n'est âgé de vingt-cinq ans révolus. Les élèves reçus à la suite des épreuves annuelles sont considérés comme boursiers. Les principales conditions d'admission sont : 1° de n'avoir pas eu moins de dix-huit ans, ni plus de vingt-quatre ans révolus au 1er janvier de l'année où l'on se présente ; 2° de n'être atteint d'aucune infirmité ou d'aucun vice de constitution qui rende impropre à l'enseignement et d'en produire une attestation ainsi qu'un certificat d'aptitude morale aux fonctions de l'instruction publique ; 5° d'être pourvu du grade de section des sciences, et d'en représenter les diplômes avec l'engagement légalisé de se vouer pour dix ans à l'instruction publique, et, en cas de minorité, une déclaration de père ou du tuteur, aussi légalisée, et autorisant à contracter cet engagement.

Le registre d'inscription est ouvert aux chefs-lieux des académies, du 1ᵉʳ janvier au 1ᵉʳ février; les épreuves ont lieu depuis le 1ᵉʳ jusqu'au 8 août, dans toutes les académies. Elles consistent, pour la section des lettres, en une dissertation de philosophie en français, un discours latin, un discours français, une version latine, un thème grec, une pièce de vers latins, une composition historique; pour la section des sciences, en compositions de mathémathiques et de physique. Les candidats déclarés admissibles doivent se trouver à l'École normale le 15 octobre, pour y subir un examen définitif, dont les résultats, comparés à ceux des premières épreuves, peuvent seuls, avec les divers renseignements recueillis sur leur compte, assurer leur admission. La durée du cours normal est de trois années. Indépendamment des conférences de l'intérieur, les élèves de la section des sciences suivent les cours publics de la Faculté et du Collége de France.

Le ministre de l'*Agriculture, du commerce et des travaux publics* a dans son département tout ce qui concerne l'agriculture, le commerce et les arts industriels, ainsi que les Chambres de commerce et des manufactures, le Conservatoire des arts et métiers, l'École des ponts et chaussées, les foires, marchés, les chemins de fer, les ponts et chaussées, les ports, les pêcheries, les docks, les mines, la statistique, les bacs et bateaux. L'hôtel de ce ministre est situé rue Saint-Dominique, 89, et ses bureaux sont ouverts tous les jours de dix heures du matin à quatre heures du soir. Le ministre reçoit les sénateurs et députés les mardis et jeudis, de huit à dix heures du matin, et donne des audiences particulières lorsqu'on en forme la demande par écrit, en indiquant l'objet dont on désire l'entretenir. La direction générale des ponts et chaussées et des chemins de fer est établie dans l'hôtel du ministère. Les bureaux de l'agriculture et du commerce sont installés, 78 *bis*, rue de Varennes.

L'École impériale des ponts et chaussées est établie rue des Saints-Pères, 28.

L'École des ponts et chaussées, créée en 1747, constituée à nouveau par un décret de l'Assemblée nationale du 17 janvier 1791, et organisée sur des bases plus étendues par la loi du 30 vendémiaire an IV (22 octobre 1795), le décret du 7 fructidor an XII (24 août 1805), a reçu depuis cette époque de nouveaux développements récemment consacrés par le décret du 13 octobre 1851. Elle est placée sous l'autorité du ministre de l'agriculture, du commerce et des travaux publics, et dirigée par un inspecteur général, directeur, et par un ingénieur en chef, inspecteur des études, assistés du conseil de l'École.

Son but spécial est de former les ingénieurs nécessaires au recrutement du corps des ponts et chaussées. Elle admet exclusivement en qualité d'élèves ingénieurs les jeunes gens annuellement choisis parmi les élèves de l'École polytechnique ayant terminé leur cours d'étude et ayant satisfait aux conditions imposées par les règlements. Elle admet en outre à participer aux travaux intérieurs de l'École des élèves externes français ou étrangers. Elle en admet également à suivre les cours oraux. Les conditions d'admission ont été réglées par un arrêt ministériel en date du 18 février 1852.

Les leçons orales ont pour objet : 1° la mécanique appliquée au calcul de l'effet dynamique des machines et de la résistance des matériaux de construction ; 2° l'hydraulique ; 3° la minéralogie ; 4° la géologie ; 5° la construction et l'entretien des routes ; 6° la construction des ponts ; 7° la construction et l'exploitation des chemins de fer ; 8° l'amélioration des rivières et la construction des canaux ; 9° l'amélioration des ports, la construction des travaux à la mer ; 10° l'architecture ; 11° le droit administratif et les principes d'administration ; 12° l'économie politique et la statistique ; 13° la construction et l'emploi des machines locomotives et du matériel roulant des chemins de fer ; 14° les dessèchements, les irrigations et la distribution d'eau dans les villes ; 15° la langue anglaise ; 16° la langue allemande.

La bibliothèque et les galeries de modèles sont ouvertes aux élève ingénieurs, aux élèves externes, et aux ingénieurs des ponts et chaussées.

L'École impériale des mines est située rue d'Enfer, 30.

L'École impériale des mines, placée sous la surveillance du ministre de l'agriculture, du commerce et des travaux publics, assisté du conseil de l'École, a pour but : 1° de former des ingénieurs destinés au recrutement du corps impérial des mines ; 2° de répandre dans le public la connaissance des sciences et des arts relatifs à l'industrie minérale, et, en particulier, de former des praticiens propres à diriger des entreprises privées d'exploitation de mines et d'usines minéralurgiques ; 3° de réunir et de classer tous les matériaux nécessaires pour compléter la statistique minéralogique des départements de la France et des colonies françaises ; 4° de conserver un musée et une bibliothèque consacrés spécialement à l'industrie minérale, et de tenir les collections au niveau des progrès de l'industrie des mines et usines et des sciences qui s'y rapportent ; 5° enfin, d'exécuter, soit pour les administrations publiques, soit pour les particuliers, les essais et analyses qui peuvent aider au progrès de l'industrie minérale.

L'École reçoit trois catégories d'élèves : 1° les *élèves-ingénieurs*, destinés au recrutement du corps des mines, pris parmi les élèves de l'Ecole polytechnique ; 2° les *élèves externes* admis par voie de concours et qui, après avoir justifié, à leur sortie, de connaissances suffisantes, sont déclarés aptes à diriger des exploitations de mines et d'usines minéralurgiques, et reçoivent à cet effet un brevet qui leur confère le titre d'*élève breveté* ; 3° des *élèves étrangers* admis, sur la demande des ambassadeurs ou chargés d'affaires, par décisions spéciales du ministre.

Les cours oraux de minéralogie et de paléontologie sont ouverts au public, du 15 novembre au 15 avril.

La bibliothèque est ouverte au public tous les jours non fériés de 10 heures du matin à 3 heures du soir, et tous les jours aux étrangers et aux personnes qui désirent étudier.

Toute personne qui désire faire exécuter l'essai d'une substance minérale est admise à en faire le dépôt au secrétariat de l'École ;

l'inscription de la demande du déposant mentionne la localité d'où provient la substance à essayer. Il est aussitôt procédé à ceux de ces essais qui peuvent aider au progrès de l'industrie minérale.

Tous les services de l'École, enseignement, musée, bibliothèque et bureau d'essais sont gratuits.

L'École centrale des arts et manufactures est établie, rue de Thorigny, 7, et rue des Coutures-Saint-Gervais, 1.

Cette École, fondée en 1829, devenue *établissement de l'État*, en vertu de la loi du 19 juin 1857, forme des ingénieurs pour toutes les branches de l'industrie et pour les travaux et services publics dont la direction n'appartient pas nécessairement aux ingénieurs de l'État.

L'École centrale admet les étrangers aux mêmes conditions que les nationaux. Elle ne reçoit que des élèves externes. On n'y est admis que par voie de concours et après avoir justifié qu'on a eu dix-sept ans révolus au 1er janvier de l'année dans laquelle on se présente. Le concours s'ouvre le 1er août et est clos le 20 octobre. Il a lieu à Paris pour tous les candidats sans exception. L'inscription pour le concours se fait au secrétariat de l'École, rue des Coutures-Saint-Gervais, 1, au Marais. Le programme des connaissances exigées pour l'admission est envoyé gratuitement à ceux qui en font la demande au directeur de l'École à partir du 1er avril jusqu'au 1er octobre.

Un certain nombre d'élèves sont entretenus à l'École aux frais de l'État ou de leur département. Les candidats qui désirent prendre part aux encouragements de l'État doivent en faire la déclaration par écrit, avant le 1er août, à la préfecture de leur département; cette déclaration est accompagnée d'une demande motivée adressée au ministre de l'agriculture, du commerce et des travaux publics.

Conservatoire impérial des arts et métiers, situé, 297, rue Saint-Martin. Cet établissement est destiné à recevoir le modèle en grand ou réduit, ou, à défaut, le dessin ou la description des machines, instruments, appareils et outils propres à l'agriculture et aux arts industriels.

Les salles et galeries des collections sont ouvertes au public les dimanche et jeudi, depuis 10 heures du matin jusqu'à 4 heures du soir.

Les étrangers voyageurs y sont admis, sur la présentation de leurs passe-ports, les mardi, mercredi et samedi, de 11 heures du matin à 3 heures du soir.

La bibliothèque du Conservatoire est ouverte au public tous les jours, excepté le lundi, de 10 heures du matin à 4 heures du soir.

Par décision ministérielle en date du 28 avril 1848, le dépôt des étalons prototypes des poids et mesures qui existait au ministère du commerce, a été transféré au Conservatoire des arts et métiers, où se font maintenant les vérifications et toutes les opérations qui s'y rattachent.

Le Conservatoire des arts et métiers comprend enfin quinze chaires d'enseignement pratique, qui embrassent : la géométrie appliquée aux arts, la physique appliquée aux arts, la mécanique, la chimie industrielle, la géométrie descriptive, la législation industrielle, l'agriculture, la chimie agricole, les arts céramiques, la filature et le tissage, la teinture, l'impression et l'apprêt des tissus, la zoologie appliquée à l'agriculture et à l'industrie, les constructions civiles, l'administration et la statistique industrielle.

Tous les cours du Conservatoire des arts et métiers sont publics et gratuits. Ils ont généralement lieu le soir. On affiche, du reste, les jours et les heures où ils se font dans l'établissement.

ADMINISTRATION URBAINE.

Paris, capitale de l'empire, est, en même temps, le chef-lieu du département de la Seine; il est divisé en vingt arrondissements communaux.

On compte à Paris, par exception, deux préfets, l'un pour l'administration, l'autre pour la police. Le premier a le titre de préfet de la Seine, le second a le titre de préfet de police.

Le préfet de la Seine est pour le département ce que sont tous les préfets; mais pour la ville de Paris, c'est une sorte de maire central qui absorbe la plupart des fonctions réservées aux maires des autres communes de France. Néanmoins, chacun des vingt arrondissements de Paris a son administration communale particulière composée d'un maire et de trois adjoints. Toutefois les maires de Paris ne sont que des officiers de l'État civil.

Le préfet de la Seine est assisté, comme tous ses collègues, d'un conseil de préfecture. Mais, par exception, la ville de Paris n'a pas de conseil municipal. Une commission administrative, dont les membres au nombre de soixante, augmentés de huit membres pour les arrondissements de Sceaux et de Saint-Denis sont nommés par l'Empereur, en exerce les attributions. Cette commission délibère sur le budget de la ville de Paris, qui lui est soumis par le préfet de la Seine. Elle vote le budget communal. Cette même commission remplace aussi, par exception, pour le département de la Seine, le conseil général dont elle remplit le rôle.

L'organisation spéciale du service départemental de la Seine ressemble, pour le fond, à celle de tous les services analogues de France et n'en diffère, pour la forme, dans quelques détails, qu'à raison de son importance particulière.

Mais l'organisation du service communal de la ville de Paris est celle d'un vaste ministère. Elle se partage en trois directions : 1° *Affaires municipales* : mairies d'arrondissement et registres de l'État civil; Bourse de Paris, Chambre de commerce et conseil de prud'hommes; établissements municipaux d'instruction publique, tels que les colléges Rollin et Chaptal, l'école Turgot, les écoles primaires et salles d'asile, les écoles de chant et de dessin; assistance publique, hôpitaux, bureaux de bienfaisance, maisons de santé, consultations gratuites; pompes funèbres, taxes des inhumations; cimetières et concessions de terrains; halles et marchés; taxes et perceptions locales; comptabilité, etc.; — 2° *Voirie* : plans d'alignements et de percements; contraventions de voirie; logements insalubres; catacombes, carrières sous Paris; ouverture de rues, boulevards, places, squares; élargissements de rues; acquisitions à l'amiable ou par voie d'expropriation; gestions, ventes et échanges d'immeubles, etc.; — 3° *Service municipal des travaux publics*: renouvellement et entretien de la voie publique, travaux des chaussées et trottoirs, pavage, balayage, arrosement, enlèvement des boues et immondices; éclairage; promenades et plantations, Bois de Boulogne et de Vincennes; fontaines monumentales; eaux de Paris, conservation des aqueducs, dérivation de nouvelles sources; distribution et concession d'eau; curage des égouts et fosses d'aisances; enfin la caisse de la boulangerie, et la caisse des travaux de Paris, qui fonctionnent en dehors de ce cadre.

Ces différents services exigent, comme on le pense bien, un nombreux personnel sédentaire auquel on doit ajouter un personnel extérieur encore plus considérable : ingénieurs des mines et des ponts et chaussées, détachés au service de la ville ; agents voyers, géomètres, architectes, jardiniers et cantonniers chargés de l'entretien des rues, monuments, squares et jardins ; receveurs et inspecteurs de la navigation et des ports de Paris, des halles et des marchés ; agents financiers ; directeurs du mont-de-piété et de ses succursales ; percepteurs des contributions et taxes locales, employés de l'octroi répandus à toutes les barrières ; employés des hôpitaux : puis encore le personnel spécial à chacune des mairies d'arrondissement ; le personnel enseignant : professeurs des collèges communaux, instituteurs et institutrices primaires.

Diverses commissions spéciales sont attachées à la préfecture de la Seine pour l'étude et la surveillance de toutes les parties de cette immense administration.

Le préfet de la Seine a, en outre, auprès de lui un cabinet particulier et un secrétariat général.

Le cabinet est divisé en quatre bureaux dont les principales attributions sont la correspondance, le service intérieur, les beaux-arts, les fêtes et les réceptions. Toutefois, c'est par lettre directe au préfet qu'on doit adresser les demandes pour visiter les appartements de reception de l'hôtel de ville.

Le secrétariat général divisé en deux sections, composées de deux bureaux chacune, et comprenant : le personnel, les élections, le conseil de préfecture, le contentieux, le dépôt des archives de la ville et du département qui contient, notamment, les registres des paroisses avant 1793 et ceux des mairies de Paris et des communes annexées, jusqu'en 1860, pour les actes de naissances, mariages et décès; la bibliothèque de la ville, l'histoire de Paris et la topographie.

Les services du cabinet et du secrétariat sont communs à l'administration municipale.

Le chef du cabinet est en même temps le secrétaire particulier du préfet.

Les services communaux qui ont le plus d'importance et d'utilité en même temps qu'ils offrent le plus d'intérêt et de curiosité sont ceux qui comprennent l'éclairage, les eaux, la voirie, le mouvement de la population, les approvisionnements.

L'éclairage se fait dans l'ancien Paris au moyen de becs de gaz, et dans l'ancienne banlieue, en partie d'après le même système, en partie au moyen de becs à l'huile ou au schiste. Le nombre des premiers augmente chaque année; le nombre des autres diminue dans des proportions équivalentes. Le jour n'est pas éloigné où ceux-ci auront entièrement disparu. J'ai, du reste, indiqué dans l'*Introduction* le perfectionnement qu'on a récemment apporté dans le mode des appareils d'éclairage établis sur les voies publiques nouvelles. Avec le temps, cette amélioration s'étendra aux voies publiques anciennes.

J'ai dit aussi dans l'*Introduction* quels sont les vastes plans de M. le baron Haussmann pour approvisionner un jour la population de Paris d'une quantité d'eau moyenne suffisante. Je dois me borner ici à indiquer sommairement l'état général actuel de ce service, état provisoire qui chaque jour se modifie et s'améliore.

La population de Paris consomme à peine en ce moment 200,000 mètres cubes d'eau par jour. Cette quantité exiguë se subdivise en eau d'Arcueil, en eau des sources du nord, en eau de Seine, en eau d'Ourcq, en eau des puits artésiens de Grenelle et de Passy.

La voirie comprend le pavage, le macadamisage, les plantations, les bancs, les trottoirs, l'arrosage et le balayage des voies publiques, ainsi que l'enlèvement des neiges et des glaces, des immondices et des boues.

L'enlèvement des immondices des chaussées pavées est mis en adjudication. Les adjudicataires s'entendent avec des cultivateurs de la banlieue, qui transportent gratuitement ces immondices sur leurs terres. Dans ce but, la ville est divisée en sections correspondant à la contenance d'un tombereau, et les cultivateurs viennent de grand matin déblayer les sections qui leur sont assignées.

Les boues des chaussées macadamisées sont précipitées dans les égouts par les bouches ouvertes sous les trottoirs. Le balayage de ces chaussées est exécuté par des gens du peuple distribués en escouades sous la conduite d'un inspecteur de police; des cantonniers locaux sont chargés de la surveillance des grandes voies publiques.

Le nombre et l'étendue de ces grandes voies prend aussi chaque jour une extension plus considérable; mais le système des chaussées macadamisées tend à prédominer sur le système des chaussées pavées. Les unes et les autres sont arrosées avec soin, surtout en été, dans le temps de sécheresse et de poussière. Mais en hiver, dans les jours de neige ou de gelée, il est difficile de les maintenir dans un état satisfaisant de propreté. J'ai signalé dans l'*Introduction* les améliorations qui ont été apportées récemment au système des plantations et des bancs. Celui des trottoirs dallés ou bitumés, dont le nombre s'accroît d'année en année, tend également à se perfectionner chaque jour davantage.

Le recensement de 1861, qui est le dernier, a donné le chiffre officiel de 1,696,141 habitants; voici quel a été, pendant cette même année, le mouvement de la population :

La totalité des naissances a été de 53,570, savoir : 27,377 garçons et 26,193 filles.

Dans ce nombre on compte 38,456 naissances en mariage et 15,107 hors mariage.

Parmi les naissances en mariage, 37,145 ont eu lieu à domicile et 1,518 aux hôpitaux.

Parmi les naissances hors mariage, 9,575 ont eu lieu à domicile et 5,532 aux hôpitaux.

Le chiffre des garçons nés en mariage est, à domicile, de 19,047; aux hôpitaux, de 647; celui des filles nées en mariage, est, à domicile, de 18,098; aux hôpitaux, de 617.

Le chiffre des garçons nés hors mariage est, à domicile, de 4,855;

aux hôpitaux, de 2,828; celui des filles nées hors mariage est, à domicile, de 4,720; aux hôpitaux, de 2,704.

Le nombre des enfants naturels, nés en 1861, qui ont été reconnus est de 3,738, dont 1,919 garçons et 1,819 filles; celui des enfants naturels, nés dans la même année, qui n'ont pas été reconnus est donc de 11,369 dont 5,764 garçons et 5,605 filles.

Toutefois, on doit ajouter aux reconnaissances d'enfants naturels qui ont eu lieu au moment de la naissance celles qui n'ont eu lieu que par des actes postérieurs, ainsi que les légitimations ultérieures de ceux d'entre ces mêmes enfants dont le père et la mère ont ensuite contracté mariage l'un avec l'autre.

Le chiffre des légitimations, par acte de célébration de mariage, est de 2,550, dont 1,264 garçons et 1,286 filles; celui des reconnaissances par actes postérieurs à la naissance est de 5,155 dont 2,524 garçons et 2,631 filles.

La totalité des décès a été de 43,664, dont 21,835 hommes et 21,829 femmes.

L'excédant des naissances sur les décès a donc été, en 1861, de 9,906. On compte, dans ce chiffre, 5,542 garçons et 4,364 filles.

Le nombre des décès se compose ainsi :

Enfants mort-nés.	Masculins. .	2,285	4,005
—	Féminins. .	1,720	
Décédés à domicile.	Masculins. .	14,735	30,238
—	Féminins. .	15,503	
Décédés aux hôpitaux civils	Masculins. .	6,053	12,270
—	Féminins. .	6,217	
Décédés aux hôpitaux militaires .	Masculins. .	617	624
—	Féminins. .	7	
Décédés dans les prisons	Masculins. .	96	138
—	Féminins. .	42	
Déposés à la Morgue reconnus. . .	Masculins. .	205	245
—	Féminins. .	40	
Déposés à la Morgue non reconnus. .	Masculins. .	128	148
—	Féminins. .	20	
Exécuté.	Masculin.		1

D'après un autre calcul, en défalquant du chiffre des décès ceux qui n'ont pu être constatés qu'à la Morgue, on subdivise ainsi qu'il suit, avec la double distinction de sexe et d'état, le nombre des hommes décédés reconnus et des femmes décédées reconnues, y compris les enfants, garçons ou filles :

Hommes non mariés.	13,431	
— mariés.	6,222	21,707
— veufs.	2,054	
Femmes non mariées.	12,352	
— mariées.	5,463	21,809
— veuves.	3,994	

Enfin, le nombre de mariages a été, en 1861, de 15,959, savoir : 12,983 entre garçons et filles ; 796 entre garçons et veuves ; 1,580 entre veufs et filles ; 600 entre veufs et veuves.

Le préfet de police a dans ces attributions la police des halles et marchés qui servent à l'approvisionnement de Paris, et qui se divisent en marchés d'achat en gros et en halles de vente au détail. Mais c'est le préfet de la Seine qui est chargé d'autoriser leur création, leur translation ou leur suppression qui fixe les tarifs, qui perçoit les redevances, qui choisit les emplacements, qui fait construire et entretenir les bâtiments, et qui réglemente le stationnement des voitures de transport. D'importantes modifications seront prochainement apportées à la statistique des halles et marchés ; quelques-uns de ces établissements doivent disparaître ; d'autres doivent être réédifiés ou déplacés.

Dans cette même année 1861, la consommation de Paris en boissons de toute sorte et en comestibles de toute nature a donné le tableau suivant, que l'on trouve dans le dernier *Annuaire du bureau des longitudes*.

Boissons.

Vins en cercles.	Hect.	2,267,789
Vins en bouteilles.		14,886
Alcools purs et liqueurs		103,564
Cidre, poiré et fruits réduits.		87,629
Alcools dénaturés.		1,269

Liquides.

Huiles d'olive	Hect.	9,195
Huiles de toutes autres espèces.		165,377
Vinaigre de toutes espèces.		33,839
Bière à l'entrée.		191,004
Bière à la fabrication.		185,210
Essence de térébenthine.		20,717
Vernis gras, blanc de céruse.		12,450
Raisins.	Kilogr.	4,784,519

Comestibles.

SORTIES DES ABATTOIRS.

Viande de bœuf, vache, veau, mouton, bouc et chèvre.	Kilogr.	88,049,684
Abats et issues de veaux.		2,171,988
Viande et graisse de porcs.		10,153,888
Abats et issues de porcs.		1,587,612
Suifs bruts ou fondus.		375,279
Huile animale.	Hectol.	238

PROVENANCES DE L'EXTÉRIEUR.

Viande de bœuf, vache, veau, mouton, bouc et chèvre.	Kilogr.	14,704,545
Abats et issues de veau.		253,889
Viande fraîche et graisse de porcs, sangliers, cochons de lait, marcassins.		6,540,460
Abats et issues de porcs.		694,431
Charcuterie de toute espèce.		1,701,950
Pâtés, terrines, écrevisses, truffes, etc.		102,043
Fromages secs.		2,946,814
Marée (montant de la vente sur les marchés.)	Fr.	10,862,745
Huîtres.		2,214,344
Poissons d'eau douce.		1,338,004
Volaille et gibier.		20,730,391
Beurre.		23,992,729
Œufs.		11,927,462

Enfin le tableau qui suit indique également, d'après la même source, quelle a été, dans la même période, la consommation en combustibles.

GUIDE PRATIQUE. — RENSEIGNEMENTS GÉNÉRAUX.

Combustibles.

Bois dur, neuf ou flotté. . . . . Stère.	515,197
Bois blanc, neuf ou flotté.	296,702
Menuise, cotrets et fagots de toute espèce. . . .	125,502
Charbon de bois et charbon artificiel. . . Hectol.	4,908,532
Poussier de charbon et tan carbonisé.	213,008
Charbon de terre, coke et tourbe carbonisée. Kil.	614,179,280

Un autre service d'une nature exceptionnelle et d'un caractère spécial, mais d'un intérêt particulier qui dépend encore de la préfecture de la Seine; bien qu'il ait une organisation distincte; c'est celui de la bienfaisance confié à l'administration générale de l'assistance publique.

Un directeur responsable est placé à la tête de cette vaste et importante administration, qui est chargée de secourir dans tous ses besoins la population indigente de Paris. Ce directeur exerce ses fonctions sous l'autorité du préfet de la Seine et sous la surveillance d'un conseil de vingt membres.

Les établissements hospitaliers et les maisons de retraite, qui appartiennent à la ville de Paris relèvent de l'administration générale de l'assistance publique, qui s'occupe également de la distribution des secours et du traitement à domicile, par l'intermédiaire des bureaux de bienfaisance. Elle a publié en 1862 le recensement suivant de la population indigente que renferme la capitale de la France :

Arrondissements.	Nombre de ménages.	Nombre d'individus qui composent les ménages	Rapport du nombre des indigents à la population.
			1 indigent sur
1er	1378	2905	50.85 habitants.
2e	886	1686	48.40 —
3e	1580	5181	51.15 —
4e	2894	6112	12.75 —
5e	4208	10075	10.69 —
6e	1953	3994	24.01 —
7e	1818	3588	20.55 —
8e	943	2075	33.64 —
Report	15,750	33,612	

PARIS NOUVEAU.

Report. . . .	15,750	33,612	1 indigent sur
9ᵉ	1350	2315	46.36 habitants.
10ᵉ	2584	6139	18.49 —
11ᵉ	3434	9154	13.73 —
12ᵉ	1690	4402	14.93 —
13ᵉ	2785	7952	7.14 —
14ᵉ	1242	3317	15.85 —
15ᵉ	1584	3862	14.51 —
16ᵉ	732	1913	19.19 —
17ᵉ	1055	2961	2540 —
18ᵉ	1598	4243	25.06 —
19ᵉ	1430	5138	14.87 —
20ᵉ	1779	5279	13.25 —
Totaux. . . .	36712	90287	

Ainsi, d'après ce tableau, on compte, en moyenne, dans les limites nouvelles de la capitale, environ 36,713 ménages indigents qui se composent de 90,287 individus. Cela fait 2 personnes 46 pour chaque ménage, et, par rapport à la population générale de la ville, 1 indigent pour 18,47 habitants.

Les établissements de bienfaisance communaux comprennent les hôpitaux, hospices et les maisons de retraite.

Les hôpitaux sont les établissements consacrés au traitement des indigents malades, dont les maladies sont curables. Ils se divisent en *hôpitaux généraux*, destinés au traitement des maladies aiguës et des blessures, et en *hôpitaux spéciaux*, exclusivement réservés au traitement d'affections d'une nature particulière. Les premiers, au nombre de huit, contiennent ensemble 4,161 lits; les seconds, au nombre de sept, renferment 2,923 lits; en tout, 7,084 lits.

Les hospices sont destinés à recevoir les indigents que la vieillesse ou des infirmités incurables mettent hors d'état de pourvoir à leur existence. L'admission y est gratuite.

Quelques-uns de ces hospices, établis dans des conditions particulières en vertu de donations récentes, dont les revenus doivent être uniquement consacrés à leur entretien, portent le nom d'hospices fondés.

Les maisons de retraite, dont plusieurs portent aussi le nom d'hospices, ont été créées, pour la plupart, par des fondations particulières. L'admission y est subordonnée à des conditions spéciales d'âge ou de position, et au payement d'une pension annuelle ou d'un capital proportionnel à l'âge du postulant.

La mortalité moyenne annuelle est, dans les hôpitaux, d'environ 9 pour 100, dans les hospices, d'environ 6 pour 100.

Les places de médecins, de chirurgiens, de pharmaciens, d'élèves internes et d'élèves externes, s'obtiennent au concours. Les médecins et chirurgiens donnent leurs soins gratuitement; une indemnité de 1,500 fr. par an, à peine suffisante pour leurs frais de déplacement leur est allouée par l'administration générale de l'assistance publique. On sait cependant que ce sont les maîtres de la science qui ambitionnent ces places et que toutes les illustrations du corps médical les ont successivement occupées. Le personnel occupé au soulagement de tant de misères et de tant de souffrances est très-considérable. Il comprend 562 employés de bureau, 58 aumôniers, 91 médecins, 42 chirurgiens, 18 pharmaciens, 222 élèves internes ou externes et 1,515 employés de salle, indépendamment des religieuses, qui desservent les hôpitaux et les hospices.

Dans le but de diminuer ses dépenses, d'améliorer ou de compléter ses services, l'administration générale de l'assistance publique a formé elle-même des établissements de diverse nature qui ne dépendent que d'elle, et qui lui sont exclusivement consacrés; ce sont *la boulangerie centrale*, 13, rue Scipion, *la boucherie centrale*, 181, boulevard de l'Hôpital, *la cave centrale*, à l'entrepôt général des vins, *la pharmacie centrale*, 47, quai de la Tournelle, *la filature des indigents*, près la place Royale, *le bureau de la direction des nourrices*, 18, rue Sainte-Apolline et *le bureau central* d'admission dans les hôpitaux et les hospices, 2, place du Parvis-Notre-Dame, bureau qui reste constamment ouvert.

Des propriétés immobilières considérables, des fondations particulières nombreuses et diverses branches spéciales de revenus composent les ressources personnelles de l'administration générale de l'assistance publique. C'est à l'aide de ces ressources qu'accroît, dans une minime proportion, le payement des frais de journée que les hôpitaux reçoivent des malades aisés qu'ils recueillent, que cette administration pourvoit à ses énormes dépenses. Au surplus, voici un budget de date récente qui fera mieux apprécier l'importance des services qu'elle embrasse.

RECETTES.

Revenus immobiliers	1 022 509 fr. 38 c.
Intérêts des capitaux	752 915 23
Rentes sur l'État	1 331 063 64
Bonis des établissements de services généraux	7 584 20
Produits divers des hôpitaux et des hospices	92 419 76
Recettes diverses	29 217 18
Concession de terrains dans les cimetières	159 199 50
Profit sur les spectacles	1 614 340 48
Remboursements divers	3 719 671 86
Subvention municipale	7 557 647 »
Revenu des fondations	560 598 07
Total	16 904 499 fr. 69 c.

DÉPENSES.

Services des rentes et fondations	90 194 fr. 99 c.
Dépenses d'administration générale	756 984 32
— du domaine, etc.	226 229 68
— des hôpitaux	5 226 797 24
— des hospices et des maisons de retraite	4 495 765 13
— des hospices fondés	274 952 62
— des enfants placés à la campagne	2 524 717 52
— des secours à domicile	3 702 387 30
Total	17 310 728 fr. 90 c.

L'administration générale des octrois de Paris constitue également l'un des plus importants services de la préfecture de la Seine, ayant une organisation spéciale et distincte.

C'est cette administration qui est chargée de la perception des droits qui se payent au profit du budget communal à l'entrée dans l'intérieur de l'enceinte continue sur les objets soumis à la taxe municipale. C'est à elle qu'on doit s'adresser pour toute réclamation ou toute démarche relative à ce service.

Enfin, c'est aussi de la préfecture de la Seine que relève l'administration centrale des pompes funèbres, qui a son siége principal, 10, rue Alibert, où les bureaux sont ouverts de 7 heures du matin à

7 heures du soir, administration à laquelle les familles de la province et de l'étranger peuvent avoir besoin de recourir. Cette administration n'a, du reste, qu'un caractère privé, en ce sens qu'elle est chargée de ce service public, en qualité de concessionnaire, à des conditions stipulées dans le cahier des charges de l'adjudication.

L'intreprise des pompes funèbres a dans chacune des mairies de Paris un délégué à qui l'on peut s'adresser pour le règlement des convois. Il est tenu de fournir tous les renseignements, de produire les tarifs détaillés auxquels les familles doivent recourir pour se fixer sur l'étendue des dépenses qu'elles désirent faire. Enfin une série de dessins lithographiés et coloriés déposés dans chaque bureau permet de se rendre compte de l'effet des décorations funèbres et des différences qui caractérisent chaque classe. Le nombre des classes est de neuf. La dépense fixe varie pour ces neuf classes, entre 7,184 fr. et 18 fr. 75 c., montant de la dernière, y compris une taxe municipale dont le maximum est de 40 fr. et le minimum de 6 fr.

Les frais de convoi et d'enterrement, quoique limités au minimum, peuvent s'élever considérablement, au gré des familles, par l'addition d'*objets supplémentaires* spéciaux pour chaque classe, également tarifés d'ailleurs et qui ajoutent au luxe, à l'éclat de la cérémonie.

Les convois dont la dépense dépasse 5,000 fr. sont fort rares ; ils forment l'exception. Leur prix varie généralement de 80 fr. à 300 fr., ceux de 500 fr., ceux surtout de 1,000 fr. s'écartent déjà des habitudes ordinaires.

Le service des pauvres suffit pour plus des deux tiers des enterrements, et le tiers, au moins, des individus qui meurent à Paris ne laissent pas la valeur de la bière et du linceul nécessaires à leur inhumation : il faut que l'administration des pompes funèbres en fasse les frais, aux termes de son cahier des charges. Toutefois, cette dépense est couverte pour l'entreprise par une allocation de 5 fr. par enterrement que lui accorde la ville de Paris, ce qui donne approximativement une subvention annuelle de 160,000 fr., représentant à peu près les frais d'enterrements gratuits. Le transport et l'inhumation des individus décédés dans les hôpitaux civils et militaires se font par les soins de ces établissements, sauf la volonté contraire des familles.

L'entreprise des pompes funèbres doit avoir constamment en bon état un matériel de 111 chars, 35 corbillards drapés, 35 corbillards vernis, et 75 voitures de deuil; elle est tenue d'entretenir en outre 160 chevaux noirs et 10 chevaux blancs. Le magasin central est approvisionné de 6,000 cercueils de toutes dimensions; de plus, un certain nombre de cercueils sont consignés dans des dépôts situés dans chaque arrondissement.

Un cautionnement de 150,000 fr. répond de l'exact accomplissement des clauses du cahier des charges.

Le préfet de police a, dans ses attributions spéciales, tout le service de sûreté, qui comprend, indépendamment de la surveillance et de l'action générales centralisées dans ses bureaux, les commissariats de police, les inspecteurs de police, les officiers de paix, les sergents de ville, veilleurs permanents de jour et de nuit, qui ont, chacun, une mission distincte, mais qui peuvent tous se prêter un mutuel secours, le corps des sapeurs-pompiers et la garde de Paris.

Le préfet de police, indépendamment de ses attributions spéciales dans le département de la Seine, est chargé, sous l'autorité du ministre de l'intérieur, de la direction générale de la sûreté publique pour tout l'Empire. A ce titre, il correspond directement d'une part avec tous les préfets de France, d'autre part avec tous les ministres. Il adresse également à l'Empereur des rapports confidentiels sur l'état des esprits et la situation politique.

L'administration intérieure de la préfecture de police est organisée sur le même plan que celle de la préfecture de la Seine, avec cette seule différence, que le secrétariat particulier est distinct du cabinet, comme le secrétariat général.

Le secrétariat particulier est chargé des affaires reservées, de l'ouverture de la correspondance, de l'examen des journaux et des secours particuliers distribués au nom de l'Empereur et de l'Impératrice.

Le cabinet a dans ses attributions les affaires politiques, la sûreté générale et les renseignements confidentiels, et spécialement la police politique ou la police de sûreté. Il comprend deux bureaux.

Le premier bureau s'occupe des mesures politiques, des précautions à prendre pour la sûreté de l'Empereur, de l'étude des documents politiques, de la surveillance des condamnés politiques, de l'exécution des lois et décrets qui concernent la sûreté générale de la circulation des étrangers, de la vérifications des passe-ports, de la surveillance des réfugiés.

Le second bureau s'occupe des mesures d'ordre à l'occasion des fêtes et des cérémonies, de la surveillance des théâtres, bals et concerts, de l'imprimerie et de la librairie.

Le secrétariat général a principalement les attributions d'un caractère purement administratif. Il comprend le personnel, la comptabilité, la caisse, les archives et le matériel.

On compte ensuite deux divisions qui se partagent ce qu'on nomme la police municipale. La première comprend cinq bureaux; la seconde n'en comprend que quatre.

Le premier bureau de la première division est chargé de la recherche des individus disparus de leur domicile, des suicides et morts accidentelles, des maisons de jeu clandestines, des propositions d'expulsion relatives à des étrangers non détenus, de l'éloignement du département de la Seine des individus non arrêtés, tombant sous l'application de la loi du 9 juillet 1858, et enfin des valeurs et objets trouvés ou abandonnés ailleurs que dans les voitures publiques.

Lorsqu'on a des réclamations de cette nature à faire, on doit se présenter chez le commissaire de police du quartier qu'on habite, et lui faire une déclaration dont il dresse un procès-verbal, qui est transmis à la préfecture de police. Dans le cas où elle est en possession de l'objet perdu, elle invite, par lettre, le réclamant à l'aller retirer.

C'est ce même bureau qui dresse ce qu'on nomme le sommier judiciaire, si souvent cité dans les affaires criminelles et correctionnelles. C'est le relevé et le classement méthodique de toutes les condamnations prononcées, en France, par les cours et par les tribunaux, civils et militaires. Il contient aujourd'hui un million de noms suivis chacun de la liste complète des jugements où il figure. Il est distribué sur des bulletins individuels contenant chacun tout ce qui concerne un même individu, et placés sur des rayons, par ordre alphabétique, ce qui en rend le triage facile.

C'est le quatrième bureau de cette même division qui est chargé du service des passe-ports pour la France et l'étranger, des permis de séjour, du mouvement des voyageurs dans les hôtels et maisons garnies, de la surveillance des logeurs, brocanteurs, domestiques et commissionnaires.

Les trois autres bureaux de la première division comprennent le service des poursuites judiciaires; la surveillance des filles publiques, des cabarets, des cafés; la répression des outrages à la morale publique; les prisons, les hospices et maisons d'aliénés.

C'est le second bureau de la deuxième division qui est chargé de la police des chemins de fer; la surveillance des voitures publiques appartient au troisième bureau de cette même division, qui embrasse dans son ensemble, indépendamment de la police des chemins de fer et des voitures publiques, celle des halles et marchés, celle relative à la qualité et à la quantité des denrées et marchandises vendues, celle de la Bourse, les secours en cas d'incendie, les travaux de salubrité, la navigation, les bains et lavoirs publics, la police des cimetières, les exhumations et les réinhumations, et enfin la Morgue.

Un service spécial dépendant de la préfecture de police est en outre installé, pour les voitures publiques, rue de Pontoise, 13; c'est ce qu'on nomme la *fourrière*. C'est là que sont amenées les voitures publiques en contravention avec les règlements. On y trouve, de 9 heures du matin à 4 heures du soir, des employés chargés d'exécuter les ordres, de recevoir les déclarations, de recueillir ou de rendre les objets envoyés à la fourrière par l'autorité compétente.

Un nombre restreint d'employés suffit aux services intérieurs de l'administration de la police. Mais le personnel qu'occupent les services extérieurs de cette même administration comprend au moins quatre mille personnes.

Le budget de la ville de Paris comprend tout à la fois les dépenses de la préfecture de la Seine et celles de la préfecture de police.

Divisé, ainsi qu'on l'a dit, en vingt arrondissements, subdivisés eux-mêmes en quatre-vingts quartiers, Paris occupe une surface de 7,802 hectares ou de 78,020,000 mètres carrés dont 40 millions environ de mètres carrés sont actuellement occupés par des voies publiques; ces voies dépassent le nombre de 3,000. Elles renferment environ 50,000 maisons particulières.

Du reste le budget de Paris en atteste l'importance. Son chiffre dépasse de beaucoup celui du budget de plusieurs États d'Europe. Celui de 1863 s'élève, en effet, recettes et dépenses, à 193,518,697 fr. 76 c. Ce budget se divise en quatre sections principales dont les deux premières se balancent, en recettes et en dépenses, l'une par l'autre, et se décompose ainsi qu'il suit :

	Recettes.	Dépenses.
PREMIÈRE SECTION.		
Recettes et dépenses ordinaires.	117,304,197 f. 76	81,237,043 f. 44
DEUXIÈME SECTION.		
Recettes et dépenses extraordinaires.	11,598,000 »	47,665,154 52
	128,902,197 76	128,902,197 76
TROISIÈME SECTION.		
Recettes et dépenses supplémentaires.	16,000,000 »	16,000,000 »
QUATRIÈME SECTION.		
Recettes et dépenses spéciales.	48,616,500 »	48,616,500 »

On voit que le chiffre des dépenses ordinaires est de 81,237,043 fr. 44 c.

Ces dépenses s'appliquent à trois grandes catégories : la dette municipale qui absorbe 14,982,985 fr. 65 c.; les services administratifs de la préfecture de la Seine qui coûtent 53,992,978 fr.; les frais de la préfecture de police qui s'élèvent à 12,261,079 fr. 79 c.

Les dépenses extraordinaires s'élèvent à 47,665,154 fr. 52 c. Au nombre de ces dépenses figurent les grands travaux de tout ordre : architecture, beaux-arts, ponts et chaussées, améliorations de la voie publique, ouvertures des nouvelles artères de circulation, embellissements de l'ancienne banlieue. L'allocation spéciale effectée à ces grands travaux dans le budget de 1863 est de 36,481,945 fr. 92 c.

CLIMAT.

Le climat de Paris est de ceux qu'on nomme tempérés, plutôt humide que sec. Il y tombe, en moyenne, 3^m,61 de pluie, par période de vingt-quatre heures. Le thermomètre y marque, en moyenne, environ 11 degrés au-dessus de 0 ; il descend jusqu'à 19 degrés au-dessous, et il monte jusqu'à 37 degrés au-dessus ; mais les froids excessifs comme les chaleurs extrêmes sont très-rares et constituent des hivers ou des étés exceptionnels. D'habitude, il ne descend qu'à environ 14 degrés au-dessous, et il ne monte qu'à environ 32 degrés au-dessus, encore ne se maintient-il à l'une comme à l'autre de ces deux températures que pendant quelques jours à peine.

INSTRUCTION PUBLIQUE.

Paris est le siége d'une Académie universitaire dont le siége est à la Sorbonne, 15, rue de la Sorbonne. Le recteur qui est placé à la tête de cette administration a, sous l'autorité du ministre de l'instruction publique, la direction de l'enseignement dans son ressort qui comprend plusieurs départements, dont celui de la Seine est le plus considérable.

L'enseignement se divise en instruction supérieure, en instruction secondaire, en instruction primaire.

L'instruction supérieure comprend les Facultés de théologie, de médecine, de droit, des sciences et des lettres, les Écoles de pharmacie, les Écoles préparatoires de médecine et de pharmacie et les Écoles préparatoires à l'enseignement supérieur des sciences et des lettres.

L'enseignement secondaire comprend les lycées et les colléges.

L'enseignement primaire comprend les écoles normales primaires, les écoles primaires supérieures, les écoles de garçons et de filles et les salles d'asile.

Cette classification suffit pour indiquer le rôle que chacun des établissements qui vont suivre remplit dans l'éducation de la population parisienne, et l'intérêt que chacun d'eux peut offrir aux voyageurs et aux voyageuses de la province et de l'étranger.

Enseignement supérieur. — Cet enseignement comprend d'abord les Facultés de théologie, de médecine, de droit, des sciences et des lettres.

Les cours de la Faculté de théologie se font à la Sorbonne. Cette Faculté a une destination toute spéciale. Ainsi, aucun prêtre ne peut être nommé aux fonctions d'évêque, de vicaire général, de chanoine ou de curé s'il n'est pourvu du grade de docteur en théologie. Les aspirants aux grades théologiques sont tenus à prendre quatre inscriptions pour le baccalauréat, quatre pour la licence, et quatre pour le doctorat. Les registres sont ouverts au secrétariat de la Faculté les quinze premiers jours de novembre, janvier, avril et juillet.

Les cours de la Faculté de médecine se font à l'École de médecine, 12, rue de ce nom. Cette Faculté confère le grade de docteur, qu'on n'obtient qu'après avoir pris seize inscriptions dans l'une des Facultés de médecine de l'empire, et en se faisant inscrire au secrétariat de Paris, sur des registres spéciaux ouverts du 2 au 15 novembre et du 15 au 31 décembre. Cette inscription n'a lieu qu'après l'accomplissement des formalités suivantes : Dépôt de l'acte de naissance pour les élèves majeurs et, en outre, pour les élèves mineurs du consentement des parents ou tuteurs; d'un certificat de bonne vie et mœurs, d'un diplôme de bachelier ès lettres et d'un diplôme de bachelier ès sciences restreint, avant de prendre la troisième inscriptions.

La Faculté de médecine a plusieurs annexes qui vont suivre.

Le Jardin botanique de la Faculté de médecine, situé boulevard Haussmann;

L'École d'accouchement, qui est située, 5, rue du Port-Royal;

L'École supérieure de pharmacie, qui est située, 21, rue de l'Arbalète;

L'École pratique et le musée Dupuytren. On appelle tout à la fois *École pratique* les pavillons de dissection de la Faculté, des amphithéâtres ouverts à des cours libres, et une réunion spéciale d'élèves, jouissant de facilités spéciales pour s'exercer aux dissections et aux manipulations chimiques.

Cette école est située, 15, rue de l'École-de-Médecine. L'entrée des pavillons de dissection est interdit au public. C'est dans l'une des dépendances de l'École pratique que se trouve le musée Dupuytren, précieuse collection pathologique, formée en 1835 par les soins d'Orfila. On y voit des exemples de toutes les altérations morbides des différents tissus et organes. Une collection de cas pathologiques modelés en cire ou en carton-pâte, qui se trouvait autrefois au musée d'anatomie comparée de la Faculté, y a été récemment transférée.

Les étudiants et les médecins sont seuls admis dans ce musée, tous les jours non fériés, de 11 heures du matin à 3 heures du soir, excepté pendant les vacances.

Les cours de la Faculté de droit se font à l'École de droit, 8, place du Panthéon.

Toute personne désirant obtenir le grade de docteur, de licencié ou de bachelier en droit, ou même simplement un certificat d'aptitude aux fonctions d'avoué, doit se faire inscrire comme étudiant dans l'une des Facultés de droit de France, et suivre avec assiduité les cours déterminés par les lois ou règlements.

L'inscription doit être renouvelée à chaque trimestre. Le premier trimestre commence le 1er novembre, le second le 1er janvier, le troisième le 1er avril, et le quatrième le 1er juillet. Le registre des inscriptions est ouvert au secrétariat de la Faculté pendant la première quinzaine de chacun des trimestres de l'année scolaire.

La première inscription doit être prise en novembre.

Celui qui veut prendre sa première inscription en droit est tenu de déposer, en s'inscrivant : 1° son acte de naissance, constatant qu'il a au moins seize ans accomplis ; 2° son diplôme de bachelier ès lettres. S'il est en puissance de père ou de mère, ou bien en tutelle, il devra, en outre, justifier du consentement de la personne sous l'autorité de laquelle il se trouve. — Nul ne peut être admis à prendre d'inscription dans une Faculté siégant dans une ville autre que celle de la résidence de ses parents ou tuteur, s'il n'est présenté par une personne domiciliée dans la ville où siége ladite Faculté ; cette personne est tenue d'inscrire elle-même son nom et son adresse sur un registre ouvert à cet effet.

Le diplôme de bachelier ès lettres n'est point exigé de ceux qui n'aspirent qu'au certificat d'aptitude aux fonctions d'avoué.

Pour obtenir le diplôme de bachelier en droit, les étudiants ont à subir deux examens : le premier examen a pour objet le Code Napoléon et le droit romain, le deuxième a pour objet le Code Napoléon, le Code de procédure, le Code pénal et le Code d'instruction criminelle.

Les bacheliers en droit qui aspirent au diplôme de licencié doivent faire une troisième année d'études. Ils ont à subir deux examens et un acte public ou thèse : le premier examen a pour objet le droit romain, le second examen, le Code Napoléon, le Code de commerce et le droit administratif. La thèse porte sur des questions de droit romain et de droit français.

Les licenciés qui aspirent au doctorat sont obligés de suivre les cours pendant une quatrième année. Ils ont à subir deux examens et un acte public ou thèse : le premier examen a pour objet le droit romain ; le deuxième examen, le Code Napoléon, le droit des gens et l'histoire du droit. La thèse est composée de deux dissertations, dont une sur le droit romain.

Les aspirants au certificat de capacité, c'est-à-dire d'aptitude aux fonctions d'avoué, n'ont qu'un examen à subir ; il a pour objet le Code Napoléon et la procédure civile et criminelle.

Les cours de la Faculté des sciences ont lieu à la Sorbonne.

Le *baccalauréat ès sciences* est seul exigé pour les Écoles polytechnique, de Saint-Cyr et de la Marine. Les épreuves sont de deux sortes : 1° deux compositions écrites ; 2° questions orales embrassant tout ce qui fait l'objet de l'enseignement de la section scientifique des lycées impériaux. Les candidats qui n'ont pas satisfait à l'épreuve écrite ne sont pas admis à l'épreuve orale.

Les candidats au baccalauréat ès sciences peuvent l'obtenir en deux épreuves : la première comprenant la physique (sur laquelle porte l'épreuve écrite et l'histoire naturelle); la seconde épreuve comprenant le reste du programme avec l'épreuve écrite portant sur les mathématiques et la version latine. Un intervalle de trois années au plus peut séparer les deux épreuves.

Un baccalauréat restreint est créé pour les étudiants en médecine.

Trois sessions ont lieu pour les trois baccalauréats et s'ouvrent généralement, la première, réservée aux candidats déjà ajournés dans les précédentes sessions pour le baccalauréat ès sciences et aux élèves en médecine, le 1er avril; la seconde, le 10 juillet; la troisième, le 1er décembre. Il faut être inscrit à l'Académie de Paris *cinq jours francs* avant l'ouverture de la *session*, et avoir consigné à la Faculté, dans le *même délai*, pour chacun des trois baccalauréats, 102 fr. 35 cent.; pour le baccalauréat restreint, 50 fr. 35 c. Les registres sont ouverts dès le vingtième jour qui précède chaque session et pendant quinze jours.

Pour être admis à l'examen de licence, il faut justifier du grade de bachelier ès sciences et avoir pris à deux cours quatre inscriptions. Le registre en est ouvert du 1er au 15 novembre, et les quinze premiers jours de janvier, d'avril et de juillet. Il faut s'inscrire quinze jours d'avance à la Faculté, consigner 102 fr. 35 c., et posséder les connaissances suivantes :

Pour la licence ès sciences mathématiques : les parties d'algèbre, de la trigonométrie, de la géométrie analytique, de la géométrie descriptive et de la mécanique enseignées dans les classes de mathématiques spéciales des lycées, le calcul infinitésimal, le calcul différentiel et intégral, l'astronomie. Les candidats sont soumis à des épreuves pratiques.

Pour la licence ès sciences physiques : la physique générale, la physique pratique, la chimie générale, la chimie organique, l'analyse chimique, la chimie pratique, analyse chimique pratique dans le laboratoire, minéralogie, minéralogie pratique dans le laboratoire. Épreuves de physique pratique.

Pour la licence ès sciences naturelles : anatomie et physiologie animale, zoologie, anatomie et zoologie pratique, démonstration à l'aide du microscope ou préparation anatomique dans le laboratoire, botanique, physiologie végétale, botanique pratique, géologie, géologie pratique.

Les sessions de licence ont lieu : La première, du 1er au 30 novembre; la seconde, du 1er au 10 juillet.

Pour les trois DOCTORATS, il faut justifier du grade de licencié ès sciences correspondant, et présenter deux thèses *sur des sujets entièrement nouveaux* pour être examinées et approuvées par la Faculté, et les soutenir; ou présenter une seule thèse, à la condition de répondre à des propositions données par la Faculté et relatives à des matières non traitées dans la thèse qui aura été préalablement accepté. Les thèses doivent, avant l'impression, être revêtues du visa du doyen et du *permis* d'imprimer du vice-recteur de l'Académie de Paris.

Des conférences et manipulations de chimie sont ouvertes, dès le 1er novembre pour le doctorat, et dès le 1er janvier pour la licence.

Les vacances de la Faculté ont lieu du 1er septembre au 20 octobre.

Les cours de la Faculté des lettres ont également lieu à la Sorbonne. Cette Faculté confère les grades de bachelier, de licencié et de docteur. Pour être admis à l'examen du baccalauréat, il faut avoir seize ans accomplis, et produire les pièces exigées par le règlement du 5 août 1857. Pour la licence, il faut être bachelier depuis un an, et avoir pris quatre inscriptions à la Faculté : les épreuves consistent en diverses compositions en français, latin, grec, et en questions littéraires, philosophiques, historiques. Pour le doctorat, il faut être licencié, et soutenir deux thèses, écrites l'une en latin, l'autre en français, sur deux matières distinctes, choisies par le candidat parmi les objets de l'enseignement de la Faculté.

Collège impérial de France, situé rue des Écoles, place Cambrai. — Créé en 1530 par François Ier, réorganisé en 1774, sur les bases actuelles, complété par diverses adjonctions de chaires nouvelles, successivement fondées, de 1814 à 1861, le Collège de France comprend un grand nombre de cours publics et gratuits par des professeurs que nomme l'Empereur, et qui tous sont des notabilités de l'enseignement supérieur. Ces cours sont actuellement au nombre de vingt-neuf, savoir : la mécanique céleste, les mathématiques, la physique générale et mathématique, la physique générale et expérimentale, la chimie, la médecine, l'histoire naturelle des corps inorganiques, l'histoire naturelle des corps organisés, l'embryogénie comparée, le droit de la nature et des gens, l'histoire des législations comparées, l'économie politique, l'histoire et la morale, l'épigraphie et les antiquités romaines, la philologie et l'archéologie égyptiennes, les langues hébraïque, chaldaïque et syriaque, l'arabe, le persan, la langue turque, la langue et la littérature chinoises et tartares-mandchous, la langue et la littérature sanskrites, l'éloquence latine, la poésie latine, la philosophie grecque et latine, la langue et la littérature françaises du moyen âge, la langue et la littérature françaises modernes, les langues et les littératures étrangères de l'Europe moderne, la langue et la littérature slaves.

Les jours et les heures des cours sont affichés au Collége de France.

S'adresser au concierge pour visiter l'intérieur du monument.

Enseignement secondaire :

Lycée Louis-le-Grand, rue Saint-Jacques, 123, avec collége annexé à Vanves et école de langues orientales.

Lycée Napoléon, rue Clovis, 23.

Lycée Saint-Louis, boulevard Haussmann, 94.

Lycée Charlemagne, rue Saint-Antoine, 120.

Lycée Bonaparte, rue Caumartin, 65.

Ces institutions sont des établissements de l'État.

Collége Rollin, 42, rue des Postes. — Ce collége est entretenu aux frais de la ville de Paris.

Collége Stanislas, 22, rue Notre-Dame-des-Champs, avec annexes dirigées par des prêtres, 90, rue Bonaparte, et 16, rue de Berry.

Cet établissement est une institution particulière qui jouit exceptionnellement des immunités qu'on n'accorde qu'aux colléges.

On compte, en outre, plusieurs institutions particulières, qui font suivre à leurs élèves les cours des lycées ou des colléges et qui ont une grande importance. Ce sont : l'*institution Sainte-Barbe*, rue Saint-Étienne-des-Grès, qui date de 1460 ; l'*école Sainte-Geneviève*, rue des Postes, 18 et 24, tenue par les jésuites, pour la préparation aux grades universitaires et aux écoles du gouvernement ; l'*institution de l'Immaculée-Conception*, Grande-Rue, 229, ancienne commune de Vaugirard, dirigée aussi par les jésuites ; l'*institution de Sainte-Croix*, rue Demours, 10, ancienne commune des Ternes ; l'*institution Delavigne*, 55, rue des Fossés-Saint-Victor, école préparatoire à l'école de Saint-Cyr ; l'*institution Barbet*, 9, rue des Feuillantines ; l'*institution Massin*, 12, rue des Minimes, au Marais ; l'*institution Jauffret*, rue Culture-Sainte-Catherine, 29 ; l'*institution Ballaguet*, rue de la Pépinière.

Paris enfin possède un grand nombre d'autres institutions particulières analogues de moindre importance.

Instruction primaire. L'instruction primaire est spécialement dans les attributions de l'autorité municipale, quoique placée sous la surveillance de l'Université. La ville de Paris projette, dans cet ordre d'idées et d'intérêts, des améliorations nombreuses et considérables. Du reste, elle a déjà réalisé de grands progrès dans le domaine de l'instruction primaire, à laquelle elle consacre environ trois millions par an, qui servent à l'entretien des écoles communales, des salles d'asile, des écoles d'adultes et des autres établissements de cette catégorie, établissements dont voici l'indication sommaire :

Collége Chaptal, 29, rue Blanche. — Ce collége est spécialement consacré aux études industrielles, agricoles, artistiques et commerciales. Les études embrassent toutes les connaissances exigées pour le baccalauréat ès sciences, l'École polytechnique et l'École centrale des arts et manufactures. La durée des cours est de six ans.

École municipale Turgot, 17, rue du Vert-bois. — Cette école n'embrasse que les études industrielles et commerciales. Les élèves sont externes et subissent un examen d'admission ; la durée des études est de trois ans. Les jeunes gens qui se destinent à l'École des beaux-arts, à l'École centrale ou à la haute industrie peuvent faire une quatrième année.

École supérieure du Commerce, 24, rue Saint-Pierre-Popincourt. — Cette école est placée sous le patronage du gouvernement, qui y envoie des boursiers. L'enseignement embrasse toutes les connaissances nécessaires pour former des comptables, des négociants et des administrateurs. On n'y reçoit que des pensionnaires âgés d'au moins quinze ans et de vingt-cinq ans au plus.

On ouvrira bientôt, avenue Trudaine, une nouvelle ÉCOLE DE COMMERCE, fondée par la Chambre de commerce de Paris.

ÉCOLE PRIMAIRE SUPÉRIEURE pour les filles, 2, passage Saint-Pierre.

Les écoles communales laïques sont au nombre de 53 pour les garçons et de 49 pour les filles; les écoles communales ou libres dirigées par les frères de la Doctrine chrétienne, et les écoles dirigées par les sœurs de Saint-Vincent de Paul, sont aussi au nombre de 53 chacune.

On doit ajouter à ces chiffres: 27 écoles d'adultes laïques, 14 écoles d'adultes congréganistes; 250 écoles ou pensionnats pour les garçons, ouverts par l'industrie privée et dont l'instruction primaire est le but principal.

Paris renferme, en outre, cinq cents pensionnats de demoiselles à la tête desquels, il convient de placer celui des dames du Sacré-Cœur, 75 et 77, rue de Varennes, celui des religieuses de la Congrégation de Notre-Dame, 106, rue de Sèvres, communément appelé couvent des Oiseaux; celui des dames de l'Assomption, 7, rue de l'Assomption, à Auteuil. Le prix de ces trois pensionnats est très-élevé.

On doit signaler encore:

LE COURS NORMAL GÉNÉRAL, qui se tient tous les dimanches, de 1 à 3 heures du soir, 16, rue de la Douane, pour les dames qui se destinent à l'enseignement; — l'ATHÉNÉE POLYTECHNIQUE, 42, rue d'Ulm, pour la préparation gratuite des aspirantes aux examens de tous les degrés; — les DEUX COURS SPÉCIAUX D'ENSEIGNEMENT MUTUEL, fondés par la ville de Paris, l'un pour les instituteurs, l'autre pour les institutrices; — les COURS PUBLICS ET GRATUITS en faveur des ouvriers, ouverts tous les jours, de 8 heures à 10 heures du soir, à l'École de médecine, à l'École communale de la rue Jean-Lantier, 5, et à l'École centrale, par les membres de l'*Association polytechnique.*

Cette association, fondée en 1830 par les anciens élèves de l'École polytechnique, donne gratuitement des leçons très-suivies de mathématiques, de géométrie, de langue française, de chimie, de législation usuelle, de physique, de géographie, d'hygiène, de comptabilité générale, de mécanique, de dessin et de chant.

Enfin Paris possède déjà environ cent SALLES D'ASILE, dirigées par des maîtresses qui ont suivi un cours pratique spécial ouvert, 10, rue des Ursulines.

Il reste maintenant à indiquer la nomenclature des Écoles spéciales diverses; voici cette nomenclature :

SÉMINAIRE DE SAINT-SULPICE, place Saint-Sulpice, 9, avec succursale à Issy ;

ÉCOLE DE HAUTES ÉTUDES ECCLÉSIASTIQUES, rue de Vaugirard, 76;

ÉCOLE SECONDAIRE ECCLÉSIASTIQUE, rue Notre-Dame-des-Champs, n° 24;

SÉMINAIRE DES MISSIONS ÉTRANGÈRES, 120, rue du Bac ;

SÉMINAIRE DU SAINT-ESPRIT, 30, rue des Postes;

PETIT SÉMINAIRE DE NOTRE-DAME DES CHAMPS, rue Notre-Dame-des-Champs ;

PETIT SÉMINAIRE DE SAINT-NICOLAS DU CHARDONNET, rue de Pontoise;

PETITE COMMUNAUTÉ DE SAINT-SULPICE, rue Molière, ancienne commune d'Auteuil ;

ÉCOLE RELIGIEUSE DE FONDATION ANGLAISE, rue de Sèvres, 21;

ÉCOLE RELIGIEUSE DE FONDATION ÉCOSSAISE, rue de Sèvres, 31;

ÉCOLE RELIGIEUSE DE FONDATION IRLANDAISE, rue des Irlandais, 5;

ÉCOLE SPÉCIALE DE DESSIN POUR LES FEMMES, 7, rue Dupuytren;

ÉCOLE NATIONALE POLONAISE, ancien boulevard extérieur, ancienne commune de Batignolles ;

ÉCOLE SUPÉRIEURE OTTOMANE, ancienne commune de Grenelle ;

III

INFORMATIONS DIVERSES.

MONUMENTS ET CURIOSITÉS.

Les détails intéressants qui concernent les monuments et les curiosités que Paris renferme appartiennent au *Guide historique et descriptif* ou à la seconde section de ce livre. Néanmoins, on a groupé ici, à la suite les uns des autres, dans une nomenclature générale et nominative, les principaux édifices et les principaux établissements que les provinciaux et les étrangers doivent visiter, alors même qu'ils ne feraient dans la métropole du monde civilisé qu'un séjour de courte durée. Cette nomenclature contient également, lorsqu'il y a lieu, l'indication des jours et des heures où ces visites doivent être faites. De cette façon on est sûr de ne rien oublier d'important et de ne pas faire de course inutile.

Palais des Tuileries. Le palais des Tuileries est la résidence officielle du chef de l'État; il est en reconstruction; les travaux qu'on y exécute s'opposent souvent à ce qu'on puisse le visiter; d'habitude, il est visible en l'absence de l'Empereur et de l'Impératrice, avec une autorisation du ministre de la Maison de l'Empereur.

Arc de triomphe du Carrousel. Cet arc de triomphe est maintenant en avant de l'entrée de la cour des Tuileries et en dehors de la grille. Cette grille doit être reportée plus en deçà de ce monument, qui servira d'entrée d'honneur au palais des Tuileries reconstruit.

Palais du Louvre. On ne peut visiter l'intérieur des nouvelles constructions du Louvre, constructions qui comprennent la salle des États, qu'avec une permission spéciale du ministre d'État.

L'Empereur fait en personne l'ouverture des sessions dans la *salle des États*, au palais du Louvre, en présence du Sénat, du Corps législatif et du Conseil d'État.

Ceux qui veulent assister à cette séance doivent écrire au grand maître des cérémonies, au palais des Tuileries ; toutefois le nombre des billets qu'on délivre est très-restreint. Les étrangers de distinction qui tiendront beaucoup à en obtenir feront bien de les faire demander par l'ambassade ou la légation de leur pays.

Musées du Louvre, au palais du Louvre.

Ouverts tous les *dimanches* au public, de 10 heures du matin à 4 heures du soir, et visibles *tous les jours*, aux mêmes heures, pour les étrangers. Dans la semaine, s'adresser au gardien, le *lundi excepté*.

Palais-Royal. Entrée de la cour d'honneur, place du Palais-Royal.

On ne peut visiter l'intérieur du Palais-Royal qu'avec une permission spéciale du prince Napoléon dont il est la résidence officielle.

Le Théâtre-Français, place du Palais-Royal et rue de Richelieu.

La Fontaine-Molière, rue de Richelieu, près le Théâtre-Français.

Palais de l'Élysée-Napoléon, près de la place Beauveau, entre l'avenue Marigny et la rue de l'Élysée.

Le palais de l'Élysée n'est visible qu'avec une permission spéciale du ministre de la Maison de l'Empereur, et seulement lorsqu'il n'est habité ni par l'Empereur ni par l'Impératrice.

Églises. NOTRE-DAME DE PARIS, place Notre-Dame, dans la Cité ; SAINT-GERMAIN-L'AUXERROIS, place du Louvre ; TOUR SAINT-GERMAIN-L'AUXERROIS, place du Louvre ; SAINT-EUSTACHE, près des Halles-Centrales ; SAINT-ROCH, rue Saint-Honoré ; SAINT-GERVAIS, près de l'Hôtel de Ville ; LE PANTHÉON OU SAINTE-GENEVIÈVE, place du Panthéon ; ÉGLISE RUSSE, rue Sainte-Croix-des-Ternes ; SAINT-ÉTIENNE-DU-MONT, place du Panthéon ; SAINT-SULPICE, place Saint-Sulpice ; SAINTE-CLOTILDE, place Belle chasse ; SAINT-MERRY, rue Saint-Martin ; SAINT-THOMAS-D'AQUIN, place Saint-Thomas-d'Aquin ; LA MADELEINE, place de la Madeleine ; SAINT-VINCENT-DE-PAUL, place Lafayette ; LA CHAPELLE EXPIATOIRE, rue de l'Arcade ; NOTRE-DAME-de-Lorette, rue Olivier-Saint-Georges; la Chapelle Saint-Ferdinand, route de la Révolte, porte Maillot.

Arc de triomphe de l'Étoile, place de l'Étoile, à l'extrémité des Champs-Élysées et à l'entrée de l'avenue de l'Impératrice.

La place Vendôme.

Colonne de la grande Armée, place Vendôme.

Tour Saint-Jacques-la-Boucherie, rue de Rivoli, près l'Hôtel de Ville.

Colonne de Juillet, place de la Bastille.

On est admis de 10 heures du matin à 4 heures du soir, dans l'intérieur des quatre monuments qui précèdent, en s'adressant au gardien.

Palais du Luxembourg, rue de Vaugirard, dans le voisinage de l'Odéon.

Le Sénat tient ses séances dans le palais du Luxembourg; ceux qui veulent y assister doivent s'adresser au secrétaire général ou au grand référendaire.

Lorsqu'on veut simplement visiter *la salle des séances* dans l'intervalle des sessions, on doit écrire au grand référendaire qui délivre une permission spéciale.

La fontaine de Médicis, dans le jardin du Luxembourg.

Musée du Luxembourg, au palais du Luxembourg.

Ouvert *tous les jours*, de midi à 4 heures, *excepté le lundi*.

Le musée du Luxembourg est spécialement destiné aux ouvrages des artistes vivants, achetés à la suite des expositions.

Théâtre de l'Odéon, place de l'Odéon, près le palais du Luxembourg.

Palais-Bourbon, quai d'Orsay et rue de l'Université.

Le Corps législatif tient ses séances dans le Palais-Bourbon; ceux qui veulent y assister doivent s'adresser au président, au secrétaire général ou aux questeurs.

Lorsqu'on veut simplement visiter *la salle des séances* dans l'intervalle des sessions, on doit écrire aux questeurs, qui délivrent une permission spéciale.

Palais de la Bourse, place de la Bourse.

Le palais de la Bourse est ouvert tous les jours au public; on y fait de midi à 3 heures les négociations sur les fonds publics et les valeurs mobilières et de 3 heures à 5 heures, les opérations sur les marchandises.

Palais de l'Institut, quai Conti.

Ce palais est consacré aux réunions hebdomadaires et aux séances extraordinaires des cinq classes ou académies qui composent l'Institut impérial de France. S'adresser, pour visiter l'intérieur, au concierge.

Palais d'Orsay, façades, quai d'Orsay; entrée rue de Lille.

Le rez-de-chaussée est occupé par le Conseil d'État; on ne peut assister à ses séances, mais on peut visiter la magnifique salle où elles se tiennent en écrivant au secrétaire général, qui délivre des permissions spéciales.

Le premier est occupé par la cour des Comptes, dont les audiences sont rarement publiques.

Palais des Beaux-Arts, 14, rue Bonaparte.

Ouvert au public le *dimanche*, et *tous les jours*, de 10 heures à 4 heures, aux étrangers, mais seulement avec billets ou un gardien pour guide.

Palais de Justice, place du Palais de Justice.

Le public est admis dans l'intérieur du Palais-de-Justice.

Prison de la Conciergerie, au Palais de Justice.

On est admis à visiter cette prison avec une permission spéciale, délivrée par le chef du bureau des prisons de Paris, à la Préfecture de police.

La Sainte-Chapelle, à côté du Palais de Justice. S'adresser au concierge.

Hôtel de Ville, place de l'Hôtel-de-Ville.

Visible, le *jeudi*, sur la présentation d'un billet délivré par M. le préfet de la Seine.

Place du Châtelet.

Fontaine de la place du Châtelet.

Théâtre Impérial du Châtelet et Théâtre Lyrique, place du Châtelet.

Hôtel des Invalides, Esplanade des Invalides.

Ouvert *tous les jours* au public, de 11 heures du matin à 4 heures du soir.

Tombeau de Napoléon Ier et église des Invalides, à l'hôtel des Invalides, entrée place Vauban.

Visibles pour tout le monde le *lundi*, de midi à 3 heures, et le *jeudi*, aux mêmes heures, moyennant rétribution au gardien.

Conservatoire des arts et métiers, rue Saint-Martin.

Musée des Machines, au Conservatoire des arts et métiers.

Ouvert au public les *dimanche et jeudi*, de 10 heures du matin à 4 heures du soir et *tous les jours*, aux mêmes heures, moyennant rétribution.

Square des Arts-et-Métiers, en face le Conservatoire des Arts et Métiers.

Théâtre de la Gaité, près le square des Arts-et-Métiers.

Jardin des Plantes. Visiter le jardin botanique et la ménagerie.

Ouverture du jardin, tous les jours, de 11 heures du matin à 5 heures du soir, l'été; et de 11 heures du matin à 4 heures du soir, l'hiver.

Ouverture de la ménagerie, tous les jours, de 11 heures du matin à 4 heures du soir, en été; et de midi à 3 heures en hiver.

On peut assister au repas des animaux féroces, qui a lieu à leur rentrée, en s'adressant au gardien et moyennant rétribution.

Musée d'Histoire naturelle, au jardin des Plantes.

Ouvert au public les *mardi et jeudi*, de 2 à 5 heures, et le *dimanche*, de 1 heure à 5 heures, et visible avec passe-port, billets ou permission, les *mardi, jeudi* et *samedi*, de 11 heures du matin à 2 heures du soir.

Hôtel des Monnaies, quai Conti.

Musée des Monnaies, à l'hôtel des Monnaies.

L'hôtel des Monnaies est ouvert au public les *mardi* et *vendredi*, de midi à 3 heures.

S'adresser au directeur pour visiter les ateliers de fabrication.

Musée de Cluny et Palais des Thermes, dans le voisinage du du Collège de France, à la rencontre des boulevards Haussmann et Saint-Germain.

Ouvert pour tout le monde le *dimanche*, de 11 heures à 4 heures; et visible *tous les jours*, de midi à 4 heures, *excepté le lundi*, pour les personnes munies de billets. Les étrangers peuvent du reste être admis les mêmes jours et aux mêmes heures, en s'adressant au gardien.

Riche collection d'objets du moyen âge et de la Renaissance.

Visiter la chapelle de l'hôtel de Cluny.

Des communications intérieures conduisent de l'hôtel de Cluny aux ruines du palais des Thermes.

Musée d'Artillerie, place Saint-Thomas-d'Aquin.

Ouvert au public le *jeudi*, de midi à 4 heures, et les *autres jours*, sur la présentation d'un billet demandé au conservateur du musée ou en justifiant de sa qualité de voyageur ou de voyageuse.

Précieuse collection d'armes de toutes les époques, classée par ordre chronologique, depuis le quatorzième siècle jusqu'à nos jours.

Manufacture des Gobelins, 270, rue Mouffetard, visible le mercredi et le samedi de 2 heures à 4 heures en été, et de 1 heure à 3 heures en hiver.

Bibliothèque impériale, rue de Richelieu, en face la place Louvois. On peut visiter les collections le mardi et le vendredi, de 10 heures du matin à 4 heures du soir. Elle est ouverte aux lecteurs, aux mêmes heures, tous les jours non fériés, excepté pendant les vacances de Pâques.

La Fontaine et le square Louvois, place Louvois, en face la Bibliothèque impériale.

Les Halles centrales, près de l'église Saint-Eustache.

La fontaine et le square des Innocents, près les Halles centrales.

On doit également visiter, dans le cours des excursions qu'on peut avoir à faire dans Paris, les Curiosités diverses dont la nomenclature va suivre.

Le Pont Neuf.
La Statue d'Henri IV, sur le pont Neuf.
La Place des Victoires.
La Statue de Louis XIV, place des Victoires.
La Place Royale.
La Statue de Louis XIII, place Royale.
La Caserne du Prince Eugène, boulevard du Temple.
La Porte Saint-Martin.
La Porte Saint-Denis.
Le Chateau-d'Eau, fontaine monumentale, boulevard du Temple
La Fontaine Saint-Michel, boulevard Haussmann.
La Fontaine Saint-Sulpice, place Saint-Sulpice.
La Place de la Concorde.
L'Obélisque de Louqsor, place de la Concorde.
Les Fontaines de la place de la Concorde.
Les Champs-Élysées.
Le Palais de l'Industrie, aux Champs-Élysées.
Le Champ de Mars.
L'École Militaire, au Champ de Mars, ouverte aux visiteurs de 11 heures du matin à 4 heures du soir.
Façade de l'Hotel du Ministère des affaires étrangères, quai d'Orsay.

On ne peut visiter l'intérieur qu'avec la permission spéciale du ministre des affaires étrangères.

La gare du Nord, place Roubaix.
Le Cimetière du Père-Lachaise.
Le Bois de Vincennes.
Le Parc de Monceaux.
Le Bois de Boulogne.

Les personnes qui doivent passer au moins un mois à Paris règlent leurs excursions selon leurs convenances particulières. Mais celles qui ne peuvent y séjourner qu'une semaine et qui cependant veulent voir tout ce qui vient d'être signalé doivent combiner l'emploi de leur journée et le programme de leurs courses de façon à économiser le temps. Le meilleur système à suivre, c'est de diviser le territoire à explorer en sept régions dont chacune peut être parcourue en une seule étape, de 10 heures du matin à 6 heures du soir, entre le déjeuner et le dîner, ce qui laisse les soirées entièrement disponibles pour la promenade et le spectacle. Voici, au surplus, un plan que chacun peut modifier à son gré, mais qui doit généralement convenir à tout le monde.

Journée du Lundi. On déjeune, d'abord, dans les environs de la Madeleine; on visite ensuite l'intérieur et l'extérieur de ce magnifique édifice moderne; puis, on va voir la Chapelle expiatoire.

Après cette double visite, qui peut être terminée à midi, on prendra une voiture de remise, on se fera conduire à la place de la Concorde. Là, on descendra, on verra dans son ensemble cette merveilleuse perspective qui comprend la place de la Concorde, l'entrée de la rue de Rivoli, l'entrée du jardin des Tuileries, le commencement de la double ligne des quais, la façade du palais du Corps législatif, la façade de l'église de la Madeleine, l'avenue des Champs-Élysées, et, dans le lointain, l'arc de triomphe de l'Étoile.

On remontera en voiture, on traversera le pont de la Concorde, et on redescendra pour faire, à pied, le tour du *Palais-Bourbon*.

On reprendra sa voiture; on suivra le quai d'Orsay; on examinera, en passant, la splendide façade du ministère des affaires étrangères; on traversera l'esplanade des Invalides et on visitera nécessairement l'hôtel des Invalides, l'église des Invalides et le tombeau de Napoléon Ier.

Après cette exploration, on se fera conduire à l'École militaire, on traversera le Champ de Mars et on reviendra, soit par le quai d'Orsay, soit par le quai de Billy, à la place de la Concorde.

On se dirigera alors par la rue de Rivoli, la rue Castiglione, la place Vendôme, où on remarquera la colonne de la Grande Armée et la rue de la Paix, au *grand hôtel*, boulevard des Capucines. On y pourra dîner et on se rendra ensuite au grand Opéra ou à l'Opéra-Comique.

On peut enfin, si on le préfère, continuer sa route par la rue de Rivoli ou prendre le quai jusqu'à la place du Louvre. On verra alors l'ensemble de cette agglomération de palais, de jardins et de places qui comprend le Louvre de Louis XIV avec sa colonnade, l'ancien Louvre avec sa vieille façade, le nouveau Louvre avec sa place Napoléon III, la place du Carrousel avec son arc de triomphe, les Tuileries avec leur vaste jardin.

On pourra voir ensuite le Palais-Royal avec son jardin; puis on dînera dans l'un des restaurants du voisinage, et on terminera sa soirée au Théâtre-Français.

Journée du Mardi. On se fera conduire de bonne heure par la rue Vivienne, d'où l'on apercevra le palais de la Bourse, à la place des Victoires, où l'on remarquera la statue de Louis XIV, et ensuite au pont Neuf où se trouve la statue d'Henri IV; puis on ira visiter le Palais de Justice, la Sainte-Chapelle, la Conciergerie et Notre-Dame.

Après on se rendra au Jardin des Plantes, où on verra le cabinet d'Histoire naturelle ainsi que la ménagerie; on reviendra par le pont d'Austerlitz, la place de la Bastille, où est la colonne de Juillet, et d'où l'on pourra aller voir la place Royale avec la statue de Louis XIII, sur les boulevards qu'on suivra, en passant devant la caserne du Prince-Eugène et le Château-d'Eau, jusqu'aux portes Saint-Martin et Saint-Denis. Là, on s'arrêtera pour dîner, afin de finir sa journée dans l'un des théâtres qui se trouvent dans ce rayon.

Journée du Mercredi. On part de bonne heure; on se rend d'abord à l'église et au cloître Saint-Merry, rue Saint-Martin; puis en continuant sa route, on voit en passant la tour Saint-Jacques-la-Boucherie avec son square, la place du Châtelet avec sa fontaine et ses nouveaux théâtres; on traverse la Seine; on prend le boulevard Haussmann, où l'on examine la fontaine Saint-Michel, et on se fait conduire au musée de Cluny; on le visite rapidement, ainsi que le Palais des Thermes, et on arrive alors à la manufacture des Gobelins.

Au retour, on peut dîner sur la place de l'Odéon, où on voit l'extérieur du théâtre de ce nom, et on y finit ensuite sa journée. Si on vient à Paris pendant sa fermeture, comme c'est l'époque des longues soirées, on remplace le spectacle par une promenade dans le jardin du Luxembourg, promenade qu'on ne termine qu'à l'Observatoire. On peut alors voir en détail le jardin, où on admire la fontaine de Médecis et l'extérieur du palais.

Journée du Jeudi. Il est indispensable de voir le même jour le musée d'artillerie, place Saint-Thomas-d'Aquin, les salons de l'Hôtel de Ville, et les collections du musée public des Arts et métiers. On se rend donc, par la rue de Richelieu, où l'on remarque la fontaine de la place Louvois, la bibliothèque impériale et la fontaine Molière, par la place du Carrousel et la rue du Bac, à la place Saint-Thomas-d'Aquin. On visite l'église de ce nom, et on entre au musée d'artillerie, à l'ouverture de cet établissement; puis on se fait conduire rapidement à l'Hôtel de Ville, dont on a déjà vu le dehors la veille, et on termine par le Conservatoire des arts et métiers, dont on parcourt les galeries; tout près, en sortant, on peut voir le nouveau square de ce nom et le nouveau théâtre de la Gaîté.

Selon le temps, et selon son goût, comme la journée n'est pas encore avancée, on visitera en voiture le quai Conti et le quai d'Orsay, où sont les façades de l'hôtel des Monnaies, du palais de l'Institut, du palais d'Orsay et du palais de la Légion d'honneur, ou le boulevard de Sébastopol, ou la rue de Rivoli dans sa partie supérieure, ou on ira au jardin des Tuileries, avant son dîner.

Après son dîner, on achève sa journée, soit au théâtre des Italiens, s'il est encore ouvert, soit à un autre théâtre de son choix, ou bien, si on est en été et si le temps est beau, on reprend une voiture découverte et on se fait conduire, par la place de la Concorde et l'avenue des Champs-Élysées, où l'on remarque le Palais de l'Industrie, à l'arc de triomphe de l'Étoile, monument élevé à la gloire de l'armée française.

De l'arc de triomphe on se rend d'abord à l'église russe, ensuite, soit au parc de Monceaux, soit au bois de Boulogne, où ce jour-là on donne des fêtes splendides dans l'île, sur la grande rivière. Si on se borne à visiter le parc Monceaux, on peut revenir place Beauvau, au faubourg Saint-Honoré, faire le tour extérieur du beau palais de l'Élysée Napoléon et finir sa soirée dans l'un des deux bals d'été des Champs-Élysées.

Journée du vendredi. On se rend de bonne heure à Saint-Eustache ; on visite ensuite les Halles centrales, la fontaine et le square des Innocents, l'église et la tour Saint-Germain-l'Auxerrois.

On peut déjeuner à l'hôtel du Louvre ; puis on se hâte d'aller voir rapidement le musée monétaire, le palais des Beaux-Arts, l'intérieur et le musée du palais du Luxembourg, d'où l'on se rend, en passant devant l'École de médecine, au Panthéon et à Saint-Étienne du Mont.

Après ces diverses explorations, on dîne dans un quartier voisin du théâtre où l'on se propose de passer sa soirée, ou de la promenade qu'on peut avoir projetée.

Journée du samedi. On réserve cette journée pour visiter le cimetière du Père-Lachaise, où l'on se rend par la rue Olivier, où se trouve l'église de Notre-Dame de Lorette, par la place Lafayette, où est l'église Saint-Vincent de Paul, et par la place Roubaix, où l'on remarque la façade de la gare du Nord.

En sortant du Père-Lachaise, on peut, à la rigueur, faire une rapide promenade dans le bois de Vincennes, puis on vient retrouver la place de la Bastille, d'où on va rejoindre, par le boulevard Richard-Lenoir, le boulevard du Temple.

Après son dîner, on dispose de sa soirée soit pour un spectacle, soit pour une promenade.

Journée du dimanche. Après le déjeuner, on se rend au Louvre, où l'on passe sa journée à visiter les différents musées que ce palais renferme. Après le dîner, s'il fait beau, on se promène en voiture découverte pour étudier la physionomie générale de Paris, les jours de fête.

Les sept itinéraires qui viennent d'êtres tracés comprennent tout ce que Paris renferme de plus important; mais on ne peut le quitter sans consacrer deux autres journées à deux excursions intéressantes: l'une, au palais et au parc de Saint-Cloud, à la manufacture de Sèvres, au palais et au parc de Meudon; la seconde au musée, au château et au parc de Versailles, qu'on voit tous les jours, le lundi excepté.

Lorsqu'on le peut, on doit également consacrer une journée aux égouts et aux catacombes; une journée au château, à la terrasse et à la forêt de Saint-Germain; une journée à la basilique de Saint-Denis, au lac d'Enghien et à la forêt de Montmorency.

Enfin, lorsqu'on en a le loisir, on doit donner une journée au château et à la forêt de Chantilly; une journée au château et à la forêt de Compiègne, ainsi qu'au château de Pierrefonds; une journée au palais et à la forêt de Fontainebleau.

Ainsi, en quinze jours, on peut avoir une idée générale et complète des monuments, des curiosités, des plaisirs et des environs de Paris.

ANNUAIRE ADMINISTRATIF

Archevêché de Paris. Paris ne possède pas en ce moment de palais archiépiscopal; la résidence provisoire de l'archevêque est établie dans un hôtel que l'État loue à ses frais, 127, rue de Grenelle-Saint-Germain. Sa Grandeur reçoit tous les jours, sur lettre d'audience, de midi à une heure. Les bureaux de l'archevêché sont ouverts tous les jours non fériés, de midi à trois heures.

Cour de cassation, au Palais de Justice.

Les audiences sont publiques.

Paris est le siége d'une cour d'appel, d'un tribunal de première instance, jugeant au civil et au criminel, et d'une cour d'assises qui tiennent leurs audiences au Palais de Justice; d'un tribunal de commerce et d'un conseil de prud'hommes pour lesquels on construit un édifice spécial en face le palais de Justice, et qui sont actuel lement installés, l'un dans le palais de la Bourse, l'autre rue de la Douane, 10. En outre, une justice de paix ou tribunal de conciliation est établie dans chaque hôtel de mairie; enfin, il existe un tribunal de simple police qui tient ses audiences au Palais de Justice.

Paris est également le siége d'un commandement militaire formé par le premier corps d'armée.

Quartier général du premier corps d'armée, 9, place Vendôme, et 28, rue du Luxembourg.

Commandement de la place de Paris, 17, place Vendôme.

Intendance militaire, 94, rue Saint-Dominique-Saint-Germain.

État-major général de la garde nationale, 22, place Vendôme.

On compte encore dans Paris de grandes administrations publiques ou privées, qui sont locales et dont il suffit d'indiquer le nom et l'adresse.

Atelier général du Timbre, 9, rue de la Banque.

Direction des douanes et des contributions indirectes de la Seine, 12, rue du Bac.

Direction de l'enregistrement et des douanes de la Seine, 7, rue de la Banque.

Administration générale de l'octroi, place de l'Hôtel-de-Ville.

Bureau principal des douanes, 14, rue de l'Entrepôt-des-Marais.

Entrepôt réel des douanes, 17, rue de la Douane.

Entrepôt général des liquides, quai Saint-Bernard.

Entrepôt des sels, 210, quai Jemmapes.

Entrepôt des sucres indigènes, 42, quai Jemmapes.

Entrepôt d'octroi, 2, rue Richerand.

Banque de France, rue de la Vrillière.

Comptoir national d'escompte, 14, rue Bergère.

Crédit mobilier, 15, place Vendôme.

On peut emprunter à ces trois établissements sur dépôt de titres mobiliers cotés à la bourse de Paris; on peut faire spécialement, à la Banque de France, de simples dépôts d'or et d'argent ou de titres mobiliers.

Crédit foncier de France, 19, rue Neuve-des-Capucines.
Crédit agricole, 19, rue Neuve-des-Capucines.
Crédit industriel et commercial, 66, rue de la Chaussée-d'Antin.
Caisse des dépôts et consignations, 56, rue de Lille.
Caisse d'épargne et de prévoyance, 9, rue Coq-Héron.
Sous-comptoir des chemins de fer, 14, rue Bergère.

Le sous-comptoir des chemins de fer fait spécialement des avances sur actions et obligations de chemins de fer.

Magasins généraux de Paris, 16, 18, 20 et 22, rue de l'Entrepôt.

La Banque de France et le Comptoir d'escompte reçoivent les warrants comme effets de commerce.

Sous-comptoir des entrepreneurs, 19, rue Neuve-des-Capucines.

Compagnie impériale immobilière de France, 15, place Vendôme.
Société générale maritime, 15, place Vendôme.

Poste aux lettres. Bureau de la poste restante. Ce bureau est établi dans l'hôtel de la direction générale des postes situé en face de la porte d'entrée, sous l'horloge; il est ouvert tous les jours non fériés, de 8 heures du matin à 8 heures du soir, et les jours fériés, également depuis 8 heures du matin, mais seulement jusqu'à 5 heures du soir. On ne doit s'y présenter que muni d'un passe-port en règle ou d'une pièce authentique quelconque, qui puisse servir à établir son identité.

Bureau spécial des affranchissements des journaux et imprimés. Ce bureau est situé au rez-de-chaussée dans la cour de l'arrivée de l'hôtel de la direction générale des postes. Il est ouvert tous les jours non fériés, de 4 heures du matin à 5 heures du soir, et tous les jours fériés, de 4 heures du matin à 3 heures du soir.

Bureau des rebuts et des réclamations. Ce bureau est établi dans l'hôtel de la direction générale des postes. On y procède aux recherches que le public réclame ; ces recherches sont faites d'après les indications des parties intéressées qui doivent, à cet effet, s'adresser, par lettre, au directeur général des postes.

On trouve encore à l'hôtel de la direction générale des postes, dans la cour d'arrivée, au rez-de-chaussée, *un bureau central et spécial d'affranchissement et de chargement* des lettres et des paquets, ouvert tous les jours non fériés, de 8 heures du matin jusqu'à 8 heures du soir, et tous les jours fériés, de 8 heures du matin à 6 heures du soir, et un *bureau central spécial* pour envoyer ou toucher des mandats d'articles d'argent, ouvert tous les jours non fériés, de 9 heures du matin à 6 heures du soir, et tous les jours fériés, de 9 heures du matin à 2 heures du soir.

On compte, enfin, dans Paris, 54 bureaux de poste de quartier où on peut affranchir ou charger des lettres et des paquets, transmettre ou recevoir des valeurs cotées, expédier ou toucher des mandats d'articles d'argent, depuis l'heure de l'ouverture jusqu'à l'heure de la fermeture, savoir : 16 bureaux principaux et 22 bureaux supplémentaires établis dans les limites de l'ancien mur d'octroi, et 16 bureaux annexés, établis dans les circonscriptions de l'ancienne banlieue.

BUREAUX GÉNÉRAUX.

Rue Tirechappe, 1.
Boulevard Beaumarchais, 95.
Rue des Vieilles-Haudriettes, 4.
Rue Sainte-Cécile, 2.
Rue de Sèze, 24.

Rue St-Dominique-St-Germain, 56.
Rue Mazarine, 12, et rue de Seine, 15.
Rue du Cardinal-Lemoine, 26.
Place de la Bourse, 4.
Rue Bourdaloue, 5.

BUREAUX SUPPLÉMENTAIRES.

Hôtel-de-Ville.
Rue Saint-Antoine, 170.
Rue de la Sainte-Chapelle, 15.
Rue du Faubourg-Saint-Antoine, 176.
Boulevard Mazas, 19.

Rue d'Angoulême-du-Temple, 48.
Rue Neuve-Bourg-l'Abbé, 4.
Boulevard Saint-Martin, 6.
Rue du Faubourg-Saint-Martin, 160.
Rue Lafayette, 8.

GUIDE PRATIQUE. — INFORMATIONS DIVERSES.   131

Gare du chemin de fer du Nord, rue de Douai, 2.
Rue du Faubourg-Saint-Honoré, 75.
Rue de Chaillot, 5.
Petite-Rue-du-Bac, 5.
Rue St-Dominique, 148 (Gros-Caillou).
Rue Mouffetard, 175.
Rue de la Harpe, 42.

Gare du chemin de fer d'Orléans.
Rue d'Antin, 19.
Rue Saint-Nicolas-d'Antin, 8.
Rue de Londres, 30.
Rue de Tournon, 16.
Rue de Bourgogne, 2 (Corps législatif).
Rue de l'Echelle, 5.

BUREAUX ANNEXES.

Auteuil.
Batignolles.
Belleville.
Bercy.
Chapelle (la).
Charonne.

Gare d'Ivry.
Grenelle.
Maison-Blanche.
Montmartre.
Montrouge.
Passy.

Saint-Mandé.
Ternes (les).
Vaugirard.
Villette (la).

Tous les bureaux principaux, supplémentaires et annexes, sont ouverts, tous les jours non fériés, de 8 heures du matin à 8 heures du soir, et tous les jours fériés, de 8 heures du matin à 5 heures du soir.

La clôture des affranchissements et des chargements de lettres, envois d'argent et paquets pour les départs du soir à destination de la province et de l'étranger, a lieu, tous les jours non fériés, à chaque bureau central de l'hôtel de la direction générale des postes, à 4 heures 45 minutes, et tous les jours fériés, à la même heure à celui des lettres et paquets, et à 2 heures à celui des articles d'argent. Cette même clôture a lieu, pour les mêmes départs, tous les jours non fériés ou fériés, à 4 heures 45 minutes, au bureau principal de la place de la Bourse, à 4 heures 30 minutes aux autres bureaux principaux et aux bureaux supplémentaires, et à 4 heures aux bureaux annexés.

Une boîte centrale, placée en dehors, est établie à l'hôtel de la direction générale des postes, pour recevoir les lettres affranchies ou non affranchies. Une boîte ayant la même destination, et aussi placée en dehors, est également établie à chacun des bureaux principaux, supplémentaires et annexés. Enfin, un grand nombre de boîtes, dites boîtes de quartier, servant au même usage, et toutes placées en dehors comme les précédentes, sont, en outre, établies dans toute la ville de Paris, et se trouvent généralement placées à la porte de marchands de tabac ou de marchands d'épiceries.

La dernière levée des boîtes a lieu, chaque jour, pour les départs du soir, à destination de la province et de l'étranger, savoir : à 6 heures, à la boîte centrale de la rue Jean-Jacques Rousseau ; à 5 heures 45 minutes aux autres boîtes principales ; à 5 heures 30 minutes, aux boîtes supplémentaires ; à 5 heures, aux boîtes de quartier de l'ancien Paris et aux bureaux annexés ; à 4 heures 45 minutes, aux boîtes de quartier de l'ancienne banlieue.

Enfin des boîtes spéciales sont établies dans le voisinage des gares. La dernière levée dans ces boîtes spéciales se fait à des heures particulières ; ces heures varient selon le lieu de destination des lettres qu'on y jette.

LEVÉES SPÉCIALES.

7 h. » du soir, Petite-Rue-du-Bac, 5, pour la ligne de Brest.

7 h. » du soir, rue de Sèze, 24,
7 h. » du soir, rue de Londres, 30, } pour la ligne de Cherbourg.

10 h. » du soir, rue de Sèze, 24,
10 h. 30 du soir, rue de Londres, 35, } pour la ligne du Havre.

6 h. 30 du soir, rue Lafayette, 8,
7 h. » du soir, gare du Nord, } pour la ligne de Calais.

4 h. 30 du soir, gare du Nord, pour Francfort, Mayence, Wiesbaden, Hombourg et Darmstadt.

7 h. » du soir, rue Lafayette, 8,
7 h. 30 du soir, gare du Nord, } pour les lignes de Quiévrain et d'Erquelines.

7 h. 40 du soir, rue du Faubourg-Saint-Martin, 160, pour les lignes de Strasbourg et de Sedan,

7 h. 25 du soir, rue du Faubourg-Saint-Martin, 160, pour la ligne de Bâle.

7 h. » du soir, boulevard Beaumarchais, 95, pour les lignes de Nantes et Limoges, Clermont et les Pyrénées ; Bordeaux et celles de Lyon et Marseille.

7 h. 30 du soir, à la gare de Lyon, pour les lignes de Lyon, Marseille et Clermont, et, à 8 h. 30, pour celle d'Auxerre.

9 h. » du soir, à la gare d'Orléans, pour les lignes de Nantes et de Limoges.

8 h. 30 du soir, à la gare d'Orléans, pour la ligne de Bordeaux et de Pyrénées.

Les voyageurs de la province et de l'étranger, qui ont laissé passer l'heure des autres boîtes, et qui ont cependant à faire partir d'urgence une lettre importante peuvent donc la porter, jusqu'à l'heure indiquée dans l'avis qui précède, à la boîte spéciale du lieu de sa destination.

On peut aussi, au moyen d'un supplément d'affranchissement, déposer dans les boîtes ordinaires, pour les départs du soir, les lettres à destination de la province et de l'étranger.

Les lettres déposées après les heures fixées pour les dernières levées peuvent être admises, moyennant une taxe supplémentaire, à profiter du plus prochain départ. La taxe supplémentaire, quel que soit le poids des lettres, est de :

    20 centimes pour le premier délai ;
    40 centimes pour le deuxième délai ;
    60 centimes pour le troisième et dernier délai.

Chaque délai ajoute vingt minutes à l'heure supplémentaire.

Les lettres ne seront admises à profiter des délais qu'autant qu'elles porteront le timbre d'affranchissement de la taxe principale et de la taxe supplémentaire.

TAXE DES LETTRES SIMPLES.

La taxe des lettres simples de Paris pour Paris est de *dix centimes* pour les lettres affranchies, et de *quinze centimes* pour les lettres non affranchies.

La taxe des lettres simples échangées entre Paris et les autres bureaux de poste de France, de Corse et d'Algérie, est de *vingt centimes* pour les lettres affranchies, et de *trente centimes* pour celles qui ne le sont pas. — Les lettres de Paris pour Paris et les seize bureaux compris dans l'enceinte des fortifications sont considérées comme simples lorsque leur poids ne dépasse pas 15 gr. — Les lettres de Paris pour les autres bureaux de France, de Corse et d'Algérie, sont considérées comme simples lorsque leur poids ne dépasse pas 10 grammes.

La taxe des lettres pesantes est déterminée ainsi qu'il suit :

Lettres de Paris pour Paris et les seize bureaux ci-dessus indiqués :	Non affr.	Affr.
Au-dessus du poids de 15 grammes jusqu'à 30 grammes.	» f. 25 c.	» f. 20 c.
De 30 en 30 grammes, supplément de 10 c. pour lettres affranchies ou non.		

Lettres de Paris pour les bureaux de poste autres que ceux ci-dessus :

Au-dessus du poids de 10 gr. et demi jusqu'à 20 gr. . . .	» 60	»	40
— 20 gr. jusqu'à 100 gr.	1 20	»	80
Au delà de 100 gr., 80 c. pour chaque 100 gr. ou fraction de 100 gr. excédant.	2 40	1	60

Chargements ordinaires. — On appelle chargement la lettre ou le paquet dont l'expéditeur fait constater authentiquement le dépôt dans un bureau de poste et dont il se fait donner un reçu ou bulletin de dépôt. L'administration est toujours en mesure de suivre la trace d'une lettre ou d'un paquet chargé, de justifier près de l'expéditeur de sa remise au destinataire, du jour et de l'heure où cette remise a lieu, et, lorsque, pour une cause quelconque, la remise n'a pu être effectuée, de faire à l'expéditeur le renvoi de l'objet chargé ou de lui fournir des explications sur la cause de la non-distribution au destinataire. Les lettres à soumettre à la formalité du chargement sont placées sous enveloppes et scellées de cachets en cire fine de même couleur et portant une empreinte spéciale à l'expéditeur, en nombre suffisant pour retenir tous les plis de l'enveloppe et préserver le contenu de toute spoliation. Elles doivent toujours être présentées au bureau et affranchies. Elles acquittent, indépendamment de la taxe ordinaire, suivant leur poids et leur destination, un droit fixe de 20 centimes. En cas de perte, il est alloué par l'administration une indemnité de 50 francs. Il est permis d'insérer des billets de banque et autres valeurs au porteur dans les lettres chargées.

Chargements de valeurs déclarées. — Moyennant un droit de 10 centimes par 100 francs ou fraction de 100 francs déclarés, l'expéditeur peut s'assurer, en cas de perte, sauf le cas de force majeure, le remboursement des valeurs payables au porteur insérées dans une lettre chargée. La déclaration ne doit pas excéder 2,000 francs. Elle doit être portée en toutes lettres et écrite par l'expéditeur lui-même, à l'angle gauche supérieur de la suscription de l'enveloppe.

Valeurs cotées. — Les valeurs cotées sont des objets précieux de petite dimension. Leur port actuel est de 2 0/0 de la valeur estimée. A dater du 1er janvier, il ne sera plus que de 1 0/0, en vertu de la loi du 2 juillet 1862. L'estimation ne peut être inférieure à 30 francs ni supérieure à 1,000 francs. Indépendamment du droit *ad valorem*, l'envoyeur est tenu d'acquitter un droit de timbre de 50 centimes pour une reconnaissance qui lui est remise et qui doit être envoyée au destinataire.

Articles d'argent. — On désigne sous le nom d'*articles d'argent* les sommes remises à découvert aux directeurs des postes pour être payées dans les bureaux de poste de l'empire, au moyen de mandats délivrés par le bureau où le dépôt a été effectué.

Le droit actuel est de 2 0/0. A dater du 1er janvier, il sera réduit à 1 0/0, en vertu de la loi du 2 juillet 1862. Les envois d'argent sont encore reçus pour les armées françaises en pays étrangers, pour les militaires et marins employés dans les colonies françaises ou sur les bâtiments de l'État et pour les transportés à Cayenne. Il n'est pas reçu de dépôt d'argent au-dessous de 50 centimes. Au-dessus de 10 francs, les mandats supportent, outre le droit proportionnel, un droit de timbre de 50 centimes.

TAXE DES IMPRIMÉS, ÉCHANTILLONS, PAPIERS DE COMMERCE OU D'AFFAIRES, AVIS DE NAISSANCE, MARIAGE OU DÉCÈS, PROSPECTUS, PRIX COURANTS, AVIS DIVERS ET CARTES DE VISITE. — La taxe de ces objets est réglée à prix réduits, moyennant affranchissement préalable. Le poids des imprimés et paquets de papiers d'affaires ne doit pas dépasser 3 kilogrammes; celui des échantillons, 300 grammes. La dimension des imprimés, papiers d'affaires, échantillons sur cartes, ne doit pas excéder 45 centimètres, celle des autres échantillons 25 centimètres. Ils ne doivent renfermer aucune lettre ou note manuscrite pouvant tenir lieu de correspondance, sous peine d'une amende de 150 francs à 300 francs, et, en cas de récidive, de 300 francs à 3,000 francs.

Les *imprimés* sont expédiés sous bandes mobiles couvrant au plus le tiers de la surface du paquet. Ils sont de trois classes :

1° *Les journaux politiques*, taxe 4 centimes par exemplaire de 40 grammes et au-dessous; au-dessus de 40 grammes, augmentation de 1 centime par chaque 10 grammes ou fractions de 10 grammes excédant;

2° *Les publications périodiques uniquement consacrées aux lettres, aux sciences, aux arts, à l'agriculture et à l'industrie*, taxe 2 centimes par exemplaire de 20 grammes et au-dessous; au-dessus de 20 grammes, augmentation de 1 centime par chaque 10 grammes ou fraction de 10 grammes excédant; moitié de ces prix dans les cas indiqués au paragraphe ci-dessus.

3° *Les circulaires, prospectus, catalogues, avis divers et prix courants, avec ou sans échantillons, livres, gravures, lithographies en feuilles, brochés ou reliés*, et en général tous les imprimés autres que ceux spécifiés dans les deux paragraphes précédents, taxe 1 centime par exemplaire isolé de 5 grammes et au-dessous, pour tout l'empire; 1 centime en sus par chaque 5 grammes ou fraction de 5 grammes excédant jusqu'à 50 grammes, sans dépasser 10 centigrammes; de 50 grammes à 100 grammes, 10 centimes, uniformément; au-dessus de 100 grammes, 1 centime en sus par chaque 10 grammes ou fraction de 10 grammes.

Les *avis de naissance, mariage ou décès, les prospectus, catalogues, circulaires, prix courants et avis divers* sont reçus sous forme de lettre ou sous enveloppe ouverte d'un côté: taxe, 5 centimes par exemplaire de 10 grammes et au-dessous pour l'arrondissement du bureau, et 10 centimes pour le reste de l'empire; augmentation : 5 centimes ou 10 centimes par chaque 10 grammes ou fraction de 10 grammes excédant.

Les *cartes de visite* sont reçues sous enveloppe non fermée, aux conditions ci-dessus. La même enveloppe peut renfermer deux cartes sans augmentation de prix. Sont assimilées aux cartes de visite ordinaires les cartes de visite *portraits photographiés*.

Les *échantillons* sont affranchis au prix des imprimés de la troisième classe. Ils doivent porter une marque imprimée du fabricant, ou du marchand

expéditeur. Sont reçus comme échantillons tous objets du poids de 300 grammes et au-dessous, et d'une dimension ne dépassant pas 25 centimètres qui ne sont pas de nature à détériorer ou à salir les correspondances ou à en compromettre la sûreté, et qui ne sont pas soumis aux droits de douane ou d'octroi.
— *Modes d'envoi :* bandes mobiles, sacs en toile ou en papier, boîtes, étuis fermés avec de simples ficelles faciles à dénouer, fioles transparentes assujetties convenablement dans des caisses solides, et ne renfermant de liquide d'aucune espèce.

Le port des papiers de commerce ou d'affaires est de 50 centimes par paquet de 500 grammes et au-dessous. Au-dessus de 500 grammes, 1 centime en sus par chaque 10 grammes ou fraction de 10 grammes. — Envoi sous bandes mobiles ou sous ficelles faciles à dénouer.

Les objets qui précèdent sont taxés comme lettres s'ils ont été expédiés sans affranchissement ; s'ils ont été affranchis et que l'affranchissement soit insuffisant, ils sont frappés en sus d'une taxe égale au triple de l'insuffisance.

Timbres-poste. — Les timbres-poste, dont l'apposition sur les lettres constate leur affranchissement, représentent cinq valeurs différentes : timbres-poste à 5 centimes, en couleur verte, pour les imprimés, circulaires, cartes de visite ; timbres-poste à 10 centimes, en couleur bistre (l'affranchissement d'une lettre de Paris pour Paris, banlieue comprise, coûte 10 centimes); timbres-poste à 20 centimes, en couleur bleue ; timbres-poste à 40 centimes, en couleur orange ; timbres-poste à 1 franc, en couleur rouge. On peut compléter le prix de l'affranchissement par la combinaison de ces couleurs. On trouve des timbres de toute espèce, non-seulement dans les bureaux d'arrondissement, mais chez les simples boîtiers et auprès des facteurs en tournée.

Contraventions aux lois sur la poste. — La loi interdit le transport, par toute voie étrangère au service des postes, des lettres cachetées ou non cachetées circulant à découvert ou renfermées dans des sacs, paquets, boîtes ou colis; elle interdit également le transport par toute autre voie que celle de ce même service, des journaux, ouvrages périodiques, circulaires, prospectus, catalogues et avis divers, imprimés, gravés, lithographiés ou autographiés. Elle interdit, en outre, de renfermer dans les imprimés, échantillons, papiers de commerce ou d'affaire, affranchis à prix réduit, aucune lettre ou note pouvant tenir lieu de correspondance. Toute contravention est punie d'une amende de 150 à 300 francs, et, en cas de récidive, d'une amende de 300 fr. à 3,000 fr.

Par exception aux dispositions qui précèdent, les ouvrages périodiques non politiques formant un paquet dont le poids dépasse un kilogramme, ou faisant partie d'un paquet de librairie qui dépasse le même poids, peuvent être expédiés par une autre voie que celle de la poste, mais à la condition expresse que, dans l'un et l'autre cas, les exemplaires ne porteront aucune mention ou suscription de nature à en faciliter la remise à d'autres personnes que le destinataire du paquet.

Des annotations manuscrites consignées sur les échantillons ou sur les papiers d'affaires eux-mêmes peuvent également être ajoutées moyennant l'acquittement préalable d'une taxe supplémentaire de 20 centimes.

L'usage d'un timbre-poste ayant déjà servi à l'affranchissement d'une lettre est punie d'une amende de 50 fr. à 1,000 fr. En cas de récidive, la peine est d'un emprisonnement de cinq jours à un mois, et l'amende est double. Est punie des mêmes peines, suivant les distinctions sus-établies, la vente ou tentative de vente d'un timbre-poste ayant déjà servi.

La loi défend l'insertion dans les lettres chargées ou non chargées des matières d'or et d'argent, des bijoux ou autres objets précieux. Elle interdit, en outre, l'insertion dans les lettres non chargées des billets de banque, bons, coupons de dividendes ou d'intérêts payables au porteur.

En cas d'infraction, l'expéditeur est puni d'une amende de 50 à 500 fr.

Poste aux chevaux. 2, rue Pigalle.

Voici quelques indications générales qui pourront suffire au plus grand nombre des personnes qui auront à faire hors Paris une excursion en poste.

Chaque espèce de voiture a un attelage et une contenance qui lui sont propres. Un cabriolet doit communément contenir deux personnes et être attelé de deux chevaux, conduits par un postillon. Une calèche doit contenir trois personnes et être attelée de trois chevaux, conduits par un postillon. Une berline doit contenir quatre ou six personnes et être attelée de quatre ou six chevaux, conduits par deux postillons. Le poids de la voiture et la quantité des bagages servent aussi bien que le nombre des voyageurs à déterminer celui des chevaux qu'on est tenu de prendre.

Les voyageurs ont la faculté de s'entendre avec le maître de poste, à l'amiable, pour se faire donner, si celui-ci y consent, un nombre de chevaux plus considérable que celui que le règlement accorde. Ils peuvent également se concerter avec lui pour ne pas prendre, au contraire, le nombre complet de chevaux que le même règlement exige. Dans ce cas, on doit néanmoins une redevance de 1 franc ou 50 centimes par chaque cheval qu'on laisse.

On paye au maître de poste, par myriamètre, 2 francs par personne et par cheval, ce qui fait 20 centimes par kilomètre. Le règlement accorde en outre 1 franc au postillon pour la même distance. Mais, à moins qu'on ne soit pas satisfait de son zèle, on est dans l'usage de doubler cette redevance. On parcourt ordinairement 8 kilomètres en trente minutes. Le myriamètre doit être réglementairement parcouru au plus en cinquante minutes.

En résumé, un voyage en poste coûte, par myriamètre, à peu près 6 francs pour une voiture où se trouvent deux personnes et qui est conduite par deux chevaux, et 8 francs pour une voiture de trois personnes et attelée de trois chevaux; dans les deux cas, un postillon suffit.

Télégraphie. Les dépêches télégraphiques sont reçues à Paris

1° A TOUTE HEURE DU JOUR ET DE LA NUIT, DANS LES BUREAUX SUIVANTS ;
Rue de Grenelle-Saint-Germain, 103.
Place de la Bourse, 12.
Avenue des Champs-Élysées, 67.
Rue de Lyon, 57 et 59.

2° DE 7 HEURES DU MATIN (EN ÉTÉ) ET 8 HEURES (EN HIVER) A MINUIT ET DEMI :
Grand-Hôtel de Paris, boulevard des Capucines.

3° DE 7 A 8 HEURES DU MATIN (SELON LA SAISON) A 9 HEURES DU SOIR :
Hôtel des Postes, rue Jean-Jacques-Rousseau.
Hôtel-de-Ville.
Boulevard Sébastopol (rive gauche), 47.
Corps législatif, rue de Bourgogne. (Ce bureau ne fonctionne que pendant la session.)
Place de la Madeleine, 7.

Rue Saint-Lazare, 126.
Rue Fléchier, 2 (près Notre-Dame-de-Lorette).
Caserne du Prince-Eugène, rue de la Douane.
Gare du Nord, place Roubaix, 24.
Boulevard Saint-Denis, 16.
Bercy, quai de Bercy, 27.
Gare d'Orléans, rue de la Gare, 77.
Les Gobelins, route d'Italie, 6.
Montrouge, route d'Orléans, 8.
Grenelle, rue du Théâtre, 1.
Passy, place de la Mairie, 4.
Les Batignolles, rue d'Orléans, 45.
Les Thernes, rue de Villiers, 1.
La Chapelle, rue Doudeauville, 10.
La Villette, rue de Flandres, 43.
Sénat, rue de Vaugirard (ancienne entrée du musée).

TARIF DES DÉPÊCHES.

La dépêche simple est de vingt mots, adresse comprise.

Par chaque dix mots ou fraction de dix mots en sus de vingt, la taxe est augmentée de la moitié de la taxe de la dépêche.

Il n'est admis de dépêche de nuit qu'entre bureaux ouverts d'une manière permanente. Ces dépêches ne sont soumises à aucune surtaxe.

Dépêches transmises à l'intérieur de la France. — Pour Paris, comme pour les autres villes de France pourvues de bureaux télégraphiques, les taxes de ces dépêches sont établies d'après les dispositions suivantes : les dépêches échangées entre deux bureaux d'un même département sont soumises à une taxe fixe de 1 fr.; en dehors de ce cas, les dépêches échangées entre deux bureaux quelconques du territoire de l'empire sont soumises à une taxe fixe de 2 francs.

Dépêches transmises en Algérie et en Tunisie par le câble de Port-Vendres à Alger. — Pour Paris, comme pour les autres villes de France pourvues de bureaux télégraphiques, les taxes de ces dépêches sont établies d'après les dispositions suivantes : Les dépêches échangées entre un bureau quelconque de France et un bureau quelconque d'Algérie, sont soumises à une taxe uniforme de 8 francs; celles échangées entre un bureau quelconque de France et un bureau quelconque de Tunisie sont soumises à une taxe uniforme de 10 francs.

Dépêches transmises aux bureaux étrangers (ceux de Tunisie exceptés). Ces dépêches sont soumises aux règles des traités de Berne et de Bruxelles; leurs taxes varient suivant les distances.

Hôtels des Mairies et des Justices de paix.

1er arrondissement, dit du *Louvre*, rue du Louvre.
2e — dit de la *Banque*, rue de la Banque.
3e — dit du *Temple*, 11, rue Vendôme.
4e — dit de l'*Hôtel-de-Ville*, 20, rue Sainte-Croix-de-la-Bretonnerie,
5e — dit du *Panthéon*, place du Panthéon.
6e — dit du *Luxembourg*, place Saint-Sulpice.
7e — dit du *Palais-Bourbon*, 7, rue de l'Université, 126-128.
8e — dit de l'*Elysée*, 11, rue d'Anjou-Saint-Honoré.
9e — dit de l'*Opéra*, 6, rue Drouot.
10e — dit de l'*Enclos-Saint-Laurent*, 7, rue du Faubourg-Saint-Martin.
11e — dit de *Popincourt*, rue Keller.
12e — dit de *Reuilly*, place de l'Église-Bercy.
13e — dit des *Gobelins*, place d'Italie.
14e — dit de l'*Observatoire*, place du Petit-Montrouge.
15e — dit de *Vaugirard*, 108, grande rue de Vaugirard.
16e — dit de *Passy*, 67, grande rue de Passy.
17e — dit des *Batignolles-Monceaux*, 6, rue de l'Hôtel-de-Ville.
18e — dit de la *Butte-Montmartre* place de l'Abbaye.
19e — dit des *Buttes-Chaumont*, 17, rue de Bordeaux.
20e — dit de *Ménilmontant*, 128, rue de Paris.

Commissariats de police.

Arrondissem.	Quartiers.	Adresses.
1er. LOUVRE.	1 *St-Germain-l'Auxerrois*	quai des Orfèvres, 32.
	2 *Les Halles*	rue de la Poterie-des-Halles, 2.
	3 *Palais-Royal*	rue des Bons-Enfants, 19.
	4 *Place Vendôme*	rue Saint-Honoré, 247.

Arrondissem.	Quartiers.	Adresses.
2ᵉ BANQUE.	5 *Gaillon*. 6 *Vivienne*. 7 *Mail*. 8 *Bonne-Nouvelle*.	rue Méhul, 2. rue Feydeau, 28. rue Montmartre, 142. rue du Petit-Carreau, 3.
3ᵉ TEMPLE.	9 *Arts-et-Métiers*. 10 *Enfants-Rouges*. 11 *Archives*. 12 *Saint-Avoye*.	rue Notre-Dame-de-Nazareth, 61. rue Molay, 10. rue du Foin, 10, au Marais. rue Beaubourg, 41.
4ᵉ HÔTEL-DE-VILLE.	13 *Saint-Merry*. 14 *Saint-Gervais*. 15 *Arsenal*. 16 *Notre-Dame*.	rue du Cloître-St-Merry, 4. rue de Jouy-St-Antoine, 6. rue de l'Orme, 18. rue du Cloître-N.-D. 10.
5ᵉ PANTHÉON.	17 *Saint-Victor*. 18 *Jardin-des-Plantes*. 19 *Val-de-Grâce*. 20 *Sorbonne*.	rue Cuvier, 16. rue du Marché-aux-Chevaux, 14. rue des Feuillantines, 14. rue des Noyers, 57
6ᵉ LUXEMBOURG.	21 *Monnaie*. 22 *Odéon*. 23 *N.-D.-des-Champs*. 24 *St-Germain-des-Prés*.	rue Suger, 11, rue de l'Ouest, 55. boulevard du Montparnasse, 9. rue de Seine, 28.
7ᵉ PALAIS-BOURBON.	25 *St-Thomas-d'Aquin*. 26 *Invalides*. 27 *Ecole-Militaire*. 28 *Gros-Caillou*.	rue du Bac, 112. rue de Belle chasse, 49. rue Bertrand, 16. rue Saint-Dominique, 170.
8ᵉ ÉLYSÉE.	29 *Champs-Elysées*. 30 *Faubourg-du-Roule*. 31 *Madeleine*. 32 *Europe*.	rue du Château-des-Fleurs, 2. rue des Ecuries-d'Artois, 51. rue de la Ville-l'Évêque, 54. rue Stockholm, 4.
9ᵉ OPÉRA.	33 *Saint-Georges*. 34 *Chaussée d'Antin*. 35 *Faubourg-Montmartre*. 36 *Rochechouart*.	rue des Martyrs, 15. passage et impasse Sandrié, 4. rue du Faubourg-Montmartre, 55. rue du Faubourg-Poissonnière, 147.
10ᵉ ENCLOS-SAINT-LAURENT.	37 *Saint-Vincent-de-Paul*. 38 *Porte-Saint-Denis*. 39 *Porte-Saint-Martin*. 40 *Hôpital-Saint-Louis*.	rue du Faubourg-St-Denis, 140. rue du Faubourg-St-Denis, 105. passage de l'Entrepôt, 5. rue du Faub.-St-Martin, 148 bis.
11ᵉ POPINCOURT.	41 *Folie-Méricourt*. 42 *Saint-Ambroise*. 43 *La Roquette*. 44 *Sainte-Marguerite*.	quai Valmy, 131. rue Popincourt, 47. rue Keller, 14. rue du Faubourg-St-Antoine, 115.

Arrondissem.	Quartiers.	Adresses.
12e. REUILLY.	45 Bel-Air. 46 Picpus. 47 Bercy. 48 Quinze-Vingts.	rue du Faubourg-St-Antoine, 278. quai de la Rapée, 2. rue de Bercy-St-Antoine, 85.
13e. GOBELINS.	49 Salpêtrière. 50 La Gare. 51 Maison-Blanche. 52 Croulebarbe.	rue d'Austerlitz, 27 route d'Italie, 36.
14e. OBSERVA-TOIRE.	53 Montparnasse. 54 La Santé. 55 Petit-Montrouge. 56 Plaisance.	rue la Tombe-Issoire, 39. rue Sainte-Eugénie, 27.
15e. VAUGIRARD.	57 Saint-Lambert. 58 Necker. 59 Grenelle. 60 Invalides.	rue Blomet, 71. rue Frémicourt, 2.
16e. PASSY.	61 Auteuil. 62 La Muette. 63 Porte-Dauphine. 64 Les Bassins.	rue des Tournelles, 7. rue du Dôme, 10.
17e. BATIGNOLLES	65 Les Ternes. 66 Plaine-Monceaux. 67 Batignolles. 68 Les Epinettes.	avenue des Ternes, 96. rue Truffaut, 17.
18e. BUTTES-MONTMARTRE	69 Grandes-Carrières 70 Clignancourt. 71 Goutte-d'Or. 72 La Chapelle.	rue du Chemin-des-Dames 10. rue des Acacias, 19. rue Jean-Robert, 2. Grande-Rue, 50.
19e. BUTTES-CHAUMONT.	73 La Villette. 74 Pont-de-Flandre. 75 Amérique. 76 Combat.	rue de Bordeaux 16. rue Saint-Laurent, 75.
20e. MÉNIL-MONTANT.	77 Belleville. 78 Saint Fargeau. 79 Père-Lachaise. 80 Charonne.	rue de la Mare, 21. rue Delaistre, 16. grande rue de Montreuil, 118.

Il y a également un commissaire de police spécial attaché exclusivement au palais de la Bourse, et qui y reçoit les plaintes locales.

Les sergents de ville et les gardiens de Paris veillent constamment dans Paris, les uns de jour, les autres de nuit, dans un rayon restreint et déterminé, au maintien de l'ordre, ainsi qu'à la sûreté de la population. Les voyageurs de la province et de l'étranger qui, étant dehors, ont une indication quelconque à demander, ne peuvent mieux faire que de s'adresser à celui de ces agents qu'ils aperçoivent le premier. Ils les trouveront toujours disposés à les guider et à les renseigner, avec autant de politesse que d'exactitude. Il est facile de les reconnaître à leur costume spécial.

Bibliothèques publiques secondaires. — Bibliothèques Sainte-Geneviève, place du Panthéon; Mazarine, au palais de l'Institut; de l'Arsenal, rue de Sully; de la Sorbonne, 15, rue de la Sorbonne; de la Ville, à l'Hôtel de Ville; de Belleville, à la mairie du vingtième arrondissement; du Muséum d'Histoire naturelle, au Jardin des Plantes, rue Geoffroy-Saint-Hilaire; du Conservatoire des arts et métiers, 292, rue Saint-Martin; du Conservatoire de musique et de déclamation, 15, rue du Faubourg-Poissonnière; de la Chambre du commerce, 2, place de la Bourse.

Ces diverses bibliothèques sont ouvertes aux lecteurs de 10 heures du matin à 4 heures du soir. Celle de Sainte-Geneviève leur est, en outre, ouverte le soir, de 8 à 10 heures.

On compte encore l'importante bibliothèque du Louvre, qui n'est pas ouverte au public et qui est au Louvre, place du Palais-Royal.

Enfin tous les ministères; le Sénat; le Corps législatif; le Conseil d'État; le Dépôt de la guerre, 71, rue de l'Université; le Dépôt des Fortifications, au ministère de la guerre; le Dépôt des cartes et plans de la marine, 13, rue de l'Université; le Comité d'artillerie, place Saint-Thomas-d'Aquin; l'Institut, à l'Institut, 23, quai Conti; l'hôtel des Invalides; l'École des Chartes; l'École des Ponts-et-Chaussées; l'École des Mines; l'Ordre des avocats, au Palais de Justice; les Écoles de Droit, de Médecine et de Pharmacie; la Préfecture de police; l'Ordre des jésuites, 18, rue des Postes; l'Association Polonaise, 6, quai d'Orléans; et les Sociétés savantes ont une bibliothèque spéciale qui n'est pas publique, mais qu'on peut visiter ou compulser avec une autorisation personnelle.

Sociétés savantes.

Société d'Encouragement pour l'industrie nationale, rue Bonaparte, 44.

La Société d'Encouragement a été fondée en 1801 pour l'amélioration de toutes les branches de l'industrie française ; elle décerne des prix et médailles pour les inventions et les perfectionnements dans les arts ; elle se livre aux expériences et essais nécessaires pour apprécier les procédés nouveaux ; elle publie un *Bulletin* mensuel renfermant l'annonce raisonnée des découvertes utiles à l'industrie, faites en France et à l'étranger ; elle distribue des médailles aux ouvriers et contre-maîtres des établissements agricoles et manufacturiers qui se distinguent par leur conduite et par leur travail ; elle dispose de huit places dont six à bourse entière, et deux à trois quarts de bourse dans les écoles d'arts et métiers ; tous les sociétaires ont le droit de présenter des candidats ; elle vient au secours des inventeurs que leur âge ou leurs infirmités mettent hors d'état de se suffire ; elle procure, aux ouvriers qui ont fait une invention utile, les moyens de payer les annuités de leurs brevets. Pour être admis à faire partie de la Société d'Encouragements, il faut avoir été présenté par l'un de ses membres et payer une cotisation annuelle de 36 fr.

Les étrangers peuvent être admis comme membres correspondants souscripteurs. Les membres de la Société peuvent concourir pour les prix qu'elle propose. Les membres du conseil d'administration sont exclus des concours. Deux commissions permanentes ont pour but, l'une la publication mensuelle du *Bulletin* des travaux de la Société, l'autre d'examiner les travaux relatifs aux applications des beaux-arts à l'industrie. Le *Bulletin* mensuel est adressé, franc de port, aux Sociétaires en France. Chaque année de ce *Bulletin* forme un volume in-4° et contient trente à quarante planches gravées avec le plus grand soin. Le conseil d'administration s'assemble deux fois par mois, pour entendre les rapports sur les objets soumis au juge ment de la Société. Les Sociétaires peuvent assister aux séances, ils y ont une voix consultative. Lorsqu'une invention est approuvée par la Société, le rapport est inséré au *Bulletin*, avec gravure, si l'objet l'exige, sans que l'inventeur ait rien à débourser ni pour l'examen ni pour l'insertion. Les programmes des prix se distribuent gratuitement au secrétariat de la Société, rue Bonaparte, 44. La correspondance a lieu sous le couvert du ministre de l'agriculture, du commerce et des travaux publics.

Société impériale et centrale d'agriculture de France, rue de Grenelle-Saint-Germain, 84.

Cette Société, reconstituée par le décret d'octobre 1804 de l'Empereur Napoléon 1er, qui lui rendit une existence légale en l'autorisant à prendre le titre de Société impériale d'agriculture et à rentrer dans les attributions qui lui avaient été conférés en 1788 et dont elle avait été privée en 1793, est le centre commun et le lien de correspondance des différentes sociétés d'agriculture de la France. Ses travaux ont pour objet l'amélioration des diverses branches de l'économie rurale et domestique de la France. Un arrêté ministériel du 16 mars 1848 porte le nombre des associés ordinaires de 40 à 52, la forme en 2 divisions spéciales, et décide que ses séances auront lieu chaque semaine. Elle se réunit, en conséquence, tous les mercredis, à trois heures, à son local ordinaire, rue de Grenelle-St-Germain, n° 84, et tient, en outre, chaque année, deux séances solennelles : la première en été, pour entendre le compte rendu de ses travaux, qui lui est présenté par le secrétaire perpétuel, et pour la distribution des prix qu'elle a proposés au concours; la seconde, à la rentrée, en novembre, pour la lecture de notices sur les associés ordinaires décédés. Un décret impérial du 26 mai 1860 a autorisé la Société à prendre le titre de *Société impériale et centrale d'Agriculture de France*. Elle a pour officiers un président et un vice-président, élus par elle, et dont les fonctions respectives durent un an ; un secrétaire perpétuel et un agent général trésorier, nommés à vie par l'Empereur, sur la présentation de trois candidats faite par la Société. Elle a, en outre, des associés régnicoles et étrangers, et dans tous les départements et à l'étranger des membres correspondants, qui sont consultés sur les questions agricoles et admis aux séances.

Société impériale et centrale d'horticulture, rue de Grenelle-Saint Germain, 84.

Cette société a été instituée pour le perfectionnement de tout ce qui a rapport au progrès de toutes les spécialités de l'horticulture. Afin d'atteindre son but, elle fait, chaque année, une exposition des produits du genre, à la suite de laquelle elle décerne des médailles et des encouragements; elle fonde, à la Caisse des Retraites, des livrets en faveur des agents horticoles, nécessiteux ou infirmes, les plus méritants. Enfin elle publie un recueil mensuel de ses travaux, qui est envoyé gratis à tous ses membres et correspondants, nationaux ou étrangers, dont le nombre est indéterminé. Elle tient deux séances ordinaires par mois, les deuxième et quatrième jeudis, à deux heures. Elle est placée sous la protection de l'Empereur, représentée par son Bureau et son Conseil, et divisée en six comités. Elle compte, en outre, un corps de dames patronnesses.

Société impériale zoologique d'acclimatation, rue de Lille, 19, hôtel Lauraguais.

Cette Société, fondée le 10 février 1854, est composée de plus de 2,500 membres nationaux et étrangers. Elle a pour but de concourir à l'introduction, à l'acclimatation, à la domestication des animaux et des végétaux utiles ou d'ornement, au perfectionnement et à la multiplication des races et des espèces d'animaux nouvellement introduites ou domestiquées. Elle tient ses séances tous les quinze jours, le vendredi, à trois heures, de décembre à juin.

Société de géographie, rue Christine, 3.

La Société est instituée pour concourir aux progrès de la géographie; elle fait entreprendre des voyages dans les contrées inconnues; elle propose et décerne des prix, publie un recueil de mémoires, des séries de questions, et fait graver des cartes. Les étrangers sont admis au même titre, et avec les mêmes priviléges que les régnicoles. Le nombre des membres est illimité. Pour être admis, il faut être présenté par deux membres, et souscrire à une contribution annuelle de 36 francs, non compris 25 francs pour le diplôme. La Société admet aussi des membres donateurs ; le *minimum* de la souscription est de 300 francs une fois payés. La Société nomme également au dehors des correspondants étrangers ; le nombre en est fixé à trente. La Société se réunit deux fois par an en assemblée générale. Dans la première séance, elle distribue ses prix et en propose de nouveaux ; dans la seconde, elle entend le compte rendu de ses travaux et de l'emploi de ses fonds. Tous les membres de la Société reçoivent *gratis* le Bulletin périodique destiné à faire connaître ses travaux et les progrès de la science : ils reçoivent aussi, *à moitié prix*, les volumes de mémoires, et les cartes publiées par la Société. Ils jouissent exclusivement de la bibliothèque et des collections de cartes réunies au local des séances ; ils ont également la faculté d'exposer dans ce local les objets curieux qu'ils auraient rapportés de leurs voyages, et ils peuvent faire circuler, avec la correspondance de la Société, l'annonce de leurs travaux. Les commerçants et les navigateurs, membres de la Société, qui veulent allier des recherches géographiques à leurs entreprises particulières, reçoivent d'elle des instructions et des recommandations. Enfin, la Société invite à coopérer à ses travaux les hommes éclairés de toutes les parties du monde, le but qu'elle se propose, étant à la fois l'avancement des connaissances géographiques, et le bien de l'humanité.

Société géologique de France, rue de Fleurus, 39.

Cette Société, fondée le 17 mars 1830, a pour objet de concourir à l'avancement de la géologie en général, et particulièrement de faire connaître le sol de la France, tant en lui-même que dans ses rapports avec les arts industriels et l'agriculture.

Elle s'attache à recueillir de toute parts les faits qui concernent l'histoire naturelle du globe terrestre, et à réunir les hommes qui cultivent cette science ou qui s'intéressent à ses progrès, afin de donner à leurs travaux une direction utile.

Le nombre des membres de la *Société géologique de France* est illimité ; les Français et les étrangers peuvent également y être admis : il suffit, pour faire partie de la Société, d'être présenté par deux de ses membres. Il n'existe entre eux aucune distinction.

Chaque membre paye : 1° un droit d'entrée ; 2° une cotisation annuelle. Le droit d'entrée est fixé à la somme de 20 francs ; la cotisation annuelle à 30 francs. — La cotisation annuelle peut, au choix de chaque membre, être remplacée par une somme de 300 francs, une fois payée.

La Société contribue aux progrès de la géologie par des publications et par des encouragements. Un Bulletin périodique de ses travaux, in-8°, est délivré gratuitement à chaque membre. Elle publie en outre un recueil de mémoires in-4°, avec cartes, coupes, etc., et une *Histoire des progrès de la géologie*, par M. le Vte d'Archiac, in-8°.

La Société forme une bibliothèque et des collections. Les dons qui lui sont faits sont inscrits au bulletin des séances avec le nom des donateurs.

La *Société géologique de France* tient ses séances habituelles à Paris rue de Fleurus, 39, de novembre à juillet, les premier et troisième lundis de chaque mois.

Le local de la Société est ouvert pour les membres, les lundi, mercredi, vendredi et dimanche, de 11 heures à 5 heures.

Chaque année, dans l'intervalle de juillet à novembre, la Société tient une ou plusieurs séances extraordinaires sur un des points de la France qui a été préalablement déterminé. Les réunions extraordinaires peuvent avoir lieu hors des limites de la France.

L'administration de la Société est confiée à un bureau et à un conseil dont les membres sont nommés par voie d'élection et pour un temps déterminé. Aucun fonctionnaire n'est immédiatement rééligible dans les mêmes fonctions.

Tous les membres de la Société, soit français, soit étrangers, sont appelés annuellement à participer à l'élection du *Président*, directement ou par correspondance.

SOCIÉTÉ IMPÉRIALE DES ANTIQUAIRES DE FRANCE, rue Taranne, 12.

Cette Société, qui a succédé à l'ancienne Académie Celtique, se compose de 45 membres résidants, de 10 membres honoraires et d'un nombre illimité de correspondants nationaux et étrangers. Elle s'occupe de recherches sur les langues, la géographie, la chronologie, l'histoire, la littérature, les arts et les antiquités celtiques-grecques, romaines et du moyen âge, mais principalement des Gaules et de la nation française jusqu'au seizième siècle inclusivement. Elle se réunit en *séances particulières*, les 9, 19 et 29 de chaque mois, excepté dans les mois de septembre et d'octobre, époque de ses vacances. Elle décerne, quand elle le juge convenable, une médaille d'or au meilleur mémoire envoyé sur un sujet mis au concours. Elle publie un recueil de mémoires, qui se compose en ce moment de 20 vol. in-8°.

Société de l'École impériale des Chartes.

La Société de l'École des chartes se compose exclusivement d'anciens élèves de cette école. Elle se réunit le dernier jeudi de chaque mois à la Bibliothèque impériale. Elle publie, par livraisons qui paraissent tous les deux mois, une revue consacrée à l'histoire de France pendant le moyen âge et intitulée : *Bibliothèque de l'École des chartes*.

Société météorologique de France, rue de Fleurus, 59.

Le but de cette Société, fondée le 14 décembre 1852, est de concourir à l'avancement de la météorologie et de la physique terrestres, et particulièrement de faire connaître le climat de la France, tant en lui-même que dans ses rapports avec l'agriculture, l'hygiène et les arts industriels. Elle fait des publications et décerne des encouragements. Elle édite spécialement un annuaire, qui paraît par livraisons mensuelles, et qui est envoyé gratuitement à chacun de ses membres nationaux ou étrangers, dont le nombre est illimité. On paye pour en faire partie : premièrement, un droit d'admission de 20 francs; secondement, une cotisation annuelle de 30 francs, soit une somme fixe de 300 francs. La Société est administrée par son Bureau et son Conseil; son local est ouvert, à ceux qui en font partie les lundi, mercredi et vendredi, de midi à 4 heures. Ses séances habituelles ont lieu du mois de novembre au mois de juillet, le deuxième mardi de chaque mois.

Société Asiatique, quai Malaquais, 3.

Cette Société a été fondée en 1823. Elle se compose de membres souscripteurs en nombre illimité, résidants ou non résidants, et d'associés étrangers. Pour être admis, il faut être présenté par deux membres, et payer une cotisation annuelle de 30 fr. Elle s'occupe de l'histoire, de la philosophie et de la littérature des peuples orientaux. Elle se réunit le second vendredi de chaque mois. Elle publie, depuis 1823, le *Journal asiatique*, collection qui compte aujourd'hui 70 vol. in-8°.

Société internationale des études pratiques d'économie sociale, quai Malaquais, 3.

La Société se propose surtout de constater, par l'observation directe des faits, dans toutes les contrées, la condition physique et morale des personnes occupées des travaux manuels et les rapports qui les lient soit entre elles, soit avec les personnes appartenant aux autres classes.

Cette Société se compose de membres honoraires payant une subvention annuelle de 100 fr., de membres titulaires payant une cotisation de 20 fr. Les membres reçoivent gratuitement toutes les publications émanant de la Société.

Cette Société est représentée par un comité d'Administration de quinze membres, assisté d'un conseil de cinquante membres, subdivisé en commissions spéciales.

Société pour l'instruction élémentaire, quai Malaquais, 3.

Fondée le 16 juin 1815, cette Société se compose de membres résidants et correspondants en nombre illimité. Son but est l'instruction et la moralisation des classes populaires. Elle s'occupe des progrès de l'instruction du peuple dans tous leurs détails et leurs phases; chaque année elle distribue des médailles et autres encouragements aux auteurs des méthodes et des ouvrages les plus utiles à l'instruction et à l'éducation, aux instituteurs, soit communaux, soit privés, qui lui sont signalés comme ayant bien mérité du pays ; son conseil d'administration se réunit deux fois par mois ; elle publie, depuis son origine, un *Bulletin mensuel* de ses travaux. Chacun de ses membres paye une cotisation annuelle de 25 francs.

Société de Chirurgie de Paris, rue de l'Abbaye, 3, au palais Abbatial.

La Société de Chirurgie a pour but l'étude et les progrès de la chirurgie. Elle se compose de 35 membres titulaires, de membres honoraires en nombre indéterminé, de 20 membres associés étrangers, de 70 membres correspondants nationaux et de 70 membres correspondants étrangers.

Les conditions d'admission sont les suivantes : 1° pour les membres titulaires, résider à Paris et présenter un mémoire inédit; 2° pour les membres correspondants nationaux, adresser un mémoire inédit ; 3° les membres honoraires sont nommés au scrutin sur la proposition de dix membres titulaires ; 4° les associés étrangers sont nommés par la Société sur la présentation d'une commission ; 5° les correspondants étrangers ne sont pas tenus d'adresser un mémoire inédit, il leur suffit d'envoyer les travaux qu'ils ont publiés.

La Société se réunit tous les mercredis, de 3 heures 1/2 à 5 heures 1/2, en séance ordinaire; et en séance solennelle, le second mercredi de janvier.

Société d'Anthropologie de Paris, rue de l'Abbaye, 3, au palais Abbatial.

Cette Société a pour but l'étude scientifique des races humaines. Elle se compose de 30 membres titulaires, de membres honoraires, de membres associés nationaux ou étrangers, de correspondants nationaux ou étrangers dont le nombre n'est pas limité. Elle publie des bulletins et des mémoires. Les séances ont lieu le premier et le troisième jeudi de chaque mois, de 3 à 5 heures, excepté pendant les vacances, qui ont lieu pendant les mois de septembre et d'octobre.

SOCIÉTÉ DE MÉDECINE PRATIQUE, à l'Hôtel de Ville.

Cette Société, est une réunion de médecins, de chirurgiens et de savants, dont le but est de s'occuper spécialement de la thérapeutique. Elle tient ses séances tous les premiers jours de chaque mois, à 3 heures 1/2, à l'Hôtel de Ville, rue de Lobeau, et publie chaque année le résultat de ses séances.

INSTITUT HISTORIQUE DE FRANCE, rue Saint-Guillaume, 12.

L'Institut historique de France a été fondée en 1833 (autorisé le 6 avril 1834) pour encourager et propager les études historiques en en France et à l'étranger. Il est divisé en quatre classes : 1re, *Histoire générale et histoire de France* ; 2e, *Histoire des langues et des littératures* ; 3e, *Histoire des sciences physiques, mathématiques, sociales et philosophiques* ; 4e, *Histoire des beaux-arts*. Elles se réunissent successivement chaque mercredi. Une assemblée générale composée des quatre classes a lieu une fois par mois.

L'Institut historique publie un journal mensuel, *l'Investigateur*. Il convoque des congrès publics et annuels à l'Hôtel de Ville ; il décerne tous les ans quatre prix aux auteurs des mémoires admis au concours. Plusieurs cours publics et gratuits sont professés pendant toute l'année au siége de la société, par ses membres, avec l'autorisation du ministre de l'instruction publique.

Pour être admis membre de la Société, il faut être auteur d'une œuvre imprimée et être présenté par deux membres résidants ou correspondants.

ACADÉMIE NATIONALE, AGRICOLE, MANUFACTURIÈRE ET COMMERCIALE, rue Louis-le-Grand, 21.

Fondée le 26 décembre 1830, l'Académie nationale se compose d'une seule classe de membres soumis à une cotisation annuelle de 30 francs. Elle publie, depuis trente-deux ans, un recueil mensuel qu'elle envoie gratuitement à tous ses membres. Elle décerne, annuellement, des prix et récompenses aux agriculteurs, aux inventeurs, aux auteurs d'utiles mémoires sur l'agriculture, l'industrie ou le commerce, dont elle approuve les travaux ou les produits. Elle a toujours été et demeure complétement étrangère à toute question politique ou religieuse et à tout esprit de spéculation. Les séances de ses comités ont lieu à son local ordinaire, rue Louis-le-Grand, n° 21, le deuxième mardi et le deuxième vendredi de chaque mois, à 7 heures 1/2 du soir. Son assemblée générale mensuelle se tient à l'Hôtel de Ville de Paris, le troisième mercredi de chaque mois.

Société Française de Statistique universelle, rue Louis-le-Grand, 21.

Cette Société, fondée le 22 novembre 1829, est instituée pour concourir aux progrès de la statistique générale. Elle propose et décerne des prix, elle accorde des médailles d'honneur, elle publie, depuis sa fondation, le recueil mensuel de ses travaux, qui sont divisés en trois parties distinctes : 1° la *Statistique physique et descriptive*, comprenant : la topographie, l'hydrographie, la météorologie, la géologie, la minéralogie, la population, l'homme physique, l'hygiène et l'état sanitaire ; 2° la *Statistique positive et appliquée*, comprenant : les productions végétales et animales, l'agriculture, l'industrie, le commerce, la navigation, l'état scientifique, l'instruction générale, la littérature, les langues et les beaux-arts ; 3° la *Statistique morale et philosophique*, comprenant : les cultes, le pouvoir législatif, l'administration publique, les pouvoirs judiciaires et les tribunaux, les finances, l'état militaire, la marine et la diplomatie.

La Société entretient une correspondance avec les corps savants de tous les pays et envoie ses publications à tous ses membres, qui ne sont astreints qu'à une cotisation annuelle de 30 fr.

Elle tient ses séances publiques à l'Hôtel de Ville ; celles de ses comités, ont lieu, rue Louis-le-Grand, 21.

Société de Statistique de Paris, rue de la Sourdière, 19.

La Société se propose de populariser les recherches statistiques : 1° en publiant un journal mensuel, principalement destiné à faire connaître les travaux des statisticiens français et étrangers ; 2° en fondant une chaire de statistique comparée ; 3° en distribuant annuellement des médailles d'honneur aux personnes qui lui ont adressé les meilleurs mémoires ou ouvrages, imprimés ou manuscrits, ou qui ont le mieux résolu les questions qu'elle a mises au concours ; 4° en ouvrant, par l'intermédiaire de ses membres et correspondants, des enquêtes sur les grands intérêts économiques du pays. A l'exception du secrétaire perpétuel, tous les membres du bureau sont renouvelables annuellement.

Il est fait à la Société un rapport sur les ouvrages qui lui sont offerts, et ce rapport est inséré dans son journal. Les membres titulaires reçoivent gratuitement le journal de la Société et sont seuls admis à consulter les ouvrages déposés dans sa bibliothèque. Les mémoires qu'ils ont adressés à la Société ou dont ils lui ont donné lecture avec l'assentiment du bureau, sont insérés au recueil, intégralement ou par extrait selon leur étendue. La cotisation est fixé à 25 fr. par an, ou à une somme de 250 fr. une fois payée.

Toutes les Sociétés qui précèdent ont été déclarées d'utilité publique ; en conséquence, elles ont une existence légale et sont placées sous la protection du gouvernement. Il en est de même des Sociétés suivantes qui ont un caractère moins scientifique :

Société Protectrice des animaux, rue de Lille, 19.

Cette Société a spécialement pour but de veiller à l'exécution de la loi Gramont, qui punit les violences contre les animaux. Elle décerne des récompenses à ceux qui l'aident à accomplir sa mission. Ces récompenses sont distribuées dans une séance solennelle qu'elle tient chaque année à l'Hôtel de Ville.

Société d'Encouragement pour l'amélioration des races de chevaux en France.

Cette Société dont le titre explique le caractère, se confond avec le *Jockey-Club*, cercle de premier ordre qui s'installe en ce moment dans un magnifique local, occupant tout le premier étage de l'édifice monumental que *la Société Immobilière impériale de France* a fait construire sur le boulevard des Capucines et la rue de Mogador prolongée, en regard de l'une des façades latérales du *Grand Hôtel*. Les courses instituées par la Société ont lieu au printemps et en automne, à Paris, sur le terrain de Lonchamps, au Bois de Boulogne, ou dans la plaine de Gravelle, au bois de Vincennes, à la Marche, à Versailles et à Chantilly.

Indépendamment des Sociétés qui viennent d'être indiquées, Paris en possède un grand nombre d'autres de toute nature, s'occupant d'art, de science, de littérature, d'industrie, de bienfaisance, de poésie ou de plaisir qu'il serait trop long d'énumérer ici, et qui, du reste ne peuvent avoir d'intérêt que pour la population fixe.

Je signalerai cependant parmi celles qui ont un caractère charitable la Société de Charité maternelle de paris, qui est placée sous la protection et sous la présidence de l'Impératrice, et qui a son bureau central 172, rue Montmartre ; la Société philanthropique, qui a été fondée en 1780, par Louis XVI et qui a ses bureaux 12, rue du Grand-Chantier; Al'sile de la Providence, 13, Chaussée-des-Martyrs, ancienne commune de Montmartre, fondée en 1804, par M. et Mme de la Vieuville; la Société de la Providence, fondée en 1805, également par M. et Mme de la Vieuville ; la Société de la Morale chrétienne, 12, rue Saint-Guillaume, qui date de 1821 ; la Société des Amis de l'Enfance, fondée en 1828, et qui a son siége, 38, rue Culture-Sainte-Catherine ; la Société pour le placement en apprentissage de jeunes orphelins, qui a son siége à l'Hôtel de Ville, et dont l'agence est établie, 4, rue des Quatre-Fils, au Marais.

Agences diplomatiques.

AMBASSADES.

Angleterre, rue du Faubourg-Saint-Honoré, 39.
Autriche, rue de Grenelle-Saint-Germain, 101.
Espagne, quai d'Orsay, 25.
États-Romains, rue de l'Université, 69.
Russie, rue du Faubourg-Saint-Honoré, 33.
Turquie, place de l'Étoile.

LÉGATIONS.

Bade, rue Blanche, 62.
Bavière, rue de Grenelle-Saint-Germain, 107.
Belgique, rue de la Pépinière, 97.

BRÉSIL, nouveau boulevard Monceaux, 6.
BRUNSWICK (duché de), rue de Penthièvre, 19.
CONFÉDÉRATION GRENADINE, rue Fortin, 3.
DANEMARK, rue de la Ville-l'Évêque, 45.
ÉQUATEUR, rue Blanche, 5.
ÉTATS-UNIS D'AMÉRIQUE, rue de Marignan, 3.
GRÈCE, avenue Gabrielle, 46.
GUATÉMALA, rue Fortin, 3.
HAITI, rue de l'Arcade, 20.
HANOVRE, rue de Penthièvre, 19.
HESSE ÉLECTORALE, rue de Turin, 15.
HESSE GRAND-DUCALE, rue de Grenelle-Saint-Germain, 112.
HONDURAS, rue Pelouse, 2, près de l'avenue de l'Impératrice.
ITALIE, rue Saint-Dominique-Saint-Germain, 135.
MECKLEMBOURG-SCHWÉRIN,
MECKLEMBOURG-STRÉLITZ, rue du Marché-d'Aguesseau, 18.
NICARAGUA, rue de l'Oratoire, 1.
PAYS-BAS, avenue des Champs-Élysées, 121.
PÉROU, rue de Marignan.
PERSE, avenue d'Antin, 3.
PORTUGAL, rue d'Astorg, 12.
PRUSSE, rue de Lille, 78.
SAINT-MARIN, cours la Reine, 20.
SAN-SALVADOR, rue de la Pelouse, 2.
SAXE (Royaume de), rue de Courcelles, 21.
SAXE-COBOURG-GOTHA, rue Saint-Lazare, 92.
SUÈDE ET NORWÉGE, rue d'Anjou-Saint-Honoré, 74.
SUISSE, rue d'Aumale, 9.
VILLES LIBRES, de Lubeck, Brême, Hambourg et de Francfort, rue Matignon, 12.
WURTEMBERG, rue circulaire de la place de l'Étoile.

CONSULATS.

AUTRICHE, rue Laffite, 19.
BOLIVIA, rue de Grenelle-Saint-Germain, 74.

Chili, rue Saint-Lazare, 31.
Costa-Rica, place de la Bourse, 4.
Danemark, rue Richer, 26.
États-Unis d'Amérique, rue Chaussée-d'Antin, 60.
Holstein-Heldenberg, rue Chaussée-d'Antin, 21.
Mexique, rue d'Aumale, 29.
Pays-Bas, rue Chaussée-d'Antin, 60.
Pérou, rue Saint-Lazare, 31.
Prusse, rue Saint-Georges, 15.
Saxe, (Royaume de), rue Michodière, 25.
Turquie, rue de la Victoire, 44.
Uruguay, rue Castellane, 10.
Vénézuéla, rue du Faubourg-Poissonnière, 32.

LOGEMENT ET NOURRITURE.

Le *Guide pratique* doit nécessairement renseigner les voyageurs et les voyageuses sur tout ce qui se rapporte au mode d'installation et à la manière de vivre ; de telle sorte que la lecture de ce livre dispense de l'obligation de consulter l'*Annuaire du commerce*, énorme volume d'un prix exorbitant, qu'on se procure difficilement lorsqu'on ne l'achète pas, et qui, au surplus, lors même qu'on pourrait l'emporter pour quelques heures, est très-long à feuilleter. Toutefois, on est placé, sur ce terrain, entre un double écueil : trop restreindre ou étendre trop la nomenclature de cette catégorie d'informations de première utilité, et, par conséquent, on court le risque d'avoir la sécheresse d'un almanach qui enregistre tous les noms et toutes les adresses, ou on s'expose à omettre des maisons qui mériteraient d'être citées. On s'est efforcé dans cette édition d'éviter également, autant que possible, ces deux défauts, se préoccupant, d'une façon exclusive, de l'intérêt des voyageurs et des voyageuses et se tenant prêt à accueillir ultérieurement, pour une autre édition, toute observation qui serait reconnue légitime.

Chaque quartier possède, soit des maisons qui se louent meublées, depuis le rez-de-chaussée, jusqu'au dernier étage, bien qu'elles n'aient pas le caractère et l'organisation d'un hôtel meublé, soit des maisons bourgeoises où il se trouve, à côté des appartements qu'on loue vides, d'autres appartements qu'on loue meublés. Un écriteau volant, de couleur jaune, indique les appartements meublés à louer dans les maisons bourgeoises. Une plaque fixe signale d'ordinaire les maisons meublées de quelque importance. Les locations d'appartements meublés se font d'habitude au mois, ou, tout au moins, à la quinzaine. On est tenu de payer, en entrant, le premier mois ou la première quinzaine, et de prévenir du jour de son départ, dans le premier cas, quinze jours, dans le second cas, huit jours à l'avance.

A l'aide des conseils et des renseignements généraux qui précèdent, chacun pourra se diriger dans Paris à la recherche d'un appartement meublé à sa convenance. Il est donc inutile de donner ici aucune indication spéciale sur cette nature d'établissement.

Hôtels hors ligne. — Au premier rang de cette classe exceptionnelle figure le GRAND HÔTEL, qui a dû s'appeler d'abord *Grand hôtel de la Paix*, puis *Grand hôtel de Paris*, et qui a fini par ne pas s'appeler du tout, car le titre qu'il porte est une qualification et n'est pas un nom. Le *Grand Hôtel* est un immense édifice, de forme presque triangulaire, dont la façade principale est située sur le boulevard des Capucines, où elle porte le numéro 12, et qui possède trois autres façades, l'une sur la rue de Mogador, l'autre sur la rue de Rouen, en regard de l'une des façades du Grand Opéra en construction; enfin, la dernière, très-peu étendue, sur la place même à laquelle ce dernier monument doit donner son nom.

Le *Grand Hôtel*, qui est de création toute récente et qui est complétement dégagé de toute construction voisine, contient huit cents chambres ou salons de 4 à 30 francs par jour.

Après le *Grand Hôtel* vient le GRAND HÔTEL DU LOUVRE, dont l'entrée principale est rue de Rivoli, 168; et qui a également trois façades, l'une sur la rue Saint-Honoré, l'autre sur la place du Palais-Royal, et enfin, la dernière, sur la rue de Marengo. Il contient six cents chambres ou salons de 3 à 20 francs par jour. Élevé il y a quelques années seulement, il a inauguré à Paris le système de ces vastes hôtels américains qui sont de véritables phalanstères, et qui forment, à eux seuls, toute une ville.

Exploités par la même compagnie, le *Grand Hôtel* du boulevard des Capucines et le *Grand hôtel du Louvre* de la rue de Rivoli ont, chacun, une salle à manger, un vaste salon de conversation, un salon de lecture, un salon divan, une salle de billard, des salles de bains et une cour spacieuse. On trouve, dans l'un et dans l'autre, une table d'hôte servie à six heures. La première peut recevoir quatre cents personnes dans une salle d'une splendeur princière qui rappelle les plus magnifiques salles à manger des plus beaux palais de souverains qu'il y ait en Europe. Elle est à 8 francs par tête; la seconde peut recevoir trois cents personnes dans une salle à manger monumentale comme l'escalier qui y conduit et qu'on trouve dans la cour d'honneur. Elle est à 7 francs par tête. On peut dîner à ces deux tables d'hôte sans loger dans l'hôtel, à la seule condition de se faire inscrire à deux heures, de payer d'avance et de se présenter dans une tenue convenable.

Indépendamment de sa table d'hôte, chacun de ces deux établissements possède, à l'intérieur, un restaurant à la carte, où le public est admis comme les locataires. Enfin, il y a dans chacun d'eux un bureau télégraphique public, correspondant avec toute l'Europe.

Le *Grand Hôtel* et le *Grand hôtel du Louvre* sont de vrais monuments privés, déjà curieux à visiter à ce seul titre. En outre, ils offrent pour le logement et la nourriture des facilités exceptionnelles aux voyageurs et aux voyageuses qui ne regardent pas à la dépense. Le premier, surtout, renferme des appartements et des chambres d'un luxe inusité et d'une rare élégance. Mais, il n'y faut chercher ni le calme ni l'économie. En effet, le jour et la nuit, tout n'y est que bruit et agitation, et ce qui n'y est pas taxé à l'avance, à prix fixe, s'y cote à des chiffres de fantaisie, et s'y paye au poids de l'or.

Quand on ne désire que le confort et non l'apparat, on peut se trouver à des conditions plus raisonnables, aussi convenablement et plus tranquillement installé dans l'un des hôtels de premier ordre dont la liste va suivre:

Hôtels de premier ordre. — Hôtel de Bade, 30 et 32, boulevard des Italiens. Hôtel de Bedfort, 17 et 19, rue de l'Arcade. Hôtel Bristol, 3 et 5, place Vendôme. Hôtel de Canterbury, 28, rue de la Paix. Hôtel Chatham, 67, rue Neuve-Saint-Augustin. Grand hôtel de Douvres, 25, rue de la Paix. Hôtel Mirabeau, 8, rue de la Paix. Hôtel Meurice, 228, rue de Rivoli. Hôtel du Rhin, 4 et 6, place Vendôme. Hôtel des Trois Empereurs, 170, rue de Rivoli. Hôtel Westminster, 11 et 13, rue de la Paix.

Dans tous les hôtels de premier ordre, on peut toujours, soit qu'il n'y ait pas de table d'hôte, soit qu'on ne veuille pas y manger, se faire servir à dîner, à la carte, dans sa chambre ou son appartement.

Hôtels spéciaux de premier ordre. — Les membres de l'épiscopat descendent d'habitude à l'Hôtel du Bon la Fontaine, 16, rue de Grenelle-Saint-Germain et les personnes souffrantes se font conduire, de toute nécessité à l'Hôtel des Bains de Tivoli, 102, rue Saint-Lazare, où elles trouvent des voitures, un salon de compagnie, des galeries couvertes et de beaux jardins pour la promenade, des bains de toute espèce et où elles peuvent suivre des traitements de toute nature et le régime qui leur est prescrit pour la nourriture.

Hôtels de second ordre. — Hôtel Bergère, 32 et 34, rue Bergère; Grand hôtel de Castille, 101, rue Richelieu et 5, boulevard des Italiens; Hôtel des Deux-Mondes, 8, rue d'Antin; Grand hôtel de France et d'Angleterre, 10, rue des Filles-Saint-Thomas; Grand hôtel du Helder, 9 et 11, rue du Helder; Hôtel de Lille et d'Albion, 241, rue Saint-Honoré; Hôtel Louvois, 3, place Louvois; Hôtel Montaigne, 5, rue Montaigne; Grand hôtel de Tours, 36, rue Notre-Dame des Victoires; Hôtel Vuillemont, 13, rue des Champs-Élysées.

Dans ceux des hôtels meublés qui viennent d'être signalés, où il n'y a pas de table d'hôte, on peut toujours, comme dans les établissements analogues de premier ordre, se faire servir à dîner, à la carte, dans sa chambre ou son appartement.

Hôtels spéciaux de second ordre. — Les ecclésiastiques de tous rangs qui ne veulent pas loger à l'Hôtel du Bon la Fontaine, descendent soit à l'Hôtel des Missions étrangères, 125 et 127, rue du Bac, soit à l'Hôtel du Vatican, 4, rue du Vieux-Colombier ; les négociants qui se rendent à Paris pour leurs affaires, avec leur famille, rencontrent, soit au Grand hôtel du Pavillon, 36, rue de l'Échiquier, où l'on parle anglais, allemand, espagnol et italien ; soit au Grand hôtel Violet, 5, 6, 7 et 8, passage Violet, faubourg Poissonnière, où l'on trouve des voitures et des interprètes, toutes les facilités qu'ils peuvent désirer pour le logement et la nourriture, réunies à l'avantage d'une situation voisine des quartiers où sont les principales maisons d'exportation, les commissionnaires en marchandises et les grands entrepôts de fabrique.

Le faubourg Saint-Germain possède quelques hôtels qui sont au moins, pour le service et le confortable, au niveau des hôtels de second ordre dont la liste précède. Ces hôtels sont généralement des hôtels d'habitués, occupés pendant une grande partie de l'année par des familles de province qui s'y installent régulièrement chaque hiver, exactement comme elles pourraient le faire dans un appartement meublé qu'elles loueraient pour elles. Ces hôtels, principalement situés rue de Lille et rue de l'Université, sont presque des maisons spéciales connues de la clientèle, à peu près exclusive, qui les fréquente.

Hôtels de Voyageurs de commerce. — Grand Hôtel Atlantique, 18, rue de Grenelle-Saint-Honoré ; Hôtel du Bel-Air, 10, rue des Enfants-Rouges, au Marais ; Hôtel des Bourdonnais, 11 et 13, rue des Bourdonnais ; Hôtel Coquillière, 21, rue Coquillière ; Grand hôtel des Empires, 11, rue du Bouloi ; Hôtel des Étrangers, 11, rue des Petites-Écuries ; Grand hôtel de l'Europe, 3, cour des Fontaines ; Grand hôtel des Gaules et d'Orient, 17, rue Coq-Héron ; Hôtel du Lion d'argent Saint-Martin, 23, 25, rue Aumaire ; Grand hôtel Montesquieu, 5, rue Montesquieu. Grand hôtel

DE LA Bourse et des Ambassadeurs, 15 et 17, rue Notre-Dame des Victoires.

Pensions de famille. — Théré, 41, rue de Vaugirard, quartier du Luxembourg; Galicher, 25, rue Royale Saint-Honoré; Pron, 107, avenue des Champs-Élysées.

Dans les pensions de famille, les arrangements se font au mois ou à la semaine et comprennent le logement et la nourriture. On doit prévenir de son départ, dans le premier cas, quinze jours, et dans le second cas, huit jours à l'avance. On doit payer en entrant le premier mois ou la première semaine.

Restaurants à la carte, hors ligne. — Les Trois Frères Provençaux, galerie Beaujolais au Palais-Royal; Le Café Anglais, 15, boulevard des Italiens.

On peut toujours dîner en gourmet dans ces deux restaurants aux mets succulents et aux vins exquis, restaurants dont le nom depuis longtemps connu, conserve encore et mérite toujours sa vieille réputation. Mais on n'y peut guère dîner à moins de 25 fr. Ils ne conviennent donc que pour les dîners fins dont on veut se passer la fantaisie. Ils sont cependant très-fréquentés par des habitués qui attachent un grand prix à la bonne chère. Toutefois leur cuisine et leur clientèle n'ont pas tout à fait le même caractère. Le premier a gardé davantage les traditions classiques. Il est surtout adopté par les provinciaux, tandis que le second plus fantaisiste et plus moderne, dans ses inventions culinaires, est principalement à la mode parmi les étrangers et les Parisiens.

Restaurants à la carte de premier ordre. — Le Café de Chartres, 79, 80, 81, 82, galerie Beaujolais au Palais-Royal; le Café Douix, galerie Montpensier au Palais-Royal; le Café Durand, 2, place de la Madeleine et 24, rue Royale; le Café Foy, 58, boulevard des Italiens et 2, rue de la Chaussée-d'Antin; le Restaurant Ledoyen, aux Champs-Élysées, près du palais de l'Industrie; la Maison Dorée, 20, boulevard des Italiens; le Pavillon d'Ermenonville, au Bois de Boulogne; le Restaurant Philippe, 70, rue Montorgueil; le Café Riche, 16, boulevard des Italiens; le Grand Vatel, 105, galerie de Valois au Palais-Royal; le Café Véron, 19, boulevard Montmartre et 48, rue Vivienne.

Restaurants à la carte de second ordre. — Restaurant Bonvalet, 29, boulevard du Temple; Restaurant Brébant, 10, rue Neuve-Saint-Eustache; Champeaux, 13, place de la Bourse, avec jardin; Chauveau, 1, Faubourg-Poissonnière et 2, boulevard Poissonnière; Restaurant Dagnaux, 8, rue de l'Ancienne-Comédie; Deffieux, 20, boulevard Saint-Martin; Restaurant de France, 29, place de la Madeleine; Restaurant Gautier, 11, place du Palais-Bourbon; Restaurant Gillet, à la Porte Maillot, près le Bois de Boulogne; Restaurant Guibert, 106, 107, 108, 109, galerie de Valois, au Palais-Royal; le Café d'Orsay, 1, quai, d'Orsay et 2, rue du Bac; le Moulin-Rouge, 19, avenue d'Antin, avec jardin; le Café de Paris, 10, boulevard des Italiens, avec entrée, passage de l'Opéra; le Café de la Paix, au rez-de-chaussée du Grand Hôtel, boulevard des Capucines; Magny, rue Contrescarpe-Dauphine; le Restaurant Vachette, 32, boulevard Poissonnière; le Restaurant Villette, 91, avenue des Champs-Élysées; Voisin, au coin de la rue Saint-Honoré et de la rue du Luxembourg.

Restaurants à prix fixe de première classe. — Le Diner du Commerce, passage des Panoramas; le Diner Européen, galerie de Valois, au Palais-Royal; le Diner de l'Industrie, 31, boulevard Bonne-Nouvelle; le Diner de Paris, passage Jouffroy; le Diner Universel, 14, boulevard Bonne-Nouvelle; le Restaurant Véry, galerie Beaujolais, au Palais-Royal.

On dîne dans les restaurants qui viennent d'être indiqués, à raison de 3 fr. ou de 3 fr. 50 c., ou au plus de 4 fr. C'est le prix des dîners de table d'hôte de seconde classe, tables d'hôte qu'il est inutile de signaler, aussi bien que celles de première classe, car il est rare qu'un voyageur ou qu'une voyageuse s'y présente, à moins de loger dans l'hôtel où elles sont établies.

Les restaurants à prix fixe de seconde classe, de 2 fr. 50 c. ou de 2 fr., sont tous à peu près les mêmes. On préfère généralement ceux du Palais-Royal, du passage de l'Opéra, et du passage Jouffroy.

Il n'y a guère de choix pour les restaurants à prix fixe où l'on dîne pour 1 fr. 50 c. et même pour 1 fr. On adopte d'habitude celui de son quartier.

Restaurants à la carte et à spécialité. — Restaurant provençal du Bœuf a la mode, 8, rue de Valois; Restaurant italien Broggi, 19, rue Lepeletier; Restaurant italien Galliani, 10 et 12, galerie Montmartre, passage des Panoramas; Restaurant israélite Dreyfus, 35, rue Montmartre; Restaurant anglais Augis, 14, rue de la Madeleine; la Taverne britannique, 104, rue de Richelieu; la Taverne anglaise, 22, rue Saint-Marc; Bouillons Duval, rue Montesquieu, rue Montmartre, à l'angle de la rue Notre-Dame-des-Victoires, et à l'angle du boulevard de Sébastopol et du boulevard Saint-Denis.

On mange des escargots chez Bordier, rue Saint-Denis, en face la fontaine des Innocents, et dans les Restaurants du quai de Bercy et du quai de la Râpée.

Les lois de l'étiquette, pour l'étranger qui fait une invitation, excluent généralement le dîner à prix fixe, hors le cas d'intimité avec les invités.

Après les hôtels et les restaurants, on trouve dans le même ordre d'établissements les cafés, les glaciers et les pâtissiers.

Cafés. — La revue des cafés appartient bien plus au guide pittoresque qu'au guide pratique, soient qu'ils aient, ce qui est du reste exceptionnel, une clientèle d'habitués, soit qu'ils ne servent que de station pour y faire une consommation quelconque; la qualité des boissons qu'on y prend dépend beaucoup, au surplus, de leur situation. Dans une même région et dans le même genre, ils se valent à peu près tous, sous ce rapport, et, à ce point de vue, il est indifférent, avant comme après son dîner, de choisir l'un ou l'autre. Il est donc inutile de donner ici des indications spéciales sur cette catégorie d'établissements, et il suffit de désigner les glaciers et les pâtissiers de premier ordre. En effet, si les choppes de bière, les grogs, les verres d'eau sucrée, les sodas et les tasses de café se ressemblent, à peu près partout, il n'en est pas de même des glaces et des sorbets, des gâteaux et des pâtisseries, qui, étant des objets de consommation, de luxe et de fantaisie, doivent être de première qualité.

Glaciers de premier ordre. — BLANCHE, 11, rue Saint-Dominique-Saint-Germain; CAFÉ FOY, galerie Montpensier, au Palais-Royal; IMODA, 3, rue Royale-Saint-Honoré; CAFÉ NAPOLITAIN, 1, boulevard des Capucines; CAFÉ DE LA ROTONDE, galerie Beaujolais, au Palais-Royal; CAFÉ TORTONI, 28, boulevard des Italiens.

C'est surtout le soir qu'on prend des glaces et des sorbets; mais c'est principalement de trois heures à cinq heures, qu'on prend, debout, des gâteaux et des pâtisseries qu'on arrose d'un verre de vin de Bordeaux, de Madère ou de Malaga.

Pâtissiers de premier ordre. — BOURBONNEUX, 14, rue du Havre; FÉLIX, passage des Panoramas; GUERRE, 232, rue de Rivoli; HUSSON, 25, boulevard des Italiens; JULIEN, 27, rue Vivienne, place de la Bourse; POUSSIN ET DUBOIS, 20, rue de Grammont; ROBERT, 25, boulevard Montmartre, maison Frascati; QUILLET, 14, rue de Buci.

Les amateurs de Prunes et de Chinois, visitent de préférence l'établissement de la mère Moreau, place de l'École, près le pont Neuf.

Ce chapitre serait incomplet s'il ne comprenait aussi les marchands de comestibles, les confiseurs, les magasins à thé et les chocolatiers. En effet, il est utile de connaître ceux de ces divers établissements auxquels on peut s'adresser avec confiance, soit pour sa consommation momentanée à Paris, soit pour faire des envois pendant son séjour ou des achats à son départ.

Marchands de comestibles de premier ordre. — HÔTEL DES AMÉRICAINS, 139, rue Saint-Honoré; CHEVET, galerie de Chartres, au Palais-Royal; MAISON DU GOURMAND, galerie de Valois, au Palais-Royal.

Confiseurs de premier ordre. — BOISSIER, 9, boulevard des Capucines. SIRAUDIN, 17, rue de la Paix; MARCON, place de la Bourse.

Magasins à thé de premier ordre. — ANTONI BRUNEAU, 1, rue de la Paix; Algane et comp., 11, boulevard Sébastopol; la Porte Chinoise, 56, rue Vivienne.

Chocolatiers de premier ordre. — La Compagnie coloniale, 152, rue de Rivoli; 1, place des Victoires; 11, boulevard des Italiens et 62, rue du Bac; Marquis, passage des Panoramas.

OBJETS DE TOILETTE, DE LUXE ET DE FANTAISIE.

Sans prétendre rivaliser pour la multiplicité des renseignements de cette nature avec l'*Annuaire du commerce*, le *Guide pratique* doit, néanmoins, indiquer aux voyageurs et aux voyageuses les maisons dans tous les genres auxquelles on doit nécessairement s'adresser pour ce qui concerne les principaux objets de toilette, de luxe et de fantaisie. Seulement on ne peut signaler ici, dans chaque genre, que des maisons d'un ordre tout à fait hors ligne.

Modes. — Barenne, 1, rue d'Angoulême-Saint-Honoré; Laure, 1, boulevard des Capucines; Ode, 50, rue de la Paix.

Nouveautés. — Magasins du Louvre, 1, rue de Marengo; La Nouvelle-Héloïse, 14, rue de Rambuteau; Le Petit Saint-Thomas, 33 et 35, rue du Bac.

Confections pour dames. — Opigez et Gaugelin, 85, rue de Richelieu; Worth et Bobergh, 7, rue de la Paix.

Habillements pour hommes. — Le Palais de Cristal, 1, rue des Filles-Saint-Thomas; Le Prophète, 11, boulevard Poissonnière;

Costumes d'enfants. — Madame Gossein-Jodon, 11, boulevard des Capucines; A la Petite Fadette, 42, rue de la Paix; Les Galeries de Paris, 29, boulevard des Italiens; Au Prince Eugène, 19, rue Vivienne.

Corsetières. — Madame Josselin, 57, rue Louis-le-Grand; Mesdames de Vertus, 26, rue de la Chaussée-d'Antin.

Gantiers. — Boivin, 10, rue de la Paix; Veuve Jouvin et Comp., 1, rue Rougemont; Boudier, 20, rue Joubert.

Éventaillistes. — Alexandre, 6, boulevard Montmartre; Duvelleroy, 17 et 18, passage des Panoramas.

Châles français. — Bietry, 41, boulevard des Capucines.

Châles des Indes. — La Compagnie des Indes, 80, rue Richelieu ; Frainais et Gramagnac, 82, rue de Richelieu.

Lingerie. — Leborgne et Henneveu, 56, rue du Bac ; Payan, 13, rue Vivienne.

Couturières. — Virginie Vasseur, 244, rue de Rivoli ; Madame Roger, 25, rue Louis-le-Grand.

Tailleurs. — Menghini, 11, boulevard des Capucines ; Laurent-Richard, 18, boulevard des Italiens ; Renard, 2, boulevard des Italiens.

Parfumeurs. — Edmond et Sons, 10, rue de Richelieu ; Vannier, 27, rue Caumartin.

Chaussures. — Clercx, 11, boulevard des Italiens ; Goudal, passage de l'Opéra ; A L'Espérance, 108, rue Saint-Lazare ; Pruvost, 4, rue Tronchet ; Guerrier, 5, rue de la Paix ; Viault-Esté, 17, rue de la Paix.

Chapeliers. — Pineau, 91, rue de Richelieu.

Chemisiers. — Longueville, 14, rue de Richelieu ; Leborgne et Henneveu, 56, rue du Bac.

Bonneterie. — Devallon, 1, boulevard des Capucines ; Au Grand Frédéric, 5, rue du Faubourg-Saint-Honoré.

Fleurs artificielles. — Constantin, 7, rue d'Antin ; Mademoiselle Pitrat, 25, rue de Grammont.

Photographes. — Disdéri, 8, boulevard des Italiens ; Nadar, 35, boulevard des Capucines ; Petit, 31, rue Cadet ; Prévost, 5, boulevard Montmartre ; Carjat, 56, rue Laffite.

Joailliers. — Bapst, 20, rue de Choiseul ; Froment Meurice, 372, rue Saint-Honoré ; Lemonnier, 25, place Vendôme ; Maurice Mayer, 362, rue Saint-Honoré.

Bijoutiers. — Adolphe Payen, 1, boulevard de Strasbourg ; Bourguignon, 7, boulevard des Capucines ; Alexandre Gueyton, 10, rue d'Alger.

Orfévres. — Aucoc, 6, rue de la Paix ; Cristoffle, 56, rue de Bondy ; Odiot, 72, rue du Rempart.

Ameublement. — Barbedienne, 212, rue Saint-Antoine ; Lognon, 15, boulevard Poissonnière.

Décorations pour fêtes. — Eugène Delessert, 10 et 12, avenue Dauphine, à Passy.

Bronzes. — Denière fils, 15, rue Vivienne.

Cristaux. — Dépôt des cristalleries de Baccarat, 30 *bis*, rue Paradis-Poissonnière; Dépôt des cristalleries de Saint-Louis, 50, rue Paradis-Poissonnière.

Glaces. — Entrepôt général des glaces de Saint-Gobain, 313, rue Saint-Denis.

Tapis. — Dépôt des tapis d'Aubusson, 10, rue du Sentier; Salambrouze frères, 21, rue Taitbout.

Porcelaines. — Chabrol frères, 29, rue Paradis-Poissonnière; Gille jeune, 28, rue Paradis-Poissonnière; Gosse, 42, rue Paradis-Poissonnière.

Ébénisterie. — Tahan, 24, rue de la Paix.

Bimblotterie. — Alphonse Giroux, 43, boulevard des Capucines.

Papeterie. — Susse frères, 31, rue Vivienne, place de la Bourse.

Tabletterie. — A. Moreau, 15, rue Tiquetonne; Pingot, 29, rue Fontaine-du-Temple; Poisson, 95, boulevard de Sébastopol.

Nécessaires. — Smal, 7 et 8, galerie Montpensier, au Palais-Royal.

Location d'équipages de luxe. — Brion, 48, rue Basse-du-Rempart.

Marché aux oiseaux, rue Montgolfier, derrière le Conservatoire des arts et métiers. Ce marché se tient chaque dimanche, dans le jour.

Marché aux chiens, 28, boulevard de l'Hôpital. Ce marché se tient chaque dimanche, dans la journée.

Marché aux fleurs. — Quai Napoléon, près du Palais de Justice, les mercredi et samedi; Place de la Madeleine, près de l'église de la Madeleine, les mardi et vendredi; Boulevard Saint-Martin, près du Château-d'Eau, les lundi et jeudi; Place Saint-Sulpice, près de l'église de Saint-Sulpice, les lundi et jeudi.

Fleuriste. — Madame Prévost, galerie de Chartres, au Palais-Royal.

HYGIÈNE.

On part en parfaite santé; on monte en chemin de fer, le corps léger et l'esprit dispos; puis il arrive qu'on tombe malade pendant la durée de son séjour. Si on tient à ne faire appeler qu'un praticien en renom, dont la science ait reçu la consécration du succès et de l'opinion, on devra consulter l'*Almanach impérial* et on y fera son choix parmi les médecins et les chirurgiens en chef chargés du service des hôpitaux, ainsi que parmi les membres de l'Académie de médecine, dont les premiers, du reste, font généralement partie. Le prix des visites des célébrités médicales et chirurgicales n'a pas de limite; il dépend uniquement de leur appréciation personnelle.

Dans tous les cas, comme tout le monde est sujet à une indisposition subite, qui peut réclamer une assistance immédiate, on se fera renseigner d'avance sur les médecins connus dans le quartier où on sera installé. On pourra ainsi faire demander l'un d'eux aussitôt qu'on en reconnaîtra la nécessité. Le prix moyen des visites des bons médecins, qui ne sont pas cependant au premier rang des hommes de la science, est de 10 francs.

Les médecins spéciaux sont préférables, lorsqu'il s'agit d'une maladie d'enfant, d'infirmités d'une nature particulière ou d'une opération grave. Dans l'une de ces trois hypothèses on devra recourir aux célébrités de la spécialité.

Souvent aussi, on est obligé, pendant son séjour à Paris, de recourir, pour les soins à donner à sa bouche, à un chirurgien dentiste. Je signalerai également M. GOBERT, 15, rue de Richelieu.

Un étranger ou une étrangère qui vient à Paris dans l'isolement et que le prix de l'*Hôtel des bains de Tivoli* effraye, peut enfin s'installer avec avantage, en cas de maladie, dans la *Maison municipale de santé*, qui est au numéro 200 de la rue du Faubourg-Saint-Denis.

Prix fixe : de 5 francs à 15 francs par jour.

Le prix des visites de médecins et des médicaments est compris dans le prix fixe de la journée.

GUIDE PRATIQUE. — INFORMATIONS DIVERSES.

Bains spéciaux. — 102, rue Saint-Lazare.

Bains Russes. — 58, passage Choiseul; 163, rue Montmartre.

Bains à l'hydrofège. — 12, rue Taranne.

Bains froids. — Les principaux établissements de bains froids pour dames et pour hommes sont situés à peu près entre le pont Neuf et le pont de la Concorde.

Bains ordinaires. — BAINS CHINOIS, 13, boulevard des Capucines. — BAINS DE LA SAMARITAINE, sur la Seine, près le pont Neuf.

Au surplus, tous les établissements de ce genre se ressemblent : leur élégance et leur confortable dépendent surtout du quartier où ils se trouvent. Ils sont très-nombreux, et il est rare qu'il n'y en ait pas un, au moins, dans la région qu'on habite.

CHANGE DE MONNAIE.

Le tableau suivant, où se trouve indiqué le rapport des monnaies des divers pays d'Europe avec les monnaies françaises, aidera les voyageurs de la province et de l'étranger à faire eux-mêmes leurs comptes de change.

Allemagne.

		Valeur en France. fr. c.
Argent. — Thaler	1 florin 3/4	3 75
Silbergroschen	30e de thaler	» 12
Gutengroschen	24e de thaler	» 15
Pfennig		» 01
Florin	60 kreutzer	2 14
Kreutzer		» 03

Angleterre.

Or. — Guinée	21 schellings	26 25
Demi-guinée	10 schellings 6 pence	13 12
Livre sterling-souverain	20 schellings	25 »
Demi-souverain	10 schellings	12 50
Argent. — Couronne	5 schellings	6 25
Demi-couronne	2 schellings 6 pence	3 12
Schelling	12 pence	1 25
Demi-schelling	6 pence	» 62
Cuivre. — Penny ou denier		» 10
Demi-penny		» 05

Autriche. — Hongrie.

		Valeur en France. fr. c.
Or. — Souverain..	13 florins 20 kreutzer.	34 84
Ducat impérial.	4 — 5 —	11 81
Demi-souverain.	6 — 40 —	17 41
Double ducat.	9 — » —	25 51
Ducat.	4 — 50 —	11 75
Argent. — Risdale.	2 — 10 —	5 61
Couronne, écu de Brabant.	2 — 14 —	5 78
Ecu.	2 — » —	5 18
Florin (Gulden).	» — 60 —	2 50
Kreutzer.	» — 03 —	» 04

Belgique.
Système décimal.

Danemark.

Or. — Ducat à la cour.	21 mark danois.	9 47
Ducat	2 risdales d'espèces.	11 86
Chrétien.	8 risdales courants.	20 95
Frédéric.	8 risdales courants,	20 32
Argent. — Risdale d'espèce.	2 risdales courants.	5 68
Risdale courant ou rigsbankdaler.	96 schellings.	2 84
Schelling.		» 02
Stuver.		» 12
Marck danois..	16 schellings	» 44

Espagne.
Système décimal.

États-Romains.

Or. — Zocchino.	2 scudi 20 bajocchi.	11 77
Doppia.	3 — 21 —	17 12
Mezza-doppi.	1 — 60 —	8 56
Argent. — Scudo.	10 paoli.	5 35
Paolo.	10 bajocchi.	» 53
Bajocco.	5 quatrini.	» 05
Quatrino.		» 01

Hambourg.

Or. — Ducat.	2 risdales.	11 85
Reichthaler.	3 marcs 13 schellings.	5 78
Marc.	16 schellings.	1 52
Schelling.	2 seichslings.	» 09
Seichsling.	2 dreilings.	» 04
Dreiling.		» 02

GUIDE PRATIQUE. — INFORMATIONS DIVERSES. 171

Hollande et Pays-Bas.

Valeur en France.

		fr. c.
Or. — Ducat et Hollande.	5 florins 1/2.	11 78
Ryders.	14 — 67.	31 40
Guillaume.	10 — »	21 25
Denis-Guillaume.	5 — »	10 62
Argent. — Drye-Gulden.	3 — »	6 58
Florin.	100 cents.	2 14
Cent.		» 02

Italie.
Système décimal.

Portugal.
Système décimal.

Russie.

Or. — Ducat à aigle éployée.	2 roubles 95.	11 78
Ducat de 1763.	2 — 90.	11 59
Pièces de Paul Ier.	13 — 10.	52 38
Pièces de 5 roubles.	5 — 10.	20 66
Argent. — Rouble.	100 kopecks.	4 »
Kopeck.		» 04

Suède.

Or. — Ducat.	15 riksdaler 48 skillings.	11 70
Argent. — Pièce de 125 skillings.		5 66
Skilling.		» 04

Suisse.
Système décimal.

Turquie.

Or. — Memdonyé.	20 piastres.	4 52
Argent. — Bechlik.	5 piastres.	» 80
Crouch piastre.		» 16
Altelek.	6 piastres.	1 29
Demi-milik.	1/2 piastre.	» 06
Piastre.		» 24

Vénétie.

Or. — Scudo.	3 ozellas.	144 35
Ozella.	4 zecchini.	48 11
Zecchino.	14 lire.	11 89
Ducat.	9 —	7 50
Doppia.	23 —	19

			fr.	c.
Souverain.	40 —		35	15
Demi-souverain.	20 —		17	56
Double-Napoléone.	46 —		40	»
Napoléone.	26 —		20	»
Argent. — Ecu.	6 lire..		5	22
Lire.	100 centimes..		»	87

On peut également échanger dans les bureaux des changeurs tout billet de banque ou d'État ayant cours, à l'instar des billets de la Banque de France, qui sont de 100 francs, de 200 francs, de 500 ou de 1000 francs, et qui sont reçus partout pour leur valeur nominale intégrale, comme si c'était du numéraire.

Bureaux des changeurs. — ARTHUR WILLIAM ET COMP., 236, rue de Rivoli; CERF, galerie de Valois, Palais-Royal; CHENE FRÈRES, galerie Montpensier, Palais-Royal; CHAIGNEAU, 32, rue de la Paix; HENRY COHEN ET COMP., 13, rue de Rougemont; ECKHOUT ET NEUSTADT, 5, boulevard des Italiens; ESPIR, RODRIGUES ET HAIM, 11, passage des Princes; GENÉTREAU, 39, rue Laffite; GRAVERAND ET COMP., 1, boulevard des Capucines; GEORGES HARPER, 28, avenue des Champs-Élysées; A. LÉON, 17, boulevard des Italiens; LÉON AINÉ, 38, rue Vivienne; FÉLIX LÉVY, galerie Montpensier, Palais-Royal; LÉVY DELPUGET, galerie de Nemours, Palais-Royal; MAYER ET FILS, 235, rue Saint-Honoré; MEYER ET CAHN, 18, rue Vivienne; MONTEAUX ET FILS, galerie Montpensier, Palais-Royal; MONTEAUX ET LUNEL, 17, boulevard Montmartre; NODÉ-LANGLOIS, galerie Montpensier, Palais-Royal; CHARLES OCHSÉ, 22, rue Vivienne; HENRI OCHSÉ, 32, rue Vivienne; PEZARD, galerie Beaujolais, Palais-Royal; ARTHUR JOHN ET COMP., 10, rue Castiglione; SOIVE, 14, rue Castiglione; SPIELMANN ET COMP., 26, rue Vivienne; STEFFEN, passage des Panoramas; VERMOREL, 30, rue Taitbout; VILLEMAIN ET COMP., 27, rue Vivienne; WEB, 220, rue de Rivoli; WEISMANN ET SEELIGMANN, 114, rue de Rivoli.

PETIT DICTIONNAIRE.

Principales maisons de banque.

ROTHSCHILD FRÈRES, 21, rue Laffite.

Béchet, Dethomas et comp., 17, boulevard Poissonnière.
Bischoffsheim, Goldschmidt et comp., 26, rue de la Chaussée-d'Antin.
De Abaroa et Uribarren, 102, rue Richelieu.
Donon, Aubry, Gauthier et comp., 14, rue de la Victoire.
Erlanger et comp., 21, rue de la Chaussée-d'Antin.
Benoit Fould et comp., 22, rue Bergère.
Hottinguer et comp., 17, rue Bergère.
Léopold Kœnigswarter, 34, rue de Provence.
Charles Laffitte et comp., 48 bis, rue Basse-du-Rempart.
Lécuyer et comp., 17, rue de la Banque.
Jacques Lefèvre et comp., 60, rue du Faubourg-Poissonnière.
Lehideux et comp., 16, rue de la Banque.
Mallet frères et comp., 57, rue d'Anjou-Saint-Honoré.
Oppermann, 2, rue Saint-Georges.
Périer frères, 6, rue Royale-Saint-Honoré.
Pillet-Will et comp., 70, rue de la Chaussée d'Antin.
Rougemont de Lowenberg, 60, rue de la Victoire.
Seillière, 70, rue de Provence.

Cercles.

Les principaux cercles sont : l'Ancien Cercle, 16, boulevard Montmartre; le Cercle Agricole, 6, rue de Beaune, et 29, quai Voltaire; le Cercle des chemins de fer, 22, rue de la Michodière, et 29, boulevard des Italiens; le Cercle des Arts, 22, rue de Choiseul; le Cercle du Commerce et de l'Industrie, 14 bis, boulevard Poissonnière; le Cercle des États-Unis, 16, rue Lepeletier; le Cercle Impérial, 5, rue des Champs-Élysées; le Jockey-Club, déjà cité, 30, rue de Grammont; le Cercle de la Librairie, de l'Imprimerie et de la Papeterie, 1, rue Bonaparte; le Cercle des Sociétés savantes, 3, quai Malaquais; le Cercle de la Rue-Royale, 1, rue Royale-Saint-Honoré, et 4, place de la Concorde; le Cercle de l'Union artistique, 13, rue de Grammont; le Cercle de l'Union, 11, boulevard de la Madeleine.

GRAND-ORIENT DE FRANCE, 16, rue Cadet; SUPRÊME-CONSEIL DE FRANCE, du rite écossais, 46, rue de la Victoire; ORDRE ORIENTAL DU MIS RAÏM ou RITE DE MEMPHIS, 35, rue de Grenelle-Saint-Honoré.

On trouve dans les principaux passages, au Palais-Royal, au Champs-Élysées et dans tous les jardins publics, des cabinets inodores. On ne peut acheter des cigares que dans les bureaux de la régie; ils sont très-nombreux; une lanterne rouge les désigne de loin à l'attention des fumeurs. Quelques bureaux de tabac reçoivent également en dépôt du papier timbré soit pour actes sous-seing privé, soit pour billets à ordre, mandats et lettres de change.

Salons littéraires.

Passage Jouffroy.
Passage de l'Opéra.
Passage des Panoramas.
Passage Vivienne.

On lit les journaux et on fait ses correspondances dans tous les salons littéraires.

Mont-de-Piété.

Établissement principal, 7, rue Paradis au Marais.
Première succursale, 16, rue Bonaparte.
Deuxième succursale, rue des Amandiers.

BUREAUX AUXILIAIRES.

A, rue Joubert, 52.
B, rue des Fossés-St-Jacques, 11.
C, rue du Faubourg-Montmartre, 57.
D, rue de l'Échiquier, 6.
E, rue des Fossés-du-Temple, 42.
F, rue du Faubourg-St-Antoine, 49.
G, rue des Prêtres-St-Séverin, 2.
H, rue du Vieux-Colombier, 31.
J, rue de Penthièvre, 34.
K, rue Saint-Honoré, 181.
L, rue de Richelieu, 47.
M, rue du Mail, 34.
N, rue des Vieilles-Étuves-St-Honoré, 16.
O, rue Saint-Denis, 173.
P, rue du Vertbois, 39.
R, rue du Faub.-St-Martin, 122 et 124.
S, rue du Faubourg-du-Temple, 50.
T, Grande-Rue, 54 (Batignolles).
U, rue de Buffon, 69.
V, rues Trois-Frères, 5 (Vaugirard).

Gares.

On compte aujourd'hui dans Paris six grandes gares et deux petites gares, savoir : la gare des chemins de fer de l'Ouest de la rive droite, rue Saint-Lazare, 124, et rue d'Amsterdam, 9 ; la gare des chemins de fer de l'Ouest de la rive gauche, boulevard Montparnasse, 44 ; la gare des chemins de fer d'Orléans et du Midi, boulevard de l'Hôpital, 7 ; la gare des chemins de fer de Paris à Lyon et à la Méditerranée, boulevard Mazas ; la gare des chemins de fer de l'Est, place de Strasbourg ; la gare des chemins de fer du Nord, place Roubaix ; puis, la gare de la petite ligne de Paris à Vincennes, place de la Bastille, et la gare de la petite ligne de Sceaux et d'Orsay, à l'ancienne barrière d'Enfer.

Il existe aussi, dans l'intérieur de Paris, un chemin de fer de petite étendue, celui de Paris à l'ancien Auteuil, par l'ancien Passy, que l'on prend rue Saint-Lazare, 124, à la gare de l'Ouest de la rive droite. J'ai déjà signalé l'existence du chemin de fer de ceinture. Ce chemin de fer doit ainsi que je l'ai dit, se relier à toutes les grandes gares. Il a quatorze stations, savoir : huit sur la rive droite et six sur la rive gauche. Les premières sont les stations de Batignolles-Clichy, de la Chapelle-Saint-Denis, de Belleville-la-Villette, de Ménilmontant, de Charonne, de Vincennes, de Bercy et du Point-du-Jour ; les secondes sont celles de Vaugirard, du chemin de l'Ouest, de Montrouge, de Gentilly, de la Maison-Blanche et d'Orléans.

DIVERTISSEMENTS PUBLICS.

THÉATRES ET SPECTACLES.

Tous les théâtres ont deux prix, le prix des places prises au bureau, le soir, à l'ouverture, un peu avant le commencement du spectacle ; le prix des places louées à l'avance, dans la journée, de onze heures du matin à cinq heures du soir. Dans le premier cas, après avoir pris son billet d'entrée, on est tenu d'accepter les places restées libres. Dans le second cas, on a la faculté de se faire montrer le plan de la salle qui se trouve au bureau de location et de savoir d'avance quelle loge, quel fauteuil ou qu'elle stalle on occupera. On choisit alors, parmi les places qui ne sont pas encore louées, celles qu'on juge les meilleures pour voir et pour entendre, relativement au prix qu'on y veut mettre.

A l'exception du Grand Opéra et du théâtre Italien, tous les théâtres jouent tous les jours ; toutefois l'Odéon et le Théâtre-Lyrique, sont fermés du 1ᵉʳ juin au 1ᵉʳ septembre.

Voici le prix de chaque place, prise au bureau, le soir, avant l'ouverture du théâtre. On saura, lorsqu'on voudra louer des places à l'avance, qu'on devra ajouter à ce prix 1 fr., 2 fr. ou même 3 francs.

Théâtre impérial de l'Opéra, rue Lepeletier.

Représentations les lundi, mercredi et vendredi. En hiver, on donne quelquefois des spectacles extraordinaires le dimanche.

Opéras et Ballets.

Avant-scène des premières	12 f. »	Deuxièmes loges de côté	7	»
Premières loges de face	12 »	Troisièmes loges de face	6	»
Fauteuils d'amphithéâtre	12 »	Parterre	5	»
Baignoires d'avant-scène	10 »	Troisièmes loges de côté	4	»
Fauteuils d'orchestre	10 »	Quatrièmes loges de face	4	»
Baignoires de la salle	8 »	Amphithéâtre des quatrièmes	2	50
Premières loges de côté	8 »	Quatrièmes loges de côté	2	50
Avant-scène des secondes	8 »	Cinquièmes loges de face	2	50
Secondes loges de face	8 »			

Théâtre-Français, rue Richelieu et place du Palais-Royal.

Tragédies, Drames et Comédies

Avant-scène du rez-de-chaussée	9 f. »	Fauteuils d'orchestre	5 f.	»
Loges de face du premier rang	9 »	Fauteuils de la première galerie	5	»
Loges du rez-de-chaussée	6 60			
Fauteuils de balcon	6 60	Fauteuils de la seconde galerie	2	50
Loges de côté du premier rang	6 60	Parterre	2	50
Loges de face du deuxième rang fermées	5 »	Troisième galerie	1	50
Loges de face du deuxième rang découvertes	5 »	Amphithéâtre de la troisième galerie	1	»

Théâtre Italien, place Ventadour.

Représentations les mardi, jeudi et samedi. En hiver, on donne quelquefois des spectacles extraordinaires le dimanche.

Stalles d'orchestre	11 f. »	Stalles de balcon	11	»

GUIDE PRATIQUE. — INFORMATIONS DIVERSES. 177

Baignoires.......... 11 »	Troisièmes loges de face...	5 »
Premières loges découvertes ou fermées........ 11 »	Troisième galerie......	5 »
	Troisièmes loges fermées...	5 »
Secondes loges découvertes.. 9 »	Parterre..........	5 »
Secondes loges de face fermées. 9 »	Quatrièmes loges.......	5 50
Secondes loges de côté fermées. 7 f. »		

Théâtre impérial de l'Opéra-Comique, place Boïeldieu.

Comédies mêlées de chant.

Avant-scène du rez-de-chaussée. 7 f. »	Deuxièmes loges de côté avec salon..........	5 f. »
Avant-scène des premières loges 7 »		
Premières loges avec salon... 7 »	Deuxièmes loges de côté sans salon..........	4 »
Fauteuils de balcon..... 6 50		
Fauteuils d'orchestre...... 6 »	Stalles d'orchestre......	4 »
Fauteuils de la première galerie............ 6 »	Deuxième galerie......	3 »
	Avant-scène de la deuxième galerie...........	5 »
Baignoires.......... 6 »		
Premières loges sans salon.. 6 »	Parterre...........	2 50
Secondes loges de face avec salon........... 6 »	Troisièmes loges de la deuxième galerie de face...	2 »
Avant-scène des secondes loges............ 5 »	Troisièmes loges de la deuxième galerie de côté....	1 50
Deuxièmes loges de face sans salon............ 5 »	Quatrièmes loges.......	1 50
	Amphithéâtre.........	1 »

Théâtre impérial de l'Odéon, place de l'Odéon.

Tragédies, Drames et Comédies.

Avant-scène des premières loges............ 7 f. »	Stalles d'orchestre.......	3 »
	Loges découvertes.......	3 »
Avant-scène du rez-de-chaussée 7 »	Avant-scène du deuxième rang.	2 50
Premières loges de face à salon. 6 »	Secondes loges........	2 »
Premières loges de face.... 5 f. »	Parterre...........	2 »
Fauteuils d'orchestre..... 4 »	Seconde galerie........	1 50
Fauteuils de première galerie. 3 50	Avant-scène des troisièmes..	1 »
Fauteuils de balcon..... 3 »	Troisième galerie......	1 »
Premières loges de côté.... 3 »	Amphithéâtre des troisièmes..	1 »
Baignoires.......... 3 »	Amphithéâtre des quatrièmes..	» 75

Théâtre-Lyrique, place du Châtelet.

Comédies mêlées de chant.

Baignoires d'avant-scène... 8 f. »	Avant-scène du rez-de-chaussée.	6 »
Avant-scène du premier balcon. 8 »	Baignoires..........	6 »

Fauteuils d'orchestre	6	»	Av.-scène du deuxième balcon.	3	»
Fauteuils du premier balcon	6	»	Fauteuils du deuxième balcon.	3	»
Premières loges à salon	6	»	Stalles de face	2	50
Avant-scène des secondes loges	5	»	Parterre	2	50
Secondes loges à salon	5	»	Stalles de côté	2	»
Pourtour	4 f.	»	Amphithéâtre	1	»

Théâtre impérial du Châtelet, place du Châtelet.

Féeries, Pièces militaires, Ballets.

Loges de balcon	6 f.	»	Pourtour	3 f.	»
Fauteuils de balcon et d'orchestre	5	»	Premier amphithéâtre	5	»
			Parterre	2	»
Stalles d'orchestre et baignoires	4	»	Deuxième amphithéâtre	1	»
Stalles de galerie	5	»	Troisième amphithéâtre	»	75

Théâtre de la Porte Saint-Martin, boulevard Saint-Martin.

Drames et Féeries.

Avant-scène du rez-de-chaussée	6 f.	»	Fauteuils d'orchestre	4 f.	»
Avant-scène du balcon	6	»	Stalles d'orchestre	3	»
Avant-scène de la première galerie	5	»	Stalles de la seconde galerie	2	50
			Deuxièmes loges de côté	2	50
Première loge de face	5	»	Stalles des troisièmes	2	»
Première loge de balcon	5	»	Parterre	1	50
Baignoires	5	»	Galerie des secondes	1	50
Loges du pourtour	5	»	Avant-scène des secondes	1	50
Fauteuils de balcon	5	»	Seconde galerie	1	»
Loges de face de la seconde galerie	4	»	Amphithéâtre	»	50

Théâtre du Gymnase-Dramatique, boulevard Bonne-Nouvelle, 38.

Comédies et Vaudevilles.

Avant-scène	6 f.	»	Amphithéâtre des secondes loges	2	50
Loges d'entre-sol	6	»			
Premières loges	6	»	Avant-scène des secondes loges	2	50
Fauteuils de balcon	6	»	Parterre	2	»
Fauteuils d'orchestre	5	»	Troisièmes loges	2	»
Baignoires	4	»	Quatrièmes loges	1	25
Deuxièmes loges de face	4	»	Deuxième galerie	1	»
Deuxièmes loges de côté	3	»			

Théâtre du Vaudeville, rue Vivienne, 20, place de la Bourse.

Comédies et Vaudevilles.

Avant-scène du rez-de-chaussée	8 f.	»	Avant-scène des troisièmes.	3 f.	»
Avant-scène des premières...	8	»	Deuxièmes loges de côté...	4	»
Baignoires de face à salon...	8	»	Troisièmes loges de face...	2	50
Premières loges de face..	7	50	Stalles du balcon des troisièmes		
Premières loges de côté...	7	50	loges de face.	2	50
Avant-scène des deuxièmes...	6	»	Troisièmes loges de côté...	2	»
Fauteuils d'orchestre.	6	»	Stalles de balcon des troisièmes		
Fauteuils de la première galerie	6	»	loges..	2	»
Baignoires de face.	6	»	Parterre.	2	»
Baignoires découvertes de côté.	5	»	Troisième galerie.	1	»
Deuxièmes loges de face...	5	»			

Théâtre de l'Ambigu-Comique, boulevard Saint-Martin.

Drames et Féeries.

Avant-scène du rez-de-chaussée	6 f.	»	Baignoires.	2 f.	50
Avant-scène des premières...	6	»	Secondes loges de face...	2	50
Loges des premières de face à salon..	6	»	Fauteuils des deuxièmes, premier rang.	2	50
Fauteuils des premières, premier rang.	4	»	Stalles des deuxièmes.	2	»
			Stalles de pourtour.	2	»
Fauteuils d'orchestre.	4	»	Deuxièmes galeries.	1	50
Loges des premières découvertes.	4	»	Avant-scène des troisièmes...	1	50
			Avant-scène des quatrièmes..	1	25
Fauteuils des premières.	3	»	Parterre.	1	25
Stalles d'orchestre.	3	»	Troisième galerie.	1	»
Fauteuils du pourtour.	3	»	Quatrième galerie.	»	50
Avant-scène des deuxièmes.	2	50			

Théâtre de la Gaîté, square des Arts-et-Métiers.

Drames, Vaudevilles et Féeries.

Avant-scène du rez-de-chaussée.	6	»	Stalles d'orchestre.	3	»
Avant-scène des premières...	6	»	Stalles de la deuxième galerie.	2	50
Premières loges.	6	»	Avant-scène de la 3ᵉ galerie.	2	»
Fauteuils d'orchestre.	5	»	Parterre.	1	50
Fauteuils de la galerie.	5	»	Amphithéâtre de la 3ᵉ galerie.	1	25
Baignoires.	4	»	Stalles du quatrième amphithéâtre.	1	»
Avant-scène de la 2ᵉ galerie.	3	»	Quatrième amphithéâtre...	»	50
Fauteuils de la 2ᵉ galerie.	3	»			

Théâtre des Variétés, boulevard Montmartre, 7.

Comédies mêlées de chant, Vaudevilles.

Avant-scène des premières	6 f. »	Deuxièmes avant-scènes	3 f. »
Avant-scène du rez-de-chaussée	6 »	Deuxièmes loges de côté	2 50
Baignoires	6 »	Pourtour	2 50
Premières loges	5 »	Parterre	2 »
Fauteuils de balcon	5 »	Galerie des troisièmes	2 »
Stalles de la première galerie	5 »	Troisièmes loges	2 »
Fauteuils d'orchestre	5 »	Balcon du troisième	1 50
Deuxièmes loges de face	4 »	Premier amphithéâtre	1 50
Loges intermédiaires	3 »	Deuxième amphithéâtre	1 »

Théâtre du Palais-Royal, au Palais-Royal, péristyle Joinville, 74 et 75.

Vaudevilles.

Avant-scène	6 f. »	Baignoires de face et de côté	4 »
Premières loges de face	5 »	Stalles de balcon des deuxièmes	4 »
Premières loges de côté	5 »	Loges de côté des deuxièmes	3 »
Fauteuils de balcon	5 »	Pourtour du rez-de-chaussée	3 »
Fauteuils d'orchestre	5 »	Avant-scène des troisièmes	2 50
Fauteuils de première galerie	5 »	Loges des troisièmes	2 »
Avant-scène des deuxièmes	4 »	Stalles des troisièmes galeries	2 »
Deuxièmes loges de face	4 »	Parterre	2 »

Théâtre des Bouffes-Parisiens, passage Choiseul et rue Monsigny.

Opérettes, Bouffes.

Avant-scène du rez-de-chaussée	5 f. »	Premières loges de face	5 f. »
Avant-scène de la première galerie	5 »	Premières loges de côté	5 »
		Loges de la deuxième galerie	3 »
Fauteuils d'orchestre	5 »	Stalles d'orchestre	2 50
Fauteuils de première galerie	5 »	Stalles de la deuxième galerie	2 »
		Deuxième galerie	1 »

Théâtre Déjazet, boulevard du Temple, 41.

Chants et Pantomimes.

Avant-scène du rez-de-chaussée	5 f. »	Loges des premières de face à galerie	4 »
Avant-scène des premières	4 »		

GUIDE PRATIQUE. — INFORMATIONS DIVERSES.

Loges du rez-de-chaussée... 3 f. »	Orchestre............	1 f. 50
Fauteuils d'orchestre..... 3 50	Stalles des deuxièmes....	1 50
Fauteuils de balcon..... 3 50	Deuxièmes de face.......	1 »
Stalles du rez-de-chaussée... 2 50	Parterre............	1 »
Loges des premières de côté.. 2 50	Deuxièmes de côté......	» 75
Avant-scène des troisièmes.. 2 »		

Théâtre des Folies-Dramatiques, rue de Bondy, 40.

Drames et Vaudevilles.

Loges d'avant-scène du théâtre	Fauteuils de la galerie....	2 f. »
Rez-de-chaussée et premier 4 f. »	Stalles de balcon.......	1 50
Loges d'avant-scène, rez-de-	Loges d'avant-scène, troisième.	1 50
chaussée et premier.... 3 »	Avant-scène, quatrième...	1 25
Loges de la galerie, premier. 2 50	Stalles d'orchestre......	1 25
Loges d'avant-scène du théâtre.	Stalles de la galerie, deuxième	1 20
Deuxième........ 2 50	Parterre............	1 »
Loges d'avant-scène, deuxième 2 50	Deuxième galerie......	» 50
Baignoires du rez-de-chaussée. 2 50	Troisième galerie.......	» 30
Fauteuils d'orchestre..... 2 »	Quatrième galerie.......	» 25

Théâtre des Délassements-Comiques, rue de Provence, 26.

Vaudevilles.

Avant-scène du rez-de-chaus-	Loges de balcon.......	4 »
sée............. 6 f. »	Fauteuils de balcon.....	4 »
Avant-scène du premier étage. 6 »	Loges de face........	3 50
Baignoires......... 5 »	Stalles d'orchestre......	2 50
Fauteuils d'orchestre.... 5 »	Stalles de deuxième galerie..	1 50

Il reste en outre des salles qui sont aussi souvent fermées qu'ouvertes, qui ont rarement une troupe régulière et qui s'ouvrent, soit pour des spectacles d'été, soit pour des exercices d'élèves, soit pour des entreprises de circonstance, ou enfin qui sont surtout des théâtres de quartier.

On peut, enfin, ranger dans la catégorie des théâtres, les spectacles divers permanents et quotidiens dont la nomenclature va suivre.

Hippodrome, rond-point de l'avenue de Saint-Cloud. — *Exercices équestres, épisodes militaires.*

Les représentations ont lieu de 3 heures à 5 heures, seulement en été.

Premières......... 2 f. 50	Troisièmes.........	1 f. »
Secondes......... 1 50	Quatrièmes........	» 50

Cirque de l'Impératrice, aux Champs-Élysées, à droite près du rond-point. — *Exercices équestres.*

Ouvert seulement en été, de 8 à 10 heures du soir.

Premières.	2 f. 50	Deuxièmes.	1 f. »

Cirque Napoléon, boulevard des Filles-du-Calvaire. — *Exercices équestres.*

Ouvert seulement en hiver, de 8 à 10 heures du soir.

Premières.	2 f. »	Troisièmes.	» 50
Deuxièmes.	1 »		

Panorama national, aux Champs-Élysées, près du palais de l'Industrie. — *Effets d'optique, vue du siége de Sébastopol.*

Ouvert tous les jours de 10 à 5 heures.

Dans la semaine.	2 f. »	Le dimanche.	» 50

Soirées fantastiques de Robert-Houdin, boulevard des Italiens, 8. — *Tours de physique amusante et scènes de ventriloquie.*

Loges.	4 f. »	Galerie.	1 f. 50
Stalles.	3 »	Les enfants payent place entière.	

Théâtre Séraphin, boulevard Montmartre, passage Jouffroy, 12. — *Ombres chinoises et marionnettes.*

Loges.	2 f. »	Galerie.	1 f. »
Fauteuils.	1 50	Parterre.	» 75
Stalles.	1 25	Les enfants payent place entière.	

Théâtre Robin, boulevard du Temple, 49.

Loges de face.	4 f. »	Stalles.	2 f. »
Loges de balcon.	3 »	Galerie.	1 25
Fauteuils.	2 50	Amphithéâtre.	» 75

Il convient généralement de consulter, pour les théâtres, grands ou petits, de quelque genre qu'ils soient, les affiches du jour qu'on trouve dans tout Paris ; elles indiquent, à midi, au plus tard, la composition du spectacle et l'heure d'ouverture pour le soir.

Les divertissements publics appartenant à la catégorie des

théâtres et des spectacles de toutes classes et de toute nature qui précèdent sont, sinon toujours d'un ordre élevé, tout au moins d'un caractère toujours convenable. Les femmes de la meilleure compagnie aussi bien que les hommes du meilleur ton peuvent s'y montrer ouvertement, car le plus grand risque qu'on y court, c'est de s'y trouver, dans quelques-uns d'entre eux, mêlé à un public à peu près exclusivement populaire et d'y assister à des représentations de pièces plus gaies que littéraires. Il n'en est pas tout à fait de même des autres lieux de distraction, salles de concerts ou de bal, d'hiver ou d'été, avec ou sans jardin. En effet, à l'exception des concerts Besselièvre des Champs-Élysées, tous ces lieux ne peuvent être que des sujets d'études morales qu'un observateur doit connaître, sans doute, mais qu'on ne saurait conseiller de fréquenter d'habitude. Il en est plusieurs où les hommes du monde eux-mêmes font mieux de ne pas se fourvoyer ; à plus forte raison, les femmes de la société ne doivent-elles pas s'y montrer. Il en est quelques-uns aussi que l'on peut sans trop d'inconvénient, traverser une fois en passant, afin de s'en faire une idée générale.

Dans tous les cas, cette catégorie d'établissements appartient surtout au tableau des mœurs parisiennes et trouvera sa place naturelle dans le guide pittoresque, où les théâtres, les concerts et les bals seront passés en revue, en même temps que les courses, les jeux divers, les cafés chantants et les chasses.

MOYENS DE TRANSPORT.

Omnibus spéciaux des chemins de fer. — Les omnibus spéciaux des chemins de fer stationnent dans chaque gare aux heures d'arrivée des trains; ils transportent les voyageurs dans les différents quartiers de Paris qui se trouvent sur leurs parcours ; ils les déposent à domicile, s'ils le désirent, mais sans s'écarter de leur itinéraire.

Prix par voyageur, sur le parcours, avant minuit. . . . . 30 c
— à domicile. 50
— sur le parcours, après minuit. 60
— à domicile, après minuit. 80

Le prix de transport des bagages avant minuit est de 25 c. par chaque fraction de 30 kilogrammes ou au-dessous; après minuit, il est de 50 c. pour le même poids.

Les compagnies de chemins de fer ont, en outre, établi dans Paris diverses stations d'omnibus, pour amener, au prix ordinaire de 30 centimes, dans l'intérieur, aux gares, les voyageurs qui en sont éloignés.

Chemins de l'Ouest, *rive droite* (gare Saint-Lazare). — Prix : intérieur et impériale : 20 centimes. — Place de la Bourse. — Boulevard Bonne-Nouvelle. — Pointe Saint-Eustache. — Place Saint-André-des-Arts, 9. — Rue du Bouloi, 7 et 9. — Place du Palais-Royal, 2.

RIVE GAUCHE (gare Montparnasse). — Prix : intérieur, 30 centimes ; impériale, 20 centimes — Place de la Bourse. — Rue Saint-Martin. — Rue de Rivoli, 44. — Rue Royale-Saint-Honoré, 14. — Place Saint-André-des-Arts, 9. — Place du Palais-Royal, 2.

Chemins d'Orléans et du Midi. — Rue Saint-Honoré, 130. — Rue Notre-Dame-des-Victoires, 28. — Rue de Clichy, 19. — Rue Drouot, 4. — Rue du Temple, 190. — Rue du Bac, 121. — Place Saint-Sulpice, 6.

Chemin de fer de Lyon. — Prix, de 6 heures à minuit, avec 10 kil. de bagages : 30 centimes ; de 10 à 30 kilog., 60 cent.; au delà de 30 kilog. 1 centime par kilogramme en plus ; de minuit à 6 heures, 50 centimes et 1 fr., au lieu de 30 cent. et 60 cent. — Bureaux : rue Neuve-des-Mathurins, 44. — Rue Rossini, 1. — Rue Coq-Héron, 6. — Rue Bonaparte, 59. — Boulevard de Strasbourg, 5 et 7. — Rue Rambuteau, 6.

Chemin de fer du Nord. — Rue de Rivoli. — Hôtel du Louvre. — Rue de Rivoli, 228. — Hôtel Meurice. — Rue Saint-Martin. — Impasse de la Planchette. — Rue de l'Arcade, 17 et 19. — Rue Saint-Honoré, 211. — Rue Bonaparte, 59. — Boulevard de Sébastopol, 35. — Rue de Rivoli, 170, hôtel des Trois-Empereurs. — Place de la Bourse, 6. — Rue Charlot, 5.

Chemins de fer de Sceaux et d'Orsay. — Rue Drouot, 4. — Rue de Clichy, passant par la Bourse et la place des Victoires. — Place Saint-Sulpice, 6. — Rue Saint-Honoré, 130, par le pont Neuf.

Chemin de fer de l'Est. — Rue de Rivoli, 1. — Rue Saint-Martin, 326. — Place du Palais-de-Justice, 1. — Place Saint-Sulpice, 12,

Omnibus de famille des chemins de fer. — Les omnibus de famille sont à la disposition de ceux qui les prennent; ils conduisent les voyageurs où ceux-ci le désirent. Ils appartiennent aux compagnies ou aux entrepreneurs. On doit écrire, la veille, à la gare du chemin de fer d'arrivée, soit au chef de l'entreprise, soit au chef de gare.

TARIF DES OMNIBUS DE FAMILLE.

Nord, Est, Ouest. — Omnibus à 6 places, avec un seul cheval..... 5 fr.
— 14 places, avec deux chevaux..... 8

Franchise pour 100 kilog. de bagages ; au-dessus de ce poids, 1 c. par kilog.

Orléans. — 1° Omnibus à 7 places et à un cheval, par course :
De 1 à 3 voyageurs, dans les anciennes limites de Paris, avant minuit. 4 fr.
— hors des anciennes limites de Paris, — 5
— dans les anciennes limites de Paris, après minuit, 5
— hors des anciennes limites de Paris, — 6

Au-dessus de 3 voyageurs 50 cent. par place.

Franchise pour 150 kilog. de bagages ; au-dessus de ce poids, 1 c. par kilog.

2° Omnibus à 18 places et à deux chevaux, par course, quel que soit le nombre des voyageurs :
Dans les anciennes limites de Paris, avant minuit. 8 fr.; après minuit. 10 fr.
Hors des anciennes limites de Paris : — 10 — 12

Lyon. — Omnibus à 6 et 8 places :

Paris (anciennes limites).

DE 6 HEURES DU MATIN A MINUIT.	DE MINUIT A SIX HEURES DU MATIN.
De 1 à 3 voyageurs .... 3 fr.	De 1 à 3 voyageurs .... 4 fr.
Au-dessus de 3 voyageurs, par place 1	Au-dessus de 3 voyageurs, par place 1

Montmartre, La Chapelle, La Villette, Belleville, Ménilmontant, Bercy et Ivry.

DE 6 HEURES DU MATIN A MINUIT.	DE MINUIT A SIX HEURES DU MATIN.
De 1 à 3 voyageurs .... 4 fr.	De 1 à 3 voyageurs .... 5 fr.
Au-dessus de 3 voyageurs, par place 1	Au-dessus de 3 voyageurs, par place 1

Montrouge, les Ternes, Vaugirard, Grenelle, Neuilly, Auteuil, Passy et les Batignolles.

DE SIX HEURES DU MATIN A MINUIT.	DE MINUIT A SIX HEURES DU MATIN.
De 1 à 3 voyageurs .... 5 fr	De 1 à 3 voyageurs .... 6 fr.
Au-dessus de 3 voyageurs, par place 1	Au-dessus de 3 voyageurs, par place 1

Les voyageurs jouissent pour leurs bagages de la franchise suivante : de 1 à 3 places, 60 kilog.; — de 4 à 5 places, 100 kilog.; — de 6 à 8 places, 160 kil. — Au-dessus de ces poids, il est dû 1 c. par kilog.

Bureaux de ville des chemins de fer. — L'éloignement où se trouvent les gares de départ du centre de Paris ont déterminé les

Compagnies de chemins de fer à établir sur différents points des bureaux pour la réception et l'enregistrement des marchandises; ces bureaux reçoivent également les ordres pour l'enlèvement à domicile des colis de grande et petite vitesse. Les expéditions sont reçues aux bureaux suivants :

Pour les lignes de l'Ouest. — Rue des Quatre-Fils. — Rue de Bouloi, 7 et 9. — Rue Neuve-Bourg-l'Abbé, 9. — Place Saint-André-des-Arts, 9. — Place de la Bastille, bâtiment du chemin de Vincennes.

Pour les lignes d'Orléans et du Midi. — Rue Saint-Honoré, 130, et rue de Grenelle, 18. — Rue Notre-Dame-des-Victoires, 28. — Rue de Clichy, 19. — Rue Drouot, 4. — Rue du Temple, 190. — Rue du Bac, 121. — Place Saint-Sulpice, 6. — Boulevard Sébastopol (rive droite), 42. — Rue Coq-Héron, 17. — Rue de Chabrol, 53.

Pour les lignes de Lyon. — Rue Rambuteau, 6. — Rue Coq-Héron, 6. — Rue Bonaparte, 59. — Rue Neuve-des-Mathurins, 44. — Rue Rossini, 1. — Boulevard de Strasbourg, 5.

Pour les lignes de l'Est. — Rue du Bouloi, 7 et 9. — Boulevard Sébastopol, 42. — Place de la Bastille, gare de Vincennes. — Place Saint-Sulpice, 6.

Pour la ligne du Nord. — Rue du Bouloi, 21. — Boulevard Sébastopol (rive droite).

Omnibus de la Compagnie générale. — Un des moyens de locomotion les plus usités, ce sont les omnibus qui sont au nombre de 400. Ces voitures desservent 31 lignes différentes, qui sillonnent Paris dans tous les sens, de 8 heures du matin à 11 heures du soir, au moins, et qui prennent 30 centimes, dans l'intérieur et 15 centimes sur l'impériale, par chaque personne. Ces lignes correspondent généralement entre elles. On a droit, dans l'intérieur, à une correspondance pour le même prix. On doit avoir soin, en payant, de demander au conducteur un bulletin de correspondance.

On paye place entière pour les enfants au-dessus de quatre ans; on peut tenir sur ses genoux les enfants au-dessous de cet âge et ne rien payer pour eux.

Les soldats et sous-officiers français ne payent que demi-place, lorsqu'ils sont en uniforme.

Les personnes qui n'ont pas une grande habitude de ce genre de voitures, doivent, pour éviter toute erreur, désigner au conducteur, avant d'entrer dans l'omnibus, le point de Paris où elles désirent se rendre. Elles doivent également s'informer du bureau où il faut qu'elles descendent pour prendre l'omnibus de correspondance.

Sur plusieurs lignes on renvoie de bureau à bureau pour changer de voiture. Sur ces lignes, on doit avoir soin de se faire donner un cachet que l'on garde avec son bulletin de correspondance, jusqu'au moment où il est réclamé par le contrôleur, avant le départ du nouvel omnibus dans lequel on est entré.

Lorsqu'on prend l'omnibus de correspondance au bureau même où on descend et qu'on l'attend à ce bureau, il convient de se hâter de réclamer un numéro d'ordre.

Dans tous les cas, on ne saurait trop se renseigner, soit auprès des contrôleurs de bureaux, soit auprès des conducteurs d'omnibus, afin de ne pas s'exposer à payer deux fois, et surtout à se tromper de ligne.

Néanmoins toute personne qui voudra étudier le dictionnaire et l'itinéraire qui suivent pourra aisément se diriger elle-même. En premier lieu, chaque ligne spéciale est indiquée sur chacune des voitures qui la desservent par les lettres de l'alphabet qu'elle porte et la couleur de ses lanternes. On n'a donc, lorsqu'on sait quelles sont ces lettres et quelle est cette couleur, qu'à examiner les omnibus qui passent pour savoir si celui qu'on aperçoit est bien celui qu'on attend. L'itinéraire général donne ces deux natures de renseignements, et désigne, en outre, le point de départ et le point d'arrivée.

En second lieu, lorsqu'on veut se rendre sur un point quelconque de Paris, il suffit de consulter ce dictionnaire des voies parcourues ou traversées par une des trente et une lignes d'omnibus, pour s'assurer que l'une d'elles, au moins, le dessert et savoir quelle est celle que l'on doit choisir.

Enfin, les itinéraires spéciaux aident à connaître dans ses détails le parcours particulier de chacune de ces trente et une lignes et les bureaux où s'opèrent les changements de voitures par correspondance ; ces bureaux y sont indiqués par des lettres majuscules.

ITINÉRAIRE GÉNÉRAL.

Lettres de la voiture.	Point de départ.	Point d'arrivée.	Couleur des lanternes.
A.	Auteuil.	Palais-Royal.	jaune.
AB.	Passy.	Bourse.	verte.
AC.	Petite Villette.	Cours-la-Reine.	verte.
AD.	Chateau-d'Eau.	Pont de l'Alma.	verte.
AE.	Vincennes.	Arts-et-Métiers.	verte.
AF.	Place du Panthéon.	Parc Monceaux.	verte.
AG.	Montrouge.	Chemin de l'Est.	brun foncé.
B.	Chaillot.	Saint-Laurent.	jaune.
C.	Courbevoie.	Louvre.	jaune.
D.	Ternes.	Boul. des Filles-du-Calv.	jaune.
E.	Bastille.	Madeleine.	jaune.
F.	Bastille.	Monceaux.	brun foncé.
G.	Batignolles.	Jardin des Plantes.	brun clair.
H.	Clichy.	Odéon.	jaune.
I.	Montmartre.	Place Maubert.	verte.
J.	Barrière Pigalle.	Rue de la Glacière.	jaune.
K.	La Chapelle.	Collége de France.	jaune.
L.	La Villette.	Saint-Sulpice.	jaune.
M.	Belleville.	Ternes.	jaune.
N.	Belleville.	Place des Victoires.	verte.
O.	Ménilmontant.	Chaussée du Maine.	verte.
P.	Charonne.	Barrière Fontainebleau.	jaune.
Q.	Trône.	Palais-Royal.	jaune.
R.	Charenton.	Faubourg Saint-Honoré.	verte.
S.	Bercy.	Louvre.	jaune.
T.	Gare d'Ivry.	Place Cadet.	jaune.
U.	Maison Blanche.	Pointe Saint-Eustache.	jaune.
V.	Barrière du Maine.	Chemin du Nord.	brun clair.
X.	Vaugirard.	Place du Havre.	jaune.
Y.	Grenelle.	Porte Saint-Martin.	brun clair.
Z.	Grenelle.	Bastille.	brun clair.

ITINÉRAIRES SPÉCIAUX.

Ligne A, allant d'Auteuil au Palais-Royal.

Place de l'Embarcadère. — Rue de la Fontaine. — Rue Boulainvilliers. — Grande-Rue de Passy. — Place de la Mairie (Passy); correspondance : **AB**. — Rue Benjamin-Delessert. — Rampe du Trocadéro. — Pont de l'Alma; corresp. : **AD**. — Quai de Billy. — Cours-la-Reine; corresp. : **AF, AC**. Voie ferrée. — Place de la Concorde. — Rue de Rivoli. — Place du Palais-Royal; corresp. : **D, H, G, Q, R, S, X, Y**.

Ligne AB, de Passy à la place de la Bourse.

Place de la Madeleine (Passy); correspondance : **A**. — Rue de la Pompe. — Avenue de Saint-Cloud. — Place de l'Étoile. — Boulevard Beaujon. — Rue du Faubourg-Saint-Honoré, 117; corresp. : **D, R**. — Rue Royale-Saint-Honoré, 15; corresp. : **B, AF, A, CR**. — Boulevard de la Madeleine, 27; corresp. : **E, F**. — Boulevard des Capucines. — Boulevard des Italiens, 5; correspond. : **H, E**. — Rue Vivienne. — Place de la Bourse, **F, I, V**.

Ligne AC, de la Petite-Villette au Cours-la-Reine.

Route d'Allemagne; correspondance : **M**. — Rue Lafayette; corresp. : **L**. — Rue de Dunkerque, 17; corresp. : **V, K**. — Rue Denain. — Rue du Faubourg-Poissonnière. — Rue Papillon, 2; corresp. : **V, T, B**. — Rue Richer. — Rue de Provence. — Rue de la Chaussée-d'Antin; corresp. : **G**. — Rue de la Paix. — Place Vendôme. — Rue Royale-Saint-Honoré, 15; corresp. : **AB, AF, B, D, R**. — Cours-la-Reine; corresp. : **A, AF**. Voie ferrée.

Ligne AD, du Château-d'Eau au Pont de l'Alma.

Château-d'Eau; correspondance : **E, N, AE**. — Rue du Temple. — Rue de Rivoli. — Place du Châtelet; corresp. : **AG, G, J, K, O, Q, R, S, U**. — Quai de la Mégisserie. — Place Dauphine; correspond. : **I, O, V**. — Rue de Buci. — Rue Jacob. — Rue de l'Université. — Rue de Bellechasse. — Rue Saint-Dominique. — Rue de Bourgogne ; correspond. : **AF, Y**. — Esplanade des Invalides. — Pont de l'Alma; corresp. : **A**. Voie ferrée.

Ligne AE, de Vincennes aux Arts-et-Métiers.

Avenue de Vincennes. — Place du Trône ; correspondance : **Q**. — Boulevard du Prince-Eugène. — Boulevard du Temple, 78 ; corresp. : **AD, N**. — Boulevard Saint-Martin. — Porte Saint-Martin; corresp. : **L, N, T, Y**. — Rue Saint-Martin. — Rue Neuve-Saint-Denis. — Boulevard Sébastopol. — Arts-et-Métiers; corresp. : **AG**.

Ligne AF, de la place du Panthéon au parc de Monceaux.

Place du Panthéon. — Rue Soufflot; correspondance : **J**. — Rue Monsieur-le-Prince. — Rue Saint-Sulpice. — Place Saint-Sulpice, 4 et 8; corresp. : **H, L, O, Z**. — Rue du Vieux-Colombier. — Rue de Grenelle-Saint-Germain, 4; corresp. : **V**. — Rue de Grenelle-Saint-Germain, 69; corresp. : **X, Z**. — Rue Bellechasse. — Rue Saint-Dominique. — Rue de Bourgogne; corresp. : **Y, AD**. — Pont de la Concorde. — Place de la Concorde. — Cours-la-Reine; corresp. : **A, AC**. — Voie ferrée. — Rue Royale-Saint-Honoré, 15; corresp. : **AB, AC, B, D, R**. — Place de la Madeleine; corresp. : **E, F**. — Boulevard Malesherbes. — Place Laborde. — Parc de Monceaux, corresp. : **M**.

Ligne AG, de Montrouge au chemin de fer de l'Est.

Grande route d'Orléans. — Rue d'Enfer. — Boulevard Sébastopol (rive gauche (corresp. : **Z**. — Place du Pont-Saint-Michel; corresp. : **I, J, L**. — Pont au Change. — Place du Châtelet; corresp. : **AD, G, J, K, O, Q, R, S, U**. — Boulevard de Sébastopol (rive droite); corresp. : **AE**. — Boulevard de Strasbourg ; corresp. : **B, L**.

Ligne B, de Chaillot à Saint-Laurent.

Rue de Chaillot. — Avenue des Champs-Élysées; corresp. : **C**. — Avenue et rue Matignon. — Rue du Faubourg-Saint-Honoré. — Rue Royale-Saint-Honoré; corresp. : **AB, AC, AF, D, R**. — Place de la Madeleine. — Boulevard de la Madeleine; corresp. : **E, F**. — Rue Tronchet. — Rue du Havre. — Place du Havre; correspond. : **F, X**. — Rue Saint-Lazare. — Rue Bourdaloue, 9, corresp. : **H, J**. — Rue Lamartine. — Place Cadet ; corresp. : **I, T**. — Rue Montholon. — Rue Papillon ; corresp. . **AC, T, V**. — Rue Paradis-Poissonnière. — Rue de la Fidélité. — Boulevard et rue de Strasbourg; corresp. : **AG, L**.

Ligne C, de Courbevoie au Louvre.

Avenue de Neuilly. — Place de l'Étoile. — Avenue des Champs-Élysées, 96; correspondance : **B**. — Place de la Concorde. — Rue de Rivoli. — Rue du Louvre; corresp. : **G, Q, R, S, V**.

Ligne D, des Ternes au boulevard des Filles-du-Calvaire.

Grande-Rue des Ternes. — Rue du Faubourg-Saint-Honoré, 117 ; correspondance : **AB, R**. — Rue Royale-Saint-Honoré, 15 ; corresp. : **AC, AF, B**. — Boulevard de la Madeleine; corresp. : **E, F**. — Rue Duphot. — Rue Saint-Honoré, 115; corresp. **A, G, H, Q, R, S, X, Y**. — Rue de la Monnaie. — Pointe Saint-Eustache; corresp. : **F, J, U**. — Montorgueil. — Rue Mauconseil. — Rue Saint-Denis. — Rue Greneta. — Rue Réaumur. — Rue Phélippeau. — Rue de Bretagne. — Rue des Filles-du-Calvaire. — Boulevard du Temple (cirque Napoléon); corresp. : **AE, E, O**.

Ligne E, de la Bastille à la Madeleine.

Boulevard Beaumarchais ; correspondance : **AE, F, P, Q, R, S, Z**. — Boulevard des Filles-du-Calvaire. — Boulevard du Temple. — Cirque Napoléon corresp. : **D, O**. — Boulevard du Temple; corresp. : **AD, N**. — Boulevard Saint-Martin. — Porte Saint-Martin; corresp. : **L, T, Y**. — Boulevard Saint-Denis. — Porte Saint-Denis ; corresp. : **K, N**. — Boulevard Bonne-Nouvelle. Boulevard Poissonnière. — Boulevard Montmartre. — Boulevard des Italiens: correspond. : **AB, H**. — Boulevard des Capucines. — Boulevard de la Madeleine; **AB, AF, E, F, D**.

Ligne F, de la Bastille à Monceaux.

Place de la Bastille; correspondance : **AE**, **E**, **P**, **Q**, **R**, **S**, **Z**. — Rue du Pas-de-la-Mule. — Rue Neuve-Sainte-Catherine. — Rue des Francs-Bourgeois. — Rue Paradis, au Marais. — Rue Rambuteau ; corresp : **T**. — Pointe Saint-Eustache; corresp. : **D**, **J**, **U**. — Rue Coquillière. — Rue Croix-des-Petits-Champs. — Rue de la Vrillière. — Rue Catinat ; corresp. : —**I**, **N**, **V**. Place des Victoires. — Rue des Filles-Saint-Thomas. — Place de la Bourse; corresp. : **AB**, **I**, **V**. — Rue Neuve-Saint-Augustin. — Boulevard des Capucines. — Boulevard de la Madeleine ; corresp. : **AB**, **AF**, **B**, **D**, **E**. — Rue Tronchet. — Rue de la Ferme-des-Mathurins. — Place du Havre; corresp. : **X**, **B**. — Rue Saint-Lazare. — Rue du Rocher. — Rue de Lévis. — Route d'Asnières.

Ligne G, des Batignolles au Jardin des Plantes.

Rue de l'Hôtel-de-Ville. — Boulevard de Clichy ; correspondance : **H**, **M**. - Rue de Clichy. — Rue Saint-Lazare. — Rue de la Chaussée-d'Antin ; corresp. : **AC**. — Rue Louis-le-Grand. — Rue du Port-Mahon. — Rue d'Antin. — Rue du Marché-Saint-Honoré. — Rue Saint-Honoré ; corresp. : **A**, **D**, **H**, **Q**, **R**, **X**, **Y**. — Place du Palais-Royal. — Rue de Rivoli. — Rue du Louvre; corresp. : **C**, **S**, **V**. — Place du Châtelet ; corresp. : **AG**, **AD**, **J**, **K**, **O**, **Q**, **R**, **S**, **U**. — Avenue Victoria. — Pont Notre-Dame. — Rue de la Cité. — Rue du Petit-Pont. — Place Maubert ; corresp. : **I**, **Z**. — Rue Galande. — Rue Saint-Victor. — Rue Cuvier. — Rue Fontaine-Cuvier ; corresp. : **U**.

Ligne H, de Clichy à l'Odéon.

Avenue de Clichy. — Rue de Paris. — Boulevard de Clichy ; correspondance **G**, **M**. — Rue Fontaine-Saint-Georges. — Rue Notre-Dame-de-Lorette. — Rue Bourdaloue ; corresp. : **J**, **B**. — Rue Laffite. — Boulevard des Italiens ; corresp. : **AB**, **E**. — Rue Richelieu. — Rue Saint-Honoré ; corresp. : **A**, **D**, **G**, **Q**, **R**, **S**, **X**, **Y**. — Place du Palais-Royal. — Rue de Rivoli. — Place du Carrousel. — Pont des Saints-Pères. — Rue des Saints-Pères. — Rue Taranne. — Rue du Dragon. — Rue de Grenelle-Saint-Germain ; corresp. : **V**, **Z**. — Rue du Vieux-Colombier. — Rue Saint-Sulpice. — Place Saint-Sulpice, 8 ; corresp. : **AF**, **L**, **O**, **Z**. — Rue de Tournon. — Rue de Vaugirard.

Ligne I, de Montmartre à la place Maubert.

Rue Marcadet. — Rue de Clignancourt. — Rue de Rochechouart. — Place Cadet; corresp. : **T**, **B**. — Rue Cadet. — Rue du Faubourg-Montmartre. — Boulevard Montmartre. — Rue Vivienne. — Place de la Bourse ; corresp. : **AB**, **F**, **V**. — Rue Neuve-des-Petits-Champs. — Rue Croix-des-Petits-Champs corresp. : **F**, **N**, **V**. — Rue Saint-Honoré. — Rue de l'Arbre-Sec ; corresp. : **D**. — Pont-Neuf. — Place Dauphine, corresp. : **AD**, **O**, **V**. — Quai des Orfèvres. — Pont et quai Saint-Michel. — Place Saint-Michel; corresp. : **AG**, **J**, **K**, **L**. — Quai Montebello. — Boulevard Sébastopol; corresp. : **T**, **U**, **Z**.

Ligne J, de la barrière Pigalle à la rue de la Glacière.

Barrière des Martyrs; correspondance : **M**. — Rue des Martyrs. — Rue Bourdaloue; corresp. : **H**, **B**. — Rue du Faubourg-Montmartre. — Rue Montmartre. — Pointe Saint-Eustache; corresp. : **D**, **F**, **U**. — Rue de la Tonnellerie. — Rue Saint-Honoré. — Rue Sainte-Opportune. — Rue des Halles centrales. — Place du Châtelet; corresp. : **AD**, **AG**, **G**, **K**, **O**, **Q**, **R**, **S**, **U**. — Pont au Change. — Boulevard de Sébastopol (rive gauche). — Pont et quai Saint-Michel. — Place Saint-Michel; corresp. : **AG**, **I**, **L**. — Boulevard de Sébastopol (rive gauche). — Rue des Écoles. — Rue de la Sorbonne. — Rue des Grès. — Rue Neuve-des-Poirées. — Rue Soufflot; corresp. : **AF**. — Rue du Faubourg-Saint-Jacques. — Boulevards de la Santé et de la Glacière.

Ligne K, de la Chapelle au Collége de France.

Grande-Rue de la Chapelle; correspondance : **M**. — Rue du Faubourg-Saint-Denis. — Rue de Dunkerque; corresp. : **AC**, **V**. — Rue de Saint-Quentin. — Porte Saint-Denis; corresp. : **E**, **N**, **T**. — Rue Saint-Denis. — Place du Châtelet; corresp. : **AD**, **AG**, **G**, **J**, **O**, **Q**, **R**, **S**, **U**. — Pont au Change. — Boulevard de Sébastopol (rive gauche). — Place du Pont-Saint-Michel; corresp. : **L**, **I**. — Boulevard de Sébastopol; corresp. : **Z**. — Rue des Écoles.

Ligne L, de la Villette à Saint-Sulpice.

Rue de Flandre. — Rue du Faubourg-Saint-Martin; correspondance : **AC**. — Rue de Strasbourg; corresp: **AG**, **B**. — Porte Saint-Martin; corresp. : **AE**, **E**, **N**, **T**, **Y**. — Rue Saint-Martin. — Pont Notre-Dame. — Rue de la Cité. — Rue du Petit-Pont. — Quai Saint-Michel. — Place Saint-Michel; corresp. : **AG**, **I**, **J**, **K**. — Rue Saint-André-des-Arts. — Rue de Buci. — Rue de Seine. — Rue Saint-Sulpice. — Place Saint-Sulpice; corresp. : **AF**, **H**, **O**, **Z**.

Ligne M, de Belleville aux Ternes.

Boulevard de Belleville. — Boulevard de la Chopinette. — Boulevard du Combat. — Boulevard de Pantin; correspondance : **AC**. — Boulevard de la Villette. — Boulevard des Vertus. — Boulevard Saint-Denis; corresp. : **K**. — Boulevard Rochechouart. — Boulevard des Martyrs; corresp : **J**. — Boulevard Montmartre. — Boulevard Clichy; corresp. : **G**, **H**. — Boulevard Monceaux. — Boulevard de Chartres. — Boulevard de Courcelles. — Boulevard de l'Étoile.

Ligne N, de Belleville à la place des Victoires.

Rue de Paris. — Rue du Faubourg-du-Temple. — Boulevard du Temple;

correspondance: **AD, AE, E**. — Rue de Bondy. — Porte Saint-Martin ; corresp. : **AE, L, T, Y**. — Boulevard Saint-Denis ; corresp. : **E, K, T**. — Rue Bourbon-Villeneuve. — Rue Neuve-Saint-Eustache. — Rue des Fossés-Montmartre. — Place des Victoires. — Rue Catinat ; corresp. : **F, I, V**.

Ligne O, de Ménilmontant à la Chaussée du Maine.

Rue de Ménilmontant. — Rue des Filles-du-Calvaire. — Boulevard des Filles-du-Calvaire ; correspondance : **AE, D, E**. — Rue Vieille-du-Temple. — Rue de Rivoli. — Rue des Deux-Portes-Saint-Jean ; corresp. : **T**. — Place du Châtelet ; corresp. : **AD, AG, G, J, K, Q, R, S, U**. — Quai de la Mégisserie. — Pont Neuf. — Place Dauphine ; corresp. : **AD, I, V**. — Rue Dauphine. — Rue de l'Ancienne-Comédie. — Carrefour de l'Odéon. — Rue Saint-Sulpice. — Place Saint-Sulpice ; corresp. : **AF, H, L, Z**. — Rue Bonaparte. — Rue de Vaugirard. — Rue de Rennes. — Rue de Montparnasse. — Boulevard de Montparnasse. — Rue de la Gaîté. — Chaussée-du-Maine.

Ligne P, de Charonne à la Barrière Fontainebleau.

Rue de Charonne. — Boulevard Fontarabie. — Père-Lachaise. — Rue de la Roquette. — Place de la Bastille ; correspondance : **AE, E, F, Q, R, S, Z**. — Boulevard Contrescarpe. — Pont d'Austerlitz. — Rue de la Gare ; corresp. : **T**. — Boulevard de l'Hôpital. — Barrière Fontainebleau ; corresp. : **U**.

Ligne Q, de la place du Trône au Palais-Royal.

Rue du Faubourg-Saint-Antoine. — Place du Trône ; correspondance : **AE** — Place de la Bastille ; corresp. : **E, F, P, R, S, Z**. — Rue Saint-Antoine. — Rue du Petit-Musc. — Quai des Célestins. — Quai Saint-Paul. — Quai des Ormes. — Quai de la Grève. — Pont Louis-Philippe ; corresp. : **T**. — Quai Pelletier. — Quai de Gèvres. — Place du Châtelet ; corresp. : **AD, AG, G, J, K, O, U**. — Rue de Rivoli. — Rue Saint-Denis. — Quai de la Mégisserie. — Quai de l'École. — Place du Louvre. — Rue du Louvre ; corresp. : **C, V**. — Rue de Rivoli. — Place du Palais-Royal ; corresp. : **A, D, G, H, R, X, Y**.

Ligne R, de Charenton à Saint-Philippe du Roule.

Rue de Charenton. — Place de la Bastille ; correspondance : **AE, E, F, P, Q, S, Z**. — Rue Saint-Antoine. — Rue de Rivoli. — Rue des Deux-Portes-Saint-Jean ; corresp. : **T**. — Rue de la Coutellerie. — Avenue Victoria. — Place du Châtelet ; corresp. : **AD, AG, G, J, K, O, U**. — Rue de Rivoli. — Rue du Louvre ; corresp. : **C, V, S**. — Rue Saint-Honoré ; corresp. : **A, D, G, H, Q, X, Y**. — Palais-Royal. — Rue de Rohan. —

Rue de Rivoli. — Rue Royale-Saint-Honoré; corresp. : **AB, AF, AC, B**. — Rue du Faubourg-Saint-Honoré; corresp. : **D, AB**.

Ligne S, de Bercy au Louvre.

Quai de Bercy. — Quai de la Râpée. — Boulevard Mazas. — Rue de Lyon. — Place de la Bastille; correspondance : **AE, E, F, P, Q, R, Z**. — Rue Saint-Antoine. — Rue de Rivoli. — Rue des Deux-Portes-Saint-Jean; corresp. : **T**. — Rue de la Coutellerie. — Avenue Victoria. — Place du Châtelet; corresp. : **AD, AG, G, J, K, O, U**. — Rue du Louvre; corresp.: **A, C, D, G, H, R, V**.

Ligne T, de la Gare d'Ivry à la place Cadet.

Quai de la gare d'Ivry. — Rue Jouffroy. — Rue de la Gare. — Place Walhubert. — Quai Saint-Bernard. — Quai de la Tournelle; correspondance : **U, Z**. — Pont de la Tournelle. — Rue des Deux-Ponts. — Quai des Ormes. — Rue du Pont-Louis-Philippe; corresp.: **Q**. — Rue de Rivoli. — Rue des Deux-Portes-Saint-Jean; corresp. : **O, R, S**. — Rue de la Verrerie. — Rue du Temple. — Rue de Rambuteau; corresp : **F**. — Rue Saint-Martin. — Porte Saint-Martin; corresp. : **AE, E, L, N, Y**. — Boulevard Saint-Denis. — Porte Saint-Denis; corresp. : **K, N**. — Rue du Faubourg-Saint-Denis. — Rue des Petites-Écuries. — Rue du Faubourg-Poissonnière; — Rue Bleue, corresp. : **A, C, B, V**. — Rue Cadet, corresp. : **B, I**.

Ligne U, de la Maison Blanche à la Pointe St-Eustache.

Grande route de Fontainebleau. — Rue Mouffetard. — Rue du Fer-à-Moulin. — Rue Geoffroy-Saint-Hilaire. — Rue Saint-Victor; corresp. : **G**. — Rue du Cardinal-Lemoine. — Quai de la Tournelle ; corresp. : **T, Z**. — Pont de l'Archevêché. — Quai Napoléon. — Rue d'Arcole. — Place de l'Hôtel-de-Ville. — Avenue Victoria. — Place du Châtelet; corresp.: **AD, AG, G, J, K, O, Q, R, S**. — Boulevard de Sébastopol. — Rue de Rivoli. — Rue des Halles-Centrales. — Pointe Saint-Eustache; corresp. : **D, F, J**.

Ligne V, ancienne Barrière du Maine au Chemin de fer du Nord.

Avenue du Maine. — Rue du Cherche-Midi. — Rue Sainte-Placide. — Rue de Sèvres; correspondance : **X**. — Rue de Grenelle; corresp. : **AF, H, Z**. — Rue du Dragon. — Rue Taranne. — Rue Sainte-Marguerite. — Rue Bonaparte. — Quai de l'Institut. — Quai Conti. — Pont Neuf. — Place Dauphine; corresp. : **AD, I, O**. — Quai de l'École. — Place du Louvre — Rue du Louvre; corresp. : **C, G, Q, R, S**. — Rue Saint-Honoré. — Rue Croix-des-Petits-Champs; corresp : **F, I, N**. — Place des Victoires. — Rue de la Feuillade. — Rue de la Banque. — Place de la Bourse; corresp. : **A, B, I, F**. — Rue Vivienne. —

Boulevard Montmartre. — Rue du Faubourg-Montmartre. — Rue Bergère. — Rue du Faubourg-Poissonnière. — Rue Papillon; corresp. : **AC**, **B**, **T**. — Rue et place Lafayette. — Rue Denain. — Place Roubaix. — Rue de Dunkerque ; corresp. : **AC**, **K**.

Ligne X, de Vaugirard à la place du Havre.

Grande-Rue de Vaugirard. — Rue du Parc. — Rue de l'École. — Rue de Sèvres ; correspondance : **V**. — Rue du Bac. — Rue de Grenelle-Saint-Germain, 169 ; corresp. : **AF**, **Z**. — Pont-Royal. — Place du Carrousel. — Place du Palais-Royal ; corresp. : **A**, **D**, **G**, **H**, **Q**, **R**, **Y**. — Rue Saint-Honoré. — Rue de Richelieu. — Rue Neuve-des-Petits-Champs. — Rue Neuve-des-Capucines. — Rue de Caumartin. — Rue Saint-Lazare. — Place du Havre ; corresp. : **B**, **F**.

Ligne Y, de Grenelle à la Porte Saint-Martin.

Avenue du Commerce. — Champ de Mars. — Avenue de La Motte-Piquet ; correspondance : **Z**. — Rue de l'Église. — Rue Saint-Dominique. — Rue de Bourgogne ; corresp. : **AF**, **AD**. — Rue du Bac. — Pont Royal. — Place du Palais-Royal ; corresp. : **A**, **D**, **G**, **H**, **Q**, **R**, **X**. — Rue Saint-Honoré. — Rue de Grenelle-Saint-Honoré. — Rue Jean-Jacques-Rousseau. — Rue Montmartre. — Boulevard Poissonnière. — Boulevard Bonne-Nouvelle. — Boulevard Saint-Denis. — Porte Saint-Martin ; corresp. : **AE**, **F**, **L**, **N**, **T**.

Ligne Z, de Grenelle à la Bastille.

Avenue de Lowendal. — Avenue de La Bourdonnaye. — Avenue de La Motte-Piquet ; correspondance : **Y**. — Rue de Grenelle-Saint-Germain, 69 ; corresp. : **A**, **F**, **X**. — Rue de Grenelle-Saint-Germain, 4 ; corresp : **H**, **V**. — Rue Bonaparte. — Rue Saint-Sulpice. — Place Saint-Sulpice ; corresp. : **AF**, **H**, **L**, **O**. — Rue de l'École-de-Médecine. — Boulevard de Sébastopol (rive gauche) ; corresp. : **AG**, **K**. — Boulevard Saint-Germain ; corresp. : **J**. — Rue de Poissy. — Pont de la Tournelle. — Quai de la Tournelle ; corresp. : **T**, **U**. — Rue des Deux-Ponts. — Pont Marie. — Rue des Nonnains-d'Hyères. — Rue de Fourcy. — Rue de Rivoli. — Rue Saint-Antoine. — Place de la Bastille ; corresp. : **AE**, **E**, **F**, **Q**, **P**, **R**, **S**.

On compte, indépendamment, des trente et une lignes d'omnibus ordinaires, une ligne d'omnibus sur rails dont le parcours, ayant son point de départ dans Paris, a son point d'arrivée hors de Paris et une correspondance extérieure de banlieue.

Omnibus sur rails (*Voitures vertes*), de la place de la Concorde à Boulogne et à Versailles.

ITINÉRAIRE.

Quai de la Conférence. — Quai de Billy. — Quai de Passy. — Route de Versailles. — Route de la Reine.

Cette ligne dessert directement les Champs-Élysées, le Champ de Mars, le bas de Passy et d'Auteuil, le Point-du-Jour, les ponts de Saint-Cloud et de Sèvres et la ville de Versailles.

Elle correspond en outre tous les jours, excepté les dimanches et fêtes, et moyennant un supplément de 15 centimes :

1° Pont de l'Alma, avec les lignes : — **A** d'Auteuil et de Passy au Palais-Royal. — **AD** du pont de l'Alma au Château-d'Eau.

2° Place de la Concorde, avec les lignes : — **A** d'Auteuil et de Passy au Palais-Royal. — **AF** de la barrière de la Glacière à la place Laborde. — **AC** des Champs-Élysées à la Petite-Villette.

Correspondance extérieure de banlieue. — La ligne D, qui va des Ternes au boulevard des Filles-du-Calvaire, se relie au parc de Neuilly par une voiture qu'on prend pour 10 centimes, et qui fait de 7 heures 1/2 du matin à minuit 15 minutes un service régulier d'heure en heure ; les départs ont lieu des Ternes toutes les heures ; ils ont lieu du parc de Neuilly toutes les demi-heures.

Voitures de Place. — Après les omnibus viennent les voitures de place, au nombre de 3,000 cabriolets et de 1,000 fiacres. On a toujours le droit d'exiger des cochers de ces voitures, lorsqu'elles stationnent sur les points de la voie publique qui leur sont désignés, de marcher, soit à la course, soit à l'heure, conformément au tarif réglementaire, qui varie selon l'heure de jour ou de nuit. Voici les divers tarifs de ces voitures :

INTÉRIEUR DE PARIS.

DE 6 HEURES DU MATIN EN ÉTÉ, ET DE 7 HEURES DU MATIN EN HIVER, A MINUIT 30 MINUTES.

La course n'excédant pas 15 minutes : Voitures à 4 places, 1 fr. 10 c. ; voitures à 2 places, 1 fr.

La course excédant 15 minutes : Voitures à 4 places, 1 fr. 50 c. ; voitures à 2 places, 1 fr. 40 c.

Le temps court à partir de la location de la voiture.

L'heure : Voitures à 4 places, 2 fr. ; voitures à 2 places, 1 fr. 90 c.

DE MINUIT 30 MINUTES A 6 HEURES DU MATIN EN ÉTÉ ET A 7 HEURES DU MATIN EN HIVER.

La course : Voitures à 4 places, 2 fr. 25 ; voitures à 2 places, 2 fr.
L'heure : Voitures à 4 places, 2 fr. 50 ; voitures à 2 places, 2 fr. 50.

Au delà des fortifications, de 6 heures du matin à 10 heures du soir (du 1er octobre au 31 mars), et à minuit en été (du 31 mars au 1er octobre), le prix de l'heure est uniformément fixé à 2 fr. 50 pour les voitures à 4 et à 2 places. Quand on partira de Paris, et qu'on quittera la voiture en dehors des fortifications, il sera dû, en outre, une indemnité de 1 fr. au cocher.

En outre, il existe un tarif spécial pour les voitures demandées à heure fixe : l'heure, de 1 heure à 5 heures du matin, voitures à 4 places, 5 fr. Voitures à 2 places, 4 fr. — De 5 heures à 6 heures en été et à 7 heures en hiver, l'heure, pour toutes les voitures, 3 fr. 50. — Le temps court à partir de l'arrivée de la voiture au domicile du voyageur.

Les bagages payeront sur toutes les voitures : un colis, 25 c.; pour deux colis, 50 c.; pour trois colis, 75 c.

Les bulletins que l'on remet aux voyageurs dans les voitures portent la recommandation suivante pour la sortie des théâtres :

Prendre de préférence une voiture aux lanternes de son quartier : *bleues :* Popincourt et Belleville. — *Jaunes :* Poissonnière et Montmartre. — *Rouges :* Champs-Élysées, Passy, Batignolles. — *Vertes :* Invalides, Observatoire.

La Compagnie impériale a des stations aux lieux suivants [1] :

1. Rue du Mont-Thabor.
    Avançage, rue de Luxembourg.
    Première réserve, rue Mondovi.
    Deuxième réserve, place de la Concorde, près la rue des Champs-Élysées.
2. Marché Saint-Honoré.
3. Place des Victoires.
4. Rue Neuve-des-Bons-Enfants.
    Avançage, rue Croix-des-Petits-Champs, le long de la Banque.
5. Place du Palais-Royal.
    Première réserve, place du Louvre.
    Deuxième réserve, quai du Louvre.
    Troisième réserve, rue Montpensier.
6. Rue de la Grande-Truanderie et rue du Cygne.
7. Quai des Orfévres.
8. Quai de la Mégisserie.
9. Boulevard des Italiens, Bains Chinois.
10. Boulevard des Capucines.
11. Boulevard des Italiens, près l'Opéra-Comique.

[1] Dressé d'après l'état officiel des voitures de la Compagnie impériale au 15 juin 1865.

12. Boulevard Montmartre.
    Avançage, au coin de la rue Montmartre
13. Place de la Bourse, côté nord.
    Première réserve, place de la Bourse et rue des Filles-Saint-Thomas.
    Deuxième réserve, rue Montmartre
14. Rue Rameau, place Richelieu.
    Réserve, rue des Moulins.
15. Place du Caire.
    Réserve, rue du Caire.
16. Boulevard Bonne-Nouvelle.
    Avançage, boulevard Bonne-Nouvelle.
17. Boulevard Saint-Denis.
18. Rue Réaumur.
    Première réserve, Place du marché Saint-Martin.
    Deuxième réserve, rue Conté.
19. Rue de Bretagne.
20. Rue des Quatre-Fils.
    Avançage, rue du Chaume.
21. Boulevard du Temple.
    Avançage, boulevard des Filles du Calvaire.
22. Quai des Ormes.
23. Rue Saint-Antoine, place Birague.
    Réserve, rue Payenne.
24. Quai de Gèvres.
25. Quai Pelletier.
26. Boulevard de l'Hôpital.
    Réserve, place Valhubert et quai Saint-Bernard.
27. Rue Geoffroy-Saint-Hilaire.
    Réserve, rue Cuvier.
28. Boulevard Saint-Germain, près les Thermes.
    Avançage, rue Soufflot.
29. Quai Montebello.
    Avançage, quai Saint-Bernard, près le pont de la Tournelle.
    Première réserve, place Maubert,
    Deuxième réserve, parvis Notre-Dame.
30. Odéon et Luxembourg, rue Nouvelle.
    Premier avançage, rue Voltaire.
    Deuxième avançage, rues de l'École-de-Médecine et Antoine-Dubois.
31. Quai Conti.
    Avançage, rue Mazarine.
32. Quai Malaquais.
    Avançage, quai Malaquais.
33. Place Saint-Sulpice.
    Réserve, rue Bonaparte.

34. Rue Taranne.
    Première réserve, rue Saint-Benoît.
    Deuxième réserve, rue Sainte-Marthe.
    Réserve, quai Voltaire.
35. Quai Voltaire.
36. Rue de Poitiers.
    Réserve, quai d'Orsay.
37. Rue de l'Université.
    Avançage, même rue, près la place du Palais-Bourbon.
    Réserve, quai d'Orsay.
38. Esplanade des Invalides.
    Avançage, boulevard des Invalides.
    Première réserve, rue d'Iéna.
    Deuxième réserve, rue Labourdonnaye.
39. Boulevard des Invalides, au coin de la rue de Sèvres.
    Avançage, avenue de Villars.
    Réserve, boulevard de Vaugirard.
40. Rue de Sèvres.
    Avançage, rue de Varennes.
41. Avenue des Champs-Élysées et Barrière de l'Étoile.
42. Boulevard Courcelles.
43. Rue du Faubourg-Saint-Honoré.
    Réserve, rue Rabelais.
44. Avenue d'Antin.
45. Place de la Madeleine, côté ouest.
    Avançage, rue Royale-Saint-Honoré.
    Première et deuxième réserves, boulevard Malesherbes.
46. Rue de Londres.
    Premier avançage, rue d'Amsterdam, porte de la gare de l'Ouest.
    Deuxième avançage, rue d'Amsterdam, au-dessus de la grille de sortie de la gare de l'Ouest.
    Troisième avançage, rue Saint-Lazare, au coin de la place du Havre.
    Réserve, rue Moncey.
47. Rue de Saint-Pétersbourg.
48. Boulevard de la Madeleine.
    Réserve, rues Boudreau et Trudon.
49. Ancienne barrière Rochechouart.
    Réserve, chaussée Clignancourt.
50. Place Bréda.
    Réserve, rue Laval.
51. Rue Olivier-Saint-Georges.
    Réserve, rue d'Aumale.
52. Rue Taitbout.
    Avançage, rue de Provence.

53. Rue de Trévise.
    Avançage, même rue, entre les maisons, nos 23 et 27.
    Réserve, rue Monthyon.
54. Boulevard Poissonnière.
    Avançage, même boulevard, au coin de la rue Montmartre.
55. Boulevard de Strasbourg.
    Réserve, rue du Château-d'Eau.
56. Rue Lafayette.
    Première et deuxième réserves, rue des Petits-Hôtels.
57. Rue du Faubourg-Saint-Denis.
    Avançage, rue de Dunkerque.
58. Ancienne barrière Saint-Denis, boulevard des Vertus.
59. Ancienne barrière de la Villette.
    Avançage, ancienne barrière de Pantin.
60. Rues de Metz, de Nancy et du faubourg Saint-Martin.
61. Boulevard Saint-Martin.
62. Boulevard et ancienne barrière de Belleville.
63. Ancienne barrière Ménilmontant.
64. Boulevard de la Contrescarpe.
    Avançage, boulevard Beaumarchais.
    Première réserve, quai Valmy.
    Deuxième réserve, place Royale.
65. Abbaye Saint-Antoine.
66. Place du Trône.
    Avançage, au coin de la rue Picpus.
67. Vincennes, cours de Vincennes.
68. Bercy, rue du Commerce.
69. Boulevard de la Râpée.
    Avançage, barrière de Bercy.
70. Chemin de fer de Lyon et rue de Lyon.
    Avançage, avenue du chemin de fer.
71. Quai de la gare d'Ivry.
72. Ancienne barrière Fontainebleau.
    Avançage, rue Mouffetard.
73. Route d'Italie.
    Réserve, route de Choisy (Gentilly).
74. Boulevard d'Enfer.
    Avançage, chemin de fer de Sceaux
    Réserve, rue de l'Ouest.
75. Chaussée du Maine.
76. Chemin de fer de l'Ouest, boulevard Montparnasse
    Réserve, avenue du Maine.
77. Ancienne barrière de l'École militaire.
    Réserve, boulevard Meudon.
78. Grenelle, rue Mademoiselle.

79. Rue Groult-d'Arcy.
80. Grande-Rue d'Auteuil.
    Réserve, rue Magenta.
81. Chaussée de la Muette.
    Avançage, rue Vital.
82. Avenue de la porte Maillot.
    Réserve, avenue des Ternes.
83. Porte dauphine, route militaire, à l'angle de l'avenue de l'Impératrice.
    Avançage, route militaire, près de la station du chemin de fer.
84. Rue Benjamin-Delessert.
85. Rue d'Orléans, aux Batignolles.
    Avançage, avenue de Clichy.
86. Rue de l'Abbaye-Montmartre.
    Avançage, boulevard Rochechouart.
87. La Chapelle, Grande-Rue, près la Mairie.
    Réserve, rue Doudeauville.
88. La Villette, rue de Bordeaux.
89. Belleville, rue de l'Eglise.
90. Barrière d'Aulnay.
91. Charonne, rue de Bagnolet.

STATIONS DES CHEMINS DE FER.

26. Chemin de fer d'Orléans.	64. Chemin de fer de Vincennes.
46. — de Rouen.	70. — de Lyon.
57. — du Nord.	74. — de Sceaux.
60. — de l'Est.	76. — de l'Ouest.

Voitures sous remises. — Indépendamment des places où se tiennent les voitures qui stationnent en plein air, il existe dans Paris un grand nombre de stations couvertes où on trouve des voitures d'une meilleure apparence et d'un prix plus élevé. Voici le tarif, également réglementaire, de ces voitures qui conduisent avec plus de rapidité que les voitures de place, et qui sont au nombre de 1,800 :

TARIF POUR L'INTÉRIEUR DE PARIS.

DE 6 HEURES DU MATIN EN ÉTÉ, ET DE 7 HEURES DU MATIN EN HIVER, A MINUIT
30 MINUTES.

La course n'excédant pas 15 minutes......... 1 fr. 50 c.
La course excédant 15 minutes............. 2   »
L'heure................................ 2   25

DE MINUIT 30 MINUTES A 6 HEURES DU MATIN EN ÉTÉ, ET A 7 HEURES DU MATIN EN HIVER.

La course. . . . . 2 fr. 50 c.
L'heure. . . . . 3 »

Le temps de la course n'excédant pas 15 minutes, compte de la location de la voiture.

VOITURES DEMANDÉES A HEURE FIXE.

DE 1 HEURE A 5 HEURES DU MATIN.

L'heure.. . . . . 5 fr.

DE 5 HEURES A 6 HEURES DU MATIN EN ÉTÉ, ET A 7 HEURES DU MATIN EN HIVER.

L'heure. . . . . 4 fr.

Pour les voitures demandées à heure fixe, la nuit, le temps court de l'arrivée de la voiture au domicile du voyageur.

TARIF EN DEHORS DES FORTIFICATIONS.

DE 6 HEURES DU MATIN A 10 HEURES DU SOIR EN HIVER, ET A MINUIT EN ÉTÉ.

L'heure. . . . . 3 fr.

L'heure, sans indemnité, quand les voyageurs rentreront à Paris avec la voiture. Quand les voyageurs quitteront la voiture hors des fortifications, 1 fr. pour indemnité de retour.

Bagages. — 1 colis, 25 cent. — 2 colis, 50 cent. Au-dessus de 2 colis, 75 cent.

On trouve des voitures sous remise aux adresses suivantes :

Rue d'Antin, 6.
Rue Beaujolais, 4, Palais-Royal.
Boulevard Beaumarchais, 26.
Rue de Bellechasse, 8 et 27.
Rue de Bourgogne 17, et Palais Bourbon.
Place de la Bourse.
Rue de Bréda, 29 et 31.
Boulevard des Capucines (Grand Hôtel).
Rue de Chaillot, 115.
Avenue des Champs-Élysées, 100.
Rue Charlot, 74.
Rue Coq-Héron, 11.
Rue Coquillière, 21.
Rue Drouot, 3.
Rue d'Enghien, 4.
Rue Favart, 6.
Rue de la Ferme-des-Mathurins, 40.
Rue Feydeau, 5.
Rue de la Fontaine-Molière, 29.
Rue d'Hauteville, 5.
Rue Saint-Honoré, 352.
Rue du 29 Juillet, 9.
Palais de Justice.
Rue Lafayette, 61.
Rue Saint-Lazare, 32 et 97.
Rue Saint-Louis-au-Marais, 15, 17 et 77.
Boulevard Mazas, chemin de fer de Lyon.
Rue Mazarine, 45.
Avenue Montaigne, 99.
Boulevard Montmartre, 8.
Rue Notre-Dame-de-Lorette, 36.
A la gare du chemin de fer du Nord.

GUIDE PRATIQUE. — INFORMATIONS DIVERSES.

A la gare du chemin de fer d'Orléans.	A la gare du chemin de fer de Sceaux.
Rue de Provence, 38 et 76.	Rue Taitbout, 45.
Rue Richelieu, 46.	Rue de l'Université, 4
Rue de Rivoli, 164, hôtel du Louvre.	Rue Neuve-de-l'Université, 4.
Rue de Rougemont, 5.	Avenue Victoria.
Place Roubaix, 25.	Gare du chemin de fer de Vincennes.
Rue de Saintonge, 63.	Passage Violet, 8.

Au moment d'entrer, soit dans une voiture de place, soit dans une voiture sous remise, on doit déclarer d'avance au cocher qu'on le prend à l'heure ou à la course. Le cocher pris à l'heure est à la disposition de la personne qui l'a retenu aussi longtemps qu'il convient à cette personne de le garder. On doit toujours le prix intégral de la première heure. Après cette première heure, le prix se calcule par chaque fraction d'heure. Ainsi, lorsqu'on fait seulement deux ou trois courses qui ne durent qu'une demi-heure ou trois quarts d'heure, on paye néanmoins le prix d'une heure. Si ces mêmes courses durent une heure et demie, on ne paye en plus que la demi-heure. L'usage est d'ajouter au prix du tarif un *pourboire* qui est pour le cocher, et qui varie selon la voiture et le temps qu'on l'a gardée.

Lorsqu'on prend une voiture de place ou de remise à l'heure, on doit regarder le cadran de la station en même temps que celui de sa montre, afin de n'avoir pas avec le cocher de difficulté pour le calcul du temps écoulé entre le moment où on prend et le moment où on quitte sa voiture.

Tout cocher de voiture de place ou de remise est tenu de remettre à chaque voyageur qu'il charge une carte portant le numéro de sa voiture. Cette carte, dont le double est affiché dans l'intérieur de la voiture et qui contient aussi le tarif réglementaire, doit être conservée avec soin. Elle sert, soit à réclamer les objets qu'on pourrait avoir oubliés dans la voiture, soit pour les plaintes qu'on pourrait avoir à faire. Dans l'un et dans l'autre cas, on peut s'adresser par écrit, en indiquant son nom et son adresse, au préfet de police.

Enfin, il existe aussi plusieurs établissements de voitures de grande remise où on trouve des coupés, des calèches et des victoria, à un cheval ou à deux chevaux, qu'on loue à la demi-journée, à la journée, à la semaine ou au mois. Ces voitures conviennent surtout pour des promenades ou des visites. Elles ont, en effet, un aspect élégant et un excellent attelage. Le prix de ces équipages se débat de gré à gré. S'il s'agit d'une location accidentelle, il peut varier, selon les circonstances, de 25 à 40 fr. pour une journée. Il est communément de 600 à 700 fr. pour une voiture au mois. Le *pourboire* d'usage est compris dans ces chiffres. On ne fait guère qu'une différence de 50 fr. par mois entre une voiture à un cheval et une voiture à deux chevaux.

Chemins de fer. — On peut circuler en chemin de fer : autour de Paris par le chemin de fer de ceinture; dans l'intérieur de Paris par la ligne spéciale qui conduit de la gare de la rue Saint-Lazare à Auteuil, avec la faculté de s'arrêter à l'entrée du Bois de Boulogne, soit à la porte Maillot, soit à la porte de l'Impératrice, soit à la porte de la Muette.

Bateaux à vapeur. — Il existe enfin un service de bateaux à vapeur qu'on nomme les omnibus de la Seine, et qui font régulièrement, à des intervalles très-rapprochés, le trajet de l'île Louviers au pont de Saint-Cloud, avec escales sur plusieurs points de leur parcours.

Chevaux. — Il existe dans Paris, et surtout dans la région des Champs-Élysées, un assez grand nombre de marchands de chevaux; on peut s'adresser à eux pour en acheter et aussi pour en louer.

Le commerce des chevaux ordinaires se fait spécialement au *Marchés aux chevaux*, boulevard de l'Hôpital, quartier Saint-Marcel, où on vend également à l'encan, par l'intermédiaire des commissaires-priseurs, des voitures de toute espèce.

Les grandes foires aux chevaux ont lieu les premiers lundis de chaque mois, les petits marchés ont lieu les mercredis et les samedis de chaque semaine, de 2 heures à 5 heures.

TATTERSALL FRANÇAIS, rue de Beaujon, 22 et 24.

Enfin, tous les samedis, on vend aux enchères publiques, dans un établissement qu'on nomme le *Tattersall français*, des voitures, des chevaux, des équipages et des harnais de luxe et de chasse.

DICTIONNAIRE GÉNÉRAL DES RUES DE PARIS

Dans les rues parallèles à la Seine, l'ordre des numéros suit le cours du fleuve, les premiers numéros étant plus près du levant, et les plus forts s'avançant vers le couchant. Dans les rues perpendiculaires à la Seine, la série des numéros commence du côté du fleuve; les plus forts sont les plus éloignés. Les numéros pairs sont à droite en remontant la rue, les numéros impairs sont à gauche.

A

ARR.	VOIES PUBLIQUES.	TENANTS.	ABOUTISSANTS.
6	Abbaye (rue de l')	r. de l'Échaudé	r. Bonaparte.
18	Abbaye (pl. de l')	r. de l'Abbaye	(Montmartre).
6	Abbaye (pass. de l')	r. du Four	r. Ste Marguerite.
18	Abbaye (r. de l')	r. de l'Empereur	ch. des Martyrs.
5	Ab. de l'Ép. (r. de l')	r. d'Enfer	r. St-Jacques.
10	Abbeville (r. d')	pl. Lafayette	r. de Rocroi.
18	Abreuvoir (r. de l')	r. de la Saussaye	r. des Brouillards.
18	Acacias (pass. des)	r. des Acacias	r. de la Carrière.
18	Acacias (r. des)	ch. de Clignancourt	ch. des Martyrs.
17	Acacias (r. des)	av. de la Por. Maillot	av. des Ternes.
16	Aguesseau (pl. d')	r. Molière	à Auteuil (anc.).
8	Aguesseau (r. d')	faub. St-Honoré	r. de Suresnes.
8	Agues. (r. du Mar. d')	r. d'Aguesseau	r. des Saussaies.
16	Aguesseau (pl. d')	r. Molière	(Auteuil).
1	Aiguillerie (r. de l')	r. St-Denis	r. Ste-Opportune.
10	Albouy (r. d')	r. des Marais	r. des Vinaigriers.
15	Alexandre (pass.)	b. des Fourneaux	r. du Chemin de fer.
1	Alger (r. d')	r. de Rivoli	r. St-Honoré.
18	Alger (r. d')	r. de Jessaint	r. de Constantine.
10	Alibert (r.)	q. de Jemmapes	r. Saint-Maur.
12	Aligre (r. d')	r. de Charenton	marc. Beauveau.
19	Allemagne (r. d')	q. de la Loire	fortifications.
19	Allée-Verte (pass. de l')	r. St-Pierre	q. Valmy.
8-16	Alma (b. de l')	q. de Billy	pl. de l'arc de Triom.
7	Alma (b. de l')	q. d'Orsay	av. de Ségur.
7-8-10	Alma (p^t de l')	q. d'Orsay	q. de Billy.
16	Alma (av. de l')	gr. rue d'Auteuil	fortifications.
20	Alma (r. de l')	r. des Couronnes	r. de la Mare.
19	Alouettes (r. des)	r. de la Villette	r. des Bailettes.
15	Alphonse (imp.)	av. St-Charles	à Grenelle (anc.).
11-20	Amandiers (b. des)	r. des Amandiers	r. de Ménilmontant.
20	Amandiers (r. des)	b. d'Aunay	ch. Ménilmontant.
11	Amand.-Pop. (r. des)	r. Popincourt	ch. d'Aunay.
5	Am. Ste-Gén. (r. des)	r. Mont. Ste-Genev.	r. des Sept-Voies.
2	Amboise (r. d')	r. Richelieu	r. Favart.
14	Amboise (r. d')	r. d'Orléans	ch. du Maine.
5	Amboise (imp.)	pl. Maubert.	
11	Ambroise (r. S^t-)	r. Popincourt	r. St-Maur.
11	Ambroise (imp. S^t-)	r. St-Ambroise.	
10	Ambroise-Paré (r.)	r. de Maubeuge	b. Magenta.
7	Amélie (r.)	r. St-Dominique	r. de Grenelle.
18	Amélie (r.)	r. de l'Empereur	r. Florentine.
11	Amelot (r.)	q. de Valmy	r. St-Sébastien.
8-9	Amsterdam (r. d')	r. St-Lazare	r. de Clichy.

12

ARR.	VOIES PUBLIQUES.	TENANTS.	ABOUTISSANTS.
3	Anastase (r. St-)	r. St-Louis	r. Saint-Gervais.
4	Anastase (r. Ne St-)	r. St-Paul	r. Charlemagne.
3	Ancre (pass. de l')	r. St-Martin	r. Turbigo.
16	André (av. St-)	r. de l'Assomption	à Auteuil (anc.).
20	André (b. St-)	b. de Fontarabie	à Charonne (anc.).
18	André (r. St-)	ch. Clignancourt	les Carrières.
16	André (r. St-)	b. de Passy	r. de Belair.
6	André-des-Arts (r. St-)	pl. St-André-des-Arts	r. Dauphine.
6	And.-des-Arts (pl. St-)	r. St-André	r. Hautefeuille.
16	Andreine (r.)	av. Dauphine	av. de l'Impératrice.
5	Andrelas (imp.)	r. Mouffetard.	
18	Andrieu (r.)	r. Lagille	r. des Champs.
18	Ange (b. St-)	r. des Poissonniers	gr. r. de la Chapelle.
18	Ange (pl. St-)	r. des Charbonniers	r. de Chartres.
16	Ange (r. St-)	r. des Bouchers	av. de la p. Maillot.
1	Anglade (r. d')	r. des Frondeurs	r. Fontaine-Molière.
5	Anglais (r. des)	r. Galande	r. des Noyers.
3	Anglais (imp. des)	r. Beaubourg.	
13	Anglaises (r. des)	r. de Lourcine	r. du Petit-Champ.
11	Angoulême (r. d')	b. du Temple	r. des 3 Couronnes.
11	Angoulême (pl. d')	fossés du Temple	r. d'Angoulême.
11	Angoulême (pass. d')	r. de Ménilmontant	r. d'Angoulême.
8	Ang. St-Hon. (r. d')	av. des Ch.-Elysées	faub. St-Honoré.
11	Angoulême (r. Ne-d')	r. de Ménilmontant	r. d'Angoulême.
4	Anjou (q. d')	r. Saint-Louis	r. des 2 Ponts.
3	Anjou au Mar. (r. d')	r. Charlot	r. des Enfants-Rouges
8	Anjou St-Hon. (r. d')	r. faub. St-Honoré	r. de la Pépinière.
6	Anj.-Dauphine (r. d')	r. Dauphine	imp. de Nevers.
1-2	Anne r. St-)	r. d'Anglade	r. Ne-St-Augustin.
2	Anne (pass. St-)	r. Ste-Anne	pass. Choiseul.
12	Anne (r. Ste-)	av. du Petit-Château	à Bercy (anc.).
13	Anne (petite r. St-)	r. de la Glacière	r. de la Santé.
19	Annelets (r. des)	r. des Solitaires	r. de Crimée.
8	Antin (av. d')	Cours-la-Reine	Rond-Point.
8	Antin (imp. d')	avenue d'Antin.	
9	Antin (cité d')	r. de Provence	r. de la Ch.-d'Antin.
14	Antin (cité d')	r. de Vanves	r. de l'Ouest.
2	Antin (r. d')	r. de Port-Mahon	r. Ne-des-P.-Champs.
17	Antin (r. d')	b. des Batignolles	r. des Dames.
18	Antin (imp. d')	Grande-Rue	à Batignolles (anc.)
8	Antin (imp. d')	av. d'Antin.	
9	Antin (r. de la Ch. d')	b. des Italiens	r. St-Lazare.
4	Antoine (r. St-)	r. des Barres	pl. de la Bastille.
12	Antoine (ch. de St-)	b. Picpus	b. des Marais.
11	Antoine (pass. St-)	r. de Charonne	passage Josset.
11-12	Antoine (r. faub. St-)	pl. de la Bastille	pl. du Trône.
2-3	Appoline r. Ste-)	r. St-Martin	r. St-Denis.
10	Aqueduc (r. de l')	r. Lafayette	b. de la Villette.
19	Arago (r.)	r. de Meaux	r. de la Butte.
5	Arbalète (r. de l')	r. des Charbonniers	r. Mouffetard.
1	Arbre-Sec (r. de l')	pl. des Trois-Maries	r. St-Honoré.
17	Arcade (r. de l')	pl. de l'Arc-de-Triom.	r. des Acacias.
16-17	Arcade (r. de l')	autour de l'arc	av. de Neuilly.
8	Arcade (r. de l')	r. St-Lazare	b. Malesherbes.
18	Arc-de-Tr. (r. de l')	r. des Trois-Frères	à Montmartre (anc.).
17	Arc de Tr. (pl. de l')	r. des Dames	r. de la Révolte.
1	Arche-Pepin (r. de l')	q. de la Mégisserie	r. St-Germ.-l'Auxer.
4	Archevêché (q. de l')	pt de la Cité	pt au Double.
5	Archevêché (pt de l')	q. de l'Archevêché	q. de Montebello.
4	Arcole (pt d')	r. d'Arcole	pl. de Grève.
4	Arcole (r. d')	Parvis Notre-Dame	q. Napoléon.
14	Arcueil (b. d')	r. de la Tombe-Iss.	r. d'Orléans.

GUIDE PRATIQUE. — DICTIONNAIRE GÉNÉRAL DES RUES. 207

ARR.	VOIES PUBLIQUES.	TENANTS.	ABOUTISSANTS.
14	Arcueil (ch. d')	r. de la Glacière	fortifications.
19	Ardennes (r. des)	r. d'Allemagne	q. de la Marne.
4	Argenson (imp. d')	r. Vieille-du-Temple	
1	Argenteuil (r. d')	r. des Frondeurs	r. St-Roch.
8	Argenteuil (imp. d')	r. du Rocher	r. St-Lazare.
17	Armaillé (r. d')	r. des Acacias	av. des Ternes.
2	Arnaud (r. St-)	r. Ne-des-Capucines	r. Ne-St-Augustin.
5	Arras (r. d')	r. St-Victor	r. Clopin.
4	Arsenal (pl. de l')	r. de la Cerisaie	r. de l'Orme.
16	Artistes (r. des)	gr. rue de Passy	r. de la Tour.
14	Artistes (r. des)	r. de Gentilly	r. Sarrasin.
1-6	Arts (pt des)	q. du Louvre	q. Conti.
16	Arts (r. des)	r. de la Fontaine	à Auteuil (anc.).
20	Arts (r. des)	r. Constantine	r. des Couronnes.
14	Arts (pass. des)	r. de Vanves	à Montrouge (anc.).
3	Arts-et-Mét. (sq. des)	r. St-Martin	b. Sébastopol.
11	Asile (pass. de l')	r. Popincourt	pass. Mouffle.
17	Asnières (r. d')	à Batignolles (anc)	près des fortificat.
6	Assas (r. d')	r. de Vaugirard	r. du Cherche-Midi.
19	Asselin (imp.)	b. du Combat	
16	Assomption (r. de l')	r. Boulainvilliers	à Auteuil (anc.).
8	Astorg (r. d')	r. de la Ville-l'Év	r. de la Pépinière.
1	Athènes (pass. d')	r. St-Honoré	Cloître St-Honoré.
2	Aubert (pass.)	r. Saint-Denis	r. Ste-Foy.
18	Aubervilliers (b. d')	b. de la Villette	r. de la Chapelle.
18	Aubervilliers (r. d')	pl. du Marché	r. des Rosiers.
18-19	Aubervilliers (ch. d')	r. de la Tournelle	fortifications.
1-4	Aubry-le-Boucher	r. St-Martin	r. St-Denis.
2	Augustin (Neuve St-)	r. de Richelieu	b. des Capucines.
6	Augustins (q. d. Gr.-)	pl. du pt St-Michel	Pont-Neuf.
6	Augustins (r. d. Gr.)	q. des Gr.-Augustins	r. St-André-des-Arts.
1-2	Augustins (d. Vieux-)	r. Coquillière	r. Montmartre.
9	Aumale (r. d')	r. St-Georges	r. de la Rochefoucauld
11	Aunay (r. d')	r. de la Roquette	r. des Amandiers.
15	Austerlitz (gr. r. d')	pl. de la bar. d'Ivry	r. des Deux-Moulins.
12-13	Austerlitz (pt d')	q. de la Rapée	pl. Valhubert.
13	Austerlitz (q. d')	ch. de la Gare	pl. Valhubert.
7	Austerlitz (r. d')	q. d'Orsay	r. de Grenelle.
16	Auteuil (q. d')	pt de Grenelle	fortifications.
16	Auteuil (gr. r. d')	rue Boileau	Glacis
5	Avoie (pas. Ste-)	r. de Rambuteau	r. du Temple.
16	Aymès (passage)	r. de la Fontaine	r. de la Source.

B

1	Babille (r.)	r. des Deux-Écus	r. de Viarme.
7	Babylone (r. de)	r. du Bac	b. des Invalides.
7	Bac (rue du)	q. de Voltaire	r. de Sèvres.
16	Bac (r. du)	q. d'Auteuil	route de Versailles.
6	Bac (petite r. du)	r. de Sèvres	r. du Cherche-Midi.
13	Bac (ch. du)	r. du Chevaleret	route de Choisy.
15	Bac (imp. du)	r. du Bac	
17	Bac d'Asnièr (imp. du)	r. de Paris	Batignolles (anc.)
17	Bac d'Asnières (r. du)	pl. de Lévis	r. de Paris.
18	Bachelet (r.)	r. Nicolet	r. Lécuyer.
6	Bagneux (r. de)	r. du Cherche-Midi	r. de Vaugirard.
19	Bagnolet (r. de)	pl. des Trois-Comm	fortifications.
20	Bagnolet (ch. de)	pl. de la Mairie	fortifications.
1	Baillet (r.)	r. de la Monnaie	r. de l'Arbre-Sec.
1	Bailleul (r.)	r. de l'Arbre-Sec	r. du Louvre.
1	Baillif (r.)	r. des Bons-Enfants	r. Croix-d.-Pet.-Ch.

ARR.	VOIES PUBLIQUES.	TENANTS.	ABOUTISSANTS.
5	Bailly (r.)	r. St-Paxent	r. Henri.
17	Balagny (r.)	av. de Clichy	av. St-Ouen.
19	Ballets (r. des)	r. Amelot	
8	Balzac (r. de)	av. des Ch.-Élysées	r. du faub. St-Honoré.
2	Banque (r. de la)	r. Neuve-des-P.-Ch.	pl. de la Bourse.
13	Banquier (r. du)	r. du Marché-aux-Ch.	r. Mouffetard.
13	Banquier (pet. r. du)	r. du Banquier	b. de l'Hôpital.
15	Baron (r.)	r. de Grenelle	r. Traversière.
2	Barbe (r. S^{te}-)	r. Beauregard	b. de Bonne-Nouvelle.
7	Barbet de Jouy (r.)	r. de Varenne	r. de Babylone.
5	Barbette (r.)	r. des 3 Pavillons	r. Vieille-du-Temple.
19	Barbette (cité)	r. de Belleville	r. du Centre
15	Bargue (r.)	r. Plumet	r. Dutot.
13	Barrault (r.)	b. d'Italie	r. la Butte aux Cailles.
6	Barouillère (r. de la)	r. de Sèvres	r. du Cherche-Midi.
14	Barré (cité)	r. du Terrier-aux-L.	pass. des Thermopyl.
4	Barres (r. des)	q. de la Grève	r. St-Antoine.
4	Barrés (r. des)	r. St-Paul	r. du Fauconnier.
15	Barthélemy (r.)	av. de Breteuil	ch. de Sèvres.
19	Barthélemy (villa)	r. de la Villette	Belleville (anc.)
2	Basfour (pass.)	r. de Palestro	r. St-Denis.
11	Basfroi (r.)	r. de Charonne	r. de la Roquette.
16	Basse (r.)	carref. de la Montagn.	av. de Boulainvilliers.
16	Bassins (ch. des)	r. du ch. de Versail^s	r. de Longchamp.
16	Bassins (r. des)	r. Newton	ch. de l'Étoile.
16	Bassins (r. des)	b. de Passy	r.-point de la Plaine.
4	Bassompierre (r.)	b. Bourdon	r. de l'Orme.
18	Bastien (r.)	r. Durantin	r. Tholozé.
4-11-12	Bastille (pl. de la)	r. St-Antoine	faub. St-Antoine.
16	Batailles (r. des)	r. Gasté	r. Benj.-Delessert.
17	Batignollaises (r. des)	b. des Batignolles	r. des Dames.
17	Batignolles (b. des)	Grande-Rue	r. du Rocher.
5	Battoir (r. du)	r. du Puits-de-l'Erm.	r. de Lacépède.
16	Bauches (r.)	r. de Boulainvilliers	r. de la Glacière.
18	Baudelique (imp.)	ch. de la Procession	Montmartre (anc.)
18	Baudelique (r.)	r. des Portes Blanches	
4	Baudroirie (imp. de la)	r. de Venise	
8	Bayard-Ch.-Élys. (r. de)	Cours-la-Reine	av. Montaigne.
15	Bayard-Grenelle (r. de)	r. Kléber	r. Duguesclin.
3-4	Beaubourg (r.)	r. Maubuée	r. de Réaumur.
3	Beauce (r. de)	r. d'Anjou	r. de Bretagne.
8	Beaucourt (imp.)	r. du faub. St-Honoré	
15	Beau-Grenelle (pl.)	r. des Entrepreneurs	r. St-Louis.
1	Beaujolais (pass.)	r. de Montpensier	r. de Richelieu.
3	Beaujolais-au-Marais	r. de Bretagne	pl. de la Rotonde-d.-T.
1	Beaujolais-P.-R. (r.)	r. de Valois	r. de Montpensier.
8	Beaujon (b.)	b. de Malesherbes	pl. de l'Arc-d.-Triom.
8	Beaujon (r.)	r. de l'Oratoire	b. de l'Étoile.
3-4	Beaumarchais (b.)	r. St-Antoine	r. du P^t-aux-Choux.
8	Beaume (r. de la)	av. Percier	r. de Courcelles.
7	Beaune (r. de)	q. de Voltaire	r. de l'Université.
19	Beaune (r. de)	r. de Paris	r. St-Denis.
12	Beaune (r. de)	r. d'Orléans	r. de Bercy.
19	Beauregard (imp.)	r. St-Denis	
9	Beauregard-d.-M. (r.)	av. Trudaine	ch. Rochechouart.
2	Beauregard-Poiss. (r.)	r. Poissonnière	b. de Bonne-Nouvelle.
2	Beaurepaire (r.)	r. des 2 Portes-St-S.	r. Montorgueil.
16	Beauséjour (b. de)	Grande-Rue de Passy	r. de l'Assomption.
4	Beausire (imp. Jean-)	r. de ce nom	
4	Beausire (r. Jean-)	r. St-Antoine	b. de Beaumarchais.
4	Beautreillis (r.)	r. des Lions	r. St-Antoine.
5	Beauvais r. Jean-de-)	r. des Noyers	r. St-Hilaire.

GUIDE PRATIQUE. — DICTIONNAIRE GÉNÉRAL DES RUES.

ARR.	VOIES PUBLIQUES.	TENANTS.	ABOUTISSANTS.
12	Beauveau (r.)	b. Mazas	pl. du Marché-Beauv.
8	Beauveau (pl.)	r. du faub. S¹-Honoré	r. Beauveau.
12	Beauveau (pl. du M.)	r. Cotte	r. Beauveau.
6	Beaux-Arts (pass. des)	r. de Seine	r. Bonaparte.
18	Beaux-Arts (r. des)	r. de la Réforme	pl. de l'Abbaye.
12	Beccaria (r. de)	r. des Charb.-S¹-Ant.	r. Traversière.
12	Bel-Air (av. du)	av. de S¹-Mandé	pl. du Trône.
12	Bel-Air (av. du)	b. de Picpus	fortifications.
12	Bel-Air (cour du)	r. du faub.-S¹-Ant.	
13	Bel-Air (r. du)	r. du Moulin-d.-Prés.	fortifications.
16	Bel-Air (r. du)	r. de Longchamp	pl. de l'Arc-de-Tr.
18	Belhomme (r.)	b. des Poissonniers	r. de la Nation.
18	Belhomme (pl.)	r. Belhomme	
15	Bellart (r.)	r. Pérignon	ch. de r. de Sèvres.
7	Bellechasse (r. de)	q. d'Orsay	r. de Varenne.
7	Bellechasse (pl. de)	r. S¹-Dominique.	
9	Bellefond (r.)	r. du faub. Poisson.	r. Rochechouart.
16	Belles-Feuilles (r. des)	rond-point de Longch.	av. de S¹-Cloud.
19	Belleville (r. de)	route d'Allemagne	r. de la Villette.
11-20	Belleville (b. de)	r. des 3 Couronnes	r. du faub.-du-Temp.
10	Belleville (ch. de)	r. du faub. du Temple	r. du Buisson-S¹-Louis
19	Bellevue (r. de)	r. des Lilas	r. Basse-S¹-Denis.
16	Bellevue (r. de)	r. du Bel-Air	r. des Bouchers.
13	Bellièvre (r. de)	q. d'Austerlitz	r. de la Gare.
8	Bel-Respiro (r. du)	av. des Ch.-Elysées	r. Beaujon.
10	Belzunce (r. de)	b. de Magenta	r. de Rocroi.
17	Bénard (r.)	r. des Dames	r. d'Orléans.
14	Bénard (r.)	r. du Ch.-d.-Plantes	r. du Terrier-aux-L.
16	Benoît (r.)	r. de la Réunion	r. Boileau.
5	Benoît (r. du cim. S¹)	r. Fromentel	r. S¹-Jacques.
5	Benoît (r. du cloît. S¹)	r. des Mathurins	r. des Ecoles.
6	Benoît-S¹-Germ. (r. S¹)	r. Jacob	r. S¹º-Marguerite.
6	Benoît-S¹-G. (pass. S¹)	r. S¹-Benoît	pl. S¹-Germain-d.-P.
19	Béranger (cité)	r. du Parc	Belleville (anc.)
15	Béranger (imp.)	r. de Vaugirard.	
12	Bercy (b. de)	r. de Bercy	r. de Charenton.
12-13	Bercy (p¹ de)	q. de Bercy	q. de la Gare.
12	Bercy (q. de)	b. de la Rapée	r. Grange-aux-Merc.
12	Bercy (r. de)	b. de Bercy	r. Grange-aux-Merc.
4	Bercy-au-Marais (r. d.)	r. Vieille-du-Temple	pl. du Marché-S¹-Jean
12	Bercy-S¹-Ant. (r. de)	ch. de la Rapée	b. de la Contrescarpe
9	Bergère (r.)	r. du faub.-Poisonn.	r. du F.-Montmartre.
9	Bergère (cité)	r. du faub. Montmart.	r. Bergère.
9	Bergère (galerie)	r. de Montyon	r. Geoffroy-Marie.
15	Bergers (r. des)	r. de Javel	r. S¹-Paul.
15	Berges (ch. des)	usine de Javel	fortifications.
18	Beringer (pass.)	Grande rue d. Batig.	r. Capron.
8-9	Berlin (r. de)	r. de Clichy	pl. d'Europe.
11	Bernard (imp. S¹-)	r. S¹-Bernard.	
11	Bernard (pass. S¹-)	r. du faub. S¹-Antoine	r. S¹-Bernard.
5	Bernard (q. S¹-)	p¹ d'Austerlitz	b. S¹-Germain.
5	Bernard (r. des F.-S¹-)	b. S¹-Germain	r. S¹-Victor.
11	Bernard (r. S¹-)	r. du faub. S¹-Antoine	r. de Charonne.
5	Bernardins (r. des)	q. de la Tournelle	r. S¹-Victor.
8	Berry (r. Neuve-de-)	av. d. Champs-Elysées	r. du faub. S¹-Honoré
8	Berryer (cité)	r. Royale	r. de la Madeleine.
3	Berthaud (imp.)	r. Beaubourg.	
18	Berthe (r.)	r. du Poirier	r. du Télégraphe.
3	Berthoud (r. Ferdin.)	r. Montgolfier	r. Vaucanson.
1	Bertin-Poirée (r.)	q. de la Mégisserie	r. de Rivoli.
7	Bertrand (r.)	r. Eblé	r. de Sèvres.
18	Bès (imp.)	av. de S¹-Ouen.	

12.

ARR.	VOIES PUBLIQUES.	TENANTS.	ABOUTISSANTS.
11	Beslay (pass.)	r. Popincourt	r. Neuve Popincourt.
4	Béthune (q. de)	r. S¹-Louis-en-l'Ile	p¹ de la Tournelle.
6	Bourrière (r.)	r. du Four-S¹-Ger	r. du Vieux-Colomb.
10	Bichat (r.)	r. du faub.-du-Temp	q. de Jemmapes.
16	Biches (r. des)	av. de S¹-Cloud	av. Dauphine.
5	Biches (r. du P¹-aux-)	r. Censier	r. du Fer-à-Moulin.
3	Biches(imp.d.P¹-aux-)	r. N.-D.-de-Nazareth	
8	Bienfaisance (r. de la)	r. du Rocher	av. de Plaisance.
5	Bièvre (r. de)	q. de la Tournelle	b. S¹-Germain.
16	Billancourt (r. de)	route de Versailles	aux fortifications.
4	Billettes (r. des)	r. de la Verrerie	r. S¹⁻-Croix-de-la-B¹⁰.
16	Billy (q. de)	p¹ de l'Alma	r. de la Montagne.
14	Biron (r.)	r. de la Santé	r. du faub.S¹.Jacques
18	Biron (r.)	ch. de Clignancourt	r. Bachelet.
8-16	Bizet (r.)	q. de Billy	r. de Chaillot.
9	Blanche (r.)	r. S¹-Lazare	pl. de la bar. Blanche
9	Blanche (pl.de la Bar.)	r. Fontaine	r. Blanche.
9	Blanche (ch.)	r. de Bruxelles	r. de Clichy.
14	Blanche (cité)	ch. de Vanves	ch. de fer de l'Ouest.
16	Blanche (r.)	b. de Longchamp	r. de la Croix.
8	Blanchisseuses(imp.)	r. Bizet.	
4	Blancs-Manteaux (r.)	r. Vieille-du-Temple	r. du Temple.
4	Blanc-M. (r.du M. des)	r. d. Hospit.-S¹-Gerv	r. Vieille-du-Temple.
9	Bleue (r.)	r. du faub. Poissonn	r. Cadet.
15	Blomet (r.)	r. de Sèvres	r. S¹-Lambert.
14	Blottière (r.)	pass. Bournisien	r. de la Procession.
14	Blottière (imp.)	r. Blottière	Vaugirard (anc.)
9	Bochart de Saron (r.)	av. Trudaine	ch. Rochechouart.
4	Bœuf (imp. du)	r. Neuve-S¹-Merri	à Montmartre (anc.).
14	Bœufs (ch. des)	ch. du Maine	r. du Transit.
17-18	Bœufs (ch. des)	r. du Ruisseau	Montmartre (anc.)
5	Bœufs (imp. des)	r. de l'École-Polytech	
2	Boïeldieu (pl.)	r. Favart	r. Marivaux.
1	Boileau (r.)	r. de la S¹⁻-Chapelle	q. des Orfèvres.
16	Boileau (r.)	r. Molière	route de Versailles.
19	Bois (r. des)	r. des Prés	fortifications.
20	Bois (r. du)	r. de Paris	Charonne (anc.).
10	B. de Boulogne(pass.)	faubourg S¹-Denis	boulev. S¹-Denis.
16	Bois-le-Vent (r.)	pl. de la Mairie	r. Boulainvilliers.
16	Bois-le-Vent (r.Neuv-)	r. Bois-le-Vent	r. Singer.
16	Boissière (r.)	b. de Passy	r.-point d. la Plaine.
13	Boiton (imp.)	r.de la But.aux Cailles	
4	Bon (r. S¹-)	r. de Rivoli	r. de la Verrerie.
6	Bonaparte (r.)	q. Malaquais	r. de Vaugirard.
10	Bondy (r. de)	r. de la Douane	r. du faub. S¹-Martin.
2-10	Bonne-Nouvelle (b.)	r. S¹-Denis	r. Poissonnière.
5	Bon-Puits (r. du)	r. S¹-Victor	r. Traversine.
18	Bon-Puits (r. du)	Grande-Rue (Chapel.)	ch. de fer de l'Est.
18	Bon-Puits (r. Neuve-)	r. de la Tournelle	r. du Bon-Puits.
1	Bons-Enfants (r. des)	r. S¹-Honoré	r. Neuve-d.-B.-Enf.
16	Bons-Enfants (r. des)	r. Molière	r. du Buis.
1	Bons-E¹⁵ (r.Neuv'des)	r. des Bons-Enfants	r. Neuve-d.-Pet.-Ch.
16	Bons-Hommes (r.des)	r. de la Montagne	Passy (anc.).
8	Bony (imp.)	r. S¹-Lazare	
3	Borda (r.)	r. Volta	r. Montgolfier.
12	Bordeaux (r. de)	q. de Bercy	r. de Bercy.
19	Bordeaux (r. de)	r. de Flandre	q. de Seine.
20	Borcy (cité)	pass. S¹-Louis	imp. des Carrières.
20	Borcy (imp. Elisa-)	r. des Amandiers	
16	Bornes (r. des)	r. du Moulin	rond-p¹ d. Longchamp
11	Bornes (r. des Trois-)	r. de Folie-Méricourt	r. S¹-Maur.
9	Bossuet (pass.)	r. Neuve-des-Martyrs	r. de la T.-d'Auvergne

GUIDE PRATIQUE. — DICTIONNAIRE GÉNÉRAL DES RUES. 211

ARR.	VOIES PUBLIQUES.	TENANTS.	ABOUTISSANTS.
10	Bossuet (r.)	r. de Lafayette	r. de Belzunce.
1	Boucher (r.)	r. de la Monnaie	r. de Rivoli.
6	Boucherie (pass. Pet^e)	r. de l'Abbaye	pl. Ste-Marguerite.
7	Boucher.-des-Inv.(r.)	q. d'Orsay	r. St-Dominique.
16	Bouchers (r. des)	r. de Bellevue	av. de l'Impératrice.
19	Bouchet (imp.)	r. de Meaux.	
18	Boucry (r.)	r. de l'Est	r.-p. de la Chapelle.
16	Boudon (r. Neuve-)	r. des Vignes	Grande-rue d'Auteuil
9	Boudreau (r.)	r. Trudon	r. de Caumartin.
16	Boufflers (av.)	av. des Tilleuls	av. des Peupliers.
5	Boufflers (imp.)	r. Dupetit-Thouars.	
16	Boulainvilliers (av.)	p^t de Grenelle	r. Basse.
16	Boulainvil. (ham. de)	r. de Boulainvilliers	r. du Ranelagh.
16	Boulainvilliers (r. de)	Grande-Rue de Passy	r. Basse.
5	Boulangers (r. des)	r. St-Victor	r. d. Fossés-St-Victor
14	Boulard (r.)	r. du Champ-d'Asile	r. Brezin.
17	Boulay (pass.)	ch. des Bœufs	fortifications.
17	Boulay (r.)	av. de Clichy	ch. des Bœufs.
12	Boule-Blanche (pass.)	r. de Charenton	r. du F.-St-Antoine.
9	Boule-Rouge (imp. de la)	r. de Montyon	r. Geoffroy-Marie.
11	Boules (pass. Jeu-de-)	r. des Fossés-du-T.	r. de Malte.
1	Boules (r. des Deux-)	r. des Lavandières	r. Bertin-Poirée.
11	Boulets (r. des)	r. de Montreuil	r. de Charonne.
11	Boulets (r. Neuve-des)	r. des Boulets	r. de Nice.
17	Boulevard (r. du)	b. des Batignolles	r. des Dames.
17	Boulnois (pl.)	r. de l'Arcade	r. des Ternes.
10	Boulogne (pass. du b.)	b. St-Denis	r. du faub. St-Denis.
9	Boulogne (r. de)	r. Blanche	r. de Clichy.
19	Boulogne (r. de)	r. de Nantes	q. de la Gironde.
1	Bouloi (r. du)	r. Cr-d.-P.-Champs	r. Coquillière.
16	Bouquet-de-Long.(r.)	r. de Longchamp	r. de la Croix-Boissière
16	Bouquet-des-Ch. (r.)	r. de Longchamp	ch. des Bassins.
15	Bourbon (pass.)	r. de Vaugirard	r. des Tournelles.
7	Bourbon (pl. du Pal.)	r. de l'Université.	
4	Bourbon (q. de)	r. des Deux-Ponts	r. St-Louis.
6	Bourbon-le-Chât. (r.)	r. de Buci	r. de l'Échaudé.
2	Bourbon-Villen. (r.)	r. d. Petit-Carreau	r. St-Denis.
9	Bourdaloue (r.)	r. Ollivier	r. St-Lazare.
8	Bourdin (imp.)	av. Montaigne.	
4	Bourdon (b.)	b. Morland	pl. de la Bastille.
1	Bourdonnais (r. des)	q. de la Mégisserie	r. de la Poterie.
1	Bourdonnais (imp.)	r. des Bourdonnais.	
19	Bouret (r.)	r. d'Allemagne	r. de Meaux.
2	Bourg-l'Abbé (pass.)	b. de Sébastopol	r. St-Denis.
2	Bourg-l'Abbé (r. du)	r. du Petit-Hurleur	r. Grenéta.
5	Bourg l'Ab.(r.Neuve-)	r. St-Martin	b. de Sébastopol.
12	Bourgogne (cour de)	r. de Charenton	r. du F.-St-Antoine.
7	Bourgogne (r. de)	q. d'Orsay	r. de Varenne.
12	Bourgogne (r. de)	q. de Bercy	r. de Bercy.
5-15	Bourguignons (r. des)	r. de Lourcine	r. de la Santé.
14	Bournisien (imp.)	r. de Constantine	ch. de fer de l'Ouest.
17	Boursault (imp.)	r. de Boursault.	
9	Boursault (r.)	r. Pigalle	r. Blanche.
17	Boursault (r.)	b. des Batignolles	r. des Dames.
2	Bourse (pl. de la)	r. N.-D.-des-Victoires	r. Vivienne.
2	Bourse (r. de la)	pl. de la Bourse	r. de Richelieu.
4	Bourtibourg (r.)	r. de la Verrerie	r. Ste-Croix-de-la-Br.
4	Boutarel (pass.)	q. d'Orléans	r. St-Louis.
5	Boutebrie (r.)	r. de la Parcheminerie	b. St-Germain.
1	Bouteille (imp. de la)	rue Montorgueil.	
18	Bout^e (imp. de la Gr^e)	r. du Poteau.	
13	Boutin (r.)	r. de la Glacière	r. de la Santé.

ARR.	VOIES PUBLIQUES.	TENANTS.	ABOUTISSANTS.
12	Bouton (imp. Jean-)	r. des Charbon^s.-S^t-A	
5	Bouvart (imp.)	r. St-Hilaire.	
10	Brady (pass.)	r. du faub.-St-Martin	r. du faub.-St-Denis.
5	Braque (r. de)	r. du Chaume	r. du Temple.
1	Brasserie (imp. de la)	r. de la Fontaine-M	
6	Bréa (r.)	r. Vavin	b. Montparnasse.
12	Brèche-aux-Loups (r.)	r. de Charenton	r. de la Lancette.
12	Brèche-aux-L. (ruelle)	r. et ruelle d. la Lanc.	ch. de Reuilly.
9	Bréda (pl.)	r. Bréda	r. Neuve-Breda.
9	Bréda (r.)	r. N.-D.-de-Lorette	r. Laval.
9	Bréda (r. Neuve-)	r. des Martyrs	r. Bréda.
10	Bretagne (cour de)	r. du faub.-du-Temp.	
3	Bretagne (r. de)	r. Vieille-du-Temple	r. du Temple.
3	Bretagne (r. Neuve de)	r. Neuve-de-Ménilm	r. St-Louis.
7-15	Breteuil (av. de)	pl. de Vauban	r. de Sèvres.
7-15	Breteuil (pl. de)	av. de Breteuil	r. Duroc.
5	Breteuil (r. de)	r. de Réaumur	r. Vaucanson et Conté
4	Bretonvilliers (r. de)	q. de Béthune	r. St-Louis-en-l'île.
17	Brey (r.)	b. de l'Etoile	r. de la Plaine.
14	Brezin (r.)	route d'Orléans	ch. du Maine.
14	Brezin (r.)	r. de l'Ouest	r. de Vanves.
9	Briare (pass.)	r. Rochechouart	r. Neuve-Coquenard.
18	Briquet (pass.)	r. de la Carrière	r. Briquet.
18	Briquet (r.)	b. Rochechouart	r. des Acacias.
16	Briqueterie (ch. de la)	r. de l'Assomption	r. du Ranelagh.
4	Brise-Miche (r.)	r. du Cloître-St-Merri	r. Neuve-St-Merri.
4	Brissac (r. de)	b. Morland	r. Crillon.
2	Brongniart (r.)	r. Montmartre	r. N.-D.-des-Victoires
5	Brosse (r. Guy-de-la)	r. Jussieu	r. St-Victor.
4	Brosse (r. Jacques-de-)	q. de la Grève	r. François-Miron.
18	Brouillards (r. des)	r. de l'Empereur	r. de la Fontaine-d.-B.
13	Bruant (r.)	chemin de la Gare	r. des Deux-Moulins.
9	Bruxelles (r. de)	pl. de la bar. Blanche	r. du Rocher.
5	Bucherie (r. de la)	pl. Maubert	r. du Petit-Pont.
6	Buci (r. de)	r. de l'Anc.-Comédie	r. de l'École-de-Méd.
9	Buffault (r.)	r. du faub. Montmart	r. Lamartine.
5	Buffon (r. de)	b. de l'Hôpital	r. Geoffroy-St-Hilaire.
16	Buis (r. du)	r. Verdelet	r. Molière.
10	Buisson-St-Louis (r.)	r. St-Maur	ch. de la Chopinette.
13	Buot (r.)	r. de la Butte-aux-C	r. des Champs.
18	Burq (r.)	r. de l'Abbaye	r. Durantin.
18	Burq (cité)	r. Bastien	
13	Butte-aux-C. (ch. de la)	r. de la Butte-aux-C	dans les champs.
10-19	Butte-Ch. (b. de la)	r. Grange-aux-B	r. de Lafayette.
10	Butte-Ch. (r. de la)	ch. du Combat	r. de Château-Land.
12	Buttes (r. des)	Gr.-r. de Reuilly	r. de Picpus.
18	Buzelin (r.)	r. de la Tournelle	r. du Bon-Puits.
8	Byron (r. Lord-)	r. Chateaubriand	r. du Bel-Respiro.

C

9	Cadet (r.)	r. du F.-Montmartre	r. Lamartine.
15	Cadot (ruelle)	r. Blomet	r. Vaugirard.
18	Cadran (rue Neuve du)	boul. Rochechouar.t	pass. des Acacias.
3	Caffarelli (r.)	r. de Bretagne	pl. de la R.-du-T.
2	Caire (pass. du)	r. St-Denis	pl. du Caire.
18	Caillaux (r.)	route de Choisy	
2	Caire (pl. du)	r. du Caire	
2-3	Caire (r. du)	r. St-Martin	pl. du Caire.
20	Calais (imp. de)	r. de Calais	
9	Calais (r. de)	r. Blanche	pl. de Vintimille.

GUIDE PRATIQUE. — DICTIONNAIRE GÉNÉRAL DES RUES.   213

ARR.	VOIES PUBLIQUES.	TENANTS.	ABOUTISSANTS.
20	Calais (r. de)	r. Ménilmontant	r. de Paris.
19	Calais (r. de)	r. de Flandre	q. de la Gironde.
3-11	Calv. (b. des fil. du-)	r. du Pont-aux-Ch	r. des Filles-du-Cal.
3	Calv. (r. des Fil. du-)	r. St-Louis	b. du Temple.
18	Calvaire (r. du)	r. Gabriel	pl. du Tertre.
16	Calvaire (sent. du)	sent. de la Glacière	dans les champs.
19	Cambray (r. de)	Ch. de St-Denis	r. de Flandre.
14	Campagne-1re (r.)	b. du Montparnasse	b. d'Enfer.
13	Campo-Formio (r. de)	r. Pinel	b. de l'Hôpital.
10	Canal-St-Martin (r. du)	r. du F.-St-Martin	q. de Valmy.
17	Canard boiteux (cité du)	rue Militaire.	
6	Canettes (r. des)	r. du Four-S.-Ger	pl. St-Sulpice.
4	Canettes (r. d. Trois)	r. S.-Christophe	r. de la Licorne.
20	Cantonnier (r. du)	ch. de Ménilmontant.	
6	Canivet (r. du)	r. Servandoni	r. Férou.
14	Capitaine (av. du)	rue Dareau.	
18	Caplat (r.)	r. de la Charbonnière	r. de la Goutte-d'Or.
18	Capron (r.)	b. de Clichy	G. r. des Batignolles.
2-9	Capucines (b. des)	r. Louis-le-Grand	r. Ne-des-Capucines.
1-2	Capucines (r. Ne-des-)	pl. Vendôme	r. de Luxembourg.
5-14	Capucins (r. des)	r. du-Ch.-des-Capuc	r. St-Jacques.
5-14	Cap. (r. du Champ-d.)	r. de la Santé	r. des Capucins.
6	Cardinale (r.)	r. de Furstemberg	r. de l'Abbaye.
17	Cardinet (ch.)	r. de Paris	r. de Courcelles.
17	Cardinet (r.)	av. de Clichy	r. d'Asnières.
5	Carmélites (imp. des)	r. St-Jacques.	
5	Carmes (r. Bas.-des-)	r. de la Mont.-Ste-G	r. des Carmes.
6	Carnot (r.)	r. de l'Ouest	r. N.-D. des Champs.
5	Carmes (r. des)	r. des Noyers	r. St-Hilaire.
17	Caroline (r.)	r. du Boulevard	r. des Batignollaises.
20	Caroline (r.)	r. des Couronnes	sq. Napoléon.
4	Caron (r.)	pl. du M.-Ste-Cath	r. Jarente.
6	Carpentier (r.)	r. du Gindre	r. Cassette.
2	Carreau (r. du P.-)	r. St-Sauveur	r. de Cléry.
18	Carrière (r. de la)	b. Rochechouart	pl. Nouvelle.
19	Carrières (ch. des)	r. Fessart	r. de Meaux.
20	Carrières (imp. des)	r. des Amandiers.	
18	Carrières (r. des)	g. r. des Batignolles	r. du Ch.-des-Dames.
20	Carrières (r. des)	r. des Partants	r. de Ménilmontant.
16	Carrières (r. des)	g. r. de Passy	r. de la Tour.
18	Car. (r. des Grandes-)	r. des Dames	ch. des Bœufs.
1	Carrousel (pl. du)	Tuileries	Louvre.
1-6-7	Carrousel (pt du)	q. du Louvre	q. de Voltaire.
20	Cascades (r. des)	r. de Ménilmontant	r. de la Mare.
6	Cassette (r.)	r. du Vieux-Colomb	r. de Vaugirard.
14	Cassini (r.)	r. du Faub.-St-Jacq	r. d'Enfer.
8	Castellane (r.)	r. Tronchet	r. de l'Arcade.
4	Castex (r.)	r. de la Cerisaie	r. St-Antoine.
1	Castiglione (r. de)	r. de Rivoli	r. St-Honoré.
14	Catacombes (r. des)	b. de la Santé	r. d'Orléans.
4	Cath. (pl. du M. Ste-)	r. Dormesson	r. Caron.
3-4	Cath. (r. Culture-Ste-)	r. St-Antoine	r. du Parc-Royal.
3-4	Catherine (r. Ne-Ste-)	r. du Val-Ste-Cath	r. Pavée.
5	Catherine (r. Ste-)	r. St-Hyacint.-St-M	r. Royer-Collard.
1	Catinat (r.)	r. de La Vrillière	pl. des Victoires.
18	Cauchois (r.)	r. de l'Empereur	r. Ste Marie-Blanche.
9	Caumartin (r. de)	r. Basse-du-Rempart	r. St-Lazare.
18	Cavé (r.)	r. des Cinq-Moulins	r. des Gardes.
9	Cécile (r. Ste-)	r. du Faub.-Pois	r. du Conservatoire.
20	Célestins (imp. des)	r. du Pressoir.	
4	Célestins (q. des)	r. du Petit-Musc	r. St-Paul.
14	Cels (r.)	r. Ne-de-la-Pépin	ch. de Vanves.

ARR.	VOIES PUBLIQUES.	TENANTS.	ABOUTISSANTS.
5-15	Cendrier (r. du)	r. du M.-aux-Chev	r. des Fossés-S¹-M.
20	Cendriers (r. des)	b. des Amandiers	r. des Amandiers.
5	Censier (r.)	r. Geoffroy-S¹-Hil	r. Mouffetard.
8	Centre (r. du)	r. de l'Oratoire	r. de Balzac.
17	Centre (r. du)	av. de Clichy	r. de l'Entrepôt.
19	Centre (r. du	r. des Alouettes.	
20	Centre (r. du)	pl. de la Réunion	r. de Paris.
2	Cerf (pas. du Grand-)	r. S¹-Denis	r. des Deux-P.-S¹-S.
4	Cerisaie (r. de la)	b. Bourdon	r. du Petit-Musc.
2	Chabanais (r. de)	r. Nᵉ-des-P.-Ch	r. Rameau.
10	Chabrol (r.)	r. du Faub.-S¹-Denis	r. de Lafayette.
18	Chabrol (r.)	b. des Vertus	G. r. de la Chapelle.
15	Chabrol (r.)	q. de Grenelle	b. de Javel.
16	Chabrol (r.)	r. du Petit-Parc	Neuilly (anc.)
8-16	Chaillot (r. de)	r. Gasté	av. des Ch.-Elysées.
16	Chaillot (sent. de)	r. de la Glacière.	
13	Chainaillards (r. des)	r. Militaire.	
7	Chaise (r. de la)	r. de Gr.-S¹-Germain	r. de Sèvres.
17	Chalabre (r.)	av. de Clichy	r. de l'Entrepôt.
19	Chalabre (r.)	b. de la Villette	r. des Vertus.
12	Chalons (r. de)	r. de Rambouillet	b. Mazas.
13	Champ (r. du Petit-)	r. du Champ-de-l'Al	r. de la Glacière.
7	Champagny (r. de)	r Casimir-Périer	r. de Martignac.
14	Champ-d'Asile (r. du)	b. de Montrouge	ch. du Maine.
14	Ch. d'As. (r. Nᵉ-du-)	r. du Ch.-d'Asile	r. de la Pépinière.
13	Champ de l'Al. (r. du)	b. des Gobelins	r. de l'Ourcine.
10	Champs des Capuc. (r. du)	r. de la Santé.	
7	Ch.-de-Mars (av. du)	q. d'Orsay	av. de La Bourdon.
7	Ch.-de-Mars (r. du)	r. de l'Eglise	av. de La Bourdon.
1	Champs (r. C.-d.-P.-)	r. S¹-Honoré	pl. des Victoires.
16	Champs (r. des)	r. de Longchamp	r. de Lubeck.
20	Champs (r. des)	r. de Bagnolet	ch. des Partants.
3	Champs (r. des Pet.-)	r. Beaubourg	r. S¹-Martin.
1-2	Ch. (r. Nᵉ des-Petits-)	r. Nᵉ-des-B.-Enfants	r. de la Paix.
8	Champs-Élys. (av. d.)	pl. de la Concorde	ch. de l'Etoile.
8	Champs-Élys. (r. des)	av. Gabriel	pl. de la Concorde.
7	Chanaleilles (r. de)	r. Vanneau	r. Barbet-de-Jouy.
12	Chandelles (r. des 3)	r. des Quatre-Chem	r. Montgallet.
1-7	Change (p¹ au)	pl. du Châtelet	q. aux Fleurs.
4	Chanoinesse (r.)	r. du Cloître-N.-D	r. des Marmousets.
3	Chantier (r. du Gr.-)	r. des Vieilles-Haud	r. Pastourelle.
5	Chantiers (r. des)	r. des Fossés-S¹-Ber	r. du Cardinal-Lem.
4	Chantres (r. des)	q. Napoléon	r. Chanoinesse.
14	Chapelle (av. de la)	av. de la Santé	r. Nᵉ-de-la-Tombe-Is.
10-18	Chapelle (b. de la)	Gr. r. de la Chapelle	r. des Poissonniers.
10	Chapelle (r. de la)	r. de Lafayette	ch. des Vertus.
19	Chapelle (r. de la)	r. de Flandre	r. de la Villette.
1	Chapelle (r. d. la Sᵗᵉ-)	r. de la Barillerie	q. des Orfèvres.
3	Chapon (r.)	r. du Temple	r. S¹-Martin.
9	Chaptal (r.)	r. Pigalle	r. Blanche.
18	Charbonnière (r.)	b. de la Chapelle	r. de Jessaint.
15	Charbon. (ch. des)	r. Militaire	fortifications.
12	Char.-S¹-Ant. (r. des)	r. de Châlons	r. de Charenton.
5	Ch.-S¹-Marcel (r. des)	r. de l'Arbalète	r. des Bourguignons.
18	Charbon. (r. de la)	ch. des Poissonniers	ch. de la Procession.
19	Charente (q. de la)	gare Circulaire	à la Villette (anc.).
12	Charenton (b. de)	r. de Charenton	r. de Reuilly.
12	Charenton (ch. de)	r. de Charenton	r. de Reuilly.
12	Charenton (r. de)	pl. de la Bastille	ch. de Charenton.
12	Charenton (r. de)	b. de Charenton	fortifications.
4	Charlemagne (pass.)	r. Charlemagne	r. S¹-Antoine.
4	Charlemagne (r.)	r. S¹-Paul	r. des Non.-d'Hyères.

ARR.	VOIES PUBLIQUES.	TENANTS.	ABOUTISSANTS.
15	Charles (av. St-)	r. de Javel	fortifications.
7	Charles (cité St-)	r. St-Dominique.	
15	Charles (pass. St-)	r. Blomet	gr. r. de Vaugirard.
17	Charles (r. St-)	r. Truffault	r. Bénard.
18	Charles (r. St-)	r. de la Goutte-d'Or	r. des Couronnes.
17	Charles (r. St-)	r. de la Chaumière	r. de la Révolte.
14	Charles (r. St-)	r. de l'Ouest	r. St-Louis.
3	Charlot (r.)	r. des Quatre-Fils	b. du Temple.
14	Charlot (r.)	b. de Vanves	r. N°-du-Maine.
17	Charlot (r.)	b. de l'Étoile	r. de la Plaine.
11-20	Charonne (b. de)	r. de Montreuil	r. de Charonne.
11	Charonne (r. de)	r. du Faub.-St-Ant	ch. de Fontarabie.
19-20	Charonne (r. de)	r. de Bagnolet	r. des Bois.
12	Charpentier (ruelle)	ch. de Reuilly.	
5	Chartière (r.)	r. St-Hilaire	r. de Reims.
17	Chartres (r. de)	av. de Clichy	r. Lemercier.
18	Chartres (r. de)	b. de la Chapelle	r. de la Goutte-d'Or.
17	Chasseurs (av. des)	b. Péreire	dans les champs.
10	Chastillon (r.)	r. Grange-aux-Belles	ch. de la Chopinette.
12	Chât. (av. du Petit-)	r. Laroche	r. de Bercy.
20	Château (r. du)	r. des Écoles	r. de Paris.
14	Château (r. du)	r. Maison-Dieu	ch.-du-Maine.
8	Chateaubriand (r.)	r. de l'Oratoire	r. du Bel-Respiro.
10	Château-d'Eau (r. du)	r. de la Douane	r. du Faub.-St-Denis.
8	Château des Fleurs (r. du)	r. des Vignes	Champs-Élysées.
13	Chât. des Rent. (r. du)	b. d'Ivry	fortifications.
14	Ch.-du-Maine (r. du)	chaus. du Maine	r. de Vanves.
10	Chât.-Landon (r. de)	r. du Faub.-St-Mart	ch. des Vertus.
18	Chât.-rouge (pl. du)	r. Poulet	r. Levisse.
18	Château-rouge (r. du)	ch. de Clignancourt	r. Marcadet.
14	Chatelain (r.)	r. de l'Ouest	r. de Vanves.
1-4	Chatelet (pl. du)	q. de la Mégisserie	r. St-Denis.
14	Chatillon (r. de)	car. des 4 Chemins	fortifications.
5	Ch.-qui-pêche (r. du)	q. St-Michel	r. de la Huchette.
9	Chauchat (r.)	r. Rossini	r. de la Victoire.
19	Chaudière d'Enfer (r.)	r. de Crimée.	
10	Chaudron (r.)	r. du Faub.-St-Mart	r. de Château-Land.
20	Chaudron (r.)	r. des Amandiers	r. des Carrières.
3-4	Chaume (r. du)	r. des Blancs-Mant	r. des Vieilles-Haud.
17	Chaumière (r. de la)	r. des Dames	r. de la Révolte.
6	Chaum. (r. de la G-)	r. Notre D.-des-Ch	b. du Montparnasse.
19	Chaumont (cit. St-)	b. du Combat	Belleville (anc.).
19	Chaum. (r. du P.-)	r. des Alouettes	r. Leroy.
19	Chaumonts (r. des)	r. du Hussard	r. Chaudière.
10	Chausson (pass.)	r. du Ch.-d'Eau	r. des Marais.
8	Chauv.-Lagarde (r.)	pl. de la Madeleine	r. de la Madeleine.
14	Chauvelot (cit.)	ch. des Bœufs	Montrouge (anc.)
14	Chauvelot (r.)	r. du Géorama	pass. Léonidas.
17	Chazelles (r. de)	b. Malesherbes	b. de Courcelles.
13	Ch.-de-fer (av. du)	ch. de fer d'Orléans	r. du Chevaleret.
15	Chem.-de-fer (av. du)	b. des Fourneaux	ch. de la Gaîté.
18	Chem.-de-fer (r. du)	r. de la Tournelle	r. du Bon-Puits.
14	Chem.-de-fer (r. du)	r. de la Glacière	ch. de fer de Sceaux.
14	Chem.-de-fer (r. du)	anc. r. d'Orléans	r. du Chemin-Vert.
14	Chem.-de-fer (r. du)	b. des Fourneaux	r. de Vanves.
14	Chem.-des-Pl. (r. du)	r. Bénard	ch. des Bœufs.
12	Chemins (r. des 4)	ch. de r. de Charent	gr. r. de Reuilly.
16	Chem. de la Croix (r.)	r. de la Croix	r. de la Tour.
11	Chemin-vert (r. du)	b. de Beaumarchais	r. Popincourt.
14	Chemin-vert (r. du)	r. de la Tomb.-Is	fortifications.
12	Chem.-verts (r. des)	r. de Charenton	ch. des Meuniers.
12	Chem.-vicinal (r. du)	r. de Picpus	pl. du Trône.

PARIS NOUVEAU.

ARR.	VOIES PUBLIQUES.	TENANTS.	ABOUTISSANTS.
12	Chêne Vert (cour du)	r. de Charenton.	
16	Chenilles (sent. des)	r. de l'Assomption	r. du Ranelagh.
8	Cherbourg (galer. de)	r. de la Pépinière	r. de la Borde.
6-15	Cherche-midi (r. du)	carr. de la Cr.-Rouge	b. de Vaugirard.
14	Chereau (r.)	r. de la Butte aux Cailles.	
17	Cherroi (r.)	b. des Batignolles	r. des Dames.
2	Chérubini (r.)	r. de Chabanais	r. Ste-Anne.
11	Cheval-bl. (pas. du)	r. du Faub.-St-Ant	r. de la Roquette.
13	Chevaleret (r. du)	b. de la Gare	fortifications.
16	Cheval.-Buissard (r.)	r. de Versailles	r. Buissard.
20	Chevaliers (imp. des)	r. de Calais	Belleville (anc.).
5-13	Chevaux (marc. aux)	r. de Poliveau	b. de l'Hôpital.
5-13	Chev. (r. du-m.-aux)	b. de l'Hôpital	r. du Marché-aux-Ch.
5	Ch. (pas. du m.-aux-)	r. des Fos.-St-Marc	r. du March.-aux-Ch.
7	Chevert (Petite-r.)	av. de la Motte-Piq	r. Chevert.
7	Chevert (r.)	b. Latour-Maubourg	av. de Tourville.
20	Chevreau (r. Henri-)	r. de Ménilmontant	r. de la Mare.
6	Chevreuse (r. de)	r. N.-D.-des-Champs	b. du Montparnasse.
6	Childebert (r.)	r. d'Erfurth	r. Ste-Marthe.
20	Chine (r. de la)	r. des Partants	r. de Ménilmontant.
2	Choiseul (pass. de)	r. Ne-des-Pet.-Ch	r. Ne-St-Augustin.
2	Choiseul (r. de)	r. Ne-St-Augustin	b. des Italiens.
13	Choisy (route de)	b. d'Ivry	fortifications.
10-19	Chopinette (b. de la)	r. du Faub.-du-Tem	r. du Buis.-St-Louis.
10	Chopinette (ch. de la)	r. du Buisson-St-L	r. Grange-aux-Belles.
10	Chopinette (r. de la)	r. St-Maur	ch. de la Chopinette.
3	Choux (r. du Pt-aux-)	b. de Beaumarch	r. St-Louis.
6	Christine (r.)	r. des Gr.-Augustins	r. Dauphine.
4	Christophe (r. St-)	parvis Notre-Dame	r. de la Cité.
18	Cimetière (av. du)	b. de Clichy	cimetière.
14	Cimetière (av. du)	b. de Montrouge	cimetière.
12	Cimetière (r. du)	r. de Charenton	ch. des Meuniers.
16	Circulaire (r.)	b. de Passy	av. de la por. Maillot.
8	Cirque (r. du)	av. Gabriel	r. du Faub.-St-Hon.
6	Ciseaux (r. des)	r. Ste-Marguerite	r. du Four.
4	Cité (pont de la)	q. de l'Archevêché	q. Bourbon.
4	Cité (r. de la)	q. Napoléon	Petit-Pont.
16	Claire (r. Ste-)	pl. Possoz	r. de la Pompe.
3	Clairvaux (imp. de)	r. St-Martin.	
9	Clary (square)	r. Ne-des-Mathurins	r. St-Nicolas d'Antin.
17	Claude (r. St-)	r. de l'Arcade	r. de la Révolte.
3	Cl.-au-Mar. (imp. St-)	r. St-Claude.	
3	Cl.-au-Marais (r. St-)	b. de Beaumarchais	r. St-Louis.
2	Cl.-Bon.-Nou. (r. St-)	r. Ste-Foy	r. de Cléry.
2	Cl.-Montm. (imp. St-)	r. Montmartre.	
5	Clef (r. de la)	r. d'Orléans	r. de Lacépède.
6	Clément (r.)	r. de Seine	r. Mabillon.
2	Cléry (r. de)	r. Montmartre	r. Beauregard.
17	Clichy (av. de)	G.-r. des Batignolles	fortifications.
9-18	Clichy (b. de)	r. Blanche	r. de Clichy.
8	Clichy (ch. de ronde)	r. de Clichy	r. de Constantinople.
9	Clichy (r. de)	r. St-Lazare	bar. Clichy.
18	Clignancourt (ch. de)	b. Rochechouart	r. Marcadet.
20	Cloche (sent. de la)	r. des Champs	Charonne (anc.).
4	Cloche-Perche (r.)	r. St-Antoine	r. du Roi-de-Sicile.
5	Clopin (imp.)	r. Descartes.	
5	Clopin (r.)	r. des Fos.-St-Victor	r. d'Arras.
16	Clos (r. des)	r. de la Municipalité	r. Boileau.
20	Clos (r. du)	r. Courat	r. St-Germain.
5	Clos-Bruno (r.)	r. des Carmes	r. de la M.-Ste-Genev.
15	Clos Feutière (pass. du)	r. St-Lambert.	
1	Clos Georgeau (r. du)	r. de la F.-Molière	r. Ste-Anne.

ARR.	VOIES PUBLIQUES.	TENANTS.	ABOUTISSANTS.
5	Clotaire (r.)	pl. Ste-Geneviève	r. des Fos.-St-Jacq.
15	Clotilde (r.)	r. Clovis	r. de la Vieille-Estr.
16	Cloud (av. de St-)	pl. de l'Arc-de-Tr	porte de la Muette.
6	Cloud (porte de St-)	r. de la Reine	r. de Versailles.
15	Clovis (r.)	r. des Fos.-St-Victor	r. Clotilde.
8	Cloys (r. des)	r. du Ruisseau	Carrières.
5	Cluny (r. de)	r. des Poirées	r. Soufflot.
4	Cocatrix (r.)	r. de Constantine	r. des Trois-Canettes.
13-8	Coches (cour des)	r. de la Madeleine	r. du F.-St-Honoré.
15	Cochin (r.)	r. Pascal	r. de Lourcine.
4	Cœur-de-Vé (imp.)	r. d'Orléans	Montrouge (anc.).
2	Colbert (gal.)	r. Ne-des-Pet.-Ch	r. Vivienne.
2	Colbert (pass.)	r. Ne-des-Pet.-Ch	gal. Colbert.
2	Colbert (r.)	r. Vivienne	r. de Richelieu.
5	Colbert (r. de l'Ilôt.-)	q. de Montebello	r. Galande.
4	Coligny (r. de)	q. Henri IV	b. Morland.
18	Colisée (r. du)	av. des Ch.-Elysées	r. du Faub.-St-Hon.
5-15	Collége (r. du)	r. Notre-Dame	Gr.-r. de Vaugirard.
13	Collégiale (pl. de la)	r. des F.-B.-St-Marc	r. Pierre-Lombard.
9	Colmar (r. de)	r. de Marseille	q. de la Marne.
4	Colombe (r. de la)	q. Napoléon	r. Chanoinesse.
6	Colombier (r. du V.)	r. Bonaparte	r. du Cherche-Midi.
13	Colonne (r. de la)	la Bièvre	la Bièvre.
2	Colonnes (r. des)	r. des Filles-St-Th	r. Feydeau.
10-19	Combat (b. du)	r. du Buisson-St-L	r. Grange-aux-Belles.
10	Combat (ch. du)	r. Grange-aux-Belles	r. de la Butte-Chaum.
6	Coméd. (r. de l'anc.-)	r. de Buci	r. de l'École-de-Méd.
7	Comète (r. de la)	r. St-Dominique	r. de Grenelle.
14	Commandeur (av. du)	r. Ne de la Tomb.-Is.	ch. de Servitude.
12	Commerce (r. du)	pl. de l'Église	r. de Charenton.
15	Commerce (r. du)	b. de Grenelle	r. des Entrepreneurs.
6	Commerce (c. du)	pas. du Commerce	r. de l'Ancien. Com.
6	Commerce (p. du)	r. St-André-des-Arts	r. de l'École-de-Méd.
18	Compoint-Grumy (pass.)	r. Neuve-Charbonnière.	
20	Communes (pl. des 5)	r. de Bagnolet	r. de Romainville.
1-8	Concorde (pl. de la)	jardin des Tuileries	Champs-Élysées.
7-8	Concorde (pt de la)	q. des Tuileries	q. d'Orsay.
6	Condé (r. de)	r. de l'Odéon	r. de Vaugirard.
8	Conférence (q. de la)	pt de la Concorde	pt de l'Alma.
9	Conservatoire (r. du)	r. Bergère	r. Richer.
4	Constantine (r. de)	r. d'Arcole	pl. du Pal. de justice.
20	Constantine (r. de)	b. des Couronnes	r. des Couronnes.
18	Constantine (r. de)	r. des Cinq-Moulins	r. des Poissonniers.
14	Constantine (r. de)	r. de Médéah	r. du Transit.
4-5	Constantine (pt de)	q. de Béthune	q. St-Bernard.
18	Constantine (imp. de)	b. Pigalle	Montmartre (anc.).
8	Constantinople (r. de)	pl. d'Europe	r. du Rocher.
3	Conté (r.)	r. Montgolfier	r. de Breteuil.
6	Conti (imp. de)	q. de Conti	
6	Conti (q. de)	r. Dauphine	q. Malaquais.
1	Contrat-Social (r. du)	r. de la Tonnellerie	r. des Prouvaires.
12	Contrescarpe (b.)	q. de la Râpée	r. de Lyon.
6	Contresc.-Dauph. (r.)	r. Dauphine	r. St-André des Arts.
5	Contrescarpe-St-M.(r.)	r. des F.-St-Victor	r. Ne-Ste-Geneviève.
15	Copreau (r.)	r. Blomet	r. de Vaugirard.
1	Coq-Héron (r. du)	r. Coquillière	r. Pagevin.
4	Coq-St-Jean (imp. du)	r. de la Verrerie	
9	Coquenard (cité)	r. Neuve-Coquenard.	
9	Coquenard (r. Ne-)	r. Lamartine	r. de la Tour-d'Auv.
1	Coquillière (r.)	r. du Four	r. Croix-des-P.-Ch.
10	Corbeau (r.)	r. Bichat	r. St-Maur.
1	Corby (pass.)	r. de Montpensier	r. de Richelieu.

ARR.	VOIES PUBLIQUES.	TENANTS.	ABOUTISSANTS.
13	Cordelières (r. des)	r. Pascal	r. du Ch.-de-l'Al.
14	Corderie (imp. de la)	r. de Châtillon	Montrouge (anc.)
3	Corderie (p. r. de la)	pl. de la Rot.-du-T.	pl. de la Corderie.
3	Corderie (pl. de la)	r. de la Corderie	r. Dupetit-Thouars.
1	C.-St-H. (imp. de la)	pl. du Marc.-St-Hon.	
1	Cord.-St-H. (r. de la)	r. St-Roch	pl. du Marc.-St-Hon.
5	Cordiers (r. des)	r. St-Jacques	r. de Cluny.
16	Corneille (imp.)	av. Despréaux	Auteuil (anc.).
6	Corneille (r.)	pl. de l'Odéon	r. de Vaugirard.
13	Cornes (r. des)	r. du Banquier	r. des Fos.-St-Marcel.
13	Corvisart (pass.)	r. St-Paul	
1	Cossonnerie (r. de la)	r. de Sébastopol	r. des Halles Centr.
12	Côte-d'Or (r. de la)	r. de Bordeaux	r. de Bourgogne.
12	Cotte (r.)	r. de Charenton	r. du Faub.-St-Ant.
18	Cottin (pass.)	ch. de Clignancourt	r. de la Fontenelle.
14	Couesnon (r.)	r. de Vanves	r. du Château.
13	Chemin de la coupe des Terres au Curé	r. Militaire	r. de la Croix-Rouge.
20	Courat (r.)	ch. de Ceinture	Charonne (anc.).
1	Courbaton (imp.)	r. de l'Arbre-Sec	
8-17	Courcelles (b. de)	r. de Courcelles	r. du Faub.-St-Hon.
8	Courcelles (ch. de)	r. de Courcelles	r. du Faub.-St-Hon.
8	Courcelles (r. de)	r. de la Pépinière	ch. de Courcelles.
17	Courcelles (r. de)	b. de Courcelles	r. de la Révolte.
11-20	Couronnes (b. des)	r. de Ménilmontant	r. des 3 Couronnes.
11	Couronnes (ch. des 3)	r. des Trois-Cour.	r. de l'Orillon.
20	Couronnes (imp. des)	r. des Couronnes	Belleville (anc.).
20	Couronnes (r. des)	b. de Belleville	r. de Ménilmontant.
18	Couronnes (r. des)	r. de Jessaint	r. des Poissonniers.
11	Cours (r. des Trois-)	r. St-Maur	ch. de Ménilmontant.
3-13	C.-St-M. (r. des 3.)	r. Mouffetard	r. St-Hippolyte.
1	Courtalon (r.)	r. St-Denis	pl. Ste-Opportune.
7	Courty (r.)	r. de Lille	r. de l'Université.
4	Coutellerie (r. de la)	av. Victoria	r. de Rivoli.
3	Coutures-St-Gerv. (r.)	r. de Thorigny	r. Vieille-du-Temple.
6	Crébillon (r. de)	r. de Condé	pl. de l'Odéon.
9	Crétet (r.)	r. Bochart-de-Saron	r. Beauregard-des-M.
4	Crillon (r. de)	b. Morland	r. de l'Orme.
19	Crimée (r. de)	r. de Beaune	r. d'Allemagne.
2	Croissant (r. du)	r. du Sentier	r. Montmartre.
16	Croix (r. de la)	r. de la Fontaine	sent. de la Fontaine.
12	Croix (r. de la)	ch. des Meuniers	ch. de la Cr. Rouge.
16	Croix (r. de la)	rond-p. de Longch.	r. de la Pompe.
16	Croix (r. N^e de la)	r. de la Croix	r. de la Tour.
16	Cr.-Boissière (imp.)	r. de Longchamp	
16	Cr.-Boiss. (r. de la)	r. de Longchamp	ch. des Bassins.
4	Cr.-de-la-Br. (r. S^{te}-)	r. Vieille-du-Temple	r. du Temple.
4	Cr.-de-la-Br. (p. S^{te}-)	r. Ste-Croix-de-la-Br.	r. des Billettes.
18	Cr.-de-l'E. (ch. de la)	ch. d'Aubervilliers	r. des Rosiers.
1	Cr.-des-P.-Champs	r. Saint-Honoré	place des Victoires.
8	Cr-du-Roule (r. de la)	r. du Faub.-St-Hon.	r. de Courcelles.
4	C.-en-la-Cité (r. S^{te}-)	r. Gervais-Laurent	r. de Constantine.
15	Croix Jarry (ch. de la)	ch. du Liégat	fortifications.
15	Croix-Niv. (r. de la)	pl. d. la b. de l'École	r. de Sèvres.
6	Croix-Rouge (carr.)	r. du Four	r. de Sèvres.
12	Croix-Rouge (r. de la)	b. de Reuilly	fortifications.
13	Croix-Rouge (r. de la)	r. du Chevaleret	r. du Ch.-des-Rent.
13	Croulebarbe (r)	r. Mouffetard	r. du Champ-de-l'Al.
11	Crussol (pass.)	r. de Ménilmontant	r. Crussol.
11	Crussol (r.)	b. du Temple	r. Folie-Méricourt.
16	Cuissard (r.)	av. de Boulainvilliers	r. Molière.
4	Cult.-Ste-Catherine	r. de Rivoli	r. du Parc-Royal.

GUIDE PRATIQUE. — DICTIONNAIRE GÉNÉRAL DES RUES. 219

ARR.	VOIES PUBLIQUES.	TENANTS.	ABOUTISSANTS.
15	Cunette (ch. de la)	q. d'Orsay	r. Dupleix.
16	Cure (sent. de la)	r. de l'Assomption.	
18	Cure (r. de la)	pl. de l'Abbaye.	r. de l'Empereur.
18	Curé (r. du)	Gr. r. de la Chapelle	imp. du Nord.
5	Cuvier (r.)	q. St-Bernard	r. Geof.-St-Hilaire.
1	Cygne (r. du)	r. St-Denis	r. de Mondétour.

D

2	Dalayrac (r.)	r. Méhul	r. Monsigny.
17	Dames (r. des)	Gr. r. des Batignolles	r. de Lévis.
18	Dames (r. des)	r. de l'Empereur	r. du Ch.-des-Dames.
17	Dames (r. des)	av. des Ternes	r. de Courcelles.
18	Dam. (r. du ch.-des-)	r. des Dames	av. de St-Ouen.
7	D. de la Vis. (r. des)	r. de Grenelle	pass. Ste-Marie.
2	Damiette (r. de)	cour des Miracles	r. de Bourbon-Villen.
11	Damoye (pass.)	pl. de la Bastille	r. Daval.
18	Danger (imp.)	Ch. latéral au ch. de fer de ceinture.	
8	Dany (imp.)	r. du Rocher.	
14	Dareau (r.)	boulevard de la Santé.	
1	Dauphin (r. du)	r. de Rivoli	r. St-Honoré.
6	Dauphine (r.)	q. des Grands-Aug.	r. St-André-des-Arts.
1	Dauphine (pl.)	r. du Harlay	pl. du Pont-Neuf.
6	Dauphine (pass.)	r. Dauphine	r. Mazarine.
16	Dauphine (av.)	rond-pt de la Plaine	av. de l'Impératrice.
11	Daval (r.)	b. de Beaumarchais	r. de St-Sabin.
17	Débarcadère (r. du)	r. Ste-Marie	b. Pereire.
1	Déchargeurs (r. des)	r. de Rivoli	r. St-Honoré.
2	Degrés (r. des)	r. Beauregard	r. de Cléry.
5	Degrés (r. d. Grands)-	r. Maitre-Albert	pl. Maubert.
18	Dejean (r.)	r. des Poissonniers	ch. de Clignancourt.
8	Delaborde (pl.)	r. du même nom.	
8	Delaborde (r.)	r. du Rocher	r. de Miromesnil.
18	Delacroix (pass.)	r. des Carrières	av. de St-Ouen.
20	Delaitre (r.)	r. des Panoyaux	r. de Ménilmontant.
14	Delambre (r.)	b. d'Enfer	r. du Montparnasse.
11	Delatour (r.)	r. des Fossés-du-T.	r. de la Folie-Méric.
11	Delaunay (imp.)	r. de Charonne.	
15	Delécourt (av.)	r. Violet	Grenelle (anc.).
19	Delesse (r.)	r. St-Laurent	r. Neuve-Fessart.
16	Delessert (r. Benj.)	ch. Ste-Marie	carret. de la Montag.
1	Delorme (gal.)	r. de Rivoli	r. St-Honoré
9	Delta (r. du)	r. du Faub.-Poisson.	r. Rochechouart.
18	Demi-Lune (pl. de la)	Grand'-Rue	à la Chapelle.
16	Demi-Lune (r. de la)	r. de Billancourt	route de Versailles.
17	Demours (r.)	r. de la Chaumière	r. de Courcelles.
10	Denain (r. de)	b. de Magenta	r. de Dunkerque.
16	Denis (av. de St-)	b. de Longchamp	av. de la pte-Maillot.
2-3-10	Denis (b. St-)	r. St-Martin	r. St-Denis
10	Denis (ch. de r. St-)	r. du Faub.-St-Denis	r. du Faub.-Poissonn.
19	Denis (r. basse St-)	r. des Prés	r. de la Villette.
10	Denis (r. du Fg.-St-)	b. de Bonne-Nouvelle	ch. de St-Denis.
2-3	Denis (r. Neuve-St-)	r. St-Martin	r. St-Denis.
19	Denis (r. Neuve-St-)	r. d'Allemagne	q. de la Marne.
1-2	Denis (r. St-)	pl. du Châtelet	b. de Bonne-Nouvelle
19	Denis (r. St-)	r. de Paris	r. des Prés.
18	Denis (r. St-)	ch. de la Chardonnière	r. Marcadet.
19	Denis (r. St-)	r. de Flandre	ch. de St-Ouen.
11	Denis-F.-St-A. (r. St-)	r. du Faub.-St-Antoine	r. de Montreuil.
20	Dénoyez (r.)	r. de Paris	r. de l'Orillon.
18-19	Département (r. du)	r. de l'Isly	Grande-R. de la Chap.

ARR.	VOIES PUBLIQUES.	TENANTS.	ABOUTISSANTS.
19	Dépotoir (imp. du)	r. d'Allemagne	Dépotoir.
19	Dépotoir (r. du)	r. de Meaux	r. d'Allemagne.
15	Dervilliers (r.)	r. du Champ-de-l'Al...	r. des Anglaises.
4	Desaix (q.)	pt Notre-Dame	pt au Change.
15	Desaix (r.)	av. de Suffren	ch. de Grenelle.
15	Desanges (pass.)	r. de la Glacière	r. de la Santé.
5	Descartes (r.)	r. de la Mont.-Ste-G...	r. des Fossés-St-Vict.
20	Deschamps (pass.)	b. des Couronnes	r. du Pressoir.
17	Descombes (r.)	r. de Louvain	route de la Révolte.
8-9	Desèze (r.)	r. Basse-du-Remp	pl. de la Madeleine.
17	Desgranges (r.)	b. de Courcelles	r. Desrenaudes.
10	Désir (pass. du)	r. du Faub.-St-Mart	r. du Faub.-St-Denis.
13	Désirée (imp.)	r. du Moulin des Prés.	
16	Despréaux (av.)	r. Boileau	av. Molière.
14	Desprez (r.)	r. de Constantine	r. de l'Ouest.
17	Desrenaudes (r.)	b. de Courcelles	r. des Dames.
1	Devarenne (r.)	r. des Deux-Ecus	r. de Viarme.
18	Diard (r.)	r. Marcadet	r. de la Butte.
16	Didier (r. St-)	av. de St-Denis	av. de St-Cloud.
17	Dier (pass.)	av. de Clichy	ch. des Bœufs.
17	Docteur (r. du)	ch. des Bœufs	fortifications.
16	Dôme (r. du)	r. du Bel-Air	av. de St-Cloud.
5	Dominique (imp. St-)	r. Royer-Collard.	
7	Dominiq.-St-G. (r. St-)	r. des Sts-Pères	av. La Bourdonnaye.
15	Doré (cité)	pl. de la barr. d'Ivry.	
16	Dormesson (r.)	r. du Val-Ste-Cather	r. Culture-Ste-Cath.
4	Dosne (r.)	r. de la Pompe	av. Dauphine.
9	Douai (r. de)	r. Pigalle	ch. la barr. Blanche.
10	Douane (r. de la)	r. de Bondy	q. de Valmy.
4-5	Double (pt au)	q. de l'Archevêché	q. de Montébello.
18	Doudeauville (r.)	Grande-Rue de la Ch.	r. des Poissonniers.
6	Dragon (cour du)	r. de l'Egout	r. du Dragon.
6	Dragon (r. du)	grande rue Taranne	r. du Four.
19	Drouin-Quintaine (r.)	r. de Meaux	b. la Butte-Chaum.
19	Drouot (r.)	b. Montmartre	r. de Provence.
20	Dubois (imp.)	r. du Pressoir	Belleville (anc.).
19	Dubois (pass.)	r. du Dépotoir	la Villette (anc.).
6	Dubois (r. Antoine-)	pl. de l'Ecole-de-Méd	r. Monsieur-le-Prince
4	Ducolombier (r.)	r. St-Antoine	r. Dormesson.
20	Duée (r. de la)	r. de Calais	r. des Pavillons.
6	Duguay-Trouin (r.)	r. de l'Ouest	r. de Fleurus.
15	Duguesclin (r.)	r. de Bayard	r. Dupleix.
15	Dulac (pass.)	r. de Vaugirard	r. des Fourneaux.
9-10	Dunkerque (r. de)	pass. de La Fayette	r. Rochechouart.
19	Dunkerque (r. de)	pl. de Lille	q. de la Gironde.
9	Duperré (r.)	pl. de la B.-Montm	r. Fontaine.
5	Dupetit-Thouars (r.)	pl. de la Rot.-du-T	r. du Temple.
1-8	Duphot (r.)	r. St-Honoré	b. de la Madeleine.
15	Dupleix (pl.)	r. de ce nom.	
15	Dupleix (r.)	av. Suffren	ch. de l'Ecole-Milit.
16	Dupont (r.)	r. Basse-St-Pierre	r. de Chaillot.
3	Dupuis (r.)	r. Dupetit-Thouars	r. Vendôme.
6	Dupuytren (r.)	r. de l'Ecole-de-Méd	r. Monsieur-le-Prince
18	Durantin (r.)	r. du Vieux-Chemin.	
8	Duras (r. de)	r. du Faub.-St-Hon	r. Marché-d'Agness.
20	Duris (r.)	r. des Amandiers	r. des Cendriers.
7	Duroc (r.)	b. des Invalides	pl. de Breteuil.
15	Dutot (r.)	rond-pt des Tournell	Vaugirard (anc.)
7	Duvivier	r. de Grenelle	av. de la Mothe-Piquet

GUIDE PRATIQUE. — DICTIONNAIRE GÉNÉRAL DES RUES. 221

E

ARR.	VOIES PUBLIQUES.	TENANTS.	ABOUTISSANTS.
16	Eaux (pass. des)......	route de Versaille.....	Passy (anc.)
7	Eblé (r.)............	b. des Invalides......	av. de Breteuil.
3-4	Echarpe (r. de l')......	pl. Royale............	r. du Val-St-Cather.
5	Echaudé au Marais r....	r. Vieille-du-Temple....	r. de Poitou.
6	Echaudé-St-G. (r.)......	r. de Seine...........	pl St-Marguerite.
1	Echelle (r. de l').......	r. de Rivoli..........	r. St-Honoré.
5	Echiquier (imp. de l')...	r. du Temple.	
10	Echiquier (r. de l').....	r. du Faub.-St-Denis...	r. du Faub.-Poissonn.
9	Ecole (imp. de l')......	r. Neuve-Coquenard.	
1	Ecole (pl. de l'.......	q. de l'Ecole.........	r. d. Prêt.-St-G.-l'Aux.
1	Ecole (q. de l')........	pt Neuf..............	q. du Louvre.
15	Ecole (r. de l'........	pl. de la barr. de l'Ec...	gr. r. de Vaugirard.
6	Ecole-de-Médec. (r.)..	b. Sébastopol.........	r. de Buci.
6	Ecoc-de-Médec. (pl.)...	r. de l'Ecole-de-Méd...	r. A.-Dubois.
5	Ecole-Polyt. (pl.de l')...	r. Descartes..........	r. de la Me-Ste-Genev.
5	Ecole-Polyt. (r. de l')...	r. des Sept-Voies.....	r. de la Me-Ste-Genev.
5	Ecoles r. des)........	r. St-Nicolas-du-Ch....	b. de Sébastopol.
20	Ecoles (r. des)........	pl. de la Réunion.....	r St-Germain.
5	Ecosse (r. d').........	r. St-Hilaire..........	r du Four.
4	Ecouffes (r. des).......	r. du Roi-de-Sicile....	r. des Rosiers.
8	Ecuries-d'Artois (r.)....	r. d'Angoulême-St-H...	r. du Faub.-St-Hon.
10	Ecuries (r. d. Petites)....	r. du Faub.-St-Denis...	r. du Faub.-Poisson
10	Ecuries (cour Petit.)....	r. du Faub.-St-Denis...	r. d'Enghien.
1	Ecus (r. des Deux).....	r. des Prouvaires.....	r. de Grenelle.
17	Eglise (petite r. de l')....	r. des Dames.........	Batignolles (anc.)
17	Eglise (pl. de l').......	r. de l'Eglise.........	Batignolles (anc.)
19	Eglise (pl. de l').......	r. de Paris...........	Belleville (anc.).
12	Eglise (pl. de l').......	r. de Bercy..........	r. du Commerce.
18	Eglise (pl. de l').......	grande r. de la Chap...	La Chapelle (anc.)
15	Eglise (pl. de l').......	r. Blomet............	Vaugirard (anc.)
19	Eglise (pl. de l').......	r. de Bordeaux.......	Villette anc.)
7	Eglise (r. de l')........	r. St-Dominique......	av. de la Motte-Piquet
17	Eglise (r. de l')........	r. de la Paix.........	Batignolles (anc.).
15	Eglise (r. de l')........	r. St-Louis...........	Grenelle (anc.)
13	Eglise (r. de l')........	b. de la Gare........	Ivry (anc.)
16	Eglise (r. de l')........	r. Basse.............	Passy (anc.)
15	Eglise (r. de l')........	r. St-Nicolas.........	gr. r. de Vaugirard.
12	Eglise (ruelle de l').....	r. de la Voûte-du-C...	fortifications.
16	Eglise (r. Nve-de-l').....	Grande-r. de Passy...	r. de l'Eglise.
10	Egout (imp. de l')......	r. du Faub.-St-Mart.	
6	Egout (r. de l')........	r. Ste Marguerite.....	r. du Four.
16	Egout (r. de l')........	route de Versailles....	r. de la Municipalité.
5	Elisabeth (r. Ste-)......	r. des Fontaines......	r. du Vertbois.
17	Elisabeth (r. Ste)......	av. St-Ouen..........	r. Balagny.
18	Elysée (av. de l')......	b. Pigalle............	r. des Beaux-Arts.
8	Emery (pass.).........	r. de Courcelles.	
16	Empereur (avenue de l')	pl. du roi de Rome.	
16	Empereur (b. de l')....	q. Billy.	
18	Empereur (r. de l').....	b. Pigalle...........	r. du Vieux-Chemin.
15	Enfant-Jésus (imp.)....	r. de Vaugirard.	
3	Enf.-Rouges(marché)....	r. de Bretagne.	
3	Enfants-Rouges (r.)....	r. Pastourelle........	r. Portefoin.
5-6-14	Enfer (r. d')...........	r. Soufflot...........	b. d'Enfer.
14	Enfer (b. d')..........	b. du Mont-Parnasse...	r. d'Enfer.
14	Enfer (ch. d').........	b. d'Enfer...........	r. Delambre.
10	Enghien (r. d')........	r. du Faub.-St-Denis...	r. du Faub.-Poissonn
19	Entrepôt (imp. de l')....	r. d'Aubervilliers.....	Villette (anc.)
10	Entrepôt (pass. de l')....	r. des Marais........	r. de l'Entrepôt.

PARIS NOUVEAU.

ARR.	VOIES PUBLIQUES.	TENANTS.	ABOUTISSANTS.
10	Entrepôt (r. de l')	r. du Faub.-du-Temp.	r. de Lancry.
17	Entrepôt (r. de l')	r. Cardinet	fortifications.
15	Entrepôt (r. de l')	q. de Grenelle	r. de Grenelle.
19	Entrepôt (r. de l')	r. de l'Isly	r. d'Aubervilliers.
15	Entrepreneurs (r. des)	q. de Javel	r. de la Croix-Nivert.
15	Entrepreneurs (pass.)	pl. de la Mairie	r. des Entrepreneurs.
20	Envierges (r. des)	r. Piat	r. de la Mare.
5	Epée-de-Bois (r. de l')	r. Gracieuse	r. Mouffetard.
6	Eperon (r. de l')	r. St-André-des-Arts	r. du Jardinet.
6	Erfurth (r. d')	égl. St-Germ.-des-Prés	r. Ste-Marguerite.
20	Ermitage (r. de l')	r. de Ménilmontant	r. St-Martin.
4	Ermites (r. des Deux-)	r. des Marmousets	r. de Constantine.
18	Ernestine (r.)	r. Doudeauville	r. Marcadet.
5	Essai (r. de l')	r. Poliveau	marché aux Chevaux.
5-6	Est (r. de l')	r. d'Enfer	carrefour de l'Observ.
4	Estacade (pont)	q. Henri IV.	q. de Béthune.
1	Estienne (r.)	r. Boucher	r. de Rivoli.
5	Estrapade (r. Vlle-)	r. Nve-Ste-Geneviève	r. des Postes.
7	Estrées (r. d')	b. des Invalides	pl. de Fontenoi.
17	Etienne (r. St)	r. des Dames	r. Cardinet.
2	Etienne (r. Neuve-St-)	r. Beauregard	b. de Bonne-Nouvelle.
5	Etienne-des-G. (r. St)	pl. Ste-Geneviève	r. St-Jacques.
5	Et.-du-M (r. d. P.-St)	r. Descartes	r. de la Mont.-Ste-G.
5	Et.-du-M. (r. Nve-St-)	r. de Lacépède	r. de la Contrescarpe.
8-17	Etoile (b. de l')	b. Malesherbes	pl. de l'Arc-de-Triom.
16	Etoile (ch. de r. de l')	pl. de l'Arc-de-Triom.	r. du ch. de Versaill.
17	Etoile (cité de l')	pl. de l'Arc-de-Triom.	r. des Acacias.
2	Etoile (imp. de l')	r. Thévenot	
4	Etoile (r. de l')	q. des Ormes	r. de l'Hôtel-de-Ville.
17	Etoile (r. de l')	b. de l'Etoile	r. des Acacias.
1	Etuves-St-H. (r. Vlle-)	r. St-Honoré	r. des Deux-Ecus.
4	Etuves-St M. (r. Vlle-)	r. Beaubourg	r. St-Martin.
15	Eugénie (av. Ste-)	r. des Vignes	Vaugirard.
8	Europe (pl. d')	r. de Berlin	r. de Londres.
1	Eustache (imp. St-)	r. Montmartre	
2	Eustache (r. Nve-St-)	r. Montmartre	r. d. Petits-Carreaux.
1	Evêque (r. de l')	r. des Frondeurs	r. des Orties.
19	Evette (r.)	r. de Thionville	

F

16	Faisanderie (av. de la)	av. de St-Cloud	av. Dauphine.
20	Fargeau (r. St-)	r. de Charonne	fortifications.
19	Faucheux (pass. des)	r. de Paris	r. St-Laurent.
4	Fauconnier (r. du)	r. du Figuier	r. Charlemagne.
18	Fauvet (pass.)	r. des Couronnes	r. Cavé.
18	Fauvet (r.)	r. des Carrières	va. de St-Ouen.
2	Favart (r.)	r. Grétry	b. des Italiens.
15	Favorites (r. des)	r. de Vaugirard	rond-pt des Tourn.
6	Fébibien (r.)	r. Clément	r. Lobineau.
17	Félicité (r. de la)	route d'Asnières	r. de la Santé.
4	Femme-Sans-Tête (r.)	r. St-Louis	q. de Bourbon.
9	Fénelon (pass.)	r. Nve-des-Martyrs	r. de la Tour-d'Auv.
10	Fénelon (r.)	r. d'Abbeville	r. de Belzunce.
15	Fenoux (r.)	pl. de l'Eglise	r. Groult d'Arcy.
2	Fer (gal. de)	r. de Choiseul	b. des Italiens.
	Fer à-Moulin (r. du)	r. des Fossés-St-Marc.	r. Mouffetard.
11	Ferdinand (r.)	r. des Trois-Couronn.	r. de l'Orillon.
17	Ferdinand (r. St-)	av. des Ternes	av. de la Porte-Mail.
17	Ferdinanville (r.-pt)	r. Ste-Marie	r. St-Ferdinand.
15	Ferme (r. de la)	avenue Suffren	

GUIDE PRATIQUE. — DICTIONNAIRE GÉNÉRAL DES RUES. 225

ARR.	VOIES PUBLIQUES.	TENANTS.	ABOUTISSANTS.
20	Ferme (c. de la)	r. de Paris	Belleville (anc.).
8-9	Ferme-des-Math. (r.)	r. Saint-Nicolas	r. Basse-du-Rempart.
1	Fermes (pass. l'Hôt.)	r. de Grenelle-S¹-H	r. du Bouloi.
17	Fermiers (r. des)	route d'Asnières	r. de la Santé.
6	Férou (r.)	pl. S¹-Sulpice	r. de Vaugirard.
6	Férou (imp.)	r. Férou.	
1	Ferronnerie (r. de la)	r. S¹-Denis	r. des Déchargeurs.
1	Fers (r. aux)	r. S¹-Denis	r. de la Lingerie.
19	Fessart (imp.)	r. Fessart.	
19	Fessart (r.)	r. de la Villette	r. de Meaux.
15	Feugnières (ruelle)	r. S¹-Lambert	r. Notre-Dame.
5	Feuillantines (r. des)	r. de l'Arbalète	r. S¹-Jacques.
10	Feuillet (pass.)	r. des Ecluses-S¹-M	q. Valmy.
18	Feutrier (r.)	r. S¹-André	r. Muller.
2	Feydeau (r.)	r. Montmartre	r. de Richelieu.
4	Fiacre (imp. S¹-)	r. S¹-Martin.	
2	Fiacre (r. S¹-)	r. des Jeûneurs	b. Poissonnière.
15	Fiacre (r. S¹-)	b. de Sèvres	r. de l'Ecole.
10	Fidélité (place de la)	r. de la Fidélité.	
10	Fidélité (r. de la)	r. du Faub.-S¹-Mart	r. du Faub.-S¹-Denis.
4	Figuier (r. du)	r. de l'Hôtel-de-Ville	r. Charlemagne.
10	Filles-Dieu (imp. des)	b. Bonne-Nouvelle.	
2	Filles-Dieu (r. des)	r. S¹-Denis	r. de Bourb.-Villen.
3	Filles-du-Calv. (r.)	r. Saint-Louis	b. des Filles-du-Calv.
3-11	Filles-du-Calv. (b.)	r. du Pont-aux-Choux	r. Ménilmontant.
2	Filles-S¹-Thom.(r.des)	r. Vivienne	r. Richelieu.
18	Fillettes (r. des)	ch. de la Croix-de-l'E	r. du Pré-Maudit.
3	Fils (r. des Quatre-)	r. Vieille-du-Temple	r. du Chaume.
4	Flamel (r. Nicolas-)	q. de Gèvres	av. Victoria.
19	Flandre(r.et route de)	b. de la Villette	fortifications.
9	Fléchier (r.)	r. Ollivier	r. du Faub.-Montm.
17	Fleurs (cité des)	r. Balagny	Batignolles (anc.).
4	Fleurs (r.March-aux-)	r. de la Pelleterie	r. de Constantine.
4	Fleurs (quai aux)	pont Notre-Dame	pont au Change.
6	Fleurus (r. de)	jardin du Luxemb	r. N.-D.-des-Champs.
18	Fleury (r.)	b. de la Chapelle	r. de la Charbonnière
12	Fleury (imp. de)	b. de Reuilly	r. Raoul.
19	Florence (r. de)	r. Lauzin	Belleville (anc.)
1-8	Florentin (r. de S¹-)	pl. de la Concorde	r. S¹-Honoré.
19	Florentine (cité)	r. de la Villette	Belleville.
18	Florentine (r.)	b. Pigalle	r. de l'Empereur.
5	Foin (r. du)	r. Ch.-de-Minimes	r. S¹-Louis.
11	Folie-Méricourt (r.)	r. Ménilmontant	r. Fontaine-au-Roi.
11	Folie-Regnault (r.)	r. de la Muette	r. des Amandiers.
15	Fondary (imp.)	r. du Haut-Transit	Vaugirard (anc.).
15	Fondary (r.)	r. de Grenelle	r. de la Croix-Nivert.
15	Fondary (r.)	r. de Vaugirard	Vaugirard (anc.)
12	Fonds-Verts (r. des)	r. du Commerce	r. de Charenton.
9	Fontaine-S¹-Georg.(r.)	r. Chaptal	pl. de la b. Blanche.
5	Fontaine (r. de la)	r. d'Orléans	r. du Puits-l'Ermite.
16	Fontaine (r. de la)	route de Versailles	grande r. d'Auteuil.
20	Fontaine (r. de la)	r. de Charonne	r.de la Cour des Noues
16	Fontaine (r. de la)	r. de l'Eglise	r. Singer.
9	Fontaine (r. Neuve-)	r. Duperré	ch. de Montmartre.
13	F.-à-Mulard (r. de la)	Butte-aux-Cailles	r. du Pot-au-Lait.
11	Fontaine-au-Roi (r.)	r. du Faub.-du-Tem	r. S¹-Maur.
13	Fontainebleau (r. de)	b. d'Ivry	fortifications.
17	Font.-des-Tern. (r.)	r. de Louvain	fortifications.
18	Fontaine-du-But (r.)	r. des Brouillards	ch. des Bœufs.
1	Fontaine-Molière (r.)	r. S¹-Honoré	r. du Hasard.
18	Fontaine-S¹-Denis (r.)	r. des Brouillards	Montmartre (anc.).
1	Fontaines (cour des)	r. des Bons-Enfants	r. de Valois.

ARR.	VOIES PUBLIQUES.	TENANTS.	ABOUTISSANTS.
3	Fontaines (r. des).....	r. du Temple........	r. Volta.
17	Fontaines (r. des).....	r. Descombes......	r. de la Font.-d.-T.
5	Fontanes (r.)..........	b. St-Germain........	r. des Ecoles.
11-20	Fontarabie (b. de).....	r. de Charonne......	r. de la Roquette.
11	Fontarabie (ch. de)....	r. de Charonne......	r. de la Roquette.
20	Fontarabie (petite r.)....	r. du Château......	r. de St-Germain.
20	Fontarabie (r. de).....	r. de Paris...........	r. de la Voie-Neuve.
18	Fontenelle (r. de la).....	ch. de Clignancourt....	r. des Rosiers.
7	Fontenoi (pl. de).....	av. de Lowendal	
16	Fontis (ch. des).........	r. de l'Assomption.....	sentier de la Glacière
3	Forez (r. du)..........	r. Charlot...........	r. Beaujolais.
11	Forge-Royale (imp.).....	r. du Faub.-St-Ant.	
2	Forges (r. des)........	r. de Damiette......	pl. du Caire.
13	Fortin (avenue).........	r. de la Tripière......	route de Choisy.
8	Fortin (r.).............	r. de Ponthieu......	r. d. Ecuries-d'Artois
17	Fortin (r.).............	b. des Batignolles....	r. des Dames.
	Fossés (r.) *Voir le nom*....	*propre qui suit le mot*...	Fossés.
15	Fosse aux chev. (r. de la).	r. du Bel Air.	
5	Fouarre (r. du)........	r. de la Bûcherie....	r. Galande.
4	Fourcy-St-Antoine(r.)....	r. de Jouy...........	r. St-Antoine.
5	Fourcy-Ste-Genev. (r.)....	r. Mouffetard.......	r. de la Vve-Estrapade
15	Fourneaux (b. des).....	av. et ch. du Maine....	r. des Fourneaux.
15	Fourneaux (ch. des)....	r. des Fourneaux.....	r. de Vaugirard.
15	Fourneaux (ch. des)....	b. d'Issy...........	route du Transit
5	Fourneaux (pass. des)....	ch. des Fourneaux.....	r. de la Procession.
15	Fourneaux (r. des).....	r. de Vaugirard.......	ch. du Maine.
15	Fourneaux (r. des).....	route du Transit......	Vaugirard (anc.).
17	Fourniat (r.)..........	b. de Monceaux.....	r. de Chazelles.
19	Fournier (r.)..........	r. de Meaux........	r. d'Allemagne.
1	Fourreurs (r. des).....	r. des Lavandières....	r. des Déchargeurs.
19	Fours-à-Chaux (ch.)....	r. de Meaux........	r. Fessart.
6	Four-St-Germain (r.)....	r. Montfaucon......	carref. de la Croix-R.
1	Four-St-Honoré (r.)....	r. St-Honoré........	r. Viarmes.
5	Four-St-Jacques (r.)....	r. des Sept-Voies....	r. d'Ecosse.
2	Foy (r. Ste-)...........	r. des Filles-Dieu....	r St-Denis.
18	France-Nouvelle (r.)....	b. des Poissonniers....	pl. Belhomme.
2	François (pass. Roi-)....	r. St-Denis.	
3	François (r. Nve-St-)....	r. St-Louis-au-Marais....	r. Vieille-du-Temple.
8	François-Premier (p.)....	r. de Bayard........	r. Jean-Goujon.
8	François-Premier (r.)....	cours la Reine......	b. de l'Alma.
18	Francs-Bourgeois (r.)....	r. d'Aubervilliers.....	grande r. de la Chap.
3-4	Fr.-Bourg.-au-M. (r.)....	r. Pavée et l'ayenne....	r. Vieille-du-Temple.
5-13	Fr.-Bourg.-St-Marcel....	r.des Fossés-St-Marc....	p. de la Collégiale.
16	Franklin (ch.)..........	r. Benjamin-Delessert.	q. de Billy.
16	Franklin (r.)..........	b. de Longchamp.....	carref. de la Montag.
15	Frémicourt (r.)........	pl. de la barr. de l'Ec....	r. du Commerce.
3	Frépillon (pass.).......	pass. du Commerce....	r. Volta.
20	Fréquel (pass.)........	r. des Ecoles........	r. de Fontarabie.
18	Frères (ch. des Deux-)....	r. des Brouillards.....	Montmartre (anc.).
18	Frères (r. des Trois-)....	r. Léonie...........	r. Tholozé.
9	Frochot (r.)...........	r. Laval...........	r. Pigalle.
5	Fromentel (r.).........	r. Chartières........	r. du Cimetière-St-B.
1	Frondeurs (r. des).....	r. St-Honoré........	r. de l'Evêque.
13	Fulton (r.)............	q. d'Austerlitz.......	r. de la Gare.
6	Furstemberg (r.).......	r. Jacob...........	r. de l'Abbaye.

G

8	Gabriel (avenue).......	pl. de la Concorde.....	av. Matignon.
18	Gabrielle (r.)..........	pl. Nouvelle.........	r. du Vieux-Marché.
9	Gaillard (cité).........	r. Léonie...........	r. Blanche.

GUIDE PRATIQUE. — DICTIONNAIRE GÉNÉRAL DES RUES.

ARR.	VOIES PUBLIQUES.	TENANTS.	ABOUTISSANTS.
8	Gaillard (pass.)	av. Montaigne	r. Marbeuf.
2	Gaillon (r.)	r. Neuve-d.-P.-Ch.	r. Ste-Augustin.
15	Gaîté (ch. de la)	ch. des Fourneaux	r. du Chemin-de-Fer.
14	Gaîté (imp. de la)	r. de la Gaîté	Montrouge (anc.).
14	Gaîté (rue de la)	b. de Montrouge	ch. du Maine.
14	Gaîté (r. de la)	ch. du Maine	r. du Chemin-de-Fer.
5	Galande (r.)	pl. Maubert	r. St-Jacques.
16	Galiote (ch. de la)	q. d'Auteuil	route de Versailles.
12	Gallois (r.)	port de Bercy	r. de Bercy.
11	Gambey (r.)	r. de Ménilmontant	r. d'Angoulême.
6	Garancière (r.)	r. St-Sulpice	r. de Vaugirard.
18	Gardes (r. des)	r. des Couronnes	r. de Constantine.
13	Gare (b. de la)	q. d'Austerlitz	route de Choisy.
13	Gare (ch. de r. de la)	q. d'Austerlitz	pl. de la bar. d'Ivry.
13	Gare (q. de la)	pt de Bercy	fortifications.
13	Gare (r. de la)	ch. de r. de la Gare	b. de l'Hôpital.
17	Gare (r. de la)	r. de la Santé	r. Cardinet.
12	Gare (r. de la)	r. de Bercy	b. de Bercy.
18	Gare (r. de la)	r. du Nord	Gr.-Rue de la Chapelle
18	Garreau (r.)	r. du Vieux-Chemin.	
16	Gasté (r.)	r. Basse-St-Pierre	r. des Batailles.
11	Gaudelet (imp.)	r. Ménilmontant, 116.	
13	Gaudon (ruelle)	r. des Malmaisons	à Gentilly (anc.).
13	Gaz (r. du)	b. d'Ivry	r. des Champs.
5	Geneviève (pl Ste-)	r. Clotilde	r. Soufflot.
16	Geneviève (pl. Ste-)	r. de Seine	Auteuil (anc.).
5	Geneviève (r. M.-Ste-)	r. St-Victor	r. d. Prêt.-St-Ét.-d.-M.
16	Geneviève (ruelle Ste-)	r. de Chaillot	r. d. Ch.-de-Versailles
5	Geneviève (r. N.-Ste-)	r. Fourcy	r. des Postes.
19	Geneviève (r. Ste-)	r. des Prés	r. de Beaune.
13	Génie (r. du)	r. de Fontainebleau	r. du Bel-Air.
14	Gentilly (r. de)	ch. des Prêtres	r. de la Tombe-Issoir
13	Gentilly-St-Marcel (r.)	r. Mouffetard	b. des Gobelins.
12	Genty (pass.)	q. de la Râpée	r. de Bercy.
17	Geoffroy-Didelot (pas)	b. des Batignolles	r. des Dames.
4	Geoffroy-l'Angev. (r.)	r. du Temple	r. Beaubourg.
4	Geoffroy-Lasnier (r.)	q. de la Grève	r. St-Antoine.
9	Geoffroy-Marie (r.)	r. du faub. Montmartre	r. Richer.
5	Geoffroy-St-Hilaire (r.)	r. du Fer-à-Moulin	r. Cuvier.
14	Géorama (r. du)	ch. du Maine	r. du Terrier-aux-L.
9	Georges (pl St-)	r. St-Georges	r. N.-D. de Lorette.
9	Georges (r. St-)	r. de Provence	pl. St-Georges.
16	Georges (r. St-)	r. Vital	pl. Possoz.
13	Gérard (r.)	b. d'Italie	r. de la Butte-aux-C.
16	Gérard (r. François-)	r. de la Fontaine	r. Molière.
5-6	Germain (b. St-)	q. St-Bernard	r. Hautefeuille.
20	Germain (r. St-)	pl. de la Mairie	fortifications.
6	Germain-d.-P. (pl. St-)	r. Bonaparte	r. Childebert.
1	Germain-l'Aux. (pl. St-)	r. des Prêtres	r. des Fossés-St-G.-l'A.
1	Germ. l'Aux. (Foss. St-)	pl. du Louvre	r. de Rivoli.
1	Germ. l'A. (Prêtres St-)	pl. des Trois-Maries	pl. du Louvre.
1	Germain-l'Aux. (r. St-)	r. des Lavandières	pl. des Trois-Maries
3	Gervais (r. d. Cout. St-)	r. Thorigny	r. Vieille-du-Temple.
4	Gervais (r. d. Hosp. St-)	r. des Rosiers	r. des Francs-Bourg.
3	Gervais (r. St-)	r. des Coutures-St-G.	r. Neuve-St-François.
4	Gervais-Laurent (r.)	r. de la Cité	r. du Marché aux-Fl.
4	Gesvres (q. de)	r. St-Martin	Pont-au-Change.
3	Gilles (r. St-)	b. Beaumarchais	r. St-Louis.
6	Gindre (r. du)	r. du Vieux-Colombier	r. de Mézières.
19	Gironde (q. de la)	gare circulaire	la Villette (anc.).
6	Gît-le-Cœur (r.)	q. des Grds-Augustins	r. St-André-des-Arts.
13	Glacière (b. de la)	r. de la Glacière	r. de la Santé.

15.

ARR.	VOIES PUBLIQUES.	TENANTS.	ABOUTISSANTS.
13	Glacière (r. de la)	r. de Lourcine	b. des Gobelins.
13-14	Glacière (r. de la)	b. de la Glacière	fortifications.
16	Glacière (r. de la)	r. des Vignes	r. de l'Assomption.
4	Glatigny (r.)	q. Napoléon	r. des Marmousets.
13	Gobelins (b. des)	pl. de la bar. d'Italie	r. de la Glacière.
13	Gobelins (r. de la b.)	ch. de ronde d'Ivry	b. de l'Hôpital.
13	Gobelins (r. des)	r. Mouffetard	rivière de Bièvre.
13	Gobelins (ruelle des)	r. des Gobelins	r. Croulebarbe.
13	Godefroy (r.)	r. de la b. d. Gobelins	pl. de la bar. d'Italie.
9	Godot-de-Mauroy (r.)	r. Basse-du-Rempart	r. Nve-des-Mathurins
8	Goujon (r. Jean-)	av. d'Antin	av. Montaigne.
1	Gourdin (pass.)	passage d'Athènes.	
14	Gourdon (pass.)	r. de la Tombe-Issoire	b. d'Arcueil.
19	Goutte (r. de la)	r. de Crimée	r. Basse-St-Denis.
18	Goutte-d'Or (r. de la)	r. de Jessaint	r. des Poissonniers.
18	Goutte-d'Or (r. de la)	pl. Belhomme	r. des Poissonniers.
18	G.-d'Or. (r.Neuved.l.)	b. de la Chapelle	r. de la Goutte-d'Or.
5	Gracieuse (r.)	r. d'Orléans-St-Marcel	r. de Lacépède.
10	Graffard (pass.)	q. de Valmy	r. de Lafayette.
11	Graine.c^e d.la Bonne)	r. du faub. St-Antoine.	
2	Grammont	r. Neuve-St-Augustin	b. des Italiens.
16	Grande-Rue	r. Boileau	fortifications.
17-18	Grande-Rue	b. des Batignolles	av. de Clichy.
18	Grande-Rue	b. de la Chapelle	fortifications.
16	Grande-Rue	carref. de la Montagne	ch. de la Muette.
10	Grange-aux-Belles (r.)	q. de Jemmapes	ch. de r du Combat.
12	Gr.-aux Merciers (r.)	port de Bercy	r. de Charenton.
9	Grange-Batelière (r.)	r.d. faub. Montmartre	r. Chauchat
3	Gravilliers (pass. des)	r. Chapon	r. des Gravilliers.
3	Gravilliers (r. des)	r. du Temple	r. St-Martin.
8	Greffulhe (r.)	r. Castellane	r. Nve-d.-Mathurins.
6	Grégoire-d.-Tours (r.)	r. de Buci	r. des Quatre-Vents.
15	Grenelle (b. de)	av. de la Motte-Picquet	r. de Grenelle.
7	Grenelle (imp. de)	r. de Grenelle.	
-16	Grenelle (p^t de)	port d'Auteuil	q. de Grenelle.
15 15	Grenelle (q. de)	b. de Javel	p^t de Grenelle.
15	Grenelle (r. de)	b. de Grenelle	r. de Javel.
15	Grenelle (r. de)	r. de Sèvres	Gr.-Rue de Vaugirard
15	Grenelle (r. d. l F-d.)	av. Suffren	av. de la Motte-Picq.
6-7	Grenelle-St-Germ (r.)	carr.d. la Croix-Rouge	av. d. l. Bourdonnaye
1	Grenelle St-Honor (r.)	r. St-Honoré	r. Coquillière.
2-3	Greneta (r)	r. St-Martin	r. St-Denis.
3	Grenier-St-Lazare (r.)	r. Beaubourg	r. St-Martin.
4	Grenier-sur-l'Eau (r.)	r. Geoffroy-Lasnier	r. des Barres.
20	Grès (pl du)	r. St-Germain	Charonne (anc.).
5	Grès (r. des)	r. St-Jacques	b. de Sébastopol.
2	Grétry (r.)	r. Favart	r. Grammont.
4	Grève (q. de la)	r. Geoffroy-Lasnier	pl. de l'Hôtel-d.-Ville
7	Gribeauval (r. de)	p. St-Thomas-d'Aquin	r. du Bac.
5	Gril (r. du)	r. Censier	r. d'Orléans.
15	Groult-d'Arcy (r)	r. de Sèvres	Gr.-Rue de Vaugirard
18	Gué (r. du)	Grande-Rue de la Ch.	r. du Nord.
4	Guéménée (imp)	r. St-Antoine.	
6	Guénégaud (r.)	q. de Conti	r. Mazarine.
4	Guénone (imp)	r. de Jouy	
2	Guérin-Boisseau (r.)	r. de Palestro	r. St-Denis.
16	Guichard (r.)	pl. Possoz	Grande-Rue de Passy
20	Guignier (r. du)	r. St-Martin	r. des Rigoles.
9	Guillaume (cour St-)	r. Neuve-Coquenard	
1	Guillaume (cour St)	r. Jeannisson	r. de la Font.-Molière
4	Guillaume (r.)	q. d'Orléans	r. St-Louis.
7	Guillaume (r. St-)	r. des Saints-Pères	r. de Gren.-St-Germ.

ARR.	VOIES PUBLIQUES.	TENANTS.	ABOUTISSANTS.
12	Guillaumot (pass.)	c. Mazas.	
6	Guillemin (r. Neuve-)	r. du Four-St-Germ.	r. du Vieux-Colomb.
14	Guilleminot (r.)	r. de l'Ouest.	r. St-Louis.
4	Guillemites (r. des)	r. d. Blancs-Manteaux.	r. de Paradis.
6	Guillou (r.)	r. du Ranelagh.	r. Basse.
16	Guisarde (r.)	r. Mabillon.	r. des Canettes.
17	Guttin (r.)	av. de Clichy.	fortifications.
7	Guyot (r.)	b. de Neuilly.	r. de Courcelles.

H

ARR.	VOIES PUBLIQUES.	TENANTS.	ABOUTISSANTS.
20	Haies (r. des)	r. de Montreuil.	r. Courat.
1	Halles (r. d.)	r. Rambuteau.	r. aux Fers.
8	Hambourg (r. de)	r. d'Amsterdam.	r. de Valois.
15	Hameau (r. du)	r. Notre-Dame.	fortifications.
2	Hanovre (r. de)	r. de Choiseul.	r. du Port-Mahon.
3	Harlay-au-Marais (r.)	b. de Beaumarchais.	r. St-Claude.
1	Harlay-au-Palais (r.)	q. de l'Horloge.	r. des Orfèvres.
5	Harpe (r. de la)	r. de la Huchette.	b. St-Germain.
1	Hasard (r. du)	r. de la Fontaine-Mol.	r. Ste-Anne.
3	Haudriettes (r. d. V.-)	r. du Chaume.	r. du Temple.
6	Hautefeuille (r.)	pl. St-André-des-Arts.	r. de l'École-de-Méd.
5	Hautefort (imp. d')	r. des Bourguignons.	
10	Hauteville (r. d')	b. de Bonne-Nouvelle.	pl. de Lafayette.
9	Havre (pass. du)	r. de Caumartin.	r. St-Lazare.
8-9	Havre (r. du)	r. St-Nicolas-d'Antin.	r. St-Lazare.
17	Havre (r. du)	r. Lebouteux.	r. d'Orléans.
19	Havre (r. du)	q. de la Seine.	r. de Flandre.
9	Helder (r. du)	b. des Italiens.	r. Taitbout.
17	Hélène (r.)	Grande-Rue des Bat.	r. Lemercier.
19	Henri (cité)	r. Basse-St-Denis.	imp. Beauregard.
14	Henrion-d-Pansey (r.)	r. de la Procession.	r. du Moulin-de-la-V.
3	Henri-Premier (r.)	r. Pailly.	r. de Réaumur.
1	Henri-Quatre (pass.)	r. des Bons-Enfants.	cour des Fontaines.
4	Henri IV (q.)	b. Morland.	q. des Célestins.
15	Hérard (r.)	Grande-Rue de Vaug.	pet. r. de la Process.
20	Héron (pass. d')	pass. Ronce.	Belleville (anc.).
15	Herr (r.)	r. de l'Église.	r. de Javel.
5	Hilaire (r. St-)	r. des Sept-Voies.	r. Charretière.
13	Hippolyte (pass. St-)	route de Choisy.	r. de Fontainebleau.
13	Hippolyte (r. St-)	r. Pierre-Assis.	r. de Lourcine.
16	Hippolyte (r. St-)	r. de la Tour.	pl. Possoz.
6	Hirondelle (r. de l')	pl. du Pt-St-Michel.	r. Gît-le-Cœur.
11	Holzbacher (cité)	r. des Trois-Bornes.	r. Fontaine-au-Roi.
4	Homme-Armé (r. d. l')	r. Ste-Croix-de-la-Bret.	r. des Blancs-Mant.
1	Honoré (Cloître-St-)	r. des Bons-Enfants.	r. de Montesquieu.
8	Honoré (r. d. faub. St-)	r. Royale.	ch. de r. du Roule.
1	Honoré (r. Marché-St-)	r. St-Honoré.	r. Nve-des-Pet.-Ch.
1-8	Honoré (r. St-)	r. des Déchargeurs.	r. Royale.
6	Honoré-Chevalier (r.)	r. Bonaparte.	r. Cassette.
5-13	Hôpital (b. de l')	pl. Valhubert.	pl. de la bar. d'Italie.
13	Hôpital (pl. de l')	b. de l'Hôpital.	
13	Hôpital (r. de l')	r. Nationale.	r. du Château-d.-R.
8	Horloge (cour de)	r. du Rocher.	
1	Horloge (q. de l')	pt au-Change.	Pont-Neuf.
3	Hospitalières (imp. d.)	r. de la Ch.-d.-Minimes.	
4	Hôtel-de-Ville (pl. de l')	q. le Pelletier.	r. de Rivoli.
17	Hôtel-de-Ville (pl. de l')	r. de l'Hôtel-de-Ville.	Batignolles (anc.).
4	Hôtel-de-Ville (r. de l')	r. de l'Étoile.	r. Jacques-de-Brosse.
17	Hôtel-de-Ville (r. de l')	b. des Batignolles.	r. de la Paix.
10	Hôtels (r. des Petits-)	b. de Magenta.	pl. de Lafayette.

ARR.	VOIES PUBLIQUES.	TENANTS.	ABOUTISSANTS.
20	Houdard (r.)	r. des Amandiers	r. de Mogador.
5	Huchette (r. de la)	r. du Petit-Pont	r. de la Harpe.
1	Hulot (pass.)	r. de Montpensier	r. de Richelieu.
2	Hurleur (r. du Petit-)	b. de Sébastopol	r. St-Denis.
1	Hyacinthe-St-Hon.(r.)	r. de la Sourdière	r. du Marché-St-Hou.
5	Hyacinthe-St-M. (r.)	r. Soufflot	r. St-Jacques.

I

7-16	Iéna (pt d')	q. de Billy	q. d'Orsay.
7	Iéna (r.)	q. d'Orsay	r. de Grenelle.
15	Imbault (r.)	r. des Entrepreneurs	r. de Javel.
16	Impératrice (av. de l')	pl. de l'Arc-de-Tr.	bois de Boulogne.
10	Industrie (pass. de l')	r. du faub. St-Martin	r. du faub. St-Denis.
15	Industrie (pass. de l')	r. des Marais	r. de Sèvres.
13	Industrie (r. de l')	r. de Mazagran	r. du Génie.
15	Industrie (r. de l')	r. Chabrol	r. du Pont.
1	Innocents (r.d.Ch.-d.)	r. St-Denis	r. de la Lingerie.
1	Innocents (sq.)	r. aux-Fers	r. St-Denis.
6	Institut (pl. de l')	q. de Conti.	
7	Invalides (b. des)	r. de Grenelle-St-Ger.	r. de Sèvres.
7	Invalides (espl. des)	Hôt. des Invalides	q. d'Orsay.
7-8	Invalides (pt des)	q. de la Conférence	q. d'Orsay.
5	Irlandais (r. des)	r. de la Vieil.-Estrap.	r. des Postes.
18	Isly (imp. de l')	r. de Jessaint	la Chapelle (anc.).
19	Isly (imp. de l')	pl. du Maroc	la Villette (anc.).
11	Isly (pass. de l')	r. de l'Orillon	r. du faub. du Temple
20	Isly (pass. de l')	r. de l'Alma	r. de la Mare.
19	Isly (pass. de l')	b. de la Villette	r. de l'Isly.
8	Isly (r. de l')	r. du Havre	r. de l'Arcade.
19	Isly (r. de l')	b. de la Villette	pl. du Maroc.
14	Issoire (imp.)	r. de la Tombe-Issoire	
15	Issy (b. d')	r. des Fourneaux	Gr.-Rue de Vaugirard
13	Italie (b d')	pl. de la bar. d'Italie	r. de la Glacière.
13	Italie (pl. de la b. d')	r. Mouffetard	b. d'Ivry.
2-9	Italiens (b. des)	r. de Richelieu	r. Louis-le-Grand.
13	Ivry b. d')	pl. de la bar. d'Ivry	route de Choisy.
13	Ivry (ch de ronde d')	pl. de la bar. d'Ivry	pl. de la bar. d'Italie.
13	Ivry (pl. de la bar. d')	ch. de r. de la Gare	Gr.-Rue d'Austerlitz.
13	Ivry (r. d')	r. du Banquier	b. de l'Hôpital.
13	Ivry (route d')	route de Choisy	fortifications.

J

4	Jabach (pass.)	r. Neuve-St-Merri	r. St-Martin.
5	Jacinthe (r.)	r. des Trois-Portes	r. Galande.
6	Jacob (r.)	r. de Seine	r. des Saints-Pères.
11	Jacquard (r.)	r. Ternaux	r. de Ménilmontant.
13-14	Jacques (b. St-)	r. de la Glacière	r. d'Enfer.
14	Jacques (pl. St-)	r. du faub. St-Jacques.	
5	Jacques (r.d.Fos.-St-)	r. St-Jacques	r. de la Vne-Estrapade
14	Jacques (r. du f. St-)	r. des Capucins	pl. St-Jacques.
14	Jacques (r. Neuve-St-)	av. de la Santé	av. du Commandeur.
5	Jacques (r. St-)	r. Galande	r. des Capucins.
4	Jacq.-la-Bouch(sq.St)	r. de Rivoli	av. Victoria.
1	Jacques-l'Hôpit. r.St)	r. de la Gr.-Truander.	r. Mauconseil.
17	Jadin (r.)	r. de Chazelles	r. Guyot.
19	Jaudelle (cité)	r. St-Laurent	Belleville (anc.).
5	Japy (r.)	r. Bailly	r. de Réaumur.
6	Jardinet (r. du)	r. Mignon	r. de l'Éperon.

ARR.	VOIES PUBLIQUES.	TENANTS.	ABOUTISSANTS.
15	Jardinets (imp. des)	r. des Fourneaux	Vaugirard (anc.).
11	Jardiniers (imp. des)	r. Amelot.	
12	Jardiniers (r. des)	r. de Charenton	ch. des Meuniers.
20	Jardiniers (r. des 4)	r. de Lagny	r. de Montreuil.
12	Jardiniers (ruelle des)	r. de Charenton	ch. de r. de Bercy.
16	Jardins (imp. des)	ruelle Ste-Geneviève	Chaillot.
14	Jardins (pass. des)	r. des Catacombes	r. de la Tombe-Issoire.
4	Jardins (r. des)	q. St-Paul	r. Charlemagne.
4	Jarente (r.)	r. du Val-Ste-Cather	r. Culture-Ste-Cather.
15	Javel (b de)	r. de Grenelle	q. de Grenelle.
15	Javel (ch. de)	q. de Javel	fortifications.
15	Javel (q. de)	p^t de Grenelle	fortifications.
15	Javel (r. de)	q. de Javel	r. de Sèvres.
4	Jean (pl.du March.S^t-)	r. du Pourt.-St-Gerv	r. de la Verrerie.
7	Jean (r. S^t-)	q. d'Orsay	r. St-Dominique.
17	Jean (r S^t-)	av. de Clichy	r. Moncey.
18	Jean (r. S^t-)	r. St-Denis	r. de la Saussaie.
8	Jean-Baptiste (r. S^t-)	r. de la Pépinière	r. St-Michel.
4	Jean-Beausire (r.)	b. Beaumarchais	r. St-Antoine.
1-8	Jean-Goujon (r.)	av. d'Antin	av. Montaigne.
1	J.-J.-Rousseau (r.)	r. Coquillière	r. Montmartre.
6	Jean-Bart (r.)	r. de Vaugirard	r. de Fleurus.
1	Jean-Lantier (r.)	r. St-Denis	r. Bertin-Poiré.
5	Jean-de-Beauv.(r. S^t-)	r. des Noyers	r. St-Hilaire.
5	J.-de-Latran (r. S^t-)	r. Fromentel	r. des Ecoles.
18	Jean-Robert (r.)	r. Doudeauville	r. Marcadet.
1	Jean-Tison (r.)	r. de Rivoli	r. Bailleul.
15	Jeanne (r.)	r. de la Procession	ch. des Fourneaux.
17	Jeanne-d'Asnières (r.)	r. d'Orléans	pl. de la Promenade.
1	Jeannisson (r.)	r. St-Honoré	r. de Richelieu.
10-11	Jemmapes (q de)	pl. de la Bastille	b. de la Butte-Chaum.
18	Jessaint pl. de	b. de la Chapelle	r. de Jessaint.
18	Jessaint (r. de)	Gr.-Rue de la Chapelle	r. de la Goutte-d'Or.
2	Jeûneurs (r. des)	r. Poissonnière	r. Montmartre.
10	Joinville (pass. de)	r. du faub. du Temple	r. Corbeau.
19	Joinville (r. de)	q. de l'Oise	r. de Flandre.
14	Jolivet (r.)	b. de Vanves	r. de la Gaîté.
2	Joquelet (r.)	r. Montmartre	r. N.-D. des Victoires.
11	Joseph (cour S^t-)	r. de Charonne.	
2	Joseph (r. S^t-)	r. du Sentier	r. Montmartre.
11	Josset (pass.)	cour de la Bonne-Gr	r. de Charonne.
9	Joubert (r.)	r.d.l.Chaussée-d'Ant	r. de Caumartin.
9	Jouffroy (pass.)	b. Montmartre	r. de la Grange-Batel.
13	Jouffroy (r.)	q. d'Austerlitz	r. de la Gare.
1	Jour (r. du)	r. Coquillière	r. Montmartre.
4	Jouy (r. de)	r. des Nonnains-d'H	r. St-Antoine.
20	Jouye-Rouve (r.)	r. Julien-Lacroix	r. de Paris.
15	Juge (r.)	r. Lelong	r. Violet.
4	Juges-Consuls (r.des)	r. de la Verrerie	r. du Cloître-St-Merri
4	Juifs (r. des)	r. de Rivoli	r. des Rosiers.
1	Juillet (r. du 29)	r. de Rivoli	r. St-Honoré.
11	Jules (r. S^t-)	r. du faub. St-Antoine	r. de Montreuil.
5	Julien (r. S^t-)	r. de la Bûcherie	r. Galande.
13	Julienne (r.)	r. Pascal	r. de Lourcine.
2	Jussienne (r. de la)	r. Pagevin	r. Montmartre.
7	Jussieu (cité Laur^t de)	r. de Grenelle-St-Ger	av. de la Motte-Picq.
5	Jussieu (r. de)	r. Cuvier	pl. St-Victor.

K

| 11 | Keller (r.) | r. de Charonne | r. de la Roquette. |

ARR.	VOIES PUBLIQUES.	TENANTS.	ABOUTISSANTS.
15	Kléber (r.)	q. d'Orsay	av. Suffren.
19	Kuszner (pass.)	r. de Paris	r. St-Laurent.

L

ARR.	VOIES PUBLIQUES.	TENANTS.	ABOUTISSANTS.
18	Labat (r.)	ch. de Clignancourt	r. Marcadet.
18	Labat (r. Neuve-)	r. Labat	r. Marcadet.
17	Labie (r.)	av. des Ternes	r. Ste-Marie.
7	La Bourdonnaye (av.)	q. d'Orsay	av. de la Motte-Picq.
7	La Bourdonnaye (r.)	av. de Tourville	av. de Lowendal.
9	La Bruyère (r.)	r. N.-D. de Lorette	r. Pigalle.
14	La Caille (r)	b. d'Enfer	r. d'Enfer.
5	Lacépède (r. de)	r. Geoffroy-St-Hilaire	r. Mouffetard.
17	Lacroix (r.)	av. de Clichy	r. Ste-Elisabeth.
20	Lacroix (r. Julien-)	sq. Napoléon	r. de Paris.
12	Lacuée (r.)	q. de la Rapée	r. de Bercy.
10	La Fayette (r. de)	r. du f. Poissonnière	q. de Valmy.
10	La Fayette (pass. de)	r. de la Fayette	r. d'Hauteville.
10	La Fayette (pl. de)	r. de Strasbourg	r. de la Fayette.
9	Laferrière (pass.)	r. N.-D. de Lorette	r. Bréda.
1-2	La Feuillade (r. de)	pl. des Victoires	r. de la Vrillière.
9	Laffitte (r.)	b. des Italiens	r. Ollivier.
17	Lafontaine (cité)	r. Lemercier	Batignolles (anc.).
20	Lagny (r. de)	b. de Montreuil	fortifications.
11	Lagny (r. du ch. de)	r. des Ormeaux	av. des Ormeaux.
17	Lamare (r.)	r. de la Chaumière	r. de l'Arcade.
9	Lamartine (r.)	r. Cadet	r. du faub. Montmart.
18	Lambert (r.)	r. Nicolet	r. Lécuyer.
15	Lambert (r. St-)	r. de Sèvres	Gr.-Rue de Vaugirard
12	Lancette (r. de la)	r. de Charenton	Bercy (anc.).
10	Lancry (r.)	r. de Bondy	q. de Valmy.
4	Landry (r. St-)	q. Napoléon	r. des Marmousets.
1	Lantier (r. Jean-)	r. St-Denis	r. Bertin-Poirée.
11	Lappe (r. Neuve-)	r. de Charonne	r. de la Roquette.
1	Lard (r. au)	r. de la Lingerie	r. des Bourdonnais.
1	Lard (imp. au)	r. des Bourdonnais	
1-4	La Reynie (r. de)	r. St-Martin	r. St-Denis.
12	Laroche (r.)	av. du Petit-Château	r. Léopold.
9	La Rochefoucaud (r.)	r. St-Lazare	r. Pigalle.
14	La Rochefoucaud (r.)	r. Boulard	ch. du Maine.
6	Larrey (r.)	r. du Jardinet	r. de l'Ecole-de-Méd.
7	Las-Cases (r.)	r. de Bellechasse	r. de Bourgogne.
18	Lathuile (pass.)	Gr.-Rue d. Batignolles	pass. St-Pierre.
7	Latour-Maubourg (b.)	q. d'Orsay	av. de Tourville.
5	Latran (r. de)	r. de Beauvais	r. Thénard.
10	Laurent (r. St-)	r. du faub. St-Martin	r. du faub. St-Denis.
19	Laurent (imp. St-)	r. St-Laurent	
19	Laurent (r. St-)	b. du Combat	r. de Paris.
6	Laurette (pass.)	r. de l'Ouest	r. N.-D.-des-Champs.
19	Lauzin (r.)	r. St-Laurent	Belleville (anc.).
9	Laval (r.)	r. des Martyrs	r. Pigalle.
5	Lavandières (r. des)	pl. Maubert	r. des Noyers.
1	Lavand.-Ste-Opp. (r.)	r. St-Germain-l'Aux.	r. des Fourreurs.
8	Lavoisier (r.)	r. d'Anjou-St-Honoré	r. d'Astorg
1	La Vrillière (r. de)	r. Croix-d.-P.-Champs	r. Nve-d.-Bons-Enfts.
8-9	Lazare (r. St-)	r. N.-D. de Lorette	r. de l'Arcade.
14	Lebouis (r.)	r. de l'Ouest	r. de Vanves.
17	Lebouteux (r.)	r. de la Santé	r. de Lévis.
18	Lecante (pass.)	r. des Couronnes	r. des Gardes.
17	Lechapelais (r.)	Gr.-Rue d. Batignolles	r. Lemercier.
14	Leclerc (r.)	r. du faub.-St-Jacques	b. St-Jacques.

ARR.	VOIES PUBLIQUES.	TENANTS.	ABOUTISSANTS.
17	Lécluse (r.)	b. des Batignolles	r. des Dames.
17	Lecomte (r.)	r. d'Orléans	r. Ste-Thérèse.
18	Lécuyer (pass.)	ch. du Poteau	fortifications.
18	Lécuyer (r.)	ch. de Clignancourt	r. Lambert.
19	Legrand (r.)	b. du Combat	r. Asselin.
12	Legraverend (r.)	b. Mazas	r. de Beccaria.
15	Lelong (r.)	b. de Javel	r. de l'Entrepôt.
2	Lelong (r. Paul-)	r. N.-D. des Victoires	r. de la Banque.
19	Leloy (r.)	r. des Buttes-Chaum.	Belleville (anc.).
14	Lemaignan (imp.)	r. de la Glacière	Gentilly (anc.).
15	Lemaire r.	r. de Grenelle	r. Violet.
17	Lemercier (r.)	r. des Dames	r. Cardinet.
14	Lemoine (imp.	r. de la Procession	Vaugirard (anc.).
2	Lemoine (pass.)	b. de Sébastopol	r. St-Denis
5	Lemoine (r. du Card.)	q. de la Tournelle	r. St-Victor.
12	Lenoir (r.)	pl. du Marché-Beauv.	r. du faub. St-Ant.
18	Léon (r.	r. Cavé	r. d'Oran.
14	Léonidas (pass.)	r. du ch.-des-Bœufs.	r. du Terrier-aux-L.
14	Léonie (imp. S^{te}-)	r. Ste-Léonie	Montrouge (anc.).
9	Léonie (r.)	r. Boursault	r. Chaptal.
8	Léonie (r.)	r. des Acacias	r. des Trois-Frères.
4	Léonie (r. S^{te}-)	r. de l'Ouest	r. de Vanves.
12	Léopold (r.)	port de Bercy	r. de Bercy.
4	Le Pelletier (q.)	pl. de l'Hôtel-de-Ville	r. St-Martin.
9	Le Pelletier (r.)	b. des Italiens	r. de Provence.
4	Le Regrattier (r.)	q. d'Orléans	r. St-Louis.
16	Leroux (r.)	av. de St-Cloud	r. du Petit-Parc.
4	Lesdiguières (r. de)	r. de la Cerisaie	r. St-Antoine.
15	Letellier (r.)	r. Lelong	r. de la Croix-Nivert.
11	Levert (pass.)	pass. Vaucanson	r. Basfroi.
20	Levert (r.)	r. de la Mare	r. de Paris.
17	Lévis (pl. de)	r. de Lévis	r. du Bac-d'Asnières.
17	Lévis (r. de)	b. de Monceau	route d'Asnières.
18	Levisse (r. de)	r. des Poissonniers	r. Marcadet.
12	Libert (imp.)	pl. de l'Église	Bercy (anc.).
12	Libert (r.)	r. du Commerce	b. de Bercy.
4	Licorne (r. de la)	r. des Marmousets	r. St-Christophe.
13	Liégat (ch. du)	r. du Chevaleret	fortifications.
11	Lilas (imp. des)	petite rue St-Pierre.	
19	Lilas (r. des)	r. des Prés	Belleville (anc.).
7	Lille (r. de)	r. des Saints-Pères	r. de Bourgogne.
14	Lille (r. de)	b. de Montrouge	r. de la Pépinière.
19	Lille (r. de)	q. de l'Oise	r. de Flandre.
19	Lille (pl. de)	r. de Lille	Villette (anc.).
1	Limace (r. de la)	r. des Déchargeurs	r. des Bourdonnais.
3	Limoges (r. de)	r. de Poitou	r. de Bretagne.
1	Lingerie (r. de la)	r. St-Honoré	r. aux Fers.
2	Lion (r. du Petit-)	r. St-Denis	r. Montorgueil.
4	Lions (r. des)	r. du Petit-Musc	r. St-Paul.
8	Lisbonne (r. de)	r. de Malesherbes	r. de Messine.
4	Lobau (r. de)	q. de la Grève	r. de Rivoli.
6	Lobineau (r.)	r. de Seine	r. Mabillon.
6	Lodi (r. du Pont-de-)	r. des Gr. Augustins	r. Dauphine.
19	Loire (q. de la)	r. d'Allemagne	r. de Marseille.
17	Lombard (r.)	r. des Dames	r. de Louvain.
5	Lombard (r. Pierre-)	pl. de la Collégiale	r. Mouffetard.
1-4	Lombards (r. des)	r. St-Martin	r. St-Denis.
9	Londres (pass. de)	r. St-Lazare	r. de Londres.
8-9	Londres (r. de)	r. de Clichy	pl. d'Europe.
16	Longchamp (rond-p^t)	r. de Longchamp	r. des Sablons.
16	Longchamp (r. de)	r. des Batailles	ch. de r de Longch.
16	Longchamp (r. de)	b. de Longchamp	r. du Petit-Parc.

ARR.	VOIES PUBLIQUES.	TENANTS.	ABOUTISSANTS.
14	Longue-Avoine (imp.)....	r. du fg. St-Jacques.	
8	Lord Byron (r.)........	r. de Chateaubriand....	r. du Bel-Respiro.
17	Louis (imp. St-)... ...	r. St-Louis.	
4	Louis (pass. St-)........	r. St-Paul.	
20	Louis (pass. St-)........	r. des Amandiers......	ch. de fer de ceinture
15	Louis (pl. St-).........	r. St-Louis...........	r. du Théâtre.
10	Louis (r. de l'Hôp. St-)....	r. de la Grange-aux-B...	q. de Jemmapes.
17	Louis (r. St-)	r. des Dames..........	r. Cardinet.
12	Louis (r. St-)..........	av. du Petit-Château...	r. Léopold.
15	Louis (r. St-).........	b. de Javel...........	r. de Javel.
14	Louis (r. St-).........	r. de Constantine......	r. de l'Ouest.
3	Louis-au-Mar. (r. St-)...	r. de l'Echarpe........	r. Charlot.
4	Louis-en-l'Ile (r. St-)....	q. de Béthune.........	q. d'Orléans.
11	Louis (pass. St-).......	r. du faub. St-Antoine...	r. Louis-Philippe.
5	Louis-le-Gr. (pl. d. L.).	r. St-Jacques.........	r. des Poirées.
2	Louis-le-Grand (r.)......	r. Nve-d.-P.-Champs...	b. des Capucines.
4	Louis-Philippe (pt)......	q. de la Grève........	q. Napoléon.
11	Louis-Philippe (r.).....	r. de la Roquette......	r. de Charonne.
4	Louis-Phil. (r. du Pt-)...	r. des Barres	q. de la Grève.
5-13	Lourcine (r. de)........	r. Mouffetard.........	r. de la Santé.
19	Louvain (r. de).........	pl. de l'Eglise........	r. de la Villette.
17	Louvain (r. de)........	r. de Courcelles.......	r. de la Chaumière.
4	Louviers (r. de l'Ile- ...	q. Henri IV..........	b. Morland.
2	Louvois pl. de	r. de Richelieu.......	r. Rameau.
2	Louvois (r. de)	r. Lulli.............	r. Ste-Anne.
1	Louvre (q. du)	r. du Louvre........	q. des Tuileries.
1	Louvre (r. du)........	q. du Louvre........	r. St-Honoré.
15	Lowendal (av. de......	av. de Tourville......	ch. de r. de Vaugirard
16	Lubeck (r. de)........	r. de la Croix-Boissière...	ch. de r. Ste-Marie
2	Lulli (r.).............	r. Rameau..........	r. de Louvois
2	Lune (r. de la)..........	b. Bonne-Nouvelle. ...	r. Poissonnière.
20	Lune (r. de la Demi-).....	r. de Charonne........	ch. de Ménilmontant.
19	Lunéville (r. de)	r. du Dépotoir	r d'Allemagne.
1	Luxembourg (r. de)....	r. de Rivoli..........	b. de la Madeleine.
1	Lycée (pass. du)	r. Neuve-d.-Bons-Enfts..	r. de Valois-Pal.-Roy.
12	Lyon (r. de)	b. Mazas...........	pl. de la Bastille.
5	Lyonnais (r. des)..... ...	r. de Lourcine........	r. des Charbonniers.

M

6	Mabillon (r.).........	r. du Four....	r. St-Sulpice.
12	Macon (r. de).........	port de Bercy........	r. de Bercy.
5	Maçons (r. des)........	r. des Ecoles........	pl Sorbonne.
6	Madame (r.)	r. de Mézières	r. de l'Ouest.
20	Madame (r. de).	r. de Paris	r. St-Germain.
1-8-9	Madeleine (b. de la)...	r. de Luxembourg	pl. de la Madeleine.
8	Madeleine (gal. de la)....	pl. de la Madeleine.....	r. de la Madeleine.
8	Madeleine (pass. de la) ...	pl. de la Madeleine.....	r. de l'Arcade.
8	Madeleine (pl. de la).....	r. Royale...	r. Tronchet.
8	Madeleine (r. de la	r. du faub. St-Honoré...	Nve-des-Mathurins
15	Mademoiselle (r.)	r. des Entrepreneurs...	r. de Sèvres.
8	Madrid (r. de)	pl. d'Europe.........	r. de Malesherbes.
16	Magdebourg (r. de ...	q. de Billy..........	r. des Batailles.
10	Magenta (b. de).......	b. de Strasbourg......	r. du Faub.-Poisson.
1	Magloire (r. St-).... ...	r. St-Denis..........	b. de Sébastopol.
2	Mail (r. du)	pl. des Petits-Pères...	r. Montmartre.
11	Main-d'or (cour de la)....	r. du Faub.-St-Ant.....	r. de Charonne.
13	Maindron (pass.).......	r. Gaudon...........	r. de Fontainebleau.
15	Maine (av. du)........	b. du Montparnasse...	ch. de r. du Montp.
14-15	Maine (ch. du)........	b. des Fourneaux.....	r. d'Orléans.

ARR.	VOIES PUBLIQUES.	TENANTS.	ABOUTISSANTS.
15	Maine (imp. du)........	av. du Maine.	
14	Maine (r. N.-du-).....	r. de la Gaîté.........	ch. du Maine.
3	Maire (r. au)...........	r. Volta...............	r. St-Martin.
20	Maire (r. au)..........	r. St-Germain........	Charonne (anc.).
20	Mairie (pl. de la)......	r. de Paris..........	Charonne (anc.).
15	Mairie (pl. de la).....	r. du Commerce.....	Grenelle (anc.).
18	Mairie (pl. de la)......	r. de l'Abbaye........	Montmartre (anc.).
14	Mairie (pl. de la).....	r. de Montyon.......	Montrouge (anc.).
16	Mairie (pl. de la).....	Gr.-r. de Passy.	
15	Mairie (r. de la).......	r. Blomet............	Gr. r. de Vaugirard.
18	Mairie (r. de la).......	pl. de l'Abbaye.......	r. Gabriel.
14	Maison-Dieu (r.).......	ch. du Maine........	r. de Vanves.
20	Maison-Neuve (cit.)...	r. des Panoyaux.....	Belleville (anc.).
8	Maisons (p. d Douze)...	av. Montaigne.......	r. Marbeuf.
5	Maître-Albert (r.).....	q. de la Tournelle....	pl. Maubert.
6	Malaquais (q.).........	r. de Seine..........	r. des St-Pères.
7	Malar (r.).............	q. d'Orsay...........	r. St-Dominique.
18	Malassis (pass.).......	r. du Ruisseau.	
8-17	Malesherbes (b.)......	pl. de la Madeleine.....	r. Militaire.
8	Malesherbes (r. de)....	b. de Malesherbes.....	r. de Valois-du-R.
4	Malher (r.)...........	r. de Rivoli..........	r. Pavée-au-Marais.
13	Malmaisons (r. des)....	r. de Choisy.........	r. Gaudon.
11	Malte (r. de)..........	r. de Ménilmontant.....	r. du Faub.-du-T.
2	Mandar (r.)...........	r. Montorgueil.......	r. Montmartre.
12	Mandé (av. de St-)....	r. de Picpus.........	ch. de r. de St-M.
12	Mandé (b. de St-).....	av. de St-Mandé.....	av. du Trône.
12	Mandé (ch. de St-)....	av. de St-Mandé.....	av. du Trône.
18	Manoir (r. du)........	r. Marcadet.........	r. des Portes-Blanc.
12	Marais (ch. des)......	b. de Reuilly........	fortifications.
15	Marais (ch. des)......	r. de Javel..........	fortifications.
14	Marais (imp. des).....	r. de Châtillon.	
10	Mar.-du-T. (r. des)...	r. de la Douane......	r. du Faub.-St-Mart.
6	Mar.-St-Ger. (r. des)...	r. de Seine..........	r. Bonaparte.
8	Marbeuf (av.).........	r. Marbeuf..........	av. des Ch.-Élysées.
8	Marbeuf (r.)..........	r. Bizet............	av. des Ch.-Élysées.
2	Marc (r. St-)..........	r. Feydeau..........	r. Favart.
18	Marcadet (r.)..........	Gr.-r. de la Chapelle...	r. de la F.-du-But.
5-13	Marcel (r. des F.-St-)...	r. de Poliveau........	r. Mouffetard.
13	Marcel (r. St-)........	pl. de la Collégiale...	r. Mouffetard.
18	Marché (imp. du).....	r. de la Tournelle.....	Marché.
18	Marché (pl. du).......	r. du Bon-Puits......	la Chapelle.
18	Marché (r. du)........	r. de la Tournelle....	r. du Bon-Puits.
15	Marché (r. du)........	r. de la Croix-Nivert...	r. du Commerce.
16	Marché (r. du)........	r. de la Fontaine.....	pl. de la Mairie.
18	Marché (r. du Vieux)...	r. de la Cure........	r. des Moulins.
13	M.-aux-Porcs (p. du)...	r. de Choisy.........	r. de Fontainebleau
4	Marché-Neuf (q. du)...	r. de la Cité........	p¹ St-Michel.
3	Marcoul (r. St-).......	r. Bailly............	r. Conté.
20	Mare (r. de la)........	chaus. de Ménilmont...	r. de Paris.
1	Marengo (r. de).......	r. de Rivoli.........	r. St-Honoré.
11	Marg.-St-Ant. (r. St-)...	r. du Faub.-St-Ant.....	r. de Charonne.
6	Mar.-St-Ger. (pl. St-)...	r. du Four..........	r. Ste-Marguerite.
6	Mar.-St-Ger. r. St-)...	pl. Ste-Marguerite.....	r. de l'Égout.
15	Marguerites (r. des)....	r. Virginie..........	r. des Marais.
12	Marguettes (r. des)....	r. Montempoivre.	
14	Marie (av. Ste-).......	r. de Vanves........	Montrouge (anc.).
16	Marie (ch. de r. Ste-)...	av. du Trocadéro.....	r. Delessert.
18	Marie (imp. Ste-).....	r. Ste-Marie-Blanche...	Montmartre (anc.).
4	Marie (p¹)............	q. des Ormes........	q. d'Anjou.
17	Marie (r. Ste-)........	r. St-Charles........	r. d'Orléans.
15	Marie (r. Ste-)........	av. St-Charles.......	Grenelle (anc.).
18	Marie (r. Ste-).......	r. de l'Empereur.....	r. Ste-Marie-Blanche.

ARR.	VOIES PUBLIQUES.	TENANTS.	ABOUTISSANTS.
14	Marie (r. Ste-)............	r. du Ch.-d'Asile.......	r. de la Rochefouc.
17	Marie (r. Ste-)............	av. de la Porte-Mail....	b. Péreire.
16	Mar.-à-Chail. (r. Ste-)...	r. des Batailles.........	r. de Lubeck.
18	Marie-Antoinette (r.).....	r. Léonie...............	pl. de la Mairie.
18	Marie-Blanc. (r. Ste-)....	imp. Cauchois...........	r. des Dames.
11	Marie-Pop. (pas. Ste-)....	r. de Charonne..........	r. Louis-Philippe.
7	Marie St-Ger. (p. Ste-)...	r. du Bac...............	r. des-Des-de-la-Visit.
7	Marie-St-Ger (r. Ste-)....	r. de Lille.............	r. de Verneuil.
1	Maries (pl. des Trois-)....	q. de l'École...........	r. des P.-St-G.-l'Aux.
8	Marignan (r. de).........	r. François 1er.........	av. des Ch.-Élysées.
8	Marigny (av. de).........	av. Gabriel.............	r. du Faub.-St-Hon.
4	Marine (imp. Ste-)........	r. d'Arcole.	
2	Marivaux (r. de).........	r. Grétry...............	b. des Italiens.
4	Marmousets (r. des)......	r. Chanoinesse..........	r. de la Cité.
13	Marmousets (r. des)......	r. des Gobelins.........	r. St-Hippolyte.
19	Marne (q. de la)..........	r. de Marseille.........	g. circulaire.
19	Maroc (pl. du)...........	r. de Mogador...........	r. de l'Isly.
10	Marqfoy (r.)..............	r. du Grand-St-Mich....	r. des Écluses-St-M.
16	Marronniers (r. des)......	r. Basse................	r. de Boulainvilliers.
10	Marseille (r. de).........	r. de l'Entrepôt........	r. des Vinaigriers.
19	Marseille (r. de).........	r. d'Allemagne..........	q. de la Marne.
2	Marsollier (r.)............	r. Méhul................	r. Monsigny.
10	Martel (r.)...............	r. des Petites-Ecuries...	r. de Paradis.
6	Marthe (r. Ste-)..........	pass. St-Benoît........	r. Childebert.
7	Martignac (r. de).........	pl. de Bellechasse......	r. de Gren.-St-Germ.
18	Martin (r.)...............	b. des Vertus...........	r. du Département.
3-10	Martin (b. St-)..........	r. du Temple...........	r. St-Martin.
3	Martin (imp. St-).........	r. de Réaumur.	
3	Martin (pl. du M.-St-)....	r. de Réaumur..........	r. Montgolfier.
10	Martin (r. des Éc.-St-)...	r. Grange-aux-Belles...	r. du Faub.-St-Mart.
10	Martin (r. des F.-St-)....	r. de la Chapelle.......	r. du Faub.-St-Denis.
10	Martin (r. du C.-St-)....	q. de Valmy............	r. du Faub.-St-Mart.
10	Martin (r. du F.-St-)....	b. St-Denis.............	ch. de r. de la Villette
3-4	Martin (r. St-)..........	q. de Gesvres..........	b. St-Denis.
20	Martin (r. St-)...........	r. de la Mare..........	r. du Guignier.
9-18	Martyrs (b des).........	r. des Martyrs.........	pet. r. Royale.
18	Martyrs (ch. des)........	b. des Martyrs.........	r. de la Mairie.
9	Martyrs (r. des)..........	r. Lamartine...........	ch. de r. des Martyrs
7	Masseran (r.).............	r. Éblé................	r. de Sèvres
4	Massillon (r.)............	r. Chanoinesse.........	r. du Cl.-Notre-De.
18	Masson (pass.)...........	r. Tholozé.............	r. de l'Empereur.
4	Masure (r. de la).........	q. des Ormes..........	r. de l'Hôtel-de-Ville.
5	Mathurins (r. des).......	r. St-Jacques.........	b. de Sébastopol.
8-9	Mat. (r. de la F.-des-)	r. Basse-du-Rempart...	r. St-Nicolas-d'Antin.
8-9	Mathur. (r. Ne-des-)...	r. de la Ch.-d'Antin...	r. de la Madeleine.
8	Matignon (av.)...........	r.-p. des Ch.-Élysées...	r. Rabelais.
8	Matignon (r.).............	r. Rabelais............	r. du Faub.-St-Hon.
5	Maubert (pl.).............	r. des Grands-Degrés...	r. des Noyers.
10	Maubeuge (r. de).........	r. de Dunkerque........	ch. de r. de St-Denis.
15	Maublanc (r.)............	r. Blomet..............	Gr.-r. de Vaugirard.
4	Maubuée (r.).............	r. du Poirier..........	r. St-Martin.
2	Mauconseil (imp.)........	r. St-Denis.	
1-2	Mauconseil (r.)..........	r. St-Denis............	r. Montgueil.
13	Mauny (r.)...............	r. du Pot-au-Lait......	r. de la Glacière.
12	Maur (r. de St-).........	r. Grange-aux-Merc....	fortifications.
10-11	Maur-l'opine. (r. St-)...	r. de la Roquette......	r. Grange-aux-Belles.
6	Maur-St-Germ. (r. St-)...	r. de Sèvres...........	r. de Vaugirard.
3	Maure (r. du)............	r. Beaubourg..........	r. St-Martin.
4	Mauv.-Garç. (r. des).....	r. de Rivoli...........	r. de la Verrerie.
6	Mayet (r.)................	r. de Sèvres...........	r. du Cherche-Midi.
10	Mazagran (imp. de)......	r. de Mazagran.	
10	Mazagran (r. de).........	b. de Bonne-Nouvelle...	r. de l'Échiquier.

ARR.	VOIES PUBLIQUES.	TENANTS.	ABOUTISSANTS.
13	Mazagran (r. de)	r. de Fontainebleau	r. du Bel-Air.
18	Mazagran (r. de)	r. des Cinq-Moulins	r. Léon.
14	Mazagran (r. de)	r. de Constantine	r. de l'Ouest.
20	Mazagran (r. de)	r. de la Duée	r. de Calais.
6	Mazarine (r.)	r. de Seine	r. Dauphine.
12	Mazas (b.)	q. de la Râpée	pl. du Trône.
12	Mazas (pass.)	r. de Reuilly	r. du Faub.-St-Ant.
12	Mazas (pl.)	q. de la Râpée	pt d'Austerlitz.
19	Meaux (r. de)	b. du Combat	r. d'Allemagne.
14	Méchain (r.)	r. de la Santé	r. du Faub.-St-Jacq.
5	Médard (r. N°-St-)	r. Graci use	r. Mouffetard.
14	Médard (r. St-)	r. de l'Ouest	r. de Vauves.
14	Médéah (r. de)	r. de la Gaîté	r. de Constantine.
6	Méd. (p. de l'Éc.-de-)	r. de l'Ecole-de-Méd.	
6	Méd. (r. de l'Ec.-de-)	b. de Sébastopol	r. de Buci.
1	Mégisserie (q. de la)	pt au Change	pt Neuf.
2	Méhul (r.)	r. N°-des-Pet.-Ch.	r. Marsollier.
2	Ménars (r.)	r. de Richelieu	r. Grammont.
18	Ménessier (r.)	r. Véron	r. de la Cure.
20	Ménilmontant (ch. de)	r. de Charonne	fortifications.
11	Ménilmontant (imp.)	r. de Ménilmontant	
11	Ménilmontant (p. de)	r. de Ménilmontant	ch. de r. des Amand.
20	Ménilmontant (pl. de)	r. des Couronnes	r. de la Mare.
11	Ménilmontant (r. de)	b. du Temple	ch. de r. de Ménilm.
20	Ménilmontant (ch. de)	b. des Couronnes	r. de Charonne.
3	Ménilmont. (r. N°-de-)	r. St-Louis-au-Mar.	b. des Filles-du-Calv.
1	Mercier (r.)	r. de Viarme	r. des Deux-Ecus.
11	Méricourt (r. Folie-)	r. de Ménilmontant	r. du Faub.-du-T.
4	Merri (r. du Cloit.-St-)	r. du Renard	St-Martin.
4	Merri (r. N°-St-)	r. du Temple	St-Martin.
3	Meslay (r. de)	r. du Temple	r. St-Martin.
10	Messageries (r. des)	r. d'Hauteville	r. du Faub.-Poisson.
1	Messag.-G. (p. des-)	r. St-Honoré	r. de Grenelle.
2	Mes.-Impér. (p. des)	r. Montmartre	r. Notre-D°-des-Vict.
8	Messine (r. de)	av. de Plaisance	r. de Val.-du-Roule.
10	Metz (r. de)	r. de Strasbourg	r. de Nancy.
19	Metz (r. de)	r. de Crimée	r. d'Allemagne.
15	Meudon (b. de)	pl. de la b. de l'Ecole	av. de la Motte-Picq.
14	Meunier (av.)	r. de la Procession	r. du Haut-Transit.
12	Meuniers (ch. des)	r. de la Br.-aux-L.	fortifications.
6	Mézières (r. de)	r. Bonaparte	r. Cassette.
5-6	Michel (pl. du pt-St-)	q. St-Michel	pl. St-And.-des-Arts.
1-4-6	Michel (pt St-)	q. du Marché-Neuf	q. St-Michel.
5	Michel (q. St-)	pl. du Petit-Pont	pl. du Pt-St-Michel.
10	Michel (r. du G.-St-)	q. de Valmy	r. du Faub.-St-Mart.
8	Michel (r. St)	b. de Malesherbes	r. St-Jean-Baptiste.
3	Michel-le-Comte (r.)	r. du Temple	r. Beaubourg.
2	Michodière (r. de la)	r. St-Augustin	b. des Italiens.
6	Mignon (r.)	r. Serpente	r. du Jardinet.
19	Mignottes (r. des)	r. des Solitaires	r. Basse-St-Denis.
9	Milan (r. de)	r. de Clichy	r. d'Amsterdam.
15	Milit. (ch. de l'École-)	av. de Lowendal	r. Dupleix.
	Militaire (r.)	longeant le mur d'enceinte (intra).	
20	Milesent (imp.)	r. des Cendriers.	
12	Millaud (av.)	r. de Bercy	r. de Lyon.
3	Minimes (r. des)	r. des Tourelles	r. St-Louis.
3	Min. (r. de la Ch.-d.-)	pl. Royale	r. St-Gilles.
2	Miracles (c. des)	r. de Damiette	r. des Forges.
16	Miracles (imp. des)	r. de Versailles	Auteuil (anc.).
4	Mir. (p. de la c. des)	r. des Tournelles	imp. Jean-Beausire.
8	Miroménil (r. de)	r. du Faub.-St-Hon.	r. de Val.-du-Roule.
9	Mogador (r. de)	r. N°-des-Mathurins	r. St-Nicolas.

PARIS NOUVEAU.

ARR.	VOIES PUBLIQUES.	TENANTS.	ABOUTISSANTS.
20	Mogador (r. de)	b. des Amandiers	r. Duris.
19	Mogador (r. de)	r. de Flandre	r. d'Aubervilliers.
5	Moine (r. du Petit-)	r. Scipion	r. Mouffetard.
1	Moineaux (r. des)	r. des Orties	r. St-Roch.
17	Moines (r. des)	r. Jeanne-d'Asnières	ch. des Bœufs.
3	Molay (r.)	r. Portefoin	r. Perrée.
16	Molière (av.)	av. Despréaux	Auteuil (anc.).
3	Molière (pass.)	r. St-Martin	r. Quincampoix.
6	Molière (r.)	pl. de l'Odéon	r. de Vaugirard.
16	Molière (r.)	r. de Versailles	r. Boileau.
8	Monceau (b. de)	pl. de l'Arc-de-Tr.	r. de Courcelles.
8-17	Monceau (b. de)	r. du Rocher	r. de Courcelles.
8	Monceau (r. de)	r. du Faub.-St-Hon.	r. de Courcelles.
17	Moncey (pass.)	av. de St-Ouen	r. Moncey.
9	Moncey (r.)	r. Blanche	r. de Clichy.
17	Moncey (r.)	av. de Clichy	p. Moncey.
20	Mondétour (r.)	r. des Champs	r. de Charonne.
1	Mondétour (r. de)	r. de Rambuteau	r. Mauconseil.
1	Mondovi (r. de)	r. de Rivoli	r. du Mont-Thabor.
12	Mongenot (r. N°-)	r. Militaire	av. du Bel-air.
1	Monnaie (r. de la)	r. des P.-St-G.-l'Aux.	r. de Rivoli.
20	Mon-Plaisir (av.)	b. des Amandiers	Belleville.
7	Monsieur (r.)	r. de Babylone	rue Oudinot.
6	Monsieur-le-Pr. (r.)	car. de l'Odéon	b. de Sébastop. (r. g.)
2	Monsigny (r.)	r. Marsollier	r. N°-St-Augustin.
16	Montagne (car. de la)	Gr.-r. de Passy	r. Basse.
16	Montagne (r. de la)	q. de Passy	car. de la Montagne.
5	Mte-Ste-Genev.(r. de la)	r. St-Victor	pl. Ste-Geneviève.
20	Montagnes (r. des)	b. de Belleville	r. des Couronnes.
17	Montagnes (r. des)	av. des Ternes	fortifications.
8	Montaigne (av. de)	r. Bizet	r.-p. des Ch.-Élysées.
8	Montaigne (r. de)	r.-p. des Ch.-Élysées	r. du Faub. St-Hon.
5	Montebello (q. de)	r. des G.-D. de l'Ar.	pl. du Petit-Pont.
12	Montempoivre (r. de)	r. de la Voûte-du-C.	fortifications
19	Montenegro (pas. du)	r. de Romainville	r. de Pantin.
1	Montesquieu (pas. de)	cl. St-Honoré	r. de Montesquieu.
1	Montesquieu (r. de)	r. Cr.-des-Pet.-Ch.	r. des Bons-Enfants.
6	Montfaucon (r.)	r. de l'École-de-Méd.	r. Clément.
12	Montgallet (r.)	r. de Charenton	gr. r. de Reuilly.
3	Montgolfier (r.)	r. Conté	r. du Vertbois.
9	Montholon (r.)	r. du Faub-Poisson.	r. Cadet et Rochech.
12	Montmartel (r.)	p. de Bercy	r. Grange-à-Meun.
2-9	Montmartre (b.)	r. Montmartre	r. de Richelieu.
9	Montmartre (ch. de r.)	pl. de la b° Montm.	r. Fontaine.
1-2	Montmartre (r.)	pte St-Eustache	b. Montmartre.
2	Montmartre (r. des F.-)	r. Vide-Gousset	r. Montmartre.
9	Montmart. (r. du F.-)	b. Montmartre	r. Fléchier.
16	Montmorency (av. de)	r. Neuve	b. de Montmorency.
16	Montmorency (b. de)	r. de l'Assomption	p. d'Auteuil.
3	Montmorency (r. de)	r. du Temple	r. St-Martin.
16	Montmorency (r. de)	r. de la Fontaine	r. Neuve.
2	Montmor. (r. N°-de-)	r. Feydeau	r. St-Marc.
1-2	Montorgueil (r.)	r. Montmartre	r. St-Sauveur.
5-6-14-15	Mont-Parnasse (b. du)	r. de Sèvres	r. d'Enfer.
14-15	M.-Parn.(ch. de r. du)	r. du Mont-Parnasse	av. du Maine.
6	Mont-Parn. (imp. du)	b. du Mont-Parnasse.	
6-14	Mont-Parnasse (r. du)	r. Notre-De-des-Ch.	ch. de r. d'Enfer.
1	Montpensier (r. de)	r. de Richelieu	r. de Beaujolais.
20	Montreuil (an. ch. de)	r. de Montreuil	fortifications.
11-20	Montreuil (b. de)	av. du Trône	r. de Montreuil.
11	Montr (ch. de r. de)	r. de Montreuil	r. de Charonne.
11	Montreuil (r. de)	r. du Faub.-St-Ant.	ch. de r. de Montreuil.

GUIDE PRATIQUE. — DICTIONNAIRE GÉNÉRAL DES RUES. 257

ARR.	VOIES PUBLIQUES.	TENANTS.	ABOUTISSANTS.
20	Montreuil (r. de)	b. de Charonne	fortifications.
14	Montrouge (b. de)	r. d'Orléans	r. de la Gaîté.
14	Mont-Souris (imp.)	r. de la Tombe-Iss.	
1	Mont-Thabor (r. du)	r. d'Alger	r. de Mondovi.
9	Montyon (r. de)	r. de Trévise	r. du Faub.-Montm.
14	Montyon (r. de)	r. d'Orléans	ch. du Maine.
12	Moreau (r.)	r. de Bercy	r. de Charenton.
14	Morère (r.)	r. du Pot-au-Lait	
11	Moret (r.)	r. de Ménilmontant	r. des 3-Couronnes.
15	Morillons (r. des)	ch. du Moulin	au Vieux-Morillon.
4	Morland (b.)	q. Henri IV	r. de Sully.
4	Mornay (r.)	r. de Sully	r. de Crillon.
11	Mortagne (imp. de)	r. de Charonne	
8	Moscou (r. de)	r. de Berlin	r. de Hambourg.
7-15	Motte-Picquet (av. la)	r. de Grenelle	ch. de r. de l'Éc.-Mil.
5-13	Mouffetard (r.)	r. des Fos. St-Victor	b. de l'Hôpital.
11	Mouffle (pass.)	r. du Chemin-Vert	q. de Jemmapes.
15	Moulin (ch. du)	r. des Vignes	fortifications.
16	Moulin (r. du)	r. Vineuse	r. de la Pompe.
4	Moulin (r. du Haut-)	r. Glatigny	r. de la Cité.
14	Moulin-de-B. (r. du)	r. de la Gaîté	r. de l'Ouest.
19	M.-de-la-G. (ch. du)	r. St-Laurent	r. Fessart.
15	Moul.-de-la-P. (r. du)	r. du Moulin-des-Pr.	r. du Génie.
14	Moul.-de-la-V. (r. du)	r. de Constantine	av. Meunier.
13	Moulin-des-P. (r. du)	r. de Fontainebleau	r. de la Butte-aux-C.
13	Moulin-des-P. (s. du)	r. de la Butte-aux-C.	r. Vendrezanne.
13	Moulinet (imp.)	r. de Fontainebleau	
11	Moulin-Joli (imp. du)	r. des 5-Couronnes	
11	Moulins (r. des)	G.-r. des Batignolles	Batignolles (anc.).
19	Moulins (r. des)	r. de Paris	r. Fessart.
18	Moulins (r. des)	r. du Vieux-Marché	r. des Brouillards.
18	Moulins (r. des Cinq-)	r. de Valence	r. Doudeauville.
12	Moul.-Reuilly (r. des)	ch. de r. de Reuilly	r. de Picpus.
13	Moul.-St-M. (r. des Deux-)	ch. de r. de la Gare	Gr.-r.-d'Austerlitz.
1	Moul.-St-Roch (r. des)	r. des Orties	r. N.-des-Petits-Ch.
4	Moussy (r. de)	r. de la Verrerie	r. Ste-Cr.-de-la-Bret.
16	Muette (av. de la P.)	r. de la Pompe	Passy (anc.).
11	Muette (r. de la)	r. de Charonne	r. de la Roquette.
16	Muette (r. de la)	Gr.-r. de Passy	fortifications.
1	Mulets (r. des)	r. d'Argenteuil	r. des Moineaux.
19	Mulhouse (pass. de)	r. de Meaux	r. d'Allemagne.
2	Mulhouse (r. de)	r. de Cléry	r. des Jeûneurs.
18	Muller (r.)	ch. de Clignancourt	r. Feutrier.
8	Munich (av. de)	r. de Miromesnil	av. de Plaisance.
16	Municipalité (r. de la)	r. de la Réunion	r. des Clos.
5	Mûrier (r. du)	r. St-Victor	r. Traversine.
4	Musc (r. du Petit-)	q. des Célestins	r. St-Antoine.
18	Myrha (r.)	r. des Poissonniers	r. Poulet.
4	Myron (r. François-)	r. de Lobau	r. Jacques-de-Brosse.

N

17	Naboulet (imp.)	Chemin des bœufs	
10	Nancy (r. de)	r. du Faub. St-Mart.	r. de Metz.
19	Nancy (r. de)	r. de Marseille	r. d'Allemagne.
11	Nanettes (imp. des)	ch. de r. des Amand.	
19	Nantes (r. de)	q. de l'Oise	r. de Flandre.
8	Naples (r. de)	pl. d'Europe	ch. de r. de Clichy.
15	Napoléon (pass.)	r. Blomet	r. de Vaugirard.
1	Napoléon (pl.)	Louvre	pl. du Carrousel.
4	**Napoléon (q.)**	**r. du Cloître-N.-D^e**	r. de la Cité.

ARR.	VOIES PUBLIQUES.	TENANTS.	ABOUTISSANTS.
20	Napoléon (r.)	b. de Belleville	r. des Montagnes.
20	Napoléon (sq.)	r. des Montagnes.	
18	Nation (r. de la)	r. des Poissonniers	ch. de Clignancourt.
13	Nationale (r.)	b. d'Ivry	r. du Chât.-des-Rent.
9	Navarin (r. de)	r. des Martyrs	r. Breda.
4	Necker (r.)	r. Dormesson	r. Jarente.
16	Nemours (r.-p. de)	ch. de la Muette	
11	Nemours (r. de)	r. de Ménilmontant	r. d'Angoulême.
17	Neuilly (b. de)	r. de Lévis	r. de la Révolte.
16	Neuve (r.)	r. de la Fontaine	b. de Montmorency.
20	Neuve (r.)	r. de Bagnolet	r. de Charonne.
13	Neuve (r.)	r. de Choisy	r. de Fontainebleau.
16	Neuve (r.)	av. de la Porte-Maillot	av. de l'Impératrice.
	Neuve (r.)...*Voir le nom propre qui suit*		Neuve.
6	Nevers (imp.)	r. de Nevers.	
6	Nevers (r. de)	q. de Conti	r. d'Anjou.
8	Newton (r. de)	b. de l'Alma	ch. de r. de l'Étoile.
11	Nice (r. de)	r. Neuve des Boulets	
15	Nice (r. de.)	r. des Morillons.	
3	Nicolas (imp. S¹-)	r. de Réaumur.	
19	Nicolas (imp. S¹-)	r. Drouin–Quintaine	la Villette (anc.).
15	Nicolas (r. S¹-)	pl. de la Mairie	r. Groult-d'Arcy.
8-9	Nicolas-d'Ant. (r. S¹-)	r. de la Ch d'Antin	r. de l'Arcade.
3	Nicol.-des-C. (cl. S¹-)	r. au Maire.	
5	Nicol.-du-Ch. (r. S¹-)	r. S¹-Victor	r. Traversine.
4	Nicolas Flamel (r.)	r. de Rivoli	r. des Lombards.
2	Nicolas (r. S¹-)	r. de Charenton	r. du Faub.-S¹-Ant.
17	Nicolet (r.)	q. d'Orsay	r. de l'Université.
8	Nicolet (r.)	ch. de Clignancourt	r. Bachelet.
1	Noir (pass.)	r. N¹⁰-des-Bons-Enf.	r. de Val.-Pal.-Royal.
4	Non.-d'Hyères (r. des)	q. des Ormes	r. de Jouy.
18	Nord (r. du)	r. Marcadet	r. des Poiriers.
18	Nord (r. du)	r. des Poiriers	fortifications.
19	Nord (pass. du)	r. du Dépotoir.	
3	Normandie (r. de)	r. de Périgueux	r. Charlot.
4	Notre-Dame (parv.)	r. d'Arcole.	
4	Notre-Dame (p¹)	q. le Pelletier	q. Napoléon
17	Notre-Dame (r.)	av. de Clichy	pl. de la Promenade.
18	Notre-Dame (r.)	r. S¹-Denis	r. de la Saussaie.
16	Notre-Dame (r.)	r. S¹⁰-Claire	r de la Tour.
15	Notre-Dame (r.)	r. de Vaugirard	fortifications.
4	Notre-Dame (r. du Cl.)	q. Napoléon	parv. Notre-Dame.
4	Notre-Dame (r. N⁰-)	parv. Notre-Dame	r. de la Cité.
5	Notre-Dame (r V⁰-)	r. Censier	r. d'Orléans-S¹-Marc.
2	Notre-D⁰-de-B⁰-N⁰ (r.)	r. Beauregard	b. de Bonne-Nouv.
8	N.-D.-de-Grâce (r.)	r. de la Madeleine	r. d'Anjou.
9	N.-D-de-Lorette (r.)	r. S¹-Lazare	r. Pigalle.
3	Notre-D⁰-de-Naz. (r.)	r. du Temple	r. S¹-Martin.
2	Notre-D⁰-de-Rec. (r.)	r. Beauregard	b. de Bonne-Nouvelle.
6	Notre-D⁰-des-Ch. (r.)	r. de Vaugirard	car. de l'Observat.
2	Notre-D⁰-des-V. (r.)	pl. des Petits-Pères	r. Montmartre.
20	Noues (cour des)	r. de Charonne	r. du Ratrait.
20	Noues (r. de la c. des)	r. Perlet	ch. des Partants.
5	Noyers (r. des)	r. de Montag.-S¹⁰-Gen	r. S¹-Jacques.

O

1	Oblin (r.)	r. de Viarme	r. Coquillière.
14	Observat. (av. de l')	b. du Montparnasse	Observatoire.
5-6	Observ. (carref. de l')	r. de l'Est	b. du Montparnasse.
6	Odéon (carref. de l')	r. de l Ecole-de-Méd	r. Monsieur-le-Prince

ARR.	VOIES PUBLIQUES.	TENANTS.	ABOUTISSANTS.
6	Odéon (pl. de l')	r. de l'Odéon	r. Racine.
6	Odéon (r. de l')	r. Monsieur-le-Prince	pl. de l'Odéon.
14	Odessa (cité d')	r. du Départ.	
8	Odiot (cité)	r. Neuve-de-Berri	r. de l'Oratoire.
19	Oise (q. de l')	pl. de l'Hôtel-de-V^{lle}	canal.
3	Oiseaux (r. des)	marché des Enf.-R^{es}	r. de Beauce.
7	Olivet (r. d')	r. Vanneau	r. Traverse.
9	Ollivier (r.)	r. du Faub.-Montm.	r. St-Georges.
9	Opéra (pass. de l')	b. des Italiens	r. Drouot.
10	Opportune (imp. S^{te}-)	r. Lancry.	
1	Opportune (pl. S^{te}-)	r. des Halles	r. des Fourreurs.
1	Opportune (r. S^{te}-)	r. des Fourreurs	r. de la Ferronnerie.
18	Oran (r. d')	r. Ernestine	r. des Poissonniers.
5	Orangerie (r. de l')	r. d'Orléans	r. Censier.
8	Oratoire des Ch.-Él. (r. de l')	av. des Champs-Elys.	r. du Faub.-St-Hon.
1	Orat.-du-Louv. (r. l')	r. de Rivoli	r. St-Honoré.
1	Orfévres (q. des)	p^t St-Michel	Pont-Neuf.
1	Orfévres (r. des)	r. St-Germ.-l'Auxerr.	r. Jean-Lantier.
12	Orient (pass. d')	r. de Bercy	r. de Lyon.
18	Orient (r. de l')	r. de l'Empereur	Montmartre (anc.).
11	Orillon (r. de l')	r. St-Maur-Popinc.	ch. de Ramponeau.
20	Orillon (r. de l')	b. de Belleville	r. de l'Ourtille.
15	Orléans (cité d')	av. de Clichy	Batignolles (anc.).
17	Orléans (r. d')	r. des Tournelles	Vaugirard (anc.).
4	Orléans (q. d')	p^t de la Tournelle	p^t de la Cité.
14	Orléans (route d')	b. de Montrouge	fortifications.
17	Orléans (r. d.)	av. de Clichy	r. de Lévis.
12	Orléans (r. d')	port de Bercy	r. de Bercy.
12	Orléans (imp. d')	r. de Mâcon	Bercy (anc.).
14	Orléans (r. d.)	r. d'Allemagne	q. de la Loire.
15	Orléans (r. Neuve d')	r. de la Tombe-Issoire	route d'Orléans.
1	Orl.-St-Honoré (r. d')	r. St-Honoré	r. des Deux-Ecus.
5	Orl.-St-Marcel (r. d')	r. Geoffroy-St-Hilaire	r. Mouffetard.
4	Orme (r. de l')	r. Mornay	r. St-Antoine.
15	Orme (r. de l')	r. de la Procession	route du Transit.
11	Ormeaux (av. des)	pl. du Trône	r. de Montreuil.
11	Ormeaux (r. des)	pl. du Trône	r. de Montreuil.
20	Ormeaux (r. des)	b. de Montreuil	r. de Montreuil.
4	Ormes (q. des)	q. St-Paul	r. Geoffroy-Lasnier.
20	Ormes (r. des)	b. de Montreuil	r. de Montreuil.
13	Ormes (r. des Trois-)	b. de la Gare	r. de la Croix-Rouge.
7-15	Orsay (q. d')	r. du Bac	q. de Grenelle.
1	Ortics (r. des)	r. d'Argenteuil	r. Ste-Anne.
3	Oseille (r. de l')	r. St-Louis	r. Vieille-du-Temple.
20	Ottoz (villa)	r. Piat.	
7	Oudinot (r.)	r. Vanneau	b. des Invalides.
17-18	Ouen (av. de S^t-)	Grande-Rue	fortifications.
18	Ouen (ch. de S^t-)	r. du Poteau	fortifications.
19	Ouen (ch. de S^t-)	r. St-Denis	ch. d'Aubervilliers.
6	Ouest (r. de l')	r. de Vaugirard	carref. de l'Observat.
14	Ouest (r. de l')	ch. du Maine	route du Transit.
10-19	Ourcq (pl. de l')	r. de Lafayette	r. du Faub.-St-Martin
2-1-3	Ours (r. aux)	r. St-Martin	r. St-Denis.

P

1-2	Pagevin (r.)	r. Jean-J.-Rousseau	pl. des Victoires.
9	Paix (cité de la)	r. de Meaux	Villette (anc.)
2	Paix (r. de la)	r. Nve-des-P.-Champs	b. des Capucines.
17	Paix (r. de la)	av. de Clichy	r. St-Etienne.
7	Pal. Bourbon (pl.)	r. de Bourgogne	r. de l'Université

ARR.	VOIES PUBLIQUES.	TENANTS.	ABOUTISSANTS.
14	Paix (r. de la)	vieille route d'Orléans	r. du Chemin-Vert.
1	Palais-Royal (pl. du)	r. St-Honoré	r. de Rivoli.
6	Palatine (r.)	r. Garancière	pl. St-Sulpice.
2	Palestro (r.)	r. de Turbigo	r. du Caire.
13	Palmyre (r.)	r. Hélène.	
1	Panier-Fl. (pass. du)	imp. des Bourdonnais	r. Tirechape.
2	Panoramas (pass. des)	r. St-Marc.	b. Montmartre.
20	Panoyaux (imp. des)	r. des Panoyaux.	
20	Panoyaux (r. des)	b. des Amandiers	r. des Amandiers.
5	Panthéon pl. du	r. Soufflot.	
10	Pantin (ch. de)	q. de Valmy	r. du Faub.-St-Martin
19	Pantin (r. de)	r. de Romainville	fortifications.
6	Paou (imp. du)	r. Larrey.	
5	Paon (r. du)	r. St-Victor	r. Traversine.
4	Paon-Blanc (r. du)	q. des Ormes	r. de l'Hôtel-de-Ville
9	Papillon (r.)	r. Bleue	r. Riboutté.
13	Papin (r.)	q. d'Austerlitz	r. de la Gare.
3-4	Paradis-au-Marais (r.)	r. Vieille-du-Temple	r. du Chaume.
10	Par.-Poissonn. (r. de)	r. du Faub.-St-Denis	r. du Faub.-Poissonn.
19-20	Parc (r. du)	r. de Romainville	fortifications.
15	Parc (r. du)	r. de l'Ecole	Grande-R. de Vaugir.
16	Parc (r. du Petit-)	r. de la Tour	av. de St-Denis.
5	Parcheminerie (r. la)	r. St-Jacques	r. de la Harpe.
3	Parc-Royal (r. du)	r. St-Louis	r. des 3-Pavillons.
10	Paré (r. Ambroise-)	r. de Maubeuge	r. de Rocroi.
17	Paris (r. de)	b. de Monceau	route d'Asnières.
19-20	Paris (r. de)	b. de la Chopinette	r. de Romainville.
20	Paris (r. de)	b. de Fontarabie	pl. de la Mairie.
9	Parme (r. de)	r. de Clichy	r. d'Amsterdam.
11	Parmentier (av.)	r. des Amandiers	r. St-Ambroise.
10	Parmentier (r.)	r. Corbeau	r. Alibert.
20	Partants (ch. des)	r. des Partants	r. de Charonne.
20	Partants (r. des)	r. des Amandiers	ch. des Partants.
5-13	Pascal (r.)	r. Mouffetard	r. du Champ-de-l'Al.
3-4	Pas-de-la-Mule (r. du)	b. Beaumarchais	pl. Royale.
16	Passy (b. de)	pl. de l'Arc-de-Triom.	r. de Longchamp.
16	Passy (port de)	route de Versailles	p. de Grenelle.
17	Passy (r. de)	av. de la p. Maillot	r. St-Ferdinand.
16	Passy à Boulogne (r.)	ch. de la Muette	fortifications.
3	Pastourelle (r.)	r. du Grand-Chantier	r. du Temple.
5	Patriarc. (pass. m. d.)	r. des Patriarches	r. des Postes.
5	Patriarches (r. des)	r. d'Orléans	r. de l'Epée-de-Bois.
5	Patriarches (r. m. d.)	longeant 3 façades du marché des Patriarch.	
16	Pâtures (ch. des)	route de Versailles	r. Cuissard.
4	Paul (r. St-)	q. St-Paul	r. St-Antoine.
15	Paul (r. St-)	q. de Javel	av. St-Charles.
14	Paul (r. St-)	vieille route d'Orléans	r. du Chemin-Vert.
4	Paul (q. St-)	q. des Célestins	q. des Ormes.
4	Paul (r. Neuve-St-)	r. du Petit-Musc	r. St-Paul.
2	Paul Lelong (r.)	r. N. D. des Victoires	r. de la Banque.
16	Pauquet (r.)	b. de Passy	r. du Bel-Air.
16	Pauq.-de-Villej. (r.)	r. de Chaillot	ch. de l'Etoile.
16	Pauvres (imp. des)	r. Boileau.	
5	Pavé (rue du Haut-)	q. de Montebello	r. des Grands-Degrés
4	Pavée-au-Marais (r.)	r. de Rivoli	r. des Francs-Bourg.
6	Pavée-St-André (r.)	q. des Grands-Aug.	r. St-André-des-Arts.
1	Pavillons (pass. des)	r. de Beaujolais	r. Nve-des-Petits-Ch.
20	Pavillons (r. des 2)	r. de la Duée	r. de Calais.
3	Pavillons (r. des 3-)	r. des Francs-Bourg.	r. du Parc-Royal.
3	Paxent (r. St-)	r. Bailly	r. Conté.
15	Payeu (imp.)	r. de Javel.	
3	Payenne (r.)	r. des Francs-Bourg.	r. du Parc-Royal.

ARR.	VOIES PUBLIQUES.	TENANTS.	ABOUTISSANTS.
19	Péchouin (r.)	b. du Combat	r. Asselin.
4	Pecquay (pass.)	r. des Blancs-Mant.	r. de Rambuteau.
2	Peintres (imp. des)	r. St-Denis.	
11	Pelée (imp.)	petite r. St-Pierre.	
1	Pèlerins-St-Jacq. (r.)	r. St-Jacques-l'Hôpital	r. de Mondétour.
1	Pélican (r. du)	r. de Grenelle-St-Hon.	r. Croix-des-Pet.-Ch.
4	Pelleterie (r. de la)	r. de la Cité.	b. de Sébastopol.
16	Pelouse (r. de la)	r. Neuve	r. Nve-de-la-Pelouse.
16	Pelouse (r. Nve-de-la)	r. de Bellevue	av. de la Porte-Maill.
8	Penthièvre (r. de)	r. de la Ville-l'Évêq.	r. du Faub.-St-Hon.
8	Pépinière (r. de la)	r. de l'Arcade	r. du Faub.-St-Hon.
14	Pépinière (r. de la)	route d'Orléans	ch. du Maine.
14	Pépin. (r. Nve-de-la)	r. du Champ-d'Asile	r. de la Pépinière.
6	Percée St-And. (imp.)	r. Hautefeuille.	
4	Percée-St-Antoine (r.)	r. Charlemagne	r. St-Antoine.
14	Perceval (r.)	r. de la Gaîté	r. de l'Ouest.
16	Perchamps (pl. des)	r. des Perchamps	r. Neuve-Boileau.
16	Perchamps (r. des)	r. de la Fontaine	r. Molière.
3	Perche (r. du)	r. Vieille-du-Temple	r. Charlot.
8	Percier (av.)	r. de la Pépinière	av. de Munich.
9	Percier (r.)	r. Fontaine	r. Blanche.
17	Péreire (b.-nord)	r. de la Santé	av. de la Porte-Maill.
2	Pères (pass. Petits-)	pl. des Petits-Pères	r. de la Banque.
2	Pères (pl. des Pet.-)	r. Notre-D.-des-Vict.	
2	Pères (r. des Petits-)	r. de la Banque	pl. des Petits-Pères.
6-7	Pères (r. des Sts-)	q. Malaquais	r. de Grenelle.
7	Périer (r. Casimir)	r. Las-Cases	r. de Grenelle.
7-15	Pérignon (r.)	av. de Saxe	ch. de Sèvres.
3	Périgueux (r. de)	r. de Bretagne	r. St-Louis.
3	Perle (r. de la)	r. de Thorigny	r. Vlle-du-Temple.
20	Perlet (r.)	ch. de la Ct-des-Noues	r. de Charonne.
4	Pernelle (r.)	r. St-Bon	b. de Sébastopol.
14	Pernety (r.)	r. de Constantine	r. de l'Ouest.
4	Perpignau (r. de)	r. des Marmousets	r. des Trois-Canettes
3	Perrée (r.)	r. Caffarelli	r. du Temple.
14	Perrel (r.)	r. Flottière	r. de Constantine.
16	Perrier (pte-)	av. de la Pte-Maillot	av. de St-Denis.
1	Perron (r. du)	r. de Beaujolais	r. Nve-des-Pet.-Ch.
15	Pestel (r.)	r. de Sèvres	r. Blomet.
8	Pétersbourg (r. de St-)	pl. d'Europe	ch. de Clichy.
9	Pétrelle (r.)	r. du Faub.-Poisson.	r. Rochechouart.
16	Peupliers (av. des)	r. Neuve	b. de Montmorency.
13	Peupliers (ch. des)	r. de Font.-à-Mulard	fortifications.
3	Phélipeaux (r.)	r. du Temple	r. Volta.
16	Philibert (av. St-)	r. Singer	r. des Vignes.
2	Philippe (r. St-)	r. Bourbon-Villen.	r. de Cléry.
8	Phil.-du-R.(pass.St-)	r. du Faub. St-Hon.	r. de Courcelles.
20	Piat (r.)	r. Vilin	r. de Paris.
13	Picard (r.)	q. de la Gare	r. du Chevaleret.
16	Picot (r.)	av. Dauphine	av. de l'Impératrice.
16	Picpus (b. de)	r. de Picpus	av. de St-Mandé.
12	Picpus (ch. de)	r. de Picpus	av. de St-Mandé.
12	Picpus (r. de)	r. du Faub.-St-Ant.	ch. de Picpus.
18	Piemontesi (pass.)	pass. de l'Élysée.	
3	Pierre (imp. St-)	r. Neuve-St-Pierre.	
4	Pierre (pass. St-)	r. St-Antoine	r. St-Paul.
18	Pierre (pass. St-)	Grande-R. des Batig.	b. de Clichy.
11	Pierre (petite rue St-)	r. du Chemin-Vert	b. de Beaumarchais.
18	Pierre (pl. St-)	r. des Carrières	r. de Virginie.
16	Pierre (r. basse St-)	q. de Billy	r. de Chaillot.
3	Pierre (r. Neuve-St-)	r. St-Gilles	r. des Douze-Portes.
14	Pierre (r. St-)	r. de la Pépinière	r. de la Rochefouc.

ARR.	VOIES PUBLIQUES.	TENANTS.	ABOUTISSANTS.
16	Pierre (r. St-)	r. des Carrières	r. de la Pompe.
7	Pierre (villa St-)	r. de l'Eglise.	
13	Pierre-Assis (r.)	r. Mouffetard	r. St-Hippolyte.
4	Pierre-au-Lard (r.)	r. Neuve-St-Merri	r. du Poirier.
4	Pierre-des-Arc (r. St-)	r. Gervais-Laurent	r. du Marché-aux-Fl.
11	Pierre-Levée (r.)	r. des Trois-Bornes	r. de la Font.-au-Roi
2	Pierre-Monton (r. St-)	r. Montmartre	r. Notre-Dame-des-V.
11	Pierre-Pop. (pass. St-)	r. St-Pierre-Popinc	q. Valmy.
11	Pierre-Pop. (r. St-)	r. St-Sébastien	r. de Ménilmontant.
9-18	Pigalle (b.)	pl. de barr. Montm	pl. de la Barr.-Blanc.
9	Pigalle (r.)	r. Blanche	pl. de la Barr.-Montm.
18	Pigalle (r. Neuve-)	b. Pigalle	r. de la Cure.
13	Pinel (r.)	pl. de la Barr.-d'Ivry	b. de l'Hôpital.
1	Pirouette (r.)	r. de Rambuteau	r. de Mondétour.
19	Place (r. de la)	r. de Beaune	r. St-Denis.
6	Placide (r. St-)	r. de Sèvres	r. de Vaugirard.
15	Plaine (ch. de la)	r. des Tourelles	fortifications.
16	Plaine (rond-pt de la)	av. de St-Cloud	av. de St-Denis.
20	Plaine (r. de la)	r. des Quatre-Jardin	Charonne (anc.)
17	Plaine (r. de la)	r. de l'Arc-de-Triom	av. des Ternes.
8	Plaisance (av. de)	av. de Munich	r. de Messine.
8	Plaisance (r. de)	r. de Messine	r. de Valois.
5	Planchette (imp. de la)	r. St-Martin.	
12	Planchette (imp de l.)	r. de Charenton.	
12	Planchette (r. de la)	r. des Terres-Fortes	b. de la Contrescarpe
12	Planchette (r. de la)	r. Libert	b. de Bercy.
12	Planchette (ruelle)	ch. de Bercy	r. de Charenton.
16	Planchettes (r. de)	r. de la Tour	r. du Moulin.
1	Plat-d'étain (r. du)	r. des Lavandières	r. des Déchargeurs.
4	Plâtre-au-Marais (r.)	r. de l'Homme-Armé	r. du Temple.
5	Plâtre-St-Jacques (r.)	r. des Anglais	r. St-Jacques.
7	Plumet (imp)	r. Vanneau.	
16	Point du jour (pl.)	r. de Versailles	r. de Sèvres.
1	Pointe St-Eustache	r. de Rambuteau	Halles.
15	Plumet (r.)	r. de la Procession	r. Bargue.
5	Poirées (r. des)	r. Neuve-des-Poirées	r. de Cluny.
5	Poirées (r Neuve-des)	r. des Poirées	r. des Cordiers.
4	Poirier (r. du)	r. Neuve-St-Merri	r. Maubuée.
18	Poirier (r. du)	r. Berthe	r. du Vieux-Marché.
18	Poiriers (r. des)	Grande-R. de la Chap	r. du Nord.
4	Poissonnerie (imp. de)	r. Jarente.	
2-9	Poissonn ère (b.)	r. Poissonnière	r. Montmartre.
9	Poissonnière (ch. de)	r. du Faub.-Poissonn	r. Rochechouart.
2	Poissonnière (r.)	r. de Cléry	b. Poissonnière.
9	Poissonn. (r. Faub.-)	b. Poissonnière	ch. Poissonnière.
9-18	Poissonniers (b des)	r. du Faub.-Poissonn	r. Rochechouart.
18	Poissonniers (ch. des)	r. Marcadet	fortifications.
18	Poissonniers (r. des)	b. des Poissonniers	r. Marcadet.
5	Poissy (r. de)	q. de la Tournelle	r. St-Victor.
6	Poitevins (r. des)	r. Hautefeuille	r. Serpente.
7	Poitiers (r. de)	q. d'Orsay	r. de l'Université.
3	Poitou (r. d.)	r. Vieille-du-Temple	r Charlot.
5	Polivea (r. de)	b. de l'Hôpital	r. d. Fossés-St-Marc.
5	Polytech. (r. de l'Éc.-)	r. de la Mont.-Ste-G	r. des Sept-Voies.
10	Pompe (r. de la)	r. de Bondy	r. du Château-d'Eau.
18	Pompe (r. de la)	r. du Ruisseau	Montmartre (anc.).
16	Pompe (r. de la)	Grande-R. de Passy	av. de la Pte-Maillot.
16	Pompe à feu (pass.)	q. de Billy	r. de Chaillot.
2	Ponceau (pass. du)	b. de Sébastopol	r. St-Denis.
2	Ponceau (r. du)	r. St-Martin	r. St-Denis.
4-5	Pont (Petit)	r. de la Cité	q. St-Michel.
15	Pont (r. du)	p. de Grenelle	r. des Entrepreneurs.

ARR.	VOIES PUBLIQUES.	TENANTS.	ABOUTISSANTS.
5	Pont (r. du Petit-)	r. de la Bûcherie	r. Galande.
5	Pont aux Biches (r.)	r. Censier	r. Fer à Moulin.
5	Pont aux Choux (r.)	b. Beaumarchais	r. St-Louis.
3	Pont-de-Lodi (r.)	q. des Gr.-Augustins	r. Dauphine.
6	Ponthieu (r. de)	av. Matignon	r. Neuve-de-Berri.
1-6	Pont-Neuf	q. de la Mégisserie	q. des Grands-Aug.
6	Pont-Neuf (pass. du)	r. Mazarine	r. de Seine.
1	Pont-Neuf (pl. du).)	q. de l'Horloge	q. des Orfévres.
5	Pontoise (r. de)	q. de la Tournelle	r. St-Victor.
1-7	Pont-Royal	q. des Tuileries	q. d'Orsay.
15	Pont Turbigo (r. du)	r. des Morillons.	
4	Ponts (r. des Deux-)	q. d'Orléans	q. de Bourbon.
11	Popincourt (pass.)	r. Popincourt	r. Neuve-Popincourt.
11	Popincourt (r.)	r. de la Roquette	r. de Ménilmontant.
11	Popinc. (r. du Marc)	bordant trois côtés du	marché Popincourt.
11	Popincourt (r. Nve-)	r. de Ménilmontant	pass. Popincourt.
19	Port (ch. du)	r. des Ardennes	imp. du Dépotoir.
17	Port St-Ouen (r. du)	av. Clichy.	
5	Portefoin (r.)	r. des Enf.-Rouges	r. du Temple.
16	Pte-Maillot (av. de la)	pl. de l'Arc-de-Triom.	fortifications.
5	Portes (r. des Douze-)	r. Neuve-St-Pierre	r. St-Louis.
5	Portes (r. des Trois-)	pl. Maubert	r. de l'Hôtel-Colbert.
18	Ptes-Blanches (r. des)	r. des Poissonniers	r. du Ruisseau.
4	Pte-St-Jean (r. des 2)	r. de Rivoli	r. de la Verrerie.
2	Pte-St-Sauv. (r. d. 2)	r. du Petit-Lion	r. Thévenot.
2	Port-Mahon (r. de)	r. Neuve-St-Augustin	r. Louis-le-Grand.
5-14	Port-Royal (r. de)	r. St-Jacques	r. d'Enfer.
17	Port-St-Ouen (r. du)	av. de Clichy	ch. des Bœufs.
16	Possoz (pl.)	r. Guichard	r. St-Clair.
5	Postes (r. des)	r. de la Vve-Estrapade	r. de l'Arbalète.
13	Pot-au-Lait (pet.-r.)	r. du Pot-au-Lait	r. de la Glacière.
13	Pot-au-Lait (r. du)	r. de la Glacière	fortifications.
14	Pot-au-Lait (r. du)	r. de Châtillon	fortifications.
5	Pot-de-Fer (r. du)	r. Mouffetard	r. des Postes.
18	Poteau (r. du)	r. du Ruisseau	fortifications.
4	Poterie-des-Arcis (r.)	r. de Rivoli	r. de la Verrerie.
1	Poterie-des-H. (r.)	r. de la Lingerie	r. de la Tonnellerie.
1	Potier (pass.)	r. de Montpensier	r. de Richelieu.
5	Poules (r. des)	r. de la Vve-Estrapade	r. du Puits-qui-Parle.
18	Poulet (r.)	ch. de Clignancourt	r. des Poissonniers.
4	Poulletier (r.)	q. de Béthune	q. d'Anjou.
4	Pourtour-St-Gerv.(r.)	r. François-Myron	pl. du Marché-St-Jean
19	Prader (r.)	r. Fessart	r. St-Laurent.
1	Prêcheurs (r. des)	r. St-Denis	r. des Halles-Cent.
18	Pré-Maudit (r. du)	Grande-R. de la Chap.	ch. des Filettes.
19	Prés (r. des)	r. de Paris	fortifications.
14	Prés (r. des)	r. de Constantine	r. de l'Ouest.
19	Pré-St-Gerv. (ch. du)	r. du Dépotoir	fortifications.
19	Pré-St-Gervais (r. du)	ch. de fer de Ceinture	r. du Dépotoir.
18	Pressoir (pl. du)	r. St-Denis	Montmartre (anc.)
20	Pressoir (r. du)	r. de Constantine	r. des Couronnes.
14	Prêtres (ch. des)	r. des Catacombes	fortifications.
11	Prieuré (r. du Grand-)	r. de Ménilmontant	r. Delatour.
11	Prince Eugène (b.)	pl. du Trône	b. du Temple.
2	Princes (pass. des)	r. Richelieu	b. des Italiens.
6	Princesse (r.)	r. du Four	r. Guisarde.
18	Procession (ch. de la)	r. de la Chardonnière	Montmartre (anc.)
15	Procession (ch. de la)	voie des Morillons	fortifications.
15	Procession (pass. la)	ch. des Fourneaux	pass. des Fourneaux.
15	Process. (p. r. de la)	r. de la Procession	ch. des Tournelles.
14-15	Procession (r. de la)	gr. r. de Vaugirard	r. de Vanves.
20	Progrès (pass. du)	r. Robineau.	

ARR.	VOIES PUBLIQUES.	TENANTS.	ABOUTISSANTS.
17	Promenade (pl. de la)	r. des Moines.	r. Cardinet.
18	Propriétaires (r. des)	r. Marcadet.	r. des Poissonniers.
1	Prouvaires (r. des)	r. St-Honoré	r. Traînée.
1	Provençaux (imp. des)	r. de l'Arbre-Sec.	
9	Provence (r. de)	r. du Faub.-Montm.	r. de la Ch.-d'Antin.
19	Puits (imp. du)	pass. du Puits	Belleville (anc.)
19	Puits (pass. du)	r. St-Laurent	r. Lauzin.
5	Puits-de-l'Herm. (r.)	r. du Battoir.	r. Gracieuse.
5	Puits-qui-parle (r. du)	r. Neuve-Ste-Genev.	r. des Postes.
8	Puteaux (pass.)	r. de l'Arcade.	r. de la Madeleine.
17	Puteaux (r. de)	b. des Batignolles	r. des Dames.
4	Putigneux (imp.)	r. Geoffroy-Lasnier.	
1	Pyramides (r. des)	pl. de Rivoli.	r. St-Honoré.

Q

3	Quatre-Fils (r. des)	r. Vieille-du-Temple	r. du Gr. Chantier.
10	Quentin (r. de St-)	b. de Magenta	pl. de Roubaix.
5-4	Quincampoix (r.)	r. des Lombards	r. aux Ours.

R

8	Rabelais (r.)	av. et r. Matignon	r. de Montaigne.
16	Racine (imp.)	av. Despréaux	Auteuil (anc.)
6	Racine (r.)	b. Sébastopol.	pl. de l'Odéon.
1	Radzivill (pass.)	r. Nve-des-Bons-Enf.	r. de Valois-Pal.-Roy.
13	Raimaud (pass.)	ruelle Gaudon	r. de Fontainebleau.
12	Rambouillet (r. de)	r. de Bercy.	r. de Charenton.
1-3-4	Rambuteau (r. de)	r. du Chaume	r. Montorgueil.
2	Rameau (r.)	r. de Richelieu.	r. Ste-Anne.
16	Rampe (av. de la)	r. des Batailles	ch. Ste-Marie.
16	Ranelagh (r. du)	route de Versailles	r. de la Glacière.
16	Ranelagh (b. du)	b. Rossini	b. de la Muette.
12	Raoul (r.)	ch. de Reuilly	ch. des Marais.
12	Râpée (b. de la)	q. de la Râpée.	r. de Bercy.
12	Râpée (q. de la)	ch. de r. de la Râpée.	b. de Contrescarpe.
20	Rasselins (r. du Clos)	anc. ch. de Montreuil.	r. de Madame.
20	Ratrait (r. du)	r. des Champs.	r. de Ménilmontant.
11	Rats (r. des)	r. de la Folie-Regnault.	ch. de r. de Fontarabie
20	Rats r. des)	r. St-André	b. de Fontarabie.
1	Réale r. de la)	r. de Rambuteau	r. Grande-Truanderie
2-3	Réaumur (r. de)	r. Volta.	r. de Palestro.
10	Récollets r. des)	q. de Valmy.	r. du faub. St-Martin.
18	Réforme (r. de la)	b. des Martyrs.	r. de l'Abbaye.
6	Regard (r. du)	r. du Cherche-Midi.	r. de Vaugirard.
2	Réglise (r. du Clos-)	r. de Madame	r. St-Germain.
20	Réglisses (r. des)	r. Militaire.	
26	Regnard (r.)	pl. de l'Odéon.	r. de Condé.
1	Regnault (r. Folie-)	r. de la Muette.	r. des Amandiers.
4	Regrattier (r.)	q. d'Orléans.	r. St-Louis en l'Ile.
5	Reims (r. de)	r. des Sept-Voies.	r. Charretière.
6	Reine r. de la)	route de Versailles	fortifications.
13	Reine-Blanche (r.)	r. d. Fossés-St-Marcel	r. Mouffetard.
11	Reine-d.-Hong. (pass.)	r. Montorgueil.	r. Montmartre.
	Reine-Hortense (b.)	recouvrant le canal	
9	Rempart (r. Basse-d.)	r. de la Ch.-d'Antin.	pl. de la Madeleine.
1	Rempart (r. du)	r. St-Honoré.	r. de Richelieu.
5	Renard (pass. du)	r. St-Denis.	r. du Renard.
19	Renard (pass. du)	r. de Paris	r. St-Laurent.
4	Renard-St-Merri (r.)	r. de la Verrerie.	r. Neuve-St-Merri.

GUIDE PRATIQUE. — DICTIONNAIRE GÉNÉRAL DES RUES.

ARR.	VOIES PUBLIQUES.	TENANTS.	ABOUTISSANTS.
2	Renard-St-Sauv. (r.)	r. St-Denis	r. des Deux-Portes.
14	Renault (cité)	r. de Vanves.	
12	Rendez-Vous (r. du)	b. de St-Mandé	av. du Bel-Air.
6	Rennes (r. de)	r. N.-D.-des-Champs	b. du Mont-Parnasse.
16	Réservoirs (imp des)	r. de Chaillot.	
16	Réservoirs (r. des)	b. de Longchamp	r. du Moulin.
12	Reuilly (b. de)	r. et ch. de Reuilly	r. de Picpus.
12	Reuilly (ch de)	b. de Charenton	fortifications.
12	Reuilly (ch. de r. de)	r. des Deux-Moulins	r. de Picpus.
12	Reuilly (petite r. de)	r. de Charenton	r. de Reuilly.
12	Reuilly (r. de)	r. du F. St-Antoine	ch. de r. de Reuilly.
12	Reuilly (r. Neuve de)	r. de Reuilly	r. Mazas.
3	Réunion (pass. de la)	r. du Maure	r. St-Martin.
20	Réunion (pl. de la)	r. des Ecoles	r. de la Réunion.
16	Réunion (r. de la)	route de Versailles	r. Boileau.
20	Réunion (r. de la)	r. de Montreuil	pl. de la Réunion.
17	Révolte (route de la)	av. des Ternes	fortifications.
20	Riblette (r.)	r. de Vincennes	r. St-Germain.
9	Riboutté (r.)	r. Bleue	r. Papillon.
11	Richard-Lenoir (r.)	r. de Charonne	b. du Prince-Eugène.
1-2	Richelieu (r. de)	r. St-Honoré	b. des Italiens.
1-8	Richepanse (r.)	r. St-Honoré	r. Duphot.
9	Richer (r.)	r. du faub. Poisson	r. du faub. Montmart.
19	Richer (r.)	imp. St-Laurent	Belleville (anc.).
10	Richerand (av.)	q. de Jemmapes	r. Bichat.
20	Rigoles (cité des)	r. des Rigoles	Belleville (anc.).
20	Rigoles (r. des)	r. de Calais	r. de Paris.
10	Riverin (cité)	r. de Bondy	r. du Château-d'Eau.
20	Rivière (pass.)	r. des Cendriers	r. des Panoyaux.
1	Rivoli (pl de)	r. de Rivoli.	
1-4	Rivoli (r. de)	r. St-Antoine	pl. de la Concorde.
18	Robert (imp.)	r. d'Aubervilliers	la Chapelle (anc.).
18	Robert (r.)	r. Doudeauville	r. Marcadet.
20	Robinson (r.)	r. des Champs	r. de la Cour-d.-Noues
16	Roc (r. du)	r. de Seine	r. Basse et Guillou.
1	Roch (pass. St-)	r. St-Honoré	r. d'Argenteuil.
1	Roch (r. St-)	r. St-Honoré	r. Neuve-des-Pet.-Ch.
9-18	Rochechouart (b.)	r. Rochechouart	ch. des Martyrs.
9	Rochechouart (r.)	r. Lamartine	ch. de r. de Rochech.
8	Rocher (r. du)	r. de la Pépinière	ch. de r. de Clichy.
10	Rocroi (r. de)	r. d'Abbeville	ch. de r. de St-Denis.
9	Rodier (r.)	r. de la Tour-d'Auv.	av. Trudaine.
14	Roger (r.)	r. du Champ-d'Asile	r. de la Pépinière.
1	Rohan (r.)	r. de Rivoli	r. St-Honoré.
6	Rohan (cour de)	r. du Jardinet	pass. du Commerce.
16	Roi-de-Rome (b. du)	pl. de l'Arc-de-T.	r. de Villejust.
4	Roi-de-Sicile (r. du)	r. Malher	r. Vieille-du-Temple.
3	Roi-Doré (r. du)	r. St-Louis-au-Marais	r. St-Gervais.
1	Rollin-p.-Gage (imp.)	r. d. Lavand.-Ste-Op.	
6	Romain (r. St-)	r. de Sèvres	r. du Cherche-Midi.
19	Romainville (r. de)	r. du Parc	Pl. des 3 Communes.
3	Rome (imp. de)	r. Volta	r. au Maire.
20	Ronce (imp.)	r. des Amandiers	Charonne (anc.)
20	Ronce (pass.)	r. des Couronnes	
20	Rondeaux (r. des)	r. des Champs	
20	Rondonneaux (pass.)	r. des Rondeaux	pass. de l'Isly.
8	Roquepine (r. de)	r. d'Astorg	r. de la Ville-l'Évêq.
11	Roquette (av. de la)	r. de Charonne	r. de la Roquette.
11	Roquette (r. de la)	pl. de la Bastille	ch. de r. d'Aunay.
11	Roquette (Murs-de-la)	r. de la Roquette	r. de la Muette.
20	Rosiers (pass. des)	r. des Cendriers	r. des Panoyaux.
4	Rosiers (r. des)	r. Malher	r. Vieille-du-Temple.

14.

ARR.	VOIES PUBLIQUES.	TENANTS.	ABOUTISSANTS.
18	Rosiers (r. des)	Gr.-Rue de la Chapel.	ch. de la Croix-de-l'É.
18	Rosiers r. des)	r. de la Fontenelle.	r. St-Denis.
19	Rossini (r.)	r. de la Gr.-Batelière.	r. Laffitte.
16	Rossini (b.)	b. de la Muette.	Glacis.
3	Hot. du Temple (pl.)	r. du Forez.	r. du Petit-Thouars.
10	Roubaix (pl. de)	r. de Dunkerque.	
11	Roubo (r.)	r. du faub. St-Antoine.	r. de Montreuil.
19	Rouen (r. de)	q. de la Seine.	r. de Flandre.
9	Rougemont (r.)	b. Poissonnière.	r. Bergère.
8	Roule (ch. de r. du)	r. du faub. St-Honoré.	av. des Ch.-Élysées.
1	Roule (r. du)	r. de Rivoli.	r. St-Honoré.
1	Rousseau (r. Jean-J.-)	r. Coquillière.	r. Montmartre.
17	Roussel r.)	r. Cardinet.	r. Guyot.
7	Rous-elet (r.)	r. Oudinot.	r. de Sèvres.
17	Routhier (cité)	b. des Batignolles.	
17	Roux (imp.)	r. Lombard.	Neuilly (anc.).
3-4	Royale (pl.)	r. Royale.	r. Ch.-des-Minimes.
19	Royale (r.)	q. de l'Oise.	r. de Flandre.
8	Royale-des Tuil. (r.)	pl. de la Concorde.	pl. de la Madeleine.
4	Royale-St-Antoine (r.)	r. St-Antoine.	pl. Royale.
5	Royer-Collard (r.)	r. St-Jacques.	r. d'Enfer.
18	Ruisseau (r. du)	r. Marcadet.	r. du Poteau.
8	Rumford (r. de)	r. Lavoisier.	r. de la Pépinière.

S

11	Sabin (r. St-)	r. Daval.	r. de la Roquette.
11	Sabin (imp. St-)	r. St-Sabin.	
14	Sablière (r. de la)	r. Chauvelot.	r. Bénard.
15	Sablonnière (r. de la)	r. Mademoiselle.	r. de Sèvres.
15	Sablonnière (ruelle)	r. Mademoiselle.	r. de l'École.
16	Sablons (r. des)	rond-pt de Longch.	rond-pt de la Plaine.
6	Sabot (r. du)	petite rue Taranne.	r. du Four-St-Germ.
3	Saintonge (r. de)	r. du Perche.	b. du Temple.
5	Salembrière (imp.)	r. St-Séverin.	
17	Salneuve (r.)	r. d'Orléans.	r. de la Santé.
19	Sambre (q. de la)	gare circulaire.	la Villette (anc.).
13	Samson (r.)	r. Jonas.	r.
9	Sandrié (imp.)	pass. Sandrié.	
9	Sandrié (pass.)	r. Basse-du-Rempart.	r. Neuve-des-Math.
14	Santé (av. de la)	b. de la Santé.	hospice de la Santé.
14	Santé (av. de la)	r. de la Tombe-Issoire.	r. Neuve St-Jacques.
14	Santé (b. de la)	r. de la Santé.	r. de la Tombe-Issoire
13-18	Santé (imp. de la)	r. des Porte-Blanch.	Montmartre (anc.).
14	Santé (r. de la)	r. des Bourguignons.	b. St-Jacques.
13-17	Santé (r. de la)	r. des Dames.	fortifications.
14	Santé (r. de la)	b. de la Santé.	r. de la Glacière.
14	Sarrazin (r.)	ch. des Prêtres.	r. de la Tombe-Issoire
6	Sarrazin (r. Pierre-)	b. de Sébastopol (r.g.)	r. Hautefeuille.
1	Sartine (r.)	r. de Viarme.	r. Coquillière.
2	Saucède (pass.)	b. de Sébastopol.	r. St-Denis.
9	Saulnier (pass.)	r. Richer.	r. Bleue.
20	Saumon (imp.)	r. des Amandiers.	Belleville (anc.).
2	Saumon (pass. du)	r. Montorgueil.	r. Montmartre.
8	Saussaies (r. des)	pl. Beauveau.	r. de la Ville-l'Évêque
18	Saussaye (r. de la)	r. Trainée.	ch. des r. St-Vincent.
19	Sauvage (pass.)	r. d'Allemagne.	r. de Meaux.
2	Sauveur (r. Neuve-St-)	r. de Damiette.	r. des Petits-Carreaux
2	Sauveur (r. St-)	r. St-Denis.	r. Montmartre.
6	Savoie (r. de)	r. Pavée.	r. des Gr.-Augustins.
7-15	Saxe (av. de)	pl. de Fontenoi.	r. de Sèvres.

GUIDE PRATIQUE. — DICTIONNAIRE GÉNÉRAL DES RUES. 247

ARR.	VOIES PUBLIQUES.	TENANTS.	ABOUTISSANTS.
7	Saxe (imp. de)	av. de Saxe.	
4	Schomberg (r. de)	b. Morland	r. de Sully.
14	Schomer (r.)	r. de l'Ouest	r. de Vanves.
5	Scipion (pl.)	r. Scipion	r. du Fer-à-Moulin.
5	Scipion (r.)	r. des Francs-Bourg.	pl. Scipion.
11	Sébastien (r. St-)	b. de Filles-du-Calv.	r. Popincourt.
11	Sébastien (pass. St-)	r. St-Pierre-Popinc.	q. de Valmy.
11	Sébastien (imp. St-)	r. St-Sébastien.	
1-2-3-4	Sébastopol r. dr. (b.)	pl. du Châtelet	b. St-Denis.
1-4	Sébastopol (b.) en la Cité.	pont au Change	pont St-Michel.
1-4-5-6	Sébastopol r. g. (b.)	q. St-Michel	route d'Orléans.
11	Sedaine (r.)	r. de St-Sabin	r. Popincourt.
19	Sedan (r.)	r. d'Allemagne	q. de la Sambre.
7	Ségur (av. de)	pl. Vauban	av. de Saxe.
16	Seine (imp. de)	r. de Seine	Auteuil (anc.).
19	Seine (q. de la)	r. de Flandre	r. de Bordeaux.
6-10	Seine (r. de)	q. Malaquais	r. St-Sulpice.
16	Seine (r. de)	q. d'Auteuil	r. Verdelet.
16	Seine (r. de)	route de Versailles	ruelle du Roc.
2	Sentier (r. du)	r. de Cléry	b. Poissonnière.
6	Serpente (r.)	b. de Sébastopol (r. g.)	r. de l'Éperon.
6	Servandoni (r.)	r. Palatine	r. de Vaugirard.
14	Servitude (ch. de)	r. des Catacombes	Montrouge (anc.).
5-6	Séverin (r. St-)	r. St-Jacques	r. de la Harpe.
5	Séverin (r. d. Prêt.-St)	r. St-Séverin	r. de la Parchemin.
6-7-15	Sèvres (r. de)	r. du Cherche-Midi	ch. de r. de Vaugir.
15	Sèvres (b. de)	r. de Sèvres	pl. de la b. de l'École.
15	Sèvres (r. de)	b. de Sèvres	fortifications.
4	Simon-le-Franc (r.)	r. du Temple	r. du Poirier.
16	Singer (r.)	r. Basse	r. de Boulainvilliers.
16	Singer (cité)	r. Singer	r. des Vignes.
16	Singer (r. Neuve-)	r. de Boulainvilliers	r. des Vignes.
4	Singes (pass. des)	r. Vieille-du-Temple	r. des Singes.
4	Singes (r. des)	r. Ste-Croix-de-la-Br.	r. des Blancs-Mant.
5	Sœurs (imp. des)	r. des Francs-Bourg.	
14	Sœurs (r. des Trois-)	r. des Prés	r. de la Procession.
11	Sœurs (cour d. Deux-)	r. de Charonne.	
9	Sœurs (cour d. Deux-)	r. du faub. Montmart.	r. Lamartine.
19	Soissons (r. de)	r. de Flandre	q. de la Seine.
14	Soldat-Labour. (imp)	r. de la Gaité.	
8	Soleil d'Or (pass. du)	r. de la Pépinière	r. Delaborde.
1-7	Solferino (pt de)	q. des Tuileries	q. d'Orsay.
19	Solitaires (r. des)	r. de Beaune	r. de la Villette.
1-2	Soly (r.)	r. de la Jussienne	r. des Vieux-August.
19	Sonneries (ruelle des)	r. des Alouettes	r. des Ballettes.
5	Sorbonne (pass.)	r. Sorbonne	r. des Maçons.
5	Sorbonne (pl.)	r. de Cluny	b. Sébastopol r. g.
5	Sorbonne (r.)	r. des Mathurins	pl. Sorbonne.
5	Soufflot (r.)	pl. Ste-Geneviève	r. d'Enfer.
12	Soulages (r.)	q. de Bercy	r. de Bercy.
16	Source (r. de la)	r. de la Croix	r. des Vignes.
1	Sourdière (r. de la)	r. St-Honoré	r. de la Corderie.
3	Sourdis (ruelle)	r. Charlot	r. d'Anjou.
2	Spire (r. St-)	r. des Filles-Dieu	r. Ste-Foy.
6	Stanislas (r.)	r. N.-D. des Champs	b. Montparnasse.
8	Stockholm (pass.)	r. d'Amsterdam	r. de Londres.
10	Strasbourg (b. de)	b. St-Denis	r. de Strasbourg.
10	Strasbourg (r. de)	r. du faub. St-Martin	r. du faub. St-Denis.
18	Strasbourg (r. de)	r. Chabrol	r. de la Tournelle.
18	Strasbourg (r. Neuve-)	b. des Vertus	r. Chabrol.
2	Stuart (r. Marie-)	r. des Deux-Portes	r. Montorgueil.
7-15	Suffren (av.)	q. d'Orsay	av. de Lowendal.

ARR.	VOIES PUBLIQUES.	TENANTS.	ABOUTISSANT.
6	Suger (r.)	pl. St-André-des-Arts	r. de l'Eperon.
4	Sully (r. de)	r. de Schomberg	b. Morland.
6	Sulpice (pl. St-)	r. Férou	r. Bonaparte.
6	Sulpice (r. St-)	r. de Condé	pl. St-Sulpice.
8	Surène (r. de)	pl. de la Madeleine	r. des Saussaies.
16	Sycomores (av. des)	av. des Tilleuls	b. de Montmorency.

T

ARR.	VOIES PUBLIQUES.	TENANTS.	ABOUTISSANT.
4	Tacherie (r. de la)	q. le Pelletier	r. de Rivoli.
4	Taille-Pain (r.)	r. du Cloître-St-Merri	r. Brisemiche.
9	Taitbout (r.)	b. des Italiens	r. d'Aumale.
6	Taranne (grande r.)	r. de l'Egout	r. des Saints-Pères.
6	Taranne (petite r.)	r. de l'Egout	r. du Dragon.
20	Télégraphe (r. du)	r. St-Fargeau	r. du Parc.
18	Télégraphe (r. du)	r. Léonie	r. Berthe.
16	Télégraphe (r. du)	h. de Passy	av. de St-Denis.
3-11	Temple (b. du)	r. des Filles-du-Calv.	r. du Temple.
3	Temple (pl. de la rot.)	r. de Beaujolais	r. de la Pte-Corderie.
11	Temple (r. des Fossés)	r. de Ménilmontant	r. du faub. du Temple
3-4	Temple (r. du)	r. de Rivoli	b. St-Martin.
10-11	Temple (r. du Faub)	r. du Temple	ch. de r. de Belleville
3-4	Temple (r Vieille-d -)	r. St-Antoine	r. St-Louis.
3	Temple (sq. du)	r. du Temple	r. de Bretagne.
14	Tenailles (imp.)	ch. du Maine.	
11	Ternaux (r.)	r. Popincourt	r. Jacquard.
17	Ternes (av. des)	b. de l'Etoile	fortifications.
17	Ternes (cité des)	av. des Ternes	r. de Villiers.
17	Ternes (r. des)	av. des Ternes	r. de la Chaumière.
17	Terrasse (r. de la)	r. de Lévis	b. de Malesherbes.
12	Terres-Fortes (r. des)	b. de la Contrescarpe	r. Moreau.
14	Terrier-aux-Lap. (r.)	r. du Château-du-M	pass. Léonidas.
18	Tertre (pl. du)	r. St-Denis	r. du Calvaire.
2	Tête (imp. de la Grosse)	r. St-Spire.	
15	Théâtre (av. du)	pourtour du théâtre	r. Mademoiselle.
18	Théâtre (pl. du)	r. des Acacias	Montmartre (anc.).
20	Théâtre (r. du)	r. de Tourtille	r. Jouye.
5	Théâtre (r. du)	q. de Grenelle	r. de la Croix-Nivert.
18	Théâtre (r. du)	b. Rochechouart	pl. du Théâtre.
14	Théâtre (r. du)	r. de la Gaîté	ch. du Maine.
5	Thénard (r.)	r. des Noyers	r. des Ecoles.
1	Thérèse (r.)	r. Ste-Anne	r. Ventadour.
17	Thérèse (r. Ste-)	av. de Clichy	r. Lemercier.
5	Thermes (sq. des)	b. St-Germain	r. des Mathurins.
14	Thermopyles (pass.)	r. du Ch.-des-Plantes	r. de Vanves.
2	Thévenot (r.)	r. St-Denis	r. des Petits-Carreaux
15	Thiboumery (r.)	ch. des Tournelles	r. du Haut-Transit.
11	Thiéré (pass.)	r. de Charonne	r. de la Roquette.
19	Thierry (r.)	r. St-Denis	r. des Prés.
19	Thionville (r. de)	r. de Marseille	la Villette (anc.).
19	Thionville (imp. de)	r. de Thionville.	
18	Tholozé (r.)	r. de la Cure	r. de l'Empereur.
2	Thomas (r. Filles-St-)	r. Vivienne	r. de Richelieu.
7	Thomas-d'Aq. (pl. St-)	r. St-Thomas	r. de Gribeauval.
7	Thomas-d'Aq. (r. St-)	pl. de ce nom	r. St-Dominique.
5	Thomas-d'Enf. (r. St-)	r. St-Hyacinthe	r. d Enfer.
3	Thorigny (r. de)	r. de la Perle	r. des Cout.-St-Gerv.
13	Tiers (r.)	r. Gérard	r. Butte-aux-Cailles
16	Tilleuls (av. des)	av. de Montmorency	b. de Montmorency.
18	Tilleuls (av. des)	r. de l'Empereur	Montmartre (anc.).
15	Tiphaine (r.)	r. du Commerce	r. Violet.

GUIDE PRATIQUE. — DICTIONNAIRE GÉNÉRAL DES RUES. 249

ARR.	VOIES PUBLIQUES.	TENANTS.	ABOUTISSANTS.
1-2	Tiquetonne (r.)	r. Montorgueil	r. Montmartre.
1	Tirechape (r.)	r. St-Antoine	r. St-Honoré.
4	Tirou (r.)	r. de Rivoli	r. du Roi-de-Sicile.
9	Tivoli (pass. de)	r. St-Lazare	r. de Londres.
9	Tivoli (r. de)	r. de Clichy	r. de Londres.
8	Tocanier (pass)	r. de Reuilly.	
14	Tombe-Issoire (r.d.l.)	b. d'Arcueil	anc. route d'Orléans
14	T.-Issoire (r. Neuve-)	r. de la Tombe-Issoire	Montrouge (anc.).
1	Tonnellerie (r. de la)	r. St-Honoré	r. de Rambuteau.
16	Tour (r. de la)	carrefour de la Mont.	Passy (anc.).
9	Tour-d'Auvergne (r.)	r. Rochechouart	r. des Martyrs.
16	Tour-de-la-Font. (r.)	r. Molière	r. de la Fontaine.
9	Tour-des-Dames (r.)	r. de la Rochefouc.	r. Blanche.
14	Tour-d.-Vanv^{es} (pas.)	ch. du Maine	r. du Château.
20	Tourelles (r. des)	r. de Vincennes	Belleville (anc.).
4-5	Tournelle (p^t de la)	q. de la Tournelle	q. de Béthune.
5	Tournelle (q. de la)	b. St-Germain	q. de Montebello.
18	Tournelle (r. de la)	r. d'Aubervilliers	Gr.-Rue de la Chapel.
15	Tournelles (ch. des)	r. Hérard	r. de la Procession.
3-4	Tournelles (r. des)	r. St-Antoine	b. de Beaumarchais.
16	Tournelles (r. des)	r. de la Tour	r. du Moulin.
15	Tournelles (r. des)	r. Hérard	Gr.-Rue de Vaugirard
15	Tournelles (ruelle d.)	r. des Tournelles	imp. Fondary.
12	Tourneux (r. des)	ch. de Reuilly	ch. des Marais.
6	Tournon (r. de)	r. St-Sulpice	r. de Vaugirard.
15	Tournus (pass.)	r. de l'Empereur	r. des Dames.
18	Tourtagne (r.)	r. Fondary	r. du Théâtre.
20	Tourtille (r. de)	r. Napoléon	r. de Paris.
20	Tourtille (imp. de)	r. de Tourtille	Belleville (anc.).
7	Tourville (av. de)	b. des Invalides	av. de la Motte-Picq.
13	Toussaint-Fér. (pass)	route de Choisy	r. de Fontainebleau.
6	Toustain (r.)	r. de Seine	r. Félibien.
13	Toutay (imp.)	b. d'Italie	Gentilly (anc.).
20	Touzet (imp.)	r. des Amandiers	Belleville (anc.).
2	Tracy (r. de)	b. de Sébastopol (r.d.)	
18	Traeger (cité)	r. des Poissonniers	r. St-Denis.
1	Traînée (r.)	r. Montmartre	r. du Jour.
18	Traînée (imp.)	r. Traînée	Montmartre (anc.).
18	Traînée (r.)	pl. du Tertre	r. de la Saussaye.
15	Transit (r. Basse-du-)	r. de la Croix-Nivert	r. de Sèvres.
15	Transit (r. du)	pourtour de l'Église	r. de la Croix-Nivert.
14-15	Transit (r. du)	r. des Vignes	Vaugirard (anc.).
15	Transit (r. du Haut-)	Gr.-Rue de Vaugirard	r. des Vignes.
7	Traverse (r.)	r. Oudinot	r. de Sèvres.
12	Traversière (r.)	q. de la Râpée	r. du faub. St-Antoine
15	Traversière (r.)	p^t de Grenelle	pl. St-Louis.
5	Traversine (r)	r d'Arras	r. Montagne-Ste-Gen.
12	Treilhard (cité)	b. Mazas	r. Traversière.
6	Treille (pass. de la)	r. de l'Ecole-de-Méd	r. Clément.
9	Trévise (r. de)	r. Bergère	r. Bleue.
9	Trévise (cité de)	r. Richer	r. Bleue.
17	Trézel (r.)	av. de Clichy	r. Ste-Élisabeth.
2	Trinité (pass. de la)	r. de Palestro	r. St-Denis.
11	Triomphes (av. des)	pl. du Trône	ch. de r. de Vincennes
5	Triperet (r.)	r. de la Clef	r. Gracieuse.
7	Triperie (r. de la)	r. St-Jean	r. Malar.
13	Tripière (imp. de la)	r. de la Tripière	Ivry (anc.).
13	Tripière (r. de la)	b. d'Ivry	av. Fortin.
16	Trocadéro (av. du)	av. de la Rampe	ch. de r. Ste-Marie.
8	Tronchet (r.)	pl. de la Madeleine	r. Neuve-des-Math.
11-12	Trône (av. du)	pl. du Trône	ch. de r. de Vincennes
11-12	Trône (pl. du)	r. du faub. St-Antoine	av. du Trône.

ARR.	VOIES PUBLIQUES.	TENANTS.	ABOUTISSANTS.
12	Trou-à-Sable (r. du)	r. des Quatre-Chem.	r. de Reuilly.
1	Truanderie (r. Gr.)	b. de Sébastopol	r. Montorgueil.
1	Truanderie (r. Petite)	r. de Mondétour	r. Grande-Truanderie
9	Trudaine (av.)	r. Rochechouart	r. des Martyrs.
9	Trudon (r.)	r. Boudreau	r. Neuve-des-Math.
17	Truffault (r.)	r. des Dames	r. Cardinet.
16	Tuilerie (av. de la)	r. de la Fontaine	av. St-André.
16	Tuilerie (r. de la)	av. de Boulainvilliers	r. de la Fontaine.
1	Tuileries (q. des)	q. du Louvre	pl. de la Concorde.
1-2-3	Turbigo (r. de)	r. St-Denis	r. St-Martin.
9	Turgot (r.)	r. Rochechouart	av. Trudaine.
9	Turgot (cité)	r. Turgot.	
8	Turin (r. de)	r. de Berlin	ch. de r. de Clichy.

U

5	Ulm (r. d')	pl. Ste-Geneviève	r. des Feuilantines.
15	Universelle (cité)	r. de la Croix-Nivert	
7	Université (r. de l')	r. des Saints-Pères	av. de la Bourdonnaye.
7	Université (r. Neuve)	r. de l'Université	r. St-Guillaume.
4	Ursins (r. Basse-des-)	r. des Chantres	r. d'Arcole.
4	Ursins (r. d. Milieu-d.)	q. Napoléon	r. Haute-des-Ursins.
4	Ursins (r. Haute-d.-)	r. St-Landry	r. Glatigny.
5	Ursulines (r. des)	r. d'Ulm	r. St-Jacques.

V

7	Valadon (cité)	r. de Grenelle-St-G	r. du Champ-de-Mars.
5	Val-de-Grâce (r. du)	r. St-Jacques	r. de l'Est.
4	Val-Ste-Catherine (r.)	r. St-Antoine	r. de l'Écharpe.
5	Valence (r. de)	r. Mouffetard	r. Pascal.
18	Valence (r. de)	r. des Cinq-Moulins	r. d'Alger.
19	Valenciennes (ch. de)	r. de la Chapelle	fortifications.
10	Valenciennes (pl. de)	b. de Magenta	r. de Lafayette.
10	Valenciennes (r. de)	r. de St-Quentin	b. de Magenta.
5-13	Valhubert (pl.)	q. d'Austerlitz	q. St-Bernard.
12	Vallée d. Fécamp (r.)	r. de la Brèche-aux-L	r. de la Croix.
10-11	Valmy (q. de)	b. de Beaumarchais	ch. de r. de Pantin.
8	Valois-du-Roule (r.)	r. de Courcelles	r. du Rocher.
1	Valois-P.-Royal (r.)	r. St-Honoré	r. de Beaujolais.
13	Vandrezanne (r.)	r. de Fontainebleau	r. de la Butte-aux-C.
7	Vanneau (r.)	r. de Varenne	r. de Sèvres.
1	Vannes (r.)	r. des Deux-Écus	r. de Viarme.
14	Vanves (anc. ch. de)	r. du Champ d'Asile	ch. du Maine.
14-15	Vanves (b. de)	r. de la Gaîté	av. du Maine.
14	Vanves (r. de)	ch. du Maine	fortifications.
7	Varenne (r. de)	r. de la Chaise	b. des Invalides.
7	Vauban (pl. de)	av. de Tourville.	
11	Vaucanson (pass.)	r. de Charonne	r. de la Roquette.
3	Vaucanson (r.)	r. Conté et de Breteuil	r. du Vertbois.
6-15	Vaugirard (r. de)	r. Monsieur-e-Prince	ch. de r. d. Fourneaux
15	Vaugirard (gr. r. de)	b. de Vaugirard	fortifications.
15	Vaugirard (b. de)	Gr.-Rue de Vaugirard	r. de Sèvres.
15	Vaugirard (ch. de r.)	r. de Vaugirard	r. de Sèvres.
6	Vavin (r.)	r. de l'Ouest	b. Montparnasse.
5	Veaux (pl. Halle-aux-)	r. de Poissy	r. de Pontoise.
10	Vellefaux (r. Claude-)	r. Alibert	r. de la Grange-aux-B.
1	Vendôme (pl.)	r. St-Honoré	r. Nve des Capucines.
3	Vendôme (r.)	r. Charlot	r. du Temple.
3	Vendôme (pass.)	r. Vendôme	b. du Temple.

GUIDE PRATIQUE. — DICTIONNAIRE GÉNÉRAL DES RUES. 251

ARR.	VOIES PUBLIQUES.	TENANTS.	ABOUTISSANTS.
4	Venise (r. de)	r. Beaubourg	r. Quincampoix.
1	Ventado r (.)	r. Thérèse	r Nve-des-Pet.-Ch.
6	Vents (imp. des 4-)	r. de Seine.	
6	Vents (r des Quatre-)	r. de Condé	r. de Seine.
9	Verdeau (pass.)	r. de la Gr.-Batelière	r. du f. Montmartre.
1	Verderet (r.)	r. Grande-Truanderie	r. Mauconseil.
16	Verderet (r.)	pl. d'Aguesseau	r. du Buis.
7	Verneuil (r. de)	r. des Saints-Pères	r. de Poitiers.
1	Véro-Dodat (pass.)	r. de Grenelle	r. du Bouloi.
18	Véron (r.)	r. des Beaux-Arts	r. de l'Empereur.
18	Véron (r. Neuve-)	r. Véron	r. de la Cure.
4	Verrerie (r. de la)	pl. du March.-St-Jean	r. St-Martin.
5	Versailles (imp. de)	r. Traversine.	
5	Versailles (r. de)	r. St-Victor	r. Traversine.
8-16	Versailles (r. du ch.)	av. des Ch.-Elysées	ch. de r. de l'Étoile.
16	Versailles (route de)	r. de la Montagne	fortifications.
18	Versigny (r.)		r. Hermée prolongée.
3	Vertbois (r. du)	r. du Temple	r. St-Martin.
8	Verte (petite r.)	r. du faub. St Honoré	r. de Penthièvre.
10	Vertus (ch. de r. des)	r. de Château-Landon	r. du faub. St-Denis.
3	Vertus (r. des)	r. des Gravilliers	r. Phélipeaux.
14	Vevel (imp.)	r. de Vanves.	
8	Vézelay (passage)	r. de Lisbonne	r.
1	Viarme (r. de	entourant la Halle au	blé.
9	Victoire (r. de la)	r. du faub. Montmart.	r. Joubert.
1-2	Victoires (pl. des)	r. Croix-d.-Pet.-Ch.	r. Pagevin.
18	Victor (pass.)	r. Chardonnière	r.
5	Victor (r. St-)	r. de Lacépède	r. de la Mont. Ste-Gen.
5	Victor (pl. St-)	r. St-Victor	
5	Victor (r.d Fossés-St-)	r. St-Victor	r. Mouffetard.
4	Victoria (av.)	pl. de l'Hôtel-de-V	r des Lavandières.
2	Vide-Gousset (r.)	pl. des Victoires	r. des Petits Pères.
8	Vienne (r. de)	r. du Rocher	pl. d'Europe.
7	Vierge (r. de la)	q. d'Orsay	r. St-Dominique.
18	Vierge (r. de la)	r. des Francs-Bourg.	r. des Rosiers.
15	Vierge (r. de la)	r. de la Croix-Nivert	r. de Sèvres.
7	Vierge (r. Neuve de la)	r. de Grenelle-St-Ger.	av. de la Mothe-Picq.
14	Vierge (r. Neuve de la)	av. Meunier	r de Vanves.
2	Vigan (pass. du)	r. des Vieux-August.	r. des Fossés-Montm.
5	Vignes (imp. des)	r. des Postes.	
16	Vignes (r. des)	r. Neuve Boileau	r. de la Source.
16	Vignes (r. des)	r. Basse	r. de Boulainvilliers.
15	Vignes (r. des)	Gr.-Rue de Vaugirard	r. du Transit
15	Vignes (ruelle des)	route du Transit	ch. des Fourneaux.
8	Vignes-à-Chaillot (r.)	r. de Chaillot	r. Circulaire.
13	Vignes-St-Marcel r.)	r. du Banquier	b. de l'Hôpital.
20	Vignoles (r. des)	r. du Château	r. Saint-Germain.
20	Vignoles (r.d. Basses)	r. des Haies	r. des Hautes-Vignol.
20	Vignoles (r.d. Hautes)	pl. de la Réunion	b. de Charonne.
20	Vilin (r.)	r. des Couronnes	r. des Envierges.
7	Villars (av. de)	pl. de Vauban	r. d'Estrées.
1	Villedo (r.)	r. de R chelieu	r. Ste-Anne.
13	Villejuif (r. de	r. Pinel	r. de la b. des Gobelins
16	Villejust (r. de)	b. du Roi-de-Rome	av. de St-Denis.
8	Vill-l'Évêque (r.)	r. de la Madeleine	r. de la Pépinière.
10-19	Villette (b. de la)	r. du faub. St-Martin	r. de Château-Landon.
19	Villette (r. de la)	r. de Paris	r. de Belleville.
17	Villiers (r. de	av. des Ternes	fortifications.
12	Villiot (r.)	q. de la Rapée	r. de Bercy.
10	Vinaigriers (r. des)	r. de Marseille	r. du faub. St-Martin.
18	Vinaigriers (r. des)	r. des Poissonniers	ch. de Clignancourt.
12-20	Vincennes (cours de)	b. de Montreuil	fortifications.

ARR.	VOIES PUBLIQUES.	TENANTS.	ABOUTISSANTS.
19-20	Vincennes (r. de)	ch. de Ménilmontant	r. de Romainville.
20	Vincennes (r. de)	r. au Maire	r. de Bagnolet.
19	Vincent (r.)	r. de Paris	r. St-Laurent.
10	Vincent-de-Paul (r. St)	r. de Belzunce	r. Ambroise-Paré.
1	Vindé (cité)	b. de la Madeleine.	
16	Vineuse (r.)	b. de Longchamp	carrefour de la Mont.
9	Vintimille (pl. de)	r. de Vintimille	r. de Douai.
9	Vintimille (r. de)	r. de Clichy	pl. de Vintimille.
20	Violet (imp.)	r. des Arts.	
10	Violet (pass.)	r. d'Hauteville	r. du faub. Poissonn.
15	Violet (pl.)	r. des Entrepreneurs	Grenelle (anc.).
15	Violet (r.)	b. de Grenelle	pl. Violet.
16	Virgile (r.)	r. de la Pompe	r. du Petit-Parc.
15	Virginie (r.)	r. de Javel	r. St-Paul.
18	Virginie (r.)	b. Rochechouart	pl. St-Pierre.
1	Visages imp. des 5)	r. des Bourdonnais.	
16	Vital (r.	Gr. rue de Passy	r. des Carrières.
13	Vitry (b. de)	r. de la Croix-Rouge	r. Militaire.
2	Vivienne (r.)	r. Neuve-des-Pet.-Ch.	b. Montmartre.
2	Vivienne (pass.)	r. Neuve-des-Pet.-Ch.	r. Vivienne.
20	Voie-Neuve (r. de la)	r. de Montreuil	r. de Paris.
5	Voies (r. des Sept-)	r. de l'École-Polytech.	pl. Ste-Geneviève.
8	Voirie (petite r. de la)	r. de Malesherbes	r. d. la Bienfaisance.
15	Volontaire (ruelle)	Gr.-Rue de Vaugirard	ch. des Fourneaux.
3	Volta (r.)	r. au Maire	r. N.-D. de Nazareth.
7	Voltaire (q. de)	r. des Saints-Pères	r. du Bac.
6	Voltaire (r. de)	r. Monsieur-le-Prince	pl. de l'Odéon.
16	Voltaire (imp. de)	av. Despréaux	av. Molière.
12	Voûte-du-Cours (ch.)	av. du Bel-Air	fortifications.
12	Voûte-du-Cours (r.)	ch. des Marais	av. du Bel-Air.
1	Vrillière (r. de la)	r. C. des Pet. Champs	r. la Feuillade.

W

15	Watt (r.)	q. d'Austerlitz	r. de la Gare.
10	Wauxhall (cité du)	r. du Château-d'Eau	r. des Marais.

Y

12	Yonne (r. de l')	port de Bercy	r. de Bercy.

Z

5	Zacharie (r.)	q. St-Michel	r. St-Séverin.
15	Zouaves (sent. des)	Voie de Vanves	r. Militaire.

DEUXIÈME SECTION

GUIDE HISTORIQUE ET DESCRIPTIF

I

NOTICE HISTORIQUE

FORMATION DU SOL

Si on en croit de savants géologues qui ont fait de l'étude de la terre le guide le plus sûr de l'historien des âges primitifs, le bassin de Paris, que l'Océan recélait à l'origine, dans ses immenses profondeurs, n'a surgi de l'abîme des flots qu'après de longs siècles d'attente, et la vallée de la Seine, où devait s'élever un jour la capitale de la France, fut d'abord enfouie au fond d'un golfe, dont les sauvages contours n'offraient d'autre aspect que celui des roches nues de ses côtes désertes et silencieuses. En ce temps-là, les ondes salées de ce golfe, parsemées d'îles arides et solitaires, recouvraient une vaste masse de craie blanche qui ne recélait que des mollusques dont l'espèce a disparu.

La géologie dit également, qu'à une époque ignorée, la mer se retira tout à coup, laissant à découvert cette masse de craie blanche, qui se recouvrit successivement d'une triple couche d'argile plastique, de lignite et de premier grès, sol primitif, où ne croissaient que des végétaux terrestres, ou des coquilles fluviales.

Mais la mer n'avait pas dit son dernier mot; elle revient, et ce sol disparaît subitement, avec tous les corps organisés qu'il porte enseveli sous les flots qui se peuplent cette fois de mollusques testacés.

Cette seconde mer dépose, à la surface de son nouveau lit, une couche de calcaire grossier; puis elle se retire à son tour, laissant à découvert un second sol, où sont disséminés de vastes lacs d'eau douce. Des oiseaux voltigent dans l'air, des poissons nagent dans l'eau de ces lacs, des reptiles rampent sur la terre.

Le calcaire grossier qui formait tout d'abord ce sol de la seconde époque, se recouvrit bientôt d'une première couche de calcaire siliceux qui disparut ensuite sous deux couches alternatives de gypse et de marne, devenues le tombeau des poissons, des oiseaux et des reptiles de cette époque.

La mer revient une troisième fois, n'apportant d'abord dans ses flots que des coquilles bivalves et des coquilles turbines, que remplacent ensuite des huîtres, qu'ensevelissent plus tard de puissantes masses de sable étendues entre une couche inférieure de marne marine et une couche supérieure de calcaire marin.

Enfin, cette troisième mer se retire comme s'étaient retirées la première et la seconde mer, semant les sommets des environs et la surface des plaines qui reparaissent, des débris de toutes les variétés de poissons qu'elle renfermait au moment de cette nouvelle révolution du globe.

Ce troisième sol se compose de couches de roche que recouvre une nouvelle couche de marne d'eau douce. Parmi les couches de roche, il en est qui renferment des coquilles fossiles; il en est d'autres qui ne recèlent aucun corps organisé, ni végétal, ni animal.

La mer ne devait plus reparaître, et ce troisième sol est celui qui existe encore, tel que l'a fait le profond bouleversement qu'il a subi, lorsque l'effroyable et universel cataclysme, qu'on nomme le déluge dans toutes les langues de la terre, y a déposé ce terrain d'alluvion où l'on retrouve des squelettes de gigantesques quadrupèdes et d'êtres monstrueux apportés là des lointaines régions de l'Asie, terrain composé d'une double couche de limon d'atterrissement, et de marne argileuse qui recouvre les énormes blocs de pierre que l'épouvantable torrent, dans sa course furieuse, roulait dans son onde, les dispersant partout sur sa route.

Ainsi s'est successivement formé, dans le long cours des siècles et par l'effet de transformations nombreuses, le sol de Paris, sol qui se divise, d'après les formules adoptées par l'usage, en terrain *jurassique*, en terrain *crayeux* ou *crétacé* et en terrain, *tertiaire*. Ces trois ordres de terrains superposés reposent, d'après ces mêmes formules, sur le granit inférieur qui leur sert de base.

La hauteur moyenne du sol de Paris, au-dessus du niveau de la mer, est maintenant de 35 mètres.

LE PARIS DES GAULOIS.

Dix siècles déjà s'étaient écoulés depuis la grande révolution qui, en bouleversant le monde, en avait renouvelé la face, et sur l'emplacement que Paris occupe aujourd'hui, on ne voyait encore que des marais sans population, que des marécages sans végétation.

Cependant les Celtes, *Kielt* ou *Kiel*, *hommes habitant sous des tentes*, depuis longtemps descendus des sommets de l'Hymalaya, avaient émigré d'Asie en Europe. On sait qu'ils formaient l'une des deux races principales dont se composait l'espèce sémitique à laquelle ils appartenaient, et qu'arrivés dans les contrées inhabitées où ils étaient attirés par le désir de s'y établir en maîtres, sans lutte aucune, ils se partagèrent en deux grandes familles.

L'une de ces deux familles se répandit entre les Alpes, le Rhin et l'Océan, à travers une vaste région qui s'appela les Gaules, du nom de *Gals* ou Gaulois, que ces conquérants y adoptèrent, en renonçant à la vie nomade des chasseurs, pour s'adonner à la culture des terres. Cette famille, qui devint la famille gauloise, et qui professait tout entière le druidisme, se divisait en tribus, désignées chacune sous une dénomination spéciale, et subdivisées elles-mêmes en petits clans.

L'une de ces tribus, qu'on appelait au temps de César la tribu des *Senônes*, de son nom Gaulois latinisé, s'était emparée, on ignore à quelle époque précise, de toute cette partie du territoire de la Gaule, qui a été plus tard à peu près l'Ile-de-France, et y avait fondé des établissements auxquels on attribue quelque importance. Toutefois, aucun des clans de cette tribu n'habitait ce qu'on nomme la vallée de la Seine, vallée qui était cependant comprise dans les limites de ce territoire.

Cette vallée était donc abandonnée, lorsqu'un jour le chef des *Senones* ou Sénonnais, vit arriver dans la hutte de paille, de terre et de bois qui lui servait de demeure souveraine, une bande d'hommes tatoués, armés de massues et de flèches, presque nus, qui venaient lui demander la concession d'une terre et lui offrir un traité d'alliance. Ces hommes, du reste, étaient des frères, car ils professaient le druidisme et ils appartenaient à l'importante fraction de la famille gauloise, qui, s'avançant par le nord, s'était fixée dans la contrée qu'on nomme aujourd'hui la Belgique, contrée alors comprise dans les immenses possessions de cette famille.

Pourquoi cette bande isolée avait-elle fui le foyer de ses pères? Pourquoi s'était-elle séparée de la tribu dont elle faisait partie, tribu établie sur les rives de ce magnifique fleuve du Rhin, dont Dieu semblait alors avoir fait la limite naturelle de la vaste et puissante confédération des Gaules? C'est ce que l'histoire ne dit pas. Mais ce qu'elle démontre avec la dernière évidence, c'est que ces émigrés, qui allaient devenir les fondateurs de Paris, n'étaient pas des étrangers dans les Gaules et parmi les Gaulois, comme tendrait à le faire croire l'obscur langage de quelques écrivains modernes. C'était simplement des Gaulois de la portion des Gaules qu'on devait appeler, au temps de la domination romaine, la Gaule Belgique.

S'il était permis de s'aventurer dans le domaine des conjectures, à propos d'un événement qui a près de deux mille ans de date, on pourrait supposer que les nouveaux alliés de la tribu des Sénonnais formaient dans la tribu des *Belgii* ou Belges, sous le nom particulier de *Parisii* ou Parisiens, un clan séditieux, à l'esprit insubordonné, à l'humeur turbulente, et qu'après une révolte avortée, ce clan avait échappé à la nécessité d'une humiliante soumission, en allant chercher, dans une autre contrée, l'indépendance avec l'impunité.

Quoi qu'il soit, le chef des Sénonais, accueillit favorablement le chef des Parisiens, et lui donna en toute propriété la vallée de la Seine, où le fleuve formait alors, dans l'espace actuellement compris entre le pont Napoléon III, récemment construit, et le pont de Billancourt, en construction, un grand nombre d'îlots, souvent recouverts par les flots, dans les temps d'inondation, îlots de sable et de limon, où ne croissaient que des roseaux et des saules.

Beaucoup de ces îlots, qu'on pourrait plutôt appeler de simples mottes de terre, ont disparu sans même laisser ni la trace de leur emplacement, ni le souvenir de leur nom. La violence de débordements ignorés a emporté les uns; le mouvement naturel et continu des eaux et des terres a réuni les autres entre eux ou les a rattachés aux rives du fleuve.

A cette époque intermédiaire, entre les derniers âges de la barbarie et les premiers âges de la civilisation, qu'on nomme communément le moyen âge, dix de ces îlots subsistaient encore. Ce sont: l'île *Javiaux* ou *Louviers*, l'île *Notre-Dame*, l'île *aux Vaches*, l'île *de la Cité*, l'île *aux Juifs*, l'île *à la Gourdaine*, l'île *du Gros-Caillou* ou *des Cygnes*, l'île *aux Treilles*, l'île *de Seine*, l'île *du Louvre*.

L'île des Cygnes a disparu en 1820; la construction du port Saint-Nicolas a depuis longtemps emporté l'île du Louvre; dès 1645, l'île aux Treilles et l'île de Seine ont été reliées à la terre ferme, du côté de la rive gauche; l'île Notre-Dame et l'île aux Vaches ont été réunies l'une à l'autre, sous Louis XIII, pour former l'île actuelle de Saint-Louis. On a tout récemment rattaché l'île Louviers à la terre ferme, du côté de la rive droite; enfin l'île aux Juifs et l'île à la Gourdaine, ont été ajoutées, sous Henri IV, à l'île de la Cité, pour servir: la seconde, à l'établissement de l'éperon du Pont-Neuf, où se trouve la statue de l'illustre chef de la glorieuse dynastie des Bourbons; la première, à l'édification de la place Dauphine.

Ainsi à l'origine, l'île de la Cité ne s'étendait que de l'emplacement où est situé le chevet de Notre-Dame, à l'emplacement où s'élève encore la rue du Harlay; cette île se terminait alors en pointe à ses deux extrémités; sa pointe orientale s'est, plus tard, allongée et élargie tout à la fois par l'adjonction d'une sorte de langue de terre voisine, qui en était séparée par un détroit en miniature que des atterrissements successifs ont comblé ; sa pointe occidentale avait déjà perdu sa forme, sous l'action incessante et combinée du mouvement des eaux et du mouvement des terres, lorsque l'adjonction de l'île aux Juifs et de l'île à la Gourdaine achevèrent de lui donner sa conformation actuelle.

L'île qui devait être le berceau de Paris avait donc, à l'origine, la forme d'un navire enfoncé dans la vase et échoué au fil de l'eau. C'est dans cette île que nos pères s'établirent dans l'unique but de se livrer à la pêche ; c'est sur ce coin de terre qu'ils construisirent, pour s'y abriter, aux heures du repos, un petit nombre de grossières habitations de forme conique, en paille et en terre, misérable village qui fut le premier Paris, et qu'ils appellèrent *Loutouhezi, habitation au milieu des eaux*.

Un humble amas de cabanes de pêcheurs et de bateliers réfugiés sur un modeste îlot de la Seine, tel a été l'obscur commencement de ce magnifique assemblage de palais, de jardins, de musées et de monuments qu'on appelle Paris ; de cette splendide métropole du monde moderne, qui efface, par sa grandeur et sa somptuosité, les plus célèbres capitales du monde antique : Thèbes, Memphis, Persépolis, Ecbatane, Ninive, Babylone, Tyr et Carthage, aujourd'hui disparues ; de cette reine des cités, qui parle plus haut à l'imagination des peuples que les plus glorieux et les plus poétiques souvenirs de Corinthe et d'Athènes, d'Alexandrie et de Byzance, de Grenade et de Bagdad, de Jérusalem et de Rome ; de cette ville, enfin, qui est devenue comme une sorte de caravansérai universel où l'on accourt de tous les points du globe : vrai spécimen des temps actuels, qui montre, en abrégé, au philosophe et au moraliste, l'humanité vivante avec sa diversité de costumes, de mœurs et de langage.

Entre le village gaulois aux misérables huttes dont on retrouve à peine la place et la ville française aux splendides édifices, qui s'achève en ce moment, vingt siècles environ se sont écoulés ; vingt siècles, pleins d'événements, qui ont remué la société européenne jusque dans ses entrailles, qui ont retenti aux dernières limites de la terre, qui ont changé la face du monde civilisé ; vingt siècles, enfin, qui tiennent déjà dans l'histoire des nations une place immense que le temps doit élargir encore, car cette ville, prédestinée à la domination intellectuelle de l'univers, est le foyer de vie et de lumière d'où s'échappe la clarté rayonnante qui éclaire et qui transforme l'humanité. Ce n'est pas seulement un corps qui s'agite dans une existence de luxe et de plaisir, un corps qui travaille et qui chante, qui danse et qui joue, c'est aussi, c'est surtout, un cerveau qui pense.

Le récit de ces événements locaux se relie au tableau de l'agrandissement successif de Paris. Je vais donc, d'un même trait de plume, retracer ceux-là et décrire ceux-ci, dans une rapide esquisse qui, en rappelant le passé aux lecteurs de ce livre, leur fera mieux comprendre et mieux apprécier le présent avec tous ses prestiges et toutes ses merveilles.

L'histoire du Paris des Gaulois, avant la conquête romaine, est complétement ignorée. L'imagination ayant le droit de tout admettre, la raison a également le droit de tout rejeter. Installés dans une île, au milieu d'un fleuve qui allait se perdre dans l'Océan à travers de riches vallées, les Parisiens furent naturellement pêcheurs et bateliers, dès les premiers jours de leur nouvel établissement et se livrèrent ensuite, par la force même des choses, à la navigation et au commerce, sur une échelle de plus en plus étendue.

Les armoiries de la ville de Paris ont consacré les souvenirs de la première époque de son existence. Ces armoiries, en effet, sont de gueules à un vaisseau frété et voilé d'argent, flottant sur les ondes de même, au chef semé de France avec cette devise : *Fluctuat nec mergitur*.

La Seine servait tout à la fois de limite et de défense à l'île de la Cité, où s'élevait le Paris des Gaulois. Mais comme aucune digue n'encaissait le fleuve, les eaux, dans les jours d'inondation, devaient dévaster les habitations des Parisiens, habitations sans doute entremêlées de cultures : jardins, vergers, prairies ou champs. Ils durent alors avoir la pensée de protéger la ville naissante contre ces débordements accidentels en établissant une sorte de terrassement, qui était maintenu par des pieux, formant presque une enceinte de terre palissadée.

La population s'est accrue; la richesse s'est augmentée; la pêche, la navigation, le commerce, n'ont plus suffi aux Parisiens qui tendaient à se répandre dans l'île de la Cité; ils ont ajouté l'agriculture à leurs industries primitives.

A droite et à gauche, la Seine, en ce temps-là, s'étendait librement au loin, tantôt plus large et plus haute, tantôt plus étroite et plus basse, selon les abaissements ou les élévations de circonstance du niveau du fleuve, recouvrant parfois de ses ondes les îlots inhabités disséminés dans son cours. Sur la rive gauche, s'étendaient au pied de monticules couronnés de bois séculaires qui descendaient jusqu'au bas de leurs pentes, à l'orient, des marais fangeux; à l'occident, des plaines incultes. Sur la rive droite, à l'orient, d'autres marais fangeux, occupant un moins vaste espace, cotoyaient la lisière d'une forêt marécageuse qui se prolongeait, à l'occident, de la plaine jusqu'au sommet d'autres monticules tapissés de vieux chênes, immense forêt dont on a, plus tard, détaché deux portions séparées devenues, l'une, le bois de Boulogne, l'autre, le bois de Vincennes.

Les Parisiens choisissant, à cette époque, les lieux les plus favorables à la culture et les moins exposés aux inondations de la Seine, créèrent, çà et là, dans la campagne, sur la rive gauche et sur la rive droite, quelques fermes établies à la mode du temps; quelques prairies, où paissèrent des troupeaux, furent conquises sur les changeantes limites du fleuve; on planta quelques vignes éparses sur les hauteurs voisines. Dès ce moment, il y eut, à côté de la population maritime établie dans l'île, une population agricole dispersée dans la vallée et, dès ce moment aussi, on sentit la nécessité de relier cette île avec cette vallée. On construisit alors, avec des troncs d'arbres, deux grossiers ponts de bois qui servirent à mettre la Cité en communication, l'un avec la rive gauche, l'autre avec la rive droite.

A la rigueur on peut donc se représenter le Paris des Gaulois tel qu'il devait être à l'époque de la conquête romaine, resserré dans l'étroite et petite île de la Cité, entre deux bras de la Seine, avec sa forme de navire, ses cabanes d'architecture conique à un seul étage, sa digue de terre et de bois, ses deux ponts faits de troncs d'arbres, sa population de pêcheurs, sa flotille de bateaux ; ville de chaume assise au milieu d'un fleuve sans rivages fixes, au centre d'une vallée marécageuse et boisée, avec sa ceinture de collines ; plus loin, quelques vignobles apparaissant à travers les arbres ; plus près, des fermes avec leurs champs et leurs laboureurs, des prairies avec leurs troupeaux et leurs pâtres, surgissant des roseaux de ses marais ou des bruyères de ses plaines.

L'histoire, du reste, en retraçant les origines de la ville de Paris, telles que je viens de les rappeler, d'après mes devanciers, n'appuie son opinion sur aucun document irréfragable. Il n'est plus au pouvoir de personne d'en vérifier l'exactitude. J'ai donc dû me borner ici à mettre un peu de logique dans l'enchaînement des faits et un peu de clarté dans l'ordre des idées là où, trop souvent, on ne rencontre que confusion et qu'obscurité. Je n'ai pas, en définitive, la prétention de reconstruire et de ressusciter le *Loutouhezi* des Gaulois sur la foi d'écrivains n'ayant rien vu de ce qu'ils racontent, et se recopiant les uns les autres, sans que l'on puisse savoir à quelle source sûre ont puisé les premiers d'entre eux qui ont adopté ces traditions du passé.

Donc, que ceux qui aiment à croire, croient et que ceux qui aiment à douter, doutent. Je répète tout, comme l'écho, sans rien affirmer. Je n'affirme rien, parce que rien ne m'est prouvé ; je répète tout parce que je sais que l'histoire plaît d'autant plus qu'elle tient davantage des incertitudes de la fable et du merveilleux des légendes.

LE PARIS DES ROMAINS.

Cependant le clan des Parisiens était devenu la peuplade des Parisiens ; cette peuplade qui comprenait enfin des pâtres et des laboureurs, en même temps que des bateliers et des pêcheurs, avait fondé plusieurs groupes d'habitations sur le territoire que lui avait concédé la tribu des Sénonnais ; elle était assez nombreuse pour mettre sur pied une armée de huit mille combattants.

Loutouhezi acquit alors le rang de cité des Parisiens, ce qui signifiait qu'elle était à la fois leur capitale et leur forteresse. C'était presque un port, puisqu'on y comptait assez de bateaux pour donner à cette réunion d'embarcations le titre de flotille ; c'était presque une ville, puisqu'on lui accorde une population de 6,000 habitants et une surface d'environ 44 arpens, ou 15 hectares, ce qui fait 150,000 mètres.

Dans tous les cas, la situation de *Loutouhezi* donnait à cette localité une importance militaire qui avait appelé l'attention des Romains. Cinquante-trois ans avant l'ère chrétienne, les maîtres du monde résolurent de s'en emparer. Le vainqueur des Gaules dédaigna d'accomplir par lui-même cette facile conquête. Il envoya son lieutenant Labienus à la tête de quatre légions, avec ordre de s'y établir de gré ou de force.

Les Parisiens n'étaient pas d'humeur à se donner ; il fallut les soumettre. Ils brûlèrent les deux ponts de bois ; ils incendièrent sur la rive droite une espèce de faubourg ou de groupe d'habitations éparses assez considérable pour avoir déjà mérité, à cette époque, la qualification de ville ; puis ils allèrent, sous la conduite de Camulogène, attendre Labienus avec ses légions sur la rive gauche.

L'armée gauloise campait dans les marais de la Bièvre ; l'armée romaine, débouchant par le bois de Vincennes, descendit la Seine, qu'elle alla traverser en face des hauteurs de Chaillot ; Camulogène accourut alors au-devant de Labienus, et les Parisiens, alors inconnus, se trouvèrent en face des Romains, déjà célèbres.

Une bataille s'engagea bientôt entre l'armée romaine et l'armée gauloise, dans la plaine qu'on a depuis appelée la plaine de Grenelle. Cette bataille décida du sort de la contrée. Camulogène fut tué ; les Parisiens furent défaits ; Labienus entra en maître dans l'île de la Cité ; *Loutouhezi* que César nomme, dans son histoire de la guerre des Gaules, tantôt *Lutetia*, tantôt *oppidum Parisiorum*, passa sous la domination du peuple-roi.

César jugea cette cité assez importante pour y convoquer, quelque temps après sa soumission, une assemblée de chefs de tribus qu'il qualifie de grand conseil des Gaulois, et il y fit élever, selon l'usage des Romains, une sorte de forteresse qui fut le *Castellum Parisiorum*, le château des Parisiens. Cette forteresse où l'on mit, sans doute, une garnison de vétérans, chargés de maintenir les Parisiens dans l'obéissance, paraît avoir été située, dès l'origine, à la pointe occidentale de l'île de la Cité et avoir servi de demeure au gouverneur de la province.

Vingt-sept ans avant l'ère chrétienne, sous le règne d'Auguste, *Lutetia* fut comprise dans la province Lyonnaise; en 245, Saint-Denis y vint prêcher le christianisme et y fut martyrisé, sur la colline de Montmartre, à la place même où se trouvait naguère la barrière des Martyrs; en 360, elle devient le théâtre de la première révolution qui s'y soit accomplie. L'armée révoltée contre l'empereur Constance y proclama Auguste le jeune Julien. Quelques années plus tard, l'empereur Valentinien y promulguait plusieurs parties de son code; en 383, l'empereur Maxime y faisait élever un monument dont on possède encore les ruines, pour consacrer son avènement au trône des Césars.

En ce temps-là déjà la capitale des Parisiens, devenue le siège d'un évêché, s'était relativement embellie et agrandie. Elle s'étendait sur la rive droite et sur la rive gauche de la Seine, hors de l'île de la Cité.

On voyait dans cette ville la prison de Glaucin, là où est maintenant le quai Desaix; une basilique dédiée à Saint-Étienne, basilique qui était alors l'église épiscopale ou la cathédrale, et qui était voisine du palais épiscopal ou plutôt de la maison de l'évêque; à la pointe occidentale, la forteresse de César sans doute restaurée, ou même reconstruite, à coup sûr fortifiée et agrandie; à la pointe orientale, un temple dédié à Jupiter par les *nautes* ou bateliers de la Seine. Enfin ses deux ponts de bois avaient été reconstruits avec plus d'art et de solidité. Devenus, l'un, le grand pont, l'autre, le petit pont, ils étaient fortifiés, à leurs extrémités, chacun d'une grosse tour, également en bois, et se trouvaient reliés l'un à l'autre par une voie transversale et continue qui se raccordait, d'un côté, à la voie romaine venant de Boulogne, de l'autre, à la voie romaine conduisant à Autun.

Sur la rive droite, cette double voie traversait la plaine où Saint-Denis s'est depuis élevée; sur la rive gauche, en sortant de l'île de la Cité, elle était tracée dans la direction que suit la rue Saint-Jacques.

Sur cette même rive gauche, une autre voie, purement locale, était également tracée dans la direction que suivent la rue Saint-André-des-Arts et la rue de Sèvres.

Des tombeaux et des édifices çà et là entremêlés de champs de vignes, bordaient ces deux voies importantes.

Dans ce même faubourg de la rive gauche, on remarquait le palais des Thermes, avec des bains alimentés par les eaux d'Arcueil et de Rungis au moyen d'un aqueduc d'une grande hardiesse, et des jardins qui s'étendaient jusque vers la Seine; un temple d'Isis, là où est maintenant l'église Saint-Germain des Prés; un temple dédié à Bacchus sur l'emplacement de l'église Saint-Benoît; un temple dédié à Mercure sur le monticule appelé depuis montagne Sainte-Geneviève; un cimetière ou champ de sépulture situé sur le penchant de ce monticule; des arènes construites dans le voisinage de ce champ de sépulture, là où est aujourd'hui le faubourg Saint-Victor; un champ de Mars dont la Sorbonne couvre le sol; une fabrique de poterie là où se trouve le Panthéon; une maladrerie ou lieu de refuge des lépreux que le bâtiment, qui était hier encore l'hospice des Ménages, a remplacé; un camp romain établi sur le terrain où s'est formé plus tard le quartier du Luxembourg, tout près de la demeure impériale.

Sur la rive droite, un aqueduc public, partant de Chaillot, aboutissait à l'emplacement où s'élève le Palais-Royal, emplacement sur lequel existait alors un vaste réservoir dont l'eau servait à alimenter des bains établis dans ce même rayon; un champ de sépulture occupait la place où a été bâtie la rue Vivienne; un autre champ de sépulture remplissait l'espace de l'ancien marché Saint-Jean; une maison de plaisance était assise aux bords de la Seine, à peu près au point où est le quai de la Tournelle; un temple était dédié à Mars sur le monticule qui est devenu Montmartre; au pied de ce monticule, on voyait une autre maison de plaisance, où un aqueduc privé conduisait l'eau de la fontaine du Buc; le forum s'étendait en face de la prison de Glaucin.

Sur cette même rive droite, cinq voies avaient été tracées, à travers des terrains cultivés, coupés de prairies et de bois et avoisinés par des marécages. Deux de ces voies suivaient le cours de la Seine, l'une dans la direction de la rue Saint-Antoine et de la rue Saint-Honoré, l'autre, plus rapprochée des bords du fleuve, dans la direction de la rue de Bercy, bâtie sur les anciens marais traversés par cette seconde voie. Deux autres de ces mêmes voies suivaient, l'une, le tracé de la rue Saint-Denis, l'autre, le tracé de la rue du Temple. La cinquième, partant du grand pont, aboutissait au bas de Montmartre.

De César à Maxime enfin, *Loutouhezi* avait aussi grandi en importance politique. C'est là que stationnait la flottille qui gardait la Seine; c'est là que résidait le gouverneur des Gaules, dont cette cité était devenue la capitale; c'est là que s'assemblait la diète générale de cette province de l'empire. La période romaine, cependant, n'y devait laisser que des traces légères. La dénomination même qu'elle avait portée pendant cette longue période allait disparaître avec la domination du peuple-roi. En effet, c'est à l'heure où les Francs apparaissaient dans ces contrées, qu'après s'être successivement nommée dans la langue latine *Lutetia*, *Leutekia*, *Lucotetia*, dont on a fait *Lutèce*, dans la langue française, elle s'appela *Paris*, du nom des *Parisii* qui l'avaient fondée.

Les ruines d'un monument triomphal sans grandeur et les vestiges d'un palais impérial sans splendeur sont tout ce qui subsiste aujourd'hui de ce Paris des Romains dont quelques historiens ne célèbrent sans doute la magnificence que parce qu'ils ne l'ont pas connu, et qui nous paraîtrait, à coup sûr, s'il pouvait ressusciter, tel qu'il était alors, une ville grossière, fétide et malsaine, aux rues tortueuses et aux édifices misérables.

LE PARIS DES MUNICIPES.

Loutouhezi que j'appellerai désormais Paris, n'était déjà plus aux Romains dont l'empire croulait de toutes parts sous les coups des barbares, et n'était pas encore aux Francs, qui ravageaient les contrées voisines, sans oser encore se présenter à ses portes. En effet, après la mort de l'empereur Maxime, cette ville était entrée dans la confédération armoricaine, confédération qui comprenait plusieurs citées réunies dans un même sentiment de patriotisme, fortifié par la foi chrétienne et affranchies, en fait, sinon en droit, de l'autorité des représentants officiels de la domination affaiblie des maîtres du monde dans les Gaules. C'est dans le cours de cette période intermédiaire qu'une horrible famine y répandit tout à coup la désolation; la population affamée et désespérée ne savait où trouver du pain; la détresse était universelle. Alors Dieu inspira une pauvre fille, une humble bergère, née en 422, dans une cabane de Nanterre. Cette jeune fille remonta la Seine jusqu'à Troyes et redescendit le fleuve avec onze bateaux chargés de blé, qu'elle distribua au peuple. C'était celle qui devait être un jour la sainte patronne de cette ville qu'elle avait sauvée de la faim, c'était Geneviève.

Quelque temps après, cette même jeune fille préservait encore les Parisiens du massacre et Paris de la destruction. Campé sur les rives de la Seine, le farouche Attila se disposait à mettre à feu et à sang la future capitale de la future France. Calme dans l'épouvante générale, l'héroïne des vieilles légendes de la foi alla trouver le chef des Huns et le détermina, par ses prières et par ses larmes, à épargner cette cité et à porter ailleurs le carnage et la mort qu'il semait sur sa route.

LE PARIS DES MÉROVINGIENS.

D'après la plupart des vieux historiens, ce fut Childéric Ier, fils de Mérovée, fils de Clodion, fils de Pharamond, premier roi des Francs, qui fit, en 465, la conquête de Paris sur les Romains. Cependant ces mêmes historiens disent que ce fut Clodovick ou Clovis Ier, fils de

Childéric Ier qui, après avoir vaincu, dans les plaines de Soissons, les légions commandées par Syagrius, fit, en 509, de cette ville prédestinée la capitale de son nouvel empire. D'autres prétendent que ce chef de barbares en fit inutilement le siége pendant plusieurs années, et qu'il ne décida ses habitants à se rendre qu'en se convertissant au christianisme par les conseils de Geneviève, qui les avait d'abord encouragés à la résistance.

Je crois qu'il est facile de concilier ces contradictions. Depuis la mort de l'empereur Maxime, ainsi que je viens de le dire, les Romains ne dominaient plus dans Paris. Childéric Ier n'a donc pu les chasser d'une ville dont ils n'étaient plus les maîtres. On ne peut pas admettre davantage que ce prince en ait fait définitivement la conquête en 465, puisque son fils n'a pu s'y établir qu'en 509, après avoir remporté sur les armées du peuple-roi une victoire décisive, à une époque où il avait déjà reçu le baptême, adoptant ainsi la religion devenue dominante parmi les peuples de toute la contrée.

Mais, avant la défaite de Syagrius, les Francs se présentèrent plusieurs fois devant Paris, en pillards et en ravageurs qui passent comme une tempête et non en conquérants qui cherchent un territoire dont ils songent à conserver la possession. Childéric Ier aura fait comme ses devanciers, et il aura pénétré, à la tête de son armée, seulement dans les faubourgs qui s'étendaient sur les deux rives de la Seine, loin de l'île de la Cité, sans parvenir à s'emparer de cette île, et, par conséquent, sans réussir à établir sa domination dans la ville.

Clovis Ier, qui ambitionnait cette conquête, l'aura tentée longtemps avant de la réaliser, et, devançant l'exemple que devait donner, longtemps après, Henri IV, il aura gagné, en se faisant chrétien, le cœur des Parisiens, qu'il n'avait pu soumettre par les armes. Ce peuple, en effet, qui repoussait le roi païen comme un persécuteur de sa croyance, adopta le roi chrétien comme un appui de sa foi. C'est ainsi que Clovis Ier put librement fixer sa résidence personnelle dans Paris, et faire de cette ville, dont il pressentait les glorieuses destinées, la capitale de ses États.

De l'empereur païen Maxime au roi chrétien Clovis, Paris resta donc, en réalité, une cité indépendante, en ce sens qu'elle ne fit, durant cette période, partie intégrante et effective d'aucun empire, qu'aucun souverain n'y gouverna sérieusement en maître, et qu'aucune domination durable n'y fut reconnue.

Clovis Ier habita, dans l'île de la Cité, la forteresse dont j'ai déjà parlé, forteresse qui avait été le siége du gouvernement des municipes, après avoir été l'habitation des lieutenants de l'empereur, et qui devint le palais des souverains.

Cette forteresse, ou ce palais, fut la demeure des rois de la race mérovingienne. Cette détermination décida de l'avenir de Paris, qui ne devait plus perdre le titre de capitale, qu'il venait de prendre. Il fallut pourtant près de treize siècles avant que la pensée du fondateur de la nationalité française fût complétement réalisée, puisque c'est seulement la Convention nationale qui a irrévocablement fixé, dans cette métropole du monde de l'intelligence, le siége officiel du gouvernement, en décidant que le souverain y aurait sa résidence.

Des historiens de la douzième heure ont prétendu, sans le prouver par la citation d'aucun document contemporain, d'aucun texte ancien, que Clovis Ier avait fait restaurer ou reconstruire une enceinte de pierre dont l'origine romaine aurait remonté à la fin du quatrième siècle, époque, d'ailleurs, qui est celle du Paris des municipes. Des archéologues d'imagination, venant à la suite de ces historiens, ont même reconnu les vestiges supposés de cette enceinte dans deux fragments de muraille de construction romaine, découverts l'un en 1829, l'autre en 1847. Le premier était annexé aux fondements de l'église Saint-Landry, alors en démolition. Le second a été découvert dans des fouilles qu'on fit sur la place du Parvis Notre-Dame.

Ces fragments de muraille dont on ne sait rien ne prouvent, en aucune façon, l'existence d'une enceinte du quatrième siècle, rétablie dans le sixième siècle. Quoiqu'ils appartiennent à l'architecture du temps des Romains, ils ont certainement fait partie de constructions postérieures au sixième siècle comme au quatrième siècle, et élevées après coup, dans le système de cette architecture, constructions dont on ignore aujourd'hui le nom, la date et la destination, mais qui n'étaient pas, à coup sûr, des portions d'enceinte.

D'ailleurs, comment admettre que Paris ait possédé une enceinte de pierre crénelée, avec des portes et des tours en pierre, dès le quatrième siècle, et que cette enceinte ait été reconstruite ou restaurée, d'après le même système de construction dans le sixième siècle, lorsqu'il est démontré que des fortifications isolées, beaucoup plus modernes, construites sous la dynastie des Carlovingiens, n'étaient encore qu'en bois.

Comment croire qu'une ville qui n'avait aucune clôture générale et complète, même en bois et en terre, qu'on pût décorer du titre d'enceinte à l'avénement de Hugues Capet, était entourée, sous Clovis Ier, d'une muraille dont la fondation aurait daté de l'époque de la fondation romaine.

Les Romains ne prévoyaient pas l'ère des barbares; ils ne songeaient pas à se défendre contre le dehors, mais seulement au dedans. La forteresse de la Cité et le camp de la rive gauche suffisaient à cette œuvre.

Les Parisiens, à la vérité, élevèrent à la hâte, pour protéger l'île de la Cité contre les premières invasions des Francs, qu'ils virent arriver sur les bords de la Seine moins en conquérants qu'en pillards, des fortifications que Clovis Ier a pu rééditier, en leur donnant plus de solidité et d'étendue.

Mais ces fortifications ne devaient être encore qu'en terre et en bois, puisque dans le neuvième siècle on adopte toujours ce système de constructions pour les tours et les portes qu'on élève dans le but de mettre l'île de la Cité en meilleur état de défense. Elles ne constituaient donc pas le moins du monde ce que l'on appelle une enceinte. Elles auraient, tout au plus, formé une clôture palissadée. Dans tous les cas, elles disparurent avec les circonstances qui avaient nécessité leur édification, sans laisser ni trace sur le sol, ni souvenir dans l'histoire.

On sait qu'à la mort de Clovis Ier ses États furent partagés entre ses quatre fils, et que Paris, tour à tour, capitale du royaume restreint de ce nom, du royaume plus étendu de Neustrie, et enfin d'un nouveau royaume de France, échut à Childebert qui était l'aîné.

Le récit des sanglantes rivalités de la descendance de Clovis appartient à l'histoire générale de France, et je n'ai pas à m'occuper dans ce livre de ces rivalités sans frein qui furent marquées par des crimes sans nom. Je ne suivrai donc pas, dans ses destinées toujours de moins en moins glorieuses et puissantes, la race des Mérovingiens qui, de dégradation en dégradation, en vint à ce point que les derniers princes de cette race, trop dignes de la flétrissante qualification de rois fainéants, qui leur est restée, donnèrent au peuple de Paris le spectacle déshonorant de souverains traînés par des bœufs sur de lourds chariots, lorsque, abandonnant la campagne pour la ville, ils se rendaient de leur maison de plaisance à leur palais de la Cité.

Théâtre permanent d'ambitions et de passions princières effrénées, Paris, du moins, dut à son titre de patrimoine particulier des rois, le privilége de conserver, sous cette race, ses franchises communales et ses magistrats municipaux. Mais les fléaux accoutumés de toutes les cités : les incendies, les famines et les inondations, formèrent, avec des siéges sans gloire et des luttes sans grandeur, presque toute son histoire locale pendant la période mérovingienne.

Pendant cette période, Paris s'agrandit encore, en continuant à s'étendre sur les deux rives de la Seine où s'élèvent, soit dans la plaine, soit sur les hauteurs voisines, des basiliques ou des chapelles en bois qui deviendront le point de départ de rues nouvelles, de nouveaux quartiers.

Mais rien ne subsiste, aujourd'hui, de ce Paris des Mérovingiens disparu comme la *Lutetia* des Romains et le *Loutouhezi* des Gaulois ; rien, si ce n'est quelques débris sans importance et quelques souvenirs sans intérêt que je retrouverai à leur place.

LE PARIS DES CARLOVINGIENS.

On en peut dire autant du Paris des Carlovingiens, qui, du reste, n'y séjournèrent qu'accidentellement, à de rares intervalles. Cette ville était toujours la capitale officielle de la France ; mais comme le n'était plus ni le siége du gouvernement, ni la résidence du souverain, elle perdit alors une partie de son importance politique. Elle s'arrêta même dans son développement matériel et ne grandit qu'en richesse par son commerce, qui prit une extension inattendue, et en science par l'école ecclésiastique que Charlemagne avait créée en 779. Elle se composait encore de ses deux anciens faubourgs, restés à peu près sans changement, et de la Cité, qui était toujours son principal foyer de mouvement et de vie.

Au commencement du neuvième siècle, les fortifications du Paris des municipes, restaurées par Clovis Ier, n'étaient déjà plus qu'une ruine. Aussi ne purent-elles arrêter, en 841, en 856 et en 861, les Danois, communément appelés les Normands. Paris fut donc trois fois conquis sans résistance, trois fois pillé et incendié par les barbares.

C'est alors que Charles le Chauve reconstruit à la hâte le grand pont avec sa porte et sa tour, relève également la porte et la tour du petit pont, bâtit pour protéger le Palais une grosse tour en bois, comme la plupart des édifices publics et privés de cette époque, et élève des fortifications nouvelles destinées à disparaître comme celles de Clovis Ier, comme celles des municipes, avec le danger qui les a rendues nécessaires. Ces fortifications, dont on veut faire une enceinte de pierre, bien qu'il n'en reste aucun vestige, parce que, dans le style hyperbolique de son poëme latin, le moine Abbon les appelle ambitieusement les murs de Paris, n'étaient encore qu'une simple clôture en terre et en bois, comme la digue des Gaulois.

Les Normands revinrent en 885, sous la conduite d'un chef du nom de Raguenaire; mais cette fois Paris pouvait se défendre; il se défendit. Après une année de vains efforts, vaincus par l'héroïsme des assiégés, les assiégeants allaient se retirer d'eux-mêmes, lorsque le roi Charles le Gros, accourut à la tête d'une armée, non pour les combattre, mais pour acheter leur alliance. Cet acte de lâcheté fit tomber la couronne de Charlemagne du front de ce monarque avili.

La race dégénérée des Carlovingiens ne régna que nominalement pendant le dixième siècle. Avant la fin de ce siècle, fertile en misères et en calamités de toutes sortes, cette race, condamnée depuis la déposition de Charles le Gros, tomba du trône où un descendant de Robert le Fort, Hugues Capet, monta en 987; elle en descendit, laissant la capitale de la France telle qu'elle l'avait trouvée, sans agrandissement et sans embellissement, appauvrie par les famines, décimée par les pestes, désolée par des guerres sans trêve et sans merci.

LE PARIS DES CAPÉTIENS.

Au temps des derniers princes de la race mérovingienne, les maires du palais qui les représentaient, avaient régné, sous leur nom, dans la demeure des rois où ils s'étaient installés; les Carlovingiens l'abandonnèrent définitivement aux comtes qui étaient leurs délégués dans la capitale.

Cette charge, amovible à l'origine, était devenue héréditaire dans la famille de Robert le Fort, dont les descendants, comtes de Paris, par droit de naissance, habitèrent, à ce titre, le palais de la Cité. Devenu roi de France, Hugues Capet continua d'y résider; il redevint alors le siège officiel du gouvernement et le séjour habituel du souverain.

Ainsi, à peine investi du souverain pouvoir, le chef de la troisième race reprit immédiatement la pensée de Clovis, pensée que les Carlovingiens avaient presque oubliée, et Paris redevint, de fait comme de droit et de nom, la capitale de la France.

Cette race devait comprendre trois dynasties principales : celle des Capétiens, celle des Valois et celle des Bourbons.

Sous la dynastie des Capétiens, l'histoire de Paris enregistre quelques faits importants qui se rattachent à l'histoire générale de France : la lutte que Blanche de Castille, mère de Louis IX, devenu saint Louis, y soutint contre la noblesse féodale du royaume; l'assemblée des états généraux de 1302, assemblée dans laquelle le tiers état fit sa première apparition; et la sanglante destruction de l'ordre des Templiers, dont le grand maître périt sur le bûcher en 1314.

Cette ville est également, pendant la même période, le théâtre d'épisodes d'un caractère tout à fait local. On s'y révolte, en 1306, contre Philippe IV, surnommé Philippe le Bel, qui, menacé par l'émeute, se réfugie dans la forteresse du Temple, d'où la populace, passant avec sa mobilité habituelle de la haine à l'amour, le ramène en triomphe au palais de la Cité; en 1315, on y pend Enguerrand de Marigny, ministre qui ne descend du pouvoir que pour monter à la potence; en 1348, une horrible contagion, qu'on appelle la *peste noire*, y sème l'épouvante et la mort.

Enfin, une première révolution s'accomplit sous le règne de Louis VI, surnommé le Gros, dans l'administration communale. Le comte des Carlovingiens est remplacé par le prévôt des Capétiens, création qui devait prendre une grande importance et avoir une longue durée. On donne à cet officier le gouvernement de la Cité, il rend la justice royale au grand Châtelet et il dirige la police urbaine. On établit pour faire exécuter ses arrêts une force publique qui est le *guet du roi*.

Sous ce même règne, l'ancienne association romaine des *Nautes* ou bateliers de la Seine devient, en s'adjoignant les maîtres des autres corps de métiers, régulièrement institués, la *hanse parisienne*, ou la corporation des marchands; corporation qu'on charge du règlement des droits à percevoir sur les marchandises qui arrivaient dans Paris sur la Seine.

Philippe Auguste crée l'*Université*, en réunissant, sous cette dénomination générale, à l'école ecclésiastique, toutes les autres écoles qui s'étaient successivement établies dans Paris, surnommée, dès cette époque, la *ville des lettres*.

Sous saint Louis, le chef de la corporation des marchands, dont on fait une sorte de corps de municipalité, qui, plus tard, deviendra l'échevinage, prend le titre de *prévôt des marchands*, et marche de pair avec le prévôt de Paris. Sous ce dernier règne, enfin, on crée le *guet des bourgeois*, origine de la garde nationale; on fixe à Paris, le siége du Parlement; on y fonde la *Sorbonne*, qui devait être la première école de théologie du monde chrétien.

De Hugues Capet à Charles IV, Paris s'étend et s'assainit, se transforme et s'embellit. Louis le Gros remplace d'abord les tours en bois qui protégeaient le grand pont et le petit, pont par deux tours en pierre, devenues, celle du grand pont, le grand Châtelet; celle du petit pont, le petit Châtelet.

Mais c'est à tort qu'on attribue à ce prince un mur d'enceinte en pierre, enfermant dans son périmètre les faubourgs du nord et du midi qui s'étendaient hors de l'île de la Cité, l'un sur la rive droite, l'autre sur la rive gauche, dans la vallée de la Seine. Cette enceinte ne pouvait être qu'une mince clôture servant de limite communale pour la perception des droits d'octroi ou d'entrée de l'époque.

En effet, on n'a jamais signalé dans aucun document authentique, même un simple vestige de cette muraille dont quelques historiens ont cependant indiqué la direction conjecturale, d'après un tracé purement hypothétique.

C'est à Philippe Auguste qu'on doit la première enceinte fortifiée que la capitale de la France ait possédée. C'est lui enfin qui, le premier, a compris dans son système de défense le Paris de la rive droite et le Paris de la rive gauche. Jusqu'alors on s'était borné, ainsi que je l'ai démontré, à élever au jour du danger, autour de l'île de la Cité, des fortifications temporaires en bois et en terre, et cette île avait été, jusqu'à la fin du douzième siècle, le seul point qu'on s'occupât de défendre.

L'enceinte de Philippe Auguste, dont il reste des ruines authentiques et des plans détaillés, consistait en deux murs reliés entre eux par un blocage de moellons, noyés dans un ciment tenace. Les faces de ces deux murs de soutien se composaient de pierre de petit appareil, équarries, mais de dimensions inégales.

Un massif de moellons réunis avec un ciment dur et ferme servit à établir les fondements de cette muraille dont la hauteur moyenne était de huit mètres et qui avait trois mètres d'épaisseur à sa base.

Un donjon à trois étages voûtés, de vingt mètres de hauteur, commençait ou terminait, comme on voudra, à chaque extrémité, sur les bords de la Seine, le mur d'enceinte où l'on avait ouvert seize portes de villes, fortifiées chacune de deux grosses tours rondes, à deux étages, de seize mètres de hauteur, neuf sur la rive gauche, sept sur la rive droite, et qui étaient flanquées de soixante-sept tourelles intermédiaires à un étage de deux mètres de hauteur et de forme cylindrique débordant à l'extérieur. On en comptait trente-trois à la partie méridionale, trente-quatre à la partie septentrionale, la seule où l'on eût établi des poternes servant de fausses portes. Ces poternes étaient au nombre de neuf. On remarquait enfin, sur l'une des faces extérieures de chaque porte de ville, une statue de la Vierge placée, soit dans une niche, soit sur un socle protégé par un dais de pierre.

Il n'y avait ni chemin de ronde intérieur ni fossé autour de l'enceinte de Philippe Auguste; on avait seulement établi, à l'extérieur, une sorte de rue basse qui la longeait dans toute son étendue. On arrivait à la plate-forme soit par des escaliers appliqués à la muraille, soit par les tours des portes. Voici, d'après un plan authentique, la direction que suivait cette enceinte, direction tracée à travers le Paris d'aujourd'hui.

Sur la rive gauche, on voyait alors sur l'emplacement actuel du pavillon oriental du palais de l'Institut, la tour de Nesle, qui formait au midi la tête occidentale. Sur cette rive, l'enceinte partait donc du quai Conti, remontrait presque aussitôt la porte de Nesle, allait ensuite rejoindre successivement la rue Saint-André-des-Arts et la porte de Buci, la rue de l'École-de-Médecine à la porte Saint-Germain, la place Saint-Michel à la porte de ce nom, la rue Saint-Jacques à la porte de ce nom, la rue d'Ulm à la porte papale, la rue Descartes à la porte Saint-Marcel, la rue Saint-Victor à la porte de ce nom, aboutissait sur le quai de la Tournelle, près de la porte Saint-Bernard, à la tour de Saint-Bernard qui formait, toujours au midi, la tête orientale.

Sur la rive droite on voyait, en face de la tour de Nesle, une tour qu'on appelait, à raison de sa situation, la Tour-qui-fait-le-coin et qui formait également, au nord, la tête occidentale. Sur cette rive, l'enceinte rencontrait presque aussitôt la poterne du Louvre, allait ensuite rejoindre successivement la rue Saint-Honoré à la porte de ce nom, la rue Coquillière à la poterne de ce nom; la rue Saint-Denis à la porte de ce nom ; la rue Bourg-l'Abbé à la poterne de ce nom ; la rue Saint-Martin à la porte de ce nom ; la rue Beaubourg à la poterne de ce nom ; la rue Sainte-Avoye à la porte du Temple ; la rue du Chaume à la poterne de ce nom ; la vieille rue du Temple à la porte Barbette ; la rue Saint-Antoine à la porte Baudets ; la rue Charlemagne à la poterne Saint-Paul ; la rue des Barres à la poterne de ce nom et aboutissait sur le quai Saint-Paul, immédiatement après la poterne Barbel, à la tour de ce nom, tour qui formait, toujours au nord, la tête orientale.

La construction de l'enceinte de Philippe Auguste exigea trente années. Commencée en 1190, elle ne fut terminée qu'en 1220. On ne pouvait guère aller plus vite à cette époque, du moment qu'il s'agissait de travaux aussi considérables, du moment, enfin, qu'on voulait élever solidement une véritable enceinte de pierre, crénelée et fortifiée, une enceinte durable avec des tours et des portes, et non plus improviser à la hâte des fortifications temporaires en terre et en bois, ou bâtir une simple clôture pour fixer les limites communales.

En dehors de cette enceinte on voyait encore, sur les deux rives de la Seine, à travers les champs cultivés et les plaines marécageuses, des maisons de plaisance et des groupes d'habitations. Quelques-unes de ces maisons de campagne, devinrent des buts de promenade et des centres de réunion. Quelques-uns de ces groupes formèrent des bourgs destinés à se transformer, plus tard, en rues de Paris agrandi.

On remarquait aussi sur ces mêmes rives de la Seine des lieux de divertissement qu'on nommait *courtilles*, et un grand nombre de vastes cultures ou d'immenses jardins qu'on entourait de murailles, ce qui leur fit donner le nom de *clos*. Ces clos étaient généralement les dépendances de riches et puissantes abbayes, dont ils renfermaient les cloîtres et les églises. Ces abbayes, dont quelques-unes avaient l'apparence extérieure de véritables forteresses, ces clos, ces groupes d'habitations, ces champs, ces marécages, ces maisons de plaisance, ces bourgs, ces courtilles où le peuple buvait le vin de Suresne en chantant de gais refrains du temps complètent la physionomie générale du Paris de cette époque.

L'édificateur de la première enceinte fit également clôturer, par un mur de pierre, le cimetière des Innocents ; établir de nouveaux ports ; construire des aqueducs ; ouvrir un marché central qu'on appela halles ; percer trois rues ; ériger des fontaines publiques : travaux d'édilité qui constituèrent alors un immense progrès, tellement le Paris de la fin du douzième siècle et du commencement du treizième siècle, était encore une ville insalubre et misérable. Cette ville avait cependant à cette époque, une superficie d'environ 2,557,000 mètres et une population d'environ 200,000 habitants et formait trois grandes divisions : la Cité au centre, la ville ou le quartier d'outre grand pont, sur la rive droite; l'université, ou le quartier d'outre petit pont sur la rive gauche.

Sous la dynastie des Capétiens, de ces groupes d'habitations immondes en terre et en bois, de ces rues fangeuses sans air et sans lumière, surgirent cependant quelques édifices de pierre, d'un caractère monumental, églises ou palais, qui présageaient déjà la future magnificence de la capitale de ce puissant empire qu'on nomme la France, tels que le château du Louvre et la forteresse du temple, Notre-Dame et la Sainte-Chapelle que je retrouverai parmi les souvenirs du passé, restés debout au milieu des merveilles du présent.

LE PARIS DES VALOIS.

La dynastie des Valois, qui commence à Philippe VI pour ne finir qu'à Henri III, est pour Paris une période de troubles et d'agitations pleine de mouvement et de vie, pendant laquelle les émeutes succèdent aux émeutes, les guerres civiles aux guerres civiles, les désastres aux désastres, et aussi les fêtes aux fêtes, les héroïsmes aux héroïsmes, les splendeurs aux splendeurs, période accidentée et colorée, féconde en événements terribles et dramatiques.

Ainsi pendant la captivité du roi Jean Ier et sous le règne du dauphin Charles, qui devait être Charles V, surnommé le sage, le peuple de Paris, essayant sa force et son audace, dicte pour la première fois des conditions au gouvernement ; les princes du sang, les grands de l'État donnent à cette époque le premier exemple des puissants et des ambitieux courant après la popularité et flattant la populace pour s'appuyer sur elle.

Ce peuple, turbulent et mobile, a son premier héros, sa première idole. Ce héros, cette idole, c'est le prévôt des marchands, c'est Étienne Marcel.

La destinée d'Étienne Marcel, fut celle des ambitieux de cette époque. Il vécut dans l'agitation pour mourir de mort violente.

Exalté par les uns, décrié par les autres, Étienne Marcel abusa de sa popularité. Non content de dicter ses volontés au dauphin Charles, il aspira bientôt à exercer dans Paris une dictature absolue. Le peuple qui, jusque-là, avait été avec lui contre le pouvoir royal, fut alors contre lui avec le pouvoir royal qui triompha, comme triomphent tout ceux qui ont avec eux l'opinion publique. Dans le dépit de son orgueil froissé, il oublia son passé jusqu'à s'allier secrètement avec le roi de Navarre et le roi d'Angleterre pour se venger à la fois de la cour et de la ville liguées contre lui, et résolut de leur livrer la capitale de la France. Mais il fut tué, au moment même où, dans sa démence, il allait exécuter cet acte de trahison, au moment où il allait commettre ce crime, le plus monstrueux des crimes, celui de vendre son pays à l'étranger.

Mais ce que le prévôt des marchands n'avait pu faire, une reine de France devait le réaliser. A peine remis, sous le règne de Charles V, des contre-coups de la guerre de Cent-Ans, Paris est ensanglanté par les exécutions qu'ordonne Charles VI, après la révolte des *Maillotins*. Ces scènes de carnage ne sont que le prélude de terribles tragédies qui vont s'y passer pendant deux siècles, tragédies où la folie aura son rôle aussi bien que la débauche et la cruauté, aussi bien que la félonie et la vénalité.

Déchirée par la faction des Armagnacs et la faction des Bourguignons, tour à tour triomphantes et vaincues, théâtre du double assassinat du connétable de Clisson et du duc d'Orléans, décimée par les écorcheurs dont le boucher Caboche dirigeait les tueries et par les massacres dont le bourreau Capeluche était l'ordonnateur; la future métropole de la civilisation devait encore subir la domination étrangère qui vint servir de couronnement à ces sombres épisodes de la guerre civile. En 1420, cinq ans après la défaite d'Aincourt, la fatale influence d'Isabeau de Bavière livra Paris aux Anglais que Jeanne d'Arc essaya vainement d'en chasser en 1430 et qui n'en furent expulsés qu'en 1436, sous le règne de Charles VII.

Aux factions des Armagnacs et des Bourguignons succéda plus tard la faction des Guise; les souillures de la domination anglaise firent place aux guerres de religion; Catherine de Médicis remplaça Isabeau de Bavière; les sombres fureurs de Charles IX firent oublier la démence de Charles VI ; la fatale alliance de la politique et de la religion enfanta la Ligue.

Mais la race des Valois était condamnée. Le fanatisme arma le bras de Jacques Clément; Henri III, que la Ligue avait chassé de Paris, fut assassiné et cette race avilie, qui avait longtemps présidé aux destinées de la France, s'éteignit dans le sang et la débauche.

Les fureurs de la guerre civile mêlées aux désastres de la guerre étrangère n'arrêtèrent cependant ni le développement moral, ni le développement physique de Paris.

Souvent visitée par la famine, la peste et l'inondation, de Philippe VI à Henri III, la capitale de la France s'était presque transformée. L'administration urbaine s'était améliorée et régularisée. L'art de l'imprimerie y avait été apporté d'Allemagne sous Louis XI. Le Collége de France avait été fondé sous François 1er qui créa les juges-consuls, origine du tribunal de commerce ; le goût des théâtres y était né, et l'amour des divertissements s'y était accru en même temps que l'amour des sciences et des lettres ; le nombre des hôpitaux et des colléges s'y était augmenté en même temps que celui des monastères et des églises; cette ville, enfin, s'était tout à la fois agrandie et embellie.

Dès les premiers temps de la dynastie des Valois, en 1356, après la désastreuse bataille de Poitiers où Jean 1er avait été fait prisonnier, Étienne Marcel avait songé à mettre Paris en état de résister aux Anglais qui menaçaient d'assiéger la capitale du royaume, déjà privée de son roi. Il conçut le projet de reconstruire en partie l'enceinte de Philippe Auguste que les progrès de l'art militaire rendaient insuffisante, même sur la rive gauche, et que les développements continus de la population faisaient trop étroite, du moins sur la rive droite. L'exécution de ce projet fut commencée sous son administration; mais elle ne fut complétement réalisée que longtemps après, sous le règne de Charles V qui donna son nom à cette seconde enceinte, souvent modifiée dans ses détails, avant d'être remplacée sous Louis XIII par une troisième enceinte.

Toutefois, on conserva l'ancien plan de la partie méridionale de l'enceinte de Philippe Auguste. On ne changea donc pas les limites de Paris sur la rive gauche. On se borna à fortifier cette partie de la muraille de clôture en la transformant en un mur crénelé, en remplaçant les petites tourelles cylindriques par de fortes bastides carrées et surtout en creusant en dehors un fossé large et profond. Ce fut là, du reste, le système général et définitif de l'enceinte de Charles V, qu'on peut appeler l'enceinte des Valois, comme l'enceinte de Philippe Auguste avait été celle des Capétiens et comme l'enceinte de Louis XIII a été celle des Bourbons.

L'enceinte septentrionale de Charles V avait huit portes. Elle partait toujours de la Tour-qui-fait-le-coin, longeait le quai du Louvre en descendant la Seine jusqu'à la tour de bois, où était la porte Neuve et où commençait sa ligne circulaire, puis allait rejoindre successivement les emplacements où se trouvent aujourd'hui la place du Carrousel et la rue de Rivoli; la rue Saint-Honoré et la porte de ce nom, la rue de Richelieu, le Palais-Royal, la Banque de France, la place des Victoires; suivait ensuite la rue des Fossés-Montmartre; rencontrait la rue Montmartre et la porte de ce nom; longeait la rue Neuve-Saint-Eustache jusqu'à la rue du Petit-Carreau, la rue Bourbon-Villeneuve jusqu'à la porte Saint-Denis, la rue Sainte-Apolline jusqu'à la porte Saint-Martin, la rue Meslay jusqu'à la porte du Temple, le boulevard du Temple, le boulevard des Filles-du-Calvaire, le boulevard Beaumarchais jusqu'à la porte Saint-Antoine, sur la place de la Bastille où elle joignait la forteresse de ce nom, le boulevard Bourdon jusqu'à la tour de Billy où elle terminait sa ligne circulaire; puis, côtoyait le quai de l'Arsenal en descendant la Seine jusqu'à la tour Barbel où était la porte des Célestins, formant ainsi sur la rive droite du fleuve, à l'orient et à l'occident, deux crochets à peu près égaux.

On compléta enfin ce système de fortifications en construisant dans l'île Notre-Dame qui était encore séparée de l'île aux Vaches, par une sorte de canal naturel, une tour qu'on nommait la tour Loriaux et en tendant deux chaînes de fer pour fermer le cours de la Seine, en amont et en aval, l'une allant de la tour Barbel à la tour Saint-Bernard; l'autre, de la Tour-qui-fait-le-coin à la tour de Nesle.

L'enceinte de Charles V doubla d'un seul coup la superficie de Paris, superficie qui fut alors portée à environ, 4,590,000 mètres.

Des monuments nouveaux s'élevèrent, pendant cette même période, à côté des anciens monuments. Ainsi Charles V avait fait construire, dès les premières années de son règne, sur l'emplacement de la Bastille et de la porte Saint-Antoine, dont il ordonna la démolition, une formidable forteresse qui s'appela la *Bastille*, et qui ne devait plus tomber que le 14 juillet 1789, renversée par les mains du peuple.

Ce même Charles V déplaça la résidence du souverain et la transporta, du palais où elle était depuis Clovis, à l'hôtel Saint-Paul, immense réunion, sans symétrie et sans ordre, de cours, de jardins et de bâtiments qui occupaient tout l'espace compris entre la rue du même nom, la rue Saint-Antoine, le quai des Célestins et la place de la Bastille.

Après avoir reconquis la capitale de son royaume, Charles VII déplaça de nouveau la résidence des rois, résidence qu'il établit à l'hôtel des Tournelles, dont la place Royale occupe l'emplacement, afin de ne pas rentrer dans l'hôtel Saint-Paul, encore plein des tristes souvenirs que sa mère, Isabeau de Bavière, femme de Charles VI, y avait laissés. Il retrouvait cependant ceux de l'occupation étrangère dans cet hôtel des Tournelles, qu'avait habité le duc de Bedfort, qui gouverna quelque temps la France au nom d'Henri V, roi d'Angleterre.

François Ier, qui avait posé la première pierre de l'Hôtel de Ville, que Louis-Philippe Ier devait transformer, avait aussi commencé la reconstruction du Louvre de Philippe Auguste. Le nouveau Louvre que Louis XIV devait agrandir, en le décorant de sa splendide colonnade, et qui ne devait être complétement achevé que sous Napoléon III, le nouveau Louvre enfin, que Catherine de Médicis allait remplir de ses ambitions et de ses intrigues, devint, à la mort de Henri II, la résidence provisoire du souverain. Catherine de Médicis, que cette mort faisait veuve, en même temps que la minorité de ses trois fils, Charles IX, François II et Henri III, la faisait régente de France, ne voulut plus rentrer à l'hôtel des Tournelles. Elle en ordonna la démolition, et fit commencer l'édification du palais des Tuileries, qui ne fut terminée que sous Louis XIV, et qu'on restaure en ce moment, en l'agrandissant encore.

Sous Henri III, la division de Paris, qui comptait alors 300,000 habitants environ, fut modifiée. Le nombre des quartiers, d'abord fixé à trois sous Philippe Auguste, avait été porté à huit sous Charles VI. Il fut doublé sous ce règne qui allait fermer la période des Valois.

La Ligue emprunta à cette dernière division le système de son organisation. Elle créa un conseil des Seize, ainsi nommé parce que les membres dont il se composait appartenaient chacun à l'un des seize quartiers de Paris, et y représentaient cette vaste association dont ils s'efforçaient d'y propager les principes.

Ce conseil mystérieux, dont on ignorait la secrète existence, n'agissait que sous l'inspiration, d'abord du duc de Guise, ensuite du duc de Mayenne, chefs suprêmes successifs de la Ligue qui allait, pendant plusieurs années, régner dans Paris, où elle s'apprêtait à répandre ses fureurs et ses haines. Elle inaugure sa domination, en 1598, par la journée des Barricades, chasse Henri III de sa capitale avant d'armer le bras de Jacques Clément, et, délivrée du contrôle de la royauté, elle constitue une sorte de république municipale dont elle est l'âme. C'est pendant cette période révolutionnaire que le dernier des Valois mourut sans descendance, laissant le trône au premier roi de la race des Bourbons.

LE PARIS DES BOURBONS.

Pendant la brillante période que la dynastie des Bourbons a remplie de ses cinq règnes, période qui commence à Henri IV, aux portes de Paris, pour finir à Louis XVI, sur la place de la Révolution, l'éclat des grands revers et la majesté des grandes infortunes devaient s'allier aux splendeurs de la puissance et aux éblouissements de la gloire.

Henri IV fut contraint d'assiéger la capitale de son royaume, dont il ne prit possession qu'en 1594, lorsqu'il se fut converti au catholicisme, et après quatre années d'une lutte marquée par la famine qui décimait les hommes, et par la dévastation qui détruisait les édifices. Il lui fallut, pour la conquérir, l'acheter au prix de 694,000 livres, qu'il paya au duc de Brissac, qui commandait la place.

Lorsque Henri IV entra nuitamment dans Paris, il n'y traversa que des faubourgs saccagés, il n'y vit que des rues désertes. Cette ville n'était plus qu'un amas de ruines, et la famine achevant l'œuvre de la guerre avait décimé les rangs éclaircis de sa population appauvrie. Il voulut relever ces ruines ensanglantées et ces rues solitaires où l'herbe croissait sur un sol fécondé par le sang. Le couteau de Ravaillac empêcha la réalisation des plans que ce prince avait formés pour la splendeur de Paris, aussi bien que pour la grandeur de la France.

Les troubles de la Fronde, pendant la minorité de Louis XIV, les folies de la Régence pendant la minorité de Louis XV, les saturnales de la Révolution pendant la captivité de Louis XVI, sont toute l'histoire politique de Paris pendant deux siècles. Mais quelle histoire que cette époque ardente et passionnée qui offre à la fois le tableau resplendissant de la royauté divinisée dans la personne du grand roi et le sinistre spectacle de la royauté décapitée dans la personne du roi martyr. Quelle leçon dans ce rapprochement qui met face à face le plus vaste des orgueils et la plus profonde des humiliations! Quel enseignement dans ces deux souvenirs: celui du règne fastueux d'où sortit le déclin de la vieille société et celui de cet écroulement monarchique d'où se dégagea l'aurore de la France nouvelle.

Les rois de la dynastie des Bourbons laissèrent à Paris son titre de capitale de la France. Mais ils transportèrent, dès les premiers temps du règne de Louis XIV, leur résidence au château de Versailles. Le gouvernement seul y était resté; la cour l'avait déserté. C'est pourtant sous cette dynastie que la nouvelle Rome, que la nouvelle Athènes commence à se dépouiller enfin de son enveloppe de bois et de plâtre, pour se reconstruire en pierre et en granit, pour se parer de marbre et d'or, pour se couvrir de peintures et de statues. C'est durant cette période qu'elle perd la rudesse de ses mœurs pour devenir la reine de la mode et de l'élégance, de l'esprit et de l'urbanité, la reine privilégiée du monde des arts et du monde des idées.

En effet, de Henri IV à Louis XVI, Paris, dont les maisons particulières étaient encore à l'avénement de la dynastie des Bourbons, des maisons en bois et en plâtre, se civilise à la fois dans l'ordre moral et dans l'ordre physique.

Sous Louis XIII, on crée l'imprimerie impériale, le Jardin des Plantes et l'Académie française; on bâtit le palais du Luxembourg et le Palais-Royal, dont on admire toujours la magnificence et l'étendue. On élève de vastes et somptueux hôtels qui deviennent les demeures des riches et puissantes familles de la noblesse, et dont quelques-uns subsistent encore. On construit, ou plutôt on achève enfin une nouvelle enceinte septentrionale, qui est la troisième en date, et dont la pensée première remontait au siècle de Louis XII.

La seconde enceinte, qui porte dans l'histoire le nom d'enceinte de Charles V, avait été souvent remaniée. Ces divers remaniements formèrent enfin la troisième enceinte, qui prit le nom d'enceinte de Louis XIII, parce que c'est seulement sous le règne de ce monarque qu'elle reçut sa forme caractéristique et définitive. Cette forme qui figurait la ligne d'un grand arc flanqué de bastions reliés entre eux par une courtine plantée d'arbres, répondait aux nouvelles exigences de l'art de la guerre, art dont l'usage de l'artillerie avait complétement changé la tactique.

L'enceinte septentrionale de Louis XIII commençait sur le quai aux bords de la Seine, à la porte de la Conférence, bâtie à peu près sur l'emplacement actuel du grand bassin octogone du jardin des Tuileries; elle rencontrait un premier bastion, regagnait ensuite la nouvelle porte Saint-Honoré, qui était alors située à la hauteur de la rue Royale, et atteignait enfin un second bastion, qui formait angle, au point où se trouve aujourd'hui la place de la Madeleine. Au delà, elle suivait une direction analogue à celle des boulevards actuels, rencontrait un troisième bastion à la hauteur de la rue de la Paix, la porte Gaillon, la porte Richelieu, où était un quatrième bastion, la nouvelle porte Montmartre, un cinquième bastion, la porte Poissonière, un sixième bastion, la porte Saint-Denis, au delà de laquelle on avait simplement utilisé, jusqu'à la tour de Billy, l'ancien mur de Charles V, augmenté de huit autres bastions.

Ainsi, de la porte de la Conférence, sur le quai des Tuileries, à la tour de Billy, sur le quai de l'Arsenal, l'enceinte de Louis XIII avait quatorze bastions, et la courtine, qui les reliait entre eux, se composait de deux parties distinctes : celle qui s'arrêtait à la porte Saint-Denis et celle qui continuait ensuite jusqu'à la Seine. La première formait un nouveau rempart avec un fossé récemment creusé; la seconde n'était que l'ancien rempart avec son vieux fossé restauré.

La durée de l'enceinte de Louis XIII ne devait pas dépasser la durée de son règne. A l'exemple de Philippe Auguste et de Charles V, il avait fait de Paris une place de guerre; Louis XIV allait en faire une ville de luxe et d'industrie.

L'ère des enceintes crénelées et bastionnées était passée. Le grand roi renversa celle que Louis XIII avait fait construire ou restaurer sur la rive droite, et celle que Philippe Auguste avait fait élever sur la rive gauche, où elle existait encore, souvent modifiée, souvent remaniée, mais ayant gardé, avec ses vieux fondements, son plan primitif et sa direction première. Le fossé fut comblé dans toute son étendue, et une chaussée ou une terrasse remplie d'arbres, remplaça cette double enceinte, entourant Paris d'une ceinture de magnifiques promenades et s'étendant, au nord, de la place de la Concorde à la place de la Bastille, et, au midi, à peu près de la place de Breteuil à la place Valhubert.

C'était un cours, c'était un boulevard; ce n'était plus un rempart, une enceinte. De Louis XIV à Louis-Philippe Ier, il n'y en aura plus.

A cette même époque, on bâtit le palais de l'Institut, on sculpte la colonnade du Louvre, on élève des arcs de triomphe, on fonde l'hôtel des Invalides.

Paris, du reste, s'était transformé sous le long règne de Louis XIV, A la mort de ce monarque, descendu trop tard dans la tombe, cette ville où l'institution des lieutenants de police avait ramené la sécurité, était divisée en vingt quartiers, et renfermait 560,000 habitants, logés dans 25,000 maisons, qui formaient 653 rues, ruelles ou impasses.

Le Panthéon ou la nouvelle église Sainte-Geneviève et le Palais-Bourbon datent du règne de Louis XV, règne étrange où Voltaire et Rousseau, héritiers de Racine, de Pascal, de Bossuet et de Fénelon, qui, eux-mêmes, avaient succédé à Montesquieu et à la Fontaine, à Molière et à Corneille, exercent sur les esprits et sur les mœurs une irrésistible puissance dont ils ne se servent que pour saper les bases sur lesquelles repose la société qui les applaudit et les adule.

La dynastie des Bourbons allait disparaître, et l'ère des révolutions allait naître. L'heure n'était plus propice, ni aux embellissements ni aux agrandissements. On éleva seulement, sous le règne de Louis XVI, en 1787, dans une pensée de fiscalité, ce fameux mur de clôture qui devait servir à fixer, pendant près d'un siècle, les limites de la commune pour la perception des droits d'octroi et qu devait assister à la chute de la monarchie de Louis XVI, de la République, de l'Empire, de la Restauration et de la monarchie de 1830. Il renferma tous les faubourgs qui existaient à cette époque. On y ouvrit cinquante-huit entrées et on établit à chacune de ces entrées une barrière ornée de deux pavillons.

La dynastie des Bourbons n'éleva pas seulement des palais, des enceintes et des monuments, elle créa également de magnifiques places, de vastes jardins, de larges boulevards, des promenades publiques; elle construisit des quais, des fontaines, des hôpitaux; elle fonda des institutions scientifiques et littéraires, des bibliothèques, des musées, des théâtres, des écoles artistiques et spéciales, des manufactures d'une renommée européenne, et améliora tous les services publics de l'administration locale. Ces fondations, ces travaux, ces créations, ces progrès sont ses titres de gloire les plus durables, car ceux-là ne s'effaceront ni du sol où le regard les découvre, ni de l'histoire où la pensée les retrouve.

LE PARIS DES RÉVOLUTIONS.

La période de transition qui s'ouvre à 1793 pour se fermer en 1851 n'a pas de nom de dynastie, car tous les gouvernements s'y mêlent et s'y succèdent, toutes les races s'y rencontrent et s'y remplacent. Pendant cette période de soixante années, l'histoire de Paris enregistre deux invasions de l'étranger, trois révolutions et deux coups d'État.

Je n'ai pas à raconter ici le drame sanglant de la Révolution drame qui commence à la prise de la Bastille pour finir à la chute du Directoire. Les scènes d'épouvante et les élans de patriotisme de cette terrible et grande époque appartiennent à l'histoire générale de la France, car Paris est déjà tout à la fois le cœur et la tête de la nation, et les événements qui s'y déroulent ont une action directe et décisive sur les destinées du pays.

Je ne puis cependant oublier le rôle de la Commune de Paris dans le drame révolutionnaire.

En 1789, Paris avait été divisé en soixante districts. Le 12 juillet de la même année, les quatre cents députés de ces soixante districts se constituaient à l'Hôtel de Ville en municipalité provisoire sous la présidence du prévôt des marchands, l'infortuné Flesselle, qui devait être massacré deux jours après.

A peine formée, cette municipalité provisoire fut deux fois remaniée, sans qu'on parvînt à lui donner une organisation définitive. Après avoir compté quatre cents membres, elle n'en eut plus que cent vingt. Ce chiffre fut ensuite reporté à trois cents. Enfin, le

16 février 1791, un décret de l'Assemblée nationale la composa d'un maire assisté de seize administrateurs qui formaient le bureau, de trente deux conseillers qui formaient le conseil municipal, et de quatre-vingt seize notables qui formaient le conseil général. En même temps, on changea de nouveau la division urbaine. On supprima les soixante districts et on établit quarante-huit sections.

C'est cette municipalité définitive, qui devint la trop célèbre Commune de Paris; c'est elle qui, sous ce dernier titre, fit emprisonner Louis XVI et Marie-Antoinette dans la forteresse du Temple, présida aux massacres de septembre, envoya un roi et une reine de France à l'échafaud et qui, usurpant tous les pouvoirs, continua d'exercer, sous la République, sa formidable dictature, dominant par les clubs, jusqu'à la Convention nationale.

En 1795, le Directoire supprima cette institution qui ne laissait que des souvenirs de sang et de terreur, en même temps qu'il modifia de nouveau la division administrative de Paris, que l'on partagea en douze municipalités placées sous l'autorité d'un bureau départemental, héritier des attributions primitives des anciens prévôts de Paris et des anciens prévôts des marchands, et chargé, tout à la fois, de la police et de l'édilité.

La République a créé le musée du Louvre, l'École polytechnique, le bureau des Longitudes; elle a présidé, en 1798, au Champ-de-Mars, à la première exposition des produits de l'industrie nationale que l'on ait vue en France.

Au début de l'époque consulaire, Napoléon Ier donne à l'administration de Paris la forme qu'elle a gardée. Il crée, en 1800, deux préfets, le préfet de la Seine et le préfet de police, qui se partagent les attributions du bureau départemental, et les douze municipalités deviennent douze arrondissements.

Pendant l'époque impériale, on construit ou on commence quelques uns des plus beaux édifices et des plus vastes monuments de ce siècle. C'est de cette époque enfin que date le système actuel du numérotage des maisons, divisé en autant de séries que Paris renferme de rues, tandis que jusque alors chaque section n'en formait qu'une seule. D'après ce système, les numéros pairs sont placés à droite, et les numéros impairs sont placés à gauche, en suivant le cours de la Seine pour les rues parallèles au fleuve, et en partant du point le plus rapproché de ses rives pour les rues perpendiculaires ou transversales.

L'œuvre de la Restauration fut surtout une œuvre de développement; on crée alors dans Paris de nouveaux théâtres, de nouvelles écoles, de nouveaux musées; on y fonde la Caisse d'épargne.

La monarchie de 1830 a laissé des traces de son passage; elle a fait achever quelques-uns des monuments dont l'Empire avait jeté les fondements; elle a bâti elle-même des palais et des églises qu'on admire; elle a construit des quais et des ponts qui sont restés; elle a créé des places et des promenades.

Mais le monument caractéristique de ce règne de paix a été, par une singulière contradiction, l'une des œuvres les plus vastes et les plus imposantes du génie de la guerre : c'est l'enceinte continue bastionnée qui, depuis 1860, sert de limite communale au Paris d'aujourd'hui.

Trois années suffirent à l'édification de cette enceinte et à la construction des seize forts détachés qui complètent l'ensemble des fortifications de Paris. La dépense de ces fortifications s'est élevée à un milliard.

J'ai dit dans l'introduction, d'une manière générale, ce qu'est déjà, ce que sera un jour le Paris de Napoléon III. Il me reste à le décrire, arrondissement par arrondissement, avec tout ce qu'il renferme de palais, d'églises et de monuments, de places, de jardins et de promenades, de curiosités de toute sorte et de richesses de toute nature.

II

EXCURSIONS INTÉRIEURES

PREMIER ARRONDISSEMENT

Le premier arrondissement est borné à l'ouest par le boulevard de Sébastopol, à l'est par la place de la Concorde et les rues Saint-Florentin et Richepanse ; au nord, il longe d'abord le boulevard de la Madeleine, suit les rues Neuves-des-Capucines et des Petits-Champs, traverse les propriétés dont l'ouverture de la rue de l'Impératrice amènera la démolition, et rejoint ensuite la rue Mauconseil ; au sud, il s'étend depuis la place de la Concorde jusqu'à celle du Châtelet, en suivant les quais des Tuileries, du Louvre, de l'Ecole et de la Mégisserie.

Le Palais des Tuileries. — Le vaste emplacement occupé aujourd'hui par le palais et le jardin des Tuileries, était autrefois un lieu inculte et désert, situé hors des limites de Paris et qu'on nommait *la Sablonnière*. Au treizième siècle, des *tuiliers* s'y installèrent, afin d'utiliser la terre sablonneuse de cet endroit, et quelque temps après on y comptait un grand nombre de *tuileries* Telle est l'origine de la dénomination du palais des souverains, dénomination qui a persisté à travers les transformations radicales qu'il a subies, et les révolutions successives qu'il a traversées.

En 1345, Pierre des Essarts et sa femme occupaient près des Quinze-Vingts une maison appelée *Logis des Tuileries*, qu'ils donnèrent, en toute propriété, à cet hôpital avec quarante-deux arpents de terre labourable, environnés de murs. Au commencement du seizième siècle, Nicolas de Neuville, secrétaire des finances et audiencier de France, avait en ce même lieu, du côté de la Seine, une vaste habitation, avec des cours et des jardins enclos de murs, qu'on nommait aussi *maison des Tuileries*. Une maladie que fit alors la duchesse d'Angoulême, mère de François Ier, au palais des Tournelles, résidence des rois de ce temps-là, la décida à habiter momentanément la maison de M. de Neuville et comme elle y recouvra la santé, François Ier en fit l'acquisition, et céda en échange à son propriétaire, le château et le parc de Chanteloup, près Arpajon; le contrat est du 12 février 1518.

Six ans après, la duchesse d'Angoulême, devenue régente du royaume pendant la captivité de son fils, donna *la maison des Tuileries* à Jean Tiercelin, maître d'hôtel du dauphin, et à Julie du Trot, en considération de leur mariage, pour en jouir l'un et l'autre durant leur vie. Quelques années plus tard cette maison était restituée au domaine de la couronne.

Catherine de Médicis ne voulant plus rentrer dans son palais des Tournelles, après la mort d'Henri II qui y avait péri, par accident, de la main de Montgomery, le fit démolir en 1564, et s'en vint habiter le château du Louvre, déjà fort ancien; elle fit démolir aussi la *maison des Tuileries*, située presque en face, acheta les petites propriétés qui l'avoisinaient ainsi que quarante arpents de terre, et elle chargea Philibert Delorme de lui construire sur ces terrains déblayés, un château de plaisance.

Ainsi fut décidée l'édification de ce palais qui devait être le théâtre de tant d'événements divers, et dont le nom éveille tant de souvenirs de toute nature.

Le premier palais des Tuileries, tel que Philibert Delorme l'avait conçu, consistait en un seul corps de bâtiment, composé d'un rez-de-chaussée et d'un premier étage, avec un pavillon au centre, et deux autres à ses extrémités. Le pavillon du milieu dans lequel se trouvait le grand escalier, était couvert d'un dôme de forme circulaire; les appartements de réception et ceux d'habitation occupaient toute la partie à gauche de l'entrée; la chapelle et un logement de dépendance remplissaient l'autre partie opposée vers le nord.

Enfin on avait élevé à une grande distance du château les communs; le manége où la Convention nationale tint d'abord ses orageuses séances, et où Louis XVI fut jugé et condamné; les écuries;

bâtiments qui tous existaient encore en grande partie, en 1803. C'est à cette époque seulement qu'ils ont été détruits pour le percement de la rue de Rivoli.

Philibert Delorme mourut avant d'avoir terminé l'édification du palais des Tuileries dont il éleva seulement la façade. Il fut remplacé dans la direction des travaux de construction de ce palais, par Jean Bullant qui modifia dans les détails le plan primitif.

Du reste, l'inconstante Catherine se lassa bientôt de cette nouvelle demeure, qu'elle abandonna complétement pour consacrer tous ses soins à l'embellissement de l'hôtel de Soissons.

Henri IV résolut d'agrandir le palais des Tuileries en le reliant au palais du Louvre, du côté du sud, à l'aide d'une galerie, et pour cela, il lui fallut prolonger vers la Seine les constructions primitives; Androuet du Cerceau, chargé de ce travail, dressa les plans du corps de logis du pavillon de *Flore* et de la galerie du quai qui va se souder au pavillon *Lesdiguières*; mais la mort d'Henri IV vint interrompre ces travaux qu'Anne d'Autriche fit reprendre pendant la minorité de Louis XIV, et qui furent alors rapidement terminés sur les dessins de Levau. A l'époque de la majorité du grand roi, les distributions intérieures des appartements étaient donc achevées, d'après les dispositions qui avaient été arrêtées du temps d'Henri IV, dispositions qui depuis ont été plusieurs fois modifiées.

Enfin, c'est sous le règne de Louis XIV que l'on eut l'idée d'agrandir encore le palais des Tuileries, en le prolongeant du côté du nord, jusqu'à l'emplacement actuel de la rue de Rivoli, comme il avait été précédemment prolongé du côté du sud vers la Seine. La construction du pavillon qui prit seulement sous Louis XV le nom de pavillon *Marsan* et qui devait servir de pendant au pavillon de Flore, date de cette époque.

On songea aussi dès ce moment à relier le palais des Tuileries et le palais du Louvre, au nord, comme il l'était alors au sud, au moyen d'une galerie de jonction qui devait faire, du côté où se trouve aujourd'hui la rue de Rivoli, pendant à la galerie, déjà existante, du bord de l'eau.

Mais on sait qu'un grand nombre d'années allait s'écouler avant que ce projet, qui ne devait être entièrement réalisé que sous le règne de Napoléon III, fût mis à exécution. Louis XIV, qui abandonna dès sa jeunesse le palais des Tuileries, Louis XV qui n'y résida que pendant son enfance, Louis XVI qui ne fit qu'y passer, avant d'aller habiter la prison du Temple, sa dernière demeure, n'essayèrent même pas d'y donner suite, et ce fut seulement sous le règne de Napoléon Ier qu'on commença à s'en occuper. C'est alors, en effet, que l'on construisit la partie de la galerie de jonction septentrionale qui avoisine le pavillon Marsan. Abandonnée sous la Restauration et sous la monarchie de 1830, la continuation de cette galerie n'a été reprise que sous le second empire, et son entier achèvement est de date toute récente.

Avant la Révolution, tous les appartements du palais des Tuileries étaient occupées par les grands officiers de la maison du roi. Ces appartements avaient été remis en bon état le 5 octobre 1789, pour y loger Louis XVI, lorsque le parti révolutionnaire l'obligea à venir habiter la capitale; mais les travaux faits à cette époque avaient été exécutés à la hâte, et les mouvements populaires dont le château des Tuileries a été le théâtre l'avaient tellement dégradé, qu'il ne présentait de tous côtés que ruine et dévastation, jusqu'à l'époque où le général Bonaparte, premier consul, vint, avec le troisième consul Lebrun, y fixer son séjour. C'est alors que tout a été successivement rétabli.

Le château fut dégagé des bâtisses et des constructions étrangères que l'on avait laissé élever jusque sur les façades; depuis il est précédé d'une cour fermée d'une grille, avec un arc de triomphe à son entrée principale; il est resté dans le même état sous tous les règnes suivants jusqu'à celui de Napoléon III. Toutefois Louis-Philippe Ier, durant ses dix-huit années de règne, fit de nombreux changements intérieurs dans le palais des Tuileries; il fit construire sur la terrasse du jardin une galerie où il logea sa famille.

Le palais des Tuileries a été deux fois envahi et saccagé par le peuple insurgé : le 10 août 1792, et le 24 février 1848. Louis XVIII est le seul souverain qui y soit mort. Les fils de Catherine de Médicis résidèrent au Louvre; c'est dans une salle de ce dernier palais qu'expira Henri IV; Louis XIII est mort dans le château de Saint-Germain; Louis XIV et Louis XV ont vu finir leur vie et leur règne dans le palais de Versailles; Louis XVI a péri sur l'échafaud; Napoléon Ier est mort à Sainte-Hélène; Charles X a fini dans le château d'Holy-Rood, et Louis-Philippe Ier s'est éteint dans le château de Claremont.

Au temps de Louis XIV, en 1662, on avait construit, dans le palais des Tuileries, sur les dessins de l'Italien Vigarani, pour la représentation de la *Psyché* de Molière, une immense salle de spectacle qu'on appelait la salle des Machines. Cette salle, qui pouvait contenir huit mille personnes, occupait toute la largeur de l'aile du pavillon Marsan. C'est sur ce théâtre que Louis XV, âgé de dix ans, dansa, avec plusieurs seigneurs de sa cour, dans la comédie de l'*Inconnu*. C'est dans cette même salle, où jouaient alors les comédiens ordinaires du roi, que Voltaire, de retour à Paris, vint assister, le 30 mars 1778, au triomphe qui allait couronner sa longue et glorieuse carrière.

Ce jour-là, la cour des Tuileries était remplie d'individus appartenant à toutes les classes de la société, qui s'y étaient réunis spontanément pour rendre hommage au patriarche de la littérature française. Dès que sa voiture parut, les cris de *vive Voltaire!* retentirent pour ne plus finir. Le marquis de Villette l'aida à descendre du carrosse dans lequel il était avec le procureur Glause. Tous les deux lui donnèrent le bras et eurent beaucoup de peine à le protéger contre la foule. Son entrée dans la salle, que remplissait un auditoire élégant et choisi, excita un véritable enthousiasme; chacun l'entourait et voulait le contempler un moment; les femmes surtout se jetaient sur son passage et l'arrêtaient afin de mieux jouir du bonheur de le voir; quelques-unes même s'empressaient de toucher ses vêtements. Voltaire se plaça dans la loge des gentilshommes de la chambre, en face de celle du comte d'Artois. A peine était-il assis, que d'une voix unanime on cria: *La couronne!* que le comédien Brizard vint aussitôt lui mettre sur la tête. *Vous voulez donc me faire mourir?* s'écria Voltaire, pleurant de joie et se refusant à cet honneur. Il prit cette couronne à la main et la présenta à *Belle et Bonne*; mais le prince de Beauveau s'empara du laurier et le replaça sur la tête de Voltaire, qui cette fois ne put résister. Les applaudissements ne discontinuèrent pas pendant toute la durée de la représentation d'*Irène*. La toile tomba pour se relever un moment après, et l'on aperçut le buste de Voltaire, élevé sur un piédestal et entouré de tous les acteurs formant un demi-cercle et tenant à la main des palmes et des guirlandes. Le bruit des fanfares et des tambours annonça la cérémonie. Madame Vestris s'avança et déposa sur le buste une couronne de lauriers. En ce moment la salle fut ébranlée par un tonnerre d'applaudissements longtemps prolongé; madame Vestris lut ensuite les vers suivants, composés par le marquis de Saint-Marc.

> Aux yeux de Paris enchanté,
> Reçois en ce jour un hommage
> Que confirmera d'âge en âge
> La sévère postérité.
> Non, tu n'as pas besoin d'atteindre au noir rivage,
> Pour jouir des honneurs de l'immortalité :
> Voltaire, reçois la couronne
> Que l'on vient de te présenter;
> Il est beau de la mériter,
> Quand c'est la France qui la donne.

Après cette lecture chaque acteur fut poser sa guirlande autour du buste, qui pendant toute cette cérémonie fut salué de bravos et de vivats enthousiastes. La toile fut baissée et relevée presque immédiatement pour la représentation de *Nanine*, qui fut jouée au milieu de continuels bravos; le buste de Voltaire avait été placé sur la scène, à droite du théâtre, et il y resta pendant toute la représentation.

Les bravos continuèrent longtemps encore après la sortie du théâtre, et Voltaire put les entendre du pont Royal et même de son hôtel. Le comte d'Artois, depuis Charles X, qui assistait à cette solennelle représentation, avait envoyé le prince d'Hénin complimenter en son nom le chantre de Henri IV et de Jeanne d'Arc.

Après la condamnation à mort de Louis XVI on détruisit la salle des Machines pour construire à sa place la salle où la Convention nationale allait tenir ses séances. Cette assemblée prit possession de ce local le 10 mai 1793. Toutes les dénominations qui rappelaient le souvenir de la royauté furent alors remplacées par des désignations républicaines. Le pavillon Marsan devint le *pavillon de l'Égalité*, celui du centre devint le *pavillon de l'Unité*, enfin le pavillon de Flore, où fut installé le fameux Comité de salut public devint le *pavillon de la Liberté*. La Convention nationale fut ensuite remplacée par le conseil des Cinq-Cents, qui y resta jusqu'au Consulat.

Le 19 février 1800, le premier consul Bonaparte quitta le palais du Luxembourg et vint s'installer aux Tuileries, que ses deux collègues devaient habiter avec lui. Le consul Lebrun fut logé au pavillon de Flore, qu'il céda au pape lorsqu'il vint sacrer l'empereur; il habitait le petit appartement que la reine Marie-Antoinette avait fait arranger pour lui servir de pied à terre lorsqu'elle venait sans suite à Paris. Le consul Cambacérès, refusa de prendre place dans ce palais des rois, et dit à son collègue Lebrun : « C'est une faute d'aller nous loger aux Tuileries ; le général voudra bientôt y loger seul ; il faudra alors en sortir ; mieux vaut ne pas y entrer. Il n'y alla pas, et se fit donner le bel hôtel d'Elbeuf, situé sur la place du Carrousel, qu'il a gardé jusqu'à la chute du pre-empire.

Le premier consul se rendit aux Tuileries, précédé et suivi d'un cortége imposant. Arrivée au Carrousel, la voiture des consuls fut reçue par la garde consulaire, rangée en bataille dans la cour du palais, qui était loin d'être ce qu'elle est aujourd'hui : elle était entourée de planches et fort mal disposée; deux corps de garde, qui avaient probablement été établis à l'époque de la Révolution, existaient encore, et à leur entrée dans cette cour, les consuls purent lire sur le corps de garde de droite une inscription ainsi conçue : LE 10 AOUT 1793, LA ROYAUTÉ EN FRANCE EST ABOLIE ET NE SE RELÈVERA JAMAIS !... Le 21 février 1800 l'inscription avait disparu, et le même jour l'ordre fut donné d'abattre les deux arbres de la liberté qui avaient été plantés dans la cour. Lors de l'attaque des Tuileries, le 10 août 1792, plusieurs boulets étaient restés incrustés dans les murs de la façade du palais; autour de ces boulets on avait écrit 10 *août;* ils disparurent, ainsi que l'inscription, lors de la construction de l'arc du Carrousel.

Le palais des Tuileries a été, jusqu'à ce jour du moins, surtout remarquable à l'extérieur par le développement de sa façade, qui avait 346 mètres de longueur sur la cour comme sur le jardin, et qui comprenait le pavillon de Flore du côté du quai, le pavillon de l'Horloge au centre, le pavillon de Marsan du côté de la rue. Cette façade offrait enfin un mélange de plusieurs styles où dominaient dans les parties les plus anciennes l'architecture italienne. La reconstruction déjà commencée du pavillon de Flore et du pavillon de Marsan, reconstruction qui entraînera sans doute la restauration générale de l'édifice, en modifiera nécessairement la physionomie extérieure.

L'intérieur du palais des Tuileries a moins de splendeur qu'on ne le suppose. Il est pauvre de richesses artistiques, pauvre de curiosités historiques. Les pièces les plus dignes de fixer l'attention du visiteur sont la salle de spectacle, la chapelle, la salle du trône, la salle des maréchaux, le salon de la paix, la salle du conseil et la galerie de Diane.

La SALLE DE SPECTACLE actuelle a été construite sous le règne de Napoléon Ier, sur une partie de l'emplacement qu'occupait la salle des séances de la Convention nationale, salle qui avait elle-même remplacé la salle des Machines. En un mot, cette portion du palais des Tuileries a été rendue, à cette époque, à sa destination primitive.

La salle de spectacle des Tuileries, qui est de forme elliptique, est décorée d'un rang de colonnes ioniques supportant quatre arcs doubleaux, sur lesquels s'appuie une voûte en calotte terminée en cul de four dans la partie opposée à la scène. La loge du souverain, construite pour Napoléon Ier, occupe le milieu, avec deux amphithéâtres en forme de corbeille à droite et à gauche pour les dames; le parterre, la galerie de plain-pied et le premier rang de loges sont réservés pour les invités de première classe ; il y a au rez-de-chaussée un rang de loges grillées, et au-dessus de la galerie deux autres rangs de loges pour les invités de seconde classe. C'est du reste, la salle de spectacle de Paris la mieux distribuée et la plus riche ; elle sert aussi pour les bals et pour les festins de la cour, au moyen de constructions mobiles que l'on établit sur l'espace occupé par le théâtre.

La salle de spectacle que je viens de décrire, n'occupe pas tout l'espace que remplissait l'ancienne salle des Machines ; c'est dans ce même espace qu'on a construit l'ancienne salle du Conseil d'État et la chapelle, dont il va être parlé.

L'ancienne SALLE DU CONSEIL D'ÉTAT est remarquable par le luxe de ses dorures et la richesse de ses décorations. On y remarque deux vases de Sèvres d'un prix inestimable.

La CHAPELLE se distingue surtout par son plafond, dont les peintures représentent l'entrée de Henri IV à Paris. On y célèbre la messe, tous les dimanches, pendant le séjour de l'Empereur et de l'Impératrice.

La SALLE DU TRÔNE était jadis la chambre du roi. Elle a trois croisées qui ont vue sur la cour. L'empereur Napoléon III y a fait exécuter de nombreux travaux d'embellissement. Elle possède de précieuses tapisseries sortant de la manufacture des Gobelins.

La SALLE DES MARÉCHAUX est ainsi nommée parce qu'elle renferme les portraits en pied d'un grand nombre de maréchaux. Il y a également de beaux trophées d'armes et les bustes de plusieurs généraux illustres. Elle est située au pavillon de l'Horloge, dont elle occupe deux étages, ayant vue à la fois sur la cour et sur le jardin.

Le SALON DE LA PAIX, qui était autrefois l'antichambre du cabinet du roi, doit son changement de nom à une grande statue emblématique que la ville de Paris offrit à Napoléon Ier.

La GALERIE DE DIANE est située à l'extrémité des grands appartements. Les peintures du plafond ont été copiées sur celles du palais Farnèse, à Rome. On y admire plusieurs tableaux consacrés à la reproduction des principaux actes du règne de Louis XV, et de magnifiques tapisseries des Gobelins représentant quelques épisodes du règne de Louis XIV.

Les appartements particuliers, où se trouvent le cabinet de l'Empereur et l'appartement de l'Impératrice, longent la galerie de Diane, du côté du jardin.

J'ai dit ce qu'est encore au dedans, au moment où paraît la première édition de ce livre, le palais des Tuileries; mais bientôt la restauration générale dont ce palais est l'objet en aura profondément modifié l'intérieur aussi bien que l'extérieur. Une partie de ce qui vient d'être décrit subsistera toujours; mais une partie aussi aura été changée et d'importantes adjonctions y auront été faites.

Jardin des Tuileries. — Le jardin des Tuileries a la même origine que le palais des Tuileries, et il remonte à la même époque. Je passerai rapidement sur les transformations diverses qu'il a subies : ces détails rétrospectifs n'offriraient plus qu'un bien médiocre intérêt. Ce fut vers 1665 que Louis XIV fit donner au jardin la forme qu'il a toujours conservée depuis, sauf quelques légères modifications dont je parlerai tout à l'heure. Le célèbre le Nôtre fut chargé de ce travail délicat, et il s'en acquitta avec autant de bonheur que de goût. C'est à cet artiste que l'on doit les terrasses qui longent les deux côtés du jardin, ainsi que les rampes qui y donnent accès.

La terrasse des Feuillants était ourlée autrefois d'une longue frange de tapis gazonné entouré lui-même de parterres de fleurs. La Convention les fit détruire pour y semer des haricots et des pommes de terre. Ces bordures n'ont jamais été rétablies. C'est sur cette terrasse des Feuillants que se réunissaient, en 1815, les partisans de Napoléon Ier. Leur signe de reconnaissance était un bouquet de violettes.

Dans le jardin primitif de le Nôtre il y avait de grandes pièces de verdure dans l'espace compris aujourd'hui entre la limite des grands arbres et les parterres réservés; Robespierre les fit remplacer par des espèces de compartiments où devaient avoir lieu des jeux publics. Ces compartiments sont devenus des massifs de verdure et de fleurs. Les bancs demi-circulaires en marbre blanc dont ils sont entourés sont également d'origine révolutionnaire; c'est là que les vieillards devaient s'asseoir pour assister aux divertissements de la jeunesse.

La grille qui sépare le jardin des Tuileries de la rue de Rivoli, ne date, ainsi que celle qui donne sur le quai, que du premier empire. Le conduit souterrain qui va des appartements à la terrasse du bord de l'eau, est dû également à Napoléon Ier, qui voulut ainsi procurer à Marie-Louise, près de devenir mère, une promenade solitaire et sûre.

Les jardins réservés qui longent la façade du palais remontent à Louis-Philippe Ier; il y fit placer, çà et là, des groupes et des statues qui varient très-heureusement l'aspect de cette belle promenade.

L'empereur Napoléon III a considérablement agrandi les jardins réservés, et cette partie de l'œuvre de le Nôtre est, aujourd'hui, complétement changée; l'accès en est interdit au public lorsque la famille impériale est à Paris. Avant 1789, les bourgeois n'étaient admis que le dimanche dans le jardin des Tuileries.

Durant ces dernières années, la terrasse du bord de l'eau a été coupée en face le pont de Solferino, pour l'ouverture d'une nouvelle porte de communication entre le quai et le jardin.

Avant d'avoir été transformé par le Nôtre, le jardin des Tuileries renfermait un pavillon célèbre qu'un nommé Renart y avait fait élever, avec l'autorisation de Louis XIII, et qui était devenu le rendez-vous à la mode des gentilshommes et des grandes dames de l'époque. De nos jours, il ne possède, dans le bas, qu'un café en planches qui s'appuie sur la terrasse bordant la rue de Rivoli, un théâtre de Marionnettes qui fait pendant la belle saison la joie des enfants, et dans le haut, ayant vue sur la place de la Concorde, que deux bâtiments, d'une architecture mesquine qui se font pendant, le pavillon de l'Orangerie et le Jeu de paume.

C'est dans le jardin des Tuileries que Robespierre fit célébrer, le 9 juin 1794, sa fameuse fête de l'*Être suprême*; c'est là que fut déposé, le 10 octobre 1794, le corps de Rousseau avant d'être transporté au Panthéon; c'est par ce jardin que le malheureux Louis XVI, arrêté à Varennes, rentra aux Tuileries, le 25 juin 1791, à 7 heures du soir, et, par un étrange contraste, c'est aussi par ce jardin que cinquante-sept ans plus tard un autre roi de France, Louis-Philippe Ier, fuyait devant la révolution, le 24 février !

J'ai dit que plusieurs groupes et de nombreuses statues décoraient ce ravissant jardin, je mentionnerai seulement, à la grande entrée de la place de la Concorde, deux groupes de Coysevox, représentant l'un *Mercure* et l'autre la *Renommée*.

Des statues symbolisant divers fleuves ou rivières entourent le grand bassin, et au delà on remarque une *Vestale*, les *Quatre Saisons*, *Annibal* et *Scipion l'Africain*.

Enée emportant son père Anchise, l'Enlèvement de Cybèle par Saturne, la Mort de Lucrèce, décorent le parterre formant le rond-point. Un *Spartacus*, de M. Foyatier, ainsi que son *Cincinnatus* sont placés aujourd'hui le long du jardin réservé, en compagnie du *Soldat laboureur* et du *Thémistocle*, de Lemaire; du *Philopémen*, de David et du *Caton*, de Rude.

Du côté de la rue de Rivoli, et presque cachés sous les arbres, se trouvent un groupe représentant *Castor et Pollux*, un *Centaure subjugué par Cupidon*, et un *Sanglier* copié au musée de Florence.

Le jardin des Tuileries couvre trente hectares de terrain; ce jardin, du reste, récemment modifié déjà, changera tout à fait de physionomie, lorsqu'il sera coupé en deux par la prolongation de la rue de Castiglione qui ira retrouver le boulevard Saint-Germain sur la rive gauche. La partie avoisinant la place de la Concorde deviendra alors le complément des Champs-Élysées, et sera disposée d'une manière analogue. Quand ce projet se réalisera, le pavillon de l'Orangerie et le Jeu de paume disparaîtront de cette partie du jardin des Tuileries qui sera nivelée, et qui formera une promenade publique moins vaste, mais plus aérée.

Place du Carrousel. — Cette place, la plus belle de l'Europe, comprend tout l'espace enclavé entre le Louvre et les Tuileries. C'était autrefois un terrain abandonné, fangeux, où il n'était pas prudent, le soir, de s'aventurer sans lanterne. Au mois de juin 1662, le roi Louis XIV y donna une de ces brillantes fêtes appelées *Carrousels;* de là est venu son nom.

Plus récemment, cette place s'était transformée en un quartier coupé irrégulièrement de ruelles étroites et tortueuses, telles que les rues Saint-Thomas-du-Louvre, Fromentau, Saint-Nicaise, de Rohan et de Chartres. C'est au fond de l'impasse du Doyenné, faisant partie de cet amas de maisons, que la *Gazette de France* a eu ses bureaux pendant de longues années. Il y avait aussi deux églises, celles de Saint-Thomas et de Saint-Nicolas du Louvre. Le fameux hôtel de Rambouillet, dont les réunions littéraires ne furent pas sans influence sur le mouvement intellectuel du dix-septième siècle, se trouvait également sur la place du Carrousel; il fut démoli quelques années avant la Révolution. On construisit sur ses ruines une salle de bal public, le *Vauxhall d'hiver*, qui plus tard servit de refuge au théâtre du Vaudeville.

De tout cet amas d'édifices il ne reste rien. Églises, palais, théâtres ne sont plus qu'un souvenir historique. Mais ce n'est qu'après de nombreuses promesses toujours irréalisées, et après bien des années écoulées, que la place du Carrousel a atteint la perfection et la régularité monumentales qu'elle possède aujourd'hui. Réunir le Louvre au palais des Tuileries a été le rêve inutilement caressé par des gouvernements divers. Napoléon Ier lui-même qui avait repris ce projet, n'eut pas assez de loisirs pour l'exécuter; la Restauration ne s'en occupa point; Louis-Philippe y songea, et fit faire dans ce but quelques déblayements, mais ce fut tout. La république de 1848 décréta l'achèvement du Louvre, et en resta là. Il était réservé à l'empereur Napoléon III de faire exécuter en quelques années cette œuvre grandiose qu'aucun gouvernement depuis soixante ans n'avait pu ou osé entreprendre.

La place du Carrousel est fertile en souvenirs. C'est par là que le peuple insurgé passa le 20 juin 1792 et le 10 août de la même année, pour aller envahir les Tuileries et livrer bataille à la royauté; c'est à peu près au centre de cette place que l'on enterra, en avril 1793, le patriote Lazowski, entre deux arbres de la liberté, avec une oraison funèbre de Robespierre, le tout parce qu'il avait, pendant cette sombre nuit du 10 août, tiré le canon sur le palais des Tuileries! Il est vrai qu'après le 9 thermidor, le corps de Lazowski était retiré le là et jeté à la voirie. Marat aussi eut l'honneur inattendu d'avoir, après sa mort, une petite pyramide sur la place du Carrousel, pyramide que gardaient jour et nuit des sentinelles armées. Deux mois après on jetait son cadavre dans l'égout de Montmartre.

C'est sur la place du Carrousel qu'on fit le premier essai de la guillotine, instrument de mort inventé par M. Guillotin, député de Charente-Inférieure, qui soumit son projet à l'Assemblée nationale dans un but d'humanité ; c'est là qu'éclata, le 24 décembre 1800, la machine infernale dirigée contre Napoléon, premier Consul, et dont quelques secondes de retard firent manquer l'effet. C'est là qu'était établi, en 1793, le Comité de sûreté générale qui obéissait au Comité de salut public, et c'est là encore que commencèrent, en 1830, les premiers rassemblements populaires. Pendant la Révolution, on donna au Carrousel le nom de *place de la Fraternité*.

Arc de Triomphe du Carrousel. — Trois portes donnent accès de la place du Carrousel dans la Cour d'honneur des Tuileries. En face celle du milieu se trouve l'arc de triomphe que Napoléon fit élever en 1806 à la gloire de nos armées, sur les dessins de MM. Percier et Fontaine. On s'est inspiré pour ce monument de l'arc de triomphe de Septime Sévère, à Rome. Le groupe en bronze qui le domine représente un char de triomphe conduit par la Victoire ; il est attelé de quatre chevaux. Dans l'origine, Napoléon y avait fait placer les fameux chevaux de bronze de Saint-Marc ; mais le gouvernement de la Restauration les restitua à la ville de Venise.

La façade principale présente trois arcades ; celle du milieu à 4 mètres 50 centimètres d'ouverture. Les deux faces sont ornées de huit colonnes de marbre rouge du Languedoc, dont les bases et les chapiteaux sont en bronze. Elles sont surmontées de statues représentant les différents corps d'armée qui se trouvaient à Austerlitz. Sur les frises courent des guirlandes et des figures allégoriques. Quatre statues emblématiques ont été placées dans les amortissements.

Les faces de ce monument sont ornées de bas-reliefs en marbre représentant les principaux événements de la campagne de 1805. Celui qui fait face à la place du Carrousel, et qui se trouve du côté de la grande arcade, représente la bataille d'Austerlitz ; celui de gauche, la capitulation d'Ulm. Sur la face regardant la cour des Tuileries, le bas-relief de droite représente l'entrevue à Tilsitt des empereurs Alexandre et Napoléon ; celui de gauche, l'entrée à Munich. Sur la face du nord, l'entrée à Vienne; sur celle du midi, la paix de Presbourg.

On n'a pas oublié que c'est sous l'arc de triomphe du Carrousel que se plaça le régicide Alibaud pour faire feu, avec son fusil à canne, sur le roi Louis-Philippe. La hauteur de ce monument est de 14 mètres 60 centimètres et sa largeur de 19 mètres 50 centimètres.

Le palais du Louvre. — L'étymologie du mot Louvre est tout à fait inconnue, ainsi que l'origine de la fondation de ce château. On sait seulement que Philippe Auguste y fit faire des travaux de réparation en 1204, ce qui indique que le Louvre était déjà au commencement du treizième siècle un édifice ancien. On peut même avancer, avec quelque fondement, qu'il a commencé par être un château de plaisance, bâti par on ne sait quel souverain sur le bord de la Seine. Il payait une redevance annuelle au chapitre de Paris et aux religieux de Saint-Denis, redevance dont il fut dégagé par Philippe Auguste.

En 1204, les bâtiments du Louvre présentaient un parallélogramme entouré de fossés pleins d'eau, dont la plus grande dimension ne dépassait pas 117 mètres de long sur 113 mètres de large. Au milieu de la cour, Philippe Auguste fit construire la fameuse tour neuve qui a joué un si grand rôle dans l'histoire de la féodalité, et qui fut à la fois prison d'État et résidence royale. Ses murs avaient 4 mètres d'épaisseur, et sa hauteur totale était de 31 mètres. Ses croisées étaient garnies d'épais barreaux de fer, et une porte surchargée de verrous, de serrures et de chaînes en fermait l'entrée.

Un grand nombre de prisonniers de haut rang ont été enfermés dans la tour du Louvre. Je citerai parmi les plus illustres, les comtes de Richemont et de Montfort; Enguerrand de Coucy et Enguerrand de Marigny; Charles le Mauvais et le célèbre captal de Buch.

Après la bataille de Bouvines, en 1214, le comte de Flandre, vaincu et prisonnier, fut enfermé dans la tour du Louvre, d'où il ne sortit qu'après avoir cédé tous ses États à Philippe Auguste. Guichard, évêque de Troyes, impliqué dans le procès des Templiers, y resta enfermé durant cinq longues années, et Jean de Grailly s'y éteignit dans le désespoir.

Depuis les premières années du treizième siècle jusqu'au milieu du seizième siècle, depuis Philippe Auguste jusqu'à François Ier, le Louvre resta une forteresse, une prison d'État redoutée des vassaux insoumis. L'hôtel Saint-Paul et le palais des Tournelles étaient les résidences habituelles des souverains. Mais en 1541, François Ier fit démolir ces vieux bâtiments pour élever à leur place un palais nouveau dont les dessins avaient été fournis par Pierre Lescot. C'est ce palais qui depuis a été appelé le vieux Louvre pour le distinguer des constructions nouvelles.

Dans l'origine, le palais du Louvre de François Ier ne devait s'étendre que dans l'espace que le palais du Louvre de Philippe Auguste occupait, et ne se composer que de quatre façades reliées entre elles par de grands pavillons. Celui de l'*Horloge*, qu'on nomme aujourd'hui pavillon de Sully, aurait donc, d'après ce plan, fait le coin septentrional de la façade occidentale.

Mais à la mort du roi chevalier, le Louvre primitif était à peine commencé; il fut continué par Henri II, qui poussa vigoureusement les travaux jusqu'à sa mort, arrivée en 1556.

A la mort de Henri II, Catherine de Médicis habita le Louvre. Cependant elle n'eut pas un enthousiasme bien vif pour l'œuvre de Pierre Lescot ; elle abandonna même ses projets, et fit construire la galerie actuelle des antiques qui forme le rez-de-chaussée de la galerie d'*Apollon;* elle fit aussi construire le rez-de-chaussée de la galerie qui fait retour sur le quai, depuis le pavillon où est le balcon de Charles IX jusqu'au pavillon de *Lesdiguères*.

En 1564, époque à laquelle Catherine de Médicis abandonna le Louvre pour s'occuper des Tuileries, il n'y avait de construit que les galeries dont il vient d'être parlé, l'aile occidentale entre la Seine et le pavillon de l'Horloge ou de Sully, et la moitié à peu près de la façade méridionale. Les sculptures extérieures et intérieures du monument étaient dues à Jean Goujon.

Charles IX et Henri III, qui habitèrent le Louvre, n'y firent aucun changement extérieur.

Henri IV, ayant conçu, ainsi qu'on l'a déjà dit, le dessein de réunir le palais du Louvre à celui des Tuileries par une longue galerie, chargea successivement Ducerceau, Dupeyrac et Metézeau d'exécuter ce plan. Le premier commença par les Tuileries, dont les constructions furent prolongées jusqu'aux bords de la Seine, où il éleva, comme on l'a vu, le pavillon de *Flore*. C'est après cette première construction qu'il entreprit la galerie parallèle au fleuve, galerie qu'il mena, ainsi qu'on le sait, jusqu'au pavillon de *Lesdiguièrs*. Les deux autres ajoutèrent un entre-sol et un premier étage à la galerie du bord de l'eau, allant du pavillon de Lesdiguères au pavillon du balcon de Charles IX, et un premier étage seulement à la galerie des *Antiques*, que Catherine de Médicis avait fait construire, ainsi que je viens de le dire.

Le premier ministre de Louis XIII, le cardinal de Richelieu, ne se contenta pas de reprendre les travaux d'achèvement du palais du Louvre; il chargea l'architecte Lemercier de doubler les dimensions du plan primitif de François Ier. C'est donc de cette époque que date le plan du Louvre de Louis XIV; mais Louis XIII étant mort en 1643, les travaux furent abandonnés de nouveau.

L'aile du nord fut terminée par Levau, sous le règne de Louis XIV; il refit également la galerie construite sous Henri IV, qui avait été incendiée en 1661; Louis XIV fit terminer aussi par Levau l'aile méridionale. Les ornements de la façade orientale, celle qui regarde la ville, furent exécutés sur les dessins de Claude Perrault, le père de Charles Perrault, de l'Académie française. Là devait s'arrêter la sollicitude du grand roi pour le Louvre; en effet, à partir de 1660, on le voit tout occupé de Versailles, où il transporte toutes les magnificences de sa cour.

Sous Louis XV, Gabriel et Soufflot furent chargés successivement de diriger les constructions inachevées du Louvre, d'après les projets de Perrault. On y travailla alors activement; mais on ne parvint pas encore à terminer cette grande œuvre architecturale. Louis XVI ne fit rien pour le Louvre, la Révolution le dégrada si bien, qu'au commencement de ce siècle il avait l'aspect d'une immense ruine. En 1803, Napoléon, premier consul, chargea MM. Percier et Fontaine de terminer le Louvre, mais à la chute de l'Empire les travaux étaient loin d'être finis; la Restauration et le gouvernement de Juillet laissèrent les constructions extérieures à peu près dans le même état, et la République de 1848 donna seulement une preuve de ses bonnes dispositions à cet égard, en décidant, par un décret, que ce palais serait achevé.

L'œuvre de François Ier, de Henri IV, de Louis XIV et de Napoléon Ier n'a été terminée que sous le règne de l'empereur Napoléon III, qui l'a fait achever dans le court espace de cinq années.

La construction d'une aile faisant pendant à la galerie d'*Apollon* et allant de l'ancien Louvre à la rue de Rivoli; de la galerie donnant sur la rue de Rivoli et du pavillon de *Rohan*; l'édification des somptueux bâtiments compris entre l'ancienne galerie du bord de l'eau et la nouvelle galerie de la rue de Rivoli, depuis le corps de bâtiment dont le pavillon de *Sully* est le centre jusqu'aux pavillons de *Lesdiguières* et de *Rohan* : tel est, en peu de mots, l'ensemble des travaux qu'a nécessités l'achèvement de ce magnifique assemblage de palais, assemblage, dont cette partie nouvelle a pris le nom de Louvre de Napoléon III.

La première pierre de ce nouveau Louvre a été posée le 25 juillet 1852, par le ministre d'État, M. Casabianca. Dirigés, d'abord, par M. Visconti, auteur du plan des constructions modernes, les travaux furent poussés avec la plus grande activité. Cet architecte mourut avant d'avoir achevé son œuvre : elle a été continuée par M. Lefuel, et le 14 août 1857, on inaugurait ce Palais sorti de terre en cinq années comme par enchantement.

De délicieux jardins entourés de grilles et où le public peut aller s'asseoir ou se promener à toute heure de la journée, font au vieux et au nouveau Louvre une sorte de ceinture extérieure de fleurs, tant du côté du quai et de la rue de Rivoli, que du côté de la place du Louvre, au pied même de la colonnade. L'un de ces jardins, celui qui touche du côté du quai, au mur extérieur du corps de bâtiment où se trouvent au rez-de-chaussée, la galerie des *Antiques* et au premier étage la galerie d'*Apollon*, s'appelle encore le *jardin de l'Infante*, en souvenir de l'infante d'Espagne qui devait épouser Louis XV. On sait qu'elle avait été amenée, tout enfant, à Paris, pour cette royale union qui ne devait jamais se faire. Ce jardin, ou plutôt celui qui existait alors à la place de celui qu'on voit aujourd'hui, lui servait de promenade.

Ce qui frappe tout d'abord d'admiration les étrangers qui examinent l'extérieur du palais du Louvre, avant de pénétrer dans les cours intérieures, c'est la magnifique colonnade de Perrault qui décore la façade principale de ce Palais en regard de l'église Saint-Germain-l'Auxerrois.

Commencée en 1666, cette façade, qui est l'objet de l'admiration universelle, fut achevée en 1670; elle a 166 mètres 87 centimètres de longueur, et se compose de trois avant-corps, deux aux extrémités et un au centre, où se trouve l'entrée principale. Les deux intervalles que laissent ces trois avant-corps sont occupés par deux galeries dont le fond, autrefois garni de niches, est aujourd'hui percé de fenêtres. La hauteur de cette façade, depuis le sol jusqu'à la partie supérieure de la balustrade, est de 27 mètres 61 centimètres; elle se divise en deux parties principales : le soubassement et le péristyle. Le soubassement présente un mur lisse, percé de vingt-trois ouvertures, portes ou fenêtres. Le péristyle se compose d'une ordonnance corinthienne contenant cinquante-deux colonnes et pilastres, accouplés et cannelés.

Cette façade a subi quelques changements : elle a été embellie sous le règne de Napoléon Ier. Au-dessus de la porte d'entrée, placée à l'avant-corps du centre, on fit disparaître un grand cintre, et l'on établit entre les deux parties de la colonnade une communication qui n'existait pas. Au-dessus de cette même entrée étaient deux tables vides. On y a sculpté un grand bas-relief représentant la Victoire sur un char attelé de quatre chevaux ; et l'on y a joint, comme pendentifs, deux bas-reliefs qui existent dans les cintres de l'attique composé par Pierre Lescot. Le tympan du fronton qui couronne cet avant-corps était resté vide. Lemot fut chargé de le remplir; il composa un bas-relief au centre duquel était placé, sur un piédestal le buste de Napoléon Ier, remplacé en 1815 par celui de Louis XIV.

On voit, à droite, la figure de Minerve, et, à gauche, la Muse de l'histoire, qui écrit sur le piédestal ces mots : *Ludovico magno*, substitués, à la même époque, à ceux-ci : *Napoléon le Grand a achevé le Louvre.* Devant ce piédestal, dans les autres parties de ce fronton, on remarque la Victoire assise; des muses et des génies en complètent l'ornementation.

Cette façade doit sans contredit, par l'heureuse harmonie qui se trouve entre toutes les parties de l'ensemble, par le choix de la belle exécution de ses ornements, la sage économie de leur distribution, enfin par la majesté de son étendue, occuper le premier rang parmi les plus beaux morceaux d'architecture dont Paris puisse se glorifier.

Perrault fit aussi élever, sur ses dessins, la façade du Louvre qui donne sur le cours de la Seine; façade moins belle que la précédente, mais qui se trouve parfaitement en accord avec elle. Le soubassement, les pilastres corinthiens qui la décorent, sont dans les mêmes proportions.

La façade du côté de la rue de Marengo a été aussi en partie construite par Perrault; sa décoration, qui diffère de celle de la façade du côté de la rivière, est moins riche.

Au sud, sur le quai, on remarque à l'ouest le bâtiment perpendiculaire dont on doit le rez-de-chaussée à Catherine de Médicis et le premier étage à Henri IV.

L'architecture du rez-de-chaussée appelle l'attention avec ses pilastres divisés par assises alternées de pierre et de marbre.

Le centre de ce bâtiment porte aujourd'hui le nom de pavillon d'*Henri IV*. On y remarque dans le tympan du fronton une *Renommée*, de Cuvelier. L'extrémité de cette construction forme pavillon du côté de la Seine. L'unique fenêtre du rez-de-chaussée présente une baie profonde, ouverte à l'air, fermée du côté du balcon par une simple grille et dont l'intérieur a été décoré de marbre, de peintures et de dorures. C'est de cette fenêtre que, d'après la tradition, Charles IX tirait des coups de carabine, sur les rares protestants qui, échappés aux massacres de la Saint-Barthélemy, essayaient de fuir en traversant la rivière à la nage. Le premier étage est également orné d'un balcon doré.

Enfin, on admire, au delà de ce corps de bâtiment, la galerie du bord de l'eau que M. Duban a récemment décorée de charmantes sculptures, mais dont l'architecture est irrégulière. La façade de cette longue galerie comprend en effet cinq parties différentes d'aspect et de style.

La première, en remontant vers le pavillon de *Flore*, est d'une architecture très-simple ; elle est fort sobre d'ornement et n'a que cinq croisées.

La seconde est beaucoup plus longue; elle se compose de deux ordres séparés par une sorte d'attique intermédiaire, un ordre toscan dans le soubassement, un ordre corinthien dans le sommet.

L'ordre corinthien supporte des frontons alternativement circulaires et triangulaires. Dans le fronton, on remarque plusieurs figures allégoriques, les chapiteaux des pilastres sont composés de fleurs de lis et de colliers de l'ordre de Saint-Michel. Dans la frise sont représentés des jeux d'enfants ou de petits génies. Les chiffres d'Henri II, d'Henri IV, de Catherine de Médicis, de Diane de Poitiers et de Gabrielle d'Estrées, se montrent partout sur cette partie de la galerie.

La façade de toute cette seconde partie de la galerie du bord de l'eau est décorée de statues. On y remarque, du côté qui se rapproche du balcon de Charles IX, l'entrée de la cour Visconti, du côté qui se rapproche du pavillon de Lesdiguières, l'entrée de la cour Caulaincourt et, au centre, l'entrée de l'administration des écuries impériales. C'est là qu'était autrefois celle de la bibliothèque du Louvre. Cette entrée est ornée, à droite et à gauche, de deux colonnes richement sculptées, dans le style de tout ce corps de bâtiment ; au-dessus de ces quatre colonnes on remarque, à l'entresol, une baie profonde dont le haut est luxueusement ornée, et, au premier étage, un balcon richement doré.

Dans la troisième partie, on retrouve la simplicité d'architecture et la sobriété d'ornementation qui distinguent la première partie. Seulement, elle est ornée de trois statues.

Le pavillon de *Lesdiguières* est d'une architecture différente. Ce pavillon est surmonté d'un œil de bœuf, renfermant un cadran d'horloge, d'un fronton brisé, récemment sculpté, et d'un campanile. On y voit aussi un balcon doré. Du côté de la place du Carrousel, on y a récemment ajouté de nombreuses décorations.

Le cinquième partie s'étend jusqu'au palais des Tuileries. C'est celle que Ducerceau a construite. C'est une longue façade composée d'un ordre corinthien colossal, dont les pilastres accouplés encadrent deux rangs de fenêtres en plein cintre et supportent des frontons alternativement circulaires et triangulaires.

Les derniers frontons de l'œuvre de Ducerceau sont entièrement en reconstruction en même temps que le pavillon de *Flore* qu'on appellera pavillon de l'*Empereur*.

Au nord, la façade de l'ancien Louvre se compose d'un soubassement percé de fenêtres à cintres surbaissés, d'un premier étage avec consoles et d'un attique surmonté d'un entablement semblable à celui de la colonnade.

L'architecture extérieure de l'aile neuve en retour d'équerre, qui sert de pendant à la galerie d'*Apollon*, est d'une extrême simplicité.

La galerie qui longe la rue de Rivoli se divise, comme celle du bord de l'eau, en plusieurs parties distinctes.

La première, en remontant vers le pavillon de Marsan, a peu d'étendue ; elle est d'une excessive sobriété d'ornementation ; on y remarque une entrée de caserne.

La seconde est très-richement sculptée. C'est là que se trouve, après une seconde entrée de caserne, celle de la bibliothèque du Louvre, formant le pendant de celle de l'administration des écuries impériales. Cette entrée qui fait face au portique du Palais-Royal et qui met la rue de Rivoli en communication avec la place Napoléon III, est magnifique. Elle forme une sorte de pavillon ornée de huit colonnes superposées, quatre de chaque côté, deux au rez-de-chaussée, deux au premier étage, où se trouve aussi un balcon de pierre.

Les quatre colonnes du premier étage supportent un entablement sur lequel reposent quatre immenses cariatides, deux à gauche, deux à droite. Le sommet est couronné par un fronton triangulaire richement sculpté.

Après l'entrée de la bibliothèque du Louvre, on voit celle du Ministère d'État. Cette dernière entrée aboutit à une cour intérieure au fond de laquelle on aperçoit le perron de l'hôtel particulier du ministre. Cet hôtel communique avec les bureaux, qui ont sur la rue de Rivoli une autre entrée spéciale, dans le pavillon de *Rohan*.

Le pavillon de *Rohan* forme la troisième partie. Le style de ce pavillon est plus sévère que riche; cependant la décoration du premier étage, au centre, rappelle, par ses panneaux sculptés ainsi que par l'ornementation des fenêtres et de la frise, l'architecture de la fin du seizième siècle.

Le pavillon de *Rohan* est terminé par un toit aigu, décoré d'une sorte de beffroi et dont l'attique supporte des trophés pareils à ceux que l'on voit dans toute l'étendue de la partie de la façade de la galerie de la rue de Rivoli comprise entre ce pavillon et l'ancien Louvre.

La façade du pavillon de *Rohan* est percée dans le soubassement de grands guichets, à plein cintre. Cette façade se compose d'un premier étage et d'un attique surmonté d'un entablement avec balustrades. Elle est décorée de huit statues représentant Masséna, Lannes, Hoche, Kléber, Soult, Ney, Desaix et Marceau. Ces statues sont de M. Diebol.

La partie de la galerie de la rue de Rivoli qui continue au delà du pavillon de *Rohan* jusqu'au pavillon *Marsan* est d'un style très-simple et se compose d'un rez-de-chaussée, percé de baies cintrées ainsi que d'un étage supérieur sans ornementation. C'est là que se trouvent l'entrée du ministère de la maison de l'Empereur et l'entrée de la cour des Tuileries, du côté de la rue de Rivoli. On y remarque des niches vides, qui semblent attendre des statues.

Après avoir fait le tour du Louvre, on doit entrer dans la grande cour intérieure par le vestibule qui est au centre de la colonnade. Le plan de cette cour est un carré parfait dont chaque côté a cent douze mètres de longueur. Les décorations des quatre façades de cette cour ne se ressemblent pas.

La façade occidentale de la cour appartient au corps de bâtiment appelé communément le vieux Louvre. Bâtie par Pierre Lescot, sous François Ier et sous Henri II, cette façade fut restaurée sous Louis XIII, par l'architecte Mercier, qui, s'écartant des dessins de Lescot, éleva le pavillon placé au centre, dont l'étage supérieur fut décoré de six cariatides colossales sculptées par Sarrasin, sur le comble duquel, avant le Consulat, était un télégraphe. On y voit aujourd'hui l'horloge, qui avait fait donner au pavillon du centre, le nom de pavillon de l'*Horloge*, auquel on a récemment substitué celui de pavillon de *Sully*. Cette façade, malgré les changements qu'elle a éprouvés, conserve encore le caractère d'une construction du seizième siècle.

La façade méridionale fut édifiée en partie par les mêmes architectes, et par Mercier, qui, continuant l'œuvre de Pierre Lescot, en conserva les dessins. Cette façade et tout le corps de bâtiment auquel elle appartient restèrent imparfaits. Commencée au seizième siècle, continuée pendant le siècle suivant, laissée dans un état de ruine, longtemps à demi enterrée sous les décombres, elle participait de la manière de l'une et de l'autre époque.

La façade du côté oriental, celle qui se trouve derrière la façade extérieure appelée colonnade, conserve, à plusieurs égards, l'ordonnance du bâtiment appelé vieux Louvre, mais en diffère dans plusieurs autres. Il en est de même de la façade septentrionale. Dans le Vieux-Louvre, l'ordonnance du rez-de-chaussée est corinthienne, celle du premier étage composite, et l'étage supérieur présente un ordre attique couronné par une espèce de balustrade et par un comble très-élevé.

Les autres façades furent élevées d'après le même système; mais à l'ordre attique on substitua un troisième ordre, et on remplaça la balustrade primitive par une balustrade moderne qui dérobe entièrement la vue du comble.

La façade septentrionale de la cour, depuis le vieux Louvre jusqu'à l'avant-corps, était construite d'après les dessins de Pierre Lescot. Sous Louis XV et sous la conduite de l'architecte Gabriel, l'autre moitié de cette même façade fut édifiée d'après les dessins de Claude Perrault, c'est-à-dire conformément à la façade orientale

Au surplus, les façades de cette cour, si l'on en excepte celle qui appartient au vieux Louvre, entreprises ou réparées sous Louis XIII, Louis XIV et Louis XV, n'étaient pas encore terminées à l'époque de la chute de l'ancienne monarchie. Les bâtiments qu'elles représentaient étaient en ruine avant d'être construits. La plupart manquaient de toitures, n'en avaient que de provisoires, établies à la hâte.

Napoléon Ier conçut le projet de finir en peu d'années ce que plusieurs rois n'avaient pu faire en plusieurs siècles ; ce projet fut exécuté. Les façades intérieures furent entièrement ragréées, achevées, couronnées de balustrades et couvertes d'une toiture. Elles sont ornées d'un rang de petites statues, surmontées d'un écusson en marbre de couleur.

Au moment de la dernière restauration du Louvre, la grande cour intérieure a été pavée, bitumée et ornée, à ses angles, de parterres gazonnés. Enfin des passages ouverts aux piétons jusqu'à minuit existent sous le pavillon central de chaque façade. Ces passages conduisent : l'un à la place du Louvre devant la colonnade ; celui du nord à la rue de Rivoli ; celui du sud au quai du Louvre ; l'autre à la place de Napoléon III, qui est de création récente. Ce dernier passage est pratiqué sous le pavillon de *Sully*.

Sur la façade de ce pavillon, du côté de la place Napoléon III, on remarque deux tables de marbre dont les inscriptions résument laconiquement l'histoire du Louvre et des Tuileries. Elles sont ainsi conçues :

1541, François Ier a commencé le Louvre.
1564, Catherine de Médicis a commencé les Tuileries.
1852-57, Napoléon III réunit les Tuileries au Louvre.

On remarque à droite et à gauche du portique de ce même pavillon de *Sully*, une colonne de marbre rose.

La place Napoléon III occupe l'espace compris entre les constructions nouvelles ; elle est ornée de deux squares publics, entourés de grilles et séparés par une grande allée reliant entre elles les deux ailes parallèles, l'une à la rue de Rivoli, l'autre au quai du Louvre.

Deux immenses façades neuves, se faisant face, s'élèvent à droite et à gauche de la place Napoléon III. Chacune de ces façades est coupée dans toute son étendue par trois pavillons. Ce sont, du côté du nord, les pavillons Turgot, Richelieu et Colbert, et, du côté du sud, les pavillons Mollien, Denon et Daru. Ces nouveaux corps d'édifices aboutissent à des pavillons d'angles, qui font, entre la place Napoléon III et d'autres corps de bâtiments élevés, en retour d'équerre sur la place du Carrousel où ils forment également façade.

La gravure suivante, représente le pavillon *Richelieu*, qui est

Grav. 1. -- Pavillon Richelieu.

le pavillon central du côté nord et qui rappelle, par son style et par son aspect, le style et l'aspect des cinq autres pavillons.

On remarque au pavillon Turgot, du côté de la place du Carrousel, un fronton orné de cariatides par M. Cavelier ; du côté de la place Napoléon III, un fronton également orné de cariatides par M. Guillaume ; le fronton du pavillon Richelieu est de M. Duret. Ce pavillon est orné de cariatides de MM. Bosio, Pollet et Cavelier ; de deux groupes colossaux de M. Barye ; d'un écusson de l'Empire supporté par les figures allégoriques de la *Force* et du *Travail*, de M. Gruyère ; M. Vilain a exécuté les frontons et les cariatides du pavillon Colbert et du pavillon Daru. Le pavillon Denon a un fronton, par M. Simart ; des cariatides par MM. Briant jeune, Jacquot, Ottin et Robert ; un écusson de la France, porté par l'*Art* et l'*Industrie*, par M. Gruyère ; deux groupes colossaux en avant-corps, par M. Barye.

Le fronton et les cariatides du pavillon Mollien, du côté de la place Napoléon III, sont de M. Jouffroy ; le fronton et les cariatides de ce même pavillon, du côté de la place du Carrousel, sont de M. Lequesne.

Des arcades règnent au rez-de-chaussée sur toute la ligne des façades, établissant de tout côté une circulation à couvert. Une galerie formant terrasse court au premier étage, tout le long de cette même ligne supportant quatre-vingt six statues, dont chacune représente une illustration de la France. Voici les noms des statues avec l'indication de la place qu'elles occupent.

Sur la place du Carrousel, près du pavillon de Rohan : - La Fontaine, B. Pascal, Mézerai, Molière, Boileau, Fénelon, La Rochefoucault et P. Corneille.

Sur la place Napoléon III, galerie du nord : Grégoire de Tours, Rabelais, Malherbe, Abélard, Colbert, Mazarin, Buffon, Froissard, J. J. Rousseau, Montesquieu, Matthieu Molé, Turgot, saint Bernard, la Bruyère, Suger, de Thou, Bourdaloue, Racine, Voltaire et Bossuet.

Du pavillon Colbert au pavillon Sully : Condorcet, D. Papin, Sully, Vauban, Lavoisier, Lalande, Louvois, Saint-Simon, Joinville, Fléchier, Ph. de Comines, Amyot, Mignard, Massillon et du Cerceau.

Du pavillon Sully au pavillon Daru : Cl. Lorrain, Grétry, Regnard, J. Cœur, Marigny, A. Chénier, Jean Goujon, Keller, Coysevox, J. Cousin, le Nôtre, Clodion, G. Pilon, Gabriel et Lepautre.

Galerie du sud : L'Hospital, Lemercier, Descartes, A. Paré, Richelieu, Montaigne, Houdon, Dupeyrac, J. Desbrosses, Cassini, d'Aguesseau, Mansart, Poussin, Audran, J. Sarazin, Coustou, Lesueur, C. Perrault, Ph. de Champagne et Puget.

Grav. 2. — Pavillon de Rohan.

Sur la place du Carrousel, près du pavillon de Lesdiguières : Pierre Lescot, J. Bullant, Lebrun, Cambiche, Bruand, Ph. Delorme, Bernard de Palissy et Rigault.

L'exécution de ces statues, due au ciseau de nos principaux sculpteurs, est généralement très-remarquable.

Enfin soixante-trois groupes allégoriques d'une grande beauté décorent le sommet des façades.

Des trottoirs en dalles de granit et des chaussées macadamisées règnent tout autour de la place Napoléon III, en avant des bâtiments et entre les jardins que sépare une large plate-forme.

Toutes ces nouvelles constructions se font remarquer par la richesse de leur architecture et de leur ornementation, qu'on a harmonisés avec le style et l'aspect des pavillons de *Lesdiguières* et de *Rohan*, vus du côté de la place du Carrousel. C'est de ce côté qu'est pris le dessin du pavillon de *Rohan* que représente la gravure précédente.

La SALLE DES ÉTATS, ainsi nommée parce qu'elle est actuellement réservée aux réunions des grands corps de l'État, se trouve à peu près au centre des constructions modernes, au premier étage. On y pénètre par la place Napoléon III. L'inauguration de cette salle eut lieu le 10 février 1859, par l'ouverture de la session législative. Elle doit recevoir une autre destination, lorsqu'une nouvelle salle des États aura pu être établie dans les nouvelles constructions du palais des Tuileries restauré.

Entre les bâtiments donnant sur la place Napoléon III et les deux galeries de Rivoli et du bord de la Seine, se trouvent trois cours intérieures, consacrées presque en entier au service des écuries impériales. Ces magnifiques écuries peuvent loger quatre-vingt-seize chevaux.

Les stalles sont en bois de chêne, les râteliers en bronze, les mangeoires en marbre brun, les colonnes et les soffites du plafond en briques revêtues de stuc.

Les remises renferment soixante-deux voitures ordinaires, deux traîneaux, et la *voiture du mariage*, complétement dorée. La partie supérieure de cette magnifique voiture est ornée de glaces. Sur les panneaux des portières, ainsi que sur le devant et sur l'arrière, des génies soutiennent les armes impériales. Les quatre panneaux latéraux offrent des figures symboliques et religieuses. Une galerie surmonte la voiture et sert de base à un groupe de bronze d'un mètre de hauteur, portant la couronne impériale. L'intérieur est garni en velours cramoisi frangé d'or. Le poids total de la voiture dépasse 6,500 kilog.

Du côté de l'est, une double rampe à pente douce conduit à un *manége* qui occupe tout le rez-de-chaussée du grand bâtiment transversal construit entre le pavillon central de la cour Napoléon III et l'ancien pavillon de la bibliothèque, sur le quai.

Le vaste ensemble de monuments, qu'on appelle le Louvre et les Tuileries, occupe entre le quai de la Seine et la rue de Rivoli, depuis la place de la Concorde jusqu'à la place du Louvre, une superficie de 56,280 mètres de terrain. C'est certainement la réunion la plus vaste de palais, qu'il y ait aujourd'hui dans le monde.

Musées du Louvre. — Le palais du Louvre n'est pas seulement un des plus magnifiques monuments de l'Europe, il renferme encore des collections d'art d'une grande rareté et des richesses de toute nature d'un prix inestimable.

Ainsi, il y a le musée de peinture, qui comprend l'école italienne, l'école espagnole, l'école allemande, l'école flamande et hollandaise, enfin l'école française; le musée des Dessins, le musée des Gravures, le musée des Sculptures antiques, le musée des Sculptures du moyen âge et de la Renaissance, le musée des Sculptures modernes françaises, le musée des Antiquités assyriennes, égyptiennes, grecques et étrusques, le musée Algérien, le musée Américain, le musée de la Marine, le musée des Émaux et des bijoux, le musée des Souverains, le musée Sauvageot, le musée Campana.

Sans prétendre indiquer d'une manière absolue la marche à suivre pour visiter ces différentes collections, je vais cependant tracer ici le plan qui peut convenir au plus grand nombre.

Lorsqu'on entre dans la cour intérieure du Louvre par la façade de la colonnade, on trouve à droite, au rez-de-chaussée, dans le pavillon central, le *musée des Antiquités assyriennes*, qui se continue dans le corps de bâtiment en retour sur la rue de Rivoli. A gauche s'ouvre le *musée Algérien*, qui est situé sous la colonnade, du côté de la place du Louvre; un peu plus loin, toujours à gauche, on aperçoit le *musée des Antiquités égyptiennes*, qui s'étend le long de la cour intérieure. Des deux côtés, soit à l'extrémité du musée

Assyrien, soit à l'extrémité du musée Égyptien, on voit des escaliers qui mettent en communication le rez-de-chaussée avec le premier étage.

En arrivant dans la cour intérieure du Louvre, on aperçoit à gauche, dans la première partie de l'aile méridionale du palais, l'entrée du *musée de Sculpture du moyen âge et de la Renaissance;* le *musée de Sculpture moderne française* s'ouvre à gauche du pavillon de *Sully*, dans la façade occidentale.

On visite les diverses collections qui viennent d'être indiquées, en dehors de l'itinéraire général, à sa convenance personnelle. D'habitude cependant, on se rend directement sous le pavillon de *Sully*, où on trouve à gauche, près d'un escalier, le *musée des Sculptures antiques.*

On pénètre d'abord dans la grande et belle salle basse du rez-de-chaussée, qu'on nomme également *salle des Antiques* ou *salle des Cariatides*. C'est dans cette salle que Catherine de Médicis donna ses fêtes et tint sa cour si fertile en intrigues de tout genre; sous Charles IX, Henri III et Henri IV elle servit au même usage. On y remarque une tribune supportée par quatre cariatides de Jean Goujon, et en face de laquelle Percier et Fontaine ont composé une cheminée avec des sculptures qu'on attribue au même maître. Au-dessus, on voit un grand bas-relief en bronze, copié de *la Nymphe de Fontainebleau*, par Benvenuto Cellini, et au-dessous, on signale une porte dont les panneaux ont été composés de bas-reliefs en bronze d'André Riccio. De chaque côté de cette porte, on distingue des cartouches entourant une tablette en marbre, également sculptés par Jean Goujon, à qui on doit encore les bas-reliefs ornant la voûte à cintre surbaissé.

C'est au fond de *la salle des Antiques* que se trouve, à droite, l'entrée de *la salle de Diane*, ainsi nommée, parce qu'elle renferme une remarquable statue représentant cette divinité mythologique, dite la *Diane à la biche*, et regardée comme un chef-d'œuvre de sculpture antique.

A gauche, en sortant de la salle des Antiques, on entre dans une double galerie, divisée en une suite de salles, donnant les unes sur le quai, les autres sur la cour. C'est dans la huitième de celles de cette rangée qu'on voit la *Vénus de Milo*.

On doit revenir au pavillon de *Sully*, où l'on prend, à côté de la porte d'entrée de *la salle des Antiques*, un escalier dont le plafond en pierres de taille, a de riches caissons sculptés et qui conduit au premier étage. Là, laissant à gauche un couloir qui aboutit aux *musées des Dessins* et *des Gravures*, riche de plus de 56,000 pièces, on entre, à droite, dans une grande salle d'ordre corinthien qui servit, sous Louis XVIII, de salle des États, pour l'ouverture des sessions, et qui est actuellement en complète restauration.

La salle suivante, dont les murs sont tendus d'anciennes tapisseries, contient des *verres* et des *faïences*. Le plafond, dont les sculptures remontent à Henri II, dont elle a gardé le nom, est décoré de trois peintures par Blondel. Celle du milieu représente : *le Différend de Neptune et de Minerve*, au sujet d'un nom à donner à la ville de Cécrops : les deux autres, *Mars* et la *Paix*.

Lorsqu'on sort de *la salle d'Henri II*, on passe dans une salle monumentale restaurée par M. Duban, et qu'on nomme *la salle des Sept-Cheminées*, salle dont les voussures sont ornées d'une sorte de théorie composée de figures triomphales sculptées.

A gauche de cette salle on aperçoit deux portes qui s'ouvrent sur une double ligne de pièces décorées de peintures et de sculptures diverses, occupant tout le premier étage de l'aile méridionale du Louvre, et formant une double galerie. Celles de ces pièces qui donnent sur la cour renferment le *musée des Antiquités grecques et étrusques*; celles qui donnent sur le quai contiennent les divers objets de la collection Campana, collection qui remplace les tableaux de l'école française qu'on trouve actuellement dans deux galeries donnant sur la place Napoléon, entre les pavillons Mollien et Daru.

A droite, une autre porte ouvre sur une salle renfermant des bronzes grecs et romains, et dont le plafond, peint par Mauzaisse, représente *le Temps accumulant les ruines et découvrant des chefs-d'œuvre*. Ceux qui sortent d'abord de la salle des Sept-Cheminées par cette troisième et dernière porte, passent de la salle des bronzes, dont il vient d'être parlé, dans un vestibule circulaire, pavé d'une riche mosaïque. La décoration de la coupole est formée de cinq compartiments : au centre, on voit la *Chute d'Icare*, par Blondel; sur les côtés, on voit *Éole déchaînant les vents contre la flotte troyenne*, par le même artiste; le *combat d'Hercule et d'Antée*, *Achille près d'être englouti par le Xanthe et le Simoïs*, *Vénus recevant de Vulcain les armes d'Énée*, par M. Couder. Les grisailles des pendentifs sont de Mauzaisse. Le *buste colossal de Caracalla* qu'on admire dans cette salle a été découvert près de Philippi, en Macédoine.

C'est de ce riche vestibule qu'on pénètre dans la splendide *galerie d'Apollon*, qui contient aujourd'hui le *musée des Émaux et des bijoux*, placés dans des vitrines avec les cristaux, galerie dont il est séparé par une belle porte en fer forgé et ciselé, qui provient du château de Maisons.

On sait que la *galerie d'Apollon* occupe l'étage élevé par Henri IV au-dessus du rez-de-chaussée construit par Catherine de Médicis. Cette galerie, qui est tout entière l'œuvre de Charles Lebrun, avait été incendiée en 1661.

Lebrun a donné le dessin de toutes les compositions peintes sur les voûtes, à l'exception de celle du milieu, de tous les groupes de sculptures qui ornent les voussures, de l'ornementation des plafonds, et des arabesques qui décorent les panneaux et les portes.

Cette salle a été récemment restaurée par M. Duban. Enfin M. Eug. Delacroix a peint, au centre du plafond, une coupole représentant *Apollon vainqueur du serpent Python*, composition qui occupe le cartouche dans lequel Lebrun avait eu le projet de figurer Apollon, au milieu de sa carrière.

On remarque dans cette même galerie, l'*Aurore*, tableau moderne de M. Ch. Muller, d'après la gravure de Saint-André, faite sur l'esquisse de Lebrun; *Castor* ou *l'Étoile du matin*, toile ovale par Ant. Renou; le *Soir* et la *Nuit*, par Ch. Lebrun. A droite sont représentés l'*Automne*, par Hugues Taraval; le *Printemps*, par Callet; à gauche l'*Été* ou *Cérès et ses compagnes implorant le Soleil*, par Durameau; et l'*Hiver* ou *Éole dé-*

chaînant les vents, par Lagrenée le jeune M. Guichard a peint, au-dessus de la porte d'entrée, le *Triomphe de la Terre*, d'après un dessin de Lebrun conservé au Louvre; enfin le *Triomphe des eaux*, peinture de Lebrun même, qui décore la voussure de la fenêtre donnant sur le quai.

La *galerie d'Apollon* communique, par une porte à droite, au grand salon carré, également décoré par M. Duban.

Cette décoration se divise en deux parties : les murs et les voussures. Les murs sont revêtus d'un coutil peint en imitation de cuir de Cordoue, avec des soubassements en imitation d'ébène et des panneaux de soie cramoisie aux angles. Les voussures offrent un mélange d'imitations d'émaux, de statues allégoriques des beaux-arts dues à Ch. Simart et de trophées.

C'est du grand salon carré qu'on entre dans la partie principale du Louvre, galerie qui se prolonge jusqu'au palais des Tuileries et à l'entrée de laquelle se voit, sur la droite, une petite salle longue, dite *Galerie des Sept-Mètres*, réservée comme le Grand Salon, à quelques chefs-d'œuvre des diverses écoles.

Les personnes qui sortent de la *salle des Sept-Cheminées* par les deux premières portes trouvent, au bout de la double galerie déjà indiquée, à l'angle formé par la façade du quai et celle de la colonnade, un vaste escalier, d'un style grandiose, répété à l'autre bout de la colonnade, à l'angle de la rue de Rivoli. La première porte que l'on trouve à gauche ouvre sur les appartements ornés de boiseries que l'on appelle l'*appartement d'Henri IV*, et qui forment aujourd'hui les trois premières salles du *musée des Souverains*. L'appartement d'Henri IV n'était pas situé dans cette aile inachevée au commencement du dix-septième siècle, mais dans l'aile parallèle, à côté du pavillon de *Sully*. Ces boiseries ont été habilement transportées de la salle des *Sept-Cheminées* à la place où elles se trouvent aujourd'hui. Elles offrent un curieux spécimen du goût et de la richesse de l'ornementation adoptée par Pierre Lescot dans les appartements du premier étage.

On remarque une chambre à coucher, adjacente à la première de ces trois magnifiques salles. C'est dans cette alcôve, rapportée de la chambre à coucher de son ancien appartement, qu'Henri IV a rendu le dernier soupir.

Le *musée Sauvageot* est situé entre la salle des *Sept-Cheminées*, qui est le salon carré de l'école française et l'ancienne *salle des gardes*, où l'on voit les belles collections de terres cuites, provenant du *musée Campana*. C'est au second étage que se trouvent le *musée Naval* et le *musée Etnographique*, compris tous deux sous le nom de *musée de la Marine*.

Je vais maintenant parcourir avec rapidité les différents musées du Louvre, en ayant soin de signaler aux lecteurs de ce livre tout ce qu'ils contiennent de plus remarquable et de plus curieux.

Le MUSÉE DE PEINTURE renferme *mille quatre cent dix-neuf tableaux* appartenant aux diverses écoles, italienne, flamande, espagnole, allemande, hollandaise et française. Cette dernière y compte 640 toiles.

L'école italienne est représentée au musée du Louvre par les œuvres de ses plus grands et de ses plus illustres artistes. On doit citer principalement : la *Vierge et Jésus* (n° 481), de Léonard de Vinci; le *Sommeil d'Antiope* (n° 28) et le *Mariage de sainte Catherine* (n° 27), du Corrége, la *Sainte Famille* (n° 377), la *Vierge au voile* (n° 376), de Raphaël; la *Nativité* (n° 295), de Jules Romain; la *Sainte Famille* (n° 438), d'André del Sarto; le *Christ au tombeau* (n° 465), du Titien, et diverses œuvres de Carrache, de Véronèse, du Dominiquin, du Guide, de Salvator Rosa, du Bassan, du Tintoret, de Bartolommeo, du Pérugin, du Guerchin et de Caravage, œuvres dont l'énumération demanderait trop d'espace.

L'école espagnole est représentée au musée du Louvre par des toiles de Murillo, de Velasquez, de Ribeira et de Zurbaran; l'école allemande n'y figure que pour un très-petit nombre d'œuvres parmi lesquelles on distingue surtout le portrait d'Erasme par Hans Holbein père. Il n'en est pas de même de l'école flamande et hollandaise; le musée du Louvre possède la *Vierge au donateur* (n° 162), de Van Eyck; quarante et un tableaux de Rubens, c'est-à-dire Rubens presque tout entier; dix tableaux de Van Dyck, une douzaine de Rembrandt, quelques œuvres de Philippe de Champagne, de Jordaens, de Van der Meulen, du Teniers, des Ruysdaël et plusieurs autres toiles de peintres moins universellement connus, quoique d'un rare mérite.

Il va sans dire que l'école française est là au complet, ou peu s'en faut. Ici l'abondance des tableaux m'oblige, afin de ne pas fatiguer le lecteur, à donner seulement la liste des artistes les plus estimés, dont on y trouve les œuvres, si bien décrites dans la notice qu'on doit à M. F. Villot, ancien conservateur des peintures. Ces peintres sont : Nicolas Poussin, Joseph Vernet, Louis David, Joseph Vien, François Gérard, Léopold Robert, Decamps, Claude Gelée, dit le Lorrain, Eustache Lesueur, Charles Lebrun, Pierre Mignard, Watteau, Greuze, Boucher et plusieurs autres dont les noms, pour être moins célèbres, n'en sont pas moins dignes de figurer à côté de ces illustres maîtres.

Le Musée des Dessins renferme une collection des meilleurs dessins originaux, dus pour la plupart à des noms connus. On y trouve des dessins de Bellini et de Michel-Ange. Il y aussi des pastels précieux. L'admission du public dans ce musée est une amélioration aussi libérale que féconde en résultats artistiques.

Le musée des Gravures, fondé par Louis XIV, continué par Louis XV et par Louis XVI, contient, d'après le catalogue de 1860, *quatre mille six cent neuf* planches. Il est très-curieux à parcourir.

Le musée de Sculpture comprend les sculptures anciennes, les scupltures du moyen âge et de la Renaissance et les sculptures modernes.

Le musée des scupltures anciennes possède des marbres précieux qui nous sont enviés par les différents musées de l'Europe. Un grand nombre d'entre eux provient de l'ancienne collection du prince Borghèse, qui avait épousé Pauline Bonaparte, et à qui Napoléon les acheta au prix de 8 millions.

Les œuvres du *musée de sculpture du moyen âge et de la Renaissance* comprennent principalement la *Nymphe de Fontainebleau*, par Benvenuto Cellini, placée dans la salle de Jean de Douai, dit de Bologne, ainsi que deux figures de *prisonniers*, qui devaient faire partie de la décoration du tombeau de Jules II, par Michel-Ange et le groupe en marbre de *Diane*, qui ornait une fontaine du château d'Anet et qui est aujourd'hui dans la salle de Jean Goujon.

Le musée des sculptures modernes est spécialement consacré à la sculpture française; on y trouve des œuvres de Puget, de Bouchardon, de Falconnet, de Coustou, de Rude, de David (d'Angers) et de Pradier.

Le musée des Antiquités assyriennes, égyptiennes, grecques et étrusques renferme une très-curieuse collection de bustes, statues, sarcophages, armes, vases, ustensiles, sphinx, lions, provenant de fouilles pratiquées à diverses époques, soit en Grèce, en Égypte et en Assyrie, ou bien de dons faits au musée. Les personnes qui veulent étudier l'histoire de ces civilisations disparues consulteront ce musée avec fruit.

Le musée Algérien est encore incomplet; au surplus, il n'est pas souvent ouvert au public.

Le musée Américain a encore moins d'importance que le musée Algérien. Je ne le signale ici que pour mémoire.

Le musée de la Marine, dont la fondation ne remonte qu'à 1827, se divise en deux parties, le *musée naval* et le *musée ethnographique*. Dans le premier se trouvent des modèles de navire, de gréement, de canons; dans le second, on voit des collections d'armures et de parures sauvages, des pagodes indiennes et une foule d'objets curieux recueillis dans diverses contrées par la marine française.

Le musée des Souverains est consacré à conserver les différents objets, tels que coffrets, fauteuils, armures, sceaux, couronnes, psautiers, croix, bibles, heures ayant authentiquement appartenu à des souverains français. C'est l'empereur actuel, Napoléon III, qui a créé ce curieux musée. Les nombreux objets ayant appartenu à Napoléon Ier, sont placés dans une salle spéciale.

Le musée Campana, appelée aussi musée Napoléon III, se compose de la fameuse collection du marquis Campana, achetée 4,364,000 fr. par le gouvernement français au gouvernement de Rome, à laquelle on a joint quelques antiquités d'Asie, de Syrie et de Macédoine. Des sculptures antiques, des ivoires, des bronzes, des peintures anciennes, des poteries étrusques et plusieurs autres curiosités donnent beaucoup d'intérêt à ce musée.

Le MUSÉE DES ÉMAUX ET DES BIJOUX. Les deux collections que renferme ce musée sont l'une et l'autre très-riches.

La collection des émaux comprend deux sections, celle des émaux des orfèvres et celle des émaux des peintres. On y trouve des *Pénicaud*, des *Léonard Limosin* et des *Courtois*.

La collection des bijoux possède les bustes des douze Césars en pierres fines montées sur argent.

Ce même musée renferme également d'admirables faïences, de merveilleux cristaux et une table de mosaïque de Florence provenant du château de Richelieu.

MUSÉE SAUVAGEOT. Ce musée est ainsi appelé, du nom de son donataire, qui est mort en 1860. Composé d'objets de même nature que ceux qui se trouvent dans les diverses collections du Louvre, il leur sert, pour ainsi dire d'annexe.

L'église Saint-Germain-l'Auxerrois. Cette église est située place du Louvre et rue des Prêtres-Saint-Germain-l'Auxerrois. On croit, mais rien ne le prouve, que Chilpéric en a été le fondateur. Sa forme circulaire lui fit donner le nom de Saint-Germain-le-Rond. A l'époque de l'invasion des Normands, elle fut entièrement dévastée et en partie démolie. Elle fut reconstruite par les soins du roi Robert, et refaite une seconde fois. Mais elle tombait de nouveau en ruine. A cette époque, on commença sa réédification. Ces travaux de construction durèrent jusqu'au seizième siècle.

L'église Saint-Germain-l'Auxerrois était autrefois entourée d'un cloître aujourd'hui disparu. C'est dans ce cloître que fut établie la célèbre école fondée par Charlemagne. C'est au moment où il y entrait en sortant, à onze heures du soir, de l'audience du roi, se disposant à le traverser pour rentrer à son hôtel, situé rue de Bethisy, que l'amiral de Coligny fut assassiné par Maurevel ; c'est là enfin que s'étaient passées, dans le quatorzième siècle, les scènes les plus horribles de la Jacquerie.

Cette église a reçu les dépouilles mortelles de plusieurs personnages de distinction. Je citerai notamment les chanceliers de Bellièvre, Olivier, d'Aligre, les architectes Levau et d'Orbay; les poëtes Malherbe et Jodelle, les sculpteurs Sarrazin et Coyzevox, madame Dacier, le comte de Caylus et le maréchal d'Ancre, dont le corps fut exhumé par la populace et brûlé sur la place de Grève.

Ce furent les cloches de l'église de Saint-Germain l'Auxerrois qui, le 24 août 1572, donnèrent le premier signal du massacre de la Saint-Barthélemy. Exceptionnellement épargnée pendant la période révolutionnaire, elle fut dévastée et dégradée, le 13 février 1831, par une foule égarée qui avait pris pour prétexte de ces excès un service commémoratif que l'on venait d'y célébrer en mémoire de la mort du duc de Berry. Elle fut fermée alors et ne se rouvrit que sept ans après, pendant lesquels on y avait exécuté de nombreux changements.

Néanmoins l'état de cette église, tant à l'intérieur qu'à l'extérieur, laissait beaucoup à désirer. Les importants travaux de réparation et de restauration dont elle a été l'objet, et qui viennent d'être terminés récemment, lui ont rendu tout l'éclat et toute la splendeur de ses premières années : maintenant c'est une des belles églises de Paris.

La façade consiste en un porche percé de cinq arcades correspondant chacune à une nef intérieure.

Les trois arcades centrales, toutes de même hauteur, sont plus élevées que les deux arcades des extrémités, qui ont également une élévation pareille et qui sont l'une à gauche, l'autre à droite. Ces deux dernières arcades sont voisines, chacune, d'une fenêtre ogivale ouverte dans l'axe de l'un des deux rangs de chapelles qui décorent l'église.

Ce porche, qui date de 1435, a été construit par Jean Gaussel. Il est surmonté d'une balustrade, qui se prolonge, à droite et à gauche, tout au long des côtés latéraux de l'édifice, et dominé par un pignon où l'on remarque une rose encadrée d'une ogive.

Ce pignon est flanqué de deux tourelles; au sommet se trouve la statue de l'*Ange du jugement dernier*.

On voit, sous le porche, des tableaux à fresque sur fond d'or et des sculptures gothiques, également peintes et dorées. On y remarque également trois portes, dont l'une, celle du milieu, est du treizième siècle et dont les deux autres sont du quinzième siècle, et sept statues dont l'une, adossée au pilier qui sert de trumeau, représente la Vierge.

Grav. 3. — Tronc en fonte de fer, à Saint-Germain-l'Auxerrois.

L'une des curiosités de l'église de Saint-Germain-l'Auxerrois, c'est sa salle des archives ménagée dans la façade principale au-dessus de la porte latérale de gauche et qui a gardé sa vieille physionomie. Cette salle fait pendant à une salle pareille, également ménagée au-dessus de la porte latérale de droite, mais sans intérêt historique.

Le portail septentrional est sans importance ; du reste, il est dissimulé par la construction moderne qui doit servir de clocher à l'église.

Le portail méridional est, au contraire, d'une rare élégance et d'une grande richesse. Il donne dans la rue des prêtres où sont depuis longtemps les bureaux du *journal des Débats*, rue qui sera élargie, lorsqu'on se décidera enfin à dégager de ce côté, ce précieux monument de l'architecture du moyen âge.

Le clocher, qui date du douzième siècle, a été récemment décoré d'une crête d'arabesques travaillées à jour qui remplace sa flèche de pierre, depuis longtemps détruite.

Le plan de l'église Saint-Germain-l'Auxerrois est uniforme. L'abside a sept travées en pourtour, la nef et le chœur n'en ont que quatre, avec de doubles bas-côtés bordés de chapelles dont on admire les peintures et les verreries.

Je signalerai également les boiseries, les autels ; un *bénitier* en marbre sculpté par M. Jouffroy, sur les dessins de madame de Lamartine, qu'on voit près de la porte du sud. Près de là, une petite porte ornée d'une *Vierge* du quatorzième siècle et enfin du même côté, le célèbre *tronc* des pauvres, en fonte de fer, que reproduit la gravure précédente.

L'église Saint-Germain-l'Auxerrois a une longueur de 80 mètres sur 40 de large.

La mairie du premier arrondissement. — Sur la même ligne que l'église Saint-Germain-l'Auxerrois, M. Hittorf a construit une édifice communal où sont établis les bureaux de la mairie du premier arrondissement, et qui sert également à la justice de paix de ce même arrondissement. On a donné au monument civil une façade analogue à celle du monument religieux. Ces deux édifices sont reliés entre eux par des arceaux qui s'arc-boutent sur le parvis d'une tour qu'on nomme la tour de Saint-Germain-l'Auxerrois, tour que reproduit la gravure suivante ou sont également représentées les façades de l'église et de la mairie.

La tour de Saint-Germain-l'Auxerrois — Récemment construite sur les dessins de M. Balbe, cette tour a une hauteur de 40 mètres. Sa base forme un carré de 7 mètres de côté, dont les faces sont percées de fenêtres en ogive trilobée. Des contre-forts hexagones, séparés par des arcs, flanquent l'étage au-dessus.

A partir de cette hauteur, la tour devient octogone. Elle est surmontée d'une plate-forme fermée par une balustrade à jours, s'arrêtant sur des angles formant contre-forts. La statue de saint Germain, patron de l'église voisine, occupe une niche pratiquée à l'étage

Grav. 4. — Tour et Église Saint-Germain-l'Auxerrois, et Mairie du 1er arrondissement.

supérieur de la tour. Les statues de saint Denis et de saint Landry sont placées, l'une à droite, l'autre à gauche sur les faces latérales.

On a installé sur la tour Saint-Germain-l'Auxerrois trois cadrans qui indiquent : le premier, les heures ; le deuxième, le jour et le quantième du mois ; le troisième, les différentes phases de la lune.

Dans la chambre qui contient le mécanisme correspondant à ces cadrans est le clavier du carillon composé de vingt-quatre cloches.

Les façades des trois monuments que je viens de décrire se développent sur la PLACE DU LOUVRE.

Cette place où mourut subitement, en 1599, Gabriel d'Estrées, est de création récente dans sa forme actuelle. Elle s'étend au delà des jardins qui bordent le palais du Louvre, en face de la célèbre colonnade de Perrault. Elle est plantée d'arbres et garnie de bancs.

Le Palais-Royal. — L'origine du Palais-Royal remonte à l'année 1629, époque à laquelle le cardinal Richelieu, ayant acheté les deux hôtels qui occupaient cet emplacement, y fit élever une résidence dont Mercier dessina les plans, et qui reçut naturellement le nom de *Palais-Cardinal*.

Les murailles de l'enceinte de Paris, ainsi que les fossés destinés à protéger ces murailles, traversaient alors ce qui est aujourd'hui le jardin du Palais-Royal. Les murailles furent renversées, les fossés furent comblés, et le nouveau palais, qui allait émerveiller les Parisiens s'éleva sur ces terrains transformés.

A sa mort, le célèbre cardinal légua son splendide palais au roi Louis XIII, qui n'eut guère le temps d'en jouir, puisque cinq mois après il allait rejoindre son premier ministre dans l'autre monde.

Le 7 octobre 1643, le Palais-Cardinal vit arriver Anne d'Autriche avec son fils Louis XIV. C'est alors que cette demeure prit le nom de Palais-Royal. Il était digne sous tous les rapports de servir de logement au futur grand roi. Les appartements étaient d'une extrême magnificence. Rien n'avait été oublié : il y avait une chapelle, une salle de spectacle et, en outre, une galerie dite des *hommes illustres*, dans laquelle, bien entendu, figurait Richelieu. Galerie, chapelle, théâtre, tout a disparu depuis bien des années.

En 1672, Louis XIV fit don de la propriété du Palais-Royal à Philippe Ier, son frère, duc d'Orléans ; il devint alors le séjour d'une cour fort brillante, où Henriette d'Angleterre avait réuni les plus illustres dames du royaume.

Au frère de Louis XIV succéda Philippe II, d'Orléans, plus connu sous le nom du *Régent*, et le Palais-Royal se transforma alors en un véritable théâtre de débauches, dont les orgies nocturnes ont défrayé la verve des chroniqueurs et des romanciers.

En 1781, le duc d'Orléans, Philippe-Égalité, ne sachant où trouver des ressources pour subvenir à ses dépenses, conçut le projet d'entourer le jardin de bâtiments destinés à être loués au public. L'idée était moins d'un prince que d'un spéculateur. Les propriétaires des maisons avoisinant le jardin crièrent, protestèrent, firent des suppliques et des épigrammes, mais rien n'y fit, et le Palais-Royal fut bel et bien transformé.

Philippe-Égalité, n'ayant pu terminer le Palais-Royal, donna à des industries l'autorisation d'établir des boutiques en planches entre le jardin et la cour d'honneur, sur l'emplacement où se trouve aujourd'hui la galerie d'Orléans. Elles s'établirent sur trois lignes parallèles, séparées les unes des autres par des promenoirs couverts.

Telle est l'origine de ces fameuses galeries de bois qui devaient plus tard réunir toutes les élégances de Paris, et dont Balzac a laissé des descriptions admirables.

Là se trouvèrent pendant près de cinquante années consécutives les libraires le plus en vogue, tels que Barbat et Ladvocat, et les filles les plus renommées par leur beauté, telles que Lodoïska. C'est dans ces étroites et ignobles galeries que se donnait rendez-vous chaque soir tout ce que Paris renfermait de beau, de jeune ou d'illustre. Les galeries étaient alors ce qu'est aujourd'hui le boulevard des Italiens.

Après la mort du duc d'Orléans, les restaurants, les cafés, les maisons de jeu, les lieux de débauche envahirent le Palais-Royal, et lui donnèrent une physionomie nouvelle, physionomie bruyante et animée.

Cela dura ainsi jusqu'au Consulat.

Napoléon chassa alors tout ce monde de trafiquants, et, dans une salle construite à cet effet, il établit le Tribunat, qui siégea dans ce local depuis 1801 jusqu'à 1807. Le Palais-Royal s'appela *Palais du Tribunat*.

Plus tard, après 1807, cette salle devint une chapelle du Palais, mais la continuation des grands appartements nécessita sa démolition, en 1827.

Lorsque le Tribunat eut cessé d'exister, c'est-à-dire en 1807, le Palais-Royal fut réuni au domaine extraordinaire de la couronne. Le Tribunal de commerce s'y installa et la Bourse aussi.

En 1814, le Palais-Royal rentra dans la famille d'Orléans et abandonna pour toujours son nom de palais du Tribunat. La Bourse fut contrainte de déloger, le Tribunal de commerce s'en alla, et les galeries de bois elles-mêmes furent remplacées, en 1829, par la magnifique galerie vitrée actuelle, connue sous le nom de *galerie d'Orléans*.

A la révolution de 1848, le Palais-Royal fut de nouveau débaptisé; on l'appela *Palais-National*. La garde mobile, le comptoir national et l'état-major de l'artillerie y furent tour à tour installés. Le 2 décembre 1851, un décret lui restituait le nom de Palais-Royal.

Que de souvenirs se rattachent à cette ancienne résidence royale! Elle rappelle à la fois les fêtes et les insurrections, les joies et les larmes. C'est dans les jardins du Palais-Royal que Camille-Desmoulins, monté sur une chaise, appela le premier le peuple aux armes; c'est dans les grands appartements royaux que, le 31 mai 1830, deux mois avant la révolution, Louis-Philippe donnait à François Ier, roi de Naples, une magnifique fête où M. de Salvandy prononça ces prophétiques paroles restées célèbres : *Nous dansons sur un volcan*.

Plusieurs fois le Palais-Royal a été envahi par le peuple déchaîné. Au mois d'août 1648, il y fut pour réclamer la mise en liberté de Broussel et de Blancmenil, arrêtés deux jours auparavant, d'après les ordres de la reine; et au mois de février 1848, deux cents ans plus tard, il s'y rua pour saccager les appartements, mutiler les objets d'art, et s'y livrer à toutes sortes de vandalismes.

Richelieu est mort au Palais-Royal; Henriette d'Angleterre, Anne d'Autriche, Louis XIV, le Régent, l'ont tour à tour habité. Franklin et Voltaire y ont été reçus officiellement, et le fameux banquier Law, y chercha un asile, le 15 juillet 1720, poursuivi qu'il était, par les colères des nombreux porteurs de ses billets; c'est là enfin que fut arrêté le duc d'Orléans, Louis-Philippe-Joseph, et, lorsque quelques jours après il était conduit à l'échafaud, on eût soin de faire arrêter la charrette devant son ancienne demeure, afin, sans doute, d'augmenter ses regrets et sa douleur.

Grav. 5. — Le Palais-Royal vu du côté de la place.

La gravure précédente où se trouve reproduit l'ensemble du Palais-Royal, vu de la place, représente le portique, les pavillons, les bâtiments latéraux de la cour d'honneur et la façade méridionale.

La façade principale du Palais-Royal est au midi ; elle regarde la place à laquelle elle donne son nom et fait face à l'une des entrées du Louvre. Elle comprend d'abord un mur percé de portiques qui réunit deux pavillons formés des deux ordres dorique et ionique superposés.

Ce portique précède la grande cour d'honneur, cour fermée, au fond de laquelle se développe un grand corps de bâtiment, à double façade, l'une sur cette même cour d'honneur, l'autre sur une seconde cour, ouverte au public. A droite et à gauche de cette seconde cour s'élèvent des terrasses qui se trouvent de niveau avec le premier étage et qui sont soutenues par une galerie formant portiques à colonnes doriques. Ces terrasses servent, pour ainsi dire, de vestibule ouvert à d'arrières corps de bâtiments qui vont rejoindre la galerie vitrée.

On remarque à l'intérieur du Palais-Royal la rampe du grand escalier, rampe qui est une merveille de serrurerie ; les salles de réception ; la salle du trône, où Louis-Philippe reçut, en 1830, les députations des départements de France ; la peinture de la salle à manger et la galerie des fêtes, immense salon orné de colonnes de marbre à chapiteaux corinthiens dorés.

Les dépendances du Palais-Royal sont : la grande galerie transversale dite galerie d'Orléans qui est au midi ; la galerie de Valois à l'est et la galerie de Montpensier à l'ouest qui longent le jardin et la galerie de Beaujolais au nord.

On remarque dans le jardin, qui forme un vaste parallélogramme, un bassin de 20 mètres de diamètre qui est au centre et deux pelouses ornées de plates-bandes, environnées de grilles et décorées, chacune, de trois statues.

Ce jardin, qui jadis occupait tout l'emplacement des rues de Montpensier, de Valois et de Beaujolais, a bien souvent changé d'aspect. Sa célèbre allée de marronniers, ses bosquets d'arbres touffus y attiraient avant la Révolution tous les oisifs, tous les nouvellistes et toutes les filles de Paris. Du temps d'Anne d'Autriche et de Henriette d'Angleterre, il s'y trouvait un mail et un manége ; plus tard, le manége fut remplacé par un cirque, qui fut détruit en 1798. C'est alors que le jardin prit sa physionomie actuelle. Aujourd'hui, on y fait de la musique toutes les après-midi, pendant l'été, et ce concert gratuit peut à peine y ramener la foule qui a pris d'autres directions.

Le Palais-Royal, demeure officielle du prince Napoléon, se développe sur la place de ce nom.

La fontaine Molière. — Ce monument élevé à la gloire de Molière, se trouve dans la rue de Richelieu, au point où vient déboucher la rue de la Fontaine-Molière qui avant s'appelait rue Traversière. Il se compose de la statue de Molière, assise entre deux muses ; aux deux côtés se trouvent deux colonnes corinthiennes, dont l'entablement supporte un fronton sur lequel se tient un génie couronnant le nom de notre grand auteur comique.

Cette remarquable fontaine, construite en marbre blanc, est l'œuvre de M. Visconti. Les deux muses sont de M. Pradier, et la statue de Molière, qui est en bronze, est l'œuvre de M. Seurre.

La place Vendôme. — C'est Louis XIV qui a fait construire la place Vendôme ; elle s'appela d'abord *place des Conquêtes*, et puis, *Louis-le-Grand*. Mais la Révolution la débaptisa et lui donna le nom de *place des Piques ;* elle était ornée alors d'une statue de Louis XIV qui, après le 10 août 1792, fut brisée et fondue. En 1806, Napoléon y fit élever la colonne actuelle, et lui donna le nom qui lui revenait réellement, celui de place Vendôme, parce qu'elle a pris l'espace qu'occupait autrefois l'hôtel bâti pour César de Vendôme, fils de Henri IV et de Gabrielle.

C'est sur la place Vendôme que furent célébrées, en janvier 1793, les funérailles de Lepelletier Saint-Fargeau, assassiné par les gardes de Paris, et trois années plus tard, sur cette même place, on brûlait, avec cérémonie, toutes les planches, outils et appareils qui avaient servi à fabriquer des assignats. Le malheureux Louis XVI, en quittant le bâtiment des Feuillants pour aller à la tour du Temple, traversa la place Vendôme, et la voiture s'y étant arrêtée un instant, il put contempler la statue de Louis XIV, qui, depuis la veille, avait été renversée et mutilée.

Colonne Vendôme. — Cette colonne, que reproduit la gravure suivante, est l'un des monuments les plus caractéristiques de Paris.

Grav. 6. — Colonne de la place Vendôme.

C'est le 25 septembre 1806, que fut posée la première pierre de ce monument, construit avec les douze cents pièces de canons que les armées de Napoléon ont prises à l'Autriche. Les bas-reliefs, exécutés sur les dessins de Bergeret, représentent les divers événements militaires de la campagne de 1805.

La colonne de la place Vendôme était surmontée d'une statue pédestre de Napoléon Ier que les royalistes essayèrent inutilement de renverser, en 1814, à l'aide de cordes; mais un ordre supérieur, en date du 4 avril 1814, et contresigné par le préfet de police, enjoignit, sous peine de mort, à l'artiste qui l'avait fondue et qui connaissait les causes de sa résistance, d'avoir à l'enlever, ce qui fut exécuté sur-le-champ.

Le gouvernement de Louis-Philippe Ier décida qu'une statue de Napoléon Ier serait replacée au sommet de la colonne Vendôme.

M. Seurre fut chargé de l'exécution de ce projet; il devait représenter le Géant des batailles modernes avec sa redingote et son chapeau à trois cornes devenu historique. C'est cette statue que l'on voit maintenant sur la colonne. Elle a été coulée en bronze avec les canons pris sur l'ennemi lors de la conquête d'Alger, et inaugurée en grande pompe le 28 juillet 1833. Elle est un peu plus élevée que l'ancienne.

La colonne Vendôme a une élévation de 43 mètres sur 4 mètres de diamètre. Elle est terminée par une plate-forme bordée d'une balustrade où l'on monte par un escalier en vis, très-étroit.

L'Église Saint-Eustache, rue du Jour, près des Halles centrales. Dans son *Histoire de Paris*, Dulaure avance que l'église Saint-Eustache, d'une origine fort ancienne, a été construite sur les débris d'un temple consacré à Cybèle. Quoi qu'il en soit, en l'an 1200, il y avait en cet endroit une simple chapelle dédiée à sainte Agnès, sur l'emplacement de laquelle on a édifié, sur les dessins de David, l'église actuelle. La première pierre en fut posée, le 19 août 1532, par Jean de la Barre, prévôt des marchands de Paris; elle ne fut entièrement terminée qu'en 1642, et c'est alors seulement qu'elle prit le nom de Saint-Eustache.

Plusieurs styles se trouvent mêlés à son architecture. Le portail exécuté sur les plans de Mansart, et terminé seulement en 1788 par Moreau, appartient à l'ordre dorique et à l'ordre ionique. L'intérieur, au contraire, rappelle l'architecture sarrasine.

La chapelle de la Vierge a été reconstruite au commencement de ce siècle et consacrée, le 28 décembre 1804, par Pie VII. On remarque à l'entrée deux colonnettes de marbre supportant des anges adorateurs et une statue de la Vierge sculptée par Pigalle qui surmonte l'autel. Cet autel en marbre gris est, en outre, décorée de plusieurs autres statuettes.

La hauteur de la voûte de la nef est de 33 mètres ; elle est soutenue par dix piliers carrés parallèles qui s'élèvent à 20 mètres du sol et qui supportent tout autour de l'édifice une galerie d'un heureux effet rehaussée d'une rampe à trèfles.

Au-dessus de cette galerie, les piliers vont s'amincissant et s'allongeant jusqu'à 12 mètres du dôme où viennent se réunir les arcs-boutans sur lesquels il est appuyé. Elle est éclairée par douze fenêtres cintrées garnies de vitraux remarquables par le dessin comme par la couleur, qui représentent les Pères de l'Église. L'édifice est, en outre, éclairé par les fenêtres des chapelles, celles de la maîtresse voûte et celles des collatéraux. Toutes ces fenêtres sont aussi enrichies de vitraux qui figurent les douze apôtres ou la vie de Saint-Eustache.

Le plus grand nombre est de Pinagrier ; les autres sont de Desaugives et de Jean de Nogare.

Les clefs de voûte sont généralement très-saillantes ; toutes sont ornées d'admirables sculptures. La nef à cinq travées ; le pourtour de l'abside en a le même nombre ; le chœur n'en a que trois. Ce chœur qui date du règne de Louis XIII a été commencé en 1624 et a été achevé en 1637. Cet admirable morceau d'architecture est également remarquable par la beauté de l'ensemble et la richesse des détails.

Plusieurs chapelles de Saint-Eustache ont été décorées, à la même époque, de peintures murales que MM. Cornu, Basset et Séchan ont récemment restaurées. On a fait peindre en même temps, toutes les autres chapelles, d'après le même système, par divers artistes. Je signalerai seulement celles de la chapelle de la *Vierge* qui sont de M. Couture.

Les statues des douze Apôtres peintes et dorées ornent aujourd'hui les transepts qui sont décorés de pilastres, de médaillons et de sculptures.

Saint-Eustache possède, des statues par Sarrazin, des tableaux de Lebrun ; puis l'*Adoration des mages*, la *Guérison des lépreux* et l'*Adoration des bergers* de Carle Vanloo.

On admire encore dans cette même église *la chaire* exécutée par

Fixon, sur les dessins de Soufflot; le *banc d'œuvre* sculpté par Lepautre, sur les dessins de Cartault; l'orgue, construit en 1843, sur des proportions colossales, avec six claviers complets, soixante-dix-huit registres et six mille tuyaux, incendié en 1844 et reconstruit par M. Cavalhié. La souffleterie de cet orgue est d'un nouveau système qui lui donne une sonorité exceptionnelle.

La gravure suivante représente l'extérieur de l'église Saint-Eusta-

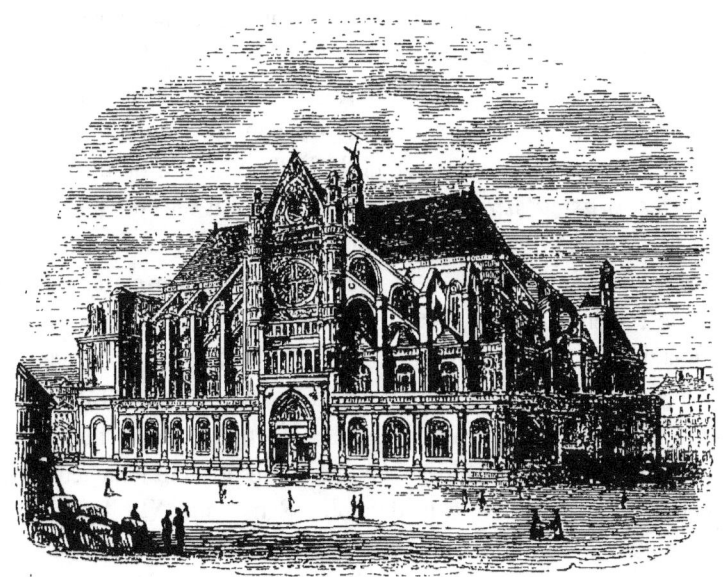

Grav. 7. — Église Saint-Eustache.

che, mise à découvert du côté des Halles centrales et de la rue Montmartre où se trouve le chevet.

Saint-Eustache a plusieurs souvenirs historiques. Au quatorzième siècle, le chef des pastoureaux s'y habilla en prêtre et y prêcha, mitre en tête, comme un évêque.

Pendant de longues années, Saint-Eustache a été l'église à la mode, et c'était un véritable honneur, pour une famille, que d'y avoir un de ses membres enterré. Parmi ceux qui ont joui de ce privilége, alors fort recherché, je citerai : Colbert, Voiture, l'amiral Tourville, Vaugelas, Benserade, Furetière, le peintre de la Fosse et l'acteur Dominique.

Le 3 avril 1791, le corps de Mirabeau fut déposé dans l'église Saint-Eustache, où son éloge fut prononcé par Cerutti, mais le soir de ce même jour, les restes mortels du grand orateur furent transférés dans la basilique de Sainte-Geneviève, d'où ils étaient bannis deux ans après.

C'est encore à Saint-Eustache qu'eut lieu, en 1793, la fête de la Raison.

C'est dans le charnier situé entre la chapelle de la Vierge et celle de Colbert, et qui a été commencé en 1647, que se tenait, pendant les mauvais jours de la Révolution, une réunion dite le club des Femmes, qu'une actrice assez jolie, du nom de Lacombe, présidait en bonnet rouge. On donna à ce club des Femmes le nom de Société des *vraies sans-culottes*, ce jeu de mots déplut à M. de Robespierre qui le fit fermer quelques jours après.

Les Halles centrales. — Les Halles centrales occupent l'emplacement de l'ancien marché des Innocents, qui rappelle tant de souvenirs historiques. Elles remontent à Louis le Gros qui peut en être considéré comme le fondateur originaire. Après lui, Philippe Auguste transféra en ce lieu un marché qui se tenait non loin de Saint-Laûrent et, au douzième siècle, les Halles avaient déjà acquis une importance relativement considérable. Sous Louis XI elles s'agrandirent encore par l'adjonction des deux halles spécialement destinées aux drapiers et aux marchands d'étoffes. C'est également à cette époque que les revendeurs et les trafiquants de diverses sortes furent autorisés à étaler leurs marchandises le long des piliers des Halles.

Reconstruites sous François Ier, les Halles, dépourvues de voies de communication, étaient à peu près inabordables. Elles furent dotées de plusieurs rues sous le règne d'Henri II. Alors aussi furent construits les *piliers des Halles* dont il ne reste presque plus rien aujourd'hui.

Les gouvernements du premier Empire, de la Restauration et de la monarchie de 1830 s'occupèrent tour à tour d'agrandir les Halles. En 1845, on arrêta même un projet général de régularisation qui ne reçut un commencement d'exécution qu'en 1847, époque à laquelle on éleva un nouveau pavillon, mais il était si défectueux et si peu en harmonie avec les besoins du marché qu'on ne jugea pas à propos de pousser plus loin les constructions.

C'est sous le règne de Napoléon III, en 1854, qu'a été commencée, sur les plans actuels, la reconstruction entière des Halles centrales, œuvre immense dont on poursuit sans relâche la complète réalisation.

L'ensemble de cette immense construction, lorsqu'elle sera achevée, comprendra deux grands corps séparés par un boulevard de trente-deux mètres de largeur et composés chacun de six pavillons.

Le corps de l'est, commencé en 1854, a été terminé en 1857 ; le corps de l'ouest, qui est en cours d'exécution, sera à peu près semblable au premier. Il se reliera à la Halle au blé, qui forme, dans le plan général, comme la tête de l'ensemble des constructions, par deux pavillons affectant la forme concave. Ce parti était commandé par la forme circulaire de la Halle au blé. On verra donc disparaître un jour toutes les maisons qui existent encore entre la rue de la Tonnellerie et la rue de Viarmes. Cette nouvelle prise de terrain complètera les 80,000 mètres superficiels que couvriront les Halles, une fois achevées, en comprenant dans ce chiffre la surface réservée aux rues de service et le pourtour, spécialement affecté au commerce et à la circulation. Dans ce calcul ne figurent ni la Halle au blé, ni les constructions qui seront élevées en avant du monument pour loger l'administration, les corps de garde et les autres services.

Les Halles centrales se composent de deux parties distinctes : l'une qui vit à la lumière et qu'anime le mouvement de la foule ; l'autre qui vit aussi, mais dans une sphère inférieure et qui n'est pas la moins curieuse. Chaque pavillon, en effet, a son sous-sol correspondant, creusé sous la même étendue, et qui renferme une série de loges en treillage de fer, portant chacune un numéro correspondant aux chiffres des loges supérieures. Ces cabines, largement aérées, sont au nombre de douze cents pour les pavillons actuellement construits, et servent de resserre pour conserver fraîches les denrées et les provisions. Sous quelques-uns des pavillons, elles sont remplacées par diverses installations : abattoir pour les marchandes de volaille ;

atelier pour le lavage et la malaxation du beurre ; dépôt d'ustensiles, réservoir d'eau courante pour le poisson d'eau douce ; magasins de salines. Ailleurs, une cave obscure est consacrée au mirage des œufs, qui se fait chaque matin à la clarté de la chandelle. Il ne se vend pas par jour, à Paris, moins de six cent mille œufs, qui tous sont préalablement soumis à l'épreuve décisive du mirage.

Au moment où ce livre s'imprime, quatre pavillons restent à construire. L'édification de ces quatre derniers pavillons nécessitera, d'un côté la démolition des immeubles qui existent entre les rues du Four et de Viarmes, et, de l'autre, celle du pavillon de pierre où se fait la vente à la criée, et ce qui reste des piliers des Halles.

Le boulevard de trente-deux mètres, qui doit séparer les pavillons de l'est et les pavillons de l'ouest, partira de la pointe Saint-Eustache, pour aboutir à la rue de Rivoli, en absorbant la rue Tirechape avec la dernière fraction de celle de la Tonnellerie. A partir de la rue de Rivoli, ce boulevard sera continué par une autre voie encore plus large, et qui se dirigera obliquement vers le pont Neuf.

A la hauteur des rues aux Fers et du Contrat-Social, le boulevard des Halles projettera, à droite, une voie qui filera vers le Louvre, en coupant les rues des Prouvaires et Saint-Honoré, et, à gauche, une rue d'égale largeur, qui ira se raccorder avec le tronçon de la rue des Halles, ouvert entre la rue Saint-Denis et la place Sainte-Opportune.

En construisant les caves des Halles, on a eu soin de prévoir l'établissement ultérieur du chemin de fer qui devra, ainsi que je l'ai déjà dit dans l'*introduction*, les mettre un jour en communication avec les voies souterraines du boulevard de Sébastopol, et permettre, grâce à la ligne de ceinture, l'arrivée, au lieu même de la vente, des marchands et de leurs produits. Des emplacements libres ont été ménagés à chaque carrefour des rues souterraines des halles, pour les rails et les plaques tournantes, et trois voies, deux d'arrivée, une de retour, aboutiront directement à la gare des chemins de fer de l'Est, sous le sol du boulevard de Strasbourg.

C'est au beau milieu des anciennes Halles que se trouvait jadis la place des exécutions, et au centre s'élevait le pilori, sorte de tour octogone, percée de hautes croisées. Sur cette tour on avait adapté une roue de fer mobile, percée de trous, par lesquels on faisait passer la tête des condamnés, qui demeuraient exposés aux regards du public trois heures par jour, pendant trois jours consécutifs. De demi-heure en demi-heure on faisait tourner la roue, afin que tout le monde pût voir facilement le patient.

C'est là, c'est sur cette place que furent décapités Jean Montégut, surintendant des finances sous Charles V et Charles VI, Olivier de Clisson, le chevalier Malestroit, et Jacques d'Armagnac, duc de Nemours.

Le bourreau demeurait sur la place du pilori, et même, particularité bizarre! il lui était interdit de loger ailleurs. Il jouissait, au surplus, d'assez nombreux priviléges, et notamment du droit de *havage*, qui consistait à prélever une sorte de dîme sur toutes les denrées vendues à la Halle.

Pendant bien longtemps les halles ont été un lieu de réunions populaires où se fomentaient les séditions et où les orateurs de la foule allaient essayer leur éloquence. Aujourd'hui elles sont uniquement le point central où vont aboutir les denrées alimentaires nécessaires à la consommation de la grande ville : il s'y traite pour plusieurs millions d'affaires par semaine.

La Halle au blé. — Cet édifice est situé dans le voisinage des Halles centrales, au milieu d'un amas de vieilles maisons et de vieilles rues que l'achèvement du vaste marché parisien dont il vient d'être parlé doit faire disparaître. Le quartier où se trouve actuellement la Halle au blé est donc destiné à subir préalablement une transformation complète. La Halle au blé occupe l'ancien emplacement de l'hôtel de Soissons, que Catherine de Médicis fit construire presque à la même époque où elle fit élever le palais des Tuileries. Il ne reste de cet hôtel qu'une colonne dorique de 32 mètres de hauteur que le célèbre architecte Jean Bullant a érigée, en 1572, par ordre de la veuve d'Henri II. C'est dans cette tour que cette princesse, aussi superstitieuse qu'ambitieuse et cruelle, se rendait pour se livrer à ses observations astrologiques. Cette colonne est placée dans la partie méridionale du bâtiment qui sert de Halle au blé, en dehors.

Ce bâtiment est de forme circulaire. Construit en 1662, détruit par un incendie en 1802 ; relevé, d'après l'ordre de Napoléon Ier, par Brunet, en 1811, il offre une salle de 42 mètres de diamètre, avec une toiture en cercles concentriques ou courbes en fonte de fer couverte en lames de cuivre. Cette voûte est aussi grande que celle du Panthéon de Rome.

Une arcade de vingt-cinq arches traverse le centre de la salle. Derrière cette arcade, et sous une double voûte supportant de spacieuses galeries sont entassés des sacs de blé : on y en peut renfermer plus de trente mille.

La voûte est soutenue intérieurement par quarante-cinq colonnes toscanes. Deux escaliers, d'abord à quatre, puis à doubles révolutions, conduisent à un étage supérieur, c'est-à-dire aux greniers établis sous les voûtes, où existe un écho.

La Fontaine et le Square des Innocents. — Œuvre de Pierre Lescot et de Jean Goujon, la fontaine des Innocents, une des plus précieuses de Paris au point de vue de l'art, a subi, depuis le jour de sa création, plusieurs changements importants. Placée à l'origine, c'est-à-dire au douzième siècle, à l'angle de la rue Saint-Denis et de la rue aux Fers, elle fut refaite, en 1550, par Pierre Lescot, et en 1788 elle fut transportée au beau milieu du marché des Innocents, et réédifiée à nouveau. Enfin, durant ces dernières années, la fontaine des Innocents a été encore, non-seulement restaurée, mais déplacée, et en ce moment elle occupe dans le voisinage des nouvelles Halles centrales le centre d'un square fort élégant, de forme carrée, établi au lieu même où se trouvait autrefois le cimetière des Innocents.

Ce square, bien qu'il ne soit pas d'une grande étendue, est un des plus jolis de la capitale. Il est couvert de massifs de verdure, de bouquets de fleurs, et le rêveur, assis sur un banc, en entendant le gazouillement des oiseaux et le murmure des eaux jaillissantes de la fontaine, peut se croire à l'ombre des grands bois, sur les bords d'un ruisseau entouré d'herbe fleurie !

La gravure suivante reproduit l'aspect général du monument et du jardin avec une perspective des Halles centrales.

Grav. 8. — Fontaine des Innocents et Halles centrales.

Le Palais de Justice. — La fondation de cet immense bâtiment, qui comprend, au nombre de ses annexes, l'HÔTEL DE LA PRÉFECTURE DE POLICE ainsi que la CONCIERGERIE, remonte évidemment à l'époque romaine. C'est sur ce même emplacement que fut élevée, à cette époque lointaine, la forteresse, qui fut tour à tour, l'habitation des lieutenants de l'empereur, le siége des municipes, le séjour des Mérovingiens et qui devint enfin, sous les Carlovingiens, la demeure officielle des comtes de Paris, avant d'être celle des rois de la race des Capétiens.

Le premier d'entre eux qui y établit, à ce titre, sa résidence d'une manière fixe, fut ce même Eudes qui prépara, par son patriotisme et son courage, l'avénement au trône de Hugues Capet dont il était l'aïeul.

Effrayé de l'audace des Normands, Eudes fit fortifier l'enceinte de cette résidence, qui était moins un palais qu'une citadelle et que les successeurs de Hugues Capet habitèrent, à son exemple, pendant un grand nombre d'années, parce qu'ils s'y trouvaient en sûreté. Il y fit ajouter de grosses tours, dont trois existent encore. Ce sont celles de l'Horloge, de César et de Montgommery.

Dans ce temps-là, le palais de la Cité avait sa façade dans la cour du Harlay, où on voit toujours les restes de cette façade. Ce sont deux tours carrées reliées l'une à l'autre par un bâtiment qui s'appuie, à sa base, sur quatre grandes arcades en plein cintre. C'est auprès de ces débris des vieux âges, dans l'enceinte de cette même cour du Harlay, qu'est né Boileau, le correct et glacial auteur de l'*Art poétique*.

Robert le Pieux et saint Louis ajoutèrent de nouveaux bâtiments aux anciennes constructions du palais de la Cité.

La plupart de ces constructions ont disparu sans laisser de vestiges. Toutefois la destruction a épargné la Sainte-Chapelle, monument de l'art religieux enclavé aujourd'hui dans le Palais de Justice après avoir été l'une des dépendances du palais des rois ainsi que la galerie et les cuisines qui portent le nom de saint Louis, et que ce roi fit construire à la même époque où fut bâtie, par ses ordres, la grande salle des cérémonies et des réjouissances publiques, devenue, de transformation en transformation, la salle actuelle des Pas-Perdus.

Après saint Louis, ce fut Philippe le Bel qui fit exécuter au palais de la Cité les travaux les plus importants. Ces travaux avaient pour but de permettre au Parlement de Paris, devenu sédentaire, d'y siéger. Ils préparaient ainsi l'appropriation définitive de cette ancienne demeure des souverains à sa future destinée, qui était de servir un jour de Palais de Justice.

Louis XII enfin faisait couvrir plus tard d'or et d'argent la *Grand'-Chambre du Parlement*, où allaient se tenir les lits de justice, salle que la Convention, en haine des souvenirs de la monarchie, devait détruire, mais qui sera prochainement rétablie, pour être appropriée aux réunions judiciaires générales.

La Grand'salle, élevée par saint Louis, ainsi que je l'ai déjà rappelé, fut longtemps une sorte de musée des ancêtres où figuraient tous les rois de France; c'est également dans cette salle que se trouvait la célèbre table de marbre qui occupait en entier l'une de ses extrémités : elle servait aux rois pour donner des festins, à la basoche pour y représenter ses sotties et ses farces, de tribunal pour les maréchaux qui y rendaient leurs arrêts, et, chose étrange, de pilori pour la justice de l'époque. Sur cette même immense table où se faisaient les noces des enfants de France, on exposait les condamnés, et la foule pouvait circuler tout autour.

La Grand'salle ou salle des Pas-Perdus, détruite en 1618, fut reconstruite sur les plans de Jacques Desbrosses, en 1622. Les deux nefs parallèles, voûtées en pierre de taille, sombres et immenses, que séparent l'une de l'autre des arcades soutenues par des piliers ornés de pilastres doriques, lui donnent un aspect de noblesse et presque de grandeur. Tous les escaliers conduisant aux divers tribunaux aboutissent à cette salle, qui va être prochainement restaurée ou plutôt réédifiée.

Dévasté par un incendie en 1776, l'intérieur du Palais de Justice, fut alors reconstruit en grande partie. On profita de cette circonstance pour opérer le raccordement de divers bâtiments qui composaient ce vaste ensemble, et le plan des architectes s'étendit jusqu'à l'alignement des rues adjacentes. C'est alors que fut édifiée la belle façade actuelle, avec ses deux avant-corps et son gigantesque perron faisant face à la cour d'honneur, cour fermée par une grille d'une rare élégance et d'une grande beauté.

Cette façade aura bientôt un pendant sur la rue du Harlay, où on élève une seconde façade presque achevée, et dont tout un côté sera démoli pour la mettre à découvert.

Des bâtiments neufs en construction relieront cette seconde façade aux anciens bâtiments qui bordent le quai de l'Horloge et vont se souder à la première façade. Ces bâtiments sont destinés à la Cour de cassation.

Avant ces importantes améliorations, on entrait au Palais de Justice par deux petites portes, basses et étroites, ressemblant au guichet d'une prison, et qui avaient accès dans la rue de la Barillerie.

Tel qu'il est actuellement, le Palais de Justice comprend diverses cours, au nombre desquelles figurent, indépendamment de la cour d'honneur et de la cour du Harlay, déjà citées, la cour de la Sainte-Chapelle et la cour Saint-Martin. Au bas du grand escalier, et à chacun de ses deux côtés, se trouve une arcade. Celle de gauche conduit au tribunal de simple police ; l'autre mène à la Conciergerie.

Après avoir examiné l'extérieur on visite la salle des Pas-Perdus et la *galerie de saint Louis*. Du reste, l'intérieur est un véritable labyrinthe de couloirs et de petits escaliers où l'on risquerait de s'égarer, si l'on ne trouvait à chaque pas, soit des employés de l'administration qui indiquent le chemin à suivre, soit de pauvres petits industriels qui, moyennant une modique rétribution d'argent, se font un plaisir de tendre aux curieux le fil conducteur d'Ariane.

Hôtel de la Préfecture de police. — Les travaux d'agrandissement et d'isolement du Palais de Justice ont entraîné, tout naturellement, le déplacement et la restauration de la Préfecture de police, qui doit faire corps avec lui, et dont les bureaux sont actuellement installés dans des constructions provisoires.

Le Préfet de police habite l'ancien hôtel de la cour des Comptes, élevé en 1740 sur les dessins de Gabriel et sur l'emplacement de l'hôtel des Comptes que Jean Joconde avait bâti sous Louis XII, dans le style du château d'Amboise. Les bureaux de la Sûreté générale occupent les restes de l'ancien hôtel des premiers présidents, construit au temps d'Achille du Harlay à la place qu'occupait la maison du bailliage.

Les nouveaux bâtiments de la Préfecture de police, dont on poursuit la construction avec la plus grande activité, seront vastes, spacieux, et parfaitement disposés à l'intérieur pour les besoins de leur destination. La façade principale donnera sur le quai des Orfévres; et ira depuis la rue de Jérusalem jusqu'à celle de Harlay ; les bâtiments s'étendront derrière l'aile gauche du Palais de Justice, à partir de la rue de Harlay jusqu'à la rencontre de la rue de la Barillerie. Ces nouveaux bâtiments, dont les travaux sont très-activement poussés, ne tarderont pas à être complétement terminés. On a également commencé les fondations d'un autre corps de constructions qui sera affecté à divers services spéciaux : cette partie, séparée de l'hôtel de la préfecture de police communiquera avec les bâtiments du midi par un couloir en sous-sol, pratiqué sous le perron de la seconde façade du Palais de Justice.

La Conciergerie, ancienne prison du parlement, est aujourd'hui une maison de dépôt. Les bâtiments dont se compose la Conciergerie comprennent l'ancien Préau et la salle des gardes de saint Louis. Elle est par conséquent contiguë au Palais de Justice, dont elle occupe tout un étage inférieur, à droite de l'édifice, sur le quai de l'Horloge. Les vieilles tours à l'aspect gothique que l'on aperçoit des quais opposés font partie de la Conciergerie et en marquent la limite. Ce sont celles qui sont désignées sous les noms de tours de *César* et de *Montgommery*.

Un volume ne serait pas de trop pour faire l'histoire de la prison de la Conciergerie. Elle a été témoin de tant de douleurs, elle a vu passer tant de malheureux, elle a entendu tant de sanglots! Les limites de cet ouvrage ne me permettent pas de m'arrêter à tous ces détails de l'histoire. Je mentionnerai cependant le comte d'Armagnac, connétable de France, qui y fut massacré le 12 juin 1418, par les sicaires du duc de Bourgogne. Son corps, percé de coups de pique, fut exposé aux outrages de la foule en délire. L'infortunée Marie-Antoinette y fit un court séjour avant d'aller à l'échafaud. Le cachot où elle fut enfermée, transformé en chapelle expiatoire sous la Restauration, sert aujourd'hui de sacristie à la chapelle de cette prison, chapelle dont on fait remonter la fondation au règne de Robert le Pieux.

Pendant la période révolutionnaire, Camille Desmoulins, Hébert, Chaumette, Bailly, Robespierre sont tour à tour et à diverses dates enfermés à la Conciergerie, d'où ils ne sortent que pour aller porter leur tête sur l'échafaud. Madame Roland subit le même sort, en suivant le même chemin. En 1792, la Conciergerie renfermait 375 prisonniers, dont 73 femmes, parmi lesquelles la fameuse bouquetière du Palais-Royal. Sur ces prisonniers, 288 furent massacrés, et 5 eurent recours au suicide. A l'époque de la Terreur, la Conciergerie offrait un épouvantable mouvement d'entrées et de sorties humaines. Les prisonniers arrivés le soir partaient le matin pour aller à la guillotine, et aussitôt ils étaient remplacés par d'autres dont la destinée était la même. C'était, a dit un contemporain, « l'activité des enfers. »

En me rapprochant davantage de notre époque, je trouve parmi les prisonniers illustres de la Conciergerie Georges Cadoudal, un des chefs des armées vendéennes; le comte de la Valette, que sa femme parvint à sauver; les quatre sergents de la Rochelle, dont l'histoire est si connue; M. Teste, qui fut ministre sous la monarchie de 1830; et enfin, l'écrivain Proudhon; mais il n'a fait, lui, que passer par la Conciergerie.

Il y a eu une époque où on mettait à la Conciergerie même des prisonniers pour dettes. Aujourd'hui, elle n'est plus, pour ainsi dire, qu'un lieu de dépôt pour les individus prêts à être jugés. Ils y sont conduits à tour de rôle, selon l'ordre des affaires, et il est rare qu'ils y séjournent pendant plus de quinze ou vingt jours. Mais elle n'aura plus longtemps cette destination, car on établit en ce moment, de l'autre côté de la cour Saint-Martin, une nouvelle prison spéciale, qui sera le Dépôt judiciaire.

Des réparations importantes qui viennent de s'accomplir à la Conciergerie tendent à modifier d'une manière sensible les conditions qui naguère encore étaient faites au prisonnier. Les murailles de ce vieil édifice ont été reprises en sous-œuvre et presque entièrement recouvertes d'un parement neuf; en outre, on a également appliqué à cette prison le régime cellulaire, de sorte qu'aux vastes salles d'autrefois on a substitué des cellules de modèle uniforme. La cour ou préau découvert que le munitionnaire Ouvrard avait fait décorer de jardinets et de bassins pendant le séjour qu'il fit dans cette prison où le munitionnaire Seguin l'a fait incarcérer pour une dette de cinq millions, est maintenant divisée en compartiments.

Les cachots ont eu aussi leur part de ces restaurations. Ces cachots, pratiqués sous la grosse tour occidentale, sont à quelques mètres en contre-bas, mais ne sont plus, comme au *bon vieux temps*, humides et fangeux; néanmoins la demi-obscurité qui y règne est faite pour jeter du noir dans l'âme la moins mélancolique. Ce sont de petites cellules en pierre de taille et éclairées par des soupiraux en ogive taillés dans des murs de plusieurs mètres d'épaisseur. Chaque soupirail prend son jour sur une salle très-sombre et est garni d'une double grille. La condamnation à un ou plusieurs jours de cachot est un moyen disciplinaire employé contre les prisonniers indociles.

C'est dans les anciens cachots de la Conciergerie, supprimés depuis longtemps, que les condamnés à mort étaient conduits avant le moment fatal, pour y procéder à leur *toilette*, alors que les exécutions avaient lieu sur la place de Grève, devenue aujourd'hui la place de l'Hôtel-de-Ville.

Une description plus détaillée de l'intérieur et même de l'extérieur de l'ensemble des constructions qui composent le Palais de Justice avec ses annexes serait aujourd'hui sans but, car ce palais, qui comprendra d'importantes et nouvelles dépendances, est encore l'objet de nombreux et immenses travaux de reconstruction et d'agrandissement qui doivent l'isoler entièrement et achever de le transformer. Il formera alors un vaste quadrilatère limité : à l'est, par la rue de la Barillerie ; au nord, par le quai de l'Horloge ; à l'ouest, par la rue du Harlay ; au nord, par le quai des Orfévres.

La Sainte-Chapelle. — Cette chapelle, qui est restée enclavée, quoique isolée aujourd'hui, de tous les côtés, dans l'ensemble des constructions qui s'appellent le Palais de Justice, est un des plus beaux édifices religieux de Paris ; c'est le chef-d'œuvre de l'architecte Pierre de Montreuil, qui vivait sous le règne de Louis IX.

La gravure suivante en reproduit la physionomie extérieure.

La Sainte-Chapelle fut dédiée au mois d'avril 1248, par Guillaume, archevêque de Bourges, et Eudes, légat du saint-siège. En 1630, un violent incendie détruisit la flèche qui s'élevait au-dessus des combles, et qui, selon Fauval, était une des merveilles du monde. Cette flèche, s'il faut s'en rapporter à M. Viollet-le-Duc, fort compétent en pareille matière, aurait été élevée sous le règne de Charles VI, et ne remonterait pas par conséquent à saint Louis, ainsi que le fait a été avancé. Quoi qu'il en soit, elle fut remplacée par une autre flèche, également fort remarquable par sa struc-

Grav. 9. — Vue extérieur de la Sainte-Chapelle.

ture, mais dont la destinée ne fut pas plus heureuse, car à son tour elle fut détruite par la Révolution. La flèche actuelle a été construite il y a peu d'années. Toutes les arêtes et les lignes saillantes sont dorées, et reluisent aux regards, les jours de soleil, comme le dôme d'un minaret.

La Sainte-Chapelle se compose d'une église haute et d'une église basse, dont l'intérieur était orné autrefois de peintures murales que l'on est parvenu à rétablir, dans leur état primitif, malgré l'état de dégradation dans lequel elles se trouvaient. Les vitraux seuls n'ont pas trop souffert, et ils sont aujourd'hui tels qu'ils étaient à l'origine.

Les travaux de restauration pratiqués à la Sainte-Chapelle en 1845 firent découvrir, dans l'église supérieure, une boîte en or renfermant les restes d'un cœur humain. On crut que l'on avait trouvé le cœur de saint Louis; une vive discussion s'engagea à ce sujet, qui laissa la question dans le même état de doute. En présence de ces incertitudes, on replaça la boîte là où elle avait été trouvée.

Pendant la période révolutionnaire, la Sainte-Chapelle éprouva de grandes pertes : elle fut dépouillée de ses reliques, et ses ornements précieux furent envoyés avec ses pierres montées sur métal à la Monnaie. Les archives judiciaires s'y installèrent en 1802, et pour leur faire la place nécessaire, il fallut enlever le jubé et les statues des Apôtres. Le jubé fut transporté au musée des monuments; mais les statues des Apôtres furent dispersées çà et là. Cependant, lorsque, sous le règne de Louis-Philippe Ier, on restaura la Sainte-Chapelle, on parvint, à force de recherches, à retrouver les statues, qui ont repris leur place. On rétablit également le jubé.

La Sainte-Chapelle a une longueur de 46 mètres sur 17 de large. La flèche a 33 mètres d'élévation.

Tous les ans, à la rentrée, la magistrature assiste à une messe solennelle qui se célèbre à la Sainte-Chapelle.

La gravure suivante représente l'intérieur de ce merveilleux édifice au moment même où cette cérémonie s'y accomplit, en grande pompe.

Je ne dois pas abandonner la région du Palais de Justice sans

Grav. 10. — Vue intérieure de la Sainte-Chapelle.

parler de la fontaine Desaix, qu'on voit sur la place Dauphine, dans le voisinage de la rue du Harlay.

La Fontaine Desaix a été élevée, en 1803, sur les dessins de Percier et Fontaine, en l'honneur de l'illustre guerrier de ce nom. On y voit son buste porté sur une urne et couronné par la France. Deux Renommées y inscrivent les noms des batailles auxquelles il a assisté, et au-dessous on lit ce qui suit :

« Allez dire au premier consul que je meurs avec le regret de n'avoir pas assez fait pour la postérité. »
Landau, Kehl, Weissembourg, Malte, Chebreis, Embabé, les Pyramides, Sediman, Samanhout, Kane, Thèbes, Marengo, furent les témoins de ses talents et de son courage. Les ennemis l'appelaient le Juste; ses soldats, comme ceux de Bayard, Sans peur et sans reproche; il vécut, il mourut pour sa patrie.
L. Ch. Ant. Desaix, né à Ayat, département du Puy-de-Dôme, le 17 août 1758; mort à Marengo le 25 prairial an VIII de la République (14 juin 1800). Ce monument lui fut élevé par des amis de sa gloire et de sa vertu, sous le consulat de Bonaparte, l'an X de la République.

La fontaine Desaix décore la place Dauphine, place triangulaire dont elle occupe le centre. On sait que cette place, dont les constructions rappellent un peu le style de celles de la place Royale, date du règne d'Henri IV, qui l'a commencée, et du règne de Louis XIII, qui l'a terminée.

Le pont Neuf. — Ce pont mène des quais de l'École et de la Mégisserie aux quais Conti et des Augustins. Il a été commencé par l'architecte Ducerceau, sous Henri III, qui en posa la première pierre le 30 mai 1578 et terminé par l'architecte Marchand, seulement en 1604, sous Henri IV.

L'œuvre de ces deux architectes a du reste été souvent remaniée et le magnifique pont, récemment restauré, qu'on admire aujourd'hui, n'est plus le pont du dix-septième siècle. Il se compose de deux parties inégales qui se réunissent sur l'extrémité occidentale de l'île de la Cité, où les deux bras de la Seine viennent de même se confondre. La partie jetée sur le bras droit contient sept arches circulaires et celle du bras gauche en a cinq. La longueur totale du pont est de 340 mètres, et sa largeur de 26 mètres. Les arches sont hardies et supportent une corniche sculptée. Sur les piles sont des ressauts demi-circulaires où se trouvaient autrefois des boutiques, aujourd'hui remplacées par des bancs.

A la seconde arche, du côté du quai de l'École, était la Samaritaine, bâtiment hydraulique à trois étages, construit sur pilotis vers 1607, reconstruit en 1712 et abattu en 1813. Cette pompe alimentait les bassins et les fontaines du palais des Tuileries ; elle était ainsi appelée parce qu'on y voyait le Christ assis près du bassin d'une fontaine, demandant à boire à la Samaritaine. Le comble de l'édifice était surmonté par un campanile renfermant un carillon qui exécutait différents airs au moment où chaque heure était près de sonner.

Avant la Révolution, Rulhières était gouverneur de la Samaritaine. Le peintre de marine Crepin y a demeuré jusqu'à l'époque de sa destruction, et y a composé ses meilleurs tableaux.

Le 22 avril 1617, le corps du maréchal d'Ancre, enlevé de l'église Saint-Germain-l'Auxerrois, fut traîné par les rues sur une claie jusqu'au bout du pont Neuf, ensuite pendu à une potence, horriblement mutilé et brûlé sur ce même pont, devant la statue d'Henri IV. La fureur fut si grande, que chacun voulait avoir un morceau de son cadavre : on vendit fort cher ses oreilles, ainsi que ses cendres, qui se payaient un quart d'écu l'once !

Vers 1619, on voyait sur la place du pont Neuf, du côté de la place Dauphine, le théâtre de Tabarin, bouffon gagé d'un célèbre vendeur de baume et d'onguent, nommé Mondor ; on y représentait de petites pièces à intrigues et des farces dites tabariniques.

Le pont Neuf était déjà à cette époque le rendez-vous commun des étrangers, le lieu le plus fréquenté de la ville ; on le trouvait constamment couvert d'une foule de curieux, de charlatans qui vendaient du baume et jouaient des farces, de banquistes qui faisaient des tours de gobelets, de marchands de chansons, qui les chantaient sur des airs populaires, auxquels plus tard est resté le nom de *ponts-neufs*. Maître Gonin, fameux joueur de gobelets, y avait ses tréteaux, et Brioché ses marionnettes.

Le pont Neuf, si peuplé de marchands et de charlatans de toute espèce, l'était aussi par de nombreux filous, par de hardis voleurs, qui n'appartenaient pas toujours aux dernières classes de la société.

C'est là que les *tire-laines* enlevaient violemment les manteaux des bourgeois, et que les coupeurs de bourses tranchaient avec adresse les cordons de celles que les hommes ou les femmes portaient alors pendues à leur ceinture. Sur ce théâtre de désordres, de querelles et de rixes continuelles, on voyait pêle-mêle des vagabonds de toutes les classes, de jeunes débauchés appartenant à d'honnêtes familles, des gentilshommes sans argent et des princes échappés aux entraves de l'étiquette, cherchant dans cette bagarre des distractions aux ennuis de la grandeur. Le comte de Rochefort dit dans ses Mémoires que Gaston, duc d'Orléans, frère de Louis XIII, après avoir fait la débauche, prit plaisir à s'embusquer un soir sur le pont Neuf, à la tête d'une escouade de détrousseurs, tous bons gentilshommes, et y enleva cinq à six manteaux aux passants : le comte de Rochefort, le comte d'Harcourt et le chevalier de Rieux étaient de cette étrange expédition.

Avant la Révolution, des petits marchands dressaient chaque jour sur les trottoirs du pont Neuf de petites boutiques qu'ils enlevaient tous les soirs, et qui étaient louées au profit des grands valets de pied du roi.

Sur le terre-plein du pont Neuf existait, vers la fin du siècle dernier, un café où chaque soir l'astronome Jérôme de Lalande, Mercier et Rétif de la Bretonne se réunissaient et se livraient à haute voix à une conversation des plus piquantes.

A l'un des angles de ce terre-plein où s'élève la statue d'Henri IV, il y avait autrefois un corps de garde où le pauvre Gilbert, mourant de génie et de faim, fut souvent forcé de chercher un refuge; les soldats, touchés de la douleur et de la misère de cet infortuné jeune homme, partageaient avec lui leur nourriture.

La statue d'Henri IV. — Placée au milieu du pont Neuf, sur le môle qui est à l'ouest, cette statue ne date que de 1818.

Louis XVIII posa la première pierre du piédestal, où fut enfermé un magnifique exemplaire de la *Henriade*. Ce piédestal est orné de deux bas-reliefs : l'un rappelle l'entrée d'Henri IV à Paris; l'autre représente ce monarque au moment où il donne l'ordre à ses soldats de laisser entrer des vivres dans la capitale assiégée et affamée.

Le modèle de la statue est de Lemot, et le métal, qui provient de plusieurs statues a été fondu par Piggiani. Sa hauteur totale est de 3 mètres, et son poids de 30 milliers. La plate-forme et le piédestal sont en marbre blanc.

Une inscription latine, gravée sur le piédestal, indique les circonstances et la date de l'érection de ce monument, dont les frais ont été remplis par des souscriptions volontaires.

Curiosités diverses.

Le premier arrondissement renferme encore, dispersées sur divers points, les curiosités dont la nomenclature va suivre :

L'ÉGLISE SAINT-ROCH, rue Saint-Honoré. Louis XIV et Anne d'Autriche posèrent la première pierre de cette église, en 1653. Elle fût bâtie sur l'emplacement de deux vieilles chapelles, dont l'une ne remontait qu'au commencement du seizième siècle. L'autre, que l'on appelait chapelle de Sainte-Suzanne de Gaillon, n'a pas laissé de trace dans l'histoire ; on ignore même l'origine et l'époque de sa fondation.

C'est sur les dessins de Jacques Mercier et de Robert Colld que cet édifice religieux fut édifié, mais ce dernier ne participa qu'au portail, qui est d'un bel aspect. Il se compose de deux ordonnances, l'une dorique et l'autre corinthienne ; cette dernière est couronnée d'un fronton.

La nef a une longueur de 30 mètres, et 20 piliers embellis de pilastres doriques, avec des bases de marbre, en soutiennent la voûte. Les bas-côtés s'appuient sur 48 piliers engagés, et elle est entourée par dix-huit chapelles, sans compter celles qui sont placées en arrière, sous les croisées, ou adossées aux piliers du chœur.

Parmi ces chapelles, je dois signaler au visiteur celle de la *Vierge*, remarquable par le nombre et le luxe de ses décorations. Je ne citerai que le *Calvaire* entouré de rochers, et où l'on voit reposer des soldats enluminés. C'est d'un effet imprévu et nouveau. La chapelle de la *Communion* où se voient des peintures de Paul Hodtz, celle du

Calvaire, construite sur les plans de Falconnet, méritent aussi d'attirer l'attention.

Parmi les personnes illustres par leur talent ou leur naissance, qui ont été enterrées dans l'église Saint-Roch, se trouvent Marie-Anne de Bourbon, fille de Louis XIV; le peintre Mignard et Pierre Corneille. C'est là aussi que furent célébrées, en 1806, les obsèques de madame de Montesson, secrètement mariée au duc d'Orléans, aïeul du roi Louis-Philippe.

Le perron assez élevé de cette église rappelle un fait historique que je ne saurais passer sous silence. Le 5 octobre 1795, une insurrection avait éclaté dans Paris, et le jeune Bonaparte, qui allait bientôt commencer son immortelle campagne d'Italie, fit déloger à coups de canon les insurgés qui s'étaient massés sur ce perron.

L'Asomption, ancienne église située à l'angle des rues Saint-Honoré et de Luxembourg. Cette église a été construite de 1670 à 1676, par l'architecte Charles Erard, directeur de l'Académie de France, à Rome, pour un couvent de religieuses augustines, transformé en caserne; c'est maintenant une simple chapelle, servant de succursale, pour le catéchisme, à la paroisse de la Madeleine.

L'église Saint-Leu-Saint-Gilles, rue Saint-Denis et boulevard Sébastopol. Cette église dont on a récemment restauré le chœur, renouvelé les vitraux et reconstruit le chevet, occupe l'emplacement d'une chapelle construite en 1235, reconstruite en 1320 et complétement refaite en 1727. Elle dépendit longtemps de l'abbaye de Saint-Magloire et ne fut érigée qu'en 1617, en église paroissiale. Pendant la Révolution elle servit de magasin à salpêtre; mais en 1813, elle fut restituée au culte. On a placé sous le maître-autel, qui est orné d'un beau Christ qu'on voyait autrefois dans l'église du Saint-Sépulcre, une chapelle basse. La nef qui est de style ogival est flanquée de bas-côtés du seizième siècle. Le chœur et l'abside sont du dix-septième siècle. Dans toutes les chapelles on remarque des œuvres d'art de différents genres; des sculptures et des peintures. On cite aussi une belle grille en fer forgée établie dans le pourtour du côté de la nef.

L'Oratoire. Ce monument est situé 157, rue Saint-Honoré; c'est une ancienne chapelle, bâtie de 1621 à 1630, par l'architecte Jacques

Lemercier, sur l'emplacement de l'hôtel de Gabrielle d'Estrées, pour la congrégation du cardinal de Bérulle, maintenant consacrée au culte réformé de la secte de Calvin. Cet édifice récemment restauré qui possède un portail, bâti en 1745, par Pierre Laqué, est composé d'un ordre dorique et d'un ordre corinthien; l'intérieur appartient à ce dernier style.

L'hôtel de la Banque de France. Érigé en 1720 par Mansart pour le duc de la Vrillière sur l'emplacement d'un palais qui avait appartenu au comte de Toulouse; cet hôtel est voisin du Palais-Royal.

On retrouve dans l'hôtel du duc de la Vrillière, sous le nom de *galerie dorée*, une galerie historique qui a fait partie de l'hôtel du comte de Toulouse. Cette galerie est dans un corps de bâtiments orné de sculptures et de bas-reliefs de Vassa, et un plafond voûté couvert de fresques, par François Perrier. Ces fresques sont du milieu du dix-septième siècle.

La cour d'honneur est entourée de bâtiments pour les caisses et les échanges de billets de banque et d'effets publics. La grande porte est en pilastres d'ordre ionique, surmontés de statues. Le premier étage est occupé par les censeurs. Le gouverneur habite les appartements de l'aile droite.

La plus intéressante curiosité de l'hôtel de la Banque de France, ce sont les caves où sont déposés tout l'or et tout l'argent que cet établissement possède, soit en lingots, soit monnayés. C'est peut-être le plus riche dépôt de ce genre qui soit au monde.

On place les lingots et les monnaies d'or et d'argent dans des barils, rangés dans des caveaux fermés de plusieurs portes et on ne les en extrait qu'avec des précautions et des formalités qui rendent les soustractions impossibles.

Ces caveaux sont d'une solidité inébranlable; on n'y descend que par un puits garni d'un escalier en spirale, praticable pour une seule personne à la fois, et fermé par une porte en fer à plusieurs clefs. En cas d'alarme l'escalier de service pourrait être aussitôt comblé avec de l'argile, les caves inondées et même infectées par des évaporations méphitiques qui ne permettraient à personne d'en approcher sans être aussitôt asphyxiés.

L'hôtel des Postes, qui se trouve dans le premier arrondissement, a été autrefois l'hôtel d'Armenonville. Cet hôtel avait été construit par le duc d'Épernon, sur l'emplacement de l'ancien palais des comtes de Flandre. Ce palais avant de disparaître, fut quelque temps converti en théâtre par les *confrères de la Passion* qui, dans le quinzième siècle y jouèrent plusieurs fois des mystères. Cet hôtel qui n'est plus en harmonie avec l'importance du service public auquel il est approprié, doit être transporté et réédifié sur un point qui n'est pas encore déterminé.

Le pont des Arts, construit de 1801 à 1803, pont à neuf arches de fer fondu, de 16 mètres 80 centimètres d'ouverture chacune, d'une longueur de 130 mètres, d'un largeur de 10 mètres, exclusivement réservé aux piétons, et ainsi nommé à l'époque où le palais du Louvre s'est appelé le palais des Arts.

Le pont du Carrousel, construit de 1832 à 1834 par l'ingénieur Polonceau, pont formé de trois arches en fer fondu de 47 mètres 67 centimètres d'ouverture chacune, et dont les arcs en fonte, ayant la forme de tuyaux recourbés à section elliptique, recouvrent des pièces goudronnées; orné enfin, depuis 1847, de quatre statues colossales en pierre, de Petitot, placées aux extrémités et représentant, sur la rive droite, l'Abondance et l'Industrie, sur la rive gauche, la Seine et Paris.

Le pont Royal, construit en pierre, en 1664, sous la direction du dominicain François Romain, en remplacement d'un pont en bois de 1662, qui succédait lui-même à un simple bac, pont composé de cinq arches en plein cintre d'un diamètre moyen de 22 mètres, d'une longueur, entre les culées, de 128 mètres, d'une largeur, entre têtes, de 17 mètres, et muni d'une échelle métrique mesurant la hauteur des eaux de la Seine.

Le pont de Solferino, construit de 1858 à 1859, sous la direction de M. de la Gallierre; pont composé de trois arches de 40 mètres d'ouverture chacune, composée de 7 arcs en fonte, et supportées par deux piles de 3 mètres 25 centimètres, et deux culées de 8 mètres 80 centimètres d'épaisseur, les unes et les autres en maçonnerie fondées sur un massif de béton, de 5 mètres d'épaisseur, et coulées à 5 mètres sous l'eau dans un caisson de charpente, avec un tablier formé de voûtes en briques de 22 mètres d'épaisseur; pont de 144 mètres 50 centimètres de longueur, de 20 mètres de largeur, entre-tête avec une chaussée de 12 mètres, des trottoirs de 4 mètres et des parements décorés d'écussons portant les initiales impériales surmontées d'une couronne et une corniche à coupoles, ornée de dés rectangulaires, où sont inscrits les noms des victoires remportées par l'armée française dans la dernière guerre d'Italie : Solférino, Melegnano, Magenta, Turbigo, Palestro, Montebello.

L'Hôtel de la Vrillière, 4, rue Saint-Florentin, longtemps habité par le prince de Talleyrand qui y est mort et qui y reçut, en 1814, Alexandre Ier, empereur de Russie.

On voit encore dans la rue d'Argenteuil, la MAISON qu'occupait Pierre Corneille; elle porte le n° 18. C'est là qu'est mort l'auteur du *Cid*, de *Polyeucte*, des *Horaces*, de *Cinna* et de *Rodogune*. Ce souvenir est inscrit sur une plaque de marbre noir, scellée dans le mur. Au fond de la cour, on a placé le buste du père de la tragédie française. Ce buste occupe une niche perpétuellement ornée de fleurs.

LE CID (1636).
LE GRAND CORNEILLE EST MORT DANS
CETTE MAISON,
LE 1er OCTOBRE 1684.

Et au-dessous :

JE NE DOIS QU'À MOI SEUL TOUTE MA RENOMMÉE.

Voltaire a demeuré quelque temps dans une MAISON qui fait l'angle des rues Clos-Georgeau et Fontaine-Molière.

C'est dans la MAISON de la rue Richelieu qui porte le n° 34, qu'est mort Molière, le vendredi, 17 février 1673, à dix heures du soir. On sait qu'ayant été indisposé pendant la quatrième représentation du *Malade imaginaire*, il fut porté dans sa chaise, du théâtre du

Palais-Royal à sa maison. Un instant après son arrivée, il lui prit une forte toux, et après avoir craché beaucoup de sang il demanda de la lumière. Baron, qui ne l'avait pas quitté, voyant le sang qu'il venait de rendre, descendit pour dire à la femme de Molière de monter. Molière resta assisté de deux sœurs religieuses qui venaient ordinairement quêter pendant le carême et auxquelles il donnait l'hospitalité. Elles lui donnèrent à ce dernier moment de la vie tous les secours édifiants qu'on pouvait attendre de leur charité. Quand Baron et la femme de Molière remontèrent, ils le trouvèrent mort. C'était le 17 février 1673, à dix heures du soir. Molière avait cinquante et un ans, un mois et deux ou trois jours. Le curé de Saint-Eustache, sa paroisse, lui refusa la sépulture ecclésiastique. Toutefois il fut décidé qu'on accorderait *un peu de terre*, mais que le corps s'en irait directement, et sans être présenté à l'église. Le 21 février au soir, le corps, accompagné de deux ecclésiastiques, fut porté au cimetière Saint-Joseph, rue Montmartre. Deux cents personnes environ suivaient, tenant chacune un flambeau ; il ne se chanta aucun chant funèbre. Dans la journée même des obsèques, la foule, toujours fanatique, s'était assemblée autour de la maison mortuaire avec des apparences hostiles : on la dissipa en lui jetant de l'argent.

On a placé sur la façade principale de cette maison, à l'origine du second étage, un très-beau cadre en marbre blanc, au milieu duquel on lit, sur un fond noir, écrit en lettres d'or :

MOLIÈRE EST MORT DANS CETTE MAISON,

LE 17 FÉVRIER 1673,

A L'AGE DE CINQUANTE ET UN ANS.

La maison où naquit l'immortel auteur du *Misanthrope* est aussi dans le premier arrondissement ; elle porte rue de la Tonnellerie le n° 33 ; une inscription commémorative consacre ce souvenir.

On remarque sur la façade de la maison de la rue Saint-Honoré, qui porte le n° 3 le buste d'Henri IV, avec une inscription latine dont voici la traduction :

« La présence d'Henri le Grand est un bonheur pour les citoyens dont tous les cœurs lui appartiennent à jamais. »

C'est devant cette maison que le chef de la dynastie des Bourbons fut assassiné le 14 mai 1610, avec un couteau qu'on voit aujourd'hui au musée d'artillerie, par Ravaillac qui avait logé, pour se préparer à son crime, à l'*hôtel des Trois Pigeons*, en face Saint-Roch.

DEUXIÈME ARRONDISSEMENT.

Le deuxième arrondissement a pour limites : premièrement, la ligne déjà indiquée, qui ne répondant à aucune voie, va à peu près directement de la rue aux Ours à la place des Victoires, la rue Neuve-des-Petits-Champs et la rue Neuve-des-Capucines; secondement, les boulevards des Capucines, des Italiens, Montmartre, Poissonnière, Bonne-Nouvelle, Saint-Denis, jusqu'au boulevard de Sébastopol; troisièmement, le boulevard de Sébastopol, depuis le boulevard Saint-Denis jusqu'à la rue aux Ours.

Le palais de la Bourse. — Le palais de la Bourse s'élève sur la place de ce nom. Cette place a été ouverte sur l'espace qu'occupait autrefois le couvent des Filles-Saint-Thomas, fondé en 1652 par une princesse de Longueville, couvent qui servit de quartier-général à l'insurrection du 13 vendémiaire.

Le palais de la Bourse est bâti sur les ruines mêmes du couvent des Filles-Saint-Thomas. Il a été commencé en 1808 par l'architecte Brongniart, qui est mort avant l'achèvement de son œuvre, le 8 juin 1813. Il a été continué par l'architecte Labarre, inauguré le 4 novembre 1826, et terminé en 1827.

Le palais de la Bourse présente un parallélogramme long de 71 mètres, large de 49 mètres et haut de 19 mètres au-dessus du pavé de la place, au droit des faces extérieures, ou de 30 mètres jusqu'au sommet des combles. L'édifice est environné de soixante-six colonnes corinthiennes élevées sur un soubassement haut d'environ 3 mètres. Ces colonnes ont 1 mètre de diamètre et 10 mètres de hauteur. Ce péristyle supporte son entablement et un attique, et forme autour de l'édifice une galerie couverte, à laquelle on arrive par deux perrons de seize marches occupant toute la largeur des deux faces orientale et occidentale. Ces deux perrons sont ornés de statues allégoriques qui représentent la Justice consulaire, le Commerce, l'Agriculture et l'Industrie, et qui sont dues au ciseau des sculpteurs Duret, Dumont, Seurre et Pradier. Du perron occidental, qui est le principal, on arrive à un grand vestibule. Sur le front occidental, qui regarde la place de la Bourse, est une horloge éclairée la nuit.

La grande salle de la Bourse est au rez-de-chaussée et au centre de l'édifice; elle a 32 mètres de long sur 18 mètres de large; elle peut contenir 2,000 personnes, et elle est éclairée par le comble. Cette salle, pavée en marbre, est ornée de bas-reliefs représentant les opérations commerciales de la capitale. A son extrémité est le parquet des agents de change et des courtiers du commerce. A droite sont d'autres salles de service, et à gauche l'escalier qui conduit au tribunal de commerce, qu'on doit prochainement transférer dans le magnifique édifice qu'on lui élève en face du Palais de Justice. Les salles qui lui sont actuellement consacrées donnent sur une galerie supérieure de 5 mètres de large, du haut de laquelle on peut contempler le bruyant et singulier spectacle qu'offre le public de la Bourse aux heures du marché des fonds publics et des valeurs mobilières.

D'admirables grisailles ornent les voussures de la salle de la Bourse. Il y a aussi de belles peintures au fond de la salle provisoire du tribunal de commerce. Les sujets de ces diverses grisailles ou peintures sont des personnifications allégoriques. Au nord, c'est la France commerciale agréant les tributs de l'Europe et de l'Asie; ce sont les villes de Nantes et de Rouen. Au front de l'entrée principale, c'est la ville de Paris offrant les clefs de la cité au dieu du commerce, et invitant la Justice commerciale à entrer dans les murs qui lui sont ouverts; ce sont les villes de Bordeaux et de Lille. A droite, c'est l'union du Commerce et des Arts qui amènent la prospérité dans l'État; ce sont l'Afrique et l'Amérique, les villes de Lyon et de Bayonne. Au-dessus de l'entrée, la ville de Paris reçoit de la nymphe de la Seine, peinte par Meynier, les produits de l'abondance; et à côté ce sont les villes de Strasbourg et de Marseille. Toutes ces figures allégoriques sont d'un merveilleux effet. On doit au pinceau d'Abel de Pujol celles de Lille, de Nantes, de Rouen, de l'Europe et de l'Asie. C'est également à cet artiste qu'on doit la composition qui rappelle que le roi Charles X a fait présent à la ville de Paris du palais de la Bourse, dont la dépense s'est élevée à 8,149,192 francs, seulement pour les frais de construction, d'appropriation et d'ornementation. Ce palais occupe un espace de 3,500 mètres, dont la valeur n'est pas comprise dans cette somme.

La Bibliothèque impériale, rue de Richelieu. — Charles V eut l'idée de rassembler dans une tour du Louvre, qu'on nomma *Tour de la Librairie*, les meilleurs ouvrages manuscrits qu'on put se procurer pour en former un dépôt qu'on mit à la disposition du public, et qui prit le nom de bibliothèque du Roi.

Gilles Malet fit l'inventaire de ce dépôt en 1375. Il comptait alors 910 volumes écrits sur parchemin. C'étaient spécialement des traités de théologie mêlés de quelques livres d'histoire, de droit, de médecine et d'astrologie, de plusieurs volumes de romans et de chansons et de plusieurs traductions d'ouvrages latins.

Sous Charles VI, la tour de la Librairie fut mise au pillage par les gens de la cour. En 1423 on n'y comptait plus que 853 volumes, que le duc de Bedford acheta pour la modique somme de 1200 livres tournoi, et qu'il envoya en Angleterre. Heureusement, sous le règne de Louis XII, on parvint à recouvrer une partie de ces manuscrits et on les restitua à la bibliothèque du Roi, que Louis XI avait recomposée en réunissant, de nouveau, en une seule collection, tous les ouvrages qu'on put trouver alors dans les différentes résidences souveraines de France. Sous ce même règne, on y ajouta les livres qui avaient formé la bibliothèque de Pavie, livres que Charles VIII avait rapportés d'Italie.

Louis XI avait replacé la bibliothèque du Roi dans la tour de la Librairie. Louis XII la fit transporter dans son château de Blois et François Ier la transféra dans le palais de Fontainebleau, où elle fut réunie à une collection de manuscrits grecs, latins et orientaux qu'on y avait commencée sous la direction d'abord de Guillaume Budé et ensuite de Pierre Duchâtel.

C'est en 1556, sous le règne d'Henri II, que l'usage, qui existe toujours, fut établi de déposer à la bibliothèque du Roi un exemplaire de tous les ouvrages imprimés en France. Cette bibliothèque resta au palais de Fontainebleau jusqu'en 1596. A cette époque, Henri IV la fit revenir à Paris, où elle fut placée dans les bâtiments du collége de Clermont, qui appartenait autrefois aux jésuites et qui est aujourd'hui le lycée Louis-le-Grand. Ce fut alors qu'on lui fit don des 800 manuscrits du maréchal de Strozzi, que Catherine de Médicis avait confisqués. Ces manuscrits furent plus tard enrichis d'une reliure splendide, qu'on paya avec le produit de la vente des biens des jésuites.

La bibliothèque du Roi était destinée à de nombreux changements de domicile. Des bâtiments du collége de Clermont, elle fut successivement transférée au couvent des Cordeliers, rue de la Harpe et à l'hôtel Colbert, rue Vivienne. Le premier déplacement se fit sous Louis XIII; la seconde translation se fit sous Louis XIV. Ainsi, dans la première période de son existence, ce précieux dépôt des richesses intellectuelles du monde déménageait presque à chaque règne.

Sous Louis XIII, la bibliothèque du roi s'était augmentée de collections importantes.

Mais se fut surtout sous Louis XIV qu'elle reçut des accroissements considérables, qui commencèrent à en faire l'un des plus riches dépôts scientifiques et littéraires d'Europe. Ce monarque faisait acquérir pour elle dans le monde entier tous les ouvrages nouveaux qui avaient quelque intérêt, quelque utilité, tous les documents qui pouvaient servir à l'étude, estampes, objets d'art, antiquités, manuscrits, médailles et camées.

Sous ce grand règne, quelques grands personnages firent don également à la bibliothèque du roi de collections qu'ils avaient formées à grand prix. Augmentée d'environ vingt mille volumes, et d'un nombre considérable de manuscrits, de gravures, de médailles et d'antiquités, cette bibliothèque fit, dès cette époque, partie du domaine inaliénable de la couronne.

En 1706, le ministre protestant, Aimon, prêtre apostat du Dauphiné, vola un grand nombre de manuscrits d'histoire et de théologie qui appartenaient à la bibliothèque du Roi. Il vendit les uns à des particuliers et publia les autres en Hollande. Quelques-uns de ces manuscrits ont été ultérieurement restitués. Mais le plus grand nombre est resté en des mains étrangères. Heureusement cette perte fut largement compensée dès les premières années du règne de Louis XV, par l'acquisition du cabinet de Pierre d'Hozier, juge d'armes de la noblesse de France. On sait que ce cabinet formait un immense recueil de documents généalogiques, qui a été continué jusque vers 1790 par les héritiers du savant qui l'avait créé.

Pendant une grande partie du long règne de Louis XV, l'abbé Bignon dirigea la bibliothèque du Roi avec le dévouement le plus assidu et le plus éclairé. Sous son intelligente et active administration, elle s'enrichit de nombreuses collections privées de La Vallière, collections qui renfermaient des richesses devenues inestimables. C'est aussi vers ce temps que fut principalement formée, par les soins des missionnaires français, celle des livres chinois.

L'installation de la bibliothèque du Roi dans le local qu'elle occupe encore sous le titre de bibliothèque Impériale date également du règne de Louis XV et remonte à l'année 1724.

On sait que le cardinal Mazarin habitait une demeure princière, que l'architecte Lemuet avait construite pour le président Tubeuf à l'angle de la rue Vivienne, sur la rue Neuve-des-petits-Champs et que François Mansart augmenta, par ordre du premier ministre de Louis XIII, de nouveaux bâtiments élevés sur la rue de Richelieu.

Après la mort de Mazarin, ce palais fut divisé en deux grandes portions. Celle qui était sur la rue de Richelieu devint l'hôtel de Nevers, et fut donnée au marquis de Mancini ; celle qui était sur la rue Vivienne et la rue Neuve-des-petits-Champs conserva le nom d'hôtel Mazarin et devint la propriété du duc de la Meilleraie.

En 1719, le domaine royal avait acheté tout à la fois l'hôtel Mazarin et l'hôtel de Nevers, qui furent alors réunis pour servir de local aux transactions de la fameuse banque de Law et aux bureaux de la Compagnie des Indes. En 1724, l'hôtel de Nevers fut attribué à la bibliothèque du Roi qui était déjà trop à l'étroit dans l'hôtel Colbert. L'hôtel Mazarin ne fit pas d'abord partie des bâtiments de ce précieux établissement. Sous le premier empire, il n'en dépendait pas encore. On y avait installé le trésor public, aujourd'hui établi rue de Rivoli, dans l'hôtel même du ministère des finances.

Mais cette immense collection d'imprimés, de manuscrits, de médailles, d'antiques, de cartes, de gravures et d'estampes, qu'on nomme maintenant la bibliothèque Impériale, devait s'étendre constamment, et, aux locaux primitifs qu'elle occupait seule à l'origine elle ajouta successivement toutes les anciennes parties du palai célèbre, dont Romanelli a peint les plafonds et dont Grimald Bolognese a décoré les murailles. Elle comprend aujourd'hui l'hôte Colbert, qui lui est resté, l'hôtel Mazarin, l'hôtel de Nevers et plusieurs dépendances adjacentes et maisons voisines qu'il a fallu ajouter.

Sous le règne de Louis XVI, la bibliothèque du Roi, qui allait devenir momentanément la bibliothèque Nationale, marcha lentement dans les voies d'accroissement et de perfectionnement où l'abbé Bignon l'avait fait entrer. Mais les divers pouvoirs publics qui se succédèrent de 1792 à 1804, rivalisèrent de zèle pour apporter à ce vaste et précieux dépôt le tribut de leurs dons et de leur recherches. Les collections formées depuis les temps les plus anciens dans les monastères et les couvents de Paris y entrèrent à l'époque où la suppression de ces couvents et de ces monastères fut décretée. C'est ainsi qu'elle s'augmenta des fonds d'une foule de maisons religieuses riches en livres et en manuscrits. Ces divers fonds comprennent, indépendamment d'un nombre considérable de volumes imprimés, environ dix-huit mille manuscrits grecs, latins, orientaux, français, italiens, anglais, espagnols, portugais, hollandais et allemands. A cette époque, on recommença les acquisitions à l'étranger, que Louis XIV avait faites sur une échelle considérable, que Louis XV avait continuées, mais que Louis XVI avait interrompues. Depuis, ces acquisitions n'ont plus cessé.

Enfin, sous l'Empire, en 1811, on rétablit, par une loi, l'usage que Henri II avait institué par une ordonnance, de faire déposer à la bibliothèque de la rue de Richelieu, devenue la bibliothèque Impériale, un exemplaire de chaque ouvrage imprimé et de chaque carte ou estampe gravées en France, usage qui avait été quelque temps interrompu. On acheta également, à prix d'argent, à cette même époque, tous les ouvrages qui avaient paru durant cette interruption et qui n'existaient pas dans ce dépôt public.

La Restauration continua l'œuvre de l'empire. Sous ces deux gouvernements, la bibliothèque de la rue de Richelieu acquit de nombreuses collections et le zodiaque de Denderah. Sous la monarchie de 1830, elle acheta un grand nombre d'ouvrages étrangers. Malheureusement, un vol considérable y eut lieu, sous le règne de Louis-Philippe, dans la nuit du 5 au 6 novembre 1831. On déroba, dans son riche médaillier, des pièces capitales du plus grand intérêt et du plus grand prix. On retrouva quelques-unes de ces pièces au fond de la Seine, mais la plupart d'entre elles avaient été fondues par les voleurs et sont restées à jamais perdues pour la science et pour l'étude.

Si on vole quelquefois la bibliothèque de la rue de Richelieu, souvent aussi on lui donne. Ainsi, tout récemment, M. le duc de Luynes lui a fait don de ses magnifiques collections, qui se composent de 6,893 médailles, 373 camées, pierres gravées et cylindres, 188 bijoux en or, 39 statuettes de bronze, 43 armures et armes antiques, 85 vases étrusques et grecs; d'un grand nombre de monuments de diverse nature, d'une superbe tête de statue romaine en bronze, enfin d'un admirable torse de Vénus en marbre grec.

Les collections du duc de Luynes ont pris place, dans le département des antiques, à côté des trésors que le comte de Caylus donnait, il y a un siècle, à ce grand établissement, par un de ces actes dont la munificence devait être encore dépassée.

La bibliothèque Impériale, que beaucoup de legs et d'envois viennent enrichir, a fait, du reste, elle-même, dans ces dernières années, de nombreuses acquisitions d'un prix inestimable. Au nombre de ces acquisitions on doit citer en première ligne les vases de Bernay, la collection Rousseau, les manuscrits éthiopiens apportés par M. d'Héricourt et la collection de portraits formée par Debure.

Enfin, le département des imprimés achète chaque année, depuis un quart de siècle, un nombre considérable d'ouvrages étrangers, en même temps qu'il reçoit un exemplaire de tous les livres qui paraissent en France, ainsi que de toutes les gravures, cartes ou estampes qu'on y publie.

Les bâtiments qui forment actuellement la bibliothèque Impériale sont compris entre les rues de Richelieu, Vivienne, Colbert et Neuve-des-Petits-Champs. Ces bâtiments occupent un espace qui formera un quadrilatère régulier, lorsque l'État se sera rendu acquéreur, ainsi qu'il en a le projet, des maisons particulières situées à l'angle des rues Vivienne et Colbert. Ils subissent, du reste, en ce moment, au moyen de restaurations successives et partielles, une transformation générale. Ainsi, du côté de la rue Vivienne, on a mis à découvert une charmante façade dans le style de Louis XIII, façade où la pierre s'harmonise avec la brique, et une cour fermée par une grille élégante. Du côté de la rue Neuve-des-Petits-Champs on remarque des pavillons d'une architecture analogue, récemment réparés.

La reconstruction de la façade qui regarde la rue de Richelieu, est également commencée. La partie déjà réédifiée est en pierre de taille. C'est dans cette rue que se trouve l'entrée principale qui conduit aux salles d'étude. On y arrivait autrefois par une cour en partie plantée d'arbres, en partie pavée, au milieu de laquelle on apercevait une fontaine et la statue de Charles V. Mais on construit en ce moment, dans cette cour, une seconde et vaste salle de lecture qui va complétement en changer la physionomie. Toutes les dispositions intérieures, du reste, seront nécessairement modifiées, lorsque la restauration générale du monument sera achevée ; aussi est-il inutile d'en faire la description, puisque, de jour en jour, cette description deviendrait inexacte.

La reconstruction des bâtiments prépare diverses améliorations qu'on projette dans toutes les parties du service, améliorations qu ont pour but l'intérêt du public, la facilité des recherches et l'étude de la science. Cette reconstruction marche concurremment avec la formation du catalogue général de toutes les richesses que cet établissement renferme. Je vais en donner, par spécialité, une indication sommaire qui pourra suffire à diriger les lecteurs de ce livre dans leur exploration à travers cet amas de trésors scientifiques et littéraires.

La bibliothèque Impériale est partagée en quatre grandes divisions qu'on nomme le département des imprimés, le département des manuscrits, le département des antiques, et le département des estampes.

Le département des imprimés comprend la section des livres et la section des cartes. Il occupe plusieurs salles et galeries du premier étage.

La superficie des rayons intégralement occupés par les livres mesure plus de 28 kilomètres. Deux millions de volumes environ remplissent aujourd'hui les rayons, et chaque année ce chiffre ne peut que s'accroître encore.

La salle de lecture peut contenir, assis autour des tables d'étude, environ quatre cents personnes, que douze employés suffisent à servir; le système qu'on emploie à cet effet n'est pas moins ingénieux que rapide : ce système consiste à transmettre aux bibliothécaires qui stationnent dans les divers étages du bâtiment de petits carrés de papier où sont indiqués les titres des ouvrages que l'on demande. Cette transmission se fait au moyen d'appareils conducteurs, disposés dans l'intérieur des murailles, devant le bureau des conservateurs.

Il n'existe en Europe aucune bibliothèque qui contienne autant d'ouvrages rares. On y admire de précieux monuments qui datent de l'origine de l'imprimerie, une riche collection de livres publiés par Antoine Vérard, ainsi que les plus beaux des Aldes et des Elzéviers ; on y remarque également de merveilleuses reliures anciennes admirablement conservées, placées en regard des plus magnifiques reliures modernes.

La salle d'étude contient de longues tables ; cent cinquante personnes peuvent s'asseoir ensemble autour de ces tables. Les conservateurs se tiennent au milieu de cette salle. C'est à eux qu'on s'adresse pour obtenir les livres qu'on veut consulter.

La salle des Globes, où l'on pénètre par la salle d'étude, contient aussi quelques travailleurs spéciaux qui ont à consulter les livres rares, les ouvrages à figures, les volumes placés dans la réserve, et les éditions particulières.

Le parquet de cette salle est traversé par deux globes placés au rez-de-chaussée et qui n'ont pas moins de 3 mètres 87 centimètres de diamètre. L'un représente la figure de la terre, d'après ce qu'on en savait, à la fin du dix-septième siècle; l'autre représente l'état des constellations célestes au moment où naquit Louis XIV.

Ces globes, qui ont été peints par un artiste habile, furent exécutés par le Vénitien Vincent Coronelli, d'après les ordres du cardinal d'Estrées, qui les offrit à Louis XIV en 1683, ainsi que le prouve une inscription gravée sur une plaque de cuivre. Tous les noms des lieux ou des planètes y sont écrits en français, en grec et en arabe.

Les globes de Vincent Coronelli viennent de Marly, où ils occupaient deux pavillons; ils ont été plus tard déposés au Louvre, puis dans une des salles basses du palais Mazarin, où pendant longtemps ils sont restés à terre.

La salle des cartes forme à elle seule la section géographique. Créée en 1828, cette section forma d'abord un département séparé; en 1832, on la réunit aux estampes. Elle s'augmenta promptement de cartes anciennes ou modernes, également utiles pour l'histoire et la géographie, et fut reconstituée en département au mois de juillet 1854. Cependant, quatre ans après, elle devenait une section du département des imprimés; elle forme actuellement la plus rare collection européenne de cartes et de plans en relief. Les cartes y sont conservées dans des portefeuilles, sans aucun pli, et à plat sur des tablettes mobiles, afin de faciliter les recherches et de conserver les pièces. L'usage de l'encre est interdit dans cette partie de la Bibliothèque.

Le département des manuscrits est également situé au premier étage.

L'entrée de ce département est à gauche de celui des imprimés. C'est en visitant cette collection qu'on voit l'ancien salon de Mazarin, renommé pour son magnifique plafond peint par Jean-François Romanelli.

D'autres salles de ce même département possèdent aussi des plafonds ornés de peintures, malheureusement altérées.

Le département des manuscrits contient des richesses d'un prix inestimable pour les historiens, les savants, les lettrés et même pour les familles. Ils sont classés par langues. Ceux qui sont placés dans la première salle sont français, et tous ont appartenu, soit aux collections primitives de Blois ou de Fontainebleau, soit à des collections privées antérieures à 1740.

On remarque dans cette salle, près de la première fenêtre, une armoire vitrée où sont renfermés le manuscrit des Campagnes de Louis XIV, les Lettres d'Eginhard, la Correspondance de Voltaire avec l'abbé Moussinot, et un recueil de lois barbares.

Cette même armoire renferme des spécimens d'anciennes reliures d'un grand intérêt : ce sont des ivoires merveilleusement sculptés, des bas-reliefs en argent enrichis de pierres précieuses, et la monture d'un énorme volume en écaille qui date du siècle de Louis XIV.

La seconde salle est occupée par des manuscrits également français provenant de divers personnages célèbres. Une riche collection de livres chinois remplit à elle seule toute la troisième salle. A gauche de cette salle est une porte recouverte de simulacres de livres reliés, qui s'ouvre sur un escalier sombre, en pierre. Cet escalier conduit au cabinet généalogique, où l'on ne peut pénétrer qu'avec un employé spécialement chargé de ce service.

La galerie qui fut le salon de Mazarin et où se trouve le plafond peint par Romanelli, contient les manuscrits latins de toute provenance, réunis en 1740 à l'ancien fonds du roi; les deux principales collections administratives et historiques de Colbert, un grand nombre de manuscrits provenant de diverses collections particulières et une partie de l'ancien fonds français ainsi que du supplément français.

Dans des montres placées dans l'embrasure des croisées sont

exposés, avec l'indication du nom dont elles sont signées, des lettres d'Henri IV, de Louis XIV, de Turenne, de mademoiselle de la Vallière, devenue sœur Louise de la Miséricorde, de madame de Sévigné, de Racine, de Boileau, de Bossuet, de Franklin, de Rousseau. On y voit aussi une quittance signée par Molière, une lettre de lord Byron, qui provient du comte d'Orsay; une histoire de l'année 781, en chinois et en syriaque, imprimée à Canton en 1628, exceptionnellement placée dans le département des manuscrits.

D'autres salles sont spécialement consacrées aux manuscrits orientaux, qui sont en grand nombre à la bibliothèque de la rue Richelieu. Au surplus, on trouve des monuments de toutes les époques, et des spécimens de tous les genres dans ce vaste établissement. On y rencontre des manuscrits sur vélin de la plus haute antiquité, et jusqu'à des papyrus d'un intérêt qui égale leur rareté. L'antiquité grecque y coudoie l'antiquité latine. La littérature et l'histoire des peuples d'Orient s'y mêlent à l'histoire et à la littérature des peuples du Nord. Les temps modernes y figurent à côté des temps intermédiaires, les correspondances diplomatiques s'y rencontrent avec les Mémoires secrets, les œuvres de poésie et d'imagination avec les traités de morale et de politique, les travaux des théologiens avec les recherches des philosophes.

Le département des manuscrits ne contient pas moins de 100,000 volumes, dont 10,000 environ sont enrichis de lettres ornées, de vignettes peintes. On en a distrait de ce nombre 40, plus précieux que les autres, pour les placer dans une réserve, où on ne peut les examiner qu'avec l'autorisation du conservateur.

Le département des antiques, placé à l'entre-sol, ne date que du règne de François Ier; mais il s'est rapidement enrichi, car il compte aujourd'hui environ 170,000 médailles, dont beaucoup sont d'une grande rareté, dont quelques-unes sont uniques. 12,000 environ, sur ce nombre, sont des monnaies grecques, romaines et musulmanes données par Saïd-Pacha, vice-roi d'Égypte, à la bibliothèque Impériale à l'époque de son voyage en France.

Parmi les objets de cette collection on remarque surtout : le magnifique camée qui représente l'apothéose d'Auguste; les figurines d'argent massif découvertes, en 1830, par un paysan qui labourait son champ à Berthouville, aux portes de Bernay; un vase en agate dit des Ptolémées, provenant du trésor de Saint-Denis; un casque richement orné, que l'on appelle le *casque de François I*er; un buste en calcédoine avec une chlamyde d'or, qui surmontait le bâton du grand chantre de la Sainte-Chapelle; un grand plat en argent représentant Briséis enlevée à Achille, et vulgairement nommé le *bouclier de Scipion*; un camée représentant l'apothéose de Germanicus, donné à Louis XIV par les chanoines de Toul; un autre camée représentant Jupiter, donné par Charles V à la cathédrale de Chartres; une aigue-marine avec monture carlovingienne, ayant servi à un reliquaire donné par Charles le Chauve à Saint-Denis et qu'on dit avoir appartenu à Charlemagne.

Ces objets sont placés dans une salle qui est ornée de tableaux de Natoire, de Vanloo et de Boucher. On remarque également, dans cette même salle, des antiquités curieuses, soit par leur rareté, soit par la nation ou l'époque à laquelle elles appartiennent.

Le département des estampes, situé au rez-de-chaussée, est encore plus moderne que le département des antiques. Il ne date que du règne de Louis XIV. Il fut fondé par Colbert, qui acheta, en 1667, le cabinet de l'abbé de Marolles, dans lequel était venu se fondre celui de Jean Delorme, qui lui-même l'avait acquis de Claude de Mangis, le premier collectionneur de ce genre qui ait existé en France. Claude de Mangis, qui fut abbé de Saint-Antoine, vivait sous le règne d'Henri III.

Louis XIV accrut ensuite, dans des proportions considérables, la collection que Colbert avait formée. Louis XV suivit l'exemple de Louis XIV. La République elle-même enrichit encore le département des estampes.

Lorsqu'on visite le département des estampes, on entre d'abord dans une première salle décorée de gravures de Marc-Antoine, de Rembrandt, d'Albert Dürer, de Nanteuil et d'Audron. C'est au milieu de cette salle qu'est placé ce que l'on nomme le *Parnasse français*, monument de bronze, élevé en 1718 à la gloire du grand roi et du grand siècle, et qui fut exécuté par Louis Garnier, sur les dessins de Titon du Tiller, commissaire provincial des guerres.

On pénètre ensuite dans une galerie, œuvre du grand Mansard, dans laquelle on retrouve toutes les dimensions de la galerie Mazarine, placée au-dessus, cette galerie était destinée, à l'origine, à recevoir des statues, des objets d'art, des tableaux. C'est là que sont aujourd'hui placées les grandes collections d'estampes.

Le *Parnasse français*, dont il vient d'être parlé, n'est pas la seule curiosité que l'on remarque en visitant la bibliothèque Impériale. On cite encore le modèle en plâtre de la statue de marbre de Voltaire, chef-d'œuvre de Houdon, qu'on admire dans le vestibule du Théâtre-Français ; le plan en relief des pyramides d'Égypte, ouvrage du colonel Grobert ; les reliures de Grollier ; un exemplaire de l'*Apocalypse* imprimé avec des caractères de bois ; un Psautier de 1457, imprimé par Fust et Schœffer ; une traduction anglaise de l'*Ars moriendi*, imprimée en 1490 par Caxton ; les tours de porcelaine, exécutées à Canton par des artistes chinois et offertes au grand roi par des missionnaires français ; une cuve de porphyre qu'on dit avoir servi au baptême de Clovis ; un petit édifice de Carnac, que M. Prisse en a rapporté ; le zodiaque de Denderah. Mais on ne peut, sans s'exposer à des inexactitudes, dire aujourd'hui où se trouve chacune de ces diverses curiosités, attendu que les changements qu'on apporte dans l'intérieur de l'ancien palais Mazarin les exposent à être constamment déplacées.

Le personnel de la bibliothèque Impériale se compose d'un administrateur général directeur, de quatre conservateurs sous-directeurs, de quatre conservateurs, d'un plus grand nombre de conservateurs adjoints, de simples bibliothécaires et d'employés.

La bibliothèque Impériale n'est fermée que pendant les vacances de Pâques, qui sont de quinze jours. Tout le reste de l'année, elle est ouverte tous les jours, excepté les jours fériés, aux personnes qui veulent s'y livrer à l'étude pendant six heures, de dix heures du matin à quatre heures du soir.

Tous les ouvrages demandés sont immédiatement communiqués, si ce n'est, au département des imprimés, les romans, les pièces de théâtre, les ouvrages de littérature frivole, les brochures politiques et les livres qui ne sont pas publiés depuis plus d'un an ; et, au département des manuscrits, quelques manuscrits autographes ou à figures. La communication de ces ouvrages n'est faite par les employés que sur une autorisation spéciale des conservateurs. Pour être admis au département des médailles, on fait remettre la veille au conservateur un bulletin où l'on inscrit son nom, son adresse, et l'indication de la classe de monuments que l'on veut consulter. Les médailles, pierres gravées et autres objets ne sont communiqués qu'en présence et sous l'inspection d'un conservateur ou d'un employé. Aucune communication particulière n'est faite le mardi et le vendredi, au département des médailles. On est reçu, les jours de travail, au département des estampes, au moyen d'une carte délivrée par le conservateur. Les communications cessent à partir de trois heures. En entrant, il faut déposer les cannes et les parapluies ; mais ce dépôt est gratuit. Pour sortir avec des papiers, livres ou portefeuilles, il faut demander un laisser-passer aux bibliothécaires.

J'ai déjà dit, dans le *Guide pratique*, que le public est admis indistinctement à visiter les collections, le mardi et le vendredi de chaque semaine ; mais il n'entre point dans les salles d'étude, réservées aux travailleurs.

Les savants étrangers qui, se trouvant à Paris, voudraient être admis à emprunter des volumes imprimés ou manuscrits, doivent, pour abréger les formalités, adresser directement à l'administrateur général directeur de la bibliothèque une demande signée par leur ambassadeur, et contenant sa garantie.

Les communications réclamées par des savants domiciliés à l'étranger se font par voie diplomatique et sous la responsabilité des gouvernements. Elles ne sont pas accordées aux gouvernements qui refusent les mêmes facilités aux savants français.

Les savants français qui n'habitent pas Paris ne peuvent emprunter ni livres, ni manuscrits que par l'intermédiaire du ministre de l'instruction publique. Les savants français et littérateurs qui résident à Paris peuvent être admis au prêt, après avoir fait connaître leurs titres littéraires et prouvé leur solvabilité. Le prêt n'a pas lieu, au département des imprimés, les jours consacrés au public, c'est-à-dire les mardis et vendredis. La restitution des volumes prêtés n'a pas lieu non plus ces jours-là.

On ne prête au dehors aucun des objets appartenant aux départements des médailles, et des estampes : aucune carte, aucun plan.

Dans le département des manuscrits, on ne laisse sortir aucun ouvrage remarquable par son ancienneté et sa rareté, aucun volume orné de vignettes peintes, aucune pièce originale, aucune lettre autographe.

Le département des imprimés ne peut prêter au dehors aucun volume faisant partie d'une collection, ni aucun livre rare, livre de luxe, livre à figures, sur vélin, sur grand papier, enrichi de notes autographes. Tous ces volumes de choix sont placées dans la réserve.

Place, Square et Fontaine Louvois. — La place Louvois, qui est en face de la Bibliothèque impériale, n'a été ouverte qu'en 1820, sur l'emplacement de la salle de l'Opéra, que le gouvernement fit démolir après l'assassinat du duc de Berri, par Louvel. Cette place est restée longtemps ouverte, dallée et plantée d'arbres. La Restauration avait projeté d'y faire construire, par Visconti, une chapelle expiatoire. Le gouvernement de Juillet abandonna cette idée, y créa des plantations qu'on y voit encore, et y fit construire la fontaine qu'on y admire aujourd'hui.

Cette fontaine, en bronze, consiste en un vaste bassin en pierre de taille surmonté d'un piédestal également en pierre, avec des bas-reliefs en bronze, supportant un bassin en bronze bordé de têtes par lesquelles passe l'eau qui tombe en cascades. Au centre sont les figures en bronze des nymphes de la Seine, de la Loire, de la Saône et de la Garonne, portant un bassin surmonté d'une patère d'où l'eau s'écoule et descend sur les figures et dans le bassin qui est très-vaste. Ce monument, aujourd'hui bronzé par les procédés galvano-plastiques, contribue beaucoup à animer cette place que M. Alphan a transformée en un square élégant. On a laissé subsister les anciennes plantations, et on a entouré le bassin inférieur de la fontaine d'une pelouse circulaire. Une petite bande continue, placée intérieurement au pied de la grille de clôture, complète l'ornementation de ce square. La surface enclavée par la grille est de 1776 mètres 7 centimètres, dont 851 mètres 60 centimètres sont occupés par les pelouses et les massifs, 113 mètres 68 centimètres par la fontaine, et 810 mètres 79 centimètres par les allées sablées.

La gravure suivante représente surtout la fontaine.

Grav. 11. — Square et Fontaine Louvois.

L'Église des Petits-Pères. — L'église des Petits-Pères, qu'on appelle également église Notre-Dame des Victoires, est située place des Petits-Pères. Cette église, dont Louis XIII a posé la première pierre, en 1656, fut primitivement dédiée à Notre-Dame des Victoires pour perpétuer le souvenir du triomphe des armées royales sur les protestants de la Rochelle. Sa construction, qui avait été longtemps suspendue, fut reprise et achevée par les augustins déchaussés, que le peuple de Paris surnommait les Petits-Pères. Elle fut alors continuée sur les dessins de Pierre Lemuet. Cet architecte mourut avant l'achèvement de son œuvre, qui fut poursuivie par Libéral Bruant et Gabriel Leduc; mais elle ne fut terminée qu'en 1740 par Cartault. C'est à ce dernier architecte qu'on doit le portail, composé des ordres ionique et corinthien.

L'église des Petits-Pères est formée d'une seule nef, d'ordonnance ionique, longue de 43 mètres, large de 10 mètres 70 centimètres, élevée de 18 mètres et entourée de chapelles. Au milieu de la croisée est une coupole dont la voûte est décorée d'une gloire. Les chapelles des croisées sont ornées de verres de couleur. Ces chapelles ont été dessinées par Perrault. Dans l'une d'elles, à gauche, on voit le tombeau du compositeur Lully, par Cotton; celle de la Vierge, consacrée à l'Immaculée Conception par l'abbé Desgenettes, attire de nombreux fidèles qui y viennent en pèlerinage.

On admire les riches sculptures de la boiserie du chœur, où l'on remarque sept tableaux de Carle Vanloo ainsi disposés : au centre, *Actions de grâces* de Louis XIII et du cardinal de Richelieu *pour la prise de la Rochelle;* le premier à droite, *Baptême de saint Augustin;* le deuxième, *Sacre de saint Augustin;* le troisième, *sa Mort;* le premier à gauche, *Prédication devant l'évêque d'Hippone;* le deuxième, *Conférence de saint Augustin avec les Donatistes;* le troisième, la *Translation de ses reliques.*

La place des Victoires. — Construite par le duc de la Feuillade, sur l'emplacement de l'hôtel d'Emery et de l'hôtel de Senneterre, cette place forme une ellipse, dont le grand diamètre mesure environ 77 mètres. On y voit encore du côté septentrional des façades de bâtiments du règne d'Henri II. Les autres façades, qui sont dues aux dessins de Mansard, consistent en un rang de pilastres ioniques reposant sur un soubassement d'arcades.

La statue de Louis XIV. — En 1686, le duc de la Feuillade érigea au centre de la place des Victoires une statue en bronze doré, de Desjardins, représentant Louis XIV en costume royal, foulant à ses pieds un Cerbère dont les trois têtes personnifiaient la triple alliance vaincue par le monarque français. Une Victoire aux ailes éployées le couronnait de lauriers, tandis que son autre main portait un faisceau de palmes et de branches d'olivier. Aux angles du piédestal figuraient quatre statues de Nations enchaînées, qui sont aujourd'hui à l'hôtel des Invalides. Sur une des faces du piédestal on lisait cette dédicace superbe : *Viro immortali*. L'inscription et la statue furent détruites en 1792 ; on leur substitua une pyramide dont les flancs portaient les noms de plusieurs victoires remportées par les armées républicaines.

En 1806, on remplaça cette pyramide par une statue en bronze de Desaix, qui fut fondue en 1814 pour construire la statue actuelle, dues au ciseau de Bosio. Inaugurée le 25 août 1822, cette statue représente Louis XIV vêtu en empereur romain et coiffé d'une perruque. Le piédestal est orné de deux bas-reliefs dus à M. Bosio neveu, et représentant l'un, le *Passage du Rhin*, et l'autre, *Louis XIV distribuant des récompenses militaires*

Curiosités diverses.

Le second arrondissement renferme également, dispersées sur plusieurs points, les curiosités dont la nomenclature va suivre :

L'ÉGLISE NOTRE-DAME DE BONNE-NOUVELLE, rue de la Lune, église reconstruite, en 1825, par M. Godde, et dans l'intérieur de laquelle on remarque une fresque d'Abel de Pujol ;

LA FONTAINE DE LA CROIX-DU-TRAHOIR, au coin des rues Saint-Honoré et de l'Arbre-Sec, fontaine du temps de François Ier ; où l'on remarque une nymphe de Jean Goujon ;

LA FONTAINE GAILLON, place Gaillon, construite sous la monarchie de 1830, sur les dessins de M. Visconti ;

Rue de la Banque, un HÔTEL DE MAIRIE, récemment construit par M. Baltard, édifice dont on remarque les vastes proportions ;

Une CASERNE nouvellement réédifiée auprès de l'hôtel de la Mairie, et actuellement occupée par la garde de Paris ;

L'HÔTEL DU TIMBRE, également bâti par M. Baltard, en face de la Caserne et de la Mairie.

Enfin, on remarque à l'angle des rues Sainte-Anne et rue Neuve-des-Petits-Champs, une vaste et belle maison que le compositeur Lully fit construire en 1670, sur les dessins de Gittard ; maison qui lui servit de demeure, et rue du Petit-Lion, 35, dans la cour, une tour quadrangulaire, seul débris qui reste de l'hôtel de Bourgogne, bâti par le comte d'Artois au treizième siècle et où naquit la comédie française.

TROISIÈME ARRONDISSEMENT.

Le troisième arrondissement est circonscrit : 1° par le boulevard de Sébastopol, de la rue Rambuteau au boulevard Saint-Denis ; 2° par les boulevards Saint-Denis, Saint-Martin, du Temple, des Filles-du-Calvaire, Beaumarchais, jusqu'à la rue du Pas-de-la-Mule ; 3° par les rues du Pas-de-la-Mule, Neuve-Sainte-Catherine, des Francs-Bourgeois, de Paradis, de Rambuteau, jusqu'au boulevard de Sébastopol.

Le Conservatoire des arts et métiers, rue Saint-Martin, 292. — Cet établissement, dont le but a été indiqué dans le *Guide pratique*, occupe l'emplacement de l'ancien prieuré de Saint-Martin des Champs. Quelques historiens font remonter au sixième siècle l'origine incertaine de ce monastère. Il paraît certain qu'à une époque fort éloignée, il y avait des chanoines de la règle de Saint-Augustin, et que les rois de la troisième race y avaient un palais de temps immémorial. Robert le Pieux, fils de Hugues Capet y tenait sa cour vers la fin du dixième siècle. Henri Ier, son fils, affectionnait aussi ce palais, qu'il fit rebâtir vers le milieu du onzième siècle. Philippe Ier, son successeur, donna cette maison à l'ordre de Cluny en 1079, époque où le monastère de Saint-Martin des Champs fut converti en prieuré dépendant de cette célèbre abbaye.

En 1150, l'abbaye de Saint-Martin des Champs fut entourée de murs et fortifiée ; on la reconstruisit ou on la répara en 1273. Le cloître, commencé en 1702, fut terminé en 1720, et le grand dortoir fut achevé en 1742 ; enfin on ne cessa de l'embellir de 1775 à 1780.

L'enclos Saint-Martin des Champs était un lieu privilégié où les ouvriers pouvaient travailler pour leur compte, sans avoir été reçus maîtres dans les communautés des arts qu'ils exerçaient ; les religieux du prieuré y avaient leur champ clos. Ce fut là que, le 29 décembre 1386, en vertu de l'autorisation du parlement, se donna un combat fameux entre Jacques Legris, écuyer, et Jean Carrouges, chevalier ; combat où le vaincu, déclaré coupable par la barbare jurisprudence du temps, fut dans la suite reconnu innocent. Le clos ou culture Saint-Martin s'étendait, depuis le rempart jusqu'aux rues du Grenier-Saint-Lazare et de Michel-le-Comte, entre la rue Saint-Martin-des-Champs et la rue du Temple; ce fut dans cette culture que par ordonnance du conseil du roi de 1418, les corps du connétable d'Armagnac et du chancelier de Marle, massacrés par les chefs des Bourguignons, furent enterrés.

Le Conservatoire des arts et métiers, fondé en 1794, sur la proposition de l'abbé Grégoire, ancien évêque de Blois, est aujourd'hui installé dans les bâtiments qui servirent d'habitation aux moines. Ces bâtiments, qui viennent d'être l'objet d'une habile et récente restauration exécutée par M. Vaudoyer, contenaient les grandes salles de réunion, l'église, le cloître et le réfectoire.

Les personnes qui veulent visiter les collections du Conservatoire des arts et métiers entrent maintenant par la cour du milieu, qui ouvre sur la rue Saint-Martin, en franchissant un portail qui est d'architecture moderne. Ce portail, qui n'a été terminé qu'en 1850, est surmonté d'un fronton décoré, sur la rue et sur la cour, d'une tête emblématique sculptée représentant l'Industrie française, dont *l'Agriculture, le Commerce et l'Industrie* forment les divisions principales. Ce même portail est orné à l'extérieur des statues de la Science et de l'Art. On y lit, à l'intérieur, au-dessous du fronton, quatre inscriptions commémoratives qui rappellent : 1° la fondation de l'abbaye de Saint-Martin des Champs ; 2° la création du Conservatoire des arts et métiers ; 3° la date de l'installation de cet établissement dans les bâtiments du prieuré ; 4° l'époque de l'agrandissement et de la restauration de ces bâtiments.

Au fond de la cour, en face de l'entrée, s'élève un second portail;

qui est aussi d'architecture moderne. Là se trouve le grand escalier double en pierre qui conduit aux galeries du rez-de-chaussée et du premier étage.

L'ancien corps de logis du prieuré, où sont aujourd'hui les galeries, est d'une architecture sans caractère. Le directeur habite le rez-de-chaussée de l'aile septentrionale sur le jardin. On a construit, il y a peu d'années, une aile nouvelle s'avançant vers la rue Saint-Martin. Elle renferme, au premier étage, la galerie des brevets et du portefeuille.

L'église, le réfectoire et les bâtiments de l'ancienne abbaye de Saint-Martin des Champs peuvent figurer parmi les monuments les plus remarquables d'une ville qui en compte un si grand nombre. L'église, fermée au culte depuis la suppression des monastères, se compose d'une nef et d'une abside. La nef, qui est du quatorzième siècle, étonne par la hardiesse de sa construction, la grandeur des dimensions, la beauté de l'appareil. Après la nef de Saint-Germain des Prés, l'abside est le plus ancien monument religieux de Paris; pour les antiquaires, il est sans contredit l'un des plus curieux édifices de la France. Toutes les formes possibles et applicables à des baies s'y remarquent : quoique d'époque romane, les ouvertures offrent des ogives, des cintres non-seulement parfaits, mais surbaissés. Les voûtes sont portées sur des colonnes cylindriques, plates, prismatiques et taillées à pans, à section de tambour en ogive simple et même en ogive à contre-courbe. Les bases sont d'une rare fermeté de moulures, les chapiteaux sont sculptés tout à la fois avec énergie et avec grâce. La grande archivolte qui donne dans la nef est brisée en une multitude de zigzags continus, exemple unique à Paris et rare en France.

Les machines hydrauliques et, en général, toutes les machines à l'essai sont maintenant placées dans l'église. Le long du mur méridional, des réservoirs, étagés les uns au-dessus des autres, jusqu'à une hauteur de 14 mètres, déversent l'eau dans un canal de distribution qui la porte à chacun des récepteurs des machines hydrauliques. De l'autre côté de la nef sont rangées les machines à vapeur, dont le mouvement se transmet par un arbre de couche.

La bibliothèque est placée dans un corps de bâtiment qu'on nomme *la petite église* et qui servait de *réfectoire* aux religieux de Saint-Martin des Champs. On attribue à Pierre de Montereau la construction de ce corps de bâtiment, qui appartient à l'architecture du treizième siècle et dont l'extérieur offre une remarquable apparence. Il est percé de fenêtres à rosaces et à ogives.

L'intérieur consiste en une belle nef de 42 mètres de longueur sur 7 mètres de largeur. Cette nef est partagée en deux par sept colonnes d'une admirable légèreté qui sont peintes de la base au sommet. Le fût de ces colonnes est divisé en deux parties égales par un tambour octogonal. Le long des murs, des colonnes engagées, au nombre de sept de chaque côté, se dressent sur des socles situés à la même hauteur que les tambours des colonnes du milieu.

On remarque les sculptures extérieures et les peintures intérieures de la porte du sud, ainsi que la chaire du lecteur placée à l'une des extrémités de la salle, et dont l'escalier est pratiqué dans le mur. La bibliothèque contient environ **17,000** volumes d'ouvrages spéciaux.

Un corps de bâtiment moderne, qui contient les laboratoires de physique et de chimie, relie l'église où sont installées, comme je l'ai dit, les machines hydrauliques et le réfectoire ou la petite église qui renferme la bibliothèque, ainsi que je viens de l'indiquer. Ces trois corps de bâtiment et le corps de logis principal ferment une cour étroite et resserrée par deux constructions servant chacune d'amphithéâtre.

L'une, plus ancienne, est adossée au côté sud du réfectoire ou de la petite église; l'autre, plus nouvelle, est adossée à l'église. Ces deux amphithéâtres sont consacrés aux cours publics; le premier ne contient que cinq cents personnes; le second peut recevoir huit cents auditeurs. On y remarque des noms de savants illustres inscrits sur les murs, des statues d'hommes célèbres placées dans des niches et les portraits à fresque de Laurent Lavoisier et de Denis Papin.

Après avoir visité la galerie d'essai, qui est établie dans l'église, on doit parcourir successivement le premier étage de l'aile du nord, le rez-de-chaussée de l'aile du centre, le premier étage de la même aile, le rez-de-chaussée de l'aile du sud et le premier étage de la même aile.

Au surplus, les personnes qui tiennent à étudier en détail les précieuses collections du Conservatoire des arts et métiers devront recourir au catalogue spécial de cet établissement, catalogue qu'on trouve chez le concierge de l'établissement et qui se vend 1 fr. 50 c., et s'adresser aux gardiens, qui les dirigeront dans leur visite.

La *galerie du portefeuille et des brevets*, dans la cour du nord, renferme les plans, dessins et modèles relatifs aux brevets, que les titulaires sont obligés, aux termes de la loi de 1798, de déposer au Conservatoire des arts et métiers, et que tous les industriels peuvent y étudier. Cette galerie est ouverte au public tous les jours, excepté le lundi, de 10 heures du matin à 5 heures du soir. On y arrive par un escalier dont la voûte est décorée de bas-reliefs représentant les Arts, l'Agriculture, l'Industrie et les Sciences. On lit sur cette même voûte les inscriptions suivantes :

Léonard Limousin, 1519 à 1568. — Les frères Keller, 1635 à 1702. — J. Marie Jacquard, 1752 à 1834. — Ch Philippe Oberkampf, 1738 à 1815. — J, B. Joseph Delambre, 1749 à 1822. — F. André Méchain, 1744 à 1805. — A. Auguste Parmentier, 1737 à 1813.

Les curieux et les spécialistes aiment à consulter les archives du Conservatoire des arts et métiers. Ces archives possèdent encore une grande partie des planches de cuivre qui ont servi à la gravure du *Recueil des machines*, publiée par l'Académie des sciences, un grand nombre des épures de Vaucanson, et la lettre autographe par laquelle Fulton offrait à Napoléon Ier de lui céder son invention sur la navigation à vapeur.

Le Square des Arts-et-Métiers. — Ce square est établi sur un terrain situé entre le boulevard de Sébastopol et la rue Saint-Martin. Il se compose principalement d'une plantation régulière de marronniers à haute tige. Ces arbres sont disposés de manière à présenter, au centre, une avenue qui conduit à la principale porte d'entrée du Conservatoire des arts et métiers. On a construit dans les allées latérales de la plantation deux bassins entourés de gazon et renfermant au centre les figures allégoriques de l'Industrie, de l'Agriculture, du Commerce et des Beaux-Arts. L'entourage du square est formé par une balustrade en pierre coupée par des pilastres supportant alternativement des vases et des candélabres en bronze. La superficie intérieure de ce square est de 4,145 mètres

Grav. 12. — Square des Arts-et-Métiers.

46 centimètres, dont les bassins occupent 248 mètres 62 centimètres. La plantation comprend 112 arbres qui ont été tirés de localités rapprochées de Paris et transplantés, au chariot, à la place qu'ils occupent aujourd'hui.

La gravure qui précède reproduit, avec l'aspect général du square, la vue de l'entrée du Conservatoire des arts et métiers.

L'église Saint-Nicolas des Champs.—Tout porte à croire que cette église, qui est située rue Saint-Martin, près du palais du Conservatoire des arts et métiers, occupe l'emplacement d'un ancien oratoire élevé en l'honneur de saint Jean l'Evangéliste, qui prit plus tard le nom de Saint-Nicolas parce que le roi Robert aurait bâti une nouvelle chapelle sous l'invocation de ce saint sur les ruines de l'oratoire de Saint-Jean, saccagé par les dévastateurs de Saint-Martin des Champs.

Le premier document historique sur l'existence de la chapelle Saint-Nicolas est une bulle du pape Calixte III, du mois de novembre 1119. Deux autres bulles de 1142 et 1147 font aussi mention de cette chapelle, dans le territoire du prieuré de Saint-Martin des Champs.

Ce n'est toutefois qu'en 1184 que la chapelle Saint-Nicolas prit le nom d'*ecclesia*, et fut desservie par un prêtre nommé par le prieur de Saint-Martin. Mais, vers la fin du douzième siècle, c'était déjà une église paroissiale complétement indépendante de toute autre cure.

Charles V, par son édit de 1374, ayant ordonné que les faubourgs fussent regardés comme partie intégrante de la ville, Saint-Nicolas, dont le surnom *des Champs* n'était plus depuis longtemps qu'un souvenir de son ancienne position dans la campagne, devint paroisse de Paris; à cette époque, une partie de la circonscription paroissiale était déjà dans l'intérieur de la ville. En 1383, sous Charles VII, une nouvelle enceinte recula cette limite jusqu'au delà de Saint-Martin des Champs, et, à dater de cette époque, toute la paroisse de Saint-Nicolas des Champs se trouva dans la ville aussi bien que l'église. C'est alors que ce territoire se couvrit presque entièrement d'habitations, et que l'ancienne église devint absolument insuffisante.

L'abbé Lebeuf dit qu'il paraît que, vers l'année 1420, le vieux édifice fut démoli et qu'on en rebâtit un autre. Postérieurement à la fin du quinzième siècle, l'église Saint-Nicolas fut élargie, en sorte que le lieu où avaient été les chapelles devint la seconde aile, et ces mêmes chapelles furent rebâties à côté; une crypte ou voûte souterraine existe sous cette ancienne église. En 1560, le territoire de la paroisse s'étant couvert d'un grand nombre de nouvelles maisons, on prit la détermination de faire à l'église de nouveaux agrandissements, qui commencèrent en 1575. L'architecte établit à l'ancienne nef en ogive du quinzième siècle des arcades à plein cintre, qui surpassèrent de quelques pieds l'élévation des premières. Le portail qui s'élève rue Saint-Martin est la partie la plus ancienne de l'édifice; celui placé au centre du bas-côté méridional, construit par l'architecte Colo, est d'une architecture différente; il fait partie de l'agrandissement définitif de l'église. Des pilastres cannelés, d'ordre composite, soutiennent le fronton, dont l'ornementation est d'une grande richesse. On remarque les sculptures des portes, qui sont fort belles. Ce côté de l'édifice sera prochainement dégagé par le prolongement de la rue de Turbigo.

Le maître-autel est surmonté d'un retable du dix-huitième siècle. Ce retable est orné, d'un côté, d'une *Assomption*, de Simon Veuët, de l'autre côté d'un *saint Charles Borromée* et d'un tableau représentant *Dieu le Père*, par Godefroy. Sarrazin a modelé les quatre Anges adorateurs, qui sont en stuc. La chapelle de la Vierge a été peinte par MM. Delestre et Caminade. On admire aussi dans cette même église plusieurs toiles de Léon Cogniet, savoir : un *Martyre de saint Étienne* et un *saint Étienne visitant les malades;* une *sainte Cécile*, de M. Landelle; une *Descente de croix*, de Sébastien Bourdon; un *Jésus bénissant les enfants*, qui est dans la chapelle des catéchismes; la boiserie de l'orgue, qui est du célèbre facteur Clicot.

Plusieurs personnages distingués ont été inhumés dans l'église de Saint-Nicolas des Champs. Je citerai spécialement Guillaume Budé, Pierre Gassendi, mademoiselle de Scudéry, et plusieurs membres des familles de Rochechouart et de Crillon. La grande salle du presbytère de l'église est remarquable par ses boiseries sculptées et par les portraits incrustés aux panneaux de tous les curés de cette église depuis 1605.

A l'époque de la Révolution, l'église Saint-Nicolas des Champs reçut différentes destinations; elle a été rendue au culte le 4 octobre 1795. Le grand maître-autel est décoré d'une ordonnance corinthienne, avec attique surmonté d'un fronton; il est orné d'un tableau en deux parties, de Vouet, représentant l'Assomption de la Vierge : les deux anges adorateurs, en stuc, sont de Sarrazin.

L'Hôtel des Archives de l'Empire, rue du Paradis-du-Temple, 20. Cet établissement, déjà indiqué dans le *Guide pratique*, ne date que de la Révolution française. L'immense collection de titres et de documents qu'il contient était disséminée, avant 1789, dans un grand nombre d'établissement religieux ou d'édifices publics. Ce fut Camus, membre de l'Assemblée constituante, qui eut, le premier, l'idée de réunir ces titres et ces documents pour en former un vaste dépôt national contenant toutes les pièces d'un intérêt général de l'ancienne monarchie.

Le plan de Camus ne fut pas adopté. Mais, en 1794, on créa une commission des archives qui fut chargée d'examiner les documents renfermés dans les dépôts publics, et de séparer les titres de propriété intéressant les familles ou l'État des pièces relatives aux sciences, à l'histoire et aux arts. Ces dernières pièces furent d'abord réunies aux archives de la Convention nationale. Les autres furent déposées en partie dans les salles du Louvre, en partie au Palais de Justice, selon qu'elles avaient un caractère domanial ou un caractère judiciaire.

Enfin, un arrêté des consuls, du 28 mai 1800, décida que les archives relatives aux sciences, à l'histoire et aux arts, aussi bien que les documents domaniaux ou judiciaires qui en avaient été séparés, ne formeraient plus qu'une seule et même collection dont Camus devint le premier directeur. Cette collection fut d'abord réunie dans le palais du Corps législatif, où elle est restée jusqu'en 1808. C'est alors qu'elle fut transférée dans les bâtiments de l'ancien hôtel de Soubise, qu'elle occupe encore, hôtel qui fut alors l'objet d'une première restauration confiée à l'architecte Célérié.

Cet hôtel doit ses premières constructions à Olivier de Clisson, connétable de France. C'était auparavant une vaste maison nommée le grand chantier du Temple, dont les Parisiens firent présent à ce seigneur; cette maison a donné le nom à la rue. Charles VI y fit assembler les principaux bourgeois de Paris en 1392, et leur fit publiquement remise de la peine qu'ils avaient encourue pour avoir pris part à une émeute populaire. Cet hôtel reçut à cette occasion le nom d'hôtel des Grâces. L'hôtel de Clisson appartenait, au commencement du quinzième siècle, au comte de Penthièvre; il passa ensuite à Babou de la Bourdaisière, qui, par contrat du 14 juin 1553, le vendit seize mille livres à Anne d'Est, femme de François de Lorraine, duc de Guise. Celui-ci le donna au cardinal de Lorraine, son frère, qui en fit don, à charge de substitution, à Henri de Lorraine, prince de Joinville, son neveu. Il a porté le nom de Guise jusqu'en 1697, époque où François de Rohan, prince de Soubise, qui l'acheta des héritiers de la duchesse de Guise, le fit reconstruire presque en entier, tel que nous le voyons aujourd'hui. On commença à y travailler en 1706, sous la conduite de l'architecte Lemaire. On ferma la principale porte, qui était dans la rue du Chaume, pour l'ouvrir dans la rue de Paradis. Elle est décorée de deux groupes de colonnes corinthiennes, avec leurs couronnements en ressaut, sur lesquels on a posé une statue d'Hercule et une statue de Pallas, sculptées par Coustou le jeune et par Bourdis. La cour de cet hôtel est une des plus vastes de Paris. Un entablement de colonnes règne au pourtour et forme un corridor à la faveur duquel on peut aller à découvert.

La façade principale de l'hôtel des Archives de l'Empire a été reconstruite au fond de la cour par l'architecte Lemaire. Cette façade est ornée de deux ordres de colonnes corinthiennes et composites surmontées d'un fronton triangulaire. Deux grandes figures allégoriques représentant la Force et la Sagesse sont à demi couchées sur ce fronton, dont les encoignures sont remplies par des Génies des arts et des sciences. A droite et à gauche de cette même façade s'élèvent des groupes de colonnes supportant de chaque côté deux statues. Ces quatre statues figurent les Quatre Saisons. Toutes ces œuvres sont dues au ciseau de Robert le Lorrain.

Un faux plafond cache ce qui reste des peintures de Nicolo dell'Abbate qui décoraient la chapelle. On admire encore au-dessus des portes, dans les appartements que le prince de Soubise avait fait reconstruire ou restaurer, des peintures de Boucher, de Carle Vanloo et de Restout. On remarque aussi, dans une pièce octogone qu'on nomme le *Salon de madame de Rohan*, des toiles de Natoire, représentant les aventures de Psyché, et une magnifique salle architecturale qui était autrefois la salle des Gardes, et qui est aujourd'hui la *salle du Trésor des Chartes*.

Le plus ancien des titres que possèdent les Archives de l'Empire est un diplôme original de l'an 625. L'antiquité de ses documents, la suite et l'ensemble de ses grandes séries, telles que les diplômes mérovingiens et carlovingiens, le Trésor des Chartes, le Bullaire, les Archives des anciennes Chambres des comptes et de l'ancien Conseil d'État, les registres du Parlement et de toutes les juridictions de son ressort, le fonds des abbayes, la collection des sceaux, les archives de la couronne, la secrétairerie d'État et le cabinet de l'Empereur Napoléon Ier, en font une institution hors ligne.

Les Archives de l'Empire s'augmentent chaque jour des documents dont les ministères et les administrations qui en dépendent n'ont plus besoin pour leurs affaires courantes et journalières. Elles renferment en ce moment plusieurs millions de titres, répartis dans environ 300,000 cartons, liasses ou registres.

L'ÉCOLE DES CHARTES, qui dépend, ainsi que je l'ai dit dans le *Guide pratique*, des archives de l'Empire, et qui est située rue du Chaume, occupe plus spécialement la partie de l'ancien hôtel de Soubise qui date de l'époque de l'hôtel de Clisson. La porte d'entrée, de forme gothique, est flanquée de tourelles et accompagnée de colonnettes. Cette porte est un reste des constructions primitives.

L'Hôtel de l'Imprimerie impériale, rue Vieille-du-Temple, 87. — Cet établissement occupe l'emplacement d'un vaste hôtel que le cardinal de Rohan avait commencé, en 1712, sur des terrains qui dépendaient de l'hôtel de Soubise. L'entrée est monumentale. Dans la cour d'honneur on remarque une statue en fonte de fer. Cette statue représente Guttenberg rêvant à son œuvre. On admire également dans la cour de la fonderie le bas-relief des *Chevaux à l'abreuvoir*, qu'on attribue à Coustou; dans le salon d'attente réservé aux visiteurs quatre tableaux de Boucher, et dans le cabinet des poinçons un plafond à voûte surbaissée richement décoré. Ce cabinet possède les poinçons et les matrices de presque tous les caractères connus, de nombreuses matrices d'anciennes vignettes et de bois anciens. On y remarque les types royaux exécutés par Garamond, sous François Ier.

L'imprimerie Impériale contient 88 presses à bras, qui pourraient imprimer, en douze heures, 3,000 exemplaires d'un volume de 80 feuilles; 18 presses à vapeur ordinaires; 1 presse à vapeur et à réaction; 1 presse hydraulique pour le papier et 20 presses lithographiques. On emploie aussi la vapeur pour le séchage des feuilles imprimées et pour le chauffage des ateliers. On remarque enfin l'atelier de réglure, où il y a 18 machines, servies chacune par trois femmes, et l'atelier des cartes à jouer, où il s'en confectionne environ 12,000 paquets par jour.

L'ancienne chambre à coucher du cardinal de Rohan, que Boucher avait décorée de peintures depuis longtemps disparues, sert aujourd'hui de bibliothèque. L'oratoire est devenu une armoire. On doit surtout examiner l'*Imitation de Jésus-Christ*, traduite en vers par Pierre Corneille, et qui a remporté la médaille d'honneur à l'exposition universelle de 1855.

L'ornementation de ce magnifique ouvrage, sorti des presses de l'imprimerie Impériale, a été dirigée par MM. Lassus et Dauzats; M. Steindheil a peint les miniatures; M. et madame Toudouze ont exécuté les dessins en or et en couleur, à l'imitation des manuscrits italiens du quinzième siècle. Les ornements ont nécessité la gravure de 64 planches présentant une surface de 6 mètres carrés; le clichage galvanique a produit 350 planches donnant 36 mètres carrés de superficie. Quelques feuilles ont demandé 24 tirages, les autres au moins 7. Enfin les dessins en noir gravés sur bois sont : un grand titre et 5 faux titres, 4 grandes planches admirables, 114 têtes de chapitre, 114 lettres ornées et environ 100 culs-de-lampe.

L'imprimerie Impériale occupe une superficie de 10,000 mètres et emploie environ 1,000 ouvriers des deux sexes. Elle est divisée en six sections administratives, qui comprennent ensemble 80 employés.

Curiosités diverses.

Le troisième arrondissement renferme encore, dispersées sur divers points, les curiosités dont la nomenclature va suivre :

L'Église Sainte-Élisabeth qu'on trouve rue du Temple, a été bâtie, en 1628, pour des religieuses du tiers ordre de Saint-François. C'est Marie de Médicis qui en a posé la première pierre. Mais il ne reste des constructions primitives que le portail, qui est orné de pilastres doriques et ioniques. Une sculpture, représentant la *Vierge recevant le cadavre du Christ*, décore le tympan. Des niches sont à droite et à gauche de la porte principale. L'une renferme la statue de saint Louis, l'autre contient une statue de sainte dont le nom est inconnu.

Le *Baptême de Jésus-Christ*, de M. Bezard, décore la chapelle de Sainte-Élisabeth, dont la construction date de 1829. La chapelle des catéchismes est ornée de trois fresques : *Jésus-Christ au milieu des Docteurs*, *Jésus bénissant les enfants*, le *Sermon sur la montagne*. On a peint, dans le coupole du chœur, l'apothéose de sainte Élisabeth. Des tableaux de M. Jourdy et des boiseries de la fin du seizième siècle, qui proviennent d'une église d'Arras, décorent le pourtour du sanctuaire. Ces boiseries consistent en bas-reliefs représentant des scènes de l'Ancien et du Nouveau Testament.

Une belle coupe de marbre blanc, portant la date de 1654, sert de fonts baptismaux. Les bénitiers sont en bronze. Les vitraux, qui sont de 1826, rappellent les premiers essais tentés en France dans l'art de la peinture sur verre. L'orgue est de Suret.

L'église Saint-Jean-Saint-François, rue Charlot. Bâtie en 1623, pour servir de chapelle à un monastère de capucins, cette église a d'abord été consacrée à saint François d'Assise. On y remarque un *baptême du Christ* de Paulin Guérin, *Saint-Louis visitant les malades de la peste* par Ary Scheffer et deux statues en marbre, l'une représentant *Saint François d'Assise* par Germain Pilon, l'autre figurant *Saint Denis* par Jacques Sarazin.

L'église Saint-Denis du Saint-Sacrement, rue Saint-Louis, au Marais, bâtie en 1684 et reconstruite en 1828, a un fronton dans le style grec, soutenu par quatre colonnes formant un péristyle, dont le fronton est décoré d'un bas-relief représentant la Foi, l'Espérance et la Charité, par M. Feuchères. On remarque, à droite et à gauche de la porte principale, dans des niches carrées, les statues de saint Pierre et de saint Paul. L'église de Saint-Denis du Saint-Sacrement se compose de trois nefs séparées par des colonnes d'ordre ionique, en marbre, avec chapitaux dorés. La voûte, en plein cintre, est divisée en caissons peints et dorés. Les bas-côtés, qui se prolongent au delà du chœur, le long de la sacristie, située derrière le maître-autel, se terminent, aux deux extrémités, par des chapelles. Cette église possède, dans le chœur, des peintures d'Abel de Pujol; dans la chapelle de la Vierge, à droite du chœur, des peintures de Court; dans la chapelle de Saint-Denis, à gauche du chœur, des peintures de Picot; dans la chapelle des Fonts baptismaux, à gauche de l'entrée, des peintures de Decaisne, enfin la *Pietà* de Eug. Delacroix.

La Synagogue. — Ce temple, dont M. Thierry est l'architecte, est situé rue Notre-Dame-de-Nazareth. Sa façade extérieure offre un mélange du style oriental et du style byzantin. Elle présente deux plans successifs, dont le premier sert à masquer les dépendances du temple. Le second rappelle l'architecture des Orientaux. Le couronnement est terminé par les tables de la loi.

Un atrium couvert précède le temple. C'est à gauche de cet atrium que se trouve la salle des mariages. Là sont aussi les escaliers qui conduisent aux tribunes des dames. Au delà est une porte d'entrée séparée en deux parties, l'une publique, l'autre réservée. C'est là que sont les escaliers qui conduisent aux tribunes des hommes. De chaque côté six arcades mettent en communication la nef avec les collatéraux. La partie supérieure de cette nef reçoit le jour de vingt-quatre vitraux.

Le sanctuaire est plus élevé de quatre marches que la nef, dont il est séparé par une grille en fonte dorée. Il renferme la *theba*, ou autel sur lequel se fait la lecture des livres saints. Six marches de marbre blanc conduisent au tabernacle, dont la porte est encadrée par un plein cintre, et dont l'intérieur, de forme demi-circulaire, est décoré de colonnes supportant des arcades dans lesquelles s'ouvrent de petites croisées fermées par des vitraux de couleur.

C'est dans le tabernacle que sont enfermés les livres sacrés, le chandelier d'argent à sept branches, et les autres objets du culte israélite. L'entrée en est fermée par une porte bronzée, recouverte 'un rideau. Les candélabres placés à l'entrée du sanctuaire sont sortis des ateliers de Denières ; ils ont été donnés par M. James de Rothschild. Au-dessus, les tables de la loi couronnent un pignon interrompu.

La halle aux Cuirs, rue Mauconseil. Cette halle, dont la fondation remonte à Louis IX, occupe actuellement une partie de l'emplacement de l'ancien hôtel de Bourgogne, où était le théâtre des Confrères de la Passion et où plus tard fut installée la Comédie italienne. Elle y fut transférée, en 1784, dans la rue de la Lingerie où elle était précédemment établie. Elle doit être prochainement transportée au centre du quartier des tanneries, sur la rive gauche de la Seine, où une nouvelle halle, traversée par la Bièvre, sera construite entre les rues Censier, du Pont-aux-Biches, Fer-à-Moulin, et une voie d'isolement, qui sera ouverte à l'est, entre les rues Censier et Fer-à-Moulin, à peu près dans l'axe de celle du Gril.

Le marché du Temple. — Ce marché, qui avait été établi dans l'ancien enclos du Temple, et qui est situé rue du Temple, doit être complétement réédifié sur un plan nouveau. Consacré au commerce exclusif des vieux linges, des hardes et des vieux habits, il est provisoirement installé dans un baraquement qui n'est rien moins qu'une galerie fort élégante ayant une longueur de 108 mètres sur 12 mètres de large. Les piliers sont en fonte, la charpente est en fer et la toiture est en tôle ondulée.

Le nouveau marché définitif du Temple, dont la construction rappellera les Halles-Centrales, couvrira 14,000 mètres de terrain. L'édifice sera divisé en quatre grands corps de bâtiments disposés sur deux lignes parallèles au square, qui se trouvera enclavé dans le marché. Il y aura 2,400 boutiques.

Square du Temple. — Ce square a été exécuté, en 1857, sur l'emplacement qu'occupait le jardin du couvent des bénédictins du Saint-Sacrement, que la princesse de Condé avait établi, en 1814, dans l'ancienne forteresse du Temple, dont il ne reste plus de traces.

Le square du Temple se compose de trois pelouses principales dont l'une renferme une pièce d'eau surmontée d'un groupe de roches artificielles apportées de Fontainebleau. Il est entouré d'une grille en fonte ornementée, percée de trois ouvertures et bordée, intérieurement, de larges plates-bandes et de massifs d'arbustes à feuilles persistantes. On remarque, parmi ces arbustes, un saule pleureur qui paraît avoir quatre siècles d'existence. On signale aussi un groupe de tilleuls qui a souvent abrité Louis XVI pendant sa captivité dans la prison du Temple. La surface intérieure de ce square est de 7,524 mètres 44 centimètres.

Hôtel Saint-Aignan. — Cet hôtel, situé rue du Temple, 71, presque à l'angle de la rue de Rambuteau, a été bâti par Pierre Lemuet; il appartint au comte d'Avaux, célèbre diplomate du dix-septième siècle, puis au duc de Saint-Aignan, chef du conseil royal des finances, sous Louis XIV. Il occupe l'emplacement de la maison où le connétable Anne de Montmorency mourut des suites des blessures qu'il avait reçues à la bataille de Saint-Denis, le 12 novembre 1567. On y remarque surtout une porte monumentale et une cour environnée d'arcades et de grands pilastres d'ordre corinthien.

Le marché Saint-Martin, rue Montgolfier, marché couvert auquel on a joint un marché spécial d'oiseaux. Il se compose de deux bâtiments, chacun de 62 mètres de longueur, percés d'arcades et subdivisés en trois nefs de 7 mètres de largeur chacune. Ces deux bâtiments sont séparés par une cour au centre de laquelle s'élève une fontaine dont la vasque est supportée par un groupe en bronze de jeunes pêcheurs jetant leurs filets.

QUATRIÈME ARRONDISSEMENT.

Le quatrième arrondissement est d'abord circonscrit par une ligne qui, partant de la rue du Pas-de-la-Mule, va rejoindre, par les rues Neuve-Sainte-Catherine, des Francs-Bourgeois, de Paradis-du-Temple et de Rambuteau, le boulevard de Sébastopol. Il est encore limité : 1° par le boulevard Beaumarchais depuis la rue du Pas-de-la-Mule, la place de la Bastille, le boulevard Bourdon ; 2° la Seine, depuis l'embouchure du canal, le petit bras de la Seine, embrassant l'île Saint-Louis entière et la Cité jusqu'au pont Saint-Michel; 3° la rue de la Barillerie et le boulevard Haussmann.

Notre-Dame de Paris, place du parvis Notre-Dame, dans la Cité. — J'ai déjà dit que, vers l'année 365, une église épiscopale avait été fondée sous l'invocation de Sainte-Marie, à l'extrémité orientale de la Cité, sur l'emplacement d'un temple païen, emplacement qui formait une portion de celui qu'occupe actuellement l'église métropolitaine.

Toutefois, cette première église épiscopale fut momentanément abandonnée sous Childebert 1er, qui fit élever, vers l'année 555, tout auprès, une seconde cathédrale qu'il plaça sous l'invocation de Saint-Étienne.

Au commencement du dixième siècle, en 907, l'église épiscopale de Saint-Étienne fut à son tour délaissée, et le roi Charles le Simple fit restaurer l'ancienne église épiscopale de Sainte-Marie, où Frédégonde s'était réfugiée avec ses trésors, en 584, après l'assassinat de Chilpéric, son mari, comme dans un asile inviolable.

Enfin, en 1160, Maurice de Sully, qui vivait sous le règne de Philippe Auguste, et qui était le soixante-douzième évêque de Paris, résolut de bâtir sur l'emplacement des deux vieilles basiliques de Sainte-Marie et de Saint-Étienne une nouvelle cathédrale beaucoup plus vaste. La première pierre en fut posée, en 1163, par le pape Alexandre III, et le maître-autel fut consacré, en 1182, en présence du cardinal Henri, légat du Saint-Siége. Le chœur, où le patriarche de Jérusalem, Héraclius, avait officié en 1185, était complétement achevé en 1196. A la mort de Philippe Auguste, en 1223, on avait terminé les premières travées de la nef et la partie supérieure de la façade principale. Les portails latéraux, au midi et au nord, ont été construits dans la dernière partie du treizième siècle. Les chapelles latérales à la nef existaient déjà à cette époque. Celles du chevet sont du commencement du quatorzième siècle. C'est Philippe le Bel qui les fit faire avec une portion des biens confisqués sur les Templiers.

Élevée sur de puissantes assises en pierre dure, Notre-Dame de

Paris, telle que Maurice de Sully en avait conçu le plan, était réellement achevée en 1230, peu d'années après la mort de Philippe Auguste. Ce plan fut modifié de 1230 à 1330, par des agrandissements et des adjonctions qui, toutefois, n'en changèrent pas le caractère. Elle conserva ce caractère, sans altération, jusqu'au règne de Louis XIII. Mais, de 1699 à 1771, elle perdit ses stalles du quatorzième siècle; son jubé; la clôture à jour du rond-point; son vieux maître-autel orné de colonnes de cuivre; les tombeaux du chœur; les vitraux de cette même partie de l'édifice, ainsi que ceux des chapelles et de la nef; le pilier servant de trumeau qui divisait en deux parties la grande porte occidentale, qui est celle de la façade principale, pilier alors orné d'une statue du Christ et de bas-reliefs qui disparurent avec lui, ainsi que la belle sculpture du Jugement dernier, qui décorait la partie inférieure du tympan, sculpture qu'on détruisit pour faire place à l'arc de la porte nouvelle; et enfin les statues, chefs-d'œuvre de sculpture du moyen âge qui ornaient le dessus du grand portail, parce que c'étaient des statues de rois. Ces profanations successives et ces mutilations barbares sont aujourd'hui réparées. La restauration générale dont l'église Notre-Dame vient d'être l'objet, sous la direction de M. Violet-le-Duc, a eu pour résultat de rétablir cette belle basilique telle qu'elle était, avant les dévastations qu'elle a subies pendant la révolution française, comme avant les modifications qu'on y a apportées pendant les dix-septième et dix-huitième siècles. On a seulement laissé subsister dans le chœur les admirables boiseries qui font partie de ce qu'on nomme le vœu de Louis XIII, décoration exécutée sous le règne de Louis XIV.

L'église Notre-Dame, bâtie en forme de croix latine, a 126 mètres 68 centimètres dans œuvre, 48 mètres 7 centimètres de large et 33 mètres 77 centimètres de haut; on y entre par six portes, au nombre desquelles figure le petit portail qu'on remarque tout près du chœur, au côté septentrional, petit portail qu'on nomme encore la *porte rouge*, à cause de l'ancienne couleur de sa peinture.

La façade principale se fait remarquer par son élévation, par sa sculpture et par son architecture. Elle est décorée des statues de vingt huit rois de France, commençant à Childebert et finissant à Philippe Auguste, renversées en 1793, ainsi que je l'ai déjà dit, et qu'on vient

Grav. 15. — Vue extérieure de Notre-Dame.

de rétablir; et, plus haut, d'une statue de la Vierge, soutenue par deux anges, au centre, et de deux autres statues isolées, l'une à droite, l'autre à gauche; cette façade est terminée par deux grosses tours carrées qui ont 91 mètres de haut; ces tours étaient restées dissemblables jusqu'à notre époque; une seule était achevée, l'autre vient seulement d'être terminée; maintenant elles sont pareilles; on y monte par trois cent quatre-vingts degrés, et l'on va de l'une à l'autre par deux galeries hors d'œuvre, que soutiennent des colonnes gothiques d'une délicatesse surprenante.

La flèche, récemment restaurée, qui s'élève au-dessus du transsept, et qui datait du quinzième siècle, avait été renversée en 1793. Exécutée sur un plan octogonal et dont la base a 7 mètres de largeur, elle se compose d'un étage fermé dégageant le comble, de deux étages à jour portant plates-formes accessibles, et de la pyramide supérieure. Sa hauteur est de 45 mètres. Elle est entièrement en bois de chêne de Champagne, recouvert de plomb, et pèse 750,000 kilogrammes.

La façade principale, dont la vue extérieure de Notre-Dame, qui précède, fait ressortir la grandeur et la beauté, est percée de trois grandes portes par lesquelles on entre dans l'église : le portique à droite, dit de la Vierge, le portique du milieu, surmonté d'une magnifique rosace flanquée, à droite et à gauche, de quatre grandes fenêtres, sans meneaux, et le portique de gauche, dit de Sainte-Anne. Ces portiques, pratiqués sous des voussures ogives, sont chargés de divers ouvrages de sculpture, représentant plusieurs traits qui ont rapport à l'histoire du Nouveau-Testament. Un de ces portiques, celui qui est placé au-dessous de la tour septentrionale, est remarquable par la richesse exceptionnelle de son ornementation. On y admire trente-sept bas-reliefs qui forment un vaste tableau de l'année, comme une sorte d'almanach de pierre. On y a figuré la mer et la terre, les douze signes du zodiaque, et enfin les délassements et les occupations champêtres qui se succèdent pendant les douze mois de l'année.

Du côté où était autrefois l'archevêché est le portail méridional, dit de Saint-Marcel, où sont représentés en bas-reliefs les principaux traits de la vie de saint Étienne; au-dessus, et dans la partie haute du tympan, Jésus-Christ, tenant d'une main un globe, donne de l'autre sa bénédiction. Le contour des arceaux de la voussure est rempli de figures d'anges, d'apôtres; au bas des grands contre-forts et de chaque côté, sont huit bas-reliefs relatifs à la vie de saint Étienne.

Le portail septentrional, situé du côté du cloître, présente à peu près la même disposition que celui du midi. La statue de la Vierge, placée sur le trumeau qui sépare la porte en deux, foule sous ses pieds un dragon ailé. On a représenté, en figures de moyenne proportion, plusieurs sujets du Nouveau-Testament, et l'histoire d'un personnage qui s'est donné au démon. Le style des figures semble appartenir au commencement du quatorzième siècle.

Des ornements en serrurerie d'un très-beau style décorent les vantaux des portes latérales. La porte du cloître est remarquable par l'élégance de sa construction; les deux figures agenouillées représentent Jean sans Peur, duc de Bourgogne, et sa femme Marguerite de Bavière. Les différents bas-reliefs offrent divers traits de la vie de saint Marcel, évêque de Paris. Sur le mur, à 2 mètres de hauteur, on voit sept bas-reliefs représentant plusieurs sujets de la vie de la Vierge.

L'intérieur de Notre-Dame se compose d'une nef principale flanquée de deux nefs collatérales qui se prolongent autour du chœur. Un rang de chapelles, interrompu seulement par les transsepts, fait également le tour de l'édifice. Elles sont au nombre de quarante-cinq. Au-dessus du premier étage de la nef principale règne, dans toute son étendue, une vaste tribune, au-dessus de laquelle sont pratiquées les grandes fenêtres qui éclairent la nef et qui s'élèvent jusqu'à la naissance des voûtes. Cent vingt et un gros piliers soutiennent les principales voûtes. Ces piliers ont généralement 1 mètre 30 centimètres de diamètre; mais ils deviennent plus forts à l'entrée de la nef principale et du sanctuaire. On ne compte pas moins de deux cent quatre-vingt-dix-sept colonnes ou colonnettes, tant dans les bas-côtés que dans les parties hautes. L'église est éclairée par cent treize vitraux.

Le chœur, pavé en marbre, a 42 mètres de long sur 15 de large; l'entrée, du côté de la nef, est fermée par une grille basse dorée; il est séparé du sanctuaire par de magnifiques grilles, également dorées, beaucoup plus hautes, très-ouvragées, à jour, dans lesquelles on a ménagé deux portes pareilles, l'une à droite, l'autre à gauche, et surmontées des armes de Louis XIV et de Napoléon III. Deux estrades en marbre de griotte d'Italie lui servent de jubés; ces estrades sont élevées de 1 mètre 72 centimètres; leurs panneaux sont d'un poli transparent.

En entrant dans le chœur, on est frappé de la magnificence des boiseries régnant de chaque côté, au-dessus de vingt-six stalles, et sculptées avec une merveilleuse finesse. Leur commencement est marqué par deux pilastres décorés d'arabesques. On y remarque surtout des bas-reliefs symbolisant des traits de la vie de la sainte Vierge. Des trumeaux, enrichis d'arabesques et des instruments de la Passion, les séparent. Ils représentent, en commençant, à droite, au haut du chœur, près de la chaire épiscopale : Jésus-Christ donnant les clefs à saint Pierre; la Naissance de la Vierge; sa Présentation au Temple; Sainte Anne l'instruisant; son Mariage avec saint Joseph; l'Annonciation; la Visitation par sainte Élisabeth; la Naissance de Jésus-Christ; l'Adoration des Mages; la Circoncision; du côté gauche du chœur, en commençant par le haut : les Noces de Cana; la Vierge au pied de la croix; la Descente de la croix; la Pentecôte; l'Assomption de la Vierge; la Religion; la Prudence; l'Humilité; la Douceur; les Pèlerins d'Emmaüs. Ces boiseries se terminent de chaque côté par une chaire archiépiscopale en cul-de-four, surmontée de baldaquins enrichis de groupes d'anges tenant des instruments religieux. Le fond de celle du côté droit représente le martyre de saint Denis; du côté gauche, l'on voit la guérison miraculeuse de Childebert, par l'intercession de saint Germain, évêque de Paris. Au-dessus de ce lambris, l'on admire huit grands tableaux des meilleurs maîtres de l'école française du commencement du siècle dernier. Le premier de ces tableaux, en commençant à droite, par le haut du chœur, est l'Annonciation, par Hallé; le second, la Visitation, appelé le Magnificat, chef-d'œuvre de Jouvenet; le troisième, la Naissance de la Vierge, par Philippe de Champagne; le quatrième, l'Adoration des Mages, par Lafosse. Le premier, à gauche, représente la Présentation de Jésus-Christ au Temple, par Louis de Bologne; le second

Grav. 14. — Vue intérieure de Notre-Dame.

une Fuite en Égypte, par le même; le troisième, la Présentation de la Vierge au Temple, par Philippe de Champagne; le quatrième, l'Assomption de la Vierge, par Antoine Coypel.

Le vœu de Louis XIII, exécuté par Louis XIV, a été rétabli tel qu'il était autrefois. On a remis à leur place les statues en pierre de ces deux rois, par Coustou. Louis XIII est à droite et Louis XIV est à gauche. L'une et l'autre reposent sur des piédestaux modernes en marbre. En avant de ces deux statues royales, on aperçoit six autres statues en bronze, trois à gauche, trois à droite, qui appartiennent à la même décoration, et qui reposent sur des colonnes modernes dans le même style.

On a remplacé le maître-autel, substitué sous l'Empire au maître-autel du règne de Louis XIV, par un nouveau maître-autel gothique dans le style général de l'église. Ce maître-autel est à sept travées; il est surmonté d'un retable en bois sculpté par M. Corbon. Il est très-bas et a l'avantage de laisser voir les vitraux des chapelles placées directement derrière le chœur.

Ces vitraux sont du même genre que la grande rosace du milieu du portail de la façade principale. Cette rosace a dans le transsept deux sœurs, l'une au milieu de la façade latérale méridionale, l'autre au milieu de la façade latérale septentrionale. Ces trois rosaces ou ces trois roses sont merveilleuses de coloris et de composition.

La rosace méridionale est déjà restaurée et replacée; la partie du transsept qui se trouve du même côté est également rétablie dans toute sa beauté primitive; celle qui est du côté opposé sera prochainement refaite. Aussitôt après, la rosace septentrionale, à laquelle on travaille, reparaîtra, à son tour, dans tout son éclat, à sa place naturelle.

On achève, du reste la restauration complète de tous les vitraux dont le plus grand nombre seront peints en grisaille. Ceux qu'on voit au fond du chœur, par-dessus le maître-autel, qui ornent le chevet de l'église et que j'ai déjà cités, doivent seuls, avec quelques autres seulement, être décorés de sujets, d'après le système des rosaces.

La baie de l'arcade du milieu qui est derrière le maître-autel est formée en niche, occupée par un groupe en marbre blanc, composé de quatre figures, dont les principales ont 2 mètres 66 centimètres de proportion. La Vierge, assise au milieu, soutient sur ses genoux la tête et une partie du corps de son fils descendu de la croix ; le reste du corps est étendu sur un suaire ; elle a les bras élevés et les yeux en larmes levés vers le ciel. La douleur d'une mère et sa parfaite soumission à la volonté de Dieu sont exprimées de la manière la plus vraie. Un ange, sous la forme d'un adolescent, soutient à droite une main du Christ, pendant qu'un autre ange tient la couronne d'épines, et regarde les traces sanglantes qu'elle a laissées sur l'auguste victime. Derrière un groupe, sur le fond en cul-de-four, incrusté de marbre bleu turquin, paraît une croix surmontée de l'inscription ; un grand linceul tombe du haut de la croix et vient se perdre derrière les figures. Ce groupe, que Nicolas Coustou a terminé en 1723, est un ouvrage admirable : la tête du Christ est d'une rare beauté par l'expression et la dignité du caractère. Il repose sur un piédestal moderne en marbre, piédestal où on a mis la plaque en bronze de cuivre qui était devant l'ancien maître-autel de Louis XIV.

Toutes les chapelles des bas-côtés de la grande nef ont été récemment pourvues de petits autels gothiques fort simples, en harmonie avec le style architectural de l'édifice.

A l'entrée de la porte septentrionale, et près de l'escalier par lequel on monte aux tours, est un bas-relief qui servait de pierre sépulcrale au tombeau du chanoine Yves. On a représenté, dans cette production du quinzième siècle, le Jugement dernier : Jésus-Christ, environné d'anges, lance de sa bouche deux glaives, l'un à droite, l'autre à gauche ; sous ses pieds est le globe de la terre, et dans sa main gauche un livre ouvert. La seconde partie du monument représente un homme sortant du tombeau, contre lequel on voit un cadavre rongé de vers.

Dans l'ancienne chapelle de la *Vierge* est la belle statue dite la *Vierge des Carmes*, de 2 mètres 38 centimètres de proportion, sculptée à Rome par Antoine Raggi, dit Lombard, d'après le modèle du chevalier Bernin. Le lutrin en bois placé dans cette chapelle est remarquable par l'élégance de sa construction et la belle exécution de son travail. Ce pupitre est placé sur un piédestal triangulaire, dont les trois faces, un peu concaves, sont ornées de figures en bas-reliefs des apôtres saint Pierre, saint Paul et saint Jean l'Évangéliste; sur le piédestal sont représentées les Vertus théologales, la Foi, l'Espérance et la Charité. Ces figures sont d'un beau travail et d'une exécution parfaite. Le corps du pupitre est décoré de petits ornements en mosaïque très-délicats; il en est de même des consoles et des arabesques, qui rappellent les productions de Jean Goujon, de Jean Cousin et autres célèbres artistes du seizième siècle.

La chapelle de la *Décollation de saint Jean-Baptiste* renferme le mausolée en marbre érigé, en 1808, par décret de Napoléon, à la mémoire du cardinal de Bellay, archevêque de Paris. Ce monument se compose de quatre figures dont trois ont 2 mètres 45 centimètres de hauteur. Le prélat, assis dans un fauteuil placé sur son sarcophage, est représenté offrant les secours de la charité à une famille indigente. La femme qui reçoit le don a la main droite appuyée sur l'épaule d'une jeune fille. Du même côté, saint Denis, premier évêque de Paris, placé sur une petite masse de nuages, montre aux fidèles son successeur, et semble le proposer comme un exemple de vertu.

On remarque, dans une chapelle faisant partie de celles qui entourent le chœur, à droite, le monument élevé en l'honneur de monseigneur Affre, qui est représenté, à demi couché, dans son costume sacerdotal, appuyé de la main gauche sur un piédestal d'un autre marbre que celui de la statue, et élevant de la main droite une palme, pour indiquer une inscription rappelant les paroles suivantes : *Puisse mon sang être le dernier versé!* Cette inscription est gravée sur une plaque noire. Au centre du soubassement est un bas-relief figurant la parabole du bon pasteur qui donne sa vie pour ses brebis.

Dans d'autres chapelles du chœur, à gauche, on distingue encore les monuments funéraires du cardinal de Noailles, de l'évêque Jean

Juvénal des Ursins, auteur de *l'Histoire de Charles VII*, du maréchal Albert de Gondi, duc de Retz.

On vient d'abaisser l'orgue de Notre-Dame, qui est du célèbre facteur Cliquot, de façon à découvrir entièrement la grande rosace de la façade principale. On y a également établi, sous le sol, un immense calorifère. Cette église renferme enfin ce qu'on appelle le *trésor*, nom justifié par les richesses de toute nature qui le composent. Il est placé dans la grande sacristie.

Lorsqu'on veut se faire montrer le trésor, il faut s'adresser au sacristain ; il faut également s'adresser à un bedeau pour monter dans les tours. On paye 20 centimes par personne.

L'escalier qui conduit au sommet de chaque tour, dont la hauteur totale est de 65 mètres, compte 389 degrés. Du sommet des tours on jouit d'une vue merveilleuse.

On vient d'appliquer aux cloches composant la sonnerie de Notre-Dame de Paris un ingénieux système de coussinets articulés qui permet de les mouvoir sans ébranler les tours.

La plus grosse des cloches de cette église s'appelle le *bourdon*, pèse 16,000 kilogrammes et a 2 mètres 60 centimètres de hauteur et de diamètre. Le battant seul pèse 488 kilogrammes. Il est placé dans la tour du midi.

Cette cloche s'appelait autrefois *Jacqueline*, ainsi que l'indique une inscription ; refondue en 1686, elle reçut les noms d'*Emmanuel-Louise-Thérèse*, en l'honneur de Louis XIV et de Marie-Thérèse d'Autriche. Le bourdon est la plus grosse cloche de France ; sa voix puissante couvre tous les bruits de la ville et s'entend à plusieurs kilomètres de distance.

L'église Notre-Dame de Paris était autrefois un lieu d'asile inviolable, comme l'ancienne église épiscopale de Sainte-Marie.

En 754, le pape Étienne sacra dans cette église Pépin le Bref, ainsi que ses deux fils et leur mère.

Une ordonnance du chapitre de Paris, de l'an 1248, fait connaître que les malades qui venaient à Notre-Dame pour implorer Dieu, restaient en dedans de l'église, vers la seconde porte, même pendant les nuits, en attendant leur guérison ; cette ordonnance porte qu'en faveur de ces malades, cette entrée de l'église sera désormais éclairée par six lampes. On sait d'ailleurs qu'à cette époque et même un peu après, les médecins, qui étaient tous gens d'Église, donnaient leur consultation à l'entrée de l'église Notre-Dame, au-dessous de la tour qui est à main droite, du côté méridional.

Le 18 août 1572, six jours seulement avant le massacre de la Saint-Barthélemy, le mariage du roi de Navarre, depuis Henri IV, avec Marguerite de Valois, fut célébré avec une grande pompe dans l'église de Notre-Dame.

Le 9 février 1779, on célébra dans cette église le mariage de cent jeunes filles en réjouissance de l'heureux accouchement de la reine. Un million avait été affecté par le roi à leur établissement; chaque fille reçut cinq cents livres de dot, deux cents livres pour le trousseau, et douze livres pour la noce; il y eut aussi des gratifications pour les premiers enfants à naître, et pour les mères qui se décidèrent à nourrir leurs enfants.

Le 27 octobre 1781, un *Te Deum* fut chanté à Notre-Dame en réjouissance de la naissance du dauphin. Le roi, accompagné des princes du sang, assista à cette cérémonie religieuse, l'une des dernières de ce genre qui fut célébrée avant la Révolution.

Le 5 août 1789, un *Te Deum* fut chanté à Notre-Dame par l'ordre de l'archevêque Juigné, pour remercier Dieu de l'abolition des titres et des droits féodaux.

Le 8 novembre 1793, l'archevêque de Paris Gobel donna le scandale de la plus honteuse apostasie. Il se présenta à la barre de la Convention, où il déclara solennellement « qu'il avait été pendant soixante années hypocrite, que la religion qu'il professait depuis son enfance n'avait pour base que le mensonge et l'erreur. » Condamné à mort avec Clootz et Hebert, il périt sur l'échafaud.

Le 10 novembre 1793, la Convention nationale, qui avait reçu, le 8 novembre, de l'archevêque de Paris Gobel et de ses douze vicaires la déclaration qu'ils renonçaient à exercer les fonctions du saint ministère, décréta, sans discussion, l'abolition du culte catholique, le remplacement de ce culte par celui de la Raison, et changea par ce décret le nom de l'église Notre-Dame en celui de *Temple de la Raison*. Le même jour, on éleva dans la nef de ce temple une montagne factice, dont le sommet était couronné par un temple d'une architecture simple, portant pour inscription au-dessus de la porte d'entrée : *A la Philosophie*. Sur le penchant de la montagne s'élevait un autel orné de guirlandes de chêne, et supportant le flambeau de la Vérité. Deux rangées de jeunes filles vêtues de blanc, couronnées de chêne, et tenant à la main un flambeau, descendirent de la montagne. Peu après la Raison, représentée par une jeune et belle femme vêtue d'une draperie blanche recouverte à moitié par un manteau bleu céleste, les cheveux épars et coiffée d'un bonnet phrygien, sortit du temple de la Philosophie, et vint s'asseoir sur un banc de gazon, où elle reçut les hommages et les serments des mortels, au son d'une musique bruyante et des chants d'allégresse. Le soir, la Convention en masse se rendit au temple pour y chanter avec le peuple l'hymne à la Raison.

Le 30 juin 1801, un concile national s'ouvrit dans l'église Notre-Dame de Paris; il était composé de quarante-cinq évêques, et d'environ quatre-vingts députés du clergé de second ordre. Le discours d'ouverture fut prononcé par l'abbé Grégoire, membre du Corps législatif et évêque de Blois.

Le 14 juillet 1801, on chanta un *Te Deum* solennel en action de grâce pour le rétablissement de l'ordre, et le 18 avril 1802, on y célébra la signature du concordat et la restauration de l'église catholique. Le 1er décembre 1804, on y fit, en grande pompe, la cérémonie du sacre de Napoléon Ier, cérémonie qui mit en présence, comme au temps de Charlemagne, un Pape et un Empereur. Depuis, on y a successivement célébré, le 17 juin 1816, le mariage du duc de Berry avec la princesse Caroline de Naples; le 2 mai 1841, le baptême du comte de Paris; le 2 juillet 1843, les funérailles du duc d'Orléans; le 1er janvier 1852, un *Te Deum* solennel pour consacrer l'avénement du neveu de l'Empereur au pouvoir; le 12 janvier 1853, le mariage de Napoléon III avec l'impératrice Eugénie; et enfin le baptême du prince impérial.

L'Hôtel-Dieu. — Tout près de l'église métropolitaine, sur l'un des côtés de la place du Parvis-Notre-Dame, s'élèvent encore les vastes et informes constructions qui constituent l'Hôtel-Dieu.

Cet établissement a été fondé par saint Landry, évêque de Paris, en 660; il doit bientôt disparaître.

L'histoire seule de l'Hôtel-Dieu conserve son intérêt, car cette histoire le suivra sur son nouvel emplacement.

L'emplacement primitif de cet établissement était au sud de la petite église Saint-Christophe, à peu près au milieu du parvis Notre-Dame. La Seine, alors, n'était pas, comme aujourd'hui, flanquée de revêtements, et ses eaux, se déversant sur les deux rives à la moindre crue, venaient battre les berges de la Cité, puisqu'au siége de 886 un combat eut lieu sur ces berges entre les Normands débarqués et les Parisiens sortis pour les repousser. Les bâtiments actuels ne peuvent donc avoir été construits à une époque ultérieure.

Le percement de la rue Notre-Dame, effectué en 1184, pour faciliter l'accès du portail de la nouvelle église, qu'on édifiait alors, percement qui absorba une partie de l'hôpital Saint-Christophe, coïncide très-probablement avec le transfèrement vers le fleuve de la maison hospitalière. Aussi, l'appellation sous laquelle elle avait été le plus communément désignée jusque-là, *Hospitale pauperum quod est apud ecclesiam sancti Christofori*, commence-t-elle à faire place à celle d'aujourd'hui, *domus Parisensis Dei*. Cet hospice, du reste, n'avait pas en ces temps reculés le caractère qu'il a eu depuis, c'était plutôt une maison de refuge pour les pauvres et les étrangers; les frères y lavaient, selon l'antique usage, les pieds aux voyageurs qui venaient y demander un gîte; c'est seulement à partir de Philippe Auguste qu'il y est question de malades.

Ce prince, un des fondateurs de cet hôpital, y fit bâtir la salle Saint-Denis et ses dépendances, à l'est, du côté où fut plus tard l'archevêché; Blanche de Castille, sa bru, fonda la salle Saint-Thomas, et Louis IX fit bâtir la grande salle, dite salle Neuve, sur le bord de l'eau, et une chapelle à la suite, du côté du Petit-Pont. La crypte qui s'étend sous une partie de l'emplacement de l'ancienne église et de la salle Saint-Thomas, et qui sert aujourd'hui de cave aux vins, a conservé le caractère de cette époque; les nervures rondes de ses voûtes sont le signe distinctif de l'architecture du treizième siècle.

Louis XI fit décorer de deux portails donnant sur le Petit-Pont les constructions de saint Louis, et fit allonger la grande salle ; les fenêtres en ogives surbaissées qu'on voit dans les basses œuvres bordant la Seine, datent de son règne : elles éclairaient la salle des femmes en couches.

En 1535, le cardinal Duprat, légat *a latere*, fit construire du côté du marché Palu, derrière les bâtiments du bord de l'eau, une magnifique salle qu'on nomma la salle du Légat ; elle occupait l'emplacement du vestiaire actuel, et la partie occidentale du jardin, sur les rues de la Cité et Notre-Dame. François Ier, en apprenant cet acte de munificence du cardinal, s'écria qu'il faudrait que cette salle fût bien grande pour contenir tous les malheureux qu'il avait faits.

Au bas de chaque couchette, était placé un banc qui régnait dans toute sa longueur ; c'était le banc de repos, c'est-à-dire que si un lit pouvait contenir trois malades, il servait pour six, dont trois stationnaient sur ce banc, pendant que les trois autres étaient couchés. Il y eut pendant les épidémies jusqu'à huit personnes pour un même lit, sans compter celles qu'on mettait sur les impériales, où l'on montait au moyen d'échelles ; ce fut sous la Convention que chaque malade eut définitivement un lit à part.

La salle du Légat fut détruite par l'incendie de 1772, qui dura douze jours, et où un grand nombre de malades furent brûlés. Sous Henri IV, les bâtiments de l'Hôtel-Dieu menaçant ruine, ils furent repris en sous-œuvre par Vellefaux ; c'est lui qui fit construire ces arcs de décharge qui protégent sur le petit bras de la Seine les baies ogivales de Louis IX et de Louis XI.

De 1802 à 1804, l'Hôtel-Dieu fut de nouveau l'objet d'importantes réparations, qui achevèrent de lui faire perdre son cachet moyen âge. Du côté du Petit-Pont, on abattit la chapelle avec son portail, et, sur le parvis, l'architecte Clavareau substitua son lourd péristyle à l'œuvre si gracieuse et si délicate des maçons du treizième siècle.

Successivement agrandi et restauré et même déplacé, l'Hôtel-Dieu doit être transporté dans l'espace compris entre la rue d'Arcole, le quai Napoléon, la rue de la Cité et la place du Parvis-Notre-Dame.

Sur la PLACE DU PARVIS-NOTRE-DAME, place sans caractère architectural et sans intérêt historique, on remarque, en face l'église métropolitaine, un vaste bâtiment de quelque apparence, où était autrefois installée l'administration générale de l'assistance publique, et qui est en ce moment une annexe de l'Hôtel-Dieu.

Fontaine de Notre-Dame. — Autrefois on voyait, à l'est de Notre-Dame, derrière le chevet de l'église, un palais dont la fondation

(Grav. 15. — Fontaine de Notre-Dame.

remontait au douzième siècle. Après avoir été plus de six cents ans la demeure des évêques et des archevêques de Paris, il a été saccagé, en 1831, dans une émeute populaire à laquelle une cérémonie religieuse, d'un caractère légitimiste, célébrée à Saint-Germain l'Auxerrois, a servi de prétexte. Sur les ruines de cet édifice on a tracé la PLACE NOTRE-DAME, place qui est plantée d'arbres et entourée d'une grille. Au milieu de cette place s'élève une jolie fontaine gothique reproduite dans la gravure précédente.

Cette fontaine, qui date de 1845, se compose de trois colonnettes supportant une aiguille ornée de clochetins et formant une niche qui abrite une statue de la Vierge tenant l'enfant Jésus. Trois anges, foulant aux pieds des dragons dont la bouche vomit de l'eau qui tombe dans deux bassins à huit pans superposés, ornent le socle triangulaire sur lequel repose cette statue. Ces dragons allégoriques figurent les hérésies terrassées.

L'Église Saint-Merri, rue Saint-Martin, 78. — L'origine de cette église est très-ancienne. En l'an 700, saint Médéric, abbé du monastère d'Autun, était inhumé dans une chapelle du nom de Saint-Pierre, qui occupait l'emplacement sur lequel s'élève l'édifice actuel. Cette chapelle de Saint-Pierre fut alors nommée Saint-Médéric, dont on fit Saint-Merri lorsqu'elle fut reconstruite dans le cours du neuvième siècle.

Cette première église de Saint-Merri a disparu à son tour, comme la chapelle de Saint-Pierre ou de Saint-Médéric. Elle a été remplacée, sous le règne de François Ier, par une nouvelle église qui n'a été achevée qu'en 1612. C'est celle qu'on voit aujourd'hui. On remarque surtout les détails de son portail, qui a été restauré sous le règne de Louis-Philippe, la tour ogivale qui domine la petite porte de droite; la tourelle qui est au côté opposé, près de la petite entrée de gauche.

L'architecture de l'église de Saint-Merri appartient au gothique fleuri ou flamboyant. L'effet général de sa façade, que représente la gravure suivante, et qui est excessivement ornée, a de la grâce et de l'originalité. Malheureusement, on n'a pu rétablir l'ancien grand clocheton dont ce portail était orné et qu'il a perdu en 1793, ni les douze statues et les deux cordons ogivaux de saints et d'anges qui reposaient sur ce clocheton, ni les deux énormes lions de pierre fièrement posées sur le parvis.

On ne voit pas au dehors les côtés latéraux, auxquels sont encore adossées des maisons particulières qui en masquent la vue.

L'intérieur a subi des transformations nombreuses qui lui ont laissé cependant sa vieille ceinture de chapelles. Ces chapelles sont ornées de boiseries et d'autels qui sont du dix-huitième siècle.

Grav. 16. — Église Saint-Merri.

On admire généralement le maître-autel, avec son grand christ en marbre et sa forme tumulaire, les sculptures exécutées par les frères Stoldz dans le chœur, où l'on distingue deux beaux tableaux de Carle Vanloo : une *Vierge et l'Enfant Jésus* et un *Saint Charles Borromée* ; de merveilleux fragments de vitraux du seizième siècle et de très-anciennes mosaïques.

Je dois signaler également les peintures décoratives modernes des chapelles qui sont situées à gauche du chœur. La première est consacrée tout entière à la glorification de la bienheureuse Marie de l'Incarnation, qui fut dans le monde madame Acarie, avant d'être carmélite, et que ses relations avec saint François de Sales ont rendue célèbre au seizième siècle. Elle a été décorée par M. Sébastien Cornu. M. Lepaule a peint dans la seconde *Saint Vincent de Paul esclave convertissant les infidèles* ; MM. Chasseriau et Duval ont décoré l'un la troisième, qui est consacrée à sainte Marie l'Égyptienne, l'autre la quatrième, qui est consacrée à sainte Philomèle. M. Lehmann a figuré dans la cinquième la descente du Saint-Esprit sur la Vierge et sur les Apôtres.

Une chapelle souterraine, dont la construction est de la même époque que celle de l'église, rappelle la crypte où reposaient autrefois les restes de saint Médéric. On y descend par un escalier de quinze marches dont on trouve l'entrée à la cinquième travée du collatéral de gauche.

L'Église Saint-Paul-Saint-Louis. — Cette église a été commencée en 1627 par l'architecte François Derrand, aux frais de Louis XIII, sur l'emplacement d'une première église bâtie en 1580. Cette première église servait de chapelle aux jésuites, qui avaient fondé dans ce lieu une maison professe sur un terrain primitivement occupé par un hôtel que le cardinal de Bourbon leur avait donné. Ce sont les bâtiments de cette maison professe qui forment aujourd'hui le lycée Charlemagne.

L'église Saint-Paul-Saint-Louis n'a été terminée qu'en 1641. On remarque son portail, exécuté par l'architecte Marcel Ange, de la Société de Jésus, aux frais du cardinal de Richelieu. Il se compose de trois ordres superposés. Sa hauteur est de 48 mètres, sa base a 24 mètres de largeur. Il est orné des statues de saint Louis, par M. Lequesne, de sainte Catherine, par M. A. Préault, et de sainte Anne, par M. Étex. On est frappé, du reste, de la richesse de son ornementation générale.

Cette même richesse d'ornementation se retrouve dans l'intérieur de Saint-Paul-Saint-Louis, où le chœur surtout se fait remarquer par le luxe de sa décoration. Cet intérieur se compose d'une grande nef accompagnée de deux rangs de bas-côtés. On y admire le *Christ au jardin des Olives*, d'Eugène Delacroix, tableau placé dans la croisée de gauche; les *Quatre Évangélistes*, peinture à la cire de Decaisne, placée dans le chœur; les peintures du Dôme, par Abel de Pujol. C'est dans le cimetière de cette église, où sont encore les cendres de Bourdaloue, que se trouvaient autrefois les tombes de *l'homme au masque de fer*, de Rabelais, de François et Hardouin Mansart et du maréchal de Biron, tombes qui ont disparu.

Hôtel de Ville. — La hanse de Paris, qui a été le berceau de la municipalité actuelle, a tenu ses premières assemblées dans un local qu'en appelait *maison de marchandise* et qui était située dans les environs de la place du grand Châtelet. Elle transféra ensuite le lieu de ses séances dans le voisinage de ce premier local, dans une maison qu'on appela le *parlouer aux bourgeois*; plus tard elle se réunit dans de vieilles tours qui faisaient partie de l'enceinte des fortifications et qui étaient voisines de l'enclos des Jacobins, situé dans le quartier Saint-Jacques.

Le 7 juillet 1357, les bourgeois de Paris achetèrent, moyennant deux mille huit cent quatre-vingts livres parisis, une maison située sur la place de Grève, que Philippe Auguste avait acquise, en 1212, de Philippe Cluin, chanoine de Notre-Dame.

Cette maison portait alors le nom de *maison aux piliers*, parce qu'elle était supportée par une suite de piliers dont on aperçoit encore quelques-uns dans une gravure de cette époque; elle fut ensuite appelée *maison au Dauphin*, parce qu'elle avait été donnée aux deux derniers dauphins du Viennois.

Quoiqu'elle eût été habitée par des souverains, cette maison était fort simple, et ne différait des maisons voisines que par deux tourelles; c'était là cependant que demeurait le prévôt des marchands; c'est là aussi que les échevins tinrent leurs assemblées jusqu'en 1532, époque où on entreprit de la reconstruire sur un plan plus vaste.

C'est seulement sous le règne de François Ier que Pierre de Viole, alors prévôt des marchands, posa la première pierre de l'édifice qui est aujourd'hui l'hôtel de ville, édifice dont la façade fut élevée sur la place de Grève, qu'on nomme maintenant place de l'Hôtel-de-Ville.

Le plan de Pierre de Viole fut modifié, sous le règne d'Henri II, par un architecte italien appelé Boccardo, et surnommé Cortone. L'hôtel de ville de François Ier, agrandi par son successeur, fut enfin achevé, en 1606, sous le règne d'Henri IV, par André du Cerceau, protégé de François Miron, alors prévôt des marchands.

En 1801, les dépendances de l'hôtel de ville reçurent, une première fois, des accroissements considérables. Mais ces accroissements n'étaient que le prélude de la complète métamorphose qui devait transformer, sous le règne de Louis-Philippe Ier, ce magnifique monument auquel se rattachent quelques-uns des plus grands et des plus dramatiques souvenirs de l'histoire locale de Paris.

C'est le 26 mars 1836 que le conseil municipal décida l'agrandissement, l'embellissement et l'isolement de l'Hôtel de ville, d'après les plans de MM. Lesueur et Godde, plans dont l'exécution exigea des travaux immenses dont M. Vivenelle se rendit adjudicataire.

A la fin de 1841, les nouvelles constructions extérieures étaient achevées. Ces constructions occupent l'emplacement de l'ancien hôpital du Saint-Esprit et de l'ancienne église de Saint-Jean-en-Grève. On a également abattu, pour leur faire place, un grand nombre de maisons particulières voisines.

L'Hôtel de Ville présente un parallélogramme régulier, un peu plus long que large, ayant vingt-cinq croisées sur chacune des façades tournées à l'est et à l'ouest, et dix-neuf sur chacune des façades tournées au nord et au sud, parallélogramme intérieurement divisé par des bâtiments transversaux, en trois cours parallèles. Quatre pavillons à trois étages flanquent les quatre angles, et deux pavillons intermédiaires s'élèvent au milieu des grands côtés, indépendamment du beffroi qui domine la grande porte d'entrée. Ces pavillons sont unis par des corps de bâtiments à deux étages avec mansardes.

Ce splendide édifice a quatre façades : celle de l'ouest, qui donne sur la place de l'Hôtel-de-Ville; celle de l'est, qui donne sur la place Lobau; celle du sud, qui donne sur le quai, et celle du nord, qui donne sur la rue de Rivoli.

On remarque à la façade de l'ouest, qui est la principale, quarante-six niches occupées par des statues. Voici les noms des hommes éminents auxquels la ville de Paris a décerné ce public et solennel hommage :

Dans le pavillon méridional : Condorcet, la Fayette, Colbert, Catinat, Molière, Boileau, Lavoisier, de la Reynie et J. A. de Thou ; dans la partie centrale : Frochot, premier préfet de la Seine, S. Bailly, premier maire de Paris, Turgot, l'abbé de l'Épée, Rollin, Matthieu Molé, J. Aubry, premier juge consulaire, Robert Étienne, F. Miron, Budé, Lallier, de Viole, Juvénal des Ursins, Sully, l'évêque Landry, Aubriot, Boyleaux, Jean Goujon, Pierre Lescot, l'évêque Goslin, Philibert Delorme, de la Vacquerie, saint Vincent de Paul, Lesueur, Lebrun, Mansart, Voyer d'Argenson et Perrone ; dans le pavillon du nord : A. J. Gros, Buffon, Achille de Harlay, Monge, Montyon, Voltaire, d'Alembert, Ambroise Paré et Papin.

Enfin, au-dessous de l'horloge et au-dessus de la grande porte d'entrée, on a replacé la figure équestre d'Henri IV. Cette figure est coulée en bronze d'après le modèle de M. Lemaire, qui a représenté le roi couvert de son armure, ayant la tête nue et tenant de la main droite, en signe de paix, un rameau d'olivier.

Les piédestaux de l'attique des façades du sud, de l'est et du nord ont également reçu des statues allégoriques.

On remarque d'abord les grandes portes cintrées des pavillons de la façade principale qui conduisent aux deux cours latérales intérieures, et le perron du milieu, qui mène à un vestibule aboutissant à la cour centrale.

L'ensemble architectonique de cette cour contient un des plus gracieux spécimens de l'art de la Renaissance.

Lorsque de grandes fêtes étaient données, du temps de Louis XV, à l'Hôtel de Ville, beaucoup moins vaste à cette époque qu'il ne l'est aujourd'hui, on transformait la cour du centre en une salle de bal, en la couvrant d'un plafond en toile peinte qui figurait un ciel et ne s'élevait pas au-dessus de l'entablement du second ordre.

Cette cour, qui doit être dallée en marbre, et où l'on voit les statues de Charlemagne et de Louis XIV, a reçu, dans ces dernières années, une nouvelle destination. Sous la coupole de verre dont elle a été surmontée, et qui soustrait aux injures du temps toutes les richesses soigneusement remises en lumière de son architecture, elle est devenue un magnifique vestibule d'introduction, relié directement aux grands appartements par un escalier d'honneur, ayant la forme d'un fer à cheval en pierre et en stuc, et faisant suite à l'entrée principale qui s'ouvre au milieu de la façade de l'édifice.

On remarque ensuite l'escalier, recouvert d'une voûte élégante à nervure du temps d'Henri II, escalier conduisant, à droite, à la salle des huissiers, qui ouvre sur la salle du trône, et cette salle splendide où l'on voit deux magnifiques cheminées sculptées sous Henri IV, salle éclairée par douze lustres, et dont les panneaux seront ultérieurement couverts de tapisseries des Gobelins représentant des figures allégoriques de Paris à diverses époques.

On remarque également la salle du Zodiaque, décorée de sculptures de Jean Goujon et d'un plafond peint par M. Coignet; le salon du Vote, ainsi nommé parce que le plafond, peint par Schopin, représente la France acclamant le second Empire; la salle du Conseil, où sont placés les bustes de la reine Victoria et du prince Albert, don royal, souvenir de leur visite; la galerie de pierre, qui conduit aux appartements qu'on laisse visiter au public, et qui est à gauche de l'escalier d'Henri II, galerie dont l'ornementation consiste en vues de paysages des bords de la Seine.

En sortant de la galerie de pierre on se trouve sur le palier de l'escalier de l'aile méridionale, escalier où l'on remarque quelques bas-reliefs supportés par des colonnes ioniques.

Au delà de ce palier on rencontre successivement: une antichambre où se trouvent des tapisseries flamandes et une statue en bronze d'Henri IV enfant, par Bosio; la salle d'attente, que Court a décorée de peintures remarquables; la salle de jeu, avec son plafond peint sur stuc par Lachaize; le salon des Arcades, long de 25 mètres sur 53 mètres de largeur et 7 mètres de hauteur, salon divisé en trois parties, ayant chacune un plafond peint, le premier par M. Schopin, le second par M. Picot, et le troisième par M. Vauchelet, siège du gouvernement provisoire en 1848; un second salon de jeu, dont la décoration est de M. Vauchelet; une salle à manger où soixante convives peuvent dîner à l'aise, est décorée, par M. Jadin, de peintures spéciales.

L'antichambre, le salon des Arcades, la salle d'attente, la salle à manger et les deux salles de jeu qui viennent d'être signalés composent spécialement les appartements qui servent aux réceptions hebdomadaires d'hiver du préfet de la Seine. Après les avoir parcourus, on pénètre dans une véritable demeure de fées. Ce sont les salles et les galeries que l'on n'ouvre que dans les jours de grande fête ou de grande cérémonie. Là se trouve accumulé tout ce que l'art peut produire de plus beau, tout ce que l'industrie peut inventer de plus somptueux. Toutes les richesses, toutes les magnificences s'y trouvent réunies. C'est surtout dans les nuits de bal qu'il faudrait les voir, lorsque l'éclat des lumières et la profusion des fleurs viennent s'ajouter encore aux splendides décorations et aux élégances exceptionnelles de ce palais qui personnifie la grandeur parisienne.

On admire successivement le salon de Napoléon, ainsi nommé parce que le plafond, peint par M. Ingres, représente l'apothéose de l'Homme du siècle, dont on voit, sur la cheminée, le portrait revêtu du manteau impérial, par Girard; le salon des Arts, que M. Landelle a orné de fresques allégoriques; la salle des Prévôts, où l'on voit les bustes des prévôts de Paris depuis 1205 jusqu'à 1705; enfin la galerie des Fêtes, qui a 50 mètres de longueur sur 13 mètres de largeur et 13 mètres de hauteur, galerie unique dans le monde, merveilleusement disposée pour l'usage auquel elle est destinée, et dont la splendide décoration blanc et or est encore relevée par les peintures de M. Lehmann, qui a retracé dans les pendentifs et les pénétrations l'histoire de l'humanité. L'éclairage de cette immense galerie se compose de vingt-six lustres portant deux mille six cents bougies. Elle est dominée par des galeries supérieures, où l'on place les musiciens et les chœurs, et où on installe des buffets

On admire également, dans la même série des grands appartements, à la suite de la galerie des Fêtes, un second salon des Arts; le salon de la Paix, pendant du salon de Napoléon, et dont la décoration reproduit les épisodes héroïques de la vie d'Hercule; la salle des Communes.

On visite enfin, à gauche de cette même galerie des Fêtes, la salle des Cariatides ; au rez-de-chaussée, la salle Saint-Jean et la cour centrale, déjà citée, cour qu'on transforme, dans les grandes solennités, en un parterre où des eaux jaillissantes, s'échappant de corbeilles de fleurs, entretiennent jusqu'au matin une fraîcheur délicieuse.

Les escaliers qui, à droite et à gauche, conduisent au premier étage et le vaste palier qui sépare ces deux escaliers se faisant face, ne sont plus, du reste, dans les nuits de bal, qu'un ravissant et immense parterre improvisé, semé des fleurs les plus rares, encadrant de féeriques fontaines.

D'après Lepelletier de Saint-Fargeau, le premier épisode dont l'Hôtel de Ville ait été le théâtre date du 4 juillet 1652. Ce jour-là, la présence à Paris du prince de Condé excita dans cette ville un soulèvement général contre les partisans de Mazarin. Une assemblée se tint à l'Hôtel de Ville, où le prévôt des marchands et les échevins proposèrent le retour de la cour à Paris.

Le prince de Condé, informé de ce projet, remplit la place de Grève de soldats de son armée, et menace de ne laisser sortir aucun membre de l'assemblée avant qu'il n'ait signé le traité d'union avec le prince. A ces paroles, une foule immense entoure l'Hôtel de Ville en criant *l'union ! l'union !* Plusieurs décharges de mousqueterie sont faites sur les fenêtres de la salle d'assemblée ; la troupe entasse contre la porte de l'Hôtel de Ville un grand nombre de fagots, et y met le feu. Au milieu des coups de fusil qu'on leur tirait, de la fumée qui menaçait de les étouffer et de les consumer, les membres de l'assemblée, remplis de frayeur, se crurent perdus et cherchèrent à se sauver ; le maréchal de l'Hôpital, gouverneur de Paris, s'échappa à la faveur d'un habit de prêtre dont il s'était revêtu ; d'autres membres durent leur salut à des bateliers qui se firent largement payer ; plusieurs, pour éviter le feu qui faisait des progrès, s'exposèrent à la fureur de la multitude et furent massacrés. Le tumulte, le meurtre et l'incendie durèrent depuis deux heures après midi jusqu'à dix heures du soir, moment où le duc de Beaufort entra dans l'Hôtel de Ville, accompagné de gens armés, et en fit sortir en sûreté les personnes qui s'y trouvaient encore.

La charmante duchesse de Longueville, qui s'était mise à la tête du parti de la Fronde, vint s'établir à l'Hôtel de Ville, accompagnée de la duchesse de Bouillon. Toutes deux se montrèrent au peuple, belles de tous leurs charmes et de leurs enfants qu'elles tenaient dans leurs bras, et la multitude les salua avec enthousiasme. La duchesse de Longueville ajouta encore à sa popularité en faisant ses couches dans le palais municipal, où elle mit au jour un fils, **qui fut nommé *Paris*,** du nom même de la ville, et qui fut tué au passage du Rhin.

Après la retraite de Mazarin, Louis XIV rentra à Paris après avoir publié une amnistie, et la ville redevint paisible. L'année suivante Mazarin revint en France et y revint tout-puissant. On lui donna un festin à l'Hôtel de Ville au milieu des acclamations des citoyens; le parlement lui rendit de grands honneurs, et condamna à mort le prince de Condé, dont il avait partagé les fautes.

L'Hôtel de Ville de Paris devait avoir d'autres journées non moins terribles, non moins caractéristiques.

Le 13 juillet 1789, dès six heures du matin, au milieu de l'émotion publique, produite par la défense que l'autorité avait faite aux électeurs communaux qui avaient été appelés à nommer les députés au tiers état de continuer à se réunir dans la salle où l'élection avait eu lieu, le palais municipal se remplissait d'hommes de toutes les classes et de tous les âges, appelés à donner leur opinion sur les affaires du moment.

Les clercs du Palais et ceux du Châtelet, les élèves en chirurgie, proposèrent de former entre eux une garde volontaire; les gardes françaises, déjà dévoués à la Révolution, vinrent aussi donner aux électeurs des témoignages de leur zèle.

Le prévôt des marchands, M. de Flesselles, parvient à calmer un instant l'impatience publique en promettant de distribuer douze mille fusils; pendant qu'on attend cette distribution, le comité permanent des électeurs s'occupe de l'organisation de la milice parisienne, et décide que le quartier général de cette milice sera constamment à l'Hôtel de Ville. Cependant le temps s'écoule, aucune arme n'est distribuée; l'inquiétude devient plus vive, et les mots de perfidie, commencent à circuler dans la foule. Enfin on annonce, que plusieurs caisses étiquetées « artillerie » sont arrivées : on les ouvre, et on les trouve remplies de vieux linge et de bouts de chandelles. Aussitôt un cri de trahison se fait entendre contre le prévôt des marchands.

Le lendemain, les rues sont inondées, dès le point du jour, d'une multitude de personnes qui manifestent la plus vive agitation: les régiments campés aux environs de Paris semblent disposés à assiéger la population; mais plusieurs soldats désertent leurs corps avec armes et bagages, et viennent offrir leurs services à l'insurrection dont le quartier général était à l'Hôtel de Ville.

Sur les deux heures après midi, le bruit d'un coup de canon tiré de la Bastille se fait entendre; les membres du comité permanent de l'Hôtel de Ville, cédant au vœu général énergiquement exprimé, envoient des gardes françaises, des citoyens armés et cinq pièces de canon pour faire le siége de cette forteresse.

Deux heures après, la place est emportée; le gouverneur est décapité, et quatre officiers sont tués avant de pouvoir atteindre l'Hôtel de Ville, sur lequel on les dirigeait; dans le même moment, une multitude armée, exaspérée par la trahison du prévôt des marchands, s'empare de sa personne et veut l'emmener au Palais-Royal pour lui faire rendre compte de sa conduite; mais, tandis qu'on l'entraîne, un coup de pistolet part et le tue.

Quelques jours après, l'Hôtel de Ville était encore le théâtre d'un nouveau crime; on y massacra M. Foulon et M. Berthier.

Le 16 juillet, les électeurs communaux supprimèrent le titre de prévôt des marchands, et confièrent les rênes de l'administration municipale à Bailly, qui reçut le titre de maire de Paris. En même temps, ils organisèrent la milice nationale, à la tête de laquelle ils mirent le général la Fayette, qui fut nommé par acclamation commandant général de la garde nationale.

Le 17 juillet, Louis XVI se rendit à l'Hôtel de Ville, se présenta au balcon, où il arbora la cocarde tricolore, et confirma l'élection populaire du maire et du commandant général de la garde nationale.

La Révolution était faite.

L'Hôtel de Ville fut le siége de la Commune de Paris dont la domination finit avec Robespierre, qui fut arrêté dans le palais municipal, où il avait cherché un refuge, et qui n'en sortit que pour aller à l'échafaud.

Le règne de la Commune de Paris, dont j'ai déjà rappelé la terrible et sanglante dictature, dura du 14 juillet 1789 au 27 juillet 1794. Pendant ces cinq années, cinq maires se succédèrent : Bailly, Pétion, Chambon, Pache et Fleuriot. Trois d'entre eux, Bailly, Pétion et Fleuriot, payèrent de leur vie l'honneur d'occuper un poste dangereux où l'on devenait presque infailliblement la victime des fureurs de la populace, après en avoir été tour à tour l'instigateur et l'instrument.

Après le 27 juillet 1794, la Commune de Paris fut momentanément administrée par des commissions dont la Convention nationale nommait les membres. Sous le Directoire, la capitale de la France fut divisée en douze municipalités administrées par un conseil départemental composé de sept membres. Sous le Consulat, cette organisation fut remplacée par celle qui existe encore; on plaça un maire à la tête de chacun des douze arrondissements, et on les mit sous l'autorité d'un préfet chargé de l'administration, en même temps que l'on confia la police à un autre fonctionnaire ayant également le même titre. Le premier Empire, la Restauration, la monarchie de 1830 et le second Empire, ont respecté l'œuvre du Consulat; le nombre des arrondissements seul a été augmenté; il a été porté de douze à vingt à l'époque de l'annexion des communes de l'ancienne banlieue.

M. Frochot a été le premier préfet de la Seine : il a eu pour successeurs MM. de Chabrol, Alexandre de la Borde, Odilon Barrot, de Bondy, de Rambuteau et Berger.

Sous l'Empire, l'histoire de l'Hôtel de Ville n'eut à enregistrer que des faits sans importance. Mais c'est là que devait finir le règne de la Restauration. Le 28 et le 29 juillet on s'y battit avec acharnement. Au commencement de ce second jour, le général Dubourg y avait établi le quartier général de l'insurrection. On y organisa bientôt un gouvernement provisoire, et, deux jours après, le duc d'Orléans s'y rendait en qualité de lieutenant général du royaume, titre qu'il devait bientôt échanger contre celui de roi des Français.

En 1848, le gouvernement provisoire établissait son siége à l'Hôtel de Ville, qui vit mourir cette même monarchie de 1830 qu'il avait vue naître. L'histoire de cette époque appartient plus à l'histoire générale de France qu'à l'histoire locale de Paris. Mais la population de cette ville se souviendra toujours de M. de Lamartine, refusant d'y arborer le drapeau rouge et imposant, par son héroïsme et son éloquence, sa haine du régime de sang et de terreur dont ce drapeau était l'horrible emblème, à la foule mugissante et domptée.

C'est dès l'époque du premier Empire que date l'usage de donner à l'Hôtel de Ville des fêtes exceptionnelles pour célébrer les événements de quelque importance. Ainsi celles de 1810, pour le mariage de Napoléon Ier avec Marie-Louise; de 1811, pour la naissance du roi de Rome; de 1814, pour la rentrée de Louis XVIII; de 1816, pour le mariage du duc de Berry avec la princesse Caroline des Deux-Siciles; de 1821, pour le baptême du duc de Bordeaux; de 1825, d'abord pour le retour du duc d'Angoulême, victorieux en Espagne; et ensuite pour le sacre de Charles X; de 1837, pour le mariage du duc d'Orléans, fils aîné du roi Louis-Philippe Ier. Mais ces fêtes d'autrefois ne donnaient même pas l'idée de la magnificence et du charme de celles que madame la baronne Haussmann y a présidées, sous le second Empire, et principalement des bals donnés en l'honneur du mariage de l'empereur Napoléon III avec l'impératrice Eugénie, de la visite de la reine d'Angleterre, et de la visite du roi d'Italie.

LA PLACE DE L'HÔTEL-DE-VILLE, sur laquelle donne la façade du splendide monument dont elle a pris le nom, s'est longtemps appelée la place de Grève. Sa création date du douzième siècle. Sous le règne de Charles VI, elle servit de marché aux vins. Vers le milieu du dix-septième siècle, on y avait établi un marché au charbon. Avant la construction de l'ancien marché du Temple, aujourd'hui en voie de transformation, on y vendait de vieux linges et de vieux habits devant l'église du Saint-Esprit, depuis longtemps démolie pour l'agrandissement de l'Hôtel de Ville. Enfin, après la révolution de Juillet, on y fit quelque temps un grand commerce d'armes de toute espèce.

Au temps où elle s'appelait la place de Grève, la place de l'Hôtel-de-Ville a été le théâtre d'épisodes de toute nature, qui comptent parmi les souvenirs de l'histoire locale. Elle a également servi pour les spectacles et pour les supplices. C'est là qu'on faisait autrefois, la veille de la fête de la Saint-Jean, d'immenses feux de joie. François Ier avait l'habitude d'y assister avec toute sa cour ; lui-même allumait le feu en grande cérémonie.

Au centre de la place, on voyait naguère une croix entourée de degrés ; c'est du haut de ces degrés qu'en 1358, Charles le Mauvais, roi de Navarre, excita, pendant la captivité du roi Jean, les Parisiens à l'insurrection. Au temps de la Ligue et de la Fronde, cette même place a vu bien des scènes de sang et de tumulte. Depuis 1789, elle a été, pour ainsi dire, le péristyle de tous les grands faits révolutionnaires dont l'Hôtel de Ville a été le théâtre.

Pendant cinq siècles environ cette même place fut le lieu consacré aux exécutions capitales. En 1310, on y brûle Marguerite Porette, pour crime d'hérésie; le 19 décembre 1475, on y décapite le connétable de Saint-Pol; le 26 juin 1551, on y décapite également Coucy-Vervins, sous les yeux du maréchal de Biez, condamné à assister debout, sur le même échafaud, au supplice de son gendre ; le 20 décembre 1559, on y étrangle Anne Dubourg, conseiller au parlement, condamné par la Chambre ardente; le 27 octobre 1572, Catherine de Médicis et Charles IX, s'y rendent en grande pompe pour y voir pendre aux flambeaux Briquemant et Cavagnes ; le 30 avril 1574, la Mole et Coconas y sont décapités par ordre de Henri III; le 26 juin 1574, on y exécute, après l'avoir torturé, Montgommery, qui n'était coupable que d'imprudence et qui paya de sa vie le malheur d'avoir blessé mortellement, en 1559, le roi Henri II dans un tournoi; le 27 mai 1610, on y écartèle vif, en présence de toute la cour, l'assassin de Henri IV, Ravaillac; le 8 juillet 1617, on y tranche la tête à Éléonore Galigaï, veuve du maréchal d'Ancre, condamnée sous prétexte de judaïsme, de sortilége et de magie ; le 22 juin 1627, on y décapite François de Montmorency-Bouteville et le comte de Beuvron-Deschapelles, condamnés à mort pour s'être battus en duel sur la place Royale ; le 10 mai 1632, l'une des plus illustres victimes du cardinal de Richelieu, le maréchal de Marillac, y porte, à son tour, la tête sur l'échafaud.

Voici comment Lepelletier Saint-Fargeau raconte trois exécutions capitales de femmes, qui furent, chacune, un événement pour la population parisienne.

« Le 16 juillet 1676, à six heures du soir, la marquise de Brinvilliers, habile à préparer les poisons pour ses parents et ses amis, fut exécutée sur la place de Grève après avoir fait amende honorable à Notre-Dame, nue, en chemise, la corde au cou. Une foule immense se pressait sur la place de Grève et dans les rues ; on y remarquait beaucoup de dames. La marquise en reconnut plusieurs avec lesquelles elle avait été très-liée : « Oh ! c'est vraiment un beau spectacle, n'est-il pas vrai, mes amies ? » dit-elle à ces curieuses de mort, en leur lançant un regard de mépris. Madame de Sévigné était une de ces curieuses. La condamnée monta seule et nu-pieds sur l'échafaud, où le bourreau fut près d'un quart d'heure à faire les préparatifs de l'exécution, préparatifs plus cruels, plus douloureux que le supplice même ; après avoir été pendue, son corps fut consumé dans un vaste brasier et ses cendres jetées au vent. Le supplice de la Brinvilliers était un effrayant spectacle ; quatre ans plus tard, cependant, les empoisonnements devinrent si fréquents à Paris, que force fut d'établir à l'Arsenal la fameuse Chambre ardente.

« Le 22 février 1680 fut exécutée sur cette place la Voisin, condamnée par la Chambre ardente, établie à Vincennes, à faire amende honorable et à être brûlée vive, pour raison des impiétés, empoisonnements, artifices et maléfices contre la vie des personnes.
« A cinq heures, dit madame de Sévigné, qui était, comme elle le dit elle-même, une des curieuses de supplices d'alors, on la lia, et, avec une torche à la main, elle parut dans le tombereau, habillée de blanc ; c'est une sorte d'habit pour être brûlée. Elle était fort

rouge, et l'on voyait qu'elle repoussait le confesseur et le crucifix avec violence. A Notre-Dame, elle ne voulut jamais prononcer l'amende honorable, et à la Grève elle se défendit autant qu'elle put de sortir du tombereau ; on l'en tira de force, on la mit sur le bûcher, assise et liée avec du fer, on la couvrit de paille ; elle jura beaucoup, elle repoussa la paille cinq ou six fois ; mais enfin le feu s'augmenta ; on la perdit de vue, et ses cendres sont en l'air maintenant. »

« Le 20 juin 1699, madame Tiquet, belle, gracieuse et spirituelle femme d'un conseiller au parlement, auquel elle avait apporté en dot un demi-million de fortune, ayant été condamnée à mort pour avoir tenté de faire assassiner son mari, de complicité avec Moura, son portier, fut conduite en place de Grève pour y être exécutée. La population de Paris se rua tout entière sur le chemin que devait parcourir cette femme, dont le crime, la constance dans les tourments, et la beauté, étaient le sujet de tous les entretiens. A cinq heures, on vit s'avancer le sinistre cortége. Madame Tiquet, entièrement vêtue de blanc, était assise à côté du curé de Saint-Sulpice ; une coiffe abaissée sur ses yeux dérobait en partie ses traits pâles et réguliers ; une exhortation touchante du bon curé lui rendit le courage qui commençait à l'abandonner ; elle releva sa coiffe, regarda la foule d'un air modeste, mais calme et assuré, et soutint, par ses paroles et sa contenance, la fermeté de Moura, qui, placé sur le devant de la charrette, s'abandonnait au désespoir. Ils arrivaient ainsi à la Grève, et leur supplice allait être terminé dans quelques instants, quand tout à coup un violent orage éclata. On attendit, pour procéder à l'exécution, que la pluie qui tombait par torrents cessât un instant ; et pendant cette cruelle attente, les condamnés demeurèrent dans la charrette, ayant devant les yeux l'appareil de la mort, au pied duquel madame Tiquet voyait un carrosse noir, attelé de ses propres chevaux, et attendant que le bourreau y vînt déposer son corps. Elle demeura ferme cependant : le supplice de Moura, condamné à être pendu, parut seul l'affecter un instant ; mais bientôt, montant vivement sur l'échafaud, elle accommoda ses cheveux avec autant de promptitude que de grâce, et se plaçant sur le billot, présenta son cou au glaive. Tant de résolution et de force, tant de beauté peut-être troublèrent le bourreau, et ce fut avec des cris de terreur et d'indignation qu'on le vit se reprendre à trois fois pour accomplir son cruel office. »

La place de Grève vit ensuite successivement : en 1720, le supplice du comte de Horn; en 1721, l'exécution de Cartouche; en 1757, le châtiment de Damiens, spectacle qui attira une foule tellement considérable et qui excita une curiosité si vive, qu'on loua, à des prix fous, jusqu'aux lucarnes des greniers qui avaient vue sur l'échafaud; en 1790, Thomas de Mahy, marquis de Favras, qui y fut pendu, après avoir protesté trois fois, avec une grande énergie, de son innocence. Enfin, c'est le 25 avril 1792 qu'on s'y servit, pour la première fois, sur un assassin nommé Pelletier, de la guillotine.

On remarque sur la place de l'Hôtel-de-Ville, en face du palais municipal, deux vastes bâtiments de construction récente, qui servent de bureaux, l'un à l'administration de l'Assistance publique et l'autre à la direction de l'Octroi de Paris, ainsi qu'à d'autres services publics de la ville.

L'Église Saint-Gervais-et-Saint-Protais, derrière l'Hôtel de Ville. — Cette église, dont la construction ne remonte qu'à la fin du seizième siècle, et qu'on a élevée sur les ruines d'une chapelle du sixième siècle, possède un portail qui est l'un des chefs-d'œuvre de l'architecture moderne.

Ce merveilleux portail est de Jacques Desbrosses, et ce fut Louis XIII qui en posa la première pierre le 24 juillet 1616. Il se compose des trois ordres, dorique, ionique et corinthien, l'un sur l'autre : le premier ordre est composé de huit colonnes doriques, cannelées dans leurs deux tiers supérieurs, et portées sur un socle peu élevé; les quatre collatérales sont engagées d'un sixième dans le mur; les quatre formant l'avant-corps du milieu sont adossées à des pilastres pareils : un fronton triangulaire est placé au-dessus. L'ordre ionique s'élève sur le même plan; mais l'ordre supérieur, régnant seulement sur l'avant-corps, est de quatre colonnes corinthiennes supportant un fronton semi-circulaire.

Voltaire disait, en parlant du portail de Saint-Gervais-et-Saint-Protais : « C'est un chef-d'œuvre auquel il ne manque qu'une place pour contenir ses admirateurs. » Aujourd'hui cette place existe ; l'édilité parisienne lui en a fait une. On remarque au second étage de ce portail, dans des niches cintrées, les statues de saint Protais par A. Moine, et de saint Gervais par A. Préault, ainsi que deux groupes modernes de dimension colossale placés à la base, de chaque côté de l'ordre corinthien. L'un est de M. Jouffroy ; l'autre est de M. Dantan aîné.

On doit visiter l'église Saint-Gervais-et-Saint-Protais surtout à cause de son portail ; l'intérieur, qui ne se compose que d'une nef avec collatéraux simples bordés de chapelles, n'a rien de caractéristique. Cependant je dois signaler : la tour dont la partie inférieure appartient au style ogival ; un vitrail de Jean Cousin, qui représente le Jugement de Salomon et qu'on voit dans la seconde chapelle, à droite du chœur ; les six chandeliers et la croix de bronze doré du maître-autel, qui sont du dix-huitième siècle ; les sculptures des stalles du chœur, qui datent du seizième siècle ; un bas-relief en pierre du treizième siècle, représentant Jésus-Christ recevant l'âme de Marie au moment de sa mort, qui orne la chapelle Saint-Laurent ; une Passion en plusieurs sujets peinte sur des volets de bois, qui date du quinzième siècle et qui décore la chapelle Saint-Denis ; un Christ en croix, de M. A. Préault, qu'on voit à gauche du chœur, près de l'abside ; la chapelle de la Vierge dont les peintures sont de M. Delorme ; dans diverses autres chapelles, le mausolée du chancelier Michel Letellier, des peintures de M. Guichard, une toile de M. Heim et les décorations de M. Caminade.

La Tour et le Square Saint-Jacques. — Une église du nom de Saint-Jacques de la Boucherie existait autrefois dans le quartier de l'Hôtel de Ville. Cette église, qui datait au moins du onzième siècle, a été détruite en 1787. Une tour s'élevait alors à l'angle sud-ouest de la façade occidentale de cette église. Cette tour, qui n'a été construite que sous le règne de Louis XII, de 1508 à 1522, aux frais d'un simple particulier du nom de Nicolas Flamel, a été respectée par les démolisseurs. Récemment isolée, elle s'élève majestueusement au centre d'un vaste et beau square de création nouvelle. La gravure suivante représente l'aspect général du monument et du jardin.

Grav. 17. — Tour et Square Saint-Jacques de la Boucherie.

Nicolas Flamel, qui faisait partie de l'Université en qualité de libraire écrivain juré, était un homme d'un grand savoir qui acquit par son travail d'immenses richesses. La tour qu'il a fait élever a 52 mètres de hauteur. On gravit, pour monter à la plate-forme, 291 degrés. Sa gracieuse élégance la classe au nombre des vieux édifices les plus intéressants de Paris. Devenue propriété privée en 1797, elle a été rachetée en 1856, par la ville de Paris, au prix de 250,000 francs. Restaurée et consolidée par de récents travaux, elle est décorée de 21 statues parmi lesquelles on remarque celle de Saint-Jacques le Majeur, patron de l'ancienne église, qui est de grandeur colossale, et celle de Pascal, qui est placée sous la clef de voûte.

Le square qui entoure la tour Saint-Jacques de la Boucherie a une superficie intérieure de 5,786 mètres. Il est établi au carrefour formé par la rue de Rivoli et le boulevard de Sébastopol, la rue Saint-Martin et l'avenue Victoria. Une grille en fer d'une riche ornementation ferme ce square. L'espace occupé par les pelouses et les massifs est de 3,742 mètres, les allées sablées forment un emplacement de 1,578 mètres, celui de la tour est de 466 mètres.

Place Royale. — Cette place a été ouverte en 1604, sous le règne de Henri IV, sur l'emplacement de l'ancien palais des Tournelles. Elle est plantée de marronniers et de tilleuls et décorée de QUATRE FONTAINES élégantes. Au centre s'élève la STATUE ÉQUESTRE DE LOUIS XIII, qui date du règne de Charles X. Le roi est de M. Cortot, le Cheval est de M. Dupaty. Elle remplace la statue équestre que le cardinal de Richelieu avait fait élever en 1639, à la même place, en l'honneur de son souverain, et qui a été détruite en 1792.

La place Royale est quadrangulaire; elle est entourée de constructions d'une architecture uniforme, supportées des quatre côtés par un rang d'arcades formant galeries couvertes. Une chaussée court devant ce rang d'arcades. Cette chaussée est séparée de la place par une grille de fer.

Sous le règne de Louis XIII, la place Royale était le jardin des Tuileries de l'époque; c'est là que les raffinés allaient se montrer à des heures fixes. Aujourd'hui on n'y voit que des vieillards et des enfants.

C'est sur cette place qu'est encore située la MAIRIE du quatrième arrondissement, qui sera prochainement transférée rue de Rivoli, derrière la caserne Napoléon. On y remarque également la MAISON n° 21, que Richelieu a quelque temps habitée, et la MAISON n° 9, qui a été la demeure de Marion Delorme, et où Victor Hugo a logé pendant plusieurs années.

La place Royale s'est appelée la *place des Vosges* pendant la première République, le premier Empire et les premiers mois de la seconde République.

Place du Châtelet. — Le nom de cette place rappelle le souvenir du Grand-Châtelet, prison qui a joué un rôle important pendant la guerre civile des Bourguignons et des Armagnacs. Elle est située entre le quai, en face le pont au Change; la Chambre des notaires, maison monumentale, de construction récente, qui est en regard de ce pont; du Théâtre-Lyrique et du Théâtre impérial du

Grav. 18. — Colonne de la Victoire et Place du Châtelet.

Châtelet. Elle sert d'aboutissant à la rue Saint-Denis et au boulevard de Sébastopol, aux quais de Gèvres et de la Mégisserie, qui sont en voie de transformation, et à la magnifique avenue Victoria, qui est de création nouvelle, et qui doit être prolongée jusqu'au chevet de l'église Saint-Germain-l'Auxerrois, reliant ainsi le palais du Louvre à l'Hôtel de Ville. La gravure précédente représente une vue d'ensemble de la place, de la fontaine et des théâtres.

La fontaine de la Victoire, sur la place du Châtelet. Cette fontaine, qui s'élève au centre d'un carré de marronniers réservé aux promeneurs, a été construite en 1807, sur les dessins de M. Bralle. Elle consiste en un bassin circulaire de 6 mètres 50 centimètres de diamètre, avec un piédestal en roche de Bagneux, orné de sphinx et des quatre statues représentant la *Foi*, la *Vigilance*, la *Loi*, la *Force*. C'est du groupe de ces quatre statues que s'élance une colonne de pierre qui se termine en feuillage de palmier. Sur le fût sont inscrits, en lettres d'or, des noms de champs de bataille qui rappellent des triomphes de l'armée française. La statue de la *Victoire* distribuant des couronnes surmonte le chapiteau. Toutes les sculptures de ce monument, qui a 22 mètres de hauteur, sont de Bosio.

Curiosités diverses.

Le quatrième arrondissement renferme aussi, dispersées sur divers points, les curiosités dont la nomenclature va suivre.

NOTRE-DAME DES BLANCS-MANTEAUX, 14, rue des Blancs-Manteaux, que l'on vient de restaurer, appartenait, dans l'origine, à un monastère de religieux qu'on nommait les *serfs de Marie*, et qui portaient des manteaux blancs. Les serfs de Marie furent remplacés, au treizième siècle, d'abord par les ermites de Saint-Guillaume, et ensuite par les bénédictins réformés. Les bureaux et les magasins du grand mont-de-piété occupent aujourd'hui les bâtiments du monastère. L'église a été reconstruite en 1687; elle vient d'être l'objet d'une nouvelle et complète restauration. Cette restauration avait spécialement pour objet de lui faire un portail, car elle n'en avait pas. On a intercalé dans celui qu'on lui a donné de précieuses sculptures provenant du portail mutilé de l'ancien couvent des Barnabites.

L'ÉGLISE SAINT-LOUIS EN L'ILE, rue Saint-Louis, n'a été commencée qu'en 1664 et n'a été terminée qu'en 1726. On remarque à l'extérieur un clocher à jour en pierre de taille, de 30 mètres de hauteur. L'intérieur est orné de pilastres corinthiens. On y voit quelques bons tableaux : une *Vierge* de Mignard dans la première chapelle à droite, et, dans la chapelle de la Communion, les *Disciples d'Em-*

maüs d'Antoine Coypel, ainsi qu'un beau *Christ* en marbre. C'est dans cette église que le poëte Quinault a été inhumé.

L'ÉGLISE SAINTE-MARIE, rue Saint-Antoine, 216, construite en 1632 par François Mansart, consacrée en 1634 à *Notre-Dame des Anges.* — Cette église dépendait autrefois d'un couvent de Visitandines ; aujourd'hui elle appartient au culte protestant. Le célèbre surintendant Fouquet y fut inhumé en 1680. Le portail est orné de deux colonnes corinthiennes.

L'ÉGLISE DES CARMES, 18, rue des Billettes, a été bâtie en 1754, sur l'emplacement d'une église primitive du treizième siècle. Au nord de l'édifice, on remarque un petit cloître ogival du quinzième siècle, qui fait maintenant partie d'une école communale. Depuis 1812, l'église des Carmes est consacrée au culte luthérien.

L'ARSENAL. — L'ensemble des bâtiments qui portent encore aujourd'hui le nom d'Arsenal, et qu'on voit sur la place du même nom, ainsi que dans les rues Delorme et de Sully datent de Charles IX et d'Henri III, qui les firent élever sur l'emplacement de constructions anciennes détruites, en 1563 par une explosion de poudre. Cet édifice, où se trouvent aujourd'hui la Direction générale des poudres et salpêtres, une raffinerie de salpêtre et la capsulerie impériale, fut, sous le règne de Henri IV, la demeure de Sully, qui était grand maître de l'artillerie.

LA BIBLIOTHÈQUE DE L'ARSENAL. — Cette bibliothèque, dont l'entrée est rue de Sully, est installée dans un corps de bâtiment dont la construction ne date que de 1718, et qui fut d'abord une dépendance de l'Arsenal. Elle a été formée spécialement avec la bibliothèque du marquis de Paulmy d'Argenson, ancien ambassadeur en Pologne, en Suisse et à Venise, et la bibliothèque du duc de la Vallière, collections importantes qui, en 1781, étaient la propriété du comte d'Artois, depuis Charles X.

La bibliothèque de l'Arsenal compte environ 6,000 manuscrits et 230,000 volumes d'éditions rares.

Les GRENIERS DE RÉSERVE, boulevard Bourdon, ont 550 mètres de longueur. Construits en 1807, ils comprennent un avant-corps composé de cinq pavillons et quatre arrière-corps.

Casernes. — Le quatrième arrondissement renferme deux casernes qui peuvent être considérées comme des monuments : ce sont la *caserne Napoléon*, construite en 1852, derrière l'Hôtel de Ville, et servant à la garnison de Paris; et la *caserne Lobau*, qui appartient à la ville et qui sert à la garde municipale. Ce même arrondissement possédera bientôt une troisième caserne, également monumentale et plus vaste encore, qui servira de pendant au palais du Commerce : c'est celle de la Cité, situé boulevard Haussmann, dans un espace compris entre la rue de Constantine et le quai du Marché neuf, cette caserne aura des proportions immenses. On y réservera deux locaux spéciaux : l'un pour l'état-major de la garde nationale, l'autre pour l'état-major des sapeurs-pompiers.

Le palais du Commerce. — J'ai déjà dit que le tribunal de commerce et le conseil des prud'hommes doivent être prochainement installés dans un palais qu'on leur élève sur la rive gauche de la Seine, dans la Cité, en face du Palais de Justice. Ce palais occupe, à l'angle du quai Desaix et du boulevard Haussmann, en face de la gare de Strasbourg, l'ancien emplacement du marché aux Fleurs, où il termine la perspective du boulevard de Sébastopol.

Le palais du Commerce forme, entre le pont au Change et le pont Notre-Dame, un vaste parallélogramme renfermant deux parties, consacrées l'une au tribunal de commerce et l'autre au conseil des prud'hommes. La première contiendra une salle des pas perdus, une salle de délibération pour le conseil, des chambres d'audience et une salle des faillites. La seconde contiendra une salle des pas perdus, une chambre du conseil, un salon de conciliation, et une immense galerie pour l'exposition des dessins de fabrique.

Cet édifice a, par exception, une coupole qui se trouve placée dans la partie antérieure, au lieu d'être au centre.

Les façades donnant sur le quai Desaix et sur la rue de Constantine se ressentent de cette espèce d'hérésie architecturale. La façade du quai Desaix a été divisée en deux parties. La première partie, celle qui est dans l'axe du boulevard, et qui domine la coupole, se compose d'un pavillon percé de trois arcades et de deux ailes légèrement saillantes. Au-dessus règne le second étage, dominé par un fronton orné d'œils-de-bœuf. La seconde partie n'a rien de monumental; elle a été rentrée un peu en dedans et garnie, au rez-de-chaussée, d'une rangée de boutiques, afin de dissimuler, si c'est possible, le désaccord de l'ensemble.

Il en est de même de la façade opposée donnant sur la rue de Constantine, qui a été aussi divisée en deux parties distinctes, avec cette différence qu'on n'a pas cru devoir l'orner d'une file de boutiques.

La façade ayant vue sur le boulevard Haussmann et faisant face au Palais de Justice, est percée de dix ouvertures à arcades dont les quatre principales s'ouvrent sur un vaste porche décoré de colonnes en pierre. C'est à ce porche que viendra aboutir la salle des pas perdus du tribunal de commerce.

En face de la grande baie du milieu prendra naissance l'escalier principal, dont la cage, éclairée par le haut, se trouvera placée directement au-dessous de la coupole.

La quatrième façade, donnant sur l'ancien marché aux Fleurs, se compose d'un rez-de-chaussée avec une entrée au milieu, de trois étages et des combles.

La Morgue. — Un bâtiment sombre s'élève encore aujourd'hui à l'extrémité nord-est du pont Saint-Michel, sur la rive droite du petit bras de la Seine; ce bâtiment, c'est la Morgue.

La Morgue sert d'asile momentané aux cadavres d'individus morts, dans le département de la Seine, par crime, suicide ou accident, hors de leur domicile et dont on ne sait ni le nom ni la demeure.

Les cadavres sont reçus à la Morgue à toute heure de jour et de nuit, et y restent exposés, pendant soixante-douze heures, couchés sur deux rangées de tables en marbre noir, derrière un vitrage qui est à gauche du vestibule, dans lequel une porte cochère donne entrée.

Inclinées vers les pieds, ces tables sont garnies à la place la plus élevée d'une plaque de cuivre mobile qui soutient la tête dans une position favorable pour qu'elle soit vue. Au-dessus, le long des murs, sont suspendus les vêtements des personnes exposées, pour servir de signes de reconnaissance aux parents ou aux amis des individus dont les cadavres sont ainsi exposés.

La Morgue renferme : une salle d'autopsie dont les tables sont garnies d'appareils désinfectants; une salle de lavage pour les cadavres et les vêtements; une salle de dépôt pour les cadavres reconnus et pour ceux dont la décomposition trop avancée empêche l'exposition; une chambre à coucher pour le garçon de service pendant la nuit; enfin, une remise pour la voiture mortuaire qui transporte au cimetière les corps des individus non reconnus.

La Morgue est ouverte au public toute la journée. Mais elle ne doit pas rester au lieu où elle est actuellement placée; on doit la transférer prochainement dans un autre bâtiment qu'on vient d'élever à l'extrémité orientale de la Cité, près du nouveau pont Saint-Louis, derrière Notre-Dame.

On remarque encore dans le quatrième arrondissement plusieurs hôtels particuliers dont la désignation va suivre :

L'hôtel Lambert est situé rue Saint-Louis-en-l'Ile, n° 2. Cet hôtel

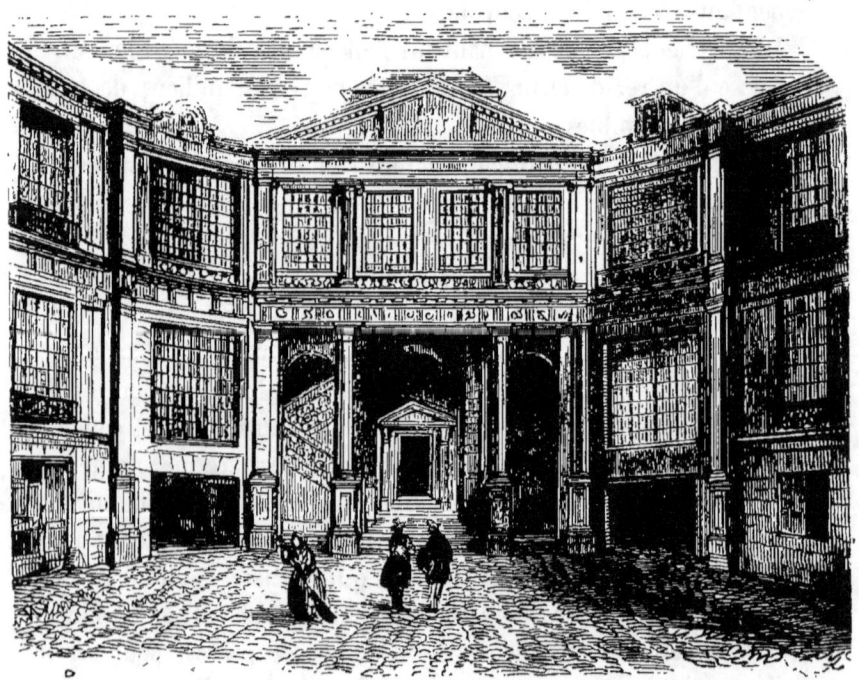

Grav. 19. — Hôtel Lambert, vue de la cour.

ne date que du dix-septième siècle. Il a été bâti par Levau pour le président Lambert de Thorigny, et décoré par Lebrun, Eustache Lesueur et François Perrier. L'ornementation a été modelée en stuc par un sculpteur flamand du nom de Van Obtal, sous la direction de Lepautre. La princesse Czartoryska, qui en est actuellement propriétaire, y a fait exécuter divers travaux de restauration par M. Lincelle, architecte. C'est à M. Eugène Delacroix qu'on doit les raccords qui ont rendu aux peintures toute leur beauté primitive.

On remarque spécialement la façade extérieure, la galerie de Lebrun, où ce grand peintre a représenté au plafond le *Mariage d'Hercule et d'Hébé*; quelques grisailles, l'appartement des bains, de Lesueur, et, enfin, la splendide façade de la cour que représente la gravure précédente.

L'HÔTEL DE BÉTHUNE, situé rue Saint-Antoine, et bâti par l'architecte du Cerceau pour le duc de Sully, ministre de Henri IV, sur une partie de l'emplacement du palais des Tournelles, consiste en quatre corps de bâtiments qui entourent une cour carrée et dont les façades sont ornées de riches sculptures.

L'HÔTEL CARNAVALET, situé rue Culture-Sainte-Catherine, n° 23, et qui est aujourd'hui transformé en une maison d'éducation, est du seizième siècle. Il a été commencé en 1570, par J. Bullant, sur les dessins de Pierre Lescot, continué par du Cerceau, achevé par F. Mansart, en 1620, et décoré de sculptures par Jean Goujon, pour Jacques de Lignières, président au parlement de Paris.

Après avoir appartenu à Françoise de la Baume, dame de Carnavalet, il a été la demeure de la marquise de Sévigné, qui y écrivit un grand nombre de ses lettres et dont on y voit le portrait par Mignard. Les chambres qu'elle habitait avec sa fille, la comtesse de Grignan, sont aujourd'hui des dortoirs.

L'HÔTEL DE HOLLANDE, situé rue Vieille-du-Temple, 47, a été bâti, au dix-septième siècle, par Pierre Cottard. Beaumarchais l'a habité. On remarque les sculptures qui ornent les façades de la cour.

L'HÔTEL D'ORMESSON, qui est situé rue Saint-Antoine, 212, et qui est également transformé en une maison d'éducation pour les jeunes gens, a été bâti par du Cerceau pour le duc de Mayenne, et acheté ensuite par le président d'Ormesson, dont il a gardé le nom.

L'hôtel la Valette est situé quai des Célestins, n° 6. Cet hôtel, qui s'est longtemps appelé l'*hôtel Fieubet*, appartient aujourd'hui à M. le comte Adrien de la Valette, qui en a fait restaurer la magnifique façade d'après les dessins de M. Jules Gros, architecte. La gravure suivante reproduit cette façade.

L'hôtel de Sens, situé rue du Figuier-Saint-Paul, 1, dépendait de l'hôtel Saint-Paul, qui a été une résidence royale. Ce fut Charles V qui le céda aux archevêques de Sens, dont il a gardé le nom. L'un de ces princes de l'Église, Tristan de Salazar, le fit reconstruire tel qu'il existe encore, de 1475 à 1519. Il a été quelque temps la demeure du cardinal de Lorraine et de Marguerite de Valois. On remarque l'étendue de son enceinte, ses portes en ogives, ses tourelles, ses fenêtres à croix de pierre et à moulures, et ses cheminées de briques. On voit, au fond de la cour, un donjon carré qui rappelle l'architecture du moyen âge.

Je citerai encore l'hôtel Lamoignon, situé rue Pavée, 24, commencé par Diane de France, fille d'Henri II, terminé par Charles de Valois, duc d'Angoulême, acheté par le président de Lamoignon, dont il a gardé le nom, et qui est surtout remarquable par le caractère grandiose de son architecture; l'hôtel de Ninon de Lenclos, célèbre surtout par le souvenir de la femme qui l'a longtemps habité et dont il a gardé le nom, hôtel situé rue des Tournelles, 28, et qui date de la fin du règne d'Henri IV; l'hôtel d'Albret, qui est situé rue des Francs-Bourgeois, 5, et qui appartient au style de la Renaissance, ainsi que l'hôtel de Gabriel d'Estrées, qu'on voit au n° 14 de la même rue; l'hôtel de Luxembourg, situé rue Geoffroy-Lasnier, 26, édifice du dix-septième siècle; l'hôtel Pimodan, situé sur le quai d'Anjou, 17, dans l'île Saint-Louis; sur le *quai Napoléon*, ouvert, en 1802, sur l'emplacement des jardins du chapitre de Notre-Dame, une maison neuve, ornée des médaillons d'Héloïse et d'Abélard, construite à la place même qu'occupait la maison du chanoine Fulbert.

Voici enfin la nomenclature des *ponts* que renferme le quatrième arrondissement.

Il y a d'abord le pont au Change, anciennement le *Grand-Pont*.

Grav. 20. — Hôtel de la Valette.

Louis VII ordonna, en 1141, aux marchands d'or d'y établir leurs boutiques. Ce pont a été, jusqu'au milieu du dix-septième siècle, le lieu le plus fréquenté de Paris. C'est là que se réunissaient tous les soirs, autour des bateleurs, les curieux, les oisifs et les nouvellistes. Il a été souvent restauré et reconstruit, et celui qu'on voit aujourd'hui ne date que 1859. La pile droite repose à une profondeur de 5 mètres 30 centimètres au-dessous de l'étiage, sur une couche de marne compacte. La pile gauche est assise à 70 centimètres encore plus bas, sur un fond de gravier. Elles ont chacune 4 mètres d'épaisseur à la base. La largeur du pont entre parapet est de 30 mètres.

Dans le même axe, que le pont au Change, on trouve le PONT SAINT-MICHEL, reconstruit à la même époque, sur l'emplacement d'un pont de 1617, qui lui-même avait remplacé des ponts plus anciens et qui relie le quai du Marché-Neuf, au quai Saint-Michel. Il y a ensuite le PONT NOTRE-DAME, qui réunit le quai Pelletier au quai Napoléon, longtemps construit en bois, réédifié en pierre en 1507, et reconstruit à nouveau en 1754, et le PETIT-PONT, reconstruit, en 1855, en remplacement d'un pont de 1718, qui, lui-même avait succédé à plusieurs autres ponts établis d'abord en bois, puis en pierre.

Le pont au Change et le Petit-Pont sont ceux qui existaient déjà du temps des Romains.

On rencontre encore dans le même rayon le PONT DE L'HÔTEL-DE-VILLE, qu'on a longtemps appelé le *pont d'Arcole*, et qui fait communiquer le quai Napoléon avec la place de l'Hôtel-de-Ville, pont fixe en fer, construit en 1855, en remplacement d'une simple passerelle établie en 1828, et, dans le même axe, le PONT DOUBLE, édifié en 1625, reconstruit en 1817, et qui met en communication le quai Montebello avec la place du Parvis-Notre-Dame; le PONT LOUIS-PHILIPPE, nouvellement reconstruit en pierre, du quai Bourbon au quai de la Grève, avec une largeur de 16 mètres entre les pararapets; le PONT SAINT-LOUIS, de construction récente, qui remplace l'ancienne *passerelle de la Cité*, et qui relie la Cité à l'île Saint-Louis; le PONT DE L'ARCHEVÊCHÉ, qui ne date que de 1827, et qui conduit du quai de l'Archevêché au quai Montebello : tous trois également dans le même axe ; le PONT MARIE, qui conduit du quai Bourbon au quai des Ormes, et qui a 14 mètres de longueur sur 15 mètres de large, et, dans le même axe, le PONT DE LA TOURNELLE, qui conduit du quai d'Orléans au quai de la Tournelle, pont reconstruit en pierre en 1656, et récemment restauré et élargi ; enfin le PONT DE CONSTANTINE, qui conduit du quai de Béthune au quai Saint-Bernard, construit tout en fer avec beaucoup d'élégance, mais seulement à l'usage des piétons.

CINQUIÈME ARRONDISSEMENT.

Le cinquième arrondissement a pour limites : 1° la rive gauche de la Seine, du boulevard Haussmann au pont d'Austerlitz ; 2° le boulevard Haussmann ; 3° le carrefour de l'Observatoire, le boulevard Saint-Marcel et le boulevard de l'Hôpital.

Le Panthéon ou Sainte-Geneviève, place du Panthéon.

Il existait autrefois sur les hauteurs de la montagne Sainte-Geneviève, à la place où s'élevait, du temps des Romains, le temple consacré à Mercure, une église dédiée à sainte Geneviève, qui avait servi de chapelle à l'abbaye fondée par Clovis sous le vocable de Saint-Pierre, nom qu'elle changea bientôt contre celui de la patronne de Paris, qui y avait été inhumée.

Cette église tombait en ruine en 1754. C'est alors que Louis XV résolut d'élever, à sa place, à la patronne de Paris, un monument digne d'elle par sa grandeur et sa beauté.

L'exécution de ce projet fut confiée à l'architecte Soufflot, qui se mit à l'œuvre, et dressa les plans de la magnifique église de Sainte-Geneviève qu'on admire aujourd'hui. Les fondations de cet édifice furent commencées en 1757 ; c'est le 6 septembre 1764 qu'on en posa la première pierre.

Le plan de Sainte-Geneviève figure une croix grecque, formant quatre nefs qui se réunissent à un centre commun, où est placé le dôme. En y comprenant le péristyle, ce plan a 110 mètres 10 centimètres de longueur sur 82 mètres 37 centimètres de largeur hors d'œuvre. La façade principale, où l'on a prodigué les richesses de l'architecture, se compose d'un perron élevé sur onze marches et d'un porche en péristyle imité du Panthéon de Rome. Elle présente six colonnes de face, et en a vingt-deux dans son ensemble, dont dix-huit sont isolées, et les autres engagées. Toutes ces colonnes sont cannelées et de l'ordre corinthien. Chacune d'elles a 18 mètres 81 centimètres de hauteur, y compris la base et les chapiteaux et 1 mètre 78 centimètres de diamètre. Les feuilles d'acanthe des chapiteaux sont d'un travail précieux. Ces colonnes supportent un fronton dont le tympan, dans l'origine, représentait en bas-relief une croix entourée de rayons divergents et d'anges adorateurs sculptés par Coustou. Ce fronton est aujourd'hui l'une des plus belles œuvres de la sculpture moderne. David (d'Angers) y a figuré la Patrie, les pieds posés sur les marches d'un trépied, distribuant des palmes aux groupes des grands hommes qui l'entourent. Elle reçoit, à gauche, des couronnes des mains de la Liberté, tandis qu'à droite l'Histoire inscrit sur ses tablettes les noms de ceux qui les ont méritées.

Cette sculpture monumentale, magnifique hors-d'œuvre au fronton d'une église catholique, rappelle que ce monument a subi le contre-coup des révolutions qui ont bouleversé la France.

En effet, après la mort de Mirabeau, l'Assemblée nationale changea la destination de cet édifice, et le consacra à la sépulture des Français illustres par leurs talents, leurs vertus et leurs services.

Les administrateurs du département de Paris chargèrent M. A. de Quatremère de la direction des modifications à faire pour transformer cet édifice religieux en PANTHÉON FRANÇAIS. Tous les signes qui caractérisaient une basilique furent remplacés par des symboles de liberté. La façade et l'intérieur subirent plusieurs mutilations. La frise porta en grand caractères de bronze l'inscription suivante, composée par M. de Pastoret :

AUX GRANDS HOMMES LA PATRIE RECONNAISSANTE.

En 1822, le gouvernement de la Restauration substitua à cette inscription la dédicace suivante :

D. O. M.
SUB. INVOC. S. GENOVEFÆ.
LUD. XV. DICAVIT.
LUD. XVIII. RESTITUIT.

« A Dieu très-bon, très-grand, sous l'invocation de sainte Geneviève. Dédié par Louis XV, restitué au culte par Louis XVIII. »

Grav. 21. — Église Sainte-Geneviève (Panthéon.)

Le Panthéon redevint alors l'église Sainte-Geneviève.
La monarchie de 1830 supprima, à son tour, la dédicace de 1822 ; l'église Sainte-Geneviève reprit de nouveau son nom révolutionnaire

de Panthéon ; l'inscription de M. de Pastoret fut rétablie ; cet édifice reperdit enfin sa destination religieuse pour reprendre sa destination profane. C'est alors que David (d'Angers) fut chargé de sculpter le fronton, tel qu'il est resté.

Toutefois, en 1851, un décret présidentiel rendit au culte le Panthéon, qui a repris, pour ne plus le quitter, son nom catholique d'église Sainte-Geneviève.

La gravure précédente reproduit, dans son ensemble, la physionomie extérieure de l'église Sainte-Geneviève, vue de la place de ce nom, avec sa façade et son dôme.

L'intérieur de Sainte-Geneviève se compose de quatre nefs qui aboutissent au dôme. Chacune de ces nefs est bordée de bas-côtés ; un rang de colonnes en marque la séparation : ces colonnes, d'ordre corinthien, cannelées, de 12 mètres 25 centimètres de hauteur, de 1 mètre 16 centimètres de diamètre, sont au nombre de cent trente. Ces péristyles supportent un entablement dont la frise est enrichie de festons formés par des rinceaux et des enroulements découpés en feuilles d'ornement. Au-dessus de l'entablement est une balustrade. Les plafonds des nefs et de leurs bas-côtés se font remarquer par le goût et l'élégante simplicité de leur dessin.

Tous les bas-reliefs et ornements qui se rapportaient à la primitive destination de l'édifice ont été supprimés dans ces nefs ; et on leur a substitué des sujets analogues à la destination que lui avait donnée l'Assemblée nationale.

La longueur totale de l'intérieur du temple, depuis le dedans du mur de la porte d'entrée jusqu'au fond de la niche qui termine la nef orientale, est de 91 mètres 65 centimètres ; la largeur ou la dimension, prise intérieurement de l'extrémité d'une nef latérale à l'extrémité de l'autre, est de 77 mètres 33 centimètres. La largeur de chacune des nefs, prise entre les deux murs qui forment le fond des péristyles, est de 32 mètres 59 centimètres.

Le dôme intérieur s'élève au point de réunion des quatre nefs ; il y occuperait un espace carré de 20 mètres 14 centimètres sur chaque face, si ses angles n'étaient pas coupés par de lourds piliers remplaçant chacun trois colonnes trop légères pour soutenir l'énorme poids de ce dôme. Ainsi l'on voit dans son intérieur de simples colonnes engagées remplacer des colonnes isolées. Ces piliers, réunis entre eux par quatre arcades de 13 mètres 69 centimètres de largeur, le sont aussi par quatre pendentifs élevés au-dessus des faces intérieures, ce qui rachète par le haut la forme circulaire du dôme. Ces arcades et ces pendentifs sont couronnés par un entablement circulaire orné de festons de chêne, dont la corniche est chargée de modillons. Le diamètre intérieur du dôme, pris à l'endroit de la frise, est de 20 mètres 14 centimètres. Au-dessus de l'entablement s'élève, sur un stylobate intérieur, un péristyle composé de seize colonnes corinthiennes, de 1 mètre 8 centimètres de diamètre et de 10 mètres 72 centimètres de hauteur. Dans les entre-colonnements s'ouvrent seize croisées, dont les vitraux sont maintenus par des châssis de fer. Au bas de ces croisées sont des tribunes auxquelles on parvient par une galerie circulaire. Le dôme est composé de trois coupoles, dont la première prend naissance au-dessus de l'entablement de la colonnade ; elle est décorée de six rangs de caissons octogones et de rosaces. Dans son milieu est une ouverture circulaire de 9 mètres 63 centimètres de diamètre, par laquelle on aperçoit la seconde coupole fort éclairée, sur laquelle M. Gros a peint à fresque l'apothéose de sainte Geneviève.

Le dôme extérieur présente d'abord, au-dessus des combles de trois nefs, un vaste soubassement carré, à pans coupés, où viennent aboutir quatre forts arcs-boutants, sur lesquels sont pratiqués des escaliers découverts, qui servent à monter au dôme. Sur ce soubassement, dont la partie supérieure est élevée de 53 mètres 13 centimètres au-dessus du grand perron du porche, est un second soubassement circulaire, haut de 5 mètres 25 centimètres et dont le diamètre a 33 mètres 75 centimètres. Au-dessus s'élève un colonnade dont le plan est pareillement circulaire. Cette colonnade, composée de trente-deux colonnes corinthiennes de 1 mètre 11 centimètres de diamètre et de 11 mètres 9 centimètres de hauteur, en y comprenant les bases et les chapiteaux, supporte un entablement couronné par une galerie découverte et pavée en dalles. Ce péristyle de trente-deux colonnes est divisé en quatre parties par des massifs en avant-corps, correspondant aux quatre piliers du dôme, et dans lesquels on a pratiqué un escaliers à vis. Ces massifs, plus utiles que beaux, sont en partie cachés par les colonnes. Derrière ce péristyle, le mur de la tour du dôme est percé par douze grandes croisées, qui correspondent aux entre-colonnements de l'intérieur. Au-dessus de ce péristyle, de l'entablement et de la balustrade qui le couronnent, est un attique formé par l'exhaussement du mur circulaire de la tour du dôme : sa hauteur est de 6 mètres en y comprenant sa corniche, il est percé de seize croisées en arcarde gernies de vitraux en fer, ornées d'archivoltes et d'impostes, et placées dans des renfoncements carrés. Sur le socle de la corniche de ces attiques s'appuie la grande voûte formant la troisième coupole du dôme. Son diamètre, à la naissance de cette voûte, est de 23 mètres 76 centimètres. Sa hauteur, depuis le dessus de l'attique jusqu'à son amortissement, est de 13 mètres 97 centimètres ; son galbe est divisé en seize côtes saillantes, dont la largeur est égale à la moitié des intervalles : elle est couverte en lames de plomb.

Derrière le temple est un étroit portique fermé de grilles, sous lequel deux escaliers conduisent à l'entrée d'une église souterraine, qui règne sous toute l'étendue de l'édifice. Vingt piliers d'ordre pœstum la soutiennent. La coupe des pierres, le caractère mâle et l'harmonie des parties de cette construction souterraine ne doivent pas échapper à l'attention des curieux. Le sol de cette chapelle est de 6 mètres au-dessous de celui de la nef supérieure, dont elle a l'étendue.

L'église Sainte-Geneviève est, ce qu'on appelle dans la langue ecclésiastique une *église patronale*, en ce sens qu'elle est uniquement consacrée à la glorification de la patronne de Paris. Elle est desservie par six chapelains que l'on renouvelle tous les trois ans. Ces chapelains sont placés sous la présidence du supérieur de l'École des hautes études ecclésiastiques et choisis parmi les élèves boursiers de cette école. Ils ont pour unique mission de prier pour la France.

On doit s'adresser au gardien, pour visiter la crypte où la Convention nationale avait décidé qu'on placerait les tombeaux des hommes illustres. C'est par le portique extérieur situé derrière l'édifice qu'on entre dans cette crypte, que des piliers divisent en plusieurs galeries. Parmi les monuments funéraires qu'on y voit, on remarque ceux qui contiennent toujours les restes de Voltaire et de Rousseau. Le premier est orné de la statue de l'auteur de la Henriade par Houdon.

Les cendres de Soufflot reposent également dans les caveaux du monument qu'il a construit. Celles de Mirabeau et de Marat avaient aussi été déposées dans ces caveaux, d'où elles ont été enlevées en vertu d'un décret de la Convention nationale.

L'église Saint-Étienne du Mont, située place Sainte-Geneviève. Cette église doit son origine à un oratoire, nommé chapelle du Mont, construit dans le douzième siècle, près de l'abbaye royale de Sainte-Geneviève. Lorsque Philippe Auguste eut fait clore de murs Paris, du côté de l'Université, la chapelle du Mont fut renfermée dans l'enceinte de la ville et reçut le titre de paroisse. En 1221, l'augmentation croissante de la population rendit nécessaire la construction d'une nouvelle église, en remplacement de cette chapelle. Les chanoines réguliers de Sainte-Geneviève bâtirent alors, dans leur propre enclos, une église paroissiale, qu'ils placèrent sous l'invocation de saint Étienne et qui, en souvenir de la chapelle qu'elle avait remplacée, s'est appelée Saint-Étienne du Mont. L'édifice était contigu à Sainte-Geneviève, et pendant longtemps il n'y eut d'autre porte pour y entrer que celle de l'église de cette abbaye.

En 1491, l'église de Saint-Étienne du Mont fut augmentée du côté du chœur de plusieurs bâtiments. Les chapelles et toute l'aile de la nef, du côté du sud, furent bâties en 1538; les charniers et la chapelle de la communion ont été construits en 1605 et 1606. La façade principale, qui affecte la forme pyramidale, et où se trouvent mélangés les genres grec et sarrasin, offre un caractère étrange; quatre colonnes d'ordre composite, qui portent un fronton, composent l'architecture du portail. La première pierre en fut posée en 1610 par Marguerite de Valois, première femme de Henri IV. Une seule tour, qui s'élève au nord de l'édifice, sert de clocher; elle est fort élevée, et d'une construction peu ordinaire.

La gravure suivante représente l'extérieur du monument tel qu'il vient d'être décrit.

L'architecture de cette église est remarquable par sa hardiesse et par sa singularité ; la partie du rond-point est surtout digne de fixer l'attention. Les voûtes de la nef et les bas-côtés sont extrêmement élevés et soutenus par des colonnes ou piliers ronds d'environ 1 mètre 66 centimètres de diamètre, dont les bases assez correctes portent sur un piédestal d'environ 1 mètre de hauteur. Du

Grav. 22. — Église Saint-Étienne du Mont.

sommet de ces piliers, très-exhaussés et dépourvus de chapiteaux, naissent des faisceaux d'arête, qui forment celle de la voûte. A ces gros piliers ronds et au tiers de leur hauteur sont appuyés des arceaux surbaissés, de 66 centimètres seulement d'épaisseur, qui soutiennent un passage de la même largeur, faisant le tour de la nef, et dans lequel un homme seulement peut passer. On monte à cette espèce de galerie par deux escaliers, dont les portes sont au-dessous du jubé.

Ce jubé est sculpté avec beaucoup de goût. La voûte est en cintre très-surbaissé. Aux deux extrémités sont deux tourelles à jour, de formes élégantes et délicates, qui s'élèvent d'environ 10 mètres au-dessus de son niveau, et renferment les deux escaliers qui conduisent à la galerie dont je viens de parler. Ce qui rend l'aspect de ces escaliers surprenant, c'est qu'étant à jour on voit le dessous des marches portées en l'air par un encorbellement, et le mur de leur tête soutenu seulement par une faible colonne de 16 centimètres de diamètre placé sur le support extérieur de l'appui de la cage, tourné en limaçon. L'architecture de ces escaliers étonne par la hardiesse et la science qu'on a déployées dans leur construction.

Au milieu de la voûte de la croisée, on remarque une clef pendante qui a plus de 4 mètres de saillie hors du nu de la voûte, et où viennent aboutir plusieurs de ses arêtes.

La chaire du prédicateur est un chef-d'œuvre de sculpture en bois. Une statue colossale de Samson semble soutenir l'énorme masse de cette chaire richement décorée.

On remarque, vis-à-vis de la porte latérale du chœur, un tableau représentant sainte Geneviève. Ce tableau, qui est de Largillière, provient de l'ancienne église de Sainte-Geneviève, à laquelle il avait été donné, en 1694, par la ville de Paris, à la suite d'une famine de deux ans. Je citerai également le tableau du martyre de saint Étienne, par Charles Lebrun, qui est placé dans le bas-côté.

L'église Saint-Étienne du Mont a conservé de précieux vitraux de Nicolas Pinaigrier et d'Enguerrand Leprince. On y admire également, dans une chapelle qui est à gauche du chœur, des fragments de vitraux qui proviennent des anciens charniers, et qui sont de Desaugives et de Jean Cousin. C'est dans cette même chapelle que se trouve l'ancien tombeau de sainte Geneviève, transporté de la crypte de l'église de ce nom, démolie en 1754, dans l'église Saint-Étienne du Mont. Ce tombeau, qui est reproduit par la gravure suivante, est vide.

Les reliques de sainte Geneviève sont conservées dans la châsse ayant la forme d'une église gothique qu'on voit derrière le maître-autel, et que supportent quatre colonnes d'ordre toscan. Ce maître-autel, qui est en marbre, est un chef-d'œuvre de richesse et d'élégance.

La place Sainte-Geneviève, qui précède l'église Saint-Étienne du Mont, fait l'angle nord-est de la place du Panthéon, où se trouve la façade de l'église Sainte-Geneviève.

On voit, sur cette même place : à gauche, les bâtiments de la Faculté de droit et la bibliothèque Sainte-Geneviève; à droite la mairie du cinquième arrondissement ; au fond, le lycée Napoléon ; dans la même région, on trouve aussi le lycée Louis-le-Grand et le Collége de France.

Grav. 25. — Tombeau de Sainte-Geneviève, dans l'église de Saint-Étienne du Mont.

La Faculté de droit occupe un édifice construit par Soufflot en 1771. On remarque le fronton de la façade, fronton supporté par quatre colonnes ioniques, et les deux amphithéâtres où ont lieu les cours pour les élèves.

L'Hôtel de la mairie fait le pendant de l'École de droit : c'est la même proportion, le même extérieur et la même façade.

Le Lycée Napoléon est installé 1, rue Clovis, dans les anciens bâtiments de l'abbaye de Sainte-Geneviève, qui fut, à l'origine, l'abbaye de Saint-Pierre-et-Saint-Paul, et dont la fondation primitive date du règne de Clovis. Ces bâtiments, reconstruits dans les quatorzième et quinzième siècles, existent encore en grande partie, tels qu'ils étaient à la même époque; seulement le cloître a été rebâti en 1746; mais on peut toujours admirer, dans l'aile occidentale, l'ancien réfectoire des religieux, qui est un chef-d'œuvre de l'architecture du treizième siècle. Le temps a également épargné la haute et belle tour qui accompagnait, du côté du sud, le chœur de l'ancienne église abbatiale. Cette tour, dernier débris qui rappelle cette église depuis long-temps disparue, fait aujourd'hui partie des bâtiments du lycée Napoléon, qui s'est longtemps appelé le *collége Henri IV*.

La Bibliothèque Sainte-Geneviève, dont l'entrée est sur la place même du Panthéon, doit son origine à l'abbaye de ce nom; elle fut commencée, en 1624, par le cardinal de la Rochefoucauld. Elle s'accrut avec rapidité. Le nombre des livres qui lui appartenaient s'accrut à un tel point qu'il fallut, pour les loger, construire une galerie, qui fut décorée d'après les dessins de Pierre de Creil, et dont Jean Restout peignit la coupole en 1730; c'est maintenant la plus belle et la plus vaste salle de lecture de toute l'Europe.

Avant 1789, la bibliothèque de l'abbaye de Sainte-Geneviève était la plus considérable de Paris après celle du roi. En 1793, elle devint propriété de l'État. Elle est aujourd'hui la plus importante des bibliothèques publiques après la bibliothèque impériale de la rue Richelieu. On y compte environ 120,000 volumes, dont un grand nombre est très-apprécié par les bibliophiles, qui y vont admirer surtout des *incunables*, des *Aldes*, des *Elzeviers*, et par les théologiens, qui y trouvent la collection spéciale des livres de cette catégorie la plus complète du monde entier; 3,000 manuscrits précieux et 6,000 estampes; des portraits curieux, parmi lesquels on distingue le seul qui existe de la *religieuse de Moret*, négresse cloîtrée, qui était la fille naturelle de Louis XIV.

Le bâtiment de la bibliothèque Sainte-Geneviève a été récemment l'objet d'une restauration complète. On remarque la façade, le vestibule, où sont les bustes des grands écrivains de la France ; le mur du grand escalier, décoré d'une copie de l'*École d'Athènes*, de M. Balze, d'après l'original de Raphaël qui est au Vatican, et surtout la salle de lecture déjà citée, qui occupe tout le premier étage.

Le LYCÉE LOUIS-LE-GRAND, rue Saint-Jacques, 123. Ce lycée est installé dans l'ancien *collège de Clermont*, fondé en 1564, par les jésuites, sur l'emplacement de l'hôtel de Langres. Son premier nom lui fut donné en souvenir de Guillaume Duprat, évêque de Clermont, qui avait favorisé cet établissement. Fermé après la première expulsion des jésuites en 1594, il rouvrit en 1618, époque de sa reconstruction. En 1641, le cardinal de Richelieu y ajouta le *collège de Marmoutiers*. En 1682, on y adjoignit encore, par ordre royal, le *collège du Mans*, de la rue d'Enfer. C'est alors qu'il prit sa dénomination actuelle.

Anciennement le collège Louis-le-Grand était le chef-lieu de l'université de Paris. En 1763, après la seconde expulsion des jésuites, l'instruction y fut confiée aux professeurs du collège de Lisieux. Après 1792, il devint successivement l'*Institut de l'Égalité*, le *Prytanée français*, le *Lycée impérial*, le *Collège Louis le Grand* et le *Lycée Descartes*. C'est Napoléon III qui lui a restitué son nom historique.

Au temps où le lycée Louis-le-Grand était dirigé par des jésuites, on voyait assis ensemble sur ses bancs deux élèves qui étaient destinés à une renommée bien différente : Voltaire et Cartouche. A l'époque des professeurs de Lisieux, il comptait, au nombre de ses élèves Camille Desmoulins et Maximilien Robespierre. Quand il devint l'Institut de l'Égalité, sept cent cinquante boursiers y recevaient l'instruction. Au nombre de ces boursiers figuraient un fils de Carrier, de Treilhard, de Condorcet, de Toussaint-l'Ouverture, d'Arrighi, de Grouchy et de Buffon. Le maréchal Sébastiani y a également été élevé. On y remarque surtout la salle de la bibliothèque, qui est très-vaste.

Le Collége de France, rue des Écoles, anciennement place Cambrai. Fondé en 1346 sous le nom de *Collége des Trois-Évêques*, par les évêques de Langres, de Laon et de Cambrai, sur l'emplacement d'une maison qui appartenait à ce dernier prélat, il prit bientôt le nom de *Collége de Cambrai*. C'est dans ce même local qu'Henri II réunit les professeurs et les cours du Collége de France, institution que François Ier avait fondée en 1530. Henri IV le fit démolir pour le remplacer par un édifice plus vaste et plus grandiose. Mais ce fut Louis XIII seulement qui posa, en 1610, la première pierre de ce nouvel édifice, que l'architecte Chalgrin termina en 1774, et qui a été récemment restauré et agrandi, principalement du côté de la rue Saint-Jacques, le long de laquelle il se développe.

On entre dans la cour d'honneur du Collége de France par une porte en plein cintre dont on remarque le fronton sculpté, et qui ouvre sur la rue des Écoles. Trois corps de bâtiments entourent cette cour d'honneur. On aperçoit, à gauche, un vestibule décoré de bustes de professeurs célèbres. Ce vestibule aboutit à une seconde cour qu'un portique de colonnes doriques accouplées sépare d'une troisième cour dans laquelle on pénètre par l'entrée qui ouvre sur la rue Saint-Jacques. On doit surtout visiter l'*aquarium*, les cabinets de minéralogie et d'histoire naturelle, et la bibliothèque.

La Sorbonne, place de la Sorbonne. — Ce nom de Sorbonne s'applique également au collége et à l'église que Robert de Sorbon, chapelain de Saint-Louis, fonda en 1253, pour faciliter aux écoliers sans fortune le moyen d'arriver au grade de docteur en théologie.

C'est dans le collége de la Sorbonne que Martin Krautz et Michel Friburger, imprimeurs de Mayence, installèrent le premier établissement d'imprimerie qui ait existé en France. En 1483, Gering, leur successeur, transporta ce même établissement dans une maison voisine, située rue de la Sorbonne. A sa mort, ce typographe laissa une fortune considérable dont il donna la moitié à l'institution qui avait été son premier asile.

L'école de théologie de la Sorbonne acquit rapidement une grande célébrité et, pendant plusieurs siècles, elle a fait autorité dans le monde religieux. En 1629, le cardinal de Richelieu en était le proviseur. Il y incorpora le collége Duplessis, qui avait été fondé en 1322, dans le voisinage. Les bâtiments qui, du reste, tombaient en ruines, se trouvèrent alors trop petits. Le ministre de Louis XIII les fit reconstruire par l'architecte Jacques Lemercier. Depuis la Révolution, ils sont entrés dans le domaine de l'État. On songe aujourd'hui à les agrandir du côté du nord et à leur donner, sur la rue des Écoles, une nouvelle façade. Dans leur état actuel ils entourent une cour rectangulaire. On y visite seulement le *cabinet de physique*, la *bibliothèque* et le *grand amphithéâtre* où a lieu chaque année la distribution des prix du concours général que préside le ministre de l'instruction publique.

L'Église de la Sorbonne ne fut d'abord qu'une simple chapelle que le cardinal de Richelieu fit reconstruire en même temps que le collége. Commencée en 1635, elle ne fut achevée qu'en 1659. Le portail, du côté de la place, est formé de deux ordres superposés, le corinthien et le composite, et du côté de la cour, il est élevé sur un perron de dix marches. Ce portail est d'un seul ordre; il est formé par douze colonnes isolées, couronnées par un fronton, au-dessous duquel on lit que c'est au cardinal-ministre qu'on doit la reconstruction de cet édifice. Le tombeau du duc de Richelieu est au centre de la chapelle sous le magnifique dôme flanqué à l'extérieur de quatre campaniles et de statues dont la coupole est décorée de peintures qui sont au nombre des belles œuvres de Philippe de Champagne.

Le tombeau du cardinal de Richelieu est en marbre; il a été sculpté, en 1694, par Girardon, d'après une composition de Lebrun. On y a figuré le ministre de Louis XIII, soutenu par la *Religion*, qui a auprès d'elle deux génies. En face de ce groupe on a représenté la *Science* dans l'attitude de la douleur.

Ce magnifique mausolée n'a échappé à la destruction pendant la Révolution que parce qu'il a été déposé à cette époque dans le musée des monuments français établi rue des Petits-Augustins, devenue la rue Bonaparte, dans les bâtiments qui font aujourd'hui partie du palais des Beaux-Arts. En 1816, il a été replacé dans l'église de la Sorbonne, rendue au culte en 1825.

Derrière le tombeau du cardinal de Richelieu on distingue une immense toile de M. Hesse où l'artiste a peint *Robert de Sorbon présentant à saint Louis de jeunes élèves en théologie.*

L'École polytechnique, rue Descartes, 1. — Cette école a été

Grav. 24 — Portail de l'école Polytechnique.

fondée le 28 septembre 1794 et installée à cette époque, sous le nom d'*École centrale des travaux publics*, dans une partie des bâtiments de l'ancien palais Bourbon. Le 1er septembre 1795, elle prit sa dénomination actuelle et en 1804, elle fut transférée dans le local qu'elle occupe aujourd'hui. Ce local comprend l'emplacement de l'ancien *collége de Navarre* et de l'ancien *collége de Boncourt*.

Le collége de Boncourt n'a jamais eu d'importance. Il n'en est pas de même du collége de Navarre. Louis de Bourbon, Henri III et Henri IV, y firent ensemble leurs études. Le célèbre Jean Gerson, chancelier de l'Université, le cardinal de Richelieu et l'illustre Bossuet, ont également figuré au nombre de ses élèves.

Les bâtiments actuels de l'École polytechnique sont, en grande partie, de construction moderne. Ils ne comprennent qu'un corps de logis qui ait fait partie du collége de Navarre et ce corps de logis ne date que du dix-septième siècle. Cependant l'une des salles de cours, dont on remarque le style ogival, est de 1353. Elle servait de chapelle au collége de Boncourt.

La seule partie monumentale de l'École polytechnique c'est son grand portail décoré de sculptures. On admire deux grands bas-reliefs placés des deux côtés de la voûte; celui de gauche symbolise les sciences qu'on enseigne dans l'école; celui de droite symbolise le génie, la marine et l'artillerie. On a également sculpté au-dessus de ces bas-reliefs les médaillons de Lagrange, de Fourcroy, de Berthollet, de Monge et de Laplace. C'est ce portail que représente la gravure précédente.

Palais des Thermes, boulevards Haussmann et Saint-Germain. —J'ai dit dans la notice générale qui est en tête du *Guide historique et descriptif*, que les empereurs romains avaient fait construire sur la rive gauche de la Seine un palais dont les dépendances et les jardins occupaient un espace immense. Cet espace s'étendait du quai Desaix à la Sorbonne. On attribue la fondation de ce palais à Constance Chlore, père de Constantin le Grand. Il paraît, dans tous les cas, avoir été considérablement augmenté par l'empereur Julien qui affectionnait beaucoup le séjour de Paris et qui habita cette résidence pendant plusieurs années, avec l'impératrice Hélène, sa femme.

On ne sait plus rien de cette demeure des Césars, dont il a été impossible de retrouver la description. La salle des Thermes, qui paraît avoir donné son nom à l'ensemble des constructions aujourd'hui disparues, est l'unique témoignage de leur existence que le temps ait respecté. Ce débris offre dans son plan deux parallélogrammes contigus, qui forment une seule pièce. Le plus grand a 20 mètres de longueur sur 13 mètres 65 centimètres de largeur et renfermait à la fois le *tepidarium* où l'on prenait des bains tièdes dans des niches à plein cintre et le *frigidarium* où l'on prenait les bains froids dans un seul bassin. Le plus petit, qui a 10 mètres de longueur sur 6 mètres de largeur, servait de *piscine*.

Dans la partie où était le *frigidarium* on remarque, au mur méridional, deux larges arcades, maintenant fermées. Ces arcades donnaient entrée dans deux autres salles dont une seule est restée intacte. Enfin, une large voûte met en communication ce *frigidarium* avec la *piscine*, et, par conséquent, c'est cette voûte qui relie, au nord, le grand parallélogramme au petit parallélogramme.

On trouve sous la salle des Thermes un double rang en hauteur de caves en berceaux, de 3 mètres de large et de 3 mètres de haut sous clef; il y avait trois berceaux parallèles, séparés par des murs de 1 mètre 29 centimètres d'épaisseur, et se communiquant par des portes de 1 mètre à 1 mètre 33 centimètres de large. En 1544 on découvrit des aqueducs souterrains, qui probablement amenaient, par ces berceaux, l'eau de Rungis ou d'Arcueil au palais des Thermes.

Plusieurs historiens prétendent que les rois Mérovingiens ont habité le palais des Thermes. C'est une erreur. Clovis Ier s'installa dans le palais de la Cité et ce fut seulement la reine Clotilde qui alla habiter l'ancienne demeure abandonnée des Césars, lorsqu'elle devint veuve.

Le palais des Thermes sert aujourd'hui de musée *Gallo-Romain*. Ce musée est composé de divers objets qui ont peu d'intérêt artistique, mais qui ont une grande importance archéologique, puisqu'ils sont les derniers vestiges du Paris des Romains, du Paris païen.

Un jardin qui se développe principalement sur le boulevard Saint-

Germain et qui s'étend à l'est entre ce boulevard et la rue des Mathurins-Saint-Jacques, sert de cadre aux ruines du palais des Thermes et à son musée *Gallo-Romain*.

La gravure suivante représente le musée *Gallo-Romain* avec une perspective de la partie des ruines du palais des Thermes qui sont du côté où ce palais communique avec l'hôtel de Cluny.

Grav. 25. — Palais des Thermes.

L'hôtel et le musée de Cluny, rue des Mathurins-Saint-Jacques. — L'abbé Jean, bâtard de Jean Ier, duc de Bourbon, eut la fantaisie d'élever sur l'emplacement du palais des Thermes qui venait d'être acquis au nom de la communauté des moines de Cluny, une somptueuse demeure, dont la construction ne fut achevée que par l'abbé Jacques, frère du cardinal d'Amboise ministre de Louis XII.

C'est cette demeure qu'on appelle aujourd'hui l'hôtel de Cluny. On peut juger, d'après ce qu'on voit, qu'elle avait un caractère beaucoup plus mondain que religieux. Du reste, les abbés de Cluny ne l'habitèrent jamais. Ses hôtes furent toujours de grands personnages qui recevaient une hospitalité momentanée. Elle servit successivement d'asile à la veuve de Louis XII, Marie d'Angleterre, dont la chambre s'appelle encore la chambre de la reine Blanche, parce que les reines de France portaient alors le deuil en blanc; à Jacques d'Écosse qui s'y maria à la fille de François Ier; au cardinal de Lorraine; au duc de Guise, au duc d'Aumale et même à une troupe d'acteurs qui s'y établit en 1579 et qu'un arrêt du parlement en expulsa en 1584. En 1793, elle fut vendue comme propriété nationale.

Echappé, pendant la Révolution au marteau des démolisseurs, l'hôtel de Cluny, que M. du Sommerard a acheté en 1833 pour y placer sa riche collection d'objets du moyen âge et de la Renaissance, est resté comme l'un des chefs-d'œuvre de l'architecture gothique privée.

Le portail et les croisées sont couverts de sculptures très-délicatement travaillées; la chapelle, située au premier étage et donnant sur le jardin, offre une construction aussi remarquable que singulière. La voûte, très-chargée de sculptures, est soutenue par un seul pilier de forme octogone, élevé au milieu, et auquel viennent aboutir toutes les arêtes.

A droite, en entrant dans la cour, on voit une tourelle octogone, qui a servi aux observations astronomiques de Delisle, de Lalande et de Meslier, et qui renferme un très-bel escalier à vis, bien appareillé, d'une coupe heureuse, conduisant aux divers appartements.

Le musée de Cluny se compose d'environ 2,000 objets qui comprennent des sculptures en marbre, en bois et en pierre; des ivoires, des émaux et des bronzes; des terres cuites; des vitraux; des faïences et des verreries; des meubles, des tableaux, des bijoux; des armes et de précieux travaux de serrurerie, d'orfévrerie et d'horlogerie. Tous ces objets sont disposés d'après les seules convenances du local et il est nécessaire, lorsqu'on veut les étudier en détail de se munir du catalogue.

Le palais des Thermes et l'hôtel de Cluny forment aujourd'hui, avec le jardin fermé par une grille, un ensemble d'édifices complétement isolés des quatre côtés.

La Fontaine Saint-Michel, place du pont Saint-Michel. — Cette

Grav. 26. — Fontaine Saint-Michel.

ontaine monumentale est ainsi nommée à raison du groupe principal qui représente *saint Michel terrassant le Dragon*. Ce groupe est coulé en bronze, par M. Thiébaut, d'après M. Duret. Sa hauteur est de 5 mètres 50 centimètres. Un rocher en pierre de Soignies lui sert d'assise. Il occupe la niche centrale dont les tympans sont ornés de chimères et qui porte à la clef les armes de la ville. La devise de la ville de Paris, *Fluctuat nec mergitur*, y figure.

L'ensemble du monument représente un arc-de-triomphe adossé, d'une hauteur de 26 mètres sur 15 mètres de largeur. Le soubassement, le bassin inférieur et les quatre vasques sont en pierre de Saint-Ylie. Les autres parties de cette fontaine sont en pierre de Meryns. Un jet d'eau s'échappe de la bouche des chimères qui surmontent les deux piédestaux de la dernière de ces vasques. Quatre statues de 3 mètres de hauteur, coulées en bronze, par MM. Eck et Durand, d'après MM. Guillaume Barre, Jussery et Robert, et figurant les quatre vertus cardinales, reposent sur des consoles supportées par des chapitaux en marbre blanc qui surmontent quatre colonnes de marbre incarnat de 6 mètres 20 centimètres de hauteur. Des sculptures en pierre représentant des Amours jouant dans des rinceaux ornent le milieu de l'attique. Ces sculptures sont entourées d'un cadre en marbre du même style que ceux des cartouches placés à droite et à gauche, et offrent le chiffre de saint Michel entouré du collier de l'ordre de ce nom créé, en 1469, par Louis XI. Le fronton, dont les côtés sont ornés chacun d'une corne d'abondance, porte, au centre, une table en marbre vert où on lit l'inscription suivante :

FONTAINE DE SAINT-MICHEL,
SOUS LE RÈGNE DE NAPOLÉON III,
EMPEREUR DES FRANÇAIS.
CE MONUMENT A ÉTÉ ÉLEVÉ PAR LA VILLE DE PARIS,
L'AN MDCCCLX.

Ce même fronton est surmonté d'un écusson aux armes de l'empire, écusson accompagné des figures allégoriques de la *Puissance* et de la *Modération*. A chaque angle du sommet un aigle en plomb complète la décoration. La gravure précédente reproduit cette magnifique fontaine vue de face.

Muséum d'Histoire naturelle ou Jardin des Plantes, place Valhubert. — J'ai indiqué dans le *Guide pratique* tout ce que comprend cet établissement de premier ordre, les cours qu'on y fait, son caractère et sa destination. Je n'ai donc à faire ici que l'histoire générale de sa formation, la description sommaire des bâtiments et des cultures, et à signaler ses principales richesses.

Ce fut Guy Labrosse, médecin ordinaire de Louis XIII, qui traça le premier, sur un terrain d'environ 70,000 mètres carrés, achetés rue Saint-Victor, le plan du Jardin des plantes, qu'on appela alors *Jardin royal des herbes médicinales*, et dont il fut nommé l'intendant en 1641. Ce jardin ne fut cependant ouvert au public qu'en 1650. A cette époque le parterre comptait 87 mètres 77 centimètres de longueur sur 68 mètres 20 centimètres de largeur, et le catalogue portait à 2,360 le nombre des plantes qu'il renfermait.

En 1693, Fagon, neveu de Guy Labrosse et premier médecin de Louis XIV, remplaça son oncle dans l'intendance ou la direction du *Jardin royal des herbes médicinales*, qui n'était encore, au fond, qu'une sorte d'école de pharmacie, bien qu'on y enseignât déjà, avec la matière médicale, la pharmacie et la botanique médicales, la chimie, la botanique proprement dite et l'anatomie.

L'administration de Fagon contribua beaucoup au développement de ce vaste établissement scientifique. C'est dans cette période que furent construites les premières serres chaudes et les premiers amphithéâtres. Les collections de plantes s'augmentèrent alors dans des proportions considérables.

Dufay remplaça Fagon, en 1732, et désigna, en 1739, pour son successeur, l'illustre Buffon, qui devait transformer le Jardin des Plantes. A cette époque le Cabinet existait déjà et n'avait encore aucune importance ; les parterres n'occupaient toujours qu'un étroit espace.

C'est Buffon qui traça le plan du Jardin des Plantes, tel qu'il existait il n'y a pas longtemps encore, et tel, à peu près, qu'il existe toujours, plan qui sera considérablement modifié à l'époque où l'Entrepôt des vins sera transféré sur le quai de Bercy. Tout le terrain qu'occupe actuellement ce dernier établissement sera ajouté aux cultures, aux serres et aux parterres, dont l'étendue sera, pour ainsi dire, doublée d'un seul coup.

L'exécution du plan que Buffon avait conçu fut confiée à André Thouin ; en 1786, elle était complétement terminée. Toutefois, deux ans après on ajoutait aux bâtiments déjà existants, du côté de la rue Saint-Victor, l'hôtel de Magny.

Après la mort de Buffon, le *jardin royal des herbes médicinales* entra dans une période agitée. Le 10 juin 1793, la Convention décréta, sur le rapport de Lakanal, qu'il prendrait la dénomination de *Muséum d'histoire naturelle*, dénomination qu'il a conservée. Quelques mois après, on y créait, à l'instigation de Geoffroy Saint-Hilaire, la ménagerie, où on amenait les animaux des ménageries royales de Versailles et du Raincy, qui n'ont plus été rétablies ; en 1794, on ouvrait au public sa bibliothèque. A dater de ce moment, du reste, il fit, sous tous les rapports, d'importants et rapides progrès, qui se sont continués jusqu'à notre époque, et qui l'ont porté au degré de supériorité qu'il a acquis aujourd'hui.

L'établissement qui est aujourd'hui le *Muséum d'histoire naturelle*, a compté dans son personnel : sous l'ancienne monarchie, en première ligne, Buffon, puis Geoffroy, Duvernay, Tournefort, Vaillant, Wincelow, Vicq-d'Azir, Portal, les trois frères Antoine, Bernard et Laurent de Jussieu, Fourcroy, Daubenton ; depuis la Révolution, Bernardin de Saint-Pierre, Geoffroy Saint-Hilaire, Lacépède, Lamarck, et, en première ligne, Cuvier.

Le Jardin des Plantes embrasse aujourd'hui un espace d'environ 270,000 mètres carrés. Il est complétement isolé, et il se trouve maintenant limité : au nord-est, par le quai Saint-Bernard et la place Walhubert ; au nord-ouest, par la rue Cuvier ; au sud-ouest, par la rue Geoffroy-Saint-Hilaire ; au sud-est, par la rue de Buffon.

L'entrée principale du Jardin des Plantes, qui de tous côtés est entouré de belles grilles, est située sur la place Walhubert, d'où on découvre, dans toute leur étendue, les parterres que trois allées longitudinales divisent en quatre parties distinctes, savoir : à gauche, deux allées de tilleuls, à l'extrémité desquelles se trouve la galerie de zoologie ; à droite, une allée de marronniers qui se termine au bas d'une petite butte.

A gauche de la première allée de tilleuls, on trouve successivement, dans un espace contigu à la rue de Buffon, *les bosquets du Printemps, de l'Été, de l'Automne et de l'Hiver ;* deux enclos entourés de grilles, servant de jardins, l'un pour les arbres fruitiers à noyau, l'autre pour les arbres fruitiers à l'étude ; les pépinières, à gauche desquelles est un café restaurant ; les bâtiments modernes, qui renferment, avec la bibliothèque, les cabinets de minéralogie, de botanique et de géologie, bâtiments dont l'entrée est décorée de la statue du naturaliste Michel Adanson. C'est à l'extrémité de cette partie du Jardin des Plantes qu'est située l'ancienne maison appelée l'Intendance, que Buffon a habitée jusqu'à sa mort. On la trouve entre le corps de logis où est la bibliothèque et celui où sont placées les collections zoologiques, le long de la rue Geoffroy-Saint-Hilaire.

Dans l'espace qui sépare les deux allées de tilleuls, depuis la grille d'entrée jusqu'à la galerie de zoologie, se déroulent des plates-bandes où sont indiquées, par des étiquettes, les *plantes alimentaires, industrielles* et *médicinales ;* puis des carrés de fleurs, des plantes d'ornement, des talus de verdure, des allées d'arbres.

La galerie de zoologie s'élève au fond d'une cour fermée par une grille. C'est cette galerie qu'on appelait autrefois le Cabinet. Un merveilleux parterre de fleurs se déroule devant elle. Mais la beauté de ce parterre s'efface devant l'aspect féerique des *serres*, élégante et légère construction qui se compose de deux étages, et qui renferme tout ce que l'horticulture des cinq parties du monde produit de plus magnifique et de plus rare. Ces choses-là ne se racontent pas et ne se décrivent pas ; on les voit et on les admire.

On trouve les *serres* à gauche des *carrés Chaptal*, spécialement consacrés aux plantes vivaces d'ornement, dans la direction du quai Saint-Bernard.

L'*École de botanique*, qui renferme 13,000 espèces de plantes, et qui est la plus riche collection d'Europe de ce genre, occupe l'espace qui existe entre la seconde allée de tilleuls et l'allée des marronniers. Dans cette même partie du Jardin des Plantes, on remarque un bassin situé au centre d'un parterre dessiné à l'anglaise et ombragé de saules pleureurs.

Enfin, dans l'espace compris entre l'allée des marronniers et la rue Cuvier, on rencontre la MÉNAGERIE, qui vient d'être à la fois modifiée et améliorée dans ses dispositions générales et ses aménagements particuliers, et qui comprend la *bergerie*, les loges des animaux féroces, l'amphithéâtre des singes, la rotonde de l'éléphant, la fosse aux ours, le parc des oiseaux aquatiques, la galerie des reptiles et la *volière*, ainsi que plusieurs autres subdivisions secondaires. L'ancien parc des tortues a été transformé en rochers factices. Des rongeurs vivent dans les grottes de ces roches de création récente. C'est dans cette même partie du Jardin des Plantes que sont l'*amphithéâtre*, qui contient, avec la salle des cours, les laboratoires de chimie et de physique, et dont l'entrée est ornée des deux palmistes donnés à Louis XIV par le margrave de Bade; les galeries d'anatomie comparée; le local de l'administration; l'*orangerie*, bâtiment en pierres de taille et en briques; la *petite butte;* le cèdre du Liban, planté en 1734; le monument élevé à la mémoire de Daubenton, monument qui consiste en une colonne cachée dans un massif; le *belvédère*, dont le soubassement porte l'inscription suivante : *je ne compte que les heures heureuses*, belvédère qui couronne le monticule qu'on désigne vulgairement sous le nom de *labyrinthe*, à raison de sa disposition.

C'est du pied de ce monticule que part la rivière d'un mètre de large qu'on vient de créer au Jardin des Plantes. Cette rivière traverse plusieurs parcs et va disparaître sous le sol, à quelques pas du quai Saint-Bernard. En passant dans le poulailler, elle se divise en deux branches qui se réunissent après un parcours de 10 mètres, et forment une petite île gracieuse que forment à fleur de terre des margelles en ciment romain.

Je ne décrirai, dans ses détails, ni la bibliothèque, ni les galeries d'anatomie comparée, de zoologie, de géologie, de botanique et de minéralogie, pas plus que je n'ai parlé, en particulier, des plantes rares, des fleurs précieuses et des animaux curieux qui ornent, peuplent ou animent le vaste établissement qu'on nomme le *Muséum d'histoire naturelle*. Je n'en dirais jamais assez pour les vrais savants; j'en dirais toujours trop pour les simples curieux.

Dans le voisinage du *Muséum d'histoire naturelle*, on visite la fontaine Cuvier, l'Entrepôt des vins, la prison de Sainte-Pélagie.

La FONTAINE CUVIER, située à l'angle de la rue Cuvier et de la rue Saint-Victor est ornée d'une statue de femme, par Feuchères. Cette statue personnifie l'histoire naturelle. Elle tient à la main des tablettes sur lesquelles se trouve cette inscription : *Rerum cognoscere causas*, inscription empruntée à un fragment de vers de Virgile qui se traduit ainsi : *Heureux qui peut approfondir les principes des choses.*

La niche dans laquelle se trouve la statue, est encadrée par deux colonnes ioniques. Ces colonnes supportent un entablement sur lequel sont tracés les mots suivants : *A Georges Cuvier*.

La statue repose sur un piédestal dont la corniche a été ornée par M. Pomateau de têtes d'animaux, parmi lesquelles on remarque une tête d'homme.

L'ENTREPÔT DES VINS est situé quai Saint-Bernard, rue des Fossés-Saint-Bernard et rue de Jussieu. Ce vaste établissement commercial, dont le déplacement est décidé en principe, ainsi que je l'ai dit en parlant du Jardin des Plantes, est curieux dans sa spécialité. Sa création date de 1808. Il sert de lieu de dépôt aux vins, aux eaux-de-vie et aux liqueurs dont la mise en vente n'est pas immédiate. Les propriétaires de ces liquides sont autorisés à n'acquitter les droits du Trésor ou de la ville qu'au moment de la sortie des marchandises qui ne payent rien au moment de l'entrée. De cette façon les négociants sont dispensés de faire, pour un temps plus ou moins long, l'avance de ces droits.

L'Entrepôt des vins a remplacé un établissement analogue qu'on appelait, sous l'ancienne monarchie, la *Halle des hôpitaux*, parce qu'à cette époque les redevances y étaient perçues au profit des hospices. Il occupe tout l'emplacement de l'ancienne abbaye de Saint-Victor et possède une superficie de 134,000 mètres. Le prix de location est de 8 francs dans les caves et celliers à alcool, et de 6 francs dans les caves et celliers à vin, par an et par mètre. Le produit de ces locations appartient à la ville de Paris.

L'Entrepôt des vins tel qu'il est aujourd'hui a été construit de 1813 à 1819 ; il a sa principale façade sur le quai Saint-Bernard ; une grille s'y développe sur une longueur de 66 mètres. On remarque du dehors deux pavillons occupés par l'administration chargée de la surveillance de l'entrée et de la sortie des liquides. Dans l'intérieur, coupé en cinq parties égales par cinq grandes allées qu'on nomme rues de Bordeaux, de Champagne, de Bourgogne, de Languedoc et de Touraine, s'élèvent cinq grandes masses de bâtiments ; les deux du centre, servant de marchés, sont divisées en sept halles ; les deux placées en arrière contiennent ensemble quarante-deux celliers voûtés en pierre de taille, surmontés d'un magasin.

Un cinquième magasin, parallèle à la rue Saint-Victor, complète cet établissement et contient quarante-neuf celliers au-dessus desquels se trouve le magasin des eaux-de-vie. Ce dernier corps de construction a 560 mètres de longueur sur 88 mètres de profondeur.

La prison Sainte-Pélagie est située rue du Puits-de-l'Ermite, 14. Cet édifice n'a plus qu'un intérêt historique. C'était autrefois une communauté de religieuses, fondée en 1665 par la duchesse d'Aiguillon pour renfermer des femmes et des filles repenties ou non repenties.

Les bâtiments habités par les femmes portaient le nom de refuge, et ceux habités par les filles étaient connus sous le nom de Sainte-Pélagie, comédienne d'Antioche, célèbre par sa pénitence.

En 1790 les filles repenties furent mises en liberté, et deux ans plus tard Sainte-Pélagie fut convertie en prison publique, où l'on renferma successivement des royalistes, des girondins et des montagnards. On y voyait encore, il y a quelques années, au deuxième étage, la chambre dans laquelle fut enfermée, pendant la Révolution, madame de Beauharnais, depuis impératrice des Français.

Jusqu'au 14 mars 1797, cette prison reçut à la fois des hommes et des femmes, aussi bien pour causes politiques que pour crimes et délits ; des condamnés en même temps que des prévenus. Après cette date, les détenus pour dettes y ont été incarcérés, confondus avec les uns et les autres : mais, dès 1828, la maison fut dédoublée; il y eut deux guichets, deux concierges, deux greffiers, en un mot, deux prisons distinctes, l'une de la *détention* et l'autre de la *dette;* enfin, à partir de 1834, on a cessé d'y recevoir les simples détenus pour dettes.

De 1797 à 1834, Sainte-Pélagie servit aussi de maison de correction pour les petits voleurs, les vagabonds au-dessous de seize ans, et les enfants enfermés sur la demande de leurs parents. Aujourd'hui cette prison ne reçoit plus que des individus condamnés pour délits à un emprisonnement de moins d'un an.

Le registre d'écrou de Sainte-Pélagie porte des noms d'écrivains célèbres; on y remarque surtout ceux de Paul-Louis Courier, d'Armand Carrel, de Lamennais, de Proudhon et de Béranger.

Curiosités diverses.

Le cinquième arrondissement renferme encore, disséminées sur différents points, les curiosités archéologiques et historiques dont la nomenclature va suivre :

L'ÉGLISE SAINT-MÉDARD, rue Mouffetard, 141. Il ne reste rien de l'édifice antérieur au douzième siècle, qui fut l'origine de l'église Saint-Médard. On sait seulement, qu'à cette époque reculée, elle dépendait de l'abbaye de Sainte-Geneviève. Successivement rebâtie, réparée, agrandie, de 1561 à 1655, elle n'a conservé de tous ses changements que quelques fragments de vitraux du seizième siècle et le souvenir des extravagances de la secte des convulsionnaires sur la tombe du janséniste Pâris, enterré dans le cimetière qui existe encore derrière l'édifice. Ce cimetière est resté fermé, par ordre de l'autorité, depuis l'époque même de ces scènes scandaleuses.

L'église Saint-Médard renferme quelques peintures modernes. Dans la chapelle de la Vierge, reconstruite de nouveau en 1784, on voit deux tableaux représentant : l'un le *Mariage de la Vierge* et l'autre *Saint Germain donnant le voile à sainte Geneviève*. Ces toiles sont de MM. Caminade et Dupré.

SAINT-NICOLAS DU CHARDONNET, rue Saint-Victor, 104.— L'origine de cette église remonte à une chapelle fondée en 1250. En 1656 on entreprit sa reconstruction. Mais les travaux, longtemps suspendus, ne furent repris qu'en 1705, et ce fut seulement en 1709 qu'on acheva l'édifice, moins le portail qui n'a jamais été fait. L'intérieur a des pilastres composites à chapitaux ornés de feuilles d'acanthe. Le chœur est pavé de marbre et les socles des pilastres en sont également revêtus.

L'église Saint-Nicolas du Chardonnet est riche en peintures et en sculptures remarquables qui méritent une visite. Elle renferme des tableaux de Lebrun, de Ch. Coypel, de Lesueur, de Dupuy, et plusieurs toiles de Mignard et de son école. La chapelle des fonts baptismaux est ornée du *Baptême du Christ*, de M. Corot, et d'une toile de M. Desgoffes. MM. Auguier et Girardon ont exécuté le tombeau de Jérôme Bignon. Un *Saint Charles Borromée*, de Lebrun, décore la chapelle de ce nom. Mais la perle précieuse de Saint-Nicolas du Chardonnet, l'œuvre remarquable qui attire les visiteurs, c'est le magnifique tombeau de la mère de Lebrun, exécuté sur les dessins même de ce célèbre artiste, par Collignon et Tuby, ainsi qu'un autre monument composé d'une pyramide supportant un buste de Lebrun, exécuté par Coysevox et entouré de figures allégoriques. Ce dernier monument, hommage rendu à la mémoire du peintre de Louis XIV, est réuni à celui de sa mère dans la chapelle dite de Saint-Charles.

Le 8 avril 1721, une scène de désordre eut lieu dans cette église au moment où y on enterrait le garde des sceaux d'Argenson. Le peuple attribuait à la faveur que ce ministre de la Régence accorda au système de Law une partie des désastres financiers dont ce système fut l'origine. Aussi, lorsque le cercueil parut dans l'église, le tumulte fut si grand que ses deux fils furent obligés de se sauver.

L'ÉGLISE SAINT-JACQUES DU HAUT-PAS, rue Saint-Jacques, entre les numéros 252 et 254. Cette église, commencée en 1630, n'aurait pas pu être achevée en 1684 sans les largesses de la duchesse de

Longueville et la bonne volonté des ouvriers du quartier dont les uns fournirent gratuitement la pierre, tandis que les autres donnèrent un jour de travail par semaine.

Cet édifice est construit dans le style dorique, avec une tour carrée à sa gauche. L'intérieur n'a qu'une nef et deux bas-côtés. On y remarque l'*Ensevelissement du Christ*, par M. Degeorge, et un *Saint Jacques*, par M. Foyatier.

Le célèbre astronome Cassini et l'abbé Cochin, fondateur de l'hôpital qui porte ce nom, sont enterrés dans cette église.

L'église Saint-Séverin, rue Saint-Séverin, 5. — Un oratoire érigé, du temps de Childebert, sur le tombeau d'un pieux solitaire, telle est la première origine de cette église, dont la construction fut plusieurs fois interrompue et plusieurs fois reprise. En 1794, on fit de Saint-Séverin un atelier où on fabriquait du salpêtre, et ce ne fut qu'à l'époque du Consulat qu'on la rendit au culte. C'est un monument de style gothique. A l'entrée, du côté de la rue Saint-Séverin, on y a transporté pierre par pierre, en 1837, le portail de l'église de *Saint-Pierre aux Bœufs*, démolie à cette époque. Ce portail date du treizième siècle.

Cet édifice, tel qu'il est aujourd'hui, porte, d'ailleurs, les traces des différentes phases de son édification. A côté des vestiges de la primitive église, qui date du onzième siècle, on peut voir les travaux exécutés aux quatorzième, quinzième, seizième et même dix-septième siècles, et, malgré ces différents styles, on n'est pas moins frappé de la régularité de l'ensemble. La tour carrée, qui s'élève à gauche de la façade, est une construction élégante, terminée par une flèche aiguë et percée de baies ogivales.

L'intérieur de l'église Saint-Séverin est remarquable à plus d'un titre et mérite qu'on s'y arrête. L'abside, éclairé par un double rang de croisées, les chapiteaux des colonnes, les nervures des voûtes chargées de sculptures de toute espèce, la légèreté d'exécution des colonnes de la galerie inférieure du chœur, les vitraux, la coupole du maître-autel, fixent également l'attention du touriste et de l'archéologue. Il en est de même des nombreuses chapelles qui s'ouvrent sur les côtés latéraux et qui contiennent presque un musée. On y trouve, en effet, des toiles d'un grand nombre de peintres modernes de talent.

L'église Saint-Julien-le-Pauvre, qu'on trouve dans la rue du même nom, sert en ce moment de chapelle à l'Hôtel-Dieu. Cette charmante petite église remonte à l'origine de la monarchie française. Reconstruite à la fin du douzième siècle, elle devint une dépendance d'un prieuré qui fut supprimé à la fin du dix-septième siècle. On a remplacé son portail et sa tour du treizième siècle par une façade moderne d'ordre dorique. L'intérieur a trois nefs terminées par trois absides d'une architecture élégante et d'une ornementation gracieuse. On y remarque quelques bons tableaux, un calvaire du quatorzième siècle, quelques statues curieuses et des fragments de son ancien portail.

Le Val-de-Grace, hôpital militaire, situé rue Saint-Jacques.

En 1621, les religieuses du Val-de-Grâce, abbaye située près de Bièvre-le-Châtel, transférèrent ce monastère dans l'hôtel du Petit-Bourbon de la rue Saint-Jacques, où elles s'installèrent le 20 septembre de la même année.

Anne d'Autriche, qui avait fait vœu, si Dieu lui donnait un fils, de faire construire un temple magnifique, ayant mis au monde celui qui depuis fut Louis XIV, entreprit la construction de l'église du Val-de-Grâce, dont son fils posa, en grande cérémonie, la première pierre le 1er avril 1645, et qui fut entièrement achevée en 1665. Cette église est un des édifices les plus réguliers qu'on ait édifiés dans le dix-septième siècle. Le grand portail s'élève sur seize marches, et forme un portique soutenu de huit colonnes corinthiennes, isolées et accompagnées de niches. Le second ordre est formé d'ordre composite, qui se raccorde avec le premier par de grands enroulements aux deux côtés, et se termine par un fronton. Au-dessus du chœur s'élève un dôme d'une élégante proportion et d'un style gracieux, couronné par un campanile surmonté d'un paratonnerre. La cour d'entrée est séparée de la rue Saint-Jacques par une grille de fer artistement travaillée, qui aboutit de chaque côté à un pavillon carré.

L'intérieur offre une nef, séparée des bas-côtés par des arcades et des pilastres d'ordre corinthien cannelé. La voûte est chargée de bas-reliefs, et l'on y remarque six médaillons représentant les têtes de la Vierge, de saint Joseph, de sainte Anne, de saint Joachim, de sainte Élisabeth et de saint Zacharie. Sous le dôme, d'élégants pilastres encadrent sept chapelles, dont quatre petites portent chacune sur leur fronton une tribune richement dorée. Le principal autel est couronné par un baldaquin magnifique, supporté par six colonnes torses de marbre noir, d'ordre composite, dont les bases et les chapiteaux sont de bronze doré. Le sol de l'église est couvert de marbre de couleurs variées, représentant sous le dôme une véritable mosaïque avec le chiffre d'Anne d'Autriche en marbre blanc.

La coupe du dôme, peinte par Mignard, est le plus grand morceau à fresque qu'il y ait en Europe; il représente le séjour des bienheureux, et se compose de deux cents figures, dont quelques-unes ont 5 mètres 30 centimètres à 5 mètres 60 centimètres de haut.

Derrière le maître-autel, on remarque la chapelle du Saint-Sacrement, terminée en coupole, où Philippe de Champagne et son neveu ont représenté le Christ entouré d'anges et tenant une hostie à la main; à droite de la chapelle du Saint-Sacrement est la chapelle du chœur des religieuses; à gauche est la chapelle de Sainte-Anne, destinée autrefois à recevoir le cœur des membres de la famille royale.

L'abbaye du Val-de-Grâce fut supprimée en 1790. Après le départ des religieuses, l'hospice de la Maternité y fut installé et y resta jusqu'en 1793, époque où la Convention affecta les bâtiments de ce monastère à un hôpital militaire.

L'Hôpital de la Maternité, qui est situé rue du Port-Royal, 5, et où est établie l'École d'accouchement, est installé dans les bâtiments de l'ancienne abbaye de Port-Royal, supprimée à la fin du dix-septième siècle, abbaye qui occupait, depuis 1625, l'ancien hôtel de Clugny, où madame Arnaud avait transféré, à cette époque, sa communauté, célèbre par le rôle important qu'elle a joué dans la grande querelle du jansénisme.

Avant de devenir une maison et une école d'accouchement, les bâtiments de Port-Royal servirent de prison pendant la Révolution. C'est là que furent renfermés M. de Malesherbes avec sa famille, le duc de Laval-Montmorency, M. de Sombreüil avec sa fille; c'est là aussi qu'on porta, le 7 décembre 1815, le corps du maréchal Ney. L'église de l'abbaye sert de chapelle à l'hôpital. C'est dans cette église que fut enterrée, en 1681, Marie-Angélique de Scoraille de Roussille, qui fut créée duchesse de Fontanges par Louis XIV, et qui mourut à vingt-deux ans.

L'Institution des Sourds-Muets, située rue Saint-Jacques, occupe l'emplacement de l'ancienne abbaye de Saint-Magloire, qui avait remplacé, en 1572, les hospitaliers de Saint-Jacques du Haut-Pas, et qui fut transformée, en 1618, en un séminaire dont la direction fut donnée aux pères de l'Oratoire.

L'institution des sourds-muets a été fondée par l'abbé de l'Épée, et remonte à 1774, époque à laquelle il entreprit de perfectionner le langage mimique et de le faire servir au développement intellectuel des sourds-muets et à l'interprétation des mots. La première école de ce genre fut établie, en 1785, dans le couvent des Célestins, où mourut l'abbé de l'Épée, en 1789.

L'année suivante, l'institution des sourds-muets fut transférée par une loi dans les bâtiments de l'ancien séminaire Saint-Magloire, qui ont été entièrement reconstruits et appropriés à leur destination actuelle en 1823.

SIXIÈME ARRONDISSEMENT

Le sixième arrondissement a pour limites : premièrement, la Seine, depuis le pont du Carrousel jusqu'au pont Saint-Michel; secondement, par le boulevard Haussemann, depuis la place du Pont-Saint-Michel jusqu'au carrefour de l'Observatoire; troisièmement, par tout le boulevard du Mont-Parnasse; quatrièmement, par la rue de Sèvres, à partir de son point de rencontre avec le boulevard du Mont-Parnasse et le boulevard des Invalides, le carrefour de la Croix-Rouge et la rue des Saints-Pères.

Palais des Beaux-Arts. — Ce palais, qui est consacré à l'école des beaux-arts, dont j'ai parlé dans le *Guide pratique*, et qui renferme également des objets d'art constituant une sorte de musée, est situé rue Bonaparte et quai Malaquais. Il a été commencé, sous Louis XVIII, par M. Debray, achevé sous Louis-Philippe Ier, et agrandi sous Napoléon III, par M. Duban. Il occupe l'emplacement de l'ancien couvent des Petits-Augustins, auquel se rattachent des souvenirs historiques.

La reine Marguerite de Valois, première femme d'Henri IV, ayant abandonné son hôtel de Sens après l'assassinat de son favori, vint demeurer dans le faubourg Saint-Germain, où elle fit bâtir un magnifique palais, et une chapelle sous l'invocation de Notre-Dame des Louanges, desservie par des augustins déchaussés auxquels elle donna une maison, un jardin et six mille livres de rente perpétuelle, à la condition qu'ils chanteraient des cantiques et les louanges de Dieu *sur des airs qui seraient faits par son ordre*. Ces religieux, qui n'aimaient pas la musique, s'obstinèrent à psalmodier ; la reine les chassa et mit à leur place, en 1612, d'autres augustins qui chantèrent sur tous les tons qu'il plut à la reine de leur imposer. En reconnaissance de leur obéissance, cette princesse leur permit de prendre dans ses immenses jardins un vaste emplacement où ils construisirent un monastère et une église, qui furent achevés en moins de deux ans, sans autre secours que les aumônes journalières du peuple.

En 1791, la commission des monuments transforma le couvent des Petits-Augustins en un musée archéologique et historique où on devait réunir tous les objets d'art qu'on enlevait dans les couvents, les églises, les palais et les châteaux. En 1795, cet établissement fut placé sous la direction de M. Alexandre Lenoir, qui en fit un véritable musée des monuments français.

En 1815, la collection des Petits-Augustins réunissait plus de cinq cents monuments de la monarchie, classés chronologiquement dans huit salles, construites elles-mêmes avec des débris d'anciens édifices. Dans les trois cours qui divisaient alors les bâtiments, on voyait un grand nombre de fragments appartenant à l'architecture.

du quatorzième siècle. Au delà de ces cours se trouvait un jardin planté et dessiné en élysée et semé de sarcophages de forme antique posés sur des pelouses de gazon, sous des peupliers et des platanes, ombragés par des lauriers mêlés aux cyprès, aux myrtes et aux rosiers. Ces sarcophages renfermaient les restes du maréchal de Turenne, d'Héloïse et d'Abeilard, de Descartes, de Molière, de la Fontaine, de Boileau, de Mabillon et de Montfaucon.

On sait que tous ces monuments funéraires ont été transportés, en 1816, au cimetière du Père Lachaise, et qu'à la même époque le musée des monuments français a été supprimé. Les objets qui le composaient ont été dispersés dans d'autres collections ou reportés aux lieux où on les avait pris.

Il ne reste aujourd'hui, de l'ancien couvent des Petits-Augustins, qu'une chapelle conventuelle, la chapelle de Marguerite de Valois et quelques débris sans importance.

La grande entrée du palais des Beaux-Arts est du côté de la rue Bonaparte. La porte, fermée par une grille en fonte qui se continue à droite et à gauche, est décorée des bustes colossaux du *Puget* et du *Poussin* par Mercier. On pénètre ensuite dans une première cour. Au centre de cette cour s'élève une haute colonne corinthienne en marbre, surmontée d'une statue en bronze. Cette statue figure l'*Abondance*. A gauche, on remarque des sculptures du quinzième siècle, provenant des façades de l'hôtel de la Trémouille, qui était situé rue des Bourdonnais. A droite, on admire le portail du château d'Anet, chef-d'œuvre de Jean Goujon et de Philibert Delorme.

Au fond de cette première cour, séparée d'une seconde cour par une balustrade, se développe l'une des façades du château de Gaillon, construit par le cardinal d'Amboise, au commencement du seizième siècle. Cette façade, qui est à jour, a été transportée à la place qu'elle occupe aujourd'hui, pierre par pierre.

La seconde cour forme hémicycle. On y trouve des fragments de sculpture et d'architecture de toutes les époques anciennes, fragments qui composent une collection aussi curieuse par sa variété qu'intéressante par son caractère. C'est au fond de cette seconde cour que se développe l'unique façade extérieure du grand bâtiment neuf. Cette façade est formée par deux rangs d'arcades superposées. décorées de pilastres corinthiens.

Des copies de statues antiques ornent le rez-de-chaussée. Un attique, surmonté d'un toit, où l'on remarque des ornements en fer d'une grande délicatesse, couronne de ce côté l'édifice, qu'une cour intérieure divise en quatre corps de bâtiments, dont les quatre façades rappellent le style de la façade extérieure.

Les quatre façades intérieures sont décorées de médaillons et d'inscriptions; la cour elle-même est ornée des statues de *Vénus et Cupidon* par Cavelier, de *Vénus pudique* par Villain, de *Mars au repos* par Godde. C'est au fond de cette cour que se trouve l'entrée de la partie de l'édifice plus spécialement consacrée à l'école proprement dite. Cette entrée où l'on remarque, sur fond d'or, les médaillons de *Michel-Ange* et de *Raphaël*, conduit au célèbre amphithéâtre dont Paul Delaroche a décoré la coupole d'une peinture à la cire, d'une grande étendue. Au centre, on voit Ictinus et Phidias, l'un qui a été l'architecte, l'autre qui a été le sculpteur du Parthénon. Autour d'eux sont groupés les chefs d'école de toutes les époques. Cette peinture est l'œuvre la plus capitale du palais des Beaux-Arts.

On remarque également les deux anges de la cheminée de la salle de Louis XIV, par Germain Pilon; on visite aussi dans ce palais la salle des modèles en plâtre des principaux monuments de l'art antique; la collection des toiles qui ont obtenu le grand prix de Rome depuis 1688; les cinquante-deux copies des Loges de Raphaël au Vatican, exécutées en 1836 par les frères Balze, sous la direction de M. Ingres; la copie du *Jugement dernier* de Michel-Ange, exécutée par Sigalon, d'après le tableau de la chapelle Sixtine, copie qui occupe le fond de la nef de la chapelle conventuelle construite sous Louis XIII; les moulages des portes en bronze du baptistère de Florence, par Laurenzo Ghiberti, qu'on trouve dans la chapelle de Marguerite de Valois; enfin les œuvres qui ont remporté les grands prix de sculpture, œuvres placées sous des portiques bordant une cour carrée qu'on voit dans un bâtiment, situé à droite de la première cour.

L'entrée du palais des Beaux-Arts qui est sur le quai Malaquais est celle d'un bâtiment de construction toute récente qui est spécialement destinée à l'exposition des ouvrages exécutés pour les concours et qu'une galerie relie à l'ancien et principal bâtiment de l'école. On y remarque surtout la porte de bronze de la salle du rez-de-chaussée réservée à l'exposition des envois de Rome et l'escalier de pierre précédé de colonnes corinthiennes en marbre qui conduit à la salle du premier étage et la richesse de la décoration des murs de cette salle.

Palais de l'Institut, situé quai Conti. Ce palais a été construit sur l'emplacement de l'hôtel de Nesle pour exécuter l'une des clauses du testament du cardinal Mazarin qui avait légué sa bibliothèque, une somme de 2 millions et 45,000 livres de rentes sur l'hôtel de ville, pour servir à la fondation d'un collége pour l'instruction des enfants de gentilshommes pauvres de Pignerol, d'Alsace, des États de l'Église, de Flandre et de Roussillon.

Le palais de l'Institut s'appela donc d'abord le *collége Mazarin* ou des *Quatre-Nations*; il fut construit, en 1662, sur les dessins de Levau, par Lambert et Dorbay. Après avoir servi tour à tour, pendant la Révolution, de maison d'arrêt et de lieu de réunion au Comité de salut public, il devint, le 26 octobre 1795, le siége des diverses académies qui composent l'Institut de France. C'est l'ancienne église du collége qui est aujourd'hui la salle des séances solennelles.

Un avant-corps, décoré d'un ordre corinthien, occupe le centre de la façade sur le quai Conti. Les figures de l'*Art* et de la *Science* en bas-relief soutiennent l'horloge qu'on voit dans le tympan du fronton. On remarque deux lions en fonte peints en bronze, à droite et à gauche d'un perron qui conduit au portail par lequel on pénétrait autrefois dans l'église. La gueule de ces lions verse un filet d'eau dans des auges en pierre. Cet avant-corps est dominé par un dôme circulaire orné de pilastres composites; une lanterne est au sommet du dôme.

Le portail de l'ancienne église touche, à droite et à gauche, à une aile semi-circulaire qui le réunit des deux côtés à un pavillon supporté par des arcades à jour.

Le palais de l'Institut renferme deux bibliothèques, la *bibliothèque de l'Institut*, fermée au public, qui comprend 60,000 volumes environ et la *bibliothèque Mazarine*, qui était celle du cardinal Mazarin, et qui est ouverte au public, bibliothèque transférée de l'ancien palais Mazarin dans le local qu'elle occupe aujourd'hui. Cet établissement possède aujourd'hui 150,000 volumes et 5,000 manuscrits.

Hôtel des Monnaies, quai Conti. — Cet hôtel occupe l'emplacement de l'ancienne demeure des ducs de Nevers, demeure qui devint plus tard la propriété de la princesse de Conti. C'est l'abbé Terray, ministre de Louis XV, qui posa, le 20 avril 1771, la première pierre de l'édifice actuel.

L'hôtel des Monnaies a sa principale façade sur le quai; sa longueur est de 120 mètres environ; elle est percée de trois rangs de croisées, et chaque rang à vingt-sept fenêtres ou portes. Le rang inférieur ou celui du rez-de-chaussée, orné de refends, forme soubassement. Au centre est un avant-corps, dont l'étage inférieur, percé de cinq arcades, sert d'entrée, et devient le soubassement d'une ordonnance ionique composée de six colonnes. Cette ordonnance supporte un entablement à consoles et un attique orné de festons et de six statues placées à l'aplomb des colonnes : ces statues représentent la Paix, le Commerce, la Prudence, la Loi, la Force et l'Abondance.

Au-dessous, au milieu des cinq arcades de cet avant-corps, est celle qui sert d'entrée principale. La porte est richement décorée d'ornements. Dans le vestibule qui se présente ensuite, sont vingt-quatre colonnes doriques cannelées. Là, on trouve deux magnifiques escaliers, aboutissant, l'un à droite, l'autre à gauche, au premier étage. Celui de droite est enrichi de seize colonnes doriques.

Le plan général de cet édifice se compose de huit cours, entourées de bâtiments dont la destination est diverse.

La façade, en retour sur la rue Guénégaud, a 116 mètres d'étendue : moins riche que la façade qui se présente sur le quai, elle n'en est pas moins remarquable. Deux pavillons s'élèvent à son extrémité, et un troisième au centre. L'attique de ce pavillon central est décoré de statues représentant l'Eau, le Feu, l'Air et la Terre. Les parties intermédiaires n'ont que deux étages.

On passe directement du vestibule dans la première de ces huit cours. Cette cour occupe un espace de 40 mètres de profondeur sur 30 mètres de largeur. On aperçoit, au fond du péristyle, quatre colonnes doriques, avec les bustes d'Henri II, de Louis XIII, de Louis XIV et de Louis XV. Le portail qui est à gauche conduit à la cour des remises ; celui qui est à droite conduit à la cour des ateliers de fabrication.

On visite d'abord le *musée*, installé dans une magnifique salle ornée de vingt colonnes corinthiennes recouvertes de stuc et supportant une galerie de très-belle apparence. On arrive à cette salle par l'escalier de droite, qui aboutit aussi au couloir conduisant aux bureaux de la commission, tandis que celui de gauche sert pour gagner les appartements des employés et le couloir des médailles qui va rejoindre les ateliers.

Le musée de l'hôtel des monnaies comprend trois grandes divisions : celle des *médailles françaises*, celle des *jetons particuliers* ; celle des *monnaies diverses*. La première division occupe toutes les vitrines de gauche et les premières vitrines de droite ; la seconde division ne prend que les trois vitrines les plus rapprochées des fenêtres qui ouvrent sur la cour ; la troisième division remplit toutes les autres vitrines. Enfin deux petites consoles renferment : l'une les pièces des concours pour les monnaies de 1815 à 1863 ; l'autre des médailles étrangères, ainsi que les médailles commémoratives des visites de souverains à l'hôtel des monnaies.

La salle du musée est suivie de la *salle Napoléon*, où l'on remarque un buste de l'empereur, exécuté en 1806 par Canova pour le duc d'Otrante et le masque pris à Sainte-Hélène ; sur la figure de l'illustre captif de la Sainte-Alliance, vingt-quatre heures après sa mort.

Après avoir étudié le *musée*, on se rend aux *ateliers*, qui comprennent une salle pour les machines, deux salles pour les fourneaux, le grand atelier, l'atelier de travail de l'or, la salle des machines à frapper, et enfin le bureau du contrôle, salle ronde décorée de colonnes corinthiennes, et éclairée par le haut au moyen d'une coupole vitrée.

L'église Saint-Sulpice, située place Saint-Sulpice. — En 1211 on voyait sur l'emplacement où s'élève aujourd'hui l'église Saint-Sulpice, une chapelle servant d'église paroissiale et relevant de l'abbaye de Saint-Germain des Prés. Après plusieurs restaurations et transformations diverses, cette chapelle fut démolie, et sur ses ruines on commençait, en 1695, l'édifice actuel, qui n'a été terminé qu'en 1749, et dont l'architecte Levau a fourni les dessins. Ce fut Anne d'Autriche qui en posa la première pierre. Mais ces travaux étaient à peine commencés, qu'ils furent interrompus faute d'argent. On les reprit une première fois avec les architectes Oppenord et Gittard, et on les discontinua encore, toujours faute d'argent. Enfin le dévouement du curé Languet triompha de toutes ces difficultés matérielles, et, en 1721, il obtint l'autorisation de faire une loterie dont le produit mit à sa disposition les sommes nécessaires pour terminer ce magnifique monument de l'art religieux, monument auquel travaillèrent successivement les architectes Servandoni, Maclaurin et Chalgrin. Sa longueur totale est de 140 mètres sur 56 mètres de largeur et 33 mètres de hauteur.

Le portique ou la façade est de Servandoni. Ce portique se compose de deux ordonnances, dorique et ionique. Aux deux extrémités s'élèvent deux corps de bâtiments carrés, unis à leur base par une balustrade supportant deux tours différentes. Celle du midi, élevée en 1749 par Maclaurin, est composée de deux ordonnances : la première, octogone; la seconde, circulaire. La tour septentrionale, construite en 1777 par Chalgrin, diffère de la première par une plus grande élévation et une première ordonnance quadrangulaire. Aux extrémités du portail, et à l'aplomb des tours, sont, dans leur rez-de-chaussée, deux chapelles : l'une est un baptistère, l'autre un sanctuaire pour le viatique. Chacune est ornée de quatre statues allégoriques, sculptées par Mouchi et Boizot. Les fonts baptismaux, dessinés par Chalgrin, sont précieux par leur matière et par leur forme. Le portail latéral qui donne sur la rue Palatine est d'Oppenord, celui du côté opposé est de Gittard. On doit à Levau la nef tout entière.

Le plan intérieur de l'édifice est une croix latine dont le sommet est occupé par le chœur. L'autel principal est isolé entre la nef et le chœur; cet autel, dont la disposition est des plus heureuses, est en marbre blanc, avec ornements dorés d'or moulu. Une balustrade circulaire, dont les balustres, de bronze, supportent une tablette de marbre précieux, en défend l'accès. Le chœur est orné de douze statues en pierre de Tonnerre, représentant les Apôtres, par Bouchardon. Les piliers de la nef sont ornés de pilastres corinthiens et revêtus de marbre jusqu'à 1 mètre 70 centimètres environ de hauteur. Les vitraux du chœur et de l'abside sont de Leclerc. A l'entrée de la nef sont deux valves d'un énorme coquillage, supportées par deux rochers de marbre blanc, sculptés par Pigale. Ces deux coquillages, qui servent de bénitiers, ont été donnés à François Ier par la république de Venise. L'œil est ensuite frappé de l'ordonnance singulière de la chaire, exhaussée, par son double escalier, entre deux piliers, et surmontée d'un groupe sculpté représentant la *Charité* entourée d'enfants.

L'une des principales beautés de l'église Saint-Sulpice, c'est la chapelle de la Vierge, qui est placée derrière le maître-autel. Cette chapelle, de forme semi-circulaire, est l'œuvre de Servandoni. Sa composition est d'une richesse exceptionnelle, sa décoration est d'une splendeur inusitée. Les panneaux ont été peints par Vanloo; les ornements ont été modelés par les frères Sloodtz. On admire également les sculptures des voussures; les pilastres sont revêtus de marbre de couleurs variées; une délicieuse statue de la *Vierge*, en marbre blanc, par Pajou, occupe la niche qui est au-dessus de l'autel. Cette statue est éclairée par une clarté mystérieuse du plus heureux effet; enfin, Lemoine a peint sur la coupole une *Assomption* qui est une de ses meilleures œuvres. Au côté opposé de l'édifice, on remarque la tribune, soutenue par des colonnes composites, sur laquelle repose le buffet d'orgue. Cette tribune est de Servandoni. L'orgue était de Cliquot. Il a été reconstruit par Cavalier-

Coll. C'est le plus vaste qui existe en Europe. Il a cinq claviers complets et un pédalier, cent dix-huit registres, 20 pédales de combinaison, sept mille tuyaux de 5 millimètres à 10 mètres de longueur. Les sons ont une étendue de dix octaves. L'instrument se divise, à l'intérieur, en sept étages : quatre sont consacrés au mécanisme, trois sont réservés aux tuyaux. Les mouvements se communiquent par des moteurs pneumatiques d'un nouveau système.

Les murs de toutes les chapelles sont décorées de peintures par MM. Eugène Delacroix, Heim, Abel de Pujol, Vinchon, Lafond, Hesse, Drolling, Guillemot, Duval et Glaize. On remarque principalement celles qui ornent la première du côté droit, dite *chapelle des Saints-Anges*. M. Eugène Delacroix a représenté au plafond *saint Michel triomphant de Lucifer*; à droite, *Héliodore terrassé et battu de verges*; à gauche *la lutte de Jacob et de l'Ange dans le désert*. Je dois signaler également, dans la cinquième du même côté, le *mausolée* du curé Languet, par Sloodtz; dans la chapelle du *Sacré-Cœur*, qui est du côté gauche, des boiseries admirablement sculptées; sous l'église, de vastes cryptes, dans l'une desquelles on voit les statues de *saint Paul* et de *saint Jean l'Évangéliste*, par Pradier.

Saint-Sulpice rappelle quelques souvenirs révolutionnaires. Après s'être appelée le *temple de la Raison*, elle devint le *temple de la Victoire*, et on y célébra successivement une fête aux vertus de Marc Aurèle, et une fête à l'héroïsme de Guillaume Tell. Sous le Directoire, les théophilanthropes y tenaient leurs séances. Enfin, le 15 brumaire an VIII, trois jours avant le coup d'État qui donna le pouvoir au général Bonaparte, elle servit de salle pour le banquet qu'on lui donna à l'occasion de son retour d'Égypte. C'est au sortir de ce banquet qu'il se rendit chez Sieyès pour arrêter le plan du 18 brumaire.

La Fontaine Saint-Sulpice. — La façade de Saint-Sulpice se développe sur une place qui porte le nom de l'église, et dont le milieu est occupé par une large chaussée d'asphalte plantée d'arbres.

Au centre de cette chaussée s'élève une fontaine monumentale.

dont M. Visconti a fourni les dessins, et qui a été inaugurée en 1847 Cette fontaine figure une pyramide quadrangulaire surmontée d'un dôme. Autour de cette pyramide sont étagés trois bassins. Quatre vases, d'où l'eau jaillit, sont placés aux angles de celui du haut, et quatre lions ornent celui du bas. A chaque face du monument est une niche dans laquelle est placée une statue. Ces quatre statues représentent Bossuet, Fléchier, Massillon et Bourdaloue.

Sur cette même place Saint-Sulpice, on remarque, à l'ouest, l'hô- TEL DE LA MAIRIE du sixième arrondissement, indiqué rue Bonaparte, 78, construction moderne, et, au sud, le SÉMINAIRE SAINT-SULPICE, construction également moderne, élevée sur l'emplacement de l'ancien couvent des *Filles de l'instruction chrétienne*.

Le Palais du Luxembourg, situé rue de Vaugirard. — Ce palais devrait s'appeler le palais Médicis. En effet, c'est Marie de Médicis, qui l'a fait construire en 1552. A la place qu'il occupe, il y avait, en 1540, un bâtiment qu'on nommait l'hôtel de *Neuf*, et qui était habité par Robert de Harlay de Soucy. Ce bâtiment fut acheté, en 1583, par le duc de Piney-Luxembourg, qui lui donna son nom. La veuve d'Henri IV en fit à son tour l'acquisition, pour le reconstruire d'après le modèle du palais Pitti de Florence. Ce fut Jacques Desbrosses qu'elle chargea d'exécuter son projet.

Le nouveau palais avait été commencé en 1615, il était terminé en 1620. Il formait alors un parallélogramme à peu près symétrique de 90 mètres de longueur du côté de la façade septentrionale de la rue de Vaugirard et de la façade méridionale du côté du jardin, et de 118 mètres d'étendue sur les façades latérales. On distingue d'abord la façade principale, qui fait face à la rue de Tournon. Cette façade, qui est encore aujourd'hui telle qu'elle était à l'origine, est composée d'un pavillon central surmonté d'une coupole et flanqué de deux galeries. Ces galeries le relient à des pavillons d'angle.

Les façades latérales n'avaient chacune qu'un pavillon d'angle sur la rue, une galerie et deux pavillons qu'un petit corps de bâtiment placé en arrière rattachait l'un à l'autre. La façade méridionale qui regardait le jardin avait deux corps de bâtiment saillants à ses extrémités, et un troisième corps de bâtiment placé en arrière, et dont un petit pavillon surmonté d'un dôme occupait le centre. Il ne s'y trouvait alors qu'un rez-de-chaussée terminé par une terrasse. En 1804, on y fit un premier changement. Chalgrin éleva au-dessus du rez-de-chaussée une galerie qui devint plus tard la salle des archives de la Chambre des pairs. A la même époque, le même architecte construisit, parallèlement à la galerie de l'ouest, la galerie de l'est, où est aujourd'hui le musée de peinture, et il remplaça l'escalier primitif placé au centre du bâtiment principal, par le vestibule qui fait actuellement face à la porte d'entrée. Il bâtit aussi les deux avant-corps à colonnes qu'on voit au centre des galeries latérales de l'est et de l'ouest, ainsi que l'escalier d'honneur qui se trouve de ce dernier côté. Enfin il établit au premier étage du principal corps de bâtiment une salle de séances qui servit tour à tour au Sénat conservateur du premier Empire et à la Chambre des pairs de la Restauration. C'est dans cette salle que fut prononcée la déchéance de Napoléon Ier.

Sous la monarchie de 1830, le palais du Luxembourg se trouva trop petit pour la nouvelle Chambre des pairs, qui s'était accrue en nombre, à mesure qu'elle s'était abaissée en influence. M. de Gisors fut chargé de l'agrandir. Ces travaux de transformation durèrent huit ans : de 1836 à 1844.

C'est alors qu'on prolongea, dans le jardin, les galeries de l'est et de l'ouest dans la direction du sud, en y ajoutant un troisième pavillon, qui se termine en second arrière-corps de bâtiment. En même temps on construisit devant l'ancienne façade méridionale un nouveau corps de bâtiment qui ne fait qu'un avec elle, et dont la façade devint la nouvelle façade méridionale. Ce nouveau corps de bâtiment renferme : au rez-de-chaussée, une vaste galerie éclairée par des fenêtres en arcades ; au premier étage, une bibliothèque et la nouvelle salle des séances.

La nouvelle façade méridionale se compose de deux étages superposés avec un avant-corps au centre, avant-corps surmonté d'un dôme décoré de frontons circulaires, et orné de statues et de bas-reliefs. Elle a conservé, ainsi que la façade septentrionale, la même longueur; les façades latérales ont maintenant chacune une étendue de 150 mètres.

Le palais du Luxembourg ou le palais de Médicis offre dans son ensemble un aspect grandiose qui frappe le regard, en même temps que sa vue éveille dans l'imagination bien des souvenirs qui attristent la pensée, car ils sont le témoignage de la dépravation des puissants de la terre et de la fragilité des choses de ce monde. Cette demeure historique passa successivement de Marie de Médicis au frère de Louis XIII, Gaston d'Orléans; à mademoiselle de Montpensier, qu'on a surnommée l'héroïne de la Fronde; à Élisabeth d'Orléans, duchesse de Guise; à Louis XIV; à Louise d'Orléans, veuve de Philippe II, roi d'Espagne; à Louis XVI, et enfin au domaine de l'État. Il fut successivement le théâtre des amours de la Grande Mademoiselle avec le duc de Lauzun et des débauches de la duchesse de Berry, fille du Régent. Le règne de la Terreur en fit une prison où fut quelque temps enfermée Joséphine Tascher de la Pagerie, qui devait être impératrice des Français, après avoir été la compagne de captivité d'Hébert, de Camille Desmoulin et de Danton, et où le peintre David fit la première esquisse de son tableau des *Sabines*. Le Directoire en fit le siège du gouvernement. Il y tint son premier conseil dans une pièce démeublée, où il n'y avait qu'une table vermoulue, un paquet de plumes et une main de papier. Il faisait froid. Ceux qui allaient dominer la France pendant plusieurs années furent obligés, pour se chauffer, d'emprunter trois bûches au concierge de ce palais dont ils prenaient possession dans la misère et qu'ils allaient bientôt remplir du bruit de leurs orgies, du spectacle de leur faste et du cynisme de leurs débordements.

Depuis, le palais du Luxembourg a eu des destinées plus modestes; il a suivi le vent des révolutions. Après avoir été, pendant moins de trois mois, le palais du *Consulat*, il a été, tour à tour, le siège du *Sénat* ou le siège de la *Pairie*, selon que la France était un empire ou une monarchie. On y a jugé et condamné le maréchal Ney; on y a jugé et condamné les ministres de Charles X; on y a jugé et condamné les insurgés d'avril; on y a jugé et condamné

Louis-Napoléon Bonaparte; on y a toujours condamné tous ceux qu'on y a jugés. Je ne parle pas ici des régicides, qu'on y a fait comparaître. Ceux-là n'auraient dû figurer que sur les bancs de la cour d'assises. C'était trop honorer des assassins que de les assimiler à des criminels d'État. Je ne m'arrêterai pas davantage aux séances de la *Commission du gouvernement pour les travailleurs* qui y furent présidées par Louis Blanc en 1848. Ce ne fut là qu'une destination provisoire qui ne pouvait pas plus durer que ne durent les orages révolutionnaires. Depuis 1852, il est redevenu le palais du Sénat.

La visite du palais du Luxembourg comprend : au rez-de-chaussée, la CHAPELLE, décorée de peintures et de sculptures modernes; la PREMIÈRE SALLE DE RÉUNION, où sont d'anciens tableaux; la CHAMBRE A COUCHER DE MARIE DE MÉDICIS, avec ses murs recouverts d'arabesques et ses plafonds ornés de peintures; l'ancienne SALLE DU LIVRE D'OR, dont on remarque la riche ornementation; la GALERIE DU SUD, décorée des statues en marbre des *Quatre Saisons*, par M. Jouffroy et par M. Droz; au premier étage : l'ESCALIER D'HONNEUR, bâti par Chalgrin; la SALLE DES GARDES, qui a été l'oratoire de Médicis et où l'on voit plusieurs statues de personnages illustres de l'antiquité; la SALLE DES MESSAGERS D'ÉTAT, ancienne grande chambre à coucher de Marie de Médicis, où l'on remarque également plusieurs statues en marbre et un plafond de Jardin représentant l'*Aurore;* le salon de Napoléon Ier, qui fut le cabinet de réception de Marie de Médicis et qui renferme des tableaux de Vinchon, Champmartin, Flandrin et Caminade, avec un plafond où M. Decaisne a représenté la *Loi,* la *Justice,* la *Force,* la *Gloire* et la *Bienfaisance;* la SALLE DU TRÔNE, nouvellement reconstruite et richement décorée d'un trône placé dans une travée, dont la coupole représente l'*Apothéose de Napoléon Ier,* et de plusieurs belles peintures, parmi lesquelles je citerai la *Paix* et la *Guerre,* de A. Brune, qui ornent la voûte; et deux tableaux de M. Lehmann représentant : l'un, la *France, naissant à la foi et à l'indépendance, sous les Mérovingiens et sous les Carlovingiens;* l'autre, la *France sous les Capétiens, les Valois et les Bourbons :* tableaux qu'on voit dans les hémicycles, de 13 mètres de longueur chacun, qui terminent les extrémités de cette salle; la GALERIE DES BUSTES, où sont des bustes d'anciens pairs et d'anciens sénateurs; le SALON DE L'EMPEREUR, où MM. Brisset, Vinchon, Robert Fleury et Couderc ont peint : le *Traité de paix de Campo-Fiormio*, la *Constitution de l'an VII*, l'*Entrée de Napoléon III à Paris*, le *Mariage de l'Empereur*, salon qui communique, d'un côté, avec la salle du Trône, et, de l'autre, avec une ancienne salle des gardes, où l'on voit des boiseries du temps de Marie de Médicis et un *Christ en croix*, peint par Philippe de Champagne; la nouvelle SALLE DES SÉANCES, divisée en deux hémicycles, autour desquels règne une boiserie de chêne, sculptée par MM. Klagmann, Triqueti et Elschoët; surmontée de dix-huit colonnes de stuc, entre lesquelles se trouve l'espace réservé aux tribunes publiques; et décorée : de la statue de *saint Louis*, par M. Dumont et de la statue de *Charlemagne*, par M. Étex, statues posées dans le grand hémicycle réservé aux sièges des sénateurs, grand hémicycle, dont un fond d'or semé d'arabesques couvre la voûte; des statues de législateurs célèbres qui ornent le petit hémicycle réservé au bureau, petit hémicycle, où des peintures à la cire ont été exécutées dans les pieds-droits des voussures; de deux peintures de M. Blondel qui surmontent les deux portes principales représentant : l'une, les *Pairs offrant la couronne à Philippe le Long*; l'autre, les *États de Tours décernant le titre de Père du peuple à Louis XII*; et de diverses autres peintures d'ornementation dont plusieurs ne sont pas encore achevées; la BIBLIOTHÈQUE, dont la coupole est ornée de peintures représentant les *Limbes* décrites par le Dante, peintures qui sont l'un des chefs-d'œuvre de M. Eugène Delacroix, à qui l'on doit aussi *Alexandre après la bataille d'Arbelle*, peint dans l'hémicycle au-dessus de la fenêtre principale, bibliothèque où l'on remarque également les statues de *Pasquier* par M. Foyatier, de *Montesquieu*, par M. Nanteuil, de la *Philosophie*, par M. Simart, ainsi que les peintures du salon de l'Ouest, par M. Boulanger, et les peintures du salon de l'Est, par M. Henri Scheffer.

Musée du Luxembourg. — On entre dans ce musée par la

porte située dans l'angle nord du palais du Luxembourg, à côté de la grille qui s'ouvre en face de l'Odéon, dans la rue de Vaugirard. Il est installé au premier étage de l'aile orientale. Après plusieurs vicissitudes, il a été réservé, depuis 1815, aux œuvres des peintres et des sculpteurs vivants acquis par la liste civile ou par l'État. Ces œuvres doivent y rester dix ans après la mort de leurs auteurs. On fait alors le choix de celles qui doivent figurer définitivement dans le Musée du Louvre. Les autres reçoivent des destinations diverses.

Le but spécial du musée du Luxembourg rend essentiellement temporaire le séjour provisoire que les œuvres qu'il renferme sont destinées à y faire. On fera donc bien d'interroger le catalogue, qui doit être rectifié au fur et à mesure des changements qui peuvent s'opérer dans cette collection. On y trouve en ce moment des œuvres de MM. INGRES, qui est né en 1784 ; EUGÈNE DELACROIX, qui est né en 1799; PAUL DELAROCHE, qui est mort en 1845; EUGÈNE DEVERIA, qui est né en 1805; COURT, qui est né en 1797, et COUTURE, qui est né en 1815; ARY SCHEFFER, qui est mort en 1858; HENRI SCHEFFER; MULLER; HORACE VERNET, mort en 1863; HEIM, qui est né en 1797; COUDER, qui est né en 1790; SCHENETZ, qui est né en 1787; STEUBEN; ZIEGLER, qui est mort en 1859; JALABERT; GLEYRE, qui est né en 1807; LEHMANN, né en 1814; HÉBERT, né en 1817; BAUDRY, né en 1824 ; THÉODORE CHASSERIAU, mort en 1856 ; THÉODORE ROUSSEAU; ROQUEPLAN, mort en 1855 ; COROT, né en 1796; ISABEY: GUDIN ; TROYON; BRASCASSAT; ROBERT FLEURY; BELLANGER, EUGÈNE LAMY; mademoiselle ROSA BONHEUR.

On doit considérer comme une dépendance du palais du Luxembourg le bâtiment qu'on nomme le PETIT-LUXEMBOURG. Quoique décoré du titre de palais, le Petit-Luxembourg n'est, en réalité, qu'un hôtel qui a été autrefois habité par le prince de Condé et par le comte de Provence, et qui est aujourd'hui la demeure du président du Sénat. Il comprend le cloître et la chapelle de l'ancien couvent des Filles du Calvaire. Le cloître, qui est orné d'un jet d'eau, sert de jardin d'hiver. La chapelle, qui est du seizième siècle, a été récemment restaurée.

Le jardin du Luxembourg. — Ce jardin est, à coup sûr, la plus belle des anciennes promenades intérieures de Paris. Il comprend : en avant du palais, des parterres de fleurs, d'arbustes et de gazons, au centre desquels se trouve un vaste bassin octogone, orné d'un groupe d'enfants portant une coupe d'où jaillit un jet d'eau ; des terrasses ombragées qui se développent à droite et à gauche, soutenues par des talus parsemés de rosiers et garnis de balustrades de pierre ; dans la partie haute, plus à droite, une vaste esplanade plantée d'arbres ; plus à gauche, également dans la partie haute, en voie de transformation, à l'est, au nord et au sud, de nouveaux parterres, dessinés à l'anglaise, servant de cadre à la fontaine de Médicis ; des tapis de gazon entourés de petites grilles, quelques-uns plantés d'arbres ; de nouvelles allées transversales aboutissant à des grilles de sortie sur le boulevard Haussmann, et des parties boisées et sablées réservées aux promeneurs ; la grande avenue de l'Observatoire, avenue formée de trois allées : une allée centrale et deux allées latérales, dont l'une, celle de droite, est bordée d'une riche pépinière, et dont l'autre, celle de gauche, est bordée par le jardin botanique de l'École de médecine ; l'ancienne orangerie, qui est à l'ouest du palais, où l'on admire également plusieurs autres parterres ; dans le voisinage de la pépinière, une remarquable collection de roses.

La partie du jardin du Luxembourg nouvellement transformée, du côté de l'est, est entourée d'une magnifique grille neuve posée sur l'emplacement des maisons détruites de la rue d'Enfer. Cette grille sert de bordure à l'un des côtés du boulevard Haussmann, qui doit absorber la rue de l'Est jusqu'au carrefour de l'Observatoire ; elle a environ 600 mètres de longueur. Une autre grille, également neuve, sépare l'allée latérale de gauche de l'avenue de l'Observatoire et du jardin botanique, où l'on a récemment établi, pour les camellias, deux nouvelles serres d'une grande élégance, qu'on voit auprès d'un bâtiment en pierre destiné à servir d'orangerie. Les serres que représente la gravure suivante sont celles qu'on voit dans le jardin, fermé au public, du fleuriste du Luxembourg, jardin situé, à gauche, à l'extrémité du bois et à l'entrée de la grande avenue de l'Observatoire.

Grav. 27. — Anciennes serres du jardin du Luxembourg.

Sur un autre point de cette magnifique promenade, qui est l'œuvre de Jacques Desbrosses, et qui date de Marie de Médicis, on remarque le jardin du président du Sénat, qui contient des cèdres du Liban, une volière et des collections de roses. Enfin, on y compte des œuvres aussi nombreuses que belles, et spécialement des statues d'un grand mérite. Ce sont : sur la terrasse à droite, Sainte Clotilde, par M. Klagmann ; Marguerite de Provence, par M. Husson ; Anne de Bretagne, par M. J. Debay ; Anne d'Autriche, par M. Ramus ; Blanche de Castille, par M. A. Dumont ; Anne de Beaujeu, par M. Gatteaux ; Valentine de Milan, par M. Huguenin ; Marguerite de Valois, par M. Lescorné ; Marie de Médicis, par M. Clésinger ; Laure de Noves, par M. Ottin : sur la terrasse, à gauche : Sainte-Bathilde, par M. Thérasse ; Berthe ou Bertrade, par M. Oudiné ; une reine de France, par M. Charles Elshoect ; Sainte-Geneviève, Marie Stuart, Jeanne d'Albret, par des anonymes ; Clémence Isaure, par Auguste Préault ; Mademoiselle de Montpensier, par M. Demesmay ; Louise de Savoie, par M. Clésinger ; Jeanne d'Arc, par M. Rude : dans les nouveaux parterres créés au nord, un groupe en marbre, Adam et sa famille, par M. Garraud : dans l'un des parterres du centre, en face du grand bassin, Archidamus s'apprêtant à lancer le disque, par M. Lemoine, et une copie de Diane et de la Biche ; dans le parterre correspondant, également en face du grand bassin, une copie du Gladiateur de Borghèse : dans les deux parterres latéraux qui environnent le bassin, sur deux colonnes en griotte d'Italie, une statue de David vainqueur de Goliath, et une statue de Nymphe, par des anonymes ; tout autour du grand bassin, des statues de femmes, parmi lesquelles on remarque une Velléda, en marbre, de Maindron ; dans le parterre situé en face de l'orangerie, un Mercure en plomb, peint en bronze, par Pigalle : dans la partie haute, à gauche, vers l'est, à l'entrée d'un escalier qui descend vers l'une des nouvelles grilles de sortie, quatre statues nouvellement transportées à cette place.

Du côté du boulevard Haussmann, la grille du jardin du Luxembourg est coupée par de vastes constructions qui, dans cette partie, bordent ce magnifique jardin, et vont retrouver les serres du jardin botanique. Ces constructions sont affectées à l'École des mines, qui occupe depuis 1816, l'ancien hôtel de Vendôme, construit en 1706, par les Chartreux. Les bâtiments de cette école viennent d'être entièrement restaurés et considérablement agrandis.

La fontaine Médicis. — Cette fontaine, qui est un chef-d'œuvre d'élégance et qui eût suffi à immortaliser le nom de Jacques Desbrosses, son auteur, est l'un des plus beaux ornements du jardin du Luxembourg. On sait qu'elle a été nouvellement déplacée. Elle était autrefois adossée à un mur et n'avait qu'une face. C'est cette face que représente la gravure suivante.

La fontaine Médicis est maintenant située à l'extrémité d'un bassin qui a pris la place de l'allée des Platanes, allée dont on a conservé les arbres, qui, en se rejoignant au-dessus de ce bassin, lui font un merveilleux dôme de verdure. Ces arbres sont reliés l'un à l'autre, à droite et à gauche, par des feuillages retombant en festons jusqu'à terre et formant guirlande. Vingt-quatre vases uniformes sont disposés à droite et à gauche de cette allée devenue bassin, dont l'entrée est décorée par deux autres grands vases faisant corbeille.

La façade que l'on voit dans la gravure qui suit est l'ancienne façade. Elle appartient à l'ordonnance toscane et consiste en quatre colonnes rustiques hérissées de stalactites. Elle est percée de trois niches : celle du milieu, où l'on voit aujourd'hui une nymphe sortant du bain, qui doit être prochainement remplacée par un groupe auquel on travaille encore, est surmontée d'un attique couronné d'un fronton circulaire qui porte un écusson. Sur les entablements en ressaut reposent un Fleuve et une Naïade tenant des urnes penchées. Les niches latérales ont toujours été vides ; elles sont destinées à recevoir chacune un groupe, comme celle du centre.

L'eau qui jaillit d'un rocher retombe en cascades dans trois bassins semi-circulaires superposés avant de se jeter dans le grand bassin, qui est à fleur de terre.

La fontaine de Médicis a maintenant une seconde et nouvelle façade du côté du boulevard qui borde le jardin. Cette seconde façade, récemment adaptée au monument, est d'une architecture différente. On y remarque les trois bas-reliefs qui décoraient autrefois la fontaine de la rue du Regard, fontaine que le percement de la rue de Rennes a emportée. Le plus important de ces trois bas-reliefs est

Grav. 28. — Fontaine de Médicis.

la *Léda*, exécutée en 1807, par A. Valois. Au-dessous de ce même bas-relief sont trois bouches de bronze d'où l'eau sort pour retomber dans un bassin demi-circulaire dont les bords gazonnés sont ornés de rochers factices. Au-dessus de ce même bas-relief s'élève un fronton triangulaire que surmonte un petit dôme en pierre sculptée. On remarque, au-dessus de ce dôme, une immense plaque de marbre blanc, également surmontée d'un vaste fronton circulaire. Deux autres petites plaques de marbre blanc sont à droite et à gauche de la *Léda*.

Statue du maréchal Ney. — On sait que le maréchal Ney a été fusillé, le 7 décembre 1815, à la place même où se trouve aujourd'hui la statue en bronze qu'on lui a élevée en 1853, statue qu'on trouve à l'ouest de la grille du Luxembourg, au carrefour de l'Observatoire. Elle est modelée par Rude et fondue par MM. Eck et Durand. Le piédestal est en marbre blanc. Ce piédestal, qui est assis sur un soubassement de granit rouge, porte l'inscription suivante :

A LA MÉMOIRE
DU MARÉCHAL NEY,
DUC D'ELCHINGEN,
PRINCE DE LA MOSKOWA,
LE 7 DÉCEMBRE 1853.

L'église Saint-Germain des Prés, place Saint-Germain des Prés et rue Bonaparte. — Au milieu des prés et des pâturages qui alors s'étendaient au loin sur les bords de la Seine, un temple dédié à Isis s'élevait à la place même où est aujourd'hui l'église Saint-Germain des Prés. Cette église, qui faisait autrefois partie de l'abbaye Saint-Germain des Prés, depuis longtemps détruite, a été bâtie en 556 par Childebert, sous le vocable de Sainte-Croix-et-Saint-Vincent. Consacrée par saint Vincent lui-même, saccagée et brûlée à trois reprises différentes par les Normands, de 845 à 918, elle a été rebâtie, de 990 à 997, par Morard, vingt-neuvième abbé de Saint-Germain, et placée alors sous l'invocation de saint Germain.

Lorsque le pape Alexandre III vint en France pour fuir la persécution de Frédéric Barberousse et demander protection à Philippe Ier, roi de France, Hugues V, quarante-quatrième abbé de Saint-Germain, pria le souverain pontife de consacrer son église, et le 27 avril 1163, Maurice de Sully étant évêque de Paris, l'église abbatiale fut bénie avec une pompe et une solennité extraordinaires par le pape lui-même, assisté d'un grand nombre de cardinaux et d'évêques.

Récemment restaurée, l'église Saint-Germain des Prés est le plus ancien édifice religieux de Paris; sa longueur est de 65 mètres, sa largeur est de 22 mètres, sa hauteur est de 20 mètres. La nef centrale est séparée des bas-côtés par cinq piliers à droite et cinq piliers à gauche. Ces piliers supportent des arcades en plein cintre; chacun d'eux se compose d'un massif où sont engagées quatre colonnes de diverses dimensions. Les nefs latérales se prolongent de façon à encadrer le chœur, qui a quatre travées et dont les colonnes en marbres rares, ont fait partie de l'église primitive. Les socles et les chapiteaux de ce chœur, qui datent du douzième siècle et qui est décoré de stalles en bois, dans le même style, se font remarquer par la beauté de leurs sculptures. Il est entouré de chapelles carrées et polygonales. D'autres chapelles semblables se trouvent également aux deux extrémités de l'abside, qui est percée de trois fenêtres en ogive, à droite, et qui est entièrement murée, à gauche. On remarque, dans le collatéral de droite, près de la porte, une statue colossale en marbre représentant Notre-Dame la Blanche, don de Jeanne d'Évreux à l'abbaye de Saint-Denis; du même côté, la chapelle de Saint-Symphorien, où fut inhumé saint Germain; la statue en marbre de sainte Marguerite, qu'on voit dans la chapelle qui lui est consacrée, chapelle située dans le transsept méridional et décorée de colonnes de marbre; du côté gauche, la statue de saint François-Xavier, par Coustou, et le tombeau de Casimir V, roi de Pologne, mort abbé de Saint-Germain, qu'on voit dans le transsept septentrional. C'est aussi dans l'église Saint-Germain des Prés que reposent : dans la deuxième chapelle à droite, Guillaume Douglas et Jacques Douglas, princes d'Écosse; dans la chapelle de Saint-François de Sales, l'illustre Descartes; dans la chapelle Saint-Paul, le poëte Boileau. Cette église est ornée de plusieurs tableaux de mérite, soit anciens, soit modernes. Mais l'œuvre capitale qu'on y va voir aujourd'hui, ce sont les nombreuses peintures exécutées à la cire par M. H. Flandrin, de la base des piliers jusqu'aux clefs de voûte, et qui transforment cet antique monument de la foi en un vaste poëme où sont reproduits les principaux épisodes et les principaux personnages de la Bible et de l'Évangile. Ces peintures embrassent tout l'intérieur de l'édifice, qui ne forme plus qu'un immense tableau aux couleurs diverses et aux sujets variés, se déroulant sous une voûte d'azur constellée d'étoiles d'or.

Le portail n'offre aucun intérêt artistique ; mais au-dessus s'élève une tour carrée où l'on remarque, à l'étage supérieur et à chacune de ses quatre faces, deux baies cintrées du douzième siècle, accompagnées de colonnes. Cette tour supporte une haute flèche couverte en ardoises.

Le nom de Saint-Germain des Prés rappelle les plus pittoresques souvenirs des temps de la féodalité. L'abbaye de ce nom n'était rien moins, ainsi que je l'ai déjà dit, qu'une véritable forteresse qui s'élevait, sombre et isolée, au milieu du Pré-aux-Clercs. Son enclos avait une immense étendue, et ses richesses égalaient sa puissance. Il ne reste plus des gigantesques constructions dans lesquelles était enfermée l'église qui leur a survécu, que quelques débris qui n'ont plus qu'une valeur historique. Ainsi, rue Sainte-Marguerite, on voit encore un fragment de porte, décorée de pilastres doriques et surmontée d'un fronton qui en a fait partie, ainsi qu'une autre porte presque entière qu'on trouve dans la rue Saint-Benoît, dont elle a conservé le nom.

Dans les jardins et dans les maisons qui enferment toujours l'église Saint-Germain des Prés dans une enclave de vieilles habitations particulières, on retrouve des traces du réfectoire des moines et de l'admirable chapelle de la Vierge, construite, de 1239 à 1255, par Pierre de Montereau, sur l'emplacement même qu'occupe actuellement la rue de l'Abbaye. Enfin, en face de la rue de Furstenberg, dans cette même rue de l'Abbaye, on peut visiter l'ancien palais abbatial, qui est presque intact, mais qui a singulièrement perdu de son ancien caractère, car il n'est plus habité que par des marchands et des ouvriers. Ce monument du seizième siècle, dont la construction est un témoignage de la libéralité du cardinal de Bourbon, est en pierres et en briques. La femme qu'on y remarque, assise au sommet d'un pavillon, tient un écusson aux armes particulières de la maison de Bourbon.

Curiosités diverses.

Le sixième arrondissement renferme encore, dispersées sur divers points, les curiosités archéologiques et historiques dont la nomenclature va suivre :

L'Église des Carmes, 70, rue de Vaugirard. — Cette église, qui dépend aujourd'hui du couvent des Dominicains, où a résidé le révérend Père Lacordaire, a été fondée par Marie de Médicis. Cette reine y assistait aux grandes solennités dans une chapelle où se trouvait alors la statue colossale en marbre de *la Vierge et l'Enfant Jésus*, qui est aujourd'hui dans l'église métropolitaine.

On ne remarque dans l'église des Carmes qu'une coupole à fresque représentant Élie enlevé aux cieux dans un char de feu. Mais elle rappelle un terrible épisode de la Révolution. Le jour des massacres de Septembre, la bande du féroce Maillard y égorgea deux cents prêtres qu'on y avait enfermés, et qu'on vit s'embrasser les uns les autres, dans cette scène d'épouvante et de carnage.

Notre-Dame de Bon-Secours, rue Notre-Dame des Champs, n° 16. Récemment construite dans l'intérieur du couvent des religieuses de Bon-Secours, cette chapelle appartient au style ogival; on y remarque des sculptures, des vitraux et des boiseries d'un heureux effet.

Le Jésus, rue de Sèvres, 33. — Cette église, qui appartient à l'architecture ogivale, et qui rappelle le style du quatorzième siècle, est de construction récente. Elle est dans la cour du couvent des Pères jésuites, qui l'ont fait bâtir. Elle se compose d'une nef et de bas-côtés, et présente dans son ensemble un aspect gracieux et élégant.

L'église Saint-Thomas de Villeneuve, 27, rue de Sèvres. — Cette église n'est qu'une simple chapelle qui dépend du couvent des Dames de Saint-Thomas, dont la mission est de soigner les malades. On y remarque seulement une *Vierge noire* qui était dans l'église Saint-Étienne des Grès, aujourd'hui détruite, aux pieds de laquelle saint François de Sales, alors simple étudiant, venait souvent prier.

L'Académie impériale de Médecine, rue des Saints-Pères, 39. Cette académie est installée dans l'ancien couvent des frères de la Charité. Le portail, précédé d'une grille, est décoré de quatre colonnes doriques engagées. On a placé au-dessus de la porte une statue d'Esculape, et, dans l'intérieur de la chapelle, convertie en salle des séances, une statue du baron Larrey.

Le lycée Saint-Louis, boulevard Haussmann, anciennement rue de la Harpe, 94. — Cet établissement occupe une partie de l'emplacement sur lequel s'étendaient autrefois les collèges d'Harcourt, de Justice et le jardin des Cordeliers.

Le lycée Saint-Louis devra au boulevard Haussmann d'avoir échangé son ancienne façade, d'un aspect si triste, contre de nouveaux bâtiments qui s'harmonisent heureusement avec les lignes architecturales de ce boulevard, sur lequel ils présentent un développement de plus de 100 mètres de longueur.

Deux portes principales, dont la place est marquée, vers les extrémités, par deux corps d'architecture méplate, donnent accès dans l'édifice. Elles portent sur leurs clefs les armes en relief de la ville de Paris, qui sont accompagnées, dans les tympans, du chiffre de l'Empereur, se détachant sur les palmes académiques. Ces portes sont couronnées, à partir du premier étage, de deux ordres superposés de pilastres de peu de saillie. L'étage au-dessus est divisé au milieu par deux pilastres de moindres dimensions qui supportent un fronton au centre duquel sont les armes impériales sommées de la couronne. Deux figures, avec des attributs, personnifient les études classiques sur la façade du lycée, dont un attique peu saillant forme le quatrième étage.

L'École de médecine, située rue de l'École-de-Médecine, 17. — Cet édifice, commencé en 1769, sur les dessins de Gondouin, et achevé en 1786, est composé de quatre corps de bâtiments, environnant une cour de 22 mètres de profondeur sur 52 mètres de largeur. La façade principale a 66 mètres. Le péristyle est formé de quatre rangs de colonnes ioniques. Un second péristyle de six colonnes corinthiennes, surmontées d'un fronton triangulaire sur lequel Berruer a sculpté l'Union allégorique de la théorie à la pratique de la chirurgie, annonce l'entrée du grand amphithéâtre. Sur le mur du fond sont, dans des médaillons, les portraits de J. Pitard, de A. Paré, de G. Mareschal et de J. de la Peyronie, chirurgiens célèbres. Cet amphithéâtre peut contenir quatorze cents personnes ; il est décoré de peintures à fresque par Gibelin, orné des bustes de Lamartinière et de la Peyronie, par Lemoine. La salle d'assemblée est ornée d'un tableau de Girodet représentant Hippocrate refusant les présents qui lui étaient offerts par les ambassadeurs du roi de Perse, pour aller exercer son art chez les ennemis de son pays. Elle est également environnée des bustes des anatomistes et des chirurgiens français les plus habiles. Une bibliothèque de trente mille volumes, placée dans l'aile gauche du bâtiment, est ouverte aux médecins et aux élèves munis d'une carte, tous les jours, de onze heures du matin à trois heures du soir.

La façade de l'École de médecine se développe en face de la PLACE DE L'ÉCOLE-DE-MÉDECINE, ouverte sur l'emplacement de l'église de l'ancien couvent des *Cordeliers*, qui avait été fondé en 1250. Le réfectoire de ce couvent, aujourd'hui disparu, existe encore en face de la rue Hautefeuille. C'est dans la salle d'étude de théologie que s'installa, en 1790, le trop célèbre club des Cordeliers qui a exercé une puissance si funeste sur la Convention nationale elle-même, et c'est dans le jardin que Marat fut enterré, le 16 juillet 1793.

L'HÔPITAL DES CLINIQUES, qui fait pendant à l'École de médecine, possède une façade de style dorique. Une statue colossale d'Hippocrate est placée sous le péristyle. Cet hôpital comprend une clinique de chirurgie et une clinique d'accouchement. Il occupe l'emplacement de l'ancien cloître du couvent des Cordeliers.

La CHARITÉ, rue Jacob, 47. — Cet hôpital, dont l'entrée est publique le jeudi et le dimanche, et qui reçoit en ce moment des accroissements considérables, a été fondé en 1602, par Marie de Médicis, qui fit venir d'Italie cinq religieux de la congrégation de Saint-Jean-de-Dieu. On remarque dans la salle des internes de garde des dessins et des peintures d'artistes modernes. Il possède deux cliniques médicales et une clinique chirurgicale.

Le MARCHÉ SAINT-GERMAIN, marché couvert, près de Saint-Sulpice, est l'un des plus beaux établissements publics de ce genre après les halles centrales. Il se compose d'un large corps de bâtiment dessinant un parallélogramme, et d'un bâtiment annexe pour la vente de la viande.

L'HÔTEL DE TOULOUSE. — Cet hôtel, qui est situé au coin de la rue du Cherche-Midi et de la rue du Regard, est depuis longtemps affecté aux *Conseils de guerre* et au *Conseil de révision*. On y a également établi la *Maison de justice*, prison militaire destinée aux prévenus, et qui fait face à la *Maison d'arrêt et de correction* destinée aux militaires condamnés.

L'HÔTEL DE NIVERNAIS, ainsi nommé parce qu'il avait été construit par le duc de Nivernais, sur l'emplacement de l'ancien hôtel du maréchal d'Ancre, et qui a été, en 1814, la demeure de la duchesse douairière d'Orléans, est aujourd'hui la CASERNE DE TOURNON, caserne appartenant à la ville de Paris et servant à la garde municipale.

On remarque rue Hautefeuille une MAISON du quinzième siècle et plusieurs autres habitations particulières du dix-septième siècle, flanquées de tourelles rondes, en encorbellement; au n° 5 du quai Conti, à l'angle de la rue de Nevers, la MAISON où Bonaporte demeura, en 1785, au cinquième étage, à sa sortie de l'école de Brienne; au n° 50 de la rue de Condé, qui s'appelait jadis rue du *Clos-Bruneau*; au n° 27 de la rue de Tournon, la MAISON où est morte mademoiselle Lenormand, célèbre nécromancienne qui avait prédit à Napoléon Ier sa chute, et, au n° 8 de la rue Garancière, l'HÔTEL DE LA DUCHESSE DE SAVOIE, bâti par Jacques des Brosses, dans le dix-septième siècle.

SEPTIÈME ARRONDISSEMENT.

Le septième arrondissement a pour limites : 1° la rue des Saints-Pères, le carrefour de la Croix-Rouge, la rue de Sèvres jusqu'à l'avenue de Saxe; 2° l'avenue de Saxe jusqu'à la rue Pérignon; 3° l'avenue de Suffren jusqu'à la Seine; 4° la Seine, du Champ-de-Mars à la rue des Saints-Pères.

L'Hôtel impérial des Invalides, esplanade des Invalides. — Les premiers fondements de ce vaste édifice, qui tient à la fois d'un palais, d'une caserne et d'un hôpital, ont été posés le 30 novembre 1671. Élevé sur les dessins de l'architecte Libéral Bruant, il a été construit avec une rapidité phénoménale. En 1675, on en inaugurait la façade principale, au centre de laquelle se dessine la principale entrée ou *Porte royale*; la tête d'Hercule, qui sert d'ornement à la clef du cintre de cette porte, les figures en demi-relief de la Justice et de la Prudence, sont de Coustou jeune; les deux statues de Mars et de Minerve, qui flanquent cette porte, sont de Guillaume Coustou; la statue équestre de Louis XIV est une œuvre de Girardon. Au-dessus de cette statue, et au milieu de la porte cintrée, se lit l'inscription suivante :

LUDOVICUS MAGNUS
MILITIBUS REGALI MUNIFICENTIA
IN PERPETUUM PROVIDENS
HAS ÆDES POSUIT
AN. 1675

« Louis le Grand, désirant assurer l'avenir de ses vieux guerriers, a fondé dans sa haute munificence ce bel établissement en 1675. »

Détruit en 1792, le bas-relief de Girardon fut rétabli en 1815 par le sculpteur Carteher.

Aux coins de l'avant-corps de logis, et accolées aux angles de cette façade, se trouvent quatre figures en bronze représentant les nations vaincues par la France. Ces quatre figures ornaient le piédestal de l'ancienne statue de Louis XIV à la place des Victoires :

transportées aux Invalides sous le Consulat, ces sculptures sont le chef-d'œuvre de Desjardins.

La figure du plan de l'hôtel des Invalides est un rectangle comprenant dans ses divisions cinq cours de même forme, mais d'inégale grandeur ; toutes sont entourées de logements à quatre étages, convenablement distribués, et fort bien appropriés à l'usage pour lequel on les a érigés. Les basses constructions que la nécessité a fait ajouter dans la suite ne sont que des accessoires que l'accroissement du nombre des pensionnaires, qui est aujourd'hui d'environ 5,000, a rendus indispensables, et qui ne faisaient pas partie du dessin de Libéral Bruant.

La cour d'honneur intérieure est un vaste quadrilatère de 106 mètres de longueur sur 64 mètres de largeur ; elle est entourée de galeries couvertes qui servent de promenades pour les jours de pluie.

Les corps de bâtiment sont couronnés par des combles enrichis de trophées guerriers et symboliques.

Dans le fond de la cour, en face de la principale entrée, est le portail intérieur de l'église Saint-Louis, tranchant sur le reste de l'édifice par un corps d'architecture composé de deux ordres, l'un ionique, dont les volutes sont formées par des cornes de béliers, et l'autre composé. Le tout est terminé par un fronton historié dans le goût de l'époque : au milieu de ce fronton est le cadran d'une horloge à équation qui date de 1781, et qui passe pour un des plus beaux ouvrages du célèbre Lepautre.

Dans l'arcade du milieu, au-dessus du porche de l'église, a été placée la statue en pied de l'empereur Napoléon Ier ; cette même statue est celle qui servit de modèle au Napoléon en bronze qui couronne la colonne de la place Vendôme.

Lorsqu'on veut pénétrer dans la partie de l'église Saint-Louis, dite *des Soldats*, on entre par la porte dont je viens de parler ; cette église se compose d'une nef et de deux bas-côtés au-dessus desquels ont été ménagées des tribunes ; c'est un beau vaisseau longitudinal que termine un chœur dont les proportions sont très-remarquables. Elle a 70 mètres de longueur et 24 mètres de largeur : du pavé à la clef de la voûte, on compte près de 22 mètres.

Un grand ordre corinthien en pilastres, très-bien exécuté, donne à cette nef une physionomie grandiose qui se trouve complétée par la masse des drapeaux ennemis suspendus à la voûte, trophée de nos victoires, diminué par l'incendie qui éclata le jour des obsèques du maréchal Sébastiani. Déjà, en 1814, le maréchal Serrurier, qui était gouverneur de l'hôtel des Invalides, avait brûlé ceux qui s'y trouvaient alors.

L'intérieur de l'hôtel des Invalides n'a de curieux que son immensité même. On visite cependant avec intérêt la salle du conseil, a bibliothèque, les quatre réfectoires décorés de peintures à fresque, représentant les principaux siéges et les principales batailles du règne de Louis XIV, par Martin; les infirmeries, la pharmacie et la cuisine où l'on remarque la marmite si célèbre par sa grandeur.

On visite également dans l'intérieur de l'hôtel des Invalides, chaque année, pendant une période qui dure six semaines et qui est publiquement indiquée par la voie des journaux, LA COLLECTION DES PLANS. Cette collection, qui contient tous les plans en relief des places fortes de France, a été commencée par Louvois et continuée jusqu'à notre époque.

Quatre vastes galeries situées dans les combles, à l'hôtel des Invalides, renferment ces magnifiques spécimens de nos places de guerre, dont quelques-uns ont une surface considérable, puisque celui de Cherbourg, par exemple, a près de 160 mètres carrés.

Ce qui frappe tout d'abord à l'extérieur de l'hôtel des Invalides, C'EST LA BATTERIE TRIOMPHALE, qui se compose aujourd'hui de 18 pièces de canons savoir : un canon autrichien de 48 et un de 27; huit canons prussiens de 24; deux canons hollandais de 24; un canon wurtembergeois de 12; un canon vénitien de 52; deux obusiers longs russes de 20 centimètres; deux mortiers algériens de 35 centimètres.

Cette batterie d'artillerie se subdivise en deux demi-batteries, placées, l'une à droite, l'autre à gauche de la grille qui ferme l'entrée, sur le mur intérieur élevé en bordure tout au long de larges fossés extérieurs.

Il existe, également sur chantiers à droite et à gauche de chacune de ces deux demi-batteries vingt autres pièces de canons savoir : seize canons algériens de 24, un canon chinois de 0,156, un canon cochinchinois de 0,180, et deux canons français de 12.

En face de la grille d'entrée, se trouve une allée pavée, qui conduit à l'édifice. A droite et à gauche de cette allée s'étend un espace coupé par des allées sablées et de petits jardins.

Entre l'hôtel et la Seine se développe une immense esplanade plantée d'arbres et divisée en allées qui forment de chaque côté de magnifiques promenades, bordées à droite et à gauche par une rue.

Au centre de la grande allée qui coupe l'esplanade dans le sens de sa longueur est une place où les membres de la Convention nationale se réunirent le 10 août 1793, jour de la fête de l'acceptation de la constitution de 1793; on avait élevé sur cette place une statue colossale de la Liberté, entourée d'un immense bûcher où l'on avait entassé trône, couronne, sceptre, fleurs de lis, manteau ducal, armoiries. Le président mit le feu à tous ces insignes de la monarchie du foyer desquels s'élevèrent au même instant des milliers d'oiseaux portant des banderoles tricolores, qui, en s'élançant dans les airs, semblaient annoncer que le genre humain venait d'être affranchi. A la même époque, on érigea sur cette même place un monument éphémère représentant la figure d'Hercule, emblème de la Montagne, frappant à coups de massue les ennemis de la Terreur. En 1804, on éleva sur l'emplacement de ce monument un piédestal carré d'où jaillissait une fontaine, et sur lequel on plaça le lion de Saint-Marc apporté de Venise. Ce lion fut repris par les Autrichiens en 1815; en voulant l'enlever, il fut brisé en éclats, mais les morceaux en furent précieusement recueillis; on les reporta en Italie, où le lion fut restauré et replacé à Venise sur la place Saint-Marc.

Sous la Restauration, une nouvelle fontaine du plus mauvais goût, consistant en une grande vasque, au milieu de laquelle était une pomme de pin en plomb doré, surmontée d'une énorme fleur de lis de pareille matière, remplaça la fontaine du lion de Saint-Marc. Détruite en 1830, elle a été remplacée par un piédestal carré surmonté du buste en bronze de la Fayette, qui a lui-même disparu à son tour pour laisser libre l'espace qu'il a longtemps occupé.

Le dôme des Invalides. — Cette partie de l'église de Saint-Louis, complétement distincte du reste de l'édifice, a son entrée

Grav. 29. — Dôme des Invalides.

publique sur la place Vauban où doit s'élever un jour la statue équestre de l'empereur Napoléon Ier.

Une grille sépare cette place de la cour qui précède l'église. Le dôme qui surmonte ce monument est l'œuvre magistrale de l'hôtel des Invalides ; c'est l'une des plus belles pages architecturales de l'art français ; cette page eût suffi pour immortaliser Mansart qui l'a élevé.

La façade qui sert de préface au dôme s'élève sur un perron de quinze marches : elle a environ 55 mètres d'étendue ; elle est ornée d'un grand ordre dorique, surmonté de l'ordre corinthien. Ces deux ordres sont accompagnés de tous les ornements que le génie créateur de Mansart a pu faire naître : ces ornements sont exécutés avec un fini qui prouve qu'ils furent confiés au ciseau des grands artistes de l'époque, dirigés par Girardon.

Dans les niches ménagées aux côtés de la porte d'honneur se dressent la statue de saint Charlemagne, avec les attributs impériaux, et celle de saint Louis ayant sur son manteau la croix dont il s'était revêtu pour la conquête de la Terre-Sainte : la première exécutée par Coysevox, et la seconde modelée par Girardon. Cette dernière statue est l'une des meilleures œuvres de ce maître. Ces grandes figures, en marbre blanc, ont dix pieds cinq pouces en un seul bloc.

A l'avant-corps du milieu apparaît un fronton, dans le tympan duquel on remarque l'écusson des armes de France, qui a été rétabli par M. Boichard. Avant 1793, on voyait sur le sommet deux figures assises et représentant la *Foi* et la *Charité*.

Aux côtés du fronton et au-dessus des quatre colonnes des extrémités de l'avant-corps, sont, sur des socles, quatre figures qui représentent la *Confiance*, la *Constance*, l'*Humilité*, la *Magnanimité*.

Le plan extérieur de toute cette partie de l'édifice est un carré parfait ; en réalité, c'est la continuation de ce que j'ai appelé *l'église des Soldats;* cependant c'est là qu'est l'entrée extérieure, qui est la principale entrée.

La tour que forme le dôme s'élance du milieu du carré qui vient d'être décrit. Un ordre composé de quarante colonnes règne autour de ce dôme ; les fenêtres sont enrichies de chambranles, d'anges et d'attributs admirablement sculptés. Un attique s'élève au-dessus de l'ordre composé : il a douze fenêtres, ces fenêtres sont cintrées, tandis que toutes les autres ouvertures de l'édifice sont en arc légèrement surhaussé.

Les fenêtres de l'attique ne servent qu'à éclairer les peintures de la voûte du dôme, et sont dissimulées dans la fausse coupole de telle façon que le spectateur qui se trouve dans l'intérieur de l'église ne peut les apercevoir. Ces fenêtres sont ornées de festons de fleurs attachés à des consoles qui servent de clef à ces ouvertures; une riche balustrade règne tout autour sur l'ordre composé, au-dessous se trouvent huit enroulements, ou grandes consoles, qui répondent aux huit massifs de dessous. C'est à cette place que l'on admirait, avant 1795, seize statues représentant les Pères de l'Église grecque et latine.

La dernière corniche, qui est celle de l'attique, semble porter sur ces enroulements; elle est chargée de douze candélabres enflammés, formant une décoration d'un très-heureux effet.

Le comble ou dôme, qui vient si hardiment se poser au front de l'édifice comme une immense et radieuse couronne, achève d'enrichir l'œuvre par sa coupe élégamment aérienne et par les ornements qui la distinguent. Ce dôme, tout couvert de plomb, est décoré de douze grandes côtes, appuyées sur un socle d'égale largeur, s'élevant des corps massifs et des consoles du dessous pour aboutir au sommet.

Entre ces côtes se dessinent de riches trophées ou panoplies d'armes en bas-relief, accompagnés de guirlandes et de lucarnes en forme de casques, dont les visières laissent pénétrer le jour dans la charpente intérieure du dôme. Cette charpente est un chef-d'œuvre de composition et de solidité.

La partie la plus élevée du dôme est surmontée d'un cordon sphérique qui surplombe et qui porte un riche campanile, entouré d'une balustrade de fer et orné de douze colonnes, disposées par groupes de trois; entre ces groupes de colonnes, on a ménagé des ouvertures cintrées par le haut et praticables à l'explorateur.

Enfin, du faîte du campanile s'élance dans les airs un obélisque cannelé, tout ciselé de roses et de fleurs de lis; le tout est surmonté d'une grande sphère, en cuivre bruni, supportant une croix en fer.

Une riche dorure ajoute par son éclat à la magie de la sculpture et de l'architecture de ce splendide dôme. Ce monument a 105 mètres de hauteur, depuis le sol jusqu'à l'extrémité de la croix qui le surmonte.

Après avoir admiré l'extérieur, on pénètre avec émotion dans l'intérieur, car c'est là que reposent les cendres de Napoléon Ier. Au dedans, le dôme est distribué de telle façon qu'il semble s'élever du centre d'une croix grecque, accompagnée par quatre chapelles rondes, séparées par deux autres chapelles : c'est dans ces deux dernières chapelles que sont construits les monuments de Turenne et de Vauban.

L'ordre corinthien règne partout avec profusion. Mansart, pour donner plus de décoration au monument, a joint huit colonnes, hautes de 10 mètres environ, formant des corps avancés ou tribunes et dissimulant les larges massifs qui supportent le dôme.

C'est au centre du grand espace formé par les supports du dôme, et directement sous la coupole, que M. Visconti a creusé la magnifique crypte où dort du sommeil éternel le géant du siècle.

Le sanctuaire du dôme est de forme elliptique ; il a 26 mètres de haut, 18 mètres de long, 12 mètres de large. On y remarque deux immenses peintures à fresque de Noël Coypel se déroulant sous la voûte : la première, figurant *la Trinité*, en occupe tout le centre, la deuxième, en partie cachée par le baldaquin, représente l'*Assomption de la Vierge*. Cette partie du dôme est éclairée par deux croisées, l'une à droite, l'autre à gauche ; on voyait autrefois dans leurs embrasures des groupes d'anges peints à fresque. Ces groupes sont aujourd'hui remplacés par des peintures à l'huile.

Les voûtes des quatre parties de la nef du dôme forment quatre arcades, dans les pendentifs desquelles Charles de la Fosse a représenté les quatre Évangélistes.

Au-dessus des quatre Évangélistes sont les médaillons en bas-reliefs de douze rois de France. Ces portraits, détruits dans le cours de la Révolution, puis rétablis sous la Restauration, sont ceux de Clovis, Pépin le Bref, Childebert, Charlemagne, Louis le Débonnaire, Charles le Chauve, Philippe Auguste, saint Louis, Louis XII, Henri IV, Louis XIII et Louis XIV.

Celui de Pépin le Bref n'existait pas dans la liste primitive : sous la Restauration, il a été substitué à celui de Dagobert.

Au-dessus de cet attique sont vingt-quatre pilastres d'ordre composite accouplés, entre lesquels sont douze fenêtres ornées de riches chambranles avec consoles d'où pendent des guirlandes. Puis, dans les caissons d'une voûte ouverte, resplendissante de dorure, se trouvent les douze Apôtres, peints par Jouvenet.

Mais le morceau capital, c'est la grande coupole : c'est là où Charles de la Fosse a déployé toutes les qualités qui l'ont fait surnommer le Paul Véronèse français.

Cette coupole d'or, de 18 mètres de diamètre, est composée de trente-huit figures colossales d'anges, formant trois groupes, dont le principal représente saint Louis qui vient déposer sa couronne et son épée entre les mains de Jésus-Christ, apparaissant dans sa gloire céleste, accompagné de la Vierge ; quelques anges y tiennent les instruments de la passion, d'autres exécutent des concerts.

Ainsi que je l'ai déjà dit, ce magnifique morceau de peinture est éclairé par douze fenêtres pratiquées dans la fausse coupole, et qui ne s'aperçoivent qu'à l'extérieur.

Les quatre chapelles rondes placées entre les bras de la croix grecque sont dédiées aux quatre Pères de l'Église : saint Grégoire, saint Jérôme, saint Ambroise et saint Augustin. Ces chapelles, s riches d'ornementation et de peintures, sont décorées en dedans de huit colonnes corinthiennes cannelées, élevées sur des piédestaux très-exhaussés.

Les dorures brillent partout, non-seulement sur les bordures en cartouches des tableaux de la voûte, mais encore sur plusieurs ornements sculptés. Ces splendides chapelles ont 24 mètres 65 centimètres d'élévation sur 10 mètres de diamètre.

Au gauche, en entrant dans l'église par la place Vauban, on remarque la chapelle Saint-Jérôme où le cercueil de l'empereur est resté déposé pendant près de douze ans.

Les peintures de cette chapelle sont de Bon Boullongne ; les sculptures sont de Nicolas Coustou, Jean Poultier, François Spingola.

Les six caissons de la voûte représentent dans l'ordre qui va suivre :

saint Jérôme visitant les catacombes, son baptême, son ordination, saint Jérôme blâmé d'avoir lu les livres profanes, saint Jérôme effrayé du jugement de Dieu, sa mort, son apothéose.

Les groupes de prophètes placés sous les croisées sont sculptés par Nicolas Coustou.

Jean Poultier a sculpté saint Louis ensevelissant les morts, au-dessus de la porte qui conduit à l'ancienne chapelle Sainte-Thérèse, où se trouve actuellement le monument élevé à Turenne.

Le bas-relief sculpté au-dessus de l'autre porte représente la Charité sous la figure d'une femme entourée de petits enfants. Il est dû au ciseau de Spingola.

Le tombeau de Turenne a été dessiné par le célèbre Lebrun et exécuté par le sculpteur Baptiste Tubi. Il est en marbre veiné, terminé par un obélisque. Turenne est représenté expirant dans les bras de l'Immortalité, qui élève vers le ciel une couronne de laurier; un aigle, symbole de l'empire autrichien, est au pied du maréchal dans une attitude qui dénote une profonde terreur.

Un bas-relief en bronze, placé sur le devant du tombeau, représente les derniers exploits de Turenne, et spécialement la bataille de Turkeim. Deux figures de femmes, sculptées par Massy, ornent ce magnifique tombeau, qui porte pour toute inscription, sur son soubassement, ce grand nom : TURENNE.

Les peintures de la chapelle Saint-Grégoire sont de Michel Corneille. La coupole représente l'apothéose du saint. Six caissons sont ornés de peintures qui lui sont consacrées. Dans le premier, il donne tout son bien aux pauvres; dans le second, l'hérétique Eutichès brûle ses livres en présence de l'empereur Théodose le Jeune; dans le troisième, le Seigneur lui apparaît; dans le quatrième, il ordonne dans la ville de Rome des prières publiques qui font cesser la peste; le cinquième rappelle qu'il a fait quatre fois l'aumône à un ange; le sixième représente la translation de ses reliques.

Dans le médaillon soutenu par des anges, Lapierre a sculpté le mariage de saint Louis, et saint Louis prenant la croix.

Les groupes d'anges assis sur des nuages sont de Jean Poultier. La belle figure de l'Espérance est de Lecomte.

En sortant de la chapelle Saint-Grégoire et après avoir passé devant le baldaquin, on entre dans la chapelle Saint-Ambroise, dont les peintures ont été exécutées par Bon Boullongne.

La coupole représente l'apothéose de saint Ambroise.

Les six caissons de la chapelle Saint-Ambroise représentent dans l'ordre suivant : l'invention du corps de saint Nazaire, martyr; la conversion d'un célèbre personnage; le saint fait archevêque de Milan; le saint défendant l'entrée de l'église à l'empereur Théodose; le saint guérissant un possédé; la mort de saint Ambroise.

Anselme Florent, de Saint-Omer, Hardy et Jean Poultier ont sculpté les bas-reliefs de la chapelle Saint-Ambroise.

L'espace qui sépare cette chapelle de celle de Saint-Augustin contenait autefois la chapelle dédiée à la Vierge. Maintenant il est occupé par le monument élevé à Vauban, en remplacement de la chétive pyramide construite par Trepsa en 1807.

Ce mausolée, d'une belle composition, représente Vauban couché entre deux figures allégoriques; il est dû au ciseau d'Etex.

Les peintures de la chapelle Saint-Augustin sont de Louis Boullongne. Sa coupole figure l'apothéose du saint; les six caissons représentent dans l'ordre qui va suivre : la conversion de saint Augustin; son baptême; sa prédication à Hippone devant l'évêque Valère, son prédécesseur; son sacre épiscopal, par Megalius, primat de Numidie; sa conférence de Carthage, où il confondit les donatistes; saint Augustin, prêt à mourir, guérissant un malade.

Après avoir visité ces quatre chapelles, on doit remarquer sur leurs ouvertures des sculptures magnifiques composées et modelées par Girardon, et dont l'exécution a été confiée à Pierre Legros, Sébastien Slods, François Spingola et Corneille van Clève; elles représentent les principaux événements de la vie de saint Louis.

Je dois signaler enfin la beauté du pavé de l'église, pavée de marbres disposés en façon de mosaïque.

Mais, avant tout, ce qui frappe dans la partie de l'église Saint-Louis, que couronne le dôme, c'est la magnificence du maître-autel, qui s'élève au fond de l'édifice, en face de l'entrée principale. Ce maître-autel est encadré dans un élégant hémicycle, d'où s'élancent quatre colonnes torses d'un seul morceau de marbre blanc et noir. Au-dessus de ces colonnes, hautes de 7 mètres, sur 90 centimètres de diamètre, s'élèvent, en forme de baldaquin, quatre consoles surmontées de deux corniches portées par quatre anges que Feucher a modelés en l'harmonisant avec la splendeur de la voûte du sanctuaire du dôme. Ce baldaquin doré est surmonté d'un beau christ en bronze de Triquetty. L'autel est en marbre noir, avec un soubassement en marbre vert.

A droite et à gauche de cet autel, et en contre-bas de l'hémicycle, sont deux groupes d'anges admirablement exécutés par M. Husson. Là se déploie un large escalier circulaire en marbre blanc massif, aboutissant à la porte de la descente souterraine pratiquée sous le maître-autel et conduisant à la crypte; de chaque côté de cette porte, due à M. Marneuf et dont les battants, en style romain, ont été fondus par MM. Eyck et Durand, se trouvent deux cariatides en bronze florentin, dont le style, large et puissant, fait honneur à M. Duret. Ce sont deux vieillards, dépositaires des grandeurs humaines, symbolisées par la couronne, la main de justice, le globe et l'épée qu'ils tiennent sur des coussins. Ces cariatides paraissent soutenir l'entablement au-dessus duquel sont inscrits ces mots qui disent si noblement toute l'âme française de Napoléon :

> JE DÉSIRE QUE MES CENDRES REPOSENT
> SUR LES BORDS DE LA SEINE
> AU MILIEU DE CE PEUPLE FRANÇAIS
> QUE J'AI TANT AIMÉ...

En face de l'entrée de la crypte, derrière le maître-autel de l'*église des soldats*, en dehors de la grille qui sépare cette église de l'église du dôme, se détache une porte qui donne entrée aux caveaux funèbres où sont déposés les restes des gouverneurs de l'Hôtel et des maréchaux qui ont voulu que leurs cendres reposassent aux Invalides.

A quelques pas de l'entrée du vestibule, sont placées, comme des sentinelles avancées, les tombes de Duroc et de Bertrand. Bientôt, toute l'épopée de l'Empire se déroule avec ses batailles, ses codes, ses traités et ses institutions. On franchit ce vestibule dont les parois, les couloirs et les marches sont en marbre blanc massif et on se retrouve sous le dôme.

Le tombeau de Napoléon Ier. — Au milieu d'une crypte ouverte, profonde de 8 mètres, à laquelle le dôme forme une voûte d'une splendeur inouïe et d'une beauté radieuse, un sarcophage de granit rouge antique de Finlande, repose sur un socle vert sombre. Dans ce sarcophage il y a un cercueil en bois de chêne; dans ce cercueil en bois de chêne, il y a un cercueil en bois d'ébène; dans ce cercueil en bois d'ébène, il y a un cercueil en plomb; dans ce cercueil en plomb, il y a un cercueil en bois d'acajou; dans ce cercueil en bois d'acajou, il y a un cercueil en fer-blanc; dans ce cercueil en fer-blanc, il y a un corps embaumé; ce corps est celui de l'homme qui, durant sa vie, a rempli le monde de sa dévorante activité et qui, après sa mort, le remplit encore du bruit de son nom et de l'éblouissement de sa gloire : c'est celui de Napoléon Ier.

Le tombeau du chef de la dynastie des Napoléon, ainsi qu'on en peut juger par la gravure suivante, est d'une simplicité antique. Autour du monument, on remarque un délicieux pavage mosaïque, exécuté par MM. Scagnioli, Cressent et Ciuli, sur les dessins de M. Visconti. Cette mosaïque représente une immense couronne de de lauriers, d'où s'élance en rayonnant une magnifique étoile, jaune d'or, incrustée avec une pureté et une précision remarquables. Ce sont les lauriers et l'auréole de la gloire du règne.

C'est à ces trois artistes, que sont dus également les foudres, les aigles et la couronne de Charlemagne, celle-là même que voulait l'Empereur, et que l'habile architecte a rétablie.

Tout autour de la crypte règne un portique en marbre blanc de Carrare, soutenu par douze piliers massifs, hauts de 4 mètres, larges de 1 mètre 50 centimètres, et profonds de 2 mètres 50 centimètres, dans lesquels Pradier a taillé en plein marbre douze Victoires allégoriques.

Ces douze Victoires, semblent veiller sur le sarcophage comme sur un palladium sacré. Forcé, par le sujet, de reproduire douze fois

Grav. 50. — Tombeau de Napoléon Ier, aux Invalides.

la même figure, l'artiste ne pouvait varier leur forme que par l'expression des têtes et l'agencement des draperies; cependant Pradier est complétement parvenu à rendre son exécution aussi brillante qu'originale : il a réalisé, sans monotonie, une grande pensée artistique, en symbolisant douze Victoires, sans détruire l'harmonie de l'unité, sans changer la forme et la pose des statues.

Sur les murailles de ce portique se déroule l'admirable série de bas-reliefs dus au talent de M. Simart, et représentant la gloire civile de l'Empereur; cette opposition et ce complément, en même temps, du créateur du Code, cette autre révélation d'un génie si puissamment, si essentiellement organisateur et civilisateur, est des plus heureusement symbolisées; voici sa classification : la Création de la Légion d'honneur; les Travaux publics; le Commerce et l'Industrie relevant les villes; la Cour des comptes; l'Installation de l'Université; le Concordat; le Code Napoléon; le Conseil d'État; l'Administration; la Pacification des troubles civils : le tout accompagné d'inscriptions dont le laconisme, empreint de vérité, atteint la grandeur mieux que la plus brillante hyperbole.

Douze lampes d'un beau dessin sont suspendues au plafond de ce portique. On les allume aux trois époques solennelles de cette grande histoire impériale : la naissance, la mort et la translation des cendres.

Au milieu de cette galerie circulaire, en face de la porte d'entrée, se trouve le reliquaire, *Chambre de l'Épée*. C'est dans cet asile sombre et mystérieux, fermé par une grille, que les visiteurs peuvent voir à la lueur d'une lampe funéraire, allumée nuit et jour, la statue de l'Empereur, exécutée par M. Simart, et dont le marbre blanc s'enlève de la façon la plus heureuse sur le bleu-turquin de la plaque du fond.

Au bas de la statue impériale, et un peu en avant, est un autel antique, sur lequel sont déposés, avec l'épée d'Austerlitz, les insignes de la Légion d'honneur. Puis, de chaque côté, dans un élégant hémicycle, sont gravées les éphémérides impériales, accompagnées des cinquante-deux drapeaux gagnés par nos armées dans les champs d'Austerlitz, d'Iéna et d'Eylau; ces trophées, par un à-propos tout français, furent soustraits à l'incendie, *glorieux et volontaire*, qui eut lieu en 1814, ainsi que je l'ai dit dans l'histoire sommaire de l'hôtel des Invalides.

La garde journalière de la tombe impériale a été confiée à l'un de ces fidèles serviteurs de Napoléon, si pleins d'abnégation personnelle, qui accompagnèrent le grand proscrit dans ses deux exils : l'île d'Elbe, Sainte-Hélène! Jean-Noël Santini, ancien huissier de Napoléon Ier, veille avec une religieuse sollicitude sur les restes sacrés de son ancien maître.

Dans le voisinage de l'hôtel impérial des Invalides on aura bientôt à visiter une église monumentale qui s'élève entre le boulevard des Invalides et l'avenue de Breteuil. Destinée à remplacer pour le service public du culte l'église des Missions-Étrangères de la rue du Bac, devenue insuffisante, la nouvelle église, que l'on a dédiée à SAINT-FRANÇOIS-XAVIER, sera grande, spacieuse et pourra contenir un grand nombre de fidèles. L'intérieur aura la forme d'une croix latine, genre de plan généralement adopté depuis plusieurs siècles, parce qu'il offre, pour la disposition des autels et l'organisation des grandes cérémonies, des avantages réels.

L'Église Saint-François-Xavier aura deux façades principales : l'une donnant sur le boulevard des Invalides et l'autre sur l'avenue de Breteuil. La première sera surmontée de deux clochers ornés de décorations architecturales, et pourvue de plusieurs portes d'entrée et de sortie, précédées d'un vestibule bien éclairé, de façon à pouvoir supprimer ces disgracieux tambours que l'on voit dans presque toutes les églises.

Il y aura des chapelles spéciales pour les baptêmes, pour les mariages, pour les enterrements et pour les leçons de catéchisme ; une sacristie pour les ecclésiastiques, une sacristie pour les chantres et une sacristie pour les mariages, ayant chacune à l'intérieur et à l'extérieur une entrée particulière ; un cabinet pour le curé, un cabinet pour le prédicateur ; un logement pour le prêtre résident, un logement pour le sacristain, un logement pour le suisse, sans compter divers cabinets, des salles des archives, des salles de conseil, des salles de dépôt et des magasins pour le luminaire, la lingerie et les accessoires.

Néanmoins, et malgré toutes ces dépendances, l'intérieur de l'église conservera son aspect d'unité, de grandeur même, et les fidèles, grâce aux neuf portes de l'édifice, pourront toujours librement entrer et sortir.

L'ensemble de l'église Saint-François-Xavier, comme architecture, rappellera le style gréco-romain ; les sculptures auront un caractère noble, sévère, mais sans profusion d'ornements. La même sobriété décorative se fera remarquer aux façades de l'abside.

L'Église Saint-François-Xavier des Missions étrangères que la nouvelle église de Saint-François-Xavier remplacera bientôt, est située rue du Bac, 120.

Cette église, sans importance architecturale, sert de chapelle *au Séminaire des Missions-Étrangères*. Elle a été construite en 1683 et comprend une église inférieure et une église supérieure. On arrive, par un perron à double rampe, à cette église dont le maître-autel est décoré d'un bas-relief représentant la *Foi*, l'*Espérance* et la *Charité*. M. Couder a peint l'*Adoration des mages* sur le retable. On y remarque aussi quelques tableaux anciens. Mais ce qu'il y a de plus curieux à visiter, c'est le Musée d'instruments de supplices rapportés des pays étrangers par les missionnaires. On visite ce Musée, qui dépend du Séminaire, en s'adressant à l'économe.

Le palais Bourbon, place du Palais-Bourbon, quai d'Orsay et rue de Bourgogne. — Le Pré-aux-Clercs s'étendait jusqu'aux environs de l'emplacement où s'élève aujourd'hui l'hôtel impérial des Invalides. C'est donc sur une portion de ce Pré célèbre que la duchesse douairière de Bourbon fit bâtir, en 1722, par l'Italien Girardini, l'hôtel qui devait bientôt devenir le palais du prince de Condé. Ce fut ce prince, en effet, qui donna à cette demeure la grandeur et l'étendue d'une résidence presque royale. En même temps qu'il y faisait exécuter par Bélisart des changements considérables et de vastes accroissements, il y incorporait l'hôtel de Larsey, qu'on nomme aujourd'hui le Petit-Bourbon. Tous ces travaux exigèrent une somme de vingt millions. Ils étaient à peine terminés lorsque la révolution française en éclatant décida les illustres possesseurs de cette magnifique demeure à abandonner la France. Elle devint bientôt propriété de l'État et servit de siège à l'administration des charrois militaires.

C'est au Directoire qu'appartient la première idée de consacrer le palais Bourbon au Corps législatif, composé des mandataires du pays. Il fit construire sur l'emplacement des grands appartements la première salle des séances qu'on y ait vue. Le conseil des Cinq-Cents y fut installé. C'est la première assemblée qui ait siégé dans ce palais, devenu depuis l'objet de perpétuels remaniements et de restaurations continuelles.

En 1829, on remplaça la salle où avait siégé le Conseil des Cinq-Cents par une salle provisoire. C'est dans cette salle, qui était en bois et qu'on avait construite dans le jardin, que la monarchie de Louis-Philippe, a été consacrée dans la séance du 9 août, date qui lui est restée. Cette salle a disparu en 1852, époque à laquelle a été terminée la salle actuelle qu'on doit à l'architecte Joly, salle où le Corps législatif du second empire tient aujourd'hui ses séances. C'est là que la duchesse d'Orléans vint, le 24 février 1848, accompagnée du duc de Nemours, et conduisant son fils aîné, le comte de Paris, essayer, en vain, de faire accepter sa régence. Mais les assemblées délibérantes de la seconde république, trop nombreuses pour y siéger, ont tenu leurs séances dans une salle en charpente et en toile peinte, édifiée en 1848 et démolie en 1851. C'est cette salle, située dans la seconde cour, qui fut envahie le 15 mai.

Le péristyle qui fait face au pont de la Concorde attire tout d'abord l'attention. Ce magnifique péristyle a été construit de 1804 à 1807, sur les dessins de Poyet; il se compose de douze colonnes corinthiennes d'une belle proportion, et est précédé d'un vaste perron large d'environ 35 mètres et de 8 mètres d'élévation. Le fronton était autrefois décoré d'un bas-relief par Fragonard, représentant la Loi assise entre les deux tables de la Charte, et appuyée sur la Force et la Justice : à droite, on voyait l'Abondance suivie des Sciences et des Arts; à gauche, la Paix ramenant le commerce; aux deux extrémités étaient des figures de fleuves. On a substitué à cette décoration un autre bas-relief sculpté par Cortot, représentant la France entourée de la Liberté et de l'Ordre public, ainsi que des génies du

Commerce, de l'Agriculture, de la Guerre, de la Paix et de l'Éloquence; deux bas-reliefs, l'un de Pradier, à gauche; l'autre, de Rude, à droite, décorent le mur de la façade. Au bas de l'escalier sont quatre figures assises sur des piédestaux, représentant Sully, par M. Beauvalet; l'Hôpital, par M. Deseine; d'Aguesseau, par M. Foucon, et Colbert, par M. Dumont.

L'ancienne entrée de l'hôtel, de Girardini, sur la place du Palais-Bourbon, est d'une grande magnificence. Elle consiste en une belle porte accompagnée de chaque côté d'une colonnade d'ordre corinthien. Cette colonnade précède une avant-cour précédant elle-même une cour d'honneur décorée de portiques, ainsi que le pavillon du fond, qui date de 1795. Ce pavillon est orné d'un fronton où l'on remarque un bas-relief représentant la Loi protégeant l'Innocence et la Vertu; on voit à droite la statue de Minerve, et à gauche la statue de la Force; Fragonard a sculpté les figures de l'Horloge; et Guairard les statues en marbre représentant, l'une, la *France votant*; l'autre, la *Force légale*, qu'on voit sur les piédestaux de l'escalier d'honneur.

Je signalerai parmi les salles qui sont enrichies de diverses œuvres de peinture et de sculpture de mérite : la *salle des Quatre-Colonnes*, ornée de colonnes d'ordre corinthien; le *salon de la Paix*, où Horace Vernet a symbolisé la Paix sous la figure d'une jeune fille; la *salle Casimir-Périer*, qui sert d'entrée du côté de la cour; la *salle du Trône*, dont Eugène Delacroix a peint le plafond; la *salle des Distributions*, où les députés se partagent tous les documents imprimés du Corps législatif; la *salle des Conférences*, dont le nom indique la destination; la *Bibliothèque*, qui est riche de 80,000 volumes; et, avant tout, la *salle des Séances*.

Cette salle, que représente la gravure suivante, est de niveau avec la plate-forme du péristyle. Sa forme est semi-circulaire; elle reçoit le jour d'en haut. Les membres du Corps législatif y siégent sur des bancs s'élevant en gradins dans l'intérieur de l'hémicycle. Au centre se dressait autrefois la tribune des orateurs, aujourd'hui remplacée par un bureau destiné aux orateurs du gouvernement. Elle était décorée d'une sculpture qui orne maintenant le bureau du président. Cette sculpture, qui est de Lemor, représente

la *Renommée et l'Histoire*. Deux rangs de tribunes publiques, règnent dans la partie circulaire qui s'élève au-dessus du dernier banc des députés. La salle des conférences, la salle des gardes, la bibliothèque et les salles où se réunissent les bureaux, sont remarquables par leur élégance.

Le Petit-Bourbon, dont l'entrée principale est située rue de l'Université, 128, et qui est l'ancien hôtel de Larsey, appartient, par le style architectural, à l'époque de la Renaissance. Il est la demeure officielle du président du Corps législatif, comme il a été celle du président de la chambre des députés.

La place du Palais-Bourbon, sur laquelle se développe la façade de Girardini, rappelle un souvenir du consulat qui n'a pas laissé de trace. C'est sur cette place que fut érigé, le 14 juillet 1801, un magnifique temple dédié à la Victoire. Ce temple, composé d'un porche de six colonnes, portait un fronton à deux grandes parties latérales, sous le soubassement duquel étaient placés quatre monuments aux mânes de Desaix, de Joubert, de Hoche et de Kléber. Les quatre armées de la République y étaient indiqués. Au centre de ce temple, un groupe représentait la Victoire présentant la Paix à la France, qui se reposait sur le dieu Mars. On y voit aujourd'hui une statue de la *Loi,* assise sur un piédestal qui en occupe le centre.

Entre le palais Bourbon et l'hôtel impérial des Invalides, on remarque, sur le quai d'Orsay, la façade d'un immense hôtel dont l'un des côtés latéraux longe l'esplanade des Invalides jusqu'à la rue de l'Université, où il a une façade ordinaire; c'est l'Hôtel du Ministère des Affaires étrangères, élevé, en 1845, par M. Lacorné, sur une portion des anciens jardins du Petit-Bourbon.

La façade du quai d'Orsay appartient à deux ordres différents : le rez-de-chaussée est dorique, le premier étage est ionique; le tout est couronné d'une balustrade à l'italienne; enfin on remarque sur des consoles enguirlandées quinze médaillons en marbre blanc où sont sculptées les armes des principales puissances de l'Europe.

Cet édifice, dont l'aspect imposant attire l'attention, a cent quatre-vingt-deux croisées sur le quai d'Orsay. Il comprend trois corps de logis distincts : le bâtiment des bureaux, la galerie des archives et l'hôtel particulier du ministre. On remarque dans cet hôtel : le *salon des Ambassadeurs,* où se sont réunis les plénipotentiaires du congrès de Paris, la *salle des concerts*, le *salon de la rotonde* et le *grand escalier d'honneur* en stuc.

L'église Sainte-Clotilde, place Bellechasse. — Cette église, qui est de construction moderne, a eu successivement pour architectes M. Gau et M. Ballu. Elle a été consacrée, le 30 novembre 1857, par le cardinal Morlot, archevêque de Paris. Elle appartient au style du treizième siècle. On admire sa façade, qui est une merveille d'élégance et de délicatesse. Cette façade se compose de trois grandes ogives surmontées de frontons aigus. En franchissant ces ogives, on pénètre sous un porche qui précède la nef, et où se trouvent trois portes correspondantes.

La façade de Sainte-Clotilde comprend trois parties différentes, séparées et indiquées par les quatre contre-forts à ressauts qui se terminent à la naissance des tours par des clochetons adossés. M. Toussaint a sculpté au fronton central un bas-relief qui représente *Jésus-Christ montrant ses plaies*. La double balustrade qui règne au-dessus du portail pour indiquer la limite du premier étage; la grande rosace centrale, à droite et à gauche de laquelle on remarque une fenêtre ogivale; la galerie supérieure, qui marque la limite du deuxième étage; le pignon aigu surmonté par une statue de sainte Clotilde, qui s'élève au-dessus de cette rosace; les deux tours latérales octogonales que terminent des flèches surmontées, chacune, d'une croix en fer doré : tels sont les principaux détails extérieurs qui méritent de fixer l'attention de l'archéologue et du touriste, et dont l'ensemble forme un charmant spécimen de l'architecture gothique ogivale.

La hauteur des flèches au-dessus du sol est de 66 mètres 20 centimètres; la hauteur du pignon est de 28 mètres 50 centimètres; la longueur intérieure totale de l'édifice est de 90 mètres sur 37 mètres de largeur; celle de la nef centrale seulement est de 54 mètres sur 10 mètres de largeur avec 26 mètres de hauteur. Cette nef centrale, un transsept et deux collatéraux qui font le tour de l'église en forment les divisions principales.

La nef comprend douze travées, six à droite, six à gauche, ornées chacune d'une station du Chemin de la croix, par Duret et

Pradier; cinquante-six piliers en supportent les voûtes; la lumière

Grav. 52. — Église Sainte-Clotilde et Square.

du dehors y pénètre par des fenêtres à vitraux en grisaille. Ceux du chœur sont de M. Maréchal; ceux du transsept sont de MM. Amaury,

Duval et Husson; ceux des chapelles absidales sont de M. Auguste Hesse; ceux des bas-côtés sont de MM. Gallimar et Jourdy. C'est M. Thibaut qui a fait les rosaces. Toutes ces verrières sont remarquables par le charme du coloris.

L'église Sainte-Clotilde possède sept chapelles : celle des baptêmes et celle des mariages, qui sont à l'entrée et dont M. Henri Delaborde a exécuté les peintures; et quatre chapelles qui sont autour du chœur; celle de la *Vierge*, qui est derrière. L'intérieur de ces cinq dernières chapelles a été peint par M. Picot. Les transsepts ont été également décorés de peintures par M. Lehmann.

On remarque dans le chœur des stalles en bois sculpté, adossées à un mur plein, rehaussé de quatre bas-reliefs par M. Guillaume. Ces bas-reliefs reproduisent les principaux épisodes de la vie légendaire de sainte Clotilde et de sainte Valère. Le maître-autel, qui est tout en pierre, est enrichi d'ornements qui imitent les émaux du moyen âge. L'orgue est composé de quarante jeux divisés en trois claviers. Le buffet est de M. Ballu.

La gravure précédente reproduit la façade de Sainte-Clotilde, avec une perspective du square qui la précède.

Le square de Sainte-Clotilde, ainsi nommé du nom de l'église, est situé sur la place de Bellechasse. Il a peu d'étendue et ne comprend qu'un petit nombre de figures gazonnées, disposées d'une façon symétrique et garnies de quelques arbustes et de corbeilles de fleurs. Sa surface intérieure est de 1,739 mètres environ, dont 1,279 occupés par les pelouses et les massifs, et 460 absorbés par les allées sablées.

Dans le même rayon, rue de l'Université, 71, on peut visiter la bibliothèque du Dépôt de la Guerre, lequel est chargé d'exécuter et de publier la grande Carte de France, dressée par les officiers d'état-major. Cette bibliothèque, qui comprend vingt mille volumes, possède la correspondance complète de tous les ministres de la guerre depuis Louis XIII jusqu'à Louis XVIII; les manuscrits de Vauban et les plans de bataille de Napoléon Ier. On voit aussi dans le même local, une galerie d'armures très-curieuses.

C'est au numéro 13 de cette même rue de l'Université que se

trouve le Dépôt de la Marine, qui est une annexe du ministère de ce nom. C'est un vrai magasin de cartes et d'ouvrages modernes maritimes. On y trouve aussi une bibliothèque spéciale que l'on peut consulter, avec l'autorisation du conservateur des archives.

L'église Saint-Thomas d'Aquin, sur la place Saint-Thomas d'Aquin. Cette église, dont le plan figure une croix grecque, n'était dans le principe qu'une chapelle appartenant au noviciat général des dominicains. L'édifice actuel a été commencé en 1683, et achevé en 1740, sur les dessins de Pierre Bullet : il a 42 mètres 22 centimètres de longueur depuis le portail jusqu'au fond du sanctuaire ; la nef a 24 mètres de hauteur sous clef ; de grands pilastres corinthiens décorent l'intérieur et soutiennent une corniche enrichie de moulures. La boiserie du chœur est fort belle ; le plafond, peint à fresque par Lemoine, représente la *Transfiguration* : au-dessus du maître-autel est une *Gloire* environnée de nuages et de chérubins, d'où partent des rayons. Dans la chapelle à droite est une statue de la Vierge, et dans celle de gauche une statue de Saint-Vincent de Paul. Cette église possède encore un *Saint Thomas apaisant la tempête*, par Ary Scheffer. Le portail offre une ordonnance de colonnes doriques, surmontée d'une autre de colonnes ioniques. Il a été bâti, en 1787, par le frère Claude. Le fronton est décoré d'un bas-relief représentant la *Religion*.

Musée d'artillerie, place Saint-Thomas d'Aquin. Ce Musée, qui est aussi curieux qu'instructif, doit son origine à une très-ancienne collection de modèles de l'artillerie réunie dans le magasin d'armes de la Bastille. Cette collection, qui fut dispersée après le 14 juillet 1789, fut reformée et installée en 1795, lors de la création du comité central de l'artillerie, dans les bâtiments de l'ancien couvent des dominicains, où elle est encore. Depuis sa reconstitution, elle s'est constamment enrichie d'objets nouveaux. Ces acquisitions successives en ont fait l'un des établissements de ce genre les plus complets qui existent en Europe. Les armures qu'on y voit sont disposées dans la salle de la bibliothèque, et les quatre galeries placées au-dessus du cloître de l'ancien monastère. L'ornementation actuelle de cette salle et de ces galeries qui sont au premier étage date de 1820.

Le Musée d'artillerie occupe en outre, au rez-de-chaussée, une grande salle, deux galeries qui ont également fait partie du vieux

Grav. 35. — Armure de tournoi du quinzième siècle, au Musée d'artillerie.

cloître et une cour. C'est dans cette partie de l'édifice que se trouvent principalement les instruments de guerre et les bouches à feu.

M. Penguilly l'Haridon a fait pour les visiteurs du Musée d'artillerie un excellent catalogue qu'on trouve chez le concierge.

Le Palais d'Orsay, quai d'Orsay et rue de Lille. Ce palais, dont la construction a duré un quart de siècle, de 1810 à 1835, et dont la destination a changé vingt fois avant qu'il fût achevé, a été bâti par M. Lacorné. Il a sa façade principale sur le quai et sa principale entrée rue de Lille. Les deux façades latérales ont également chacune une entrée ; c'est là que siégent le Conseil d'État installé au rez-de-chaussée et la Cour des comptes, établie au premier étage.

On signale spécialement : la façade principale, percée à chaque étage de dix-neuf fenêtres en arcade, et formée des deux ordres toscan et ionique, superposés, que surmonte un attique avec pilastres corinthiens ; la cour principale, qui est environnée d'une double série d'arcades à plein cintre; la salle des pas-perdus du rez-de-chaussée, salle couronnée d'une galerie supportée par quatre colonnes doriques cannelées et rudentées, galerie qui forme vestibule au premier étage ; l'escalier d'honneur situé dans l'aile gauche et orné de peintures à la cire par M. Théodore Chassériau ; la salle des audiences publiques de la section du contentieux ; la salle des assemblées générales du Conseil d'État, splendidement décorée de tableaux, de peintures à la cire et de dorures ; enfin, la grande salle de la Cour des comptes, dont les peintures sont de M. Gendron.

Le Palais de la Légion d'honneur, quai d'Orsay et rue de Lille. Cet élégant édifice fut bâti en 1786 pour le prince de Salm-Salm, dont il a porté le nom. Pendant la Révolution il devint la propriété d'un escroc habile nommé Lieuthraud, qui, sous le nom emprunté de marquis de Boisregard, y recevait la société la plus élégante de Paris, empressée d'y assister aux repas somptueux que donnait l'heureux amphitryon et heureuse d'obtenir un de ses regards. La police interrompit ces joyeux banquets en 1797; elle prétendit que le faux marquis de Boisregard était complice de Brottier et de Lavilleheurnois. Il se tira toutefois de ce mauvais pas ; mais, moins heureux l'année suivante, il fut arrêté comme faussaire, mis en jugement, condamné à la marque et à quatre années de fers.

C'est à l'hôtel de Salm que madame de Staël réunissait, sous le

Directoire, un conciliabule d'hommes d'État où Benjamin Constant fit ses premières armes dans la carrière qu'il était destiné à parcourir plus tard avec tant d'éclat.

Sous l'empire, l'hôtel de Salm fut acquis par l'État et donné à l'ordre de la Légion d'honneur. La porte d'entrée présente un arc de triomphe décoré de colonnes ioniques. Deux galeries du même ordre partent de la porte et conduisent à deux pavillons en avant-corps, dont l'attique est revêtu de bas-reliefs; un péristyle ionique règne autour de la cour en forme de promenoir couvert et continu. Le principal corps de logis est au fond de la cour ; sa façade est relevée par un ordre de colonnes corinthiennes. Du côté du quai d'Orsay, ce palais présente l'aspect de deux bâtiments séparés par un avant-corps demi-circulaire, décoré d'un ordre corinthien.

Les appartements sont décorés avec une élégante simplicité, soit de stuc, soit de peintures, soit de bois précieux, suivant le caractère des différentes pièces. Le salon principal, qui donne sur le quai et occupe l'avant-corps, s'élève en forme de rotonde sur un plan circulaire dont le diamètre est de 14 mètres.

Dans le voisinage du palais d'Orsay et du palais de la Légion d'honneur, on remarque sur le quai d'Orsay, la caserne d'Orsay ou le QUARTIER BONAPARTE, vaste édifice qui s'élève sur l'emplacement de l'ancien hôtel des Cochés ; rue de Bellechasse, l'HÔTEL DES CENT-GARDES, qui occupe une partie des bâtiments de l'ancienne abbaye de Pantemont; et, rue de Grenelle-Saint-Germain, 106, l'ÉGLISE DE PANTEMONT, construite en 1755 pour un couvent de religieuses de l'ordre de Cîteaux, dans la forme d'une croix dont toutes les branches sont égales, et, aujourd'hui consacrée au culte luthérien.

L'École militaire, avenue de Lowendal et place de Fontenoy. La façade principale de cette magnifique caserne, qui est presque un palais, et qu'on appelle toujours l'École militaire en souvenir de sa destination première, se développe en face du Champ de Mars. Cet édifice a été construit sous Louis XV, par Gabriel, pour une École militaire spéciale de gentilshommes, devenue l'École militaire actuelle de Saint-Cyr. Il sert aujourd'hui de quartier général à la garde impériale. Il comprend : du côté de la cour, un principal corps de bâtiment décoré d'un ordre de colonnes doriques, surmonté d'un second ordre ionique, avec un avant-corps central d'ordre corinthien et un couronnement composé d'un fronton et d'un attique. Deux pavillons, de construction moderne, affectés l'un à la cavalerie et l'autre à l'artillerie; enfin, quelques bâtiments accessoires d'un intérêt secondaire.

La façade principale de l'École militaire n'a qu'un seul avant-corps formé de colonnes corinthiennes. Au centre de cet avant-corps on remarque un vestibule à quatre rangs de colonnes d'ordre toscan. Chaque face de ce vestibule est percée de trois portes. La chapelle est à gauche. Cette chapelle, qui fut commencée en 1769, est d'une simplicité sévère. La voûte a la forme d'un arc surbaissé; elle s'appuie sur des colonnes corinthiennes engagées dans les murs.

Le Champ de Mars est une immense étendue de terrain qui se développe régulièrement en forme de parallélogramme depuis la façade de l'École militaire jusqu'à la Seine, sur une longueur de 874 mètres et dont la largeur est d'environ 420 mètres. Ce terrain est entouré de fossés revêtus en maçonnerie et de terrasses en talus; les deux côtés de la longueur sont ornés intérieurement et extérieurement de quatre rangées d'arbres, et de cinq grilles de fer aux cinq portes qui servent d'entrée.

Le Champ de Mars, où a été faite, le 27 août 1785, par les physiciens Charles et Robert la première expérience d'une ascension aérostatique, fut souvent le théâtre de nombreuses fêtes publiques et de grandes cérémonies, moitié politiques, moitié militaires. Mais le plus caractéristique des souvenirs qu'il ait laissés dans l'histoire, c'est celui de la première fédération par laquelle on y célébra, le 14 juillet 1790, l'anniversaire de la prise de la Bastille, souvenir que Lepelletier Saint-Fargeau retrace dans un style pittoresque. Voici son récit :

« L'Assemblée nationale ayant accepté le plan qui lui avait été présenté de cette fédération patriotique, fixa le contingent qu'auraient à envoyer les gardes nationales et les troupes de terre et de mer. Chaque cent hommes de garde nationale devaient choisir six citoyens, lesquels, réunis au chef-lieu, désigneraient sur deux cents citoyens un député pour venir à Paris assister à la fédération générale; la dépense était mise à la charge des districts. Chaque régiment d'infanterie devait également fournir six députés ; chaque régiment de cavalerie, quatre. Ces fédérés furent logés chez les habitants de Paris, qui se disputèrent l'honneur de les recevoir, et l'on choisit le Champ de Mars comme le lieu le plus convenable pour la fête projetée. Cette immense esplanade n'était pas bordée comme aujourd'hui de talus en terre. On employa douze mille ouvriers à construire ceux que nous y voyons ; mais ces douze mille ouvriers ne suffisant pas encore à enlever du centre plusieurs pieds de terre, et à les voiturer sur les bords pour y former des gradins, on craignit que le travail ne fût pas terminé assez à temps : on était aux premiers jours de juillet et la fédération était fixée au 14. Un citoyen proposa alors à chaque bataillon de la garde nationale de fournir son contingent de travailleurs, afin de soulager les ouvriers, et de prouver, ajouta-t-il, que la peine ne coûte rien aux Français quand il s'agit de consolider leur liberté. Cette idée fut adoptée d'enthousiasme, et non-seulement les districts, les corporations, les Parisiens de tout sexe et de tout âge s'empressèrent de concourir à l'achèvement des travaux, mais encore on vit les habitants des environs arriver d'un rayon de 40 à 48 kilomètres. Chaque jour, c'était un nouveau renfort de bataillons armés de pelles et de bêches ; des familles entières se mettaient en route pour ce saint pèlerinage. Des femmes élégantes et des courtisanes, des jeunes gens de bon ton et des portefaix, des vieillards et des écoliers se réunissaient sur le même terrain, à la même heure, comme s'ils se fussent donné rendez-vous ; des séminaristes, des prêtres, des chartreux, des sœurs de Charité abandonnaient leurs demeures austères pour venir partager un délire patriotique que des pluies continuelles ne pouvaient éteindre. On vit attelés à la même brouette le vicomte de Beauharnais et l'abbé Sieyès, le brasseur Santerre et le duc de Lauzun. Tous ces travailleurs improvisés s'adressaient la parole comme s'ils se fussent connus depuis longtemps. Il n'y avait parmi eux ni police ni baïonnette, et cependant nulle querelle ne s'élevait ; aucun des objets précieux que chacun confiait à la loyauté publique pour se mettre plus aisément à la besogne n'était dérobé. Si le travail des citoyens ressemblait à une fête, leur retour était un vrai triomphe. Des applaudissements partis de tous les côtés, de toutes les fenêtres, les saluaient sur leur passage. Un enthousiasme commun avait nivelé toutes les conditions, inspiré à tous le même amour de la patrie, rassemblé dans un seul sentiment tant de sentiments divers! Sur ces entrefaites, les fédérés se réunissaient à Paris et y recevaient l'accueil le plus fraternel; quelques-uns même arrivaient assez à temps pour partager les travaux des Parisiens.

« Enfin le 14 juillet luit sur la France; mais l'état de l'atmosphère ne semble point favoriser la fête préparée depuis si longtemps. Des averses multipliées dispersent à chaque instant l'immense cortége qui s'achemine du côté du Champ de Mars, à travers un peuple ivre de joie. Un arc de triomphe de grande dimension était placé à l'entrée de cette vaste enceinte, qu'un pont jeté en quelques jours faisait communiquer à la rive opposée de la Seine. Au milieu de ce cirque grandiose se dressait majestueusement l'autel de la patrie. Les fédérés se rangèrent dans la plaine, ou plutôt dans ce lac de boue; des torrents de pluie venaient de temps en temps les mouiller jusqu'aux os; mais, loin de chercher à s'abriter, ils formaient alors de longues farandoles, et cet exemple était suivi par tous les assistants.

« L'office divin fut célébré sur l'autel de la patrie par l'évêque d'Autun: au moment de l'élévation, le ciel, jusqu'alors voilé de nuages, laissa échapper comme un sourire: un rayon de soleil éclaira subitement le prêtre et l'hostie; il n'en eût pas fallu autant dans le moyen âge pour crier au miracle. Bientôt le serment civique fut prêté par le roi, par les députés, par les fédérés, et répété par la foule des assistants. Rien ne peut rendre la manifestation de l'enthousiasme de la multitude lorsque le roi, debout, la main étendue vers l'autel de la patrie, dit: « Moi, roi des Français, je jure d'employer le pouvoir que m'a délégué l'acte constitutionnel de l'État à maintenir la Constitution décrétée par l'Assemblée nationale et acceptée par moi. » Les acclamations retentirent au bruit du canon dans toute la vaste étendue du cirque, au bruit de trois cents tambours, au chant des voix et des instruments de douze mille musiciens, aux acclamations multipliées. Les bonnets des grenadiers, les chapeaux des soldats paraissent au bout des baïonnettes, des milliers de mains se lèvent au ciel, des milliers de bouches répètent le serment, et tous les citoyens s'embrassent avec transport. Dans ce même jour, à la même heure, au même instant, dans toutes les parties du royaume, tous les bras se levaient pour prononcer le même serment. La cérémonie terminée, les fédérés se rendirent à un banquet de vingt-cinq mille couverts que leur offrait la Commune de Paris. Pour perpétuer le souvenir de la fédération, une médaille fut frappée représentant la France, un faisceau d'une main, posant l'autre sur le livre de la loi placé sur l'autel de la patrie et soutenu par le génie de la Liberté. Cette médaille avait pour exergue : A PARIS, LE 14 JUILLET 1790; et sur le revers : CONFÉDÉRATION DES FRANÇAIS. »

Depuis la fête de la fédération, le Champ-de-Mars a vu bien des épisodes et bien des solennités de toute nature. Dans ces derniers temps, il était surtout réservé aux grandes revues des troupes de la garnison de Paris. Il est maintenant le principal théâtre des fêtes populaires du 15 août.

Curiosités diverses.

Le septième arrondissement renferme encore, dispersées sur divers points, les curiosités dont la nomenclature va suivre :

NOTRE-DAME DE L'ABBAYE-AUX-BOIS, 16, rue de Sèvres. — Le seul mérite de cette église, qui date de 1718, c'est de faire partie d'un couvent de chanoinesses de Saint-Augustin, dont dépend la maison de retraite où madame Récamier est morte après y avoir longtemps servi de centre à une réunion d'illustrations littéraires et politiques de l'époque actuelle.

NOTRE-DAME DES OISEAUX, rue de Sèvres, 106. — Cette chapelle appartient au monastère des religieuses de la congrégation de Notre-Dame, qui tiennent le pensionnat des Oiseaux ; elle se fait remarquer par l'élégance de son architecture de style ogival, ainsi que par la beauté des sculptures, des vitraux et des stalles dont elle est ornée.

SAINT-PIERRE DU GROS-CAILLOU, rue Saint-Dominique, 168. — Le portail de cette église, construite en 1822, sur les dessins de M. Godde, est orné d'un fronton qui repose sur quatre colonnes d'ordre toscan.

Fontaine de la rue de Grenelle-Saint-Germain. — Cette fontaine a été construite sur les dessins de Bouchardon. Elle est ornée de sculptures qui sont son œuvre personnelle. Elle figure un hémicycle à pilastres ioniques, surmonté d'un entablement et d'un acrotère. Un fronton triangulaire, que supportent quatre colonnes accouplées, formant avant-corps, domine au centre de cet hémicycle. Un groupe en marbre blanc orne cette partie du monument. C'est la Ville de Paris représentée assise, ayant à ses côtés la Seine et la Marne. On remarque entre les pilastres différents genres et divers sujets d'ornementation. Voici la traduction de l'inscription qu'on lit sur l'imposte :

Tandis que Louis XV, le père et les délices de son peuple, le gardien de la tranquillité publique, qui, sans verser le sang, a reculé les frontières de la France, et qui a rétabli la paix entre l'Allemagne, la Russie et les Turcs, poursuivait le cours de son règne à la fois glorieux et pacifique, le prévôt des marchands et les échevins ont fait construire cette fontaine pour la commodité des habitants et l'ornement de la ville, en 1739.

L'Institution des Jeunes-Aveugles, boulevard des Invalides, 56. — Cette utile et intéressante institution, qui donne asile à environ 250 enfants aveugles, date de la fin du siècle dernier. On y enseigne aux jeunes aveugles les professions manuelles qui peuvent être exercées sans le secours de la vue, la musique, les langues vivantes et généralement tout ce qui constitue l'éducation publique. L'édifice où est maintenant installée l'institution des Jeunes-Aveugles est moderne. Il a été construit en 1843 par M. Philippeau. On y entre par une vaste grille accompagnée, à droite et à gauche, d'un pavillon. Après avoir franchi cette grille, on se trouve dans une cour dont les deux côtés sont occupés par de petits jardins symétriques plantés d'arbustes ; au centre est la statue de Valentin Haüy, entouré d'un groupe de jeunes gens et de jeunes filles aveugles. La façade est ornée d'un fronton sculpté par M. Jouffroy. Ce fronton représente également Valentin Haüy, qui a été le protecteur de l'institution des Jeunes-Aveugles. Dans l'intérieur, on remarque la salle d'exercices. Cette salle a deux rangs de colonnes en stuc et contient environ mille personnes ; enfin on visite la chapelle, qui est ornée de peintures par M. H. Lehmann, et dont l'orgue est de M. Cavailhé-Coll.

Quatre ou cinq fois par an, on fait dans cette chapelle des exercices publics où l'on entend de fort bonne musique exécutée par les pensionnaires eux-mêmes, et auxquels on peut assister en demandant un billet d'admission au directeur.

On peut aussi visiter l'établissement le mercredi, de 2 à 5 heures, avec un billet du directeur, ou à titre d'étranger.

Le Garde-Meuble de la couronne, rue de l'Université, 182, quai d'Orsay, 103. — C'est dans ce vaste édifice, dont l'étendue fait le seul mérite, que l'on dépose les objets momentanément sans usage, qui servent à l'ameublement et à la décoration des palais impériaux, ainsi que les diamants, les perles et les pierreries qui appartiennent à la Couronne. On y remarque une parure en perles d'Orient de un million, le *Sancy* et le *Régent*, qu'on évalue 12 millions.

La Mairie du septième arrondissement sera prochainement transférée avec les bureaux, des bâtiments sans élégance et sans style qu'elle occupe encore, 74, rue de Grenelle-Saint-Germain, dans l'ancien hôtel de Brissac, qu'on approprie en ce moment à sa destination nouvelle. Cet hôtel a été successivement occupé par le ministère de l'intérieur et l'ambassade de Turquie.

L'hôtel de Brissac était une des plus somptueuses demeures du faubourg Saint-Germain ; il était orné de meubles précieux, de statues, et avait une collection de tableaux des plus grands maîtres. Les vastes jardins, dessinés dans le genre pittoresque, étaient peuplés d'arbres exotiques, et dans le fond un rocher creusé en caverne et formant salon rustique était surmonté d'un belvédère d'où l'on dominait tous les jardins d'alentour. Avant la Révolution, il avait une façade d'ordre dorique exécutée d'après les dessins de Boffrand. A cette époque, il était habité par le duc de Brissac, premier panetier de France, gouverneur et lieutenant-général de la ville, prévôt et vicomte de Paris, capitaine-colonel des Cent-Suisses. Depuis 1789, il avait subi une première transformation ; on modifie encore sa physionomie extérieure et intérieure. La façade qu'on avait élevée depuis 1789 sur la rue, et que décoraient deux statues et des panoplies en bas-relief, doit être remplacée par une entrée d'une autre caractère architectural, mais où ces statues trouveront leur place. La façade du bâtiment qui forme saillie sur la cour d'honneur ne sera démolie que partiellement; on en conserve tout le rez-de-chaussée, qui se raccordera avec les constructions nouvelles.

L'hôtel de Luynes, rue Saint-Dominique-Saint-Germain, 33, a été bâti par Pierre Lemuet, pour Marie de Rohan-Montbazon, duchesse de Chevreuse, et appartient depuis longtemps à la famille de Luynes. Les peintures de l'escalier représentent des portiques et des groupes de personnages.

L'hôtel de Biron, rue de Varennes, 77, est occupé aujourd'hui par les dames de la congrégation du Sacré-Cœur, qui tiennent l'un des premiers pensionnats de jeunes filles qui existent en France. Cet hôtel, possède d'immenses jardins; il avait été construit sous la Régence pour un barbier enrichi dans des spéculations de banque.

L'hôtel d'Orsay, rue de Varennes, 69, est du dix-huitième siècle. Son propriétaire actuel, M. le comte Duchâtel, ancien ministre de la monarchie de 1830, l'a fait restaurer avec autant de goût que de magnificence.

L'hôtel de Monaco, rue de Varennes, 53. Ce somptueux hôtel, qui appartient aujourd'hui au duc de Galliera, et que le général Cavaignac habitait comme chef du pouvoir exécutif, a été construit par Brougniard, pour la princesse Adélaïde, sœur de Louis-Philippe Ier; il est entouré de magnifiques jardins et précédé d'une belle avenue qui aboutit à la rue de Babylone.

Sur le quai Voltaire, à l'angle de la rue de Beaune, on voit une maison qui porte dans cette dernière rue le n° 1. Cette maison est l'hôtel de Villette, que Voltaire vint habiter en 1777, et où il est mort le 30 mai 1778. C'est dans l'appartement du premier étage, donnant sur le quai, que cet immortel écrivain a passé les quatre derniers mois de sa vie. Après sa mort, l'appartement qu'il avait occupé resta inhabité pendant plus de trente années. Les croisées de cet appartement ne s'ouvrirent même pas une seule fois pendant cet espace de temps; jusqu'au commencement de ce siècle, on les vit constamment fermées.

HUITIÈME ARRONDISSEMENT.

Le huitième arrondissement a pour limites : 1° la Seine, du pont de la Concorde à celui de l'Alma ; 2° le boulevard d'Iéna ; 3° la place de l'Arc-de-Triomphe ; 4° les boulevards de Courcelles, de Monceaux, des Batignolles ; 5° les rues d'Amsterdam, du Havre, de la Ferme-des-Mathurins, la Madeleine, les rues Richepanse, Saint-Florentin et la place de la Concorde.

La Madeleine, place et boulevard de la Madeleine. Charles VIII posa en 1493 la première pierre d'une chapelle de confrérie qu'Anne-Marie-Louise d'Orléans, souveraine de Dombes, fit remplacer en 1660 par un édifice plus vaste. Cet édifice occupait l'emplacement qui fait aujourd'hui le coin des rues de Surenne et de la Madeleine. Il a été démoli à son tour en 1795.

C'est cette église que remplace la Madeleine, dont la première pierre a été posée en 1763, et dont la construction fut interrompue en 1789, pour ne plus être reprise qu'en 1806. Le plan du premier architecte, qui se nommait Couture, fut alors modifié par le second architecte, qui se nommait Vignon. La destination de l'édifice fut également changée. Napoléon Ier décida qu'au lieu de servir d'église pour le catholicisme, elle deviendrait un temple dédié à la gloire.

La chute du premier Empire interrompit les travaux du temple comme la chute de l'ancienne monarchie avait suspendu les travaux de l'église. Enfin, sous la Restauration, un troisième architecte, qui se nommait Huvé, fut chargé d'achever la construction de ce monument qui devait être décidément, malgré son aspect extérieur de temple grec, une église catholique dédiée à Marie-Madeleine. C'est sous la monarchie de 1830 qu'elle a été consacrée et inaugurée.

Ce vaste monument forme un parallélogramme de 100 mètres de long sur 42 mètres de large hors d'œuvre. Il s'élève sur un soubassement de 4 mètres de hauteur. Il est entouré de cinquante-deux colonnes cannelées, d'ordre corinthien, de 15 mètres de hauteur, de 5 mètres de circonférence et 2 mètres de diamètre. Ces colonnes sont isolées et ont beaucoup d'élégance. Le péristyle est formé par un double rang de colonnes. Chaque extrémité de l'édifice présente huit colonnes de front, et chaque côté dix-huit colonnes. La façade principale, du plus magnifique aspect, de l'effet le plus grandiose, offre un perron de trente marches, divisé en deux parties par un palier,

Aucun temple de l'antiquité n'a une apparence extérieure qui frappe davantage le regard et l'imagination.

Une frise règne tout autour de l'édifice et présente sur tout son développement des anges qui tiennent des guirlandes entremêlées d'attributs religieux. La cymaise supérieure ou la partie qui est à l'extrémité de la corniche est ornée de têtes de lions et de palmettes. Les colonnes du péristyle supportent un fronton sculpté par M. Lemaire, de 38 mètres 35 centimètres de longueur sur 7 mètres 15 centimètres de hauteur à l'angle. Au-dessous de ce fronton, qui est composé d'un bas-relief de dix-neuf figures, on lit l'inscription suivante :

D. O. M. SVB. INVOC. S. M. MAGDALENÆ.

« A Dieu très-bon, très-grand, sous l'invocation de sainte Marie-Madeleine. »

Le bas-relief représente le Christ accordant le pardon à sainte Madeleine; cette pécheresse, à genoux aux pieds du Sauveur, est plongée dans la douleur de la pénitence, et reçoit de la clémence divine l'absolution de ses fautes. A la droite du Christ, l'Ange des miséricordes, appuyé sur le trône de Dieu, contemple avec satisfaction la pécheresse convertie. Chargé d'appeler les justes, il laisse approcher l'Innocence, que la Foi et l'Espérance soutiennent. La Charité, assise et groupée avec deux enfants dont elle prend soin, ne peut suivre ses sœurs; mais elle indique d'un regard la place réservée dans les demeures célestes à la vertu triomphante. Dans l'angle, un ange accueille une âme pieuse sortant du tombeau; il lui lève son voile et lui montre le séjour qui l'attend, la vie éternelle. Cette partie du bas-relief, remarquable par la douce sérénité de toutes les figures, se termine par cette inscription : *Ecce dies salutis*. A gauche du Christ, l'Ange des vengeances repousse les Vices ; l'Envie au regard sombre ; l'Impudicité, représentée par un groupe qu'on reconnaît au désordre de ses vêtements, et qui entraîne l'objet de sa passion impure ; l'Hypocrisie au maintien équivoque, et dont la tête est surmontée d'un masque qui est levé ; l'Avarice, pressant contre elle-même ses inutiles trésors : tout ce cortége s'enfuit devant la flamboyante épée. Un démon, qui précipite dans les flammes éternelles une âme impie, termine avec vigueur cette partie du fronton, au bout de laquelle on lit sur un socle : *Væ impio !*

On remarque, sous le péristyle, les portes en bronze où Triquetti a modelé plusieurs sujets de l'Ancien Testament et relatifs aux commandements de Dieu.

L'intérieur étant éclairé par en haut, aucun jour n'est pratiqué dans les murs. Mais sous les galeries on a placé des niches dans l'axe de chaque entre-colonnement, et dans ces niches on a disposé une suite de trente-quatre statues dont voici l'énumération :

Sous le péristyle sont, à droite, saint Philippe, à gauche, saint Louis, par Nanteuil.

Sous le portail qui fait face à la rue Tronchet, il y a également quatre statues : saint Matthieu, par M. Desprez ; saint Marc, par M. Lemaire ; saint Jean et saint Luc, par M. Ramey fils.

La colonnade du côté du boulevard de la Madeleine et du marché aux Fleurs contient quatorze statues : saint Gabriel, par M. Duret ; saint Bernard, par M. Husson ; sainte Thérèse, par M. Feuchère ; saint Hilaire, par M. Huguenin ; sainte Cécile, par M. Dumont ; saint Irénée, par M. Gourdel ; sainte Adélaïde, par M. Bosio neveu ; saint François de Sales, par M. Molchnet ; sainte Hélène, par M. Mercier ; saint Martin de Tours, par M. Grenevich ; sainte Agathe, par M. Dantan jeune ; saint Grégoire de Tours, par M. Terrasse ; sainte Agnès, par M. Duseigneur ; saint Raphaël, par M. Dantan aîné.

Les quatorze statues de la galerie opposée sont : saint Michel, par M. Raggi ; saint Denis, par M. Debay fils ; sainte Anne, par

M. Desbœufs; saint Charles Borromée, par M. Jouffroy; sainte Élisabeth, par M. Caillouette; saint Ferdinand, par M. Jaley; sainte Christine, par M. Walcher; saint Jérôme, par M. Lanno; sainte Jeanne de Valois, par M. A. Guillot; saint Grégoire de Valois, par M. Maindron; sainte Geneviève, par M. Debay père; saint Jean Chrysostome, par M. Gœchter; sainte Marguerite d'Écosse, par M. Caunois; et enfin l'Ange gardien, par M. Bra.

L'intérieur de l'église est une nef simple, éclairée par trois coupoles; on y arrive par un porche intérieur dont les extrémités seront occupées par deux chapelles : celle des fonts baptismaux et celle des mariages. Un petit ordre ionique orne les divisions de la nef, qui présente six chapelles latérales, trois de chaque côté : ce petit ordre garnit également le rond-point par lequel la nef se termine et dont le centre est occupé par le maître-autel.

Le parti pris de trois grands arcs rappelant par leurs dimensions ceux du temple de la Paix à Rome est d'un effet puissant. Les dorures, multipliées avec prodigalité sur la voûte, sur la frise du grand entablement et sur les colonnes, donnent à ce vaste vaisseau non pas assurément le caractère austère des édifices gothiques, mais du moins une physionomie splendide qui s'allie bien avec les pompes du catholicisme. Des plaques de marbre de diverses couleurs qui recouvrent de leurs compartiments les murs latéraux de l'hémicycle du chœur ont pour but de dissimuler l'aridité de la pierre.

On remarque : le style Renaissance du buffet d'orgue, près duquel sont trois médaillons par MM. Guersant, Lequin et Brion; deux chapelles placées, l'une à droite, l'autre à gauche de ce même buffet d'orgue, et qui sont décorées, celle de gauche, d'un groupe de M. Rude, représentant le *Baptême du Christ*; celle de droite, d'un groupe représentant le *Mariage de la Vierge*, par Pradier; six statues de MM. Raggi, Seurre, Étex, Bra, Duret et Barye, et les peintures représentant chacune un épisode de la vie de sainte Madeleine, qui décorent les autres chapelles, par MM. Schenetz, Couder, Coigniet, Abel de Pujol, Signol et Bouchot; l'*Assomption* en marbre blanc de Marochetti qui décore le maître-autel; et surtout la composition de M. Ziegler qui orne la voûte en rond-point, sorte de demi-coupole dominant ce qu'on peut appeler le chevet de l'église, derrière le maître-autel.

Cette belle peinture est le résumé historique des événements qui ont le plus contribué à établir et à maintenir la religion chrétienne. L'ordonnance de ce tableau, qu'il était si difficile d'exécuter, suivant toutes les lois de la perspective, sur une surface concave en forme d'abside, est en quelque sorte échelonnée et pyramidale. Sur le point le plus élevé et le plus fuyant, on distingue le Christ assis sur un nuage; il est entouré des apôtres, et la Madeleine, à ses pieds, paraît lui adresser de ferventes prières; au-dessous, et sur les degrés de l'échelle cyclique, l'artiste a diversement groupé les grands personnages qui ont eu le plus d'influence sur le sort de la religion chrétienne depuis les premiers temps de l'Église jusqu'au règne de Napoléon, qui reçoit sa couronne impériale des mains du vénérable Pie VII.

Je dois signaler encore les sculptures des voûtes, par MM. Rude, Foyatier et Pradier; la chaire, qui est dans le même style que le buffet d'orgue, et les bénitiers, qui sont de M. A. Moyne.

Chapelle expiatoire, rue d'Anjou-Saint-Honoré et rue de l'Arcade.

Cette chapelle, que les architectes Percier et Fontaine ont construite sous la Restauration, est destinée à consacrer le souvenir du martyre de Louis XVI et de Marie-Antoinette. Ce monument est précédé d'une avenue bordée de lierre. Sa principale entrée rappelle la physionomie des tombeaux antiques; enfin des monuments funéraires du même style forment à l'édifice, à droite et à gauche, une espèce de galerie funèbre.

La chapelle expiatoire occupe l'emplacement de l'ancien cimetière de la Madeleine de la Ville-l'Evêque, qui s'étendait jusqu'à la rue de l'Arcade. C'est dans ce cimetière que furent inhumées les victimes étouffées dans la nuit du 30 au 31 mai 1770, après le feu d'artifice tiré sur la place Louis XV à l'occasion des fêtes célébrées à Paris pour le mariage de Louis XVI, alors dauphin, et de Marie-Antoinette. Vingt-deux ans plus tard, ce cimetière reçut les dépouilles mortelles des nombreuses victimes de la journée du 10 août 1792. Le 21 janvier 1793, les restes de Louis XVI, enfermés dans une mannette d'osier, y furent conduits dans une charrette et placés entre deux lits de chaux vive. Le 16 octobre de la même année, les restes mortels de Marie-Antoinette furent réunis à ceux de son royal époux dans ce même cimetière, qui reçut aussi les corps de la plupart des nombreuses victimes du tribunal révolutionnaire.

En 1815, Louis XVIII fit faire des recherches pour retrouver ce qui restait des dépouilles mortelles de Louis XVI et de Marie-Antoinette; mais on ne put retrouver que quelques parcelles de corps consumés par la chaux vive, débris humains qu'on supposa être les cendres royales et qu'on transporta solennellement dans les caveaux de la basilique de Saint-Denis. C'est pour perpétuer le souvenir des journées des 21 janvier et 16 octobre 1793 qu'une chapelle expiatoire fut érigée sur le lieu même où les restes des victimes avaient été déposés.

Cette chapelle est en forme de croix, éclairée par le haut, dont les trois branches sont terminées par des hémicycles. Dans l'hémicycle du milieu est placé un autel en marbre blanc, ayant pour tout ornement un christ en cuivre doré et six flambeaux. Dans l'hémicycle de droite est un groupe en marbre blanc, par Bosio, représentant l'apothéose de Louis XVI, dont le testament est gravé en lettres d'or sur un socle en marbre noir. Dans l'hémicycle de gauche est un autre groupe en marbre blanc, représentant Marie-Antoinette et la Religion, sous l'emblème d'une femme voilée tenant une croix. Sur le socle en marbre noir est gravée la dernière lettre adressée par cette princesse à Madame Élisabeth.

A droite et à gauche, des escaliers conduisent à des caveaux souterrains éclairés par une lampe sépulcrale. On y voit deux cénotaphes érigés à la mémoire du roi et de la reine. Un caveau particulier renferme les nombreux ossements exhumés lors de la construction du monument.

La chapelle expiatoire est ouverte tous les jours, de 8 à 10 heures du matin.

On lit sur le fronton qui surmonte le portique d'ordre dorique de l'entrée l'inscription suivante :

LE ROI LOUIS XVIII A ÉLEVÉ CE MONUMENT POUR CONSACRER CE LIEU OU LES DÉPOUILLES MORTELLES DU ROI LOUIS XVI ET DE LA REINE MARIE-ANTOINETTE, TRANSFÉRÉES LE 21 JANVIER 1815 DANS LA CHAPELLE ROYALE DE SAINT-DENIS, ONT REPOSÉ PENDANT VINGT ET UN ANS.
IL A ÉTÉ ACHEVÉ LA DEUXIÈME ANNÉE DU RÈGNE DE CHARLES X, L'AN DE GRACE M. D. CCC. XXVI.

L'église Saint-Augustin, boulevard Malesherbes. — Cette église, que représente la gravure suivante, s'élève, d'après les dessins de M. Baltard, sur un terrain qui a la forme d'un triangle irrégulier et allongé, dont l'angle le plus aigu et le plus saillant correspond à l'axe du boulevard qui vient d'être indiqué. Dans la partie reculée de ce triangle est un vaste rond-point dont le centre est occupé par le maître-autel, que surmonte un baldaquin et qui est situé au-dessus d'une crypte.

En arrière, dans la prolongation du grand axe, est située la chapelle de la Vierge, d'une assez vaste étendue. De chaque côté, aux deux extrémités de l'axe transversal, on a établi deux autres grandes chapelles.

Le rond-point est couronné par un dôme de 25 mètres de diamètre et de 50 mètres de hauteur. Ce dôme se termine, à son sommet, par une couronne à jour, au-dessus de laquelle domine la croix. Sa hauteur totale du niveau du sol à l'extrémité de cette croix est de 100 mètres. Ce même rond-point est précédé d'une vaste nef de 40 mètres de longueur. De larges passages de circulation, ménagés à droite et à gauche de cette nef, remplacent les bas-côtés. Ainsi on a supprimé, dans cet édifice religieux, les piliers ou les colonnes qui d'habitude supportent les voûtes ou les dômes et qui interceptent la vue et l'audition. L'emploi des matériaux métallurgiques a facilité l'adoption de ce nouveau système.

De chaque côté de la nef, des chapelles de différentes grandeurs contiennent les autels secondaires et les confessionnaux. Le portail s'élève au-dessus d'un porche qui rappelle celui de Saint-Germain-l'Auxerrois.

Au-dessus des trois grandes arcades encadrées par deux pieds

Grav. 54. — Église Saint-Augustin.

droits qui montent du fond jusqu'à la corniche du couronnement, court une large frise comprenant la figures des douze apôtres.

Aux angles de cette même façade sont placées les statues de saint Thomas d'Aquin, de saint Augustin, de saint Basile, de saint Ambroise, de saint Christophe et de plusieurs autres Pères ou docteurs de l'Église. Toutes ces statues et les diverses sculptures de cette partie de l'édifice se groupent autour d'une grande rosace découpée à jour en tête de la nef.

Ce portail, surmonté d'un pignon en forme de diadème, se détache sur le dôme placé au second plan et se dessinant lui-même sur le ciel avec les quatre clochetons qui l'accompagnent à sa base et la lanterne élégante qui les couronne.

MM. Jouffroy, Jaley, Cavelier, Bonnassieu et Lequesne exécutent en ce moment toutes les sculptures extérieures qui viennent d'être indiquées. La sculpture d'ornement occupera également une large place dans la décoration intérieure. Là, elle se déploiera principalement dans les pleins de la galerie supérieure formant une tribune qui sera spécialement réservée aux enfants des deux sexes. L'ornementation des pendentifs du dôme aura une grande importance.

Des peintures rehausseront également la beauté de la coupole. L'édifice aura des vitraux dont l'exécution a été confiée à MM. Lavergne et Maréchal. Les orgues seront disposés au-dessous de la grande rosace et une horloge électrique placée, dans une des tours, indiquera l'heure.

Un vaste et beau square doit encadrer plus tard cet édifice d'un caractère spécial d'architecture, édifice dont je n'ai pu donner encore qu'une description incomplète.

Le parc de Monceaux. — Ce domaine, qui dépendait autrefois de la seigneurie de Clichy, était, au siècle dernier, la propriété du fermier général Grimod de la Reynière, le même qui s'était fait fabriquer, à Lyon, tout le répertoire de la Comédie-Française en devants de gilets.

Grimod de la Reynière vendit Monceaux en 1778, par ordre, à Philippe d'Orléans, qui s'appela plus tard Philippe-Égalité, et qui alors n'était que duc de Chartres; c'est de ce moment que datent les splendeurs de cette superbe résidence.

Le parc fut dessiné par le célèbre Carmontel : ce n'était ni un jardin anglais, ni une création originale ; il procédait à la fois de ces deux caractères.

Ce jardin d'Armide devait devenir le rendez-vous des bals galants, des spectacles, des soupers et des fêtes décolletées. Le luxe qu'on y déploya était inouï. Madame la duchesse de Chartres, Louise-Marie-Adélaïde de Bourbon-Penthièvre, mère du roi Louis-Philippe, s'y

Grav. 55. — Parc de Monceaux, entrée sur le boulevard extérieur.

montra en 1775 avec un *pouf* sur lequel on voyait le duc de Beaujolais, son fils aîné, dans les bras de sa nourrice, et un petit nègre marchant par derrière et tenant sur son doigt un perroquet qui becquetait une cerise. Tous ces dessins étaient composés avec les cheveux des ducs d'Orléans, de Chartres et de Penthièvre.

La Révolution française mit fin aux fêtes du parc de Monceaux, devenu parc national ; il fut donné par Napoléon Ier à l'archichancelier Cambacérès, qui recula devant les énormes dépenses que réclamait son entretien, et qui s'empressa de le rendre. Pendant cinquante ans, rejeté à une extrémité de Paris, sans communication directe avec le centre, il est resté à peu près oublié de toutes les classes de la population.

L'administration municipale actuelle, en transformant cette partie de Paris, a changé les destinées du parc de Monceaux. Restauré sous l'habile direction de M. Alphand, ce parc est devenu une attrayante promenade.

Le parc de Monceaux a quatre entrées : l'une sur l'ancien boulevard extérieur; l'autre, en face le boulevard de Monceaux, qui aboutit à la place de l'Étoile ; une troisième correspondant à celle qui précède, sur le boulevard Malesherbes ; une quatrième sur la rue de Valois. Il sera décoré d'une très-belle grille d'entourage, déjà posée en partie et reliant les quatre grilles d'entrée monumentales les unes aux autres. Toutes ces grilles d'entrée, d'une magnificence exceptionnelle, appartiennent au même style et ont le même caractère. On a placé en haut de chacune d'elles quatre énormes globes à reflets qui projettent une lumière très-vive.

La gravure précédente représente celle des quatre entrées qui est du côté de l'ancien boulevard extérieur, entrée qui est, par exception, divisée en deux parties et qui a par conséquent deux grilles. Ces deux grilles sont séparées par une rotonde circulaire dont l'entrée particulière est dans l'intérieur du parc. Les trois autres côtés sont bordés de petits jardins particuliers, vrais péristyles de fleurs et de feuillage qui se confondent pour l'œil avec les massifs du jardin public, et qui précéderont d'élégants hôtels privés, construits d'après un système d'architecture uniforme.

La plupart des curiosités excentriques et des fausses ruines dont Carmontel avait parsemé l'ancien parc ont disparu du nouveau parc. On y retrouve cependant quelques fûts brisés, quelques antiquités factices, la pyramide qui faisait partie de la voie des tombeaux et la Naumachie, bassin demi-circulaire alimenté par une rivière immense qui serpente au milieu des parterres gazonnés et entouré d'un entre-colonnement d'ordre composite. C'est cette colonnade, à laquelle on a donné les apparences d'une demi-ruine, que représente la gravure suivante.

Le principal ornement du parc de Monceaux, c'est sa grotte artificielle, grotte tapissée, à l'intérieur, de plantes agrestes et grimpantes et toute ruisselante de stalactites et de stalagmites. Une cascade d'un heureux effet s'échappe avec fracas de cette

Grav. 56. — Colonnade du parc de Monceaux.

grotte, voisine d'un pont à double rampe sur lequel on franchit la petite rivière déjà signalée. Ce pont vient d'être l'objet d'une reconstruction complète. Cette promenade, du reste, a été restaurée en même temps que transformée dans tous ses détails. On y a tracé deux grandes voies carrossables qui en ont facilité l'accès sans nuire au côté pittoresque de sa physionomie, et on a eu soin surtout de respecter dans ce travail de remaniement les beaux arbres séculaires qui lui ont, de tout temps, prêté le charme de leurs ombrages.

L'Église russe, rue de la Croix. — Cette église a été construite, sur les plans de M. Kouzmine, par M. Strohem, pour le service du culte que les Russes appellent l'Église orthodoxe. Cet édifice a la forme d'une croix grecque, c'est-à-dire d'une croix à branches égales, non compris le parvis placé sur le devant. Il est dominé par une grande coupole dorée, de forme pyramidale, surmontée d'un petit dôme doré et d'une croix étincelante. Le petit dôme a la forme elliptique ou bulbeuse. A chacun des quatre angles principaux du monument s'élève une coupole semblable à celle du centre, mais beaucoup moins élevée.

Les croix qui surmontent les dômes de la nouvelle église sont à trois traverses. La première désigne l'endroit où l'inscription fut placée sur la croix du Sauveur ; la seconde et la troisième, l'endroit où furent attachés les bras et les pieds du divin Crucifié. Chaque croix est décorée de chaînes dorées.

On attache une idée mystique au nombre de cinq coupoles. Celle du milieu, qui est la plus élevée, représente Jésus-Christ, centre et chef de son Église ; les quatre autres symbolisent les quatre Évangélistes qui ont, par leurs écrits, conservé la parole du Maître. Les cloches que l'on y place ordinairement sont la voix du Christ et de ses apôtres appelant le monde à la vérité.

La riche ornementation des coupoles de la nouvelle église, leur élévation, leurs fenêtres élégantes, donnent à l'ensemble du monument quelque chose d'élancé, quoique, dans sa construction, on ait conservé le plein cintre, qui est le principal caractère du style byzantin. Mais l'architecte Kouzmine, par la hardiesse, la variété et la grâce des lignes, a su ôter au cintre ce qu'il a par lui-même de trop lourd.

On monte à l'église par un escalier en pierre composé de onze marches ; on entre d'abord dans le parvis, dont le toit en pierre est supporté par quatre colonnes élégamment sculptées. Au-dessus du parvis s'élève une croix dorée fixée sur un dôme elliptique semblable à ceux des cinq coupoles. Toutes les anciennes églises avaient un parvis. C'est là que se retiraient les catéchumènes et les pénitents, lorsque le diacre les avertissait que l'instruction était finie et qu'on allait célébrer les saints mystères auxquels il ne leur était pas permis d'assister.

L'église elle-même est divisée en trois parties : le vestibule, la nef et le sanctuaire. On avait partagé ainsi le temple de Jérusalem par ordre de Dieu, et l'on tient à conserver les mêmes dispositions dans les églises du rit oriental.

La nouvelle église, formant la croix grecque, est partagée en quatre côtés réguliers autour d'un centre commun. Au centre s'élève, sur quatre piliers, la grande coupole sur laquelle s'appuient deux voûtes hémisphériques superposées.

Le sanctuaire est placé dans la branche de la croix qui regarde l'orient. La branche opposée, où se trouve la porte d'entrée, forme le vestibule. Les deux branches latérales et le centre forment la nef.

Le vestibule, dans la liturgie orientale, sert à quelques offices préparatoires appelés *nocturnes* et *complices*, et aussi à quelques parties des *matines*, ou office du matin.

Dans la nef sont placés les clercs mineurs, comme les lecteurs et les chantres, puis les fidèles.

Le sanctuaire est élevé de quelques marches au-dessus de la nef. Il en est séparé par une cloison en bois sculpté, ornée d'images, et qu'on appelle pour cela *iconostase*. Sur cette cloison s'ouvrent trois portes. Celle du milieu est appelée porte Royale ou porte Sainte, parce que Jésus-Christ, Roi des rois et Saint des saints, y passe pendant les offices, soit lui-même réellement présent dans le sacrement de l'Eucharistie, soit représenté par l'Évangile qui est le livre de sa parole. Les prêtres seuls ont le droit de passer par la porte Sainte. Les diacres n'y passent qu'en portant le livre des Évangiles ou le calice. Les deux autres portes sont celles du Nord et du Midi, selon leur position, par rapport à l'autel situé à l'orient. Ces portes sont destinées aux diacres et aux clercs qui doivent entrer dans le sanctuaire. Les laïques n'ont pas le droit d'y pénétrer. On le leur permet cependant quelquefois, mais seulement aux hommes.

L'*iconostase* représente le voile qui, sous l'Ancien Testament, séparait le Saint des saints du reste du temple ; comme ce voile, elle est destinée à entourer les saints mystères d'un secret qui doit naturellement exciter dans les fidèles un respect plus profond. Les assistants peuvent voir, dans une partie de la messe, ce qui se passe dans le sanctuaire, car la porte Sainte est ordinairement découpée à jour ; mais, dans les moments les plus saints, on tire un voile, ce qui invite les fidèles à un plus grand recueillement. On peut placer sur l'*iconostase* un grand nombre d'images ; on est obligé d'y mettre celles de Jésus-Christ et de la sainte Vierge de chaque côté de la porte Sainte ; sur cette porte, celles de l'Annonciation et des quatre Évangélistes. Sur les portes latérales on doit peindre des anges qui servent Dieu devant le trône de sa gloire, ou de saints diacres qui l'ont servi devant ses autels sur la terre. Enfin, deux autres images doivent représenter les saints patrons de l'église. On est dans l'usage de peindre, au-dessus de la porte Sainte, la Cène ou la Trinité. Ce dernier mystère est représenté par les trois Anges auxquels Abraham donna l'hospitalité. Plusieurs Pères de l'Église ont vu dans ce fait la figure de la Trinité. On l'a représentée ainsi dans les plus anciennes églises de l'Orient, et en particulier dans celles du mont Athos.

Sur l'*iconostase* de la nouvelle église, on voit les images suivantes : sur le premier rang, Jésus-Christ et la sainte Vierge de chaque côté de la porte Sainte ; sur les portes latérales, l'archange saint Michel et le diacre saint Étienne ; saint Alexandre Newski, patron de l'église, et saint Nicolas, évêque de Mire en Lycie, dont la mémoire est en grande vénération parmi les Russes ; sur le deuxième rang, la sainte Trinité, au-dessus de la porte Sainte, et de chaque côté, l'Ancien et le Nouveau Testament. Le premier est représenté par Moïse, David et Jean-Baptiste ; le second par saint André, qui, selon la tradition de l'Église orientale, fut le premier apôtre des Slaves ; saint Constantin, le premier empereur chrétien ; saint Waldimir, grand prince de Kiew, qui établit le christianisme en Russie l'an 988.

Le sanctuaire contient l'autel et l'offertoire.

L'*offertoire* est une table recouverte d'une riche étoffe, et qui est destinée à la préparation des éléments eucharistiques, c'est-à-dire du pain et du vin. On lui donne le nom d'*offertoire*, parce que les fidèles, dans l'Église orientale, sont dans l'usage d'*offrir*, pour la messe, des pains qui sont déposés sur cette table, et dont le prêtre prend une partie qu'il offre à Dieu, en faisant mémoire des fidèles, soit vivants, soit morts, dont les noms lui sont indiqués par ceux qui ont fait l'offrande.

L'*offertoire* est appuyé contre le mur, un peu en avant et à gauche de l'autel.

L'autel lui-même est placé au milieu du sanctuaire, en face de la porte Sainte. Il est en bois et de forme cubique. Une riche étoffe l'enveloppe en entier. L'Évangile, la croix, le tabernacle et l'antimense sont placés dessus. L'autel est le symbole de la table sur laquelle Jésus-Christ fit la dernière cène, et du Golgotha, où fut consommé le sacrifice rédempteur. Il rappelle en même temps, par les reliques des Saints, qui sont placées au-dessous, que le sacrifice eucharistique était célébré, dans les premiers siècles, sur les tombeaux des martyrs.

La nouvelle église russe est ornée de fresques nombreuses et qui se distinguent par leur belle exécution. On a eu soin d'y représenter, pour ainsi dire, le christianisme tout entier, et l'on semble s'y être pénétré de cette pensée des Pères : que les images, dans les églises, doivent être comme un livre compréhensible à tous et qui enseigne la doctrine chrétienne.

Au lieu le plus élevé, dans la coupole principale, on a représenté Jésus-Christ chef de l'Église et pontife éternel. Il est dans la gloire céleste, assis sur les chérubins, et il bénit les fidèles comme il bénit les apôtres au moment où, selon la parole de l'évangéliste, *il se sépara d'eux et s'éleva au ciel.*

Une inscription en anciens caractères slaves entoure cette fresque d'un caractère élevé. Voici cette inscription, qui est tirée de l'Épître de saint Paul aux Hébreux :

Ayant donc pour souverain pontife Jésus, Fils de Dieu, qui est monté au plus haut des cieux, demeurons fermes dans la foi que nous professons. Car le pontife que nous avons n'est point tel qu'il ne puisse compatir à nos infirmités; mais il a éprouvé comme nous toutes sortes de tentations, hormis le péché. Approchonsnous donc avec confiance du trône de la grâce, afin d'y recevoir miséricorde et d'y trouver en temps opportun le secours de sa grâce.

Dans la zone disposée au-dessous des fenêtres de la grande coupole, on a représenté l'Ancien Testament, ou plutôt le Messie prédit et salué de loin par les prophètes dans le sein de la Vierge. La sainte Mère de Dieu est représentée assise sur un trône de gloire. On voit dans son sein l'image de son Fils, entouré d'un éclat divin. De chaque côté s'approchent des prophètes, tenant en main des parchemins déroulés à l'endroit où sont écrites leurs prophéties touchant l'avènement du Seigneur. Voici les noms de ces prophètes :

Du côté droit : Zacharie, Élisabeth, Ézéchiel, Aggée, Malachie, Michée, Abraham ;

Du côté gauche : Siméon, Anne, Daniel, Jérémie, Habacuc, Isaïe, David.

Après l'Ancien Testament vient le Nouveau Testament, représenté par les quatre Évangélistes, peints sur des pendentifs qui surmontent les quatre principaux piliers de l'édifice. Ils sont placés là comme aux quatre coins de l'univers, écrivant le message de la Bonne Nouvelle à tous les peuples de la terre.

Plus bas, dans les grandes demi-coupoles, sont représentés les principaux événements de la vie de notre Sauveur ; l'ordre et la disposition de ces tableaux et la nature de leurs sujets correspondent aux actions essentielles de la liturgie orientale orthodoxe.

L'acte préparatoire de la liturgie, c'est-à-dire l'oblation faite sur l'offertoire, est représenté par l'Adoration des bergers.

La cérémonie nommée l'*Entrée avec l'Évangile* figure Jésus-Christ docteur, révélant la vérité au monde. Dans cette action liturgique, les célébrants sortent du sanctuaire par la porte latérale du Nord, en portant l'Évangile, et rentrent par la porte Sainte. Cette cérémonie est représentée, dans le deuxième tableau, par Jésus-Christ faisant son premier sermon sur la montagne, et développant pour la première fois sa divine doctrine.

La cérémonie nommée la *Grande Entrée* consiste à transporter les éléments préparés pour l'Eucharistie de l'offertoire à l'autel, où doit s'accomplir le sacrifice non sanglant. Les célébrants sortent encore par la porte du Nord et rentrent par la porte Sainte. Cette cérémonie est la figure de l'entrée de Jésus-Christ à Jérusalem pour s'y livrer à la mort; et c'est ce fait qui est le sujet du tableau peint dans la troisième demi-coupole.

La consécration de la sainte Eucharistie et la communion, qui suivent dans l'ordre de la célébration de la liturgie, sont représentées par le tableau de la Cène, dans la quatrième demi-coupole, située au-dessus du sanctuaire.

Au-dessous des grandes demi-coupoles, sur la frise, on lit cette inscription tirée d'un cantique composé par saint Basile le Grand, et que l'on chante, au moment de la Grande Entrée, à l'office du samedi saint :

> Que toute chair mortelle fasse silence, qu'elle assiste en ce lieu avec crainte et tremblement, qu'elle s'abstienne de toute pensée terrestre. Car le roi de ceux qui règnent et le Seigneur de ceux qui dominent approche; il vient s'immoler et se donner lui-même en aliment aux fidèles : les chœurs des Anges le précèdent avec les Puissances et les Dominations; les Chérubins aux yeux innombrables et les Séraphins aux six ailes se voilent et s'écrient : *Alleluia!*

Dans plusieurs parties de l'édifice, et principalement sur les petits pendentifs, on a peint des puissances célestes, qui, selon les prières de la liturgie, assistent dans un saint recueillement au redoutable sacrifice, et qui portent en triomphe le Roi de gloire. Des croix occupent provisoirement sur les piliers la place des images des martyrs et des saints qu'on doit y peindre.

M. Wassilieff, aumônier de l'ambassade russe, a exécuté la peinture de la zone des Prophètes; M. Eugraphe Sorokine a peint les fresques de l'*iconostase*; M. Beidemann a sculpté l'image du Seigneur qui orne le fronton extérieur de l'église, au-dessus du parvis.

Tous les dessins des peintures d'ornement ont été empruntés à la célèbre église Sainte-Sophie de Constantinople, qui est devenue le modèle des églises byzantines élevées postérieurement, et le principal objet des études des artistes orientaux.

L'édifice a 28 mètres de long et autant de large. La grande coupole a 30 mètres d'élévation à l'intérieur, et 48 mètres à l'extérieur,

Grav. 57. — Intérieur de l'église russe.

y compris la croix. — Elle repose tout entière sur une crypte ou église souterraine. Cette crypte et les fondations sont en pierre de roche de Bagneux ; le socle, est en pierre de roche d'Euville ; les murs et les piliers, jusqu'à la naissance des voûtes, sont en banc-royal de Méry ; le reste est en pierre de vergelet de Saint-Waast. Les charpentes des coupoles et les croix sont en fer recouvert de cuivre doré.

Le toit en pierre du parvis est doré en son entier.

Toute l'église est ornée, à l'intérieur, que représente la gravure précédente, de peintures aux couleurs vives rehaussées d'or.

La première pierre de l'église russe a été posée le 19 février, d'après le calendrier russe, et le 3 mars, d'après le calendrier grégorien, de l'année 1859. Elle a été consacrée par l'évêque Léonce, coadjuteur du métropolitain de Saint-Pétersbourg, le 30 août ou 11 septembre 1861.

Dans le voisinage de l'église russe, en remontant vers la rue du Faubourg-Saint-Honoré, on remarque un vaste *bassin* circulaire qui occupe à peu près l'emplacement de l'ancienne barrière des Ternes. Ce bassin, au centre duquel est un jet d'eau, est entouré d'une bordure de gazon.

On trouve ensuite, rue du Faubourg-Saint-Honoré, 195, LA CHAPELLE SAINT-NICOLAS, que le célèbre financier Beaujon fit bâtir en 1780, pour être le lieu de sa sépulture, et qui fut élevée sur les dessins de l'architecte Girardin.

Cette chapelle n'a qu'une nef ornée de deux rangs de colonnes isolées formant galeries latérales, et terminée par une rotonde précédée d'un péristyle qui reçoit le jour d'en haut, de même que la voûte, ornée de caissons richement décorés.

Au numéro 238 de cette même rue du Faubourg-Saint-Honoré, se trouve L'HÔPITAL BEAUJON, fondé à la même époque que la chapelle qui vient d'être signalée, par le même financier et sur les dessins du même architecte. On cite l'heureux aménagement de cet hôpital, qui a conservé sur la rue son ancienne façade de 32 mètres de longueur, mais qui a été considérablement agrandi dans ces dernières années.

En continuant la rue du Faubourg-Saint-Honoré, vers la place

Beauveau, on aperçoit l'ÉGLISE SAINT-PHILIPPE DU ROULE, construite sur les dessins de l'architecte Chalgrin, de 1769 à 1784, sur l'emplacement d'une chapelle dépendant de la maladrerie du Roule, et érigée en paroisse en 1699, sous la double invocation de saint Jacques et de saint Philippe.

Le plan de cette église est simple et beau. Sur un perron de sept marches s'élèvent quatre colonnes doriques de forte dimension, formant avant-corps et supportant un entablement et un fronton orné de bas-reliefs représentant la Religion et ses attributs, sculptés par Duret. Au fond de l'avant-corps est la porte principale, et aux deux côtés de la colonnade sont deux portes moins grandes. L'intérieur est d'une noble simplicité, deux péristyles ioniques de six colonnes chacun, séparent la nef des bas-côtés, à l'extrémité desquels sont deux chapelles, l'une dédiée à la Vierge et l'autre à saint Philippe.

L'église Saint-Philippe du Roule a 52 mètres de longueur sur 26 mètres de largeur. On l'a récemment décorée de peintures à fresque; on cite spécialement celles de la coupole et de l'hémicycle, par Théodore Chasserian, et celles de la chapelle de *Notre-Dame de Toutes Grâces*, par Claudius Jacquand.

Sur la place Beauveau, on remarque l'entrée de l'HÔTEL BEAUVEAU, qui est aujourd'hui l'hôtel du ministre de l'intérieur. Il est précédé d'une vaste cour fermée par une magnifique grille décorée, à droite et à gauche, d'un aigle de pierre aux ailes éployées, posés sur des colonnes doriques accouplées. Cet hôtel a été construit dans le dix-huitième siècle pour le maréchal de Beauveau, par l'architecte Lecamus Maizières. C'est là qu'est mort, en 1803, le poëte Saint-Lambert.

PALAIS DE L'ÉLYSÉE, rue du Faubourg-Saint-Honoré. Ce palais, qui a été le témoin d'événements considérables, a eu des destinées bien diverses. Construit en 1718 par l'architecte Moller, pour le comte d'Évreux, il a été, sous l'ancienne monarchie, la demeure successive de la marquise de Pompadour, du marquis de Marigny, du mobilier de la couronne, du financier Beaujon, qui, en 1773, le fit agrandir par l'architecte Boullée, et, enfin, de la duchesse de Bourbon-Condé, qui lui donna son nom actuel d'Élysée. Sous la République, des entrepreneurs y donnèrent des fêtes publiques. Murat l'acheta en 1803 et l'habita jusqu'en 1808. Napoléon Ier en modifia la disposition intérieure. C'est là qu'en 1815 il a signé son abdication. A cette époque, il fut tour à tour habité par le duc de Wellington et par l'empereur de Russie Alexandre Ier. Sous la Restauration, il fut la demeure du duc de Berry; sous la monarchie de 1830, il resta vide. C'est là que le prince Louis-Napoléon Bonaparte s'est installé le 26 décembre 1848, comme président de la seconde république, c'est là qu'il a préparé et exécuté le coup d'État du 2 décembre 1851, c'est de là enfin que, devenu empereur, il est parti pour aller prendre possession du palais des Tuileries.

Sous le second empire, le palais de l'Élysée a été complétement transformé à l'extérieur et à l'intérieur; son étendue a été doublée et on lui a fait deux nouvelles façades : l'une sur l'avenue de Marigny, l'autre, sur la rue de l'Élysée, récemment ouverte, de la rue du Faubourg-Saint-Honoré à l'avenue Gabriel. Tous ces travaux d'agrandissement et d'embellissement ont été exécutés sous la direction de l'architecte Lacroix.

Le palais de l'Élysée forme aujourd'hui, avec son jardin, qui s'étend jusqu'à l'avenue Gabriel, un vaste parallélogramme long, isolé des quatre côtés; il se compose de l'ancien corps de bâtiment, devenu la partie centrale et qui a conservé sa double façade, l'une sur le jardin, l'autre sur la cour d'honneur. Deux autres cours intérieures, l'une à droite, l'autre à gauche de cette cour d'honneur, précédent d'autres corps de bâtiments. Ceux de ces bâtiments qui ont une façade sur l'avenue de Marigny constituent ce qu'on nomme les communs. Ceux qui ont leur façade sur la rue de l'Élysée contiennent des appartements.

Enfin, en avant de la cour d'honneur et des deux autres cours intérieures se développe, dans toute la largeur de l'édifice, sur la rue du Faubourg-Saint-Honoré, une galerie composée d'un étage et d'un attique surmontés d'une terrasse et couronnés par une balustrade en pierre. Cette galerie, qui ferme les trois cours du palais, fait retour, à droite et à gauche, sur l'avenue de Marigny et sur la rue de l'Élysée, où l'on remarque, au delà de cette partie de la façade latérale de l'est, deux avant-corps de bâtiments formant pavillons qui modifient l'aspect de cette façade. Au centre, on remarque une porte monumentale, en forme d'arc de triomphe, et dont le sommet est décoré d'un écusson aux armes de l'Empereur. De chaque côté des grilles d'entrée, un groupe de colonnes corinthiennes, semblables à celles qui ornent la porte principale, supporte un trophée d'armes et de drapeaux. Deux autres portes massives moins élevées donnent accès dans les cours intérieures latérales.

L'intérieur du palais de l'Élysée est en voie d'achèvement; mais il n'est pas encore terminé. Il n'y a donc pas lieu de le décrire.

L'ancien Garde-Meuble, sur la place de la Concorde. — Cette place est décorée du côté du nord par deux grandes façades de 96 mètres de longueur chacune, formant l'entrée de la rue Royale. magnifique édifice connu autrefois sous le nom de *Colonnades des Tuileries*, et ensuite sous celui de Garde-Meuble de la couronne. Construits en même temps que la place, sur les dessins de Gabriel, ces deux bâtiments forment chacun un péristyle d'ordre corinthien, composé de douze colonnes posées sur un soubassement de 48 mètres de hauteur, ouvert en portique et formant des galeries publiques. Au-dessus de la corniche de ce soubassement règne une balustrade de 1 mètre de hauteur. Les extrémités de chacune des deux façades sont composées d'un grand avant-corps, en forme de pavillon, couronné d'un fronton; les arrière-corps sont ornés de niches ou médaillons et de tables saillantes, et sont couronnés par de gros socles sur lesquels sont posés des trophées; une balustrade couronne ces bâtiments dans toute leur longueur. Ces deux édifices furent destinés dans l'origine à la réception des personnages de distinction. Plus tard, on réunit dans celui qui avoisine le jardin des Tuileries, la collection des objets faisant partie du mobilier de la couronne. C'est là qu'est aujourd'hui le ministère de la marine. Celui qui lui sert de pendant était occupé à l'époque de la révolution par l'ambassadeur d'Espagne, auquel succéda le limonadier Corraza; c'est aujourd'hui l'hôtel Crillon.

Place de la Concorde, entre le jardin des Tuileries, les Champs-Élysées, le pont de la Concorde et la rue Royale. Cette place, dont le nom et la forme ont si souvent changé, fut commencée en 1754 et achevée en 1763 par l'architecte Gabriel. On y érigea alors au centre, une statue équestre en bronze à Louis XV, qu'on nommait Louis *le Bien-aimé*, et elle prit le nom de ce monarque. C'est là que fut tiré, le 30 mai 1770, le magnifique feu d'artifice dont la ville de Paris avait fait la dépense pour célébrer le mariage du dauphin, qui fut depuis Louis XVI, avec l'archiduchesse d'Autriche, Marie-Antoinette.

A cette époque, la place de la Concorde n'avait qu'une issue du côté de la ville : la rue Royale. A peine le feu d'artifice était-il tiré que la foule se précipita vers cette issue pour se porter en masse vers le boulevard. Malheureusement des matériaux oubliés sur la voie publique formèrent un obstacle à son prompt écoulement. La presse devint instantanément si grande que 4000 personnes furent étouffées.

Cette catastrophe n'était que le prélude des terribles événements dont la place de la Concorde allait être le théâtre. C'est là que, pendant la Terreur, la guillotine fut érigée en permanence. C'est là que fut accomplie l'épouvantable exécution de Louis XVI et de Marie-Antoinette. C'est là, aussi, que périt, victime des révolutions, Madame Élisabeth; là, enfin, furent sacrifiés des personnages qui appartenaient à des conditions bien diverses comme à des partis bien opposés : Charlotte Corday, Olympe de Gouges, madame Roland et la comtesse Dubarry; Malesherbes, le duc de Lauzun, Philippe-Égalité, Lavoisier, Barnave et Vergniaud avec tous les Girondins; Robespierre et Danton, avec tous les membres de la Commune de Paris. A cette époque, la place Louis XV était devenue la place de la Révolution.

En 1792, on avait démoli la statue de Louis XV; en 1799, on la remplaça par une statue provisoire de la *Liberté*, en plâtre, statue colossale que Dumont avait modelée. C'est de ce moment que date la dénomination de place de la Concorde, qui est restée à ce vaste espace, au centre duquel l'obélisque de Luxor est venu prendre, en 1836, la place qu'avait occupé la guillotine.

L'obélisque de Luxor a été donné à la France par le vice-roi d'Égypte, Méhémet-Ali. Il a été embarqué sur le Nil le 19 décembre 1831 ; il est arrivé à Paris le 23 décembre 1833 ; il a été dressé sur la place de la Concorde le 25 octobre 1836. C'est M. Lebas, ingénieur de la marine, qui a exécuté ces diverses opérations d'une difficulté extrême.

Cette immense aiguille, souvenir d'une antique et lointaine civilisation depuis longtemps disparue, est formée d'un seul bloc de granit rose. Elle a environ 23 mètres de hauteur ; son poids est de 250,000 kilogrammes ; elle est couverte d'hiéroglyphes taillées dans la pierre à une profondeur de 150 millimètres. Ces hiéroglyphes racontent les règnes de Rhamsès et de Sésostris.

C'est M. Hittorf qui a construit le piédestal en granit des carrières bretonnes de Laber-Ildut sur lequel repose l'obélisque de Luxor ; ce piédestal, qui a 4 mètres de hauteur sur 1 mètre 70 centimètres de largeur, est d'un seul bloc. On y a gravé, en creux, les figures des diverses opérations qu'ont nécessitées le déplacement, le voyage et l'érection de ce monolithe.

Deux magnifiques FONTAINES servent, pour ainsi dire, de cortége à l'obélisque de Luxor, comme les châteaux d'eau qu'on admire auprès de l'obélisque de Saint-Pierre de Rome. Ces fontaines versent chacune, dans l'espace de 24 heures, près de 6,800 mètres cubes d'eau, dans un bassin de pierre polie de 16 mètres de diamètre. Ce bassin est entouré de huit figures de Tritons et de Néréides tenant chacune un poisson qui rejette l'eau. Il renferme une première vasque supportée par un piédouche auquel sont adossées six figures colossales de 3 mètres de hauteur, assises sur un socle hexagone, les pieds posés sur des proues de navires et séparées par des Dauphins qui jettent de l'eau. Cette première vasque est surmontée d'une seconde vasque plus petite supportée par un piédouche auquel s'appuient trois enfants entre lesquels on remarque des Cygnes qui lancent de l'eau et qui ont 1 mètre 35 centimètres de hauteur.

La fontaine qui est la plus rapprochée de la rue de Rivoli est dédiée aux Fleuves ; deux statues de la vasque inférieure, par M. Gechter, y représentent le Rhône et le Rhin ; la fontaine qui est la plus rapprochée du pont de la Concorde est dédiée aux Mers ;

deux statues de la vasque inférieure, par M. Debay père, y représentent l'Océan et la Méditerannée.

Tous les Tritons et toutes les Néréides des grands bassins sont de MM. Elschoët, Parfait-Merlieux et A. Moyne; M. Hoëgler a modelé

Grav. 38. — Fontaine et obélisque, place de la Concorde.

les figures et les ornements en fonte de fer des fontaines; M. Brion a sculpté les trois génies figurant l'Astronomie, la Navigation maritime et le Commerce, qui ornent la petite vasque de la fontaine des Mers où l'on remarque également, à la grande vasque, deux statues représentant la Pêche des perles et la Pêche des poissons, par M. Desbœuf, et deux autres statues représentant la Pêche du corail et la pêche des coquillages par M. Valois. M. Feuchère a sculpté les trois génies figurant l'Agriculture, la Navigation fluviale et l'Industrie qui ornent la petite vasque de la fontaine des Fleuves, où l'on remarque aussi, à la grande vasque, deux statues figurant la Moisson et la Vendange, par M. Aristide Husson, et deux autres statues figurant la Récolte des fleurs et la Récolte des fruits.

Au surplus, la gravure précédente représente tout à la fois l'obélisque et la fontaine des Mers dont l'aspect général est exactement semblable à celui de la fontaine des Fleuves. Ces deux fontaines ont été récemment restaurées et bronzées par le système galvano-plastique.

M. Hittorf, qui a dessiné les fontaines, a complété la décoration de la place de la Concorde, dont le sol a été dallé et macadamisé, par des colonnes rostrales sur lesquelles ont été posés des candélabres et par huit pavillons qui supportent, chacun, une statue colossale. Ces statues représentent : Lyon et Marseille, par M. Petitot; Bordeaux et Nantes, par M. Callouet; Rouen et Brest, par M. Cortus; Lille et Strasbourg, par Pradier.

Les Champs-Élysées, promenade splendide et animée qui conduit de la place de la Concorde à la place de l'Étoile, par une vaste avenue divisée en trois grandes allées plantées d'arbres et dont la magnifique entrée est majestueusement indiquée par les deux groupes en marbre de liriston qu'on nomme les *chevaux de Marly*, placés sur des piédestaux de pierre à droite et à gauche. C'était autrefois une grande plaine couverte de jardins, de prés, de garennes, de champs, sur laquelle étaient bâties quelques maisons isolées. En 1670, ce terrain fut planté d'arbres formant plusieurs allées, au milieu desquelles on avait ménagé des tapis de verdure, et reçut le nom de promenade du *Grand-Cours*, pour la distinguer du Cours-la-Reine ; plus tard on donna à cette promenade le nom de *Champs-Élysées*. En 1764, le surintendant des bâtiments, Marigny, fit arracher tous les arbres, aplanir la hauteur de l'Étoile, exhausser les parties les plus basses, et niveler entièrement le terrain, qui fut replanté presque tel qu'il est encore avec sa grande avenue centrale, bordée à droite et à gauche d'une contre-allée réservée aux piétons.

Les Champs-Élysées sont, pour ainsi dire, divisés en deux parties distinctes, dont un rond-point marque la limite. Dans la première partie, on voit, à droite et à gauche, d'immenses plantations coupées par des cafés et des squares, à droite et à gauche, animés par des jeux et des spectacles de toute sorte, et contiguës; d'un côté à l'avenue Gabriel, de l'autre côté au Cours-la-Reine. Là, ce ne sont que parterres délicieux aux ravissants bouquets d'arbustes, aux éclatantes touffes de fleurs, aux fontaines jaillissantes, aux bassins rafraîchissants. Dans la seconde partie, c'est une double bordure d'hôtels élégants.

Il n'y a pas longtemps encore, on voyait au centre du rond-point une fontaine isolée; cette fontaine, qui gênait la circulation des voitures, a disparu. Ce même rond-point est maintenant décoré de six bassins uniformes, disposés tout à l'entour à distance égale, et séparés les uns des autres par les nombreuses voies de circulation qui aboutissent à ce centre commun. Construits avec de la pierre veinée des carrières de l'Isère, ces bassins sont de forme circulaire, avec un petit jet d'eau au milieu. Ils sont enclavés dans un parterre qui a pour bordure une plate-bande de gazon sur un plan incliné, où l'on a ménagé des corbeilles de fleurs, et qui sont protégées par une barrière en arceaux brisés.

Le Palais de l'Industrie ou *Palais des Champs-Élysées*, aux Champs-Élysées. L'origine de ce palais est toute récente; il a été bâti, en vertu d'un décret de 1853, pour servir aux expositions universelles et aux cérémonies publiques, par l'architecte Viel. C'est un édifice tout en pierre, en verre et en fer, d'une superficie de 32,062 mètres et ayant en tout 408 fenêtres. La porte principale s'ouvre sous une vaste arcade, dans un avant-corps, qui se détache en saillie du reste de l'édifice. Décoré de chaque côté de colonnes corinthiennes, cet avant-corps est surmonté d'un attique dont un relief occupe toute la longueur, et dont le couronnement supporte la statue colossale de la *France*, statue qui domine l'ensemble de cette gigantesque construction et qui distribue des couronnes d'or à l'art et à l'industrie. Ce groupe est de M. Regnault. On remarque dans le tympan deux

Renommées qui sont de M. Diebolt, ainsi que les deux groupes de génies qui soutiennent les armes impériales et les huit médaillons de grands hommes qui complètent la décoration de cette façade. Sous la voûte, Vuher Vitorin a sculpté un aigle de 4 mètres d'envergure, avec quatre femmes représentant l'Art et l'Industrie, la Gloire et l'Abondance. Enfin, on a gravé en lettres d'or des noms d'illustrations nationales en tous genres sur la frise, qui est de M. Desbœuf, et qui règne tout autour des palais et des quatre pavillons dont il est flanqué aux angles.

L'Arc de Triomphe de l'Étoile, place de l'Étoile. Ce monument, le plus vaste et le plus élevé du même genre qui existe dans le monde, est au milieu du rond-point de la place dont il porte le nom. Son érection a été décrétée par Napoléon Ier le 18 février 1806. Aucune cérémonie n'a accompagné la pose de la première pierre. Ce sont les ouvriers seuls qui, voulant en fixer la date, taillèrent postérieurement une pierre en forme de bouclier hexagone, où ils gravèrent l'inscription suivante :

L'AN 1806,
LE 15 AOUT, JOUR ANNIVERSAIRE
DE LA NAISSANCE DE SA MAJESTÉ NAPOLÉON LE GRAND,
CETTE PIERRE EST LA PREMIÈRE QUI A ÉTÉ POSÉE
DANS LA FONDATION DE CE MONUMENT.
MINISTRE DE L'INTÉRIEUR
M. DE CHAMPAGNY.

La construction de l'Arc de Triomphe a subi le contre-coup des révolutions qui ont agité la France ; elle a usé plusieurs générations d'architectes. Chalgrin, qui en a conçu le plan primitif, est mort en 1811, laissant à son inspecteur Goust le soin d'achever son œuvre. Mais cette mission ne lui était pas réservée. Il fut remplacé en 1825 par M. Huyot, qui fut à son tour remplacé en 1835 par M. Blouet.

Terminé presque à la fin de la monarchie de 1830, l'Arc de Triomphe de l'Étoile a absorbé une somme de plus de 10 millions. Il est établi sur une fondation en pierre de taille de 18 mètres 50 centimètres de profondeur. Sa principale largeur est de 44 mètres 82 centimètres ; sa hauteur au-dessus du sol de 45 mètres 35 centimètres ;

sa profondeur de 21 mètres 83 centimètres. Le grand arc a 29 mètres 19 centimètres de hauteur sur 14 mètres 62 centimètres de large ; l'arc percé dans l'axe du boulevard de l'Étoile et du boulevard d'Iéna a 17 mètres 86 centimètres de hauteur sur une

Grav. 39. — Arc-de-Triomphe de l'Étoile.

largeur de 8 mètres 45 centimètres. Les deux faces principales sont tournées vers les Champs-Élysées et Neuilly ; celles de côté vers Passy et le Roule.

A l'intérieur du monument sont ménagées de grandes salles

nécessitées par les combinaisons des voûtes et la décoration extérieure. Des escaliers pratiquées dans les constructions donnent accès à ces grandes salles, ainsi qu'à la plate-forme qui les surmonte. L'attique est enrichi de pilastres, sur lesquels sont sculptées des palmes avec des épées ; entre les pilastres sont des boucliers sur lesquels sont gravés des noms de batailles. Au-dessus du socle, qui surmonte la corniche de l'attique, est une galerie ou ornement en pierre, formant appui et couronnement, composé de têtes de Méduse, correspondant à chacun des pilastres inférieurs, et reliées entre elles par des palmettes et des écussons. La voûte du grand arc et celles des petits arcs sont décorées de caissons avec rosaces, et les arcs doubleaux sont ornés d'entrelacs.

La frise du grand entablement est enrichie d'un grand bas-relief continu. Le côté est, en y ajoutant la moitié des deux faces latérales, représente la distribution des drapeaux et le départ des armées. Les auteurs de cette partie sont : M. Brun pour le milieu, M. Jacquot pour la partie gauche et M. Laitie pour la partie droite. Le côté ouest, en y comprenant les deux autres moitiés des faces latérales, représente la distribution des couronnes et le retour des armées. Les auteurs de cette partie sont : M. Caillouette pour le milieu, M. Rude pour la partie gauche et M. Seurre aîné pour la partie droite.

Au-dessous du grand entablement sont six bas-reliefs : les deux de la face est représentent, celui de gauche, la victoire d'Aboukir, par M. Seurre aîné ; celui de droite, les funérailles de Marceau, par M. Lemaire ; celui de la face latérale du nord représente la bataille d'Austerlitz, par M. Geether, et celui de la face latérale du sud la bataille de Jemmapes, par M. Marochetti ; les deux de la face ouest représentent, celui de gauche, la prise d'Alexandrie ; par Chaponnière ; celui de droite, le passage du pont d'Arcole, par M. Feuchère.

Les quatre grandes renommées des tympans du grand arc, faces de Paris et de Neuilly, sont de M. Pradier. Les tympans des petits arcs représentent, dans la face latérale du nord, l'infanterie, par M. Bra ; dans la face latérale du sud, la cavalerie, par M. Valois ; au sud, sous le grand arc, l'artillerie, par M. Debay père, et au nord, aussi sous le grand arc, la marine, par M. Seurre jeune.

Sous les petits arcs sont quatre bas-reliefs représentant : les victoires du Sud, par M. Gérard ; les victoires de l'Ouest, par M. Espercieux ; les victoires de l'Est, par M. Valcher ; et les victoires du Nord, par M. Bosio neveu. Enfin les quatre grands trophées, ou plutôt les quatre grands groupes allégoriques, représentent : du côté est, à droite, le Départ, par M. Rude, à gauche, le Triomphe, par M. Cortot ; du côté ouest, à droite, la Résistance, par M. Etex ; à gauche, la Paix, par le même.

La place sur laquelle s'élève majestueusement l'Arc de Triomphe de l'Étoile est de forme circulaire ; elle sera entourée d'une ceinture de maisons qu'on pourrait appeler des palais et qui auront toutes des façades uniformes. Quelques-unes de ces maisons sont déjà construites et permettent de pressentir ce que sera la physionomie générale de ce point de la capitale où douze grandes avenues plantées d'arbres qui viennent ou qui viendront aboutir au pied même du monument qui le décore.

Au nombre de ces avenues figurent, d'abord, l'*avenue des Champs-Élysées* et l'*avenue de Neuilly*, celle-ci déjà ancienne.

On remarque ensuite, à gauche, spécialement l'*avenue de l'Impératrice*, qui est la route principale du Bois de Boulogne, et qui offre cette particularité intéressante d'être, dans sa longueur, un spécimen de toutes les essences d'arbres les plus précieuses et les plus recherchées ; puis l'avenue de Saint-Cloud, qui existe depuis longtemps, puis enfin le *boulevard du Roi de Rome*, le *boulevard d'Iéna* et le *boulevard d'Eylau*, récemment ouverts, encore inachevés, qui iront rejoindre, le premier, la nouvelle place du Roi de Rome, les deux autres, le quai, l'un à la hauteur du pont d'Iéna, l'autre à la hauteur du pont de l'Alma.

A droite, il y aura également cinq boulevards, dont deux n'existent pas encore ; les trois actuellement ouverts sont le *boulevard de l'Étoile*, le *boulevard de Monceaux* et le *boulevard Beaujon*.

La maison de François Ier, sur le Cours-la-Reine, à l'angle de la rue Bayard, ainsi appelée du nom de son fondateur le roi-chevalier, qui la fit construire à Moret, dans le voisinage de la forêt de Fontainebleau, pour sa sœur Marguerite. Transportée à Paris, pierre par pierre, en 1825, cette maison, dont la gravure suivante reproduit la façade, est un chef-d'œuvre de la Renaissance dû au ciseau de Jean Goujon, qui y a prodigué toutes les ressources de son imagination. Elle forme un carré parfait, et se compose de deux étages élevés sur caves voûtées. La façade principale donne sur le Cours ; les angles sont ornés de petits pilastres avec chapiteaux historiés ; l'attique est décoré de bas-reliefs représentant des génies supportant

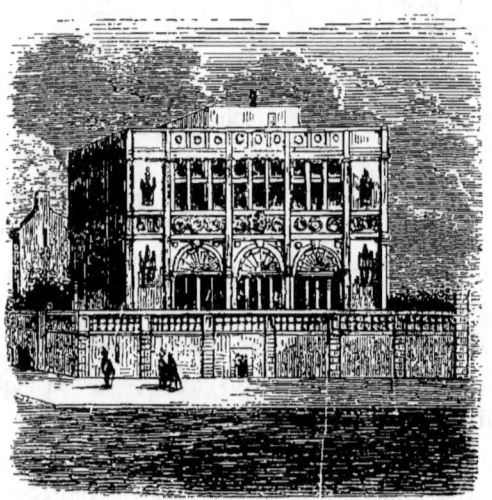

Grav. 40. — Maison de François I*er*.

des écussons aux armes de France, enlacés dans des guirlandes de fleurs et de fruits. Au-dessus des arcades du rez-de-chaussée règne une frise en bas-relief représentant des scènes de vendanges, et dans la travée du milieu sont sculptés des médaillons représentant Louis XII, Henri II, François II, la reine Marguerite, Anne de Bretagne et Diane de Poitiers. Dans la corniche supérieure de la façade postérieure se trouve l'inscription suivante :

QUI SCIT FRENARE LINGUAM SENSUMQUE DOMARE
FORTIOR EST ILLO QUI FRANGIT VIRIBUS URBES.

L'hôtel Pompéien, avenue Montaigne, 15. Cet édifice, qui a été construit par l'architecte Lenormand et qui a été inauguré en

1860, est une imitation moderne des maisons romaines de Pompéï. Il est peint à l'extérieur d'après la mode antique. Fermé par une grille qui sépare deux pavillons en terrasses, s'élevant l'un à droite, l'autre à gauche, il est précédé d'un petit jardin et d'un petit vivier qu'on franchit pour arriver au portique.

Ce portique est supporté par quatre pilastres droits, dont deux engagés, et par quatre colonnes pseudo-corinthiennes. Il est également peint en couleurs variées. Au-dessus sont d'étroites fenêtres ; à droite et à gauche, deux statues de bronze antique, représentant l'une Achille, l'autre Minerve, sont placées dans des niches à fond rouge.

Au delà du portique, on visite successivement : le *prothyrum*, corridor qui suit la porte d'entrée, et où l'on remarque les inscriptions d'usage dans l'antiquité : *salve*, je te salue, et *cave canem*, prends garde au chien ; l'*atrium*, entouré de colonnes qui supportent l'*impluvium* ou toit ouvert et dont un bassin occupe le centre ; le *tablinum*, ou passage qui conduit au *xystus* ou jardin et qui donne entrée sur les *triclinia* ou salles à manger, meublées et décorées à l'antique ; des bains, disposés et organisés à l'orientale. Les peintures d'ornement sont de M. Chauvin et les autres peintures sont de M. S. Cornu.

Curiosités diverses.

Le huitième arrondissement renferme encore, dispersées sur divers points, les curiosités archéologiques et historiques dont la nomenclature va suivre :

L'ÉGLISE ÉPISCOPALE ANGLICANE, rue d'Aguesseau, construite en 1853 par l'ambassade anglaise, et dont on remarque l'orgue. On y admire des tableaux d'Annibal Carrache.

La CHAPELLE MARBEUF, située au numéro 10 *bis* de l'avenue de Marbeuf et également consacrée au culte protestant, appartient au style ogival.

La CHAPELLE AMÉRICAINE, rue de Berry, 23, se fait remarquer par un extérieur plus singulier que monumental.

GARE DES LIGNES DE NORMANDIE, rue Saint-Lazare et rue d'Amsterdam. Le bâtiment principal occupe le fond d'une cour, ayant la forme d'un triangle ouvert à son sommet. A droite et à gauche, s'élèvent des constructions sous lesquelles on a ménagé, pour les piétons, des galeries couvertes.

Un perron de treize marches conduit au vestibule de la gare dont l'intérieur présente un ensemble de constructions qui unissent la légèreté et l'élégance à la solidité, et qui sont parfaitement appropriées à tous les besoins du service.

Le PONT DE LA CONCORDE, construit de 1787 à 1790, en partie avec des pierres provenant de la démolition de la Bastille, s'est appelé tour à tour *pont Louis XVI* et *pont de la Révolution*, avant de recevoir sous la monarchie de 1830 sa dénomination actuelle. Ce pont de 150 mètres de longueur sur 20 mètres de largeur, a été fondé sur pilotis et grillages; composé de cinq arches, surbaissées, il est veuf aujourd'hui des trois statues de généraux, morts sur le champ de bataille, que Napoléon Ier y avait fait placer, et des douze statues colossales d'illustrations nationales que la Restauration leur avait substituées, et que Louis-Philippe Ier a fait transporter dans la grande cour du palais de Versailles, où on les voit encore.

Le PONT DES INVALIDES, qui met en communication le quai de la Conférence avec le quai d'Orsay, a été construit en 1829, en chaînes de fer forgées d'une seule travée, reconstruit en 1830, d'après le même système, mais en trois travées, et réédifié en 1855. Les deux premiers ponts étaient suspendus; le pont actuel est en pierre. Il a été élevé par l'ingénieur en chef, M. de la Galicerie sous la direction de M. Michal, inspecteur général des ponts et chaussées. Il a quatre arches de 30 mètres d'ouverture chacune. La pile du milieu est décorée de deux statues en pierre représentant, l'une la *Victoire terrestre*, par M. Diebold, l'autre, la *Victoire maritime*, par M. Villain.

Le PONT DE L'ALMA, situé entre les deux parties du boulevard de l'Alma qui sont, l'une sur la rive droite, l'autre sur la rive gauche, à l'extrémité du quai de la Conférence, date seulement de 1855. C'est un très-beau pont en pierre qui a trois arches en anses de panier, dont l'ouverture varie entre 39 et 43 mètres. Les piles supportent quatre statues. Deux de ces statues figurent un grenadier et un zouave, par M. Diebolt, les deux autres figurent un chasseur à pied et un artilleur à pied, par M. Arnault.

Le marché de la Madeleine, récemment établi rue Chauveau-Lagarde, est un bâtiment élevé, vaste et aéré. Ce bâtiment construit avec beaucoup de légèreté a été le précurseur des nouvelles halles centrales.

On remarque dans le huitième arrondissement, au numéro 2 de la rue d'Angoulème, un hotel que le comte d'Artois avait fait bâtir pour mademoiselle Contat et que la reine dona Maria a habité à l'époque ou la révolution miguéliste de Portugal la força de chercher un refuge en France ; au numéro 1 de la rue des Champs-Élysées, l'hotel du Cercle impérial, hôtel construit par l'administrateur général des postes, Grimod de la Reyière, charcutier enrichi qui eut pour fils le célèbre auteur de l'*Almanach des Gourmands* ; au numéro 6 de la rue Royale-Saint-Honoré, la maison où est morte, le 14 juillet 1817, madame de Staël, qui a formé sous le premier Empire, avec Chateaubriand et Benjamin Constant, la Trinité littéraire de l'époque ; au numéro 31 de la rue Tronchet, la loucherie Duval, entièrement recouverte de marbre à l'intérieur, le plus vaste et le plus élégant des établissements de ce genre.

NEUVIÈME ARRONDISSEMENT.

Le neuvième arrondissement a pour limites : au sud, les boulevards de la Madeleine, des Capucines, des Italiens, Montmartre et Poissonnière, côté des numéros pairs ; à l'est, la rue du Faubourg-Poissonnière, côté des numéros impairs ; au nord, le boulevard des Poissonniers, à partir de son point de rencontre avec le boulevard Magenta, les boulevards Rochechouart, des Martyrs, Pigalle et de Clichy ; à l'ouest, les rues d'Amsterdam, du Havre et de la Ferme-des-Mathurins.

Notre-Dame de Lorette, rue Olivier. — Cet édifice, qui est de 1822, ne ressemble ni à un temple païen, ni à une église chrétienne ; sa hauteur est de 18 mètres 20 centimètres, sa largeur de 31 mètres 85 centimètres, sa longueur d'environ 69 mètres. Il est dominé par un clocher sans caractère, et c'est une rotonde qui indique la forme de l'abside ; les bas-côtés sont signalés au dehors par deux murs en retraite, à droite et à gauche d'un avant-corps central qui désigne la nef principale. Cet avant-corps et ces deux murs en retraite occupent toute la largeur du mur de la façade derrière le péristyle. Ce péristyle est précédé d'un portique composé de quatre colonnes corinthiennes. Ces quatre colonnes supportent un fronton où M. Nanteuil a sculpté en pierre, dans le tympan, les Anges adorant l'enfant Jésus que leur présente la Vierge. Les statues de la *Foi*, par M. Foyatier, de l'*Espérance*, par M. Lemaire, et de la *Charité* par M. Laitier, décorent les trois angles de ce même fronton, dont l'entablement porte l'inscription suivante : *Beatæ Virgini Lauretanæ*.

L'intérieur de Notre-Dame de Lorette comprend le porche ; la nef centrale, que des colonnes ioniques séparent des bas-côtés ; dix chapelles et le chœur, où le maître-autel est placé au centre d'un hémicycle. Il est décoré de nombreuses peintures. Ces peintures sont de MM. Orsel, Perrin, Rayer, Hesse, Coutant, Bezard, A. Joannot, Varcolier, Langlois, Decaisne, Caminade, E. Dévéria, de Juinne, madame Dehérain, Schenetz, Etex, Champmartin, Couder, Goyet, Monvoisin, Vinchon, Dubois-Grangé, Heim, Drolling, Delorme, Picot.

On voit que c'est tout un musée d'art religieux. Chaque sujet est indiqué par une inscription spéciale ou un texte saint, ce qui rend inutile d'en faire ici la désignation.

L'église de la Trinité. — La nouvelle église de la Trinité, qui s'élève à l'extrémité de la rue de la Chaussée-d'Antin, sur un vaste terrain compris entre les rues Blanche et de Clichy, occupe une surface de près de 5,000 mètres, et comporte, en longueur, 90 mètres de développement sur 30 mètres de largeur. Indépendamment des trois grandes portes de sa façade, elle présente sur ses autres faces de nombreuses issues. A l'intérieur, de grandes galeries, formant tribunes, règnent tout autour de la nef, de chaque côté de laquelle

Grav. 41. — Église de la Trinité.

s'étend un passage pour la circulation et le service des chapelles latérales. Le chœur, exhaussé de quelques marches, est en communication, à droite et à gauche, avec deux grandes sacristies. Sous toute cette partie de l'édifice a été établi une crypte spacieuse ou chapelle souterraine, où l'on pénètre par deux escaliers intérieurs, et par deux autres qui débouchent à l'extérieur, du côté de l'abside.

La façade, une fois achevée, se composera d'un grand porche, surmonté d'un étage percé d'une rosace, et d'un clocher de plus 60 mètres d'élévation. Il y aura sous ce porche, où l'on arrivera par deux rampes douces, une descente à couvert pour les voitures. En second plan se montrera le grand mur-pignon, surmonté d'une balustrade sculptée à jour et de deux tourelles renfermant les escaliers qui conduiront aux tribunes et aux parties supérieures de l'église.

Avec le square, décoré d'une fontaine monumentale, qui la précédera, la nouvelle église de la Trinité sera une des plus élégantes et des plus pittoresques du nouveau Paris. Elle est destinée à remplacer l'ancienne église de la Trinité, qui existe toujours rue de Clichy, et qui dessert encore la paroisse. La gravure qui précède en reproduit l'aspect général, tel qu'il sera, lorsqu'elle sera entièrement achevée.

Le nouvel Opéra. — Ce monument, le seul de ce genre, vraiment digne d'admiration, que possédera Paris, sera le plus magnifique et le plus élégant théâtre d'Europe. On peut juger du merveilleux effet de son aspect extérieur par la gravure suivante.

Cet édifice s'élève sur le boulevard des Capucines, dans l'axe de la rue de l'Impératrice projetée, dont le tracé aboutit en face le Théâtre-Français. Il est entièrement isolé, d'abord par une place qui précède la façade principale, puis par les rues Lafayette, Mogador, Neuve-des-Mathurins et de Rouen. En voici la description sommaire :

Le rez-de-chaussée se compose, en avant, du côté du boulevard, d'un portique ouvert qui précède un grand vestibule, puis du service de l'escalier. Deux galeries latérales servent à abriter les spectateurs avant l'ouverture des bureaux.

La salle est située au centre même du monument. Elle pourra

contenir aisément 2,000 personnes environ. Des salons précèdent les loges à tous les étages.

Grav. 42. — Le nouvel Opéra.

A droite et à gauche, deux pavillons flanquent l'édifice, dans le même axe transversal que la salle. Le pavillon de gauche est destiné à l'Empereur. Deux rampes douces conduisent ses voitures à l'entresol, dans l'intérieur d'un vestibule; un escalier particulier donne accès à la loge impériale et au salon de Sa Majesté.

Les remises, écuries et dépendances affectées au service de l'Empereur et de sa suite sont à côté de la scène, à proximité de ce pavillon.

Le pavillon de droite sert de descente à couvert pour les voitures; les spectateurs trouvent ensuite un vaste vestibule circulaire, situé sous la salle, et qui s'ouvre sur le grand escalier.

C'est dans ce vestibule qu'on attendra l'arrivée des voitures, à la sortie du spectacle.

L'escalier d'honneur, projeté dans des dimensions inusitées, car il ne mesure pas moins de 26 mètres de hauteur, est entouré à tous les étages de galeries de circulation qui font communiquer la salle avec le foyer. Il conduit, par une première révolution, aux baignoires, stalles d'orchestre et d'amphithéâtre; par une seconde, au premier étage. De chaque côté du grand escalier, deux autres escaliers à trois rampes desservent tous les étages.

Au premier étage, au-dessus du portique ouvert, s'élève une galerie également ouverte qui prend jour sur la façade et communique avec le foyer public placé directement au-dessus du grand vestibule.

Des galeries latérales partent de chaque extrémité du foyer et servent de promenoirs : l'une d'elles conduit au Glacier, établi au-dessus de la descente à couvert.

La scène, avec les magasins de décors qui sont de chaque côté, a 54 mètres de largeur; sa hauteur, depuis les fondations jusqu'au point le plus élevé, est de 68 mètres.

Au niveau de la scène et dans son prolongement est placé le foyer de danse, dont l'ouverture est suffisamment grande pour servir à des effets de lointain infinis.

L'administration occupe la partie postérieure du monument, et renferme des foyers de chant et de répétition, des cours de service, des rampes douces pour les chevaux qui doivent paraître en scène, des loges pour les artistes et des ateliers. Elle est desservie par une cour qui s'ouvre sur la rue Neuve-des-Mathurins.

La façade principale, sur le boulevard, se compose, au rez-de-chaussée, d'arcades, et, au premier étage, d'une vaste galerie dont il vient d'être parlé, composée de colonnes accouplées. Les entre-colonnements sont remplis par un ordre plus petit, supportant un encadrement entièrement en marbre de différentes couleurs.

Au-dessus, un peu en retraite, est un foyer pour les places secondaires ; plus haut encore, en troisième plan, s'élève une coupole qui couvre la salle ; cette coupole est surmontée d'une riche lanterne. Enfin, plus loin, se dessine un grand fronton qui accuse la scène.

Les pavillons indiqués plus haut, servant, l'un, à l'arrivée de l'Empereur, l'autre, à la descente à couvert du public, sont surmontés de dômes, et forment les axes des façades latérales, qui se développent symétriquement à droite et à gauche.

L'étendue de la façade sur le boulevard est de 68 mètres. La façade latérale mesure 150 mètres de long. L'édifice couvre une surface de 10,000 mètres carrés, et a la forme d'un rectangle. Il sera entouré de plantations et de squares occupant ensemble un espace d'environ 4,000 mètres carrés.

Curiosités diverses.

Le neuvième arrondissement renferme encore, dispersées sur divers points, les curiosités archéologiques et historiques dont la nomenclature va suivre.

L'ÉGLISE SAINT-EUGÈNE, rue Sainte-Cécile, près du faubourg Poissonnière. — L'architecte de cette église, qui ne date que de 1855, est M. Boileau, dont le but paraît avoir été de construire un édifice dans le style du treizième siècle. Toutefois les murs seuls sont en pierre de taille. Les colonnes qui séparent la nef des bas-côtés sont en fonte de fer, ainsi que les meneaux des fenêtres et des rosaces, et toute l'ornementation extérieure et intérieure. Ces bas-côtés sont subdivisés, par une particularité exceptionnelle, dans toute leur longueur, par d'autres colonnes, également en fonte de fer. Ces colonnes ont permis d'établir, à moitié de leur hauteur, des galeries à rampes. Ces galeries forment une sorte d'entre-sol qui permet de recevoir un plus grand nombre de fidèles. Les verrières de Saint-Eugène représentent, les unes, le *Chemin de la Croix*, les autres, la *Vie de Jésus-Christ*.

L'église Saint-Louis d'Antin, rue Caumartin. — Construite, en 1783, pour un couvent de capucins, sur les dessins de Brongniart, cette église n'a qu'une seule nef, dont les piliers sont décorés de fresques peintes par M. S. Cornu, et un seul bas-côté qui se prolonge au delà du chœur, orné de peintures de M. Signol.

Les bâtiments du monastère sont maintenant occupés par le Lycée Bonaparte, que l'on vient d'agrandir par des constructions nouvelles qui longent la rue du Havre, où il a une seconde entrée. La porte principale, qui ouvre sur la rue Caumartin, est décorée de colonnes doriques.

Un grand nombre d'écrivains et d'artistes de nos jours ont été élevés dans ce lycée.

L'hôtel de la Mairie du neuvième arrondissement rue Drouot, n° 5, est l'ancien hôtel Aguado, situé au fond d'une belle cour, précédée d'une longue avenue plantée d'arbres.

L'Abattoir Montmartre, rue Trudaine, a la forme d'un vaste parallélogramme et renferme vingt-cinq corps de bâtiment rangés avec symétrie. On y compte neuf rues qui y facilitent la circulation; huit corps d'échaudoirs, subdivisés chacun en huit cases de tueries; quatre cours de travail, disposées en pente douce et dallées; huit séchoirs, situés au-dessus des échaudoirs et éclairés par les fermes d'une charpente formant saillie; huit bouveries partagées en huit cases à bœufs pour quarante-huit têtes de gros bétail, et ayant chacune en face deux petites cases pour les bœufs et les moutons; huit greniers à fourrage; huit fondoirs, destinés à la fonte des suifs en branche et répartis dans deux bâtiments.

Dans chaque case de tuerie des échaudoirs, un treuil, fixé à l'une des parois des murs, sert à enlever les bœufs et à les suspendre à deux poutres en bois de charpente, pour le dépeçage. Une fois dépecées, les viandes sont suspendues à leur tour à des chevilles en fer tout autour des murs.

L'abattoir de Montmartre renferme encore deux autres corps de bâtiment en pierre de taille qui n'ont que le rez-de-chaussée. Dans l'un on lave et on cuit les estomacs des animaux, et on prépare les pieds de mouton; dans l'autre on cuit les têtes de mouton et on prépare les têtes et les pieds de veau.

L'abattoir Montmartre, le seul des établissements de ce genre qu'il soit utile de décrire, puisqu'il les surpasse tous par sa grandeur et son importance, emploie chaque jour 1 million de litres d'eau qu'il tire de deux puits de 40 mètres de profondeur situés chacun à l'une de ses extrémités. Une machine à vapeur de la force de huit chevaux et un manége élèvent l'eau dans des réservoirs placés à 6 mètres au-dessus du sol et contenant, le premier, 100,480, le second 58,731 mètres cubes d'eau. Le matériel, les remises, les écuries, les bureaux d'administration et les logements d'employés ont exigé la construction d'autres bâtiments qui constituent les dépendances de cet établissement de premier ordre dans son genre, établissement qui mérite d'être visité. Deux grands parcs entourés d'une grille en fer, soutenue par des bahuts en pierre de taille, sont destinés au lotissement des bestiaux à leur arrivée. Pendant les grandes chaleurs, ils sont abrités du soleil par des plantations d'arbres bordant ces mêmes parcs, et par un bosquet.

L'Hôtel des Ventes, rue Rossini et rue Drouot. — Cet hôtel, de construction récente, a remplacé, en 1858, l'ancien édifice que la compagnie des commissaires-priseurs possédait sur la place de la Bourse, et que l'on appelait l'hôtel Bullion, parce que c'est dans l'hôtel de ce nom, qui existait dès 1650, dans la rue Plâtrière, que s'étaient faites les premières ventes publiques. L'hôtel des Ventes forme un carré complètement isolé des quatre côtés; les sculptures symboliques qui décorent sa façade principale sur la rue Rossini indiquent sa destination, à laquelle, du reste, il est merveilleusement approprié.

Le Grand-Hôtel, déjà indiqué dans le *Guide pratique*, mérite d'être exceptionnellement mentionné à cette place, à raison de son caractère monumental et de sa vaste étendue. On cite spécialement sa magnifique salle à manger en rotonde, dont la gravure suivante donne une idée générale, et que chacun peut visiter en y allant dîner.

Grav. 43. — Salle à manger, en rotonde, du Grand-Hôtel.

Maison de la Dette, rue de Clichy. — Cette prison spéciale, construite sous la monarchie de 1830, a été élevée sur l'emplacement de deux hôtels qui appartenaient au baron Saillard. Elle a, sur la rue, une façade avec corps de garde et logement pour le concierge. Elle a pour dépendances un greffe, une salle d'attente et le logement du directeur; enfin elle se compose de deux bâtiments distincts, l'un pour les hommes, l'autre pour les femmes. Le rez-de-chaussée de ces bâtiments est occupé par un promenoir; au-dessus s'élèvent quatre étages divisés en deux parties par un couloir central, et bordé, de chaque côté, de cellules. Il y a, dans le bâtiment des hommes, et dans le bâtiment des femmes, un préau planté d'arbres et orné de parterres.

Nouvelle École de commerce, avenue Trudaine, au coin de la rue Bochard de Saron. Cette École spéciale est une fondation récente de la Chambre de commerce de Paris. Là seront formés des employés pour l'industrie et le commerce.

Les constructions de cette école modèle ont les dispositions suivantes : l'entrée principale est sur l'avenue Trudaine et conduit dans une vaste cour carrée précédée d'une grille. Deux pavillons, de chaque côté de la grille, sont destinés à l'habitation du directeur et de l'économe. A droite et à gauche de la cour, deux rez-de-chaussée surmontés de terrasses renferment l'un et l'autre deux salles de cours pouvant recevoir chacune cent élèves. Le fond est occupé par un bâtiment central ayant un rez-de-chaussée, une grande salle de réunion dans laquelle se dégagent trois amphithéâtres, dont un en hémicycle est éclairé par le haut ; il pourra contenir deux cent cinquante élèves.

Deux escaliers conduiront au premier étage, où se trouveront une salle de dessin, une galerie d'histoire naturelle et une bibliothèque.

Derrière l'hémicycle et les bâtiments règne une cour de service. L'ensemble de ces constructions et des cours occupe une superficie de 3,000 mètres environ. Elles sont l'œuvre de M. Juste Lisch, architecte.

La Fontaine Saint-Georges, sur la place Saint-Georges, entourée de quelques arbustes, est toute décorative. Elle est jaillissante et se compose de deux vasques de grandeur inégale, d'où l'eau retombe dans un bassin circulaire en pierre.

Le Conservatoire de musique et de déclamation, rue du Faubourg-Poissonnière, 15. — L'édifice où cette institution est installée a une façade décorée de quatre figures allégoriques, représentant l'Opéra, l'Opéra-Comique, la Tragédie et la Comédie.

Dans l'intérieur il existe une petite salle de théâtre, d'une forme élégante, qui sert aux concours et aux exercices publics des élèves et où ont lieu les célèbres concerts connus sous le nom de *concerts du Conservatoire.*

Au n° 61 de la rue Saint-Lazare, se trouve aujourd'hui l'entrée d'un ancien HOTEL construit par Ledoux, pour le marquis de Condorcet.

Autrefois cet hôtel n'avait qu'une communication extérieure ; elle donnait sur la rue de la Victoire et on y arrivait par une longue avenue plantée d'arbres. Il paraissait alors être caché au milieu d'un paysage. Propriété de Julie Carreau, qui épousa Talma en 1791, il fut acquis par le général Bonaparte, au retour d'Égypte. C'est de là qu'il est parti entouré de ses amis, pour accomplir le coup d'État du 18 brumaire.

DIXIÈME ARRONDISSEMENT

Le dixième arrondissement a pour limites : 1° les boulevards Bonne-Nouvelle, Saint-Denis, Saint-Martin ; 2° la rue du Faubourg-du-Temple ; 3° les boulevards de la Chopinette, du Combat, de la Butte-Chaumont ; 4° les boulevards de la Villette, des Vertus, de la Chapelle, Laribroisière, des Poissonniers, au delà de son point de jonction avec le boulevard de Magenta ; 5° le Faubourg-Poissonnière.

L'église Saint-Vincent de Paul, place la Fayette. — Cette église a été construite de 1824 à 1844, et a eu deux architectes successifs ; sa longueur est de 80 mètres et sa largeur est de 57 mètres.

L'aspect extérieur de cette église est original ; cette originalité tient à sa situation ; elle s'élève, en effet, sur une éminence que dominait autrefois un belvédère dépendant du clos de Saint-Lazare, où saint Vincent de Paul avait l'habitude de se retirer dans la prière et la méditation. Sa base est à plus de 8 mètres au-dessus du sol de la place, qu'elle commande comme une forteresse, place qui est elle-même disposée en terrasse au-dessus des quartiers voisins.

On arrive au parvis de l'église Saint-Vincent de Paul par deux larges escaliers formant un double fer à cheval, et de vastes rampes étagées en amphithéâtre. La façade s'étend sur toute la largeur de l'édifice ; elle est précédée d'un porche à six colonnes de front d'ordre ionique sur une profondeur de trois entre-colonnements; des laves émaillées, dont les peintures rappellent des scènes de la Bible, décorent les murs de ce porche. On doit signaler principalement la *Trinité* entourée des quatre grands prophètes et des évangélistes, par M. Jolivet. La porte principale est revêtue de fonte. On y remarque, dans douze niches, les images des apôtres accompagnées d'anges, au milieu d'enroulements de fruits et de fleurs. Les symboles des quatre évangélistes et le Saint-Esprit sous la forme d'une colombe décorent la frise de l'imposte; au-dessus, entre deux compartiments à jour, on distingue la figure du Christ. Ces diverses figures ont été modelées par M. Farochon.

Le fronton est décoré de la statue de *saint Vincent de Paul*, accompagnée de la *Foi* et de la *Charité*. Des deux côtés de la colonnade s'élèvent, à 54 mètres au-dessus du niveau de la place Lafayette, deux tours carrées avec un cadran indiquant, l'un les heures de la journée, l'autre les jours du mois. Au-dessus du fronton, entre les deux clochers, règne une vaste terrasse. Le parapet, entrecoupé de quatre piédestaux, est enrichi des statues des évangélistes, dues au ciseau de MM. Brion, Foyatier, Barre et Valois : deux autres statues de saint Pierre et saint Paul, par M. Ramey, ornent les niches pratiquées dans les deux clochers.

La largeur intérieure du monument est partagée en cinq parties par quatre rangs de colonnes distribuées deux par deux, de droite et de gauche, en entrant par la porte principale. Les deux divisions intermédiaires, les bas-côtés et les deux dernières forment les chapelles, au nombre de huit, la partie centrale formant la nef.

L'abside occupe à la fois la largeur de la nef et des deux bas-côtés.

Tout autour de la nef et de l'abside, sur une longueur de 170 mètres, se développe une frise d'environ 3 mètres de haut, sur laquelle M. Hippolyte Flandrin a peint, sur fond d'or, des chrétiens et des chrétiennes de tous les rangs et de toutes les époques. Au-dessus, un second rang de colonnes corinthiennes forme, sur les deux parties latérales de la nef, de hautes tribunes, et au-dessus de la porte d'entrée un bel emplacement pour l'orgue ; ce second ordre est décoré d'une suite de médaillons sur une frise de 2 mètres de hauteur.

La hauteur du plafond de la nef approche de celle des voûtes de nos cathédrales gothiques. Il suit, dans sa forme, les deux rampants du comble. Ce plafond est divisé en douze compartiments décorés de caissons en forme de croix et d'étoiles, incrustés en bois de chêne sur sapin, rehaussés par des fonds rouge et azur ornementés en or.

On remarque dans la coupole du chœur une vaste peinture de M. Picot, représentant le Christ sur un trône, ayant saint Vincent de Paul à ses pieds, et entouré de groupes d'évangélistes, d'apôtres et de docteurs. Le même artiste a également peint les sept Sacrements sur la frise de l'hémicycle.

De grandes verrières décorent l'église, savoir : la rose du grand portail ; la verrière du fond de l'abside ou chapelle de la Vierge, et les huit chapelles latérales. A droite, elles représentent la Résurrection, saint Denis, sainte Clotilde, saint Charles Borromée ; à gauche, le Baptême de Jésus par saint Jean, saint Martin, sainte Élisabeth et saint François de Sales ; au grand portail, dans un vitrail d'or, est l'Apothéose de saint Vincent de Paul au milieu d'une auréole de gloire.

Ces verrières sont de MM. Maréchal et Gugnon.

L'église Saint-Vincent de Paul renferme également : autour du chœur, un double rang de stalles sculptées par M. Millet ; dans le sanctuaire, d'autres stalles sculptées par M. Derre, un Calvaire en bronze de Rude qui décore le maître-autel ; une chaire dont on doit l'ornementation à M. Duseigneur, ornementation qui se compose de cinq bas-reliefs et d'un groupe de deux anges ; de grilles en fonte de fer très-ouvragées qui ferment les chapelles ou qui les séparent les unes des autres ; des fonts baptismaux sortis de la fonderie de M. Calla, et figurant une coupe richement ornée de coquilles, de guirlandes et de festons.

La Gare du Nord, place Roubaix. — Cette gare, vraiment monumentale, vient seulement d'être achevée.

Le plan de l'édifice présente un quadrilatère d'environ 165 mètres sur 100 mètres, donnant une superficie de près de 32,000 mètres. Il comporte cinq parties principales qui sont directement exprimées dans la façade : au milieu, la grande halle; à sa gauche, les salles de départ, puis la salle des Pas-Perdus; à sa droite, les salles d'arrivée et les vastes remises couvertes. La halle a une largeur de 70 mètres, presque quadruple de celle de la rue de la Paix; elle est subdivisée par des colonnes en fonte portant un comble en fer à double pente, en une nef de 35 mètres et deux bas-côtés de 17 mètres 50 centimètres chacun. Neuf voies de wagons, entre lesquelles sont distribués quatre quais très-larges et six de moyenne étendue, sillonnent le sol.

Profilé dans toute la longueur de la place Roubaix, le bâtiment qui compose la façade contient le salon impérial et ses pièces accessoires; les services de la télégraphie et de la poste; les bureaux du chef et du sous-chef de gare; des salles particulières de départ et d'arrivée pour les services de banlieue. Le système adopté d'un seul comble pour la halle, en même temps qu'il était le plus simple, imprime à la façade un cachet vraiment caractéristique, et réalise un nouveau progrès dans l'application de vastes couvertures à d'immenses surfaces. Une corniche, d'un style simple, couronne le bâtiment central, décoré de huit robustes pilastres qui s'élèvent deux par deux, et accusent la nef et ses deux bas-côtés par un arc central d'un très-grand rayon et deux arcs latéraux d'une moindre courbure. Ces arcs et toute la façade sont subdivisés, au rez-de-chaussée, par de nombreuses ouvertures, et, pour en faciliter l'accès, les piliers formant points d'appui se présentent arrondis en colonnes engagées. Sept entre-colonnements conduisent au rez-de-chaussée, aux salles de départ et d'arrivée des voyageurs. Au-dessus règne un étage percé d'arcades, divisé par des colonnes et destiné aux services administratifs. Enfin aux extrémités de la façade s'élèvent deux pavillons surmontés de frontons. Ils sont percés d'un arc égal en dimension aux arcs latéraux du milieu, et divisés par trois entre-colonnements. De grands pilastres, semblables aux autres pilastres de la façade, accotent ces pavillons à droite et à gauche.

La façade latérale, du côté des départs, où elle longe la salle des

Pas-Perdus, se lie au pavillon de gauche. Elle se présente comme un vaste portique formé par des pilastres de la même ordonnance que les colonnes de la façade principale et par deux larges entrées à arcades. La façade latérale, du côté de l'arrivée, ne pourra être construite qu'après la démolition de l'ancienne gare.

L'aspect général de l'édifice est rehaussé par des statues placées au sommet de la façade et par d'autres statues qui terminent les colonnes intermédiaires des cinq grands arcs. Les premières représentent la ville de Paris et huit villes principales étrangères; les autres sont celles des villes de France les plus importantes auxquelles conduit le chemin de fer du Nord. L'interruption partielle des pentes du grand comble par les entablements des pilastres et par les figures qui les surmontent, aide à marquer davantage les trois divisions de la halle et à atténuer l'inflexion des lignes inclinées de ces pentes, en interrompant leur grande longueur. Ces entablements et ces figures ont également pour objet d'ajouter par leur poids à la stabilité des huit pilastres destinés à résister à la poussée des grands arcs. Les statues placées dans ces arcs amortissent d'ailleurs la grosseur des montants en pierre qui les subdivisent et en diminuent la hauteur. Les autres sculptures sont : un buste de Mercure, sur la clef du grand arc ; les têtes de Jupiter et de Neptune, sculptées en médaillons aux côtés de cet arc ; des dauphins lançant l'eau sur des foudres qui décorent les acrotères aux angles des frontons des deux pavillons. On comprend le sens de toutes ces sculptures : elles symbolisent le Commerce ; puis le Feu et l'Eau, ces deux éléments de la locomotion par la vapeur, qui se retrouvent dans les chapiteaux sous d'autres formes.

Un grand nombre de ces œuvres d'art sont achevées ; mais plusieurs d'entre elles sont encore dans les ateliers des artistes. Je vais donner ici les noms des sculpteurs qui ont travaillé ou qui travaillent encore à l'ornementation de la gare du Nord, en faisant suivre ces noms de la désignation des sculptures confiées à chacun d'eux : MM. Cavelier (Paris), Jaley (Londres, Vienne), Péraud (Berlin), Moreau (Cologne), Jouffroy (Bruxelles, Saint-Pétersbourg), Gumery (Amsterdam), Thomas (Francfort).

Ces figures sont celles du sommet de la façade. Au-dessus des colonnes du grand ordre s'élèvent d'autres statues qui ont pour auteurs MM. Lequesne (Amiens, Rouen), Franceschi (Lille), Chapu (Beauvais), Ottin (Cambrai, Saint-Quentin), Cavelier (Boulogne, Compiègne), Gruyère (Arras, Laon), Lemaire (Calais, Valenciennes), Crauck (Dunkerque, Douai). Pour compléter ces indications, il faut ajouter qu'on doit à M. Lepère le buste de Mercure, qui marque la

Grav. 44. — Façade de la gare du chemin de fer du Nord.

clef du grand arc; à M. Dénécheau, les bustes de Papin et de Watt; à M. Girard, les médaillons de Jupiter et de Neptune; et enfin à M. Martrou, l'exécution des modèles de sculptures, et à MM. Pelletier, Hardouin et Delapierre, les sculptures des façades principale et latérale et celles des intérieurs.

C'est M. Hittorf qui a édifié cette gare, qui restera comme l'un des principaux monuments de l'architecture industrielle de ce siècle.

Il a été secondé dans cette œuvre par son fils, qui est chargé de l'exécution des travaux.

La gravure précédente représente la façade principale de la gare du Nord, vue de la place Roubaix.

Dans ce même rayon on peut visiter l'hôpital Lariboisière et la prison Saint-Lazare.

L'HÔPITAL LARIBOISIÈRE, rue Ambroise-Parée, clos Saint-Lazare. — Cet hôpital, construit par M. Gautier, porte le nom de sa principale bienfaitrice, madame la comtesse de Lariboisière, qui a légué aux pauvres de Paris environ trois millions. Complétement achevé seulement en 1853, il peut-être considéré comme un type actuel de ce genre d'établissement. C'est à ce titre surtout qu'il mérite d'être mentionné exceptionnellement à cette place. A l'extérieur, l'édifice est orné de deux frontons sculptés par M. Girard ; à l'intérieur, il comprend : le bâtiment de l'administration ; dix pavillons séparés par des promenoirs et reliés par une galerie ; la chapelle qu'on voit au fond de la cour d'entrée. Cette chapelle renferme le tombeau de madame de Lariboisière, sculpté par Marochetti. C'est un sarcophage en marbre noir supportant un groupe qui montre un ange entre un pauvre malade et un enfant orphelin.

La PRISON DE SAINT-LAZARE, faubourg Saint-Denis, 107. — Autrefois Saint-Lazare était un prieuré d'augustins de fondation royale, où les rois faisaient leur séjour pendant quelques semaines pour recevoir le serment de fidélité et les soumissions des autorités. A leur mort, leur corps y était mis en dépôt pendant quelques jours avant de les porter à Saint-Denis pour être inhumés. Plus tard ce prieuré fut uni à une léproserie.

La première charte où il est parlé de la maison de Saint-Lazare porte la date de l'an 1110 ; elle ne fait mention que des pauvres lépreux. Saint Vincent de Paul ayant institué l'ordre des Missions en 1632, on lui donna la maison de Saint-Lazare pour y établir le chef-lieu de sa congrégation. Toutefois on imposa au pieux fondateur l'obligation de continuer à recevoir les lépreux, qui étaient encore à cette époque très-nombreux à Paris. Le corps de saint Vincent de Paul fut inhumé dans le chœur de l'église Saint-Lazare, au pied du maître-autel.

On y voyait, avant 1789, sa tombe en marbre, sur laquelle on lisait :

<blockquote style="text-align:center">
ICI REPOSE
LE VÉNÉRABLE VINCENT DE PAUL,
PRÊTRE, FONDATEUR OU INSTITUTEUR
ET SUPÉRIEUR GÉNÉRAL
DE LA CONGRÉGATION
DE LA MISSION ET DES FILLES DE LA CHARITÉ.
IL MOURUT
LE XXVII SEPTEMBRE MDCLX,
DANS LA QUATRE-VINGT-CINQUIÈME ANNÉE
DE SON AGE.
</blockquote>

Cette tombe a depuis longtemps disparu de l'église des Lazaristes, qui n'est plus aujourd'hui qu'une chapelle de prison.

Dans les derniers temps de l'ancienne monarchie, la maison de Saint-Lazare ou des Lazaristes servait tout à la fois de lieu de retraite pour des exercices pieux et de lieu de détention pour les jeunes gens de famille que leurs parents faisaient enfermer. En 1787, Beaumarchais y fut prisonnier trois jours sur la plainte du baron de Breteuil. Pendant la Révolution, elle devint une prison spécialement affectée aux détenus politiques. Aujourd'hui on y enferme uniquement les femmes prévenues de crimes ou de délits, les femmes condamnées à moins d'un an d'emprisonnement, les femmes condamnées à des peines plus fortes qui y attendent leur transfèrement dans une maison centrale, les jeunes filles arrêtées pour vagabondage ou pour inconduite, les filles publiques momentanément détenues par mesure administrative. Elle est assez vaste pour contenir douze cents prisonnières, astreintes au travail en commun et à la règle du silence, et placées sous la surveillance des sœurs de Saint-Vincent de Paul.

La porte Saint-Denis, boulevard Saint-Denis. — Cet arc de triomphe a été construit en 1672, en mémoire des victoires de Louis XIV, sur les dessins de François Blondel. Il est découvert à la manière des anciens arcs de Titus et de Constantin à Rome. Il a 24 mètres de hauteur sur 124 mètres de largeur. Le portique du milieu a 4 mètres 66 centimètres sur 8 mètres d'ouverture : il est entre deux pyramides engagées dans l'épaisseur de l'ouvrage, chargées de trophées d'armes, et terminées par deux globes aux armes de France que sur-

Grav. 45. — Porte Saint-Denis.

monte une couronne. Au bas sont deux statues colossales, dont l'une représente la Hollande, sous la figure d'une femme consternée et assise sur un lion mourant, qui tient dans une de ses pattes sept flèches désignant les sept provinces unies. Celle qui fait symétrie avec celle-ci représente le Rhin tenant une corne d'abondance ; le fleuve repose aussi sur un lion. Dans les tympans du cintre sont deux Renommées, l'une embouchant la trompette, l'autre tenant une couronne de lauriers à la main ; au-dessus est un bas-relief représentant le passage du Rhin.

La porte Saint-Martin, boulevard Saint-Martin. — Cet arc de triomphe a été construit en 1674, sur les dessins de Pierre Bellet, pour rappeler, comme celui de la porte Saint-Denis, les victoires de Louis XIV. Sa hauteur est de 18 mètres, et sa façade d'égale dimension ; il est percé de trois ouvertures, dont la plus haute, celle du milieu, est ornée de quatre bas-reliefs.

Ceux qui font face à la rue Saint-Martin représentent la Prise de Besançon et la Triple-Alliance ; les deux autres, la Prise de Limbourg et la défaite des Allemands. Sur l'attique on lit une inscription latine dont voici la traduction : « A Louis le Grand, maître pour la seconde fois de Besançon et de la Franche-Comté, et vainqueur des armées allemande, espagnole et hollandaise. — Les édiles. 1674. »

Curiosités diverses

Le dixième arrondissement renferme encore, dispersées sur divers points, les curiosités archéologiques et historiques, dont la nomenclature va suivre :

L'ÉGLISE SAINT-LAURENT, rue du Faubourg-Saint-Martin, n° 125, et place de la Fidélité. — C'était autrefois une abbaye dont il est fait mention dans Grégoire de Tours. L'église fut érigée en paroisse en 1280, sous le règne de Philippe Auguste, rebâtie en 1429, et presque entièrement reconstruite en 1595 ; le portail principal n'a été élevé qu'en 1622. Ce portail, de style grec, doit être avancé de quelques mètres sur le boulevard de Strasbourg et par conséquent réédifié. Le portail septentrional du transsept est du même style ; ce portail est actuellement condamné. L'édifice offre un plan régulier, une nef et deux collatéraux environnés de chapelles. Dans l'angle du chœur et du transsept s'élève une tour carrée à fenêtres ogivales. La corniche qui couronne les murs extérieurs est richement travaillée. Le chœur a été décoré par Blondel, et l'autel par Lepeintre. On remarque parmi les tableaux le Martyre de saint Laurent, par Greuze.

Les Entrepôts généraux de Paris, derrière le Château d'eau et la caserne du Prince-Eugène, sur les deux rives du canal Saint-Martin. — Ce vaste établissement, curieux à visiter à titre de modèle des constructions de ce genre, se divise en cinq groupes de bâtiments avec des cours et des hangards pour le chargement et le déchargement des marchandises.

La gare de l'Est, place de Strasbourg. — Sans être, à beaucoup près, aussi monumentale que la gare du Nord, celle de l'Est mérite cependant d'être signalée et visitée. Elle a été construite sur les dessins de l'architecte Duquesnoy, mort avant l'achèvement de son œuvre. Elle se compose d'une immense galerie formée d'une magnifique charpente en fer, arrondie à la voûte et terminée, à ses deux extrémités, par un cintre hardi. Le faîte de cette galerie, qui forme la gare proprement dite, est demi-cylindrique; il est fermé du côté du boulevard de Strasbourg par une demi-rosace en fer et vitrée. A droite et à gauche s'élèvent, en avant du bâtiment principal, deux pavillons reliés entre eux par une galerie qui forme devant les bureaux où se prennent les billets un élégant péristyle. Une statue représentant la ville de Strasbourg est assise au sommet du triangle qui encadre le cintre de la grande galerie. Au milieu de la colonnade qui règne entre les deux pavillons, deux autres statues à demi couchées s'appuient à une horloge élégante: d'un côté c'est le Rhin et de l'autre la Seine. Chacune des colonnes de ce péristyle est surmontée d'un écusson représentant les armes d'une des principales villes desservies par le réseau, et dans leurs chapiteaux sont sculptés quelques-uns des produits agricoles des départements que parcourent ses différentes lignes.

Le Château d'Eau, boulevard du Temple, en face la caserne du Prince-Eugène. — L'aspect général de cette fontaine, élevée en 1811, sur les dessins de Girard, est grandiose. Ses détails ne sont pas moins curieux.

Au milieu d'un vaste bassin circulaire inférieur s'étagent en amphithéâtre trois autres bassins, qui servent de base à une double coupe de fonte, composée d'un piédouche et de deux patères inégales, séparées l'une de l'autre par un fût. Une gerbe d'eau volumineuse, jaillissant de la coupe supérieure, élevée de 10 mètres, déborde ce réservoir en cascades, et retombant de gradin en gradin, forme cinq nappes que décorent huit lions accouplés sur quatre socles carrés, et lançant par la gueule des filets d'eau.

La CASERNE DU PRINCE-EUGÈNE, rue de Bondy, en face le boulevard du Temple et le Château d'Eau. — Cette caserne monumentale a extérieurement l'aspect d'un palais. Sa beauté architecturale frappe autant que le vaste développement de la principale façade. Cette façade se profile sur une longueur de 114 mètres, et se compose d'un étage demi-souterrain fondé sur un radier de béton de 1 mètre 50 d'épaisseur, d'un entre-sol et de deux étages, dont le dernier est surmonté d'un comble de 4 mètres de hauteur. Les quatre pavillons d'angle ont un étage de plus; ils sont ornés de pilastres et de refends dans leur partie basse. Un fronton triangulaire, avec sculptures, décore la façade principale, qui est percée de près de cent fenêtres. Une galerie couverte de 4 mètres 50 centimètres de largeur, et qui présente une série d'arcades, règne intérieurement au pourtour de la cour.

Entièrement construit en pierre et en fer, cet édifice, qui forme un vaste parallélogramme, est isolé sur les quatre côtés, et couvre une superficie de 9,650 mètres.

L'HÔPITAL SAINT-LOUIS, rue Bichat, 21. — Cet hôpital qu'Henri IV a fondé, mérite d'être signalé à cette place, à raison de son caractère architectural et de son heureuse situation. Spécialement affecté aux maladies de la peau, il est construit dans une situation élevée et parfaitement aérée; le principal corps de bâtiment forme un quadrilatère à faces égales, élevé de deux étages, dont les angles sont flanqués de pavillons; il est entièrement isolé et séparé de la ville par de vastes cours environnées des bâtiments nécessaires aux divers services et au traitement externe des malades.

ONZIÈME ARRONDISSEMENT.

Le onzième arrondissement a pour limites : 1° la rue du Faubourg-du-Temple; 2° les boulevards du Temple, des Filles-du-Calvaire;

Beaumarchais ; 3° la rue du Faubourg-Saint-Antoine, la place du Trône ; 4° les boulevards de Montreuil, Charonne, Fontarabie, Aunay, des Amandiers, de Belleville.

La place du Trône. — Cette place qui est destinée à faire, sur la route du bois de Vincennes, le pendant de la place de l'Étoile, qui est sur la route du bois de Boulogne, doit son nom à un trône qui y fut élevé, le 26 août 1660, pour Louis XIV, lors de sa rentrée à Paris, après son mariage avec Marie-Thérèse d'Autriche. Pendant la Révolution, cette place fut, comme celle de la Concorde, un lieu d'exécutions. C'est là qu'André Chénier a été décapité. Elle est maintenant l'un des emplacements de Paris le plus spécialement réservés aux réjouissances publiques les jours de fête nationale. On y tient également tous les ans, après Pâques, une foire dite : *foire aux pains d'épice.*

La place du Trône, vaste espace macadamisé et planté d'arbres, est de forme ronde. On y voit aujourd'hui des constructions en toile, en plâtre et en charpente. Ce sont les esquisses provisoires d'une décoration monumentale qui servira en même temps à consacrer le souvenir des victoires remportées par l'armée française sous le règne actuel.

Cette décoration consiste en un portique circulaire embrassant tout le périmètre de la place du Trône ; en une fontaine centrale placée dans le point de vue des nombreux boulevards qui convergent vers cette place ; enfin, en un arc de triomphe érigé dans l'axe de l'avenue de Vincennes.

Le portique est d'ordre toscan, à jour, interrompu trois fois par les trois avenues principales. Il est destiné à dissimuler autant que possible l'absence de toute symétrie. Grâce à lui disparaît l'irrégularité regrettable qu'offre la différence entre les axes du faubourg Saint-Antoine et de l'avenue de Vincennes. Une rue circulaire de 30 mètres de largeur isole déjà la place du Trône des propriétés riveraines.

Trois grands bassins concentriques, échelonnés en cascades, ornés et animés par des chevaux marins, des lions, des mascarons qui lancent des jets d'eau, forment la partie inférieure de la fontaine monumentale, dont la partie supérieure se compose d'une sphère soutenue par un piédouche ornementé. L'universalité, voilà ce que cette sphère exprime. Une statue surmonte ce globe symbolique, celle de la Gloire, qui distribue des couronnes aux vainqueurs.

L'arc est dans les proportions générales de cette classe de monuments chez les anciens : il n'a qu'une seule arcade. Douze colonnes de marbre de couleur qui reposent sur de grands stylobates lui donnent de la noblesse. Chaque colonne supporte la statue de bronze d'un soldat, et chaque soldat personnifie l'un des corps de l'armée de terre et de mer; tous forment la garde d'honneur de la France. Celle-ci, montée sur un quadrige, couronne l'édifice; quatre Renommées sont aux quatre angles : ailes éployées, trompette en main, elles annoncent au monde les hauts faits de la grande nation.

Victoires au-dessus de l'archivolte de l'unique arcade; boucliers dans l'attique où sont gravés les noms d'Alma, de Malakoff, de Magenta, de Solferino, de Puebla, de Mexico; proues de navires sur les faces latérales, trophées de haut-relief dans les entre-colonnements de la façade, accompagnés de Génies qui indiquent le Départ, le Combat, le Triomphe et le Retour, rien n'est oublié, rien n'est omis pour faire parler cet édifice consacré à notre gloire nationale, et qui, lui aussi, portera témoignage un jour en faveur de notre drapeau relevé. Du reste, la destination future de ce monument se trouve indiquée avec la précision de l'épigraphie par l'inscription suivante, placée dans toute la hauteur de l'attique : *A Napoléon III, aux armées victorieuses de Crimée, d'Italie, de Chine, de Cochinchine, d'Algérie*, 1852-1862.

C'est sur les dessins de M. Victor Baltard qu'a été élevée cette décoration provisoire qui doit devenir une décoration en pierre, en marbre et en bronze.

Tout près de l'arc de triomphe moderne, on remarque des co-LONNES de 30 mètres 50 centimètres de hauteur, dont la construction, faite sur les dessins de Ledoux, date de 1788. Toutefois, la décoration de ces colonnes n'a été terminée qu'en 1845. Elles supportent, l'une et l'autre, une statue colossale exécutée en fonte de fer, et représentant, l'une Louis IX, par M. Étex ; l'autre Philippe Auguste, par M. Dumont. Elles sont ornées de figures sculptées figurant, du côté de la place, l'*Industrie* et la *Justice*, par M. Simart ; du côté de l'avenue, la *Victoire* et la *Paix*, par M. Desbœufs. Un escalier intérieur en fonte est ménagé dans chacune de ces deux colonnes.

Curiosités diverses.

Le onzième arrondissement renferme encore, dispersées sur différents points, les curiosités archéologiques et historiques, dont la nomenclature va suivre :

L'église Sainte-Marguerite, 28, rue Saint-Bernard. — Cette église, qui appartient en réalité au dix-huitième siècle, puisqu'elle a été entièrement rebâtie en 1712, n'a rien d'architectural ; mais elle possède quelques œuvres de peinture et de sculpture qui méritent qu'on les visite. On y remarque surtout un groupe sculpté sur les dessins de Girardon par Robert le Lorrain et Nourrisson, pour l'église de Saint-Landry et représentant la Vierge gémissant au pied d'une croix près du corps inanimé du Christ, et entourée d'anges. Ce groupe en marbre surmonte un sarcophage également en marbre, placé derrière le maître-autel.

On voit encore, dans cette même église, deux peintures de Brunetti, qui sont dans la chapelle des Ames du Purgatoire ; à l'entrée extérieure, un *Massacre des Innocents* du treizième siècle, placé contre le mur de la façade, à droite ; à gauche, une *Descente de Croix*, peinture sur bois du seizième siècle ; à l'entrée intérieure, à droite, un groupe en plâtre de Maindron, représentant le *Martyre de sainte Marguerite* ; à gauche, un autre groupe représentant sainte Élisabeth ; et enfin plusieurs autres peintures ou sculptures.

L'entrée, qui est formée de deux arcades, est ornée d'un médaillon représentant Vaucanson, mort en 1782, et inhumé dans l'intérieur de l'église, qu'entourait autrefois un cimetière depuis longtemps supprimé. C'est dans ce cimetière qu'ont été portés les restes de Louis XVII, mort au Temple, restes qui n'ont pas été retrouvés.

Prison de la Roquette, rue de la Roquette, 168. — Cette prison sert de maison de dépôt pour les condamnés. Construite seulement en 1836, elle peut être considérée comme un modèle de ce genre d'établissement, et c'est à ce titre surtout qu'elle mérite d'être signalée à cette place. Le caractère extérieur de son architecture est d'une simplicité glaciale et presque sombre. Elle ne contient que quatre cent quarante cellules, dans lesquelles les prisonniers sont enfermés isolément pendant la nuit. Le jour, ils travaillent silencieusement dans des ateliers communs.

C'est en face de l'entrée principale de la prison de la Roquette qu'ont lieu aujourd'hui les exécutions capitales. On remarque cinq dalles oblongues exhaussées dans le pavé de l'avenue qui conduit au bâtiment. Ce sont ces dalles qui servent d'appui à la charpente de l'échafaud. Elles indiquent par conséquent la place où l'on dispose l'instrument du supplice.

Prison des Jeunes Détenus, rue de la Roquette, 143. — Cette prison est également de construction toute moderne. En l'examinant au dehors on dirait une prison d'État. On y enferme les enfants au-dessous de seize ans acquittés comme ayant agi sans discernement et renvoyés dans des maisons de correction pour un temps déterminé, les enfants détenus sur la demande de leurs parents, et, en très-petit nombre, des enfants condamnés comme ayant agi avec discernement. Cette prison peut contenir environ cinq cents détenus tous soumis au régime du travail obligatoire et du silence absolu.

L'hôtel de la Mairie, boulevard du Prince-Eugène. —Ce boulevard forme, à un point d'intersection de diverses voies qui y aboutissent à peu près vers le centre, une place où doit être érigée une statue du prince Eugène. C'est sur cette place que l'on construit actuellement l'hôtel de la mairie du onzième arrondissement, mairie dont les bureaux sont provisoirement dans un bâtiment sans caractère.

Construite d'après les plans et sous les ordres de M. A. Gancel, la nouvelle mairie, admirablement située d'ailleurs, comprendra une grande cour centrale avec entrée et sortie pour les voitures, et rappelant par ses dispositions celle de l'Hôtel de Ville, dite cour de Louis XIV. Des escaliers, ou plutôt des portiques couverts, placés tout autour, faciliteront tous les services.

Sur la face principale du rez-de-chaussée se trouvera un large vestibule d'entrée ; c'est là que prendront naissance les escaliers de service conduisant dans les diverses parties de l'édifice ainsi que le grand escalier d'honneur. Dans la partie postérieure seront les locaux affectés à la justice de paix, au bureau de bienfaisance, au commissariat de police et à d'autres services d'intérêt public.

Le premier étage sera occupé par les bureaux et les salles ordinaires de la municipalité, par une salle de lecture, ou bibliothèque, ainsi que par un local spécial consacré aux réunions des sociétés savantes ou de bienfaisance.

En outre de ces différents services, il y aura encore au premier étage une immense salle sans destination fixe, mais où pourront avoir lieu alternativement les bals et les concerts de charité, et enfin toutes les réunions qui exigeront un local spacieux.

Cette salle, à laquelle on arrivera par deux grands escaliers, sera dégagée dans toute sa longueur par un vaste portique ouvert sur la cour centrale. D'une disposition aussi simple que grandiose, occupant tout un des côtés de la façade, elle donnera à l'édifice un aspect remarquable, en même temps qu'elle présentera un caractère d'utilité incontestable.

Le canal Saint-Martin. — Ramification du canal de l'Ourcq, il s'en détache au bassin de la Villette, où est son point de départ pour aller se jeter près du pont d'Austerlitz, dans la Seine. Établi en 1822, pour épargner aux bateaux qui ne font que traverser Paris, les lenteurs et les difficultés de cette traversée, il a été construit sur les plans de M. Devillers, à ciel ouvert, sur toute l'étendue de son parcours. Mais récemment on a augmenté sa profondeur et on l'a voûté du bassin de la Douane à la place de la Bastille ; il passe maintenant sous le boulevard Richard-Lenoir, boulevard dont on a fait une magnifique promenade plantée d'arbres et ornée de squares. Il est donc divisé en trois parties : la première, qui est à ciel ouvert, du bassin de la Villette au bassin qu'il forme devant l'entrepôt de la Douane; la seconde, qui est souterraine, de cet entrepôt a l'extrémité est de la place de la Bastille; la troisième, qui forme également bassin, et qui est à ciel ouvert, de ce dernier point à son embouchure.

DOUZIÈME ARRONDISSEMENT.

Le douzième arrondissement a pour limites : 1° le canal de la Bastille à la Seine; 2° la Seine, du canal aux fortifications; 3° les fortifications; 4° le Cours de Vincennes et la rue du Faubourg-Saint-Antoine.

Colonne de Juillet, place de la Bastille. — On sait que la PLACE DE LA BASTILLE, sur laquelle s'élève la colonne de Juillet, occupe l'emplacement où se trouvait autrefois la porte Saint-Antoine, les fossés de la Bastille et une courtine avancée de cette même forteresse. C'est au lieu même où se trouvait cette courtine que la colonne de Juillet a été érigée en 1834 pour honorer la mémoire des combattants morts le 27, le 28 et le 29 juillet 1830, pendant la lutte qui s'est terminée par la chute de la Restauration. La colonne de Juillet est toute en bronze; elle mesure de la base au sommet environ 53 mètres de hauteur et renferme un escalier intérieur, également en bronze, formé de deux cent cinq marches. Le piédestal, dont le fond est couvert d'un rang de cannelures, est décoré sur ses quatre faces d'une manière différente : sur la face principale se détache en ronde-bosse un lion placé sur un zodiaque, qui représente la force populaire et le signe astronomique de juillet; au-dessus, sur une large table, on lit cette inscription gravée en creux et dorée :

AUX CITOYENS FRANÇAIS
QUI S'ARMÈRENT ET COMBATTIRENT
POUR LA DÉFENSE DES LIBERTÉS PUBLIQUES,
DANS LES MÉMORABLES JOURNÉES
DES 27, 28 ET 29 JUILLET 1830.

Sur la surface postérieure figurent les armes de la ville de Paris, et sur une table parallèle à la précédente, cette inscription :

LOI DU 13 DÉCEMBRE 1830.

Art. 15.

Un monument sera consacré à la mémoire des événements de Juillet.

LOI DU 9 MARS 1833.

Art. 2.

Ce monument sera érigé sur la place de la Bastille.

Les deux faces latérales, qui sont semblables, portent encadrées dans des guirlandes les dates des 27, 28, 29 juillet, sous lesquelles sont placées des couronnes de laurier et des palmes triomphales.

Les moulures du piédestal sont partout couvertes de riches ornements ciselés. Aux quatre angles sont placés des coqs gaulois.

Le fût de la colonne, partie uni, partie orné, est terminé par des cannelures en haut et en bas ; des bracelets ornés séparent en trois parties l'espace intermédiaire ; ces bracelets, au nombre de quatre, sont ornés de têtes de lion, dont la gueule ouverte donne du jour et de l'air à l'intérieur; entre les têtes sont des boucliers, portant en chiffres saillants et dorés ces dates, 27, 28, 29 juillet 1830 : le reste du bracelet est couvert d'un rinceau d'ornements.

Chacune des trois parties unies, de 5 mètres de hauteur, représentant une journée, porte l'une de ces trois dates historiques. Sur cet immense fût, sont inscrits en lettres d'or les noms des six cent quinze combattants morts pendant la lutte.

Le chapiteau, la plus grande pièce de fonte qui ait encore été coulée, pèse dix mille cinq cents kilogrammes à lui seul, et ses dimensions sont vraiment colossales, car il a, par le haut, 5 mètres de face ; sa hauteur est de 2 mètres 70 centimètres ; ses ornements consistent, par le bas, dans un rang de petites feuilles, surmonté d'une corbeille autour de laquelle s'élèvent quatre grandes feuilles formant les angles de la pièce ; de la corbeille sortent des caulicoles qui vont caresser et supporter le tailloir, ainsi que des palmettes qui s'élèvent à droite et à gauche d'une tête de lion double de nature qui forme la rosace du chapiteau ; par-dessus le tout, les pieds appuyés sur les feuilles du bas, et la tête sous la gueule du lion, quatre enfants, de 1 mètre 50 centimètres de hauteur, soutiennent, sur leurs bras, des guirlandes de fruits et de fleurs. Ce chapiteau est couronné d'une balustrade à jour. Sur le milieu s'élève une lan-

Grav. 46. — La colonne de Juillet.

terne, surmontée d'une statue dorée représentant le Génie de la liberté ayant brisé les fers du despotisme, et portant par le monde le flambeau de la civilisation ; sur sa tête brille une étoile.

La colonne de Juillet est élevée sur deux soubassements en marbre blanc ; le premier est circulaire, et sur sa corniche unie se détachent vingt-quatre têtes de lion, dont la gueule ouverte sert à l'écoulement des eaux du ciel ; le deuxième, qui est carré et porté sur un socle en granit poli, est orné de moulures et de cadres au milieu desquels sont des médaillons de bronze représentant les attributs de la Justice, de la Charte, de la Force et de la Liberté : ceux des angles représentent des croix de Juillet. Autour de ces soubassements s'élève une grille en fonte de fer, ayant l'apparence d'une balustrade séparée en vingt-quatre parties par des pilastres et surmontée d'un rinceau représentant des fers de lance.

La porte qui conduit à la colonne donne aussi accès à une galerie circulaire dallée en marbre blanc parsemé d'étoiles et de croix noires; cette galerie est éclairée par des grilles placées sur le premier soubassement et par des fenêtres garnies de vitraux de couleur.

Ce passage sert en quelque sorte de vestibule à deux caveaux funèbres, dans lesquels on arrive par quatre portes cintrées ; autour de ces portes en bronze découpé à jour s'ajustent des pilastres et des corniches sculptées et surmontées chacune de trois couronnes de branches de chêne et de cyprès. Dans chaque caveau on a construit un vaste sarcophage de 14 mètres de long sur 2 mètres de large et 1 mètre de profondeur, dans lequel sont déposés vingt-cinq cercueils contenant chacun les restes de douze des combattants.

La gravure suivante représente la colonne de Juillet avec une vue générale de la place de la Bastille.

Maison Eugène-Napoléon, rue du faubourg Saint-Antoine, 254. — Cette maison de charité est une fondation de l'impératrice Eugénie, qui l'a fait construire en 1857, par M. Hittorf, avec les 600,000 francs que la ville de Paris avait votés pour lui offrir un collier. Sa Majesté y fait élever trois cents jeunes filles pauvres dont elle paye la pension sur sa cassette particulière. L'extérieur de l'édifice a un très-bel aspect ; il est entouré sur le devant de jardins fermés par une grille; la porte d'entrée est très-élégante ; en face se trouve une fontaine qui s'élève au centre d'une petite cour précédant le portique.

Ce portique est composé de quatre colonnes supportant un balcon décoré du buste de l'impératrice Eugénie. La gravure suivante reproduit cette façade.

La maison Eugène-Napoléon est dirigée par les sœurs de Saint-

Vincent de Paul; elle renferme une chapelle dont le sanctuaire est peint à fresque par M. Barrias.

Grav. 47. — Maison Eugène-Napoléon.

Curiosités diverses.

Le douzième arrondissement renferme encore, dispersées sur divers points, les curiosités archéologiques et historiques dont la nomenclature va suivre :

MAISON D'ARRÊT CELLULAIRE, boulevard Mazas, 25. — Cette prison est située en face de la rampe d'accès qui conduit à la gare du chemin de fer de Lyon. Elle est de forme semi-circulaire et comprend six corps de bâtiments, subdivisés en trois étages qui contiennent, chacun, six couloirs où s'ouvre une double rangée de cellules. Le nombre total de ces cellules est de 1260. On y enferme isolément les prévenus de toutes catégories qui attendent là que la justice ait prononcé sur leur sort, un petit nombre de condamnés dont la peine est de courte durée, et un plus petit nombre encore d'autres condamnés qui y font, par privilége, leur temps de détention.

Ainsi que sa dénomination l'indique, cette maison a été construite pour servir de modèle aux établissements de ce genre bâtis d'après les règles du régime cellulaire. Les six corps de bâtiments dont elle se compose rayonnent autour d'un septième bâtiment central auquel aboutit chaque étage et qui renferme avec la chapelle un poste de surveillance et d'observation.

La caserne de Reuilly, rue de Reuilly, était, avant 1846, un établissement de polissage et d'étamage de glaces qui étaient fondues à Saint-Gobain, où a été transporté à cette époque tout le matériel de l'ancienne manufacture fondée en 1634 par Colbert.

L'hospice des Quinze-Vingts, rue de Charonne, 38, spécialement consacré aux aveugles et dont la fondation remonte à saint Louis, est installé depuis 1799 dans les bâtiments de l'ancien hôtel des Mousquetaires noirs. Ces bâtiments se composent de deux étages, de galeries ayant chacune quatre-vingt-une fenêtres qui ouvrent sur la cour principale, de trois salles d'infirmerie, dont deux grandes et une petite, et d'une chapelle servant d'église paroissiale, avec entrée publique sur la rue de Charenton. Chaque ménage d'aveugle occupe une chambre à feu ; chaque aveugle célibataire occupe un cabinet sans cheminée.

L'hôpital Saint-Antoine, rue du Faubourg-Saint-Antoine, 184, est installé dans les bâtiments d'une ancienne abbaye de femmes. Fondés en 1198 par Foulques, curé de Neuilly, reconstruits en 1770 par l'architecte Lenoir et consacrés à leur destination actuelle en 1795, ces bâtiments viennent d'être restaurés et augmentés de deux nouveaux corps d'habitation situés aux deux extrémités du logis central, et formant une aile en retour.

Ces nouveaux corps d'habitation se composent d'un rez-de-chaussée et de deux étages de salles divisées en trois nefs par des rangées de colonnes. On va également construire une buanderie nouvelle, une maison d'accouchement et une vaste chapelle.

Le pont d'Austerlitz. — Ce pont est de création moderne. Il date seulement de 1801, il n'a même été achevé qu'en 1807 ; il avait alors des piles en pierre et des cintres en fer. Il vient d'être reconstruit entièrement en pierre. Sa longueur est de 130 mètres ; il relie entre elles, la place Mazas à la place Valhubert, à la porte du Jardin des Plantes.

Le pont de Bercy, qui existe encore tel qu'il a été établi en 1835, et qui était le dernier pont suspendu de Paris, est en ce moment en voie de reconstruction. Le nouveau pont de Bercy sera refait tout en pierre. Il aboutit, sur la rive droite, entre les quais de la Rapée et de Bercy ; sur la rive gauche, entre les quais d'Austerlitz et de la Gare.

Le pont Napoléon III. — Ce pont d'une grande hardiesse de construction est double : la moitié sert au passage du chemin de fer de ceinture en amont de la Seine ; l'autre moitié sert à la circulation des piétons. Cette partie est la continuation, au-dessus du fleuve, de la route militaire intérieure. Il met en communication la porte de Bercy et la porte de la Gare. Il est tout en pierre, se compose de 6 arches de 54 mètres d'ouverture chacune, et a une longueur de 400 mètres. On remarque les viaducs en meulière, de la hauteur de 8 mètres au-dessus des quais, qui y aboutissent sur chacune des élévations.

TREIZIÈME ARRONDISSEMENT.

Le treizième arrondissement a pour limites : 1° la Seine, du pont d'Austerlitz aux fortifications ; 2° les fortifications ; 3° la rue de la Santé ; 4° le boulevard Saint-Marcel inachevé et le boulevard de l'Hôpital.

La manufacture impériale des Gobelins, rue Mouffetard, 254. Cette manufacture doit son nom à Jean Gobelin, teinturier de Reims, qui transporta son établissement à Paris, sur les bords de la Bièvre. Ce fait avait lieu dans le quinzième siècle. Deux cents ans plus tard, un des arrière-petit-fils de ce Jean Gobelin s'appelait le marquis de Brinvilliers et épousait la fille de Jacques Aubriot, lieutenant de police, remarquée alors pour sa vertu et sa beauté et prédestinée à une terrible et fatale célébrité.

La famille des Gobelins, devenue riche, avait depuis longtemps cédé sa manufacture de teinturerie à la famille des Camaye qui commencèrent à fabriquer des tapis de haute lisse. Ce fut peu de temps après que cet établissement particulier fut transformé en un établissement public par Louis XIV, qui en fit l'acquisition à l'instigation de Colbert.

L'ancien hôtel de la famille des Gobelins fut démoli en 1662, et sur son emplacement on éleva une partie des bâtiments actuels, où, en 1667, on organisa, sur des bases qui sont encore à peu près les mêmes, une manufacture qu'on nomma d'abord : *Manufacture royale des meubles de la couronne*, et dont on confia la direction à Lebrun, premier peintre du roi. Cette manufacture, où l'on n'a jamais fabriqué que des tapis, absorba, en 1826, celle du même genre connue sous le nom de *Savonnerie*, établissement créé, en 1604, par Marie de Médicis, et ainsi nommée parce qu'après avoir été provisoirement installée au Louvre, elle avait été transférée à Chaillot dans une ancienne fabrique de savons.

Sous le premier Empire, la manufacture royale des meubles de la couronne reprit l'éclat qu'elle avait perdu sous la première République, et, sous sa dénomination actuelle de manufacture impériale des Gobelins, elle acquit une réputation européenne qu'elle n'a jamais perdue.

Il n'y pas lieu de décrire les bâtiments, qui n'ont rien d'architectural et qui n'offrent aucun intérêt d'art ou d'archéologie. Des notions complètes sur la fabrication des tapis ne seraient pas davantage ici à leur place. Je me bornerai donc à constater que ces tapis sont supérieurs à ceux de Perse pour la perfection du dessin, pour l'éclat de la couleur, pour la finesse du tissu ; qu'il faut souvent consacrer de cinq à dix années à leur confection, et que la dépense qu'ils occasionnent s'élève quelquefois à 150,000 fr.

On visite spécialement les trois salles d'exposition où sont livrées à l'admiration du public de magnifiques tapisseries exécutées dans l'établissement depuis sa fondation, d'après les tableaux des plus grands maîtres, et dont le catalogue se vend 75 cent., chez le concierge, au profit de la caisse de retraites de la maison ; les ateliers de tapis qui sont au rez-de-chaussée, les ateliers de tapisseries qui sont au premier étage; l'atelier de rentraiture; l'atelier de teinture.

Les spécialistes qui voudraient connaître les procédés de fabrication des tapisseries et des tapis des Gobelins, ainsi que l'organisation du personnel et la distribution du travail devront consulter ce que dit à ce sujet M. Turgan dans son magnifique ouvrage sur les grandes usines de France.

Curiosités diverses

On peut visiter encore dans le treizième arrondissement la SALPÊTRIÈRE, hospice de la Vieillesse, situé sur le boulevard de l'Hôpital. Ce qui frappe tout d'abord en entrant dans cet hospice, c'est son étendue. On

Grav. 48. — Fauteuil style Louis XV, aux Gobelins.

dirait une ville, car il a ses rues, son marché, ses quartiers, et il occupe une superficie de 50 hectares, sur laquelle s'élève quarante-cinq corps de bâtiments distincts. Il sert d'asile : 1° aux femmes vieillies au service de l'hôpital ; 2° aux femmes octogénaires infirmes ; 3° aux femmes septuagénaires atteintes de maladies incurables ; 4° aux femmes indigentes, aux femmes aliénées, aux femmes épileptiques. Le nombre des lits est de plus de 5,000.

La Salpêtrière possède une belle église construite d'après un système particulier. C'est un édifice circulaire de 20 mètres de diamètre, surmonté d'un dôme octogone et percé, à l'intérieur, de huit arcades servant d'entrée à quatre nefs et à quatre chapelles. Au centre de l'église s'élève le maître-autel, vers lequel convergent ces nefs et ces chapelles, de même que les rayons d'une roue aboutissent au moyeu. Un portique formé de quatre colonnes ioniques et surmonté d'un attique indique l'entrée de cette bizarre église, où l'on remarque le mausolée en marbre du cardinal de la Rochefoucauld, sculpté par Philippe Buister.

QUATORZIÈME ARRONDISSEMENT.

Le quatorzième arrondissement a pour limites : 1° le boulevard Montparnasse, depuis le chemin de fer, le boulevard Saint-Marcel inachevé; 2° la rue de la Santé; 3° les fortifications; 4° le chemin de fer de l'Ouest.

L'Observatoire, rue Cassini. — Construit en 1667, et achevé en 1672, d'après les dessins de Perrault, l'édifice que l'on nomme l'Observatoire a cela de particulier que ses quatre faces correspondent aux quatre points cardinaux et que sa façade méridionale se confond avec la latitude de Paris, dont le méridien la coupe en deux parties égales. Ces deux parties distinctes forment deux lignes séparées qui servent de point de départ aux triangulations d'après lesquelles on dresse la carte de France.

Cet édifice ne contient ni bois ni fer; en 1834 on l'a augmenté de deux ailes. Dans l'une sont des cabinets d'observations; dans l'autre est un vaste amphithéâtre. On remarque, à droite du vestibule, l'escalier de pierre qui monte au second étage. C'est à gauche, dans une salle voûtée de ce second étage que la ligne méridienne de Paris est tracée du sud au nord sur des dalles. Cette ligne est divisée, d'un côté, en mètres, de l'autre côté, en pieds.

On remarque, dans la salle du méridien, les bustes en marbre des astronomes, des géomètres et des navigateurs célèbres. L'extrémité nord de cette salle est terminée par un pentagone en forme de chœur. Toutes les pièces de ce même étage se terminent en voûtes elliptiques qui ont la propriété de transmettre le son. On trouve ensuite un petit escalier tournant qui aboutit à la plate-forme, élevée de 27 mètres au-dessus du pavé.

Les fondations de l'Observatoire descendent également à 27 mètres au-dessous du sol ; là sont des caves divisées en plusieurs compartiments ; des ouvertures circulaires sont pratiquées au centre de l'édifice et mettent en communication sa partie la plus élevée avec sa partie la plus profonde.

On a construit sur la plate-forme deux coupoles, l'une en cuivre, l'autre en tôle, toutes deux pourvues de glissoires qu'on baisse ou qu'on lève à volonté. La coupole qui est en cuivre renferme le cercle répétiteur de Reichenbach ; la coupole qui est en tôle renferme le cercle parallactique de Gambey.

Le cimetière du Sud, boulevard Montrouge. — Ce cimetière forme un vaste pentagone borné au nord par le boulevard Montrouge, à l'est par le boulevard d'Enfer, au sud par la rue du Champ-d'Asile, à l'ouest par des propriétés particulières ; au centre est une allée circulaire ; toutes les autres allées se coupent à angles droits. Il sert aux inhumations des cinquième, sixième, septième, treizième et quatorzième arrondissements. Son aspect n'a rien de pittoresque ; mais on y trouve quelques monuments funéraires qui fixent l'attention. Ainsi, je citerai spécialement le mausolée en marbre blanc du chirurgien Lisfranc, surmonté de son buste et décoré de bas-reliefs en bronze par C. Elschoet ; les sépultures du P. Loriquet et du P. de Ravignan ; le tombeau de l'ancien évêque de Blois, le trop célèbre Grégoire ; de l'auteur dramatique Alexandre Duval, de l'illustre chimiste Orfila ; de la duchesse de Gesvre, qui était la dernière descendante de Duguesclin ; le mausolée du peintre Gérard, orné d'un médaillon qui le représente, et de bas-reliefs en bronze reproduisant deux de ses tableaux : *Bélisaire* et le *Christ* ; celui du sculpteur J. Rude, décoré de son buste et d'un dessin du bas-relief qu'il a exécuté sur la façade orientale de l'arc de triomphe de l'Étoile ; les sépultures du philosophe Jouffroy, du poëte Hégésippe Moreau, de l'acteur Bocage, et enfin le monument que la Société de géographie a fait élever à Dumont d'Urville, célèbre navigateur qui, après avoir fait deux fois le tour du monde, est venu périr obscurément aux portes de Paris, avec sa femme et son fils, le 8 mai 1842, brûlé dans un wagon de chemin de fer.

Le cimetière du Sud qu'on nomme aussi cimetière du Mont-Parnasse, n'a été ouvert qu'en 1824, il couvre une superficie de dix hectares.

Les Catacombes, avec entrée usuelle dans la cour du pavillon occidental de l'ancienne barrière d'Enfer, et entrées accessoires à la Tombe-Issoire et dans la plaine de Mont-Souris. On appelle de ce nom, emprunté aux souvenirs religieux des premiers temps de la Rome chrétienne, d'immenses carrières d'où l'on a jadis extrait les matériaux des maisons qui couvraient la rive méridionale de la Seine. Ces carrières s'étendent sous le sol de Paris, en profondes excavations, depuis la plaine de Mont-Souris jusqu'à la place Sainte-Geneviève. Oubliées jusqu'en 1777, elles se rappelèrent à cette époque à l'attention publique en engloutissant des maisons entières. On s'occupa alors d'en lever le plan. Quand cette opération fut terminée, le lieutenant général de police Lenoir eut la pensée d'y faire transporter tous les ossements du cimetière des Innocents, qu'il voulait convertir en voie publique. Il n'eut pas le temps de réaliser lui-même cette idée, mais ses successeurs la mirent à exécution à l'aide d'immenses travaux de consolidation et d'appropriation.

Les catacombes furent solennellement inaugurées et bénies le 7 avril 1786. Depuis cette époque, on y a transféré successivement, au fur et à mesure de la suppression des cimetières intérieurs, les ossements qui se trouvaient dans ces divers cimetières. Sous le Consulat, on y a exécuté, avec ces mêmes ossements, des décorations architecturales. Enfin, on les a divisées en galeries numérotées qui correspondent avec les rues situées au-dessus de ces vastes souterrains. Elles constituent donc comme un quartier des morts qui a ses piliers, ses places et ses voies publiques, aux voûtes de crânes et aux murailles, hautes de six pieds, tapissées de débris humains.

Grav. 49. — Les Catacombes; place des Blancs-Manteaux et de Saint-Nicolas des Champs.

On ne peut visiter les catacombes qu'avec une autorisation spéciale de l'ingénieur en chef chargé de leur surveillance, et seulement aux époques où il s'y rend lui-même pour s'assurer de leur état de conservation. On y descend par un escalier étroit, muni d'une bougie; on s'engage ensuite dans une galerie dont les parois sont revêtues d'une maçonnerie garnie de plaques de zinc destinées à combattre l'infiltration des eaux. Cette galerie se dirige, par plusieurs détours, vers la plaine de Mont-Souris. Une large bande noire tracée sur la voûte sert de fil d'Ariane dans la première partie de cette exploration.

On arrive enfin au caveau où sont entassés les derniers ossements apportés dans ces funèbres demeures, et qui n'ont pas encore été classés. C'est là qu'on lit ce vers tiré de l'Odyssée :

> N'insultez pas aux mânes des morts.

D'autres vers empruntés à Delille, à Malfilâtre, à Lamartine sont écrits, çà et là, sur les parois de ces ténébreuses galeries, où l'on rencontre le tombeau de Gilbert, avec cette strophe célèbre qui commence ainsi :

> Au banquet de la vie, infortuné convive...

Ce tombeau n'est qu'à quelque distance de la *Samaritaine*, seule fontaine des catacombes. Cette fontaine est alimentée par des filtrations d'eau que l'on recueille dans un bassin.

La gravure précédente donne une idée générale de ces souterrains mortuaires.

Curiosités diverses.

Le quatorzième arrondissement renferme encore, dispersées sur divers points, les curiosités archéologiques et historiques dont la nomenclature va suivre :

L'hôtel de la Mairie, place du Petit-Montrouge. — Cet édifice, qui ne date que de 1852, est surmonté d'un campanile qui le fait ressembler aux beffrois du moyen âge. On remarque les bâtiments réguliers qui s'élèvent à droite et à gauche ; ce sont des écoles de construction moderne. Un square élégant décore la place sur laquelle s'élèvent ces divers bâtiments.

L'hospice des Enfants assistés, rue d'Enfer, 100. — Les bâtiments dans lesquels est installé cet hospice, dont le titre rappelle le nom vénéré de saint Vincent de Paul, son premier fondateur, ont appartenu autrefois au couvent des Oratoriens. Ces bâtiments n'ont rien d'architectural ; du reste, il faut avoir des titres spéciaux pour être admis à visiter l'intérieur de l'établissement. Je devais cependant le signaler ici à raison de son caractère et de son importance.

L'hospice des Enfants assistés reçoit les enfants abandonnés depuis le jour de leur naissance jusqu'à leur douzième année. Ces enfants sont généralement envoyés à la campagne pour être confiés, selon leur âge, soit à des nourrices, soit à des artisans, soit à des cultivateurs.

L'établissement ne conserve à Paris que les Enfants des personnes admises comme malades dans les hôpitaux, ou ceux dont le père et la mère sont en même temps, soit en état d'arrestation préventive, soit en état d'incarcération à court terme.

On remarque, dans le voisinage de l'hospice des Enfants assistés, une chapelle surmontée d'un dôme dont on admire l'élégance, chapelle qui dépend du monastère de la Visitation ; l'Infirmerie de Marie-Thérèse, que madame de Chateaubriand a fondée en faveur des prêtres âgés sans fortune et des femmes du monde tombées dans l'indigence ; le couvent des Carmélites, où mourut, en 1710, sous le nom de sœur Louise de la Miséricorde, mademoiselle de la Vallière, qui avait pris le voile au couvent de la Visitation de Chaillot.

La gare des lignes de Bretagne, boulevard Montparnasse, se compose de deux corps de bâtiments de forme rectangulaire, unis entre eux par deux grandes galeries cintrées qui forment la gare proprement dite et qui sont élevées à 9 mètres au-dessus du sol des cours adjacentes. Entre ces deux galeries on remarque, à la façade, un campanile contenant une horloge.

Grav. 50. — Gare du chemin de fer de Sceaux.

La gare du chemin de fer de Sceaux, boulevard Saint-Jacques, ancienne barrière d'Enfer, a été bâtie, en 1846, par l'ingénieur Dulong, au-dessus des catacombes. L'arrivée et le départ des trains s'y effectuent sans manœuvres et sans plaques tournantes. Les wagons sortent d'un côté et rentrent de l'autre, en décrivant un demi-cercle autour d'un parterre.

QUINZIÈME ARRONDISSEMENT.

Le quinzième arrondissement a pour limites : 1° le chemin de l'Ouest; 2° les fortifications; 3° la Seine, des fortifications au Champ de Mars; 4° l'avenue de Suffren, la rue Pérignon, l'avenue de Saxe, un bout de la rue de Sèvres et le boulevard Montparnasse jusqu'à la gare.

Le quinzième arrondissement ne renferme que l'église Saint-Lambert, le puits de Grenelle et la fabrique de Javelle.

L'église Saint-Lambert, place de l'Église, à Vaugirard. Cette église est de construction récente. Elle a été élevée par M. Naissant, dans le style roman. On remarque : à l'extérieur, une tour flanquée à sa base de tourillons simulant des ouvrages militaires, qui domine le porche; à l'intérieur, un maître-autel en marbre blanc sculpté par M. Jouffroy. Une crypte a été ménagée sous l'édifice.

Le puits artésien de Grenelle, place Breteuil. — Commencé en 1834, par MM. Mulot père et fils, ce puits, creusé à une profondeur de 547 mètres, n'a été terminé qu'en 1841. Il fournit en 24 heures un million de litres d'eau, qui montent à 54 mètres environ au-dessus du sol. Il se compose d'abord d'un socle de forme circulaire, en pierre de taille, de 7 mètres de rayon et de 2 mètres de hauteur. Sur ce socle s'élève une tour en fonte et à jour, de 42 mètres de hauteur, et dont le diamètre est de 5 mètres 88 centimètres à la base, 2 mètres 90 centimètres au sommet. Un escalier en hélice, également à jour, tourne à l'entour de cette colonne, qui est surmontée d'un petit campanile et dans la hauteur de laquelle règnent 4 paliers extérieurs qui sont aussi à jour et qui simulent des vasques.

Portées par leur propre jet, et au moyen de deux tubes d'ascension, au sommet de l'édifice, où elles sont reçues dans une cuvette, les eaux en descendent au moyen d'un tube de distribution et d'un tube de décharge, celui-ci destiné à les jeter en égout en cas de réparation des conduites. Ces quatre tubes sont contenus dans la colonne qui forme la partie principale du monument. On a employé 100,000 kilogrammes de fonte dans cette curieuse construction.

La tour du puits de Grenelle est peinte en couleur de bronze; sa base est entourée d'un bassin circulaire qui complète ce monument d'utilité publique.

La FABRIQUE DE JAVELLE est ainsi nommée parce qu'elle dépendait autrefois du hameau de Javelle situé à l'ouest de Grenelle, village dont l'emplacement est aujourd'hui compris dans l'enceinte de Paris. Cette fabrique, dont la réputation est devenue européenne et qui est aujourd'hui la première manufacture de produits chimiques de France a été fondée en 1777, sous le patronage du comte d'Artois.

C'est dans le quinzième arrondissement que se trouve la plaine de Grenelle, où ont été fusillés, Mallet, sous l'Empire, et Labédoyère, sous la Restauration.

On doit créer un vaste square sur la grande place de Grenelle.

SEIZIÈME ARRONDISSEMENT.

Le seizième arrondissement a pour limites : 1° la Seine, du pont de l'Alma aux fortifications; 2° les fortifications; 3° l'avenue de Neuilly, la place de l'Arc-de-Triomphe, le boulevard d'Iéna.

Le seizième arrondissement ne renferme que des curiosités de second ordre, dont la nomenclature va suivre :

L'ÉGLISE SAINT-PIERRE DE CHAILLOT, située Grand'rue de Chaillot, 50, a été reconstruite vers 1750, à l'exception du sanctuaire, beaucoup plus ancien, terminé en demi-cercle sur la pente de la montagne, et porté de ce côté par une tour solidement construite. Cette église a une aile de chaque côté, mais ces deux ailes ne se rejoignent point derrière le grand autel. La voûte du chœur se trouvant plus basse que celle de la nef, on a recouvert cette partie surbaissée par un Jéhovah en sculpture, entouré d'une Gloire, qui cache cette difformité. La chaire et le banc-d'œuvre sont décorés des attributs de Saint-Pierre et d'un écusson surmonté d'une tiare.

L'église Notre-Dame d'Auteuil, place de l'Église, possède une tour qui date, à ce qu'on assure, du onzième siècle. Dans tous les cas la plus grande partie de l'édifice appartient au dix-septième siècle.

On remarque sur la place de l'Église d'Auteuil, qui était autrefois le cimetière de la paroisse, un obélisque de granit, fixé sur un socle de marbre noir et surmonté d'un globe portant une croix. Cet obélisque, ainsi que l'indiquent les inscriptions qu'on y lit, est le mausolée du chancelier d'Aguesseau et de sa femme Anne Lefèbre d'Ormesson.

Le château de la Muette, en face la station de Passy du chemin de fer de Paris à Auteuil. — Simple rendez-vous de chasse à l'origine, ce château, que le Régent fit agrandir et embellir et que Louis XV fit rebâtir pour y établir le parc aux Cerfs, de honteuse mémoire, ne rappelle que des souvenirs de ce genre. La duchesse de Berry, qui mourut en 1719, en avait fait, avant le royal amant de madame Dubarry, le principal théâtre de ses désordres. C'est là que l'aïeul de Louis XVI eut l'indignité de présenter à Marie-Antoinette, arrivant en France, sa maîtresse favorite, et de forcer une archiduchesse d'Autriche de souper avec une courtisane.

Le château de la Muette se composait autrefois d'un principal corps de bâtiment flanqué de deux pavillons. Il ne reste plus aujourd'hui de cette demeure princière, vendue en 1793, que l'un de ces deux pavillons, agrandi par des constructions modernes et dont la veuve d'Érard, célèbre facteur de pianos, est propriétaire.

On remarque en face de l'entrée du château de la Muette, à gauche de la grande rue de Passy, un groupe de villas, qu'on nomme *Beau-Séjour* et qui occupe l'ancien emplacement de la résidence d'été du confesseur de Louis XIV, le père Lachaise.

La manutention des vivres de la guerre, quai de Billy, 34, est un établissement unique dans son genre, qui comprend des magasins au blé pour 64,000 quintaux, un moulin composé de 21 paires de meules, des magasins aux farines pour 15,000 quintaux, trois boulangeries de quatre fours chacune, une paneterie, un magasin au biscuit, un magasin de modèles d'ustensiles et d'outils, des magasins aux sacs, des caves aux liquides, un casernement d'ouvriers. On doit ajouter à ces diverses dépendances une quatrième boulangerie, un magasin spécial des vivres de campagne et une caserne pour les ouvriers d'administration. Une magnifique charpente en fer avec vitrage de 30 mètres 50 centimètres de portée et de 54 mètres de longueur, couvre la cour principale. Cette charpente repose sur les magasins aux farines. Des ponts couverts, jetés d'un bâtiment à l'autre permettent de circuler dans l'intérieur de tout l'établissement à l'abri de la pluie.

La POMPE À FEU DE CHAILLOT, quai de Billy. — La pompe à feu de Chaillot consiste en deux machines à vapeur, construites en 1853 et en 1854; ces machines, qui ont remplacé celles de 1782, sont à simple effet et appartiennent au système Cornouailles. Elles méritent d'être visitées par les spécialistes.

Le PUITS ARTÉSIEN DE PASSY, à l'angle de la rue du Petit-Parc et de l'avenue de Saint-Cloud. — Ce puits a été commencé le 15 septembre 1855. Le 24 septembre 1861, les eaux jaillirent en abondance avec des volumes variables.

Le débit du puits est aujourd'hui de 6,200 mètres cubes en 24 heures à la cote, 77,15 au-dessus du niveau de la mer ou 24 mètres au-dessus du sol.

de	7,400 à la cote,	73,15
de	9,800 »	65,25
de	12,800 »	59,37
de	16,300 »	53,52, niveau du sol.

L'INSTITUTION DE SAINTE-PÉRINE, à l'entrée d'Auteuil, du côté de la grande route de Paris à Versailles. — Cette institution avait été établie en 1659, dans les bâtiments d'une ancienne abbaye de chanoinesses de l'ordre de Saint-Augustin. Elle prit alors le nom de *Notre-Dame de la Paix*, qu'elle a gardé jusqu'en 1746, époque à laquelle elle absorba l'abbaye de Sainte-Périne de la Villette, dont elle prit le nom. Supprimée en 1790, elle a ressuscité en 1806, sous sa dernière dénomination, mais en devenant une institution purement civile et charitable. D'après sa destination moderne, elle reçoit, sur la fin de leur carrière, des hommes et des femmes du monde qui, après avoir connu l'aisance, n'ont plus que des ressources très-bornées. Récemment transférée à Auteuil, elle compte maintenant 293 lits de pensionnaires au lieu de 248.

Les bâtiments de Sainte-Périne d'Auteuil, exécutés sur les plans de M. Ponthieu, s'élèvent auprès de l'église de ce nom, dans une position riante et salubre, sur un plateau qui domine le cours de la Seine, et à l'entrée d'un parc, dont les pentes ombragées descendent jusqu'à la route impériale de Paris à Versailles. Ils forment sur le devant du plateau une ligne de pavillons isolés, reliés entre eux par des galeries couvertes, ainsi qu'avec d'autres pavillons en aile, disposés sur deux rangs des deux côtés de la cour d'honneur. Le centre de cette cour est occupé par le pavillon Joséphine, dont le nom rappelle le souvenir de l'auguste bienfaitrice qui protégea l'origine de cette maison.

Chaque pensionnaire occupe un logement particulier, composé d'une chambre, d'un cabinet et d'une petite antichambre. Les locaux laissés à l'usage commun offrent aux pensionnaires un salon de réunion, une bibliothèque et deux salons plus petits pour les jeux et la lecture. Une chapelle simplement ornée est destinée au service religieux. On trouve également dans l'institution un vaste réfectoire, et une infirmerie à laquelle un service de bains est attaché. Les bâtiments sont éclairés au gaz, et l'eau y est abondamment distribuée dans tous les corridors, au rez-de-chaussée ainsi qu'aux deux premiers étages.

Le nouvel établissement, y compris les cours, les préaux et le parc disposé pour la promenade, occupe une superficie de 78,654 mètres.

Les EAUX MINÉRALES DE PASSY, sur le quai de Passy, 24. — C'est dans le dix-septième arrondissement que se trouvent aujourd'hui les eaux dont la vertu médicale et thérapeutique a été constatée en 1719, par la Faculté de médecine, à la demande d'un abbé du nom de le Ragois, qui possédait dans son jardin l'une des deux sources anciennes qui existent encore; depuis on a ajouté à ces deux anciennes sources trois sources nouvelles; ces cinq sources qui se sont longtemps fait concurrence appartiennent maintenant au même propriétaire. Le terrain qui les entoure était jadis un clos de vignes.

Les anciennes sources jaillissent à 3 mètres au-dessous du sol, sur la droite du pavillon en entrant; un escalier y conduit. Les nouvelles sources coulent à 100 mètres, et à la gauche des premières, dans le fond d'un souterrain. Près de ces sources est une vaste galerie, où l'on remarque un grand nombre de jarres. C'est dans ces jarres qu'est déposée l'eau minérale qu'on laisse épurer.

Les eaux de Passy sont froides, sulfatées, calcaires, ferrugineuses, limpides, incolores, inodores, légèrement styptiques; elles laissent dans la bouche une saveur métallique un peu amère; leur surface se recouvre à l'air d'une pellicule irisée; elles enduisent les canaux qu'elles traversent d'un dépôt ocreux, qui trouble leur transparence, lorsque quelque corps étranger les agite. Leur saveur ferrugineuse est plus prononcée par les temps orageux; elles répandent alors une légère odeur sulfureuse. Leur pesanteur spécifique est de 1,0046; leur température est de $3°,88$.

Il n'y a pas d'établissement thermal. Les sources jaillissent dans des jardins où les buveurs n'ont à leur disposition qu'un petit pavillon contenant un salon de lecture et une salle de billard. On ne peut donc pas s'y installer à demeure.

Chaque litre d'eau minérale se vend 25 cent. Si l'on vient boire aux sources, on paye 15 fr. par mois pour 30 cachets, et 50 cent. pour une séance, mais on a le droit d'emporter un litre d'eau.

C'est aux eaux minérales de Passy que Jean-Jacques Rousseau a commencé son *Devin du village*.

Les eaux minérales d'Auteuil. — Cette eau, qui coule de la fontaine établie sur la promenade Bellot, est froide, ferrugineuse, limpide, inodore, à saveur sucrée d'abord, puis fortement atramentaire.

Conservée dans un vase clos, elle reste longtemps limpide, mais elle finit par déposer un sédiment légèrement ocracé. Elle agit comme tonique sur l'appareil digestif, et active l'hématose. Elle peut être utile dans la chloro-anémie et dans certaines affections gastro-intestinales. Son emploi est contre-indiqué, comme celui des ferrugineux en général, par une constitution pléthorique ou l'hyperémie de certains organes. On la prend en boisson, à la dose d'un à trois verres, le matin, ou à ses repas.

Le PONT D'IÉNA, construit en face du Champ de Mars, met en communication le quai de Billy, sur la rive droite, et le quai d'Orsay, sur la rive gauche.

Édifié de 1806 à 1813, ce pont se compose de 5 arches elliptiques en pierre, d'une ouverture de 28 mètres chacune, avec piles et culées en maçonnerie. L'épaisseur des piles est de 5 mètres ; celle des culées est de 15 mètres. La longueur du tablier est de 104 mètres ; la largeur est de 14 mètres. Depuis 1853, on remarque aux extrémités des parapets des statues colossales représentant des dompteurs de chevaux posés sur des piédestaux carrés.

On sait que Louis XVIII empêcha, en 1814, le général Blücher de faire sauter le pont d'Iéna, en déclarant qu'il irait se placer au milieu.

Le PONT DE GRENELLE, construit en bois en 1828, met en communication l'ancien Auteuil et l'ancien Grenelle. Il s'appuie sur la pointe occidentale d'une sorte d'îlot qui coupe la terre en deux parties, à l'entrée du quai de Grenelle. Il y a de chaque côté de cet îlot, trois arches.

Le PONT DE BILLANCOURT, en construction au Point-du-Jour, sera, en aval de la Seine, le pendant du *pont Napoléon III*. Il aura également une double voie, l'une pour le passage du chemin de fer de ceinture, l'autre pour la circulation des piétons.

Le seizième arrondissement a du reste un caractère particulier, à raison des territoires dont il est formé. En effet, il englobe dans ses limites trois anciennes localités, qui se nommaient Chaillot, Passy et Auteuil.

Chaillot faisait depuis longtemps partie de la ville de Paris. Cependant il a eu son histoire particulière et distincte. Le fait le plus caractéristique de cette histoire, c'est la création du monastère de la Visitation, qu'on voyait autrefois à mi-côte et à l'extrémité de la commune. Il avait été fondé par Henriette-Marie de France, fille de Henri IV et veuve de Charles Ier, roi d'Angleterre. C'est dans ce monastère, depuis longtemps disparu, que la duchesse de la Vallière prit le voile, ainsi que je viens de le dire, à l'âge de 30 ans. Cette cérémonie y eut lieu le 3 juin 1675. C'est alors que celle qui avait régné si longtemps sur le cœur du grand roi, détrônée par la marquise de Montespan, devint la sœur Louise de la Miséricorde.

Communes voisines de Paris, situées à l'entrée du Bois de Boulogne, dans une position ravissante, Auteuil et Passy constituaient, avant l'annexion, des lieux de villégiature privilégiés. Quoique renfermées aujourd'hui dans les limites de l'octroi, ces deux localités ont conservé leur aspect pittoresque et leur ancienne physionomie. On y voit encore des oasis d'ombre et de fraîcheur, charmantes et profondes retraites où l'on va chercher le calme et le silence, la solitude et le repos.

Ainsi, à Auteuil, la VILLA MONTMORENCY, qui remplace l'ancien parc et l'ancien château de Boufflers ; la VILLA DE LA THUILERIE, qui était sous le Consulat la demeure du prince de Talleyrand, et qui renferme maintenant un groupe de cottages ; la VILLA BOILEAU, qui est contiguë à l'ancien village du *Point-du-Jour*, actuellement enfermé dans l'enceinte de Paris ; ainsi encore, à Passy, l'AMPHITHÉATRE d'habitations délicieuses dont les jardins tapissent d'ombre et de verdure tout un versant de la colline, qui commande sur ce point le cours de la Seine, habitations qu'un pont suspendu en fil de fer, le premier de ce genre construit en France, relie les unes aux autres.

On remarque dans l'ancien Passy, sur le quai, la RAFFINERIE, fondée en 1828 par M. Benjamin Delessert ; à l'angle de la rue de Seine, la MAISON DE SANTÉ du docteur Blanche, maison que le duc de Lauzun et la princesse de Lamballe ont habitée ; dans la Grande-Rue, au n° 24, la FOLIE, hôtel du dix-huitième siècle, qu'habita mademoiselle de Romans, l'une des nombreuses favorites de Louis XV, et au n° 56, l'HOTEL D'ESTAING; au n° 40 de la rue Basse, l'HOTEL DE VALENTINOIS, profané par des orgies dont la duchesse de Valentinois était la reine, et purifié en 1777 par Franklin, qui vint l'habiter, et qui y fit ses expériences sur le paratonnerre; près de la porte de Passy, qui donne sur le Bois de Boulogne, la VILLA qu'habite Rossini pendant la belle saison, villa entourée d'un jardin dont le centre est occupé par une fontaine surmontée du groupe des trois Grâces, d'après Germain Pilon; à l'extrémité de l'avenue de Saint-Cloud, près de la Muette, le CHALET que la ville de Paris a mis à la disposition de M. de Lamartine.

On remarque également, sur le territoire de l'ancien Auteuil, au numéro 18 de la rue Boileau, la MAISON DE BOILEAU, devenue une institution de jeunes filles; rue Molière, une rotonde en briques intérieurement décorée des bustes de Molière, de la Fontaine, de Corneille et de Racine, avec un péristyle dorique orné de quatre colonnes, qui s'élève sur l'emplacement qu'occupait la MAISON DE MOLIÈRE, ainsi que l'indique l'inscription qu'on lit sur le fronton, où l'on voit un bas-relief figurant Thalie qui laisse tomber son masque; route de Versailles, n° 10 *bis*, l'USINE ÉLECTRO-MÉTALLURGIQUE de M. L. Oudry, qui est au premier rang des établissements de ce genre.

DIX-SEPTIÈME ARRONDISSEMENT.

Le dix-septième arrondissement est circonscrit : 1° par les boulevards de Courcelles et des Batignolles; 2° par la Grande-Rue et l'avenue de Saint-Ouen; 3° par les fortifications; 4° par l'avenue de Neuilly et la place de l'Arc-de-Triomphe.

Le dix-septième arrondissement ne contient qu'un élégant HÔTEL DE MAIRIE, construit de 1847 à 1849, sur les dessins de M. Lequeux, et trois églises sans importance architecturale.

C'est d'abord l'ÉGLISE SAINT-FERDINAND, bâtie, de 1843 à 1845, par M. Lequeux, et située avenue des Ternes;

C'est ensuite l'ÉGLISE SAINTE-MARIE DES BATIGNOLLES, construite en 1829, rue d'Orléans, dans la forme d'un temple antique;

C'est enfin l'ÉGLISE SAINT-MICHEL, de construction récente, située rue Saint-Jean; on remarque le développement et la hardiesse des voûtes en coupole établies au moyen d'une charpente. Leur plus grande hauteur est de 16 mètres. Cette église a été bâtie par M. Boileau.

On doit établir dans le dix-septième arrondissement, sur la place des Fêtes de l'ancien Batignolles, un vaste et magnifique square. Cet arrondissement se compose surtout des anciens territoires des Ternes et des Batignolles, qui ont conservé leur physionomie de villes de province très-animées.

La CHAPELLE SAINT-FERDINAND, route de la Révolte. — Cette chapelle qui occupe l'emplacement de la maison où, le 13 juillet 1842, est mort le duc d'Orléans, fils aîné du roi Louis-Philippe I*er*, est située en dehors et près de l'enceinte continue; on peut s'y rendre si facilement, même en omnibus, soit par celui du Louvre à Courbevoie, soit par celui des Filles-du-Calvaire aux Ternes que je n'hésite pas à la signaler à cette place.

La chapelle commémorative de Saint-Ferdinand appartient au style byzantin, et a la forme d'une croix grecque. Le point d'intersection des nefs intérieures est indiqué par une croix de pierre qui s'élève au centre de l'édifice. C'est sur les dessins de M. Ingres qu'ont été exécutés à Sèvres les vitraux à sujets des portails et des fenêtres. Un prie-dieu brodé par la duchesse d'Orléans est auprès du cénotaphe qu'on aperçoit à l'extrémité du transept de droite. Deux autres prie-dieu, qui étaient destinés au roi Louis-Philippe I*er* et à la reine Marie-Amélie, sont restés devant le maître-autel. Tous deux ont été brodés par des mains royales : celui de Louis-Philippe, par Marie-Amélie; celui de Marie-Amélie par la reine Louise, femme de Léopold, roi des Belges.

On admire derrière le maître-autel, dans une niche éclairée par le haut, une belle *Descente de croix*, en marbre, par M. Triquetti, et les autels de la Vierge et de Saint-Ferdinand, tous deux en marbre blanc et noir, avec ornement en bronze. Le tabernacle du premier de ces autels occupe la place même où était posée la tête du duc d'Orléans expirant. Tout le pavé est en marbre bleu turquin et noir, avec encadrement de marbre blanc.

Le cénotaphe est d'une majestueuse simplicité. Le duc d'Orléans est représenté étendu sur un matelas, en uniforme de lieutenant général; il repose sur un piédestal de marbre noir, ayant à sa droite un ange en prière, œuvre de la princesse Marie. La statue du prince et la statue de l'ange sont toutes deux en marbre blanc de Carrare. Un bas-relief représente sur le devant du monument la France figurée par un ange; elle semble pleurer sur une urne qu'elle étreint du bras gauche, tandis que sa main droite tient un drapeau tricolore renversé.

La sacristie est placée derrière le maître-autel. On voit dans cette sacristie un tableau de Jacquant qui représente le triste épisode du 13 juillet 1842. Dans le salon où on reçoit les visiteurs sont deux pendules marquant, l'une, onze heures cinquante minutes, moment de la chute; l'autre, quatre heures dix minutes, moment de la mort. Sur la table de ce salon on aperçoit un coussin brodé par la reine. Enfin, au centre de la cour, entourée de cyprès, qui précède la chapelle Saint-Ferdinand, on voit un cèdre que le duc d'Orléans avait rapporté d'Afrique.

DIX-HUITIÈME ARRONDISSEMENT.

Le dix-huitième arrondissement est limité 1° par la grande route de Saint-Ouen; 2° par les boulevards de Clichy, Pigalle, des Martyrs, Rochechouart, des Poissonniers, Lariboisière, de la Chapelle, des Vertus; 3° par la rue d'Aubervilliers; 4° par les fortifications.

Le cimetière du Nord, boulevard de Clichy. — Ce cimetière, dont l'étendue actuelle est d'environ dix hectares, a des accidents de terrain et des points de vue qui lui donnent une physionomie excessivement pittoresque. Il est consacré aux inhumations des premier, deuxième, huitième, neuvième et dixième arrondissements.

Les principaux monuments funéraires qu'on y remarque sont

ceux : du maréchal Lannes, duc de Montebello ; de l'amiral Baudin ; de l'auteur du *Mérite des Femmes*, le poëte Legouvé ; d'Alexandre Soumet, du peintre Greuze, du sculpteur Pigalle, d'Adolphe Nourrit, d'Alfred et de Tony Johannot ; de la princesse Soltikoff, de Charles Fourier, d'Armand Marrast ; de réfugiés polonais illustres et d'anciennes familles. Mais les tombeaux devant lesquels on s'arrête avec le plus d'intérêt sont, sans contredit, celui de la famille Cavaignac, où François Rude a sculpté la statue de Godefroy ; celui que Félix Duban a décoré de couronnes de fleurs et de lauriers, et qui renferme Paul Delaroche avec sa femme, fille d'Horace Vernet ; celui d'Emma Livry.

Le dix-huitième arrondissement ne renferme que des églises secondaires dont la nomenclature va suivre :

L'église Saint-Pierre de Montmartre, rue Saint-Denis, à Montmartre. — Cette église, que le pape Eugène III a consacrée en présence de saint Bernard et de Pierre le Vénérable, est surtout un souvenir historique. Construite par le roi Louis VI, dans le douzième siècle, sur les ruines d'une ancienne basilique, elle servit de chapelle à une abbaye de bénédictines fondée à la même époque, au bas du versant méridional de la butte, et depuis longtemps détruite. L'édifice, auquel on a refait une façade moderne, n'a du reste, par lui-même, aucun intérêt, ni architectural, ni artistique.

Notre-Dame de Clignancourt, petite rue Saint-Denis à Montmartre. — Cette église, dont la construction n'est pas encore achevée et qui s'élève sous la direction de M. Lequeux, forme une croix latine. Sa façade principale se recommande par deux statues taillées dans le vif de la pierre, et représentant l'une saint Denis, et l'autre sainte Geneviève. L'archivolte du portail sera orné de bas-reliefs représentant la naissance de la sainte Vierge. Sur le fronton se trouve une rose également ajourée qui s'harmonise avec l'ensemble de la façade.

L'intérieur a un aspect presque grandiose. Il se compose d'une grande nef de 72 mètres de longueur avec des bas-côtés à colonnes intermédiaires faisant entièrement le tour de la nef et passant par derrière le maître-autel. A la hauteur du maître-autel, sur le côté droit se trouvera la chapelle réservée à la célébration des mariages, et du côté opposé la sacristie et ses accessoires.

Tout à fait au fond, derrière le maître-autel, et sur un exhaussement de 1 mètre 75 centimètres, se trouve une splendide chapelle à pans coupés; elle est entièrement séparée de la nef, et forme, pour ainsi dire, avec son clocher de 50 mètres d'élévation, un tout isolé. Elle est consacrée exclusivement au culte de la Vierge.

Au-dessous de cette chapelle, on a établi une salle souterraine de 4 mètres de hauteur, avec une entrée indépendante de l'église. C'est là que se fera le catéchisme.

L'ÉGLISE SAINT-BERNARD, rue d'Alger, à la Chapelle-Saint-Denis. — Cette église, qui n'a été consacrée que le 29 octobre 1861, et dont M. Magne a été l'architecte, appartient, dans son ensemble, au style ogival du quatorzième siècle. Elle se compose, à l'extérieur, d'un porche formé de trois ogives et surmonté d'un pignon à jour qu'une balustrade, également à jour, relie à deux autres pignons qui dominent les portes latérales; de deux tourelles octogones qui s'élèvent à droite et à gauche de la façade; enfin, d'une flèche en bois et en fonte dont le sommet est à 60 mètres au-dessus du sol.

A l'intérieur, l'église Saint-Bernard a une longueur de 70 mètres. Elle comprend une nef, deux bas-côtés qui font le tour du chœur, un transsept, douze petites chapelles latérales consacrées aux douze Apôtres, une galerie ou tribune qui règne au-dessus des collatéraux. On remarque la chaire, qui est de M. Parfait; les vitraux, qui sont de MM. Oudiné, Laurent Gsel; un chemin de la croix, par M. Pascal; des peintures murales de M. Franz Petro, et quatre peintures à l'huile, dont deux par M. Lousteau et deux par M. Marquerie.

Le dix-huitième arrondissement se compose des anciens territoires de Montmartre, de Clignancourt et de la Chapelle-Saint-Denis.

La Chapelle-Saint-Denis a toujours l'aspect d'un grand village où règne une activité exceptionnelle; Clignancourt n'est guère qu'une annexe, presque rurale, de Montmartre, dont on remarque la situation pittoresque et dont la physionomie intérieure se rapproche beaucoup de celle des Batignolles.

On prétend que le nom de Montmartre vient de *mons Martis*, mont de Mars, ou de *mons Martyrum*, mont des Martyrs.

Les uns affirment qu'il y avait un temple païen au sommet de la colline; les autres assurent que saint Denis a été décapité, avec Rustique et Eleuthère, sur cette même colline. Ces deux assertions qui peuvent, du reste, se concilier, paraissent être également exactes.

Saint Denis a subi le martyre sur la colline de Montmartre, avec ses deux compagnons, parce qu'il a refusé de sacrifier au dieu Mars, dans le temple que ce dieu avait alors à la cime de cette colline.

On remarque toujours à Montmartre le *moulin de la Galette*, à cause de l'ancienneté de la guinguette à laquelle il sert d'enseigne, et celui du *Point-de-Vue*, construit sur une plate-forme où l'on entre en payant 10 centimes par personne.

Tout près de ce dernier moulin, on voit encore un obélisque sur lequel était gravée l'inscription suivante :

L'AN 1736
CET OBÉLISQUE A ÉTÉ ÉLEVÉ PAR ORDRE DU ROI
POUR SERVIR D'ALIGNEMENT
A LA MÉRIDIENNE DE PARIS DU CÔTÉ DU NORD.
SON AXE
EST A 2931 TOISES 2 PIEDS DE LA FACE
MÉRIDIONALE DE L'OBSERVATOIRE.

Enfin, je dois signaler le BELVÉDÈRE à deux étages, avec balcon, qui s'élève au-dessus des bâtiments du *café de la Tour Montmartre* et dont l'enseigne porte cette inscription ambitieuse : *Au plus beau point de vue du monde.*

DIX-NEUVIÈME ARRONDISSEMENT.

Le dix-neuvième arrondissement est limité 1° par la rue d'Aubervilliers; 2° les fortifications; 3° les rues du Parc et de Paris; 4° les boulevards de la Chopinette, du Combat, de la butte Chaumont et de la Villette.

Le dix-neuvième arrondissement ne renferme actuellement que des curiosités secondaires : les églises de la Villette et de Belleville, le Réservoir de la Villette et l'aqueduc de Belleville.

L'Église Saint-Jacques-et-Saint-Christophe, place de la Mairie, à la Villette. — Cette église n'a aucune importance monumentale. Elle a été bâtie, en 1844, par M. Lequeux, et son architecture n'a pas de caractère défini. Le chevet est orné d'une tour à paratonnerre qui a quatre cadrans, et la façade d'une tête de Christ et des statues des saints sous l'invocation desquels elle est placée. Un chœur, deux chapelles absidales, une nef et deux bas-côtés simples composent l'intérieur, qui est cependant enrichi de quelques peintures à fresques. Les deux tableaux du sanctuaire représentent le *Martyre de saint Jacques* et celui de *saint Christophe*. Quelques autres peintures décorent également les bas-côtés, à droite et à gauche.

L'Église Saint-Jean-Baptiste, rue de Paris, à Belleville. — Cette charmante église, de construction toute récente, est placée au sommet de la montagne de Belleville, où elle domine un magnifique panorama. Depuis les villages qui bordent la Marne, le regard s'arrête sur le fort de Vincennes, passe sur Paris tout entier et se repose ensuite sur le paysage à la fois pittoresque et sauvage qui est à ses pieds, les buttes Chaumont. Elle a été commencée en 1854 et consacrée en 1859. La direction des travaux, confiée d'abord à M. Lassus, qui mourut avant d'avoir achevé son œuvre, échut à M. Truchy, et c'est à M. Perrey qu'on doit la remarquable ornementation en pierre et en bois qui la décore.

Ce monument appartient au style ogival du treizième siècle. Il a 70 mètres de longueur sur 29 mètres de largeur au transsept et 24 mètres au portail. Contrairement aux traditions généralement perdues d'ailleurs, le chevet, au lieu d'être éclairé du côté du levant, regarde le nord ; les deux bras de la croix s'étendent à l'orient et à l'occident, et son portail, tout enrichi de sculptures empreintes d'un véritable caractère religieux, regarde le midi. Deux tours, surmontées de flèches élancées mesurant 57 mètres de haut sans la croix, complètent sa façade, dont l'ogive principale est remplie par une sculpture figurant *Dieu* entre deux anges, et, au-dessous, les prophètes Isaïe et Malachie suivis du *Précurseur* portant sa croix de roseaux. La statue du saint auquel cette église est dédiée est au centre du portail, sous un ornement gothique en forme de dais. Sur les portes latérales on remarque également des sculptures représentant divers événements miraculeux de l'histoire sainte. De chaque côté du transsept, deux bas-reliefs représentent, l'un la *Consécration de l'église*, l'autre la *Résurrection de Jésus-Christ*. Toutes ces sculptures sont dues au ciseau de M. Perrey.

L'église Saint-Jean-Baptiste de Belleville n'a pas encore reçu toute son ornementation intérieure; cependant on peut y remarquer les stalles du chœur, et, dans la nef, les vitraux de M. Martel.

En face de l'église Saint-Jacques et Saint-Christophe, se développe le BASSIN DE LA VILLETTE, qui reçoit les eaux de l'Ourcq, rivière prenant sa source à 18 kilomètres de Château-Thierry, et se jettant dans la Marne après un cours de 85 kilomètres.

Le canal de l'Ourcq amène les eaux de cette rivière depuis le *Port-aux-Perches* jusqu'au bassin de la Villette, où elles sont mises en communication avec la basse Seine par le *canal Saint-Denis*, et avec la haute Seine par le *canal Saint-Martin*.

Le Bassin de la Villette, où se réunissent ces trois canaux dont les eaux alimentant un aqueduc de ceinture, sont réparties dans plusieurs quartiers de Paris, est un parallélogramme de 80 mètres de largeur sur 800 mètres de longueur. Il est presque toujours couvert de bateaux. Avant la transformation du Bois de Boulogne, cet immense réservoir était le rendez-vous des patineurs élégants.

Bientôt Paris possédera sur un autre point, dans cette catégorie de monuments, ou plutôt dans cette catégorie de travaux, une œuvre colossale qui dépassera en beauté et en grandeur tout ce qu'on connaît dans ce genre. Mais le bassin de la Villette a été jusqu'à ce jour et est encore le plus important des réservoirs d'eau qui servent à l'alimentation des fontaines publiques et des habitations particulières; à ce titre, il devait être exceptionnellement signalé, et il mérite, du reste, d'être visité.

L'AQUEDUC DE BELLEVILLE est le seul travail de ce genre qui existe dans l'intérieur de Paris, puisque l'*aqueduc d'Arcueil*, qui est alimenté par la Bièvre, est établi dans le village de ce nom, en dehors de l'enceinte continue.

Construit sous Philippe Auguste, souvent réparé depuis cette époque, l'aqueduc de Belleville est alimenté par les sources du nord, sources dont il distribue l'eau dans un rayon limité et tout local.

On doit créer un beau square sur la grande place des Fêtes de Belleville.

Les anciens territoires de la Villette et de Belleville, comprenant les buttes Chaumont, composent le dix-neuvième arrondissement.

La Villette est surtout une localité industrielle et commerçante, presque maritime; Belleville a l'étendue d'une ville et la physionomie d'un village. Mais ce village a trois souvenirs qui lui font une individualité.

C'est à l'extrémité septentrionale de Belleville qu'était établi le célèbre gibet de *Montfaucon*, qui fut créé en 1312 par Philippe le Bel, et où Enguerrand de Marigny, ministre de Louis X surnommé le Hutin, fut pendu, par ordre de son souverain.

C'est principalement sur les hauteurs de Belleville qu'eut lieu, le 30 mars 1814, la *bataille de Paris*, bataille dont la reddition de la capitale de la France fut le douloureux dénoûment.

Enfin, jusqu'à nos jours, le bas de Belleville, surtout occupé par de nombreuses guinguettes et désigné sous le nom particulier de *Courtille*, était célèbre dans les fastes du carnaval, par cette fameuse descente de la matinée du mercredi des cendres, qui consistait en une longue procession de masques masculins et féminins se livrant à une dernière orgie.

Les BUTTES CHAUMONT ne sont encore, à l'exception de quelques voies nouvellement tracées, que des terrains accidentés et incultes d'un aspect sauvage, quoique pittoresque; mais elles formeront bientôt une magnifique promenade ornée de bouquets de bois, de prairies verdoyantes, de ravins escarpés et de cascades qui en feront un parc délicieux. C'est cette promenade que j'ai déjà annoncée dans l'*Introduction* comme devant être un jour, pour la région du

VINGTIÈME ARRONDISSEMENT.

Le vingtième arrondissement est limité : 1° par les rues du Parc et de Paris; 2° par les boulevards de Belleville, des Amandiers, d'Aunay, de Fontarabie, de Charonne, de Montreuil; 3° par le cours de Vincennes; 4° par les fortifications.

Le cimetière de l'Est, boulevard d'Aunay, à l'extrémité de la rue de la Roquette. — Ce cimetière, qui s'appelle vulgairement cimetière du Père-Lachaise, est le parc des tombeaux plutôt que le champ de repos ou la cité des morts. C'est, en effet, la plus pittoresque et la plus accidentée des promenades, promenade décorée de monuments funéraires aussi variés d'aspect matériel que de caractère moral, semée de masses de fleurs et d'arbustes, aux vastes allées sablées et ombragées, aux nombreux accidents de terrain, aux terrasses plantées de sycomores, aux points de vue délicieux, aux horizons étendus. Si les inscriptions des tombeaux, dont elle est peuplée, ne rappelaient sans cesse l'imagination à des pensées funèbres et l'esprit à de graves méditations, on traverserait cette riante nécropole le sourire sur les lèvres.

Le cimetière de l'Est, qui est, du reste, la seule curiosité actuelle du vingtième arrondissement, occupe l'ancien emplacement du *Champ de l'Évêque*, ainsi nommé parce qu'il appartenait à l'évêque de Paris. Sous le règne de Louis XIV, le père Lachaise le reçut en don de son pénitent et de son roi, pour la Société des jésuites qu'il dirigeait en France. Ce célèbre missionnaire établit le siège de cette Société dans ce domaine, qui prit alors le nom de Mont-Louis, qui changea souvent de propriétaires depuis 1763, et qui fut enfin acquis par la ville de Paris sous l'administration de M. Frochot, pour recevoir sa destination présente.

Ce fut l'architecte Brongniart qui transforma le domaine de Mont-Louis en un cimetière qui prit le nom de Père-Lachaise, nom que la voix du peuple lui conserve encore, bien qu'il s'appelle le cimetière de l'Est dans la langue officielle. Il a été ouvert en 1804. Souvent agrandi depuis cette époque, il couvre aujourd'hui une superficie d'environ 13 hectares, et sert aux inhumations des troisième, quatrième, onzième, douzième et vingtième arrondissements. Sa principale entrée forme un hémicycle décoré de torches et de cassollettes renversées. Des inscriptions tirées de l'Écriture sainte sont gravées, à droite et à gauche, indiquant qu'elle ouvre sur un champ de sépultures.

Au delà de l'entrée, on rencontre bientôt la chapelle du cimetière, chapelle de construction moderne, élevée par M. Godde. Cette chapelle a la forme d'un parallélogramme de 11 mètres de largeur sur 22 mètres de longueur. On dirait un vaste tombeau. Aux quatre angles extérieurs sont des pilastres d'ordre dorique qui soutiennent un entablement orné d'un fronton et décoré de modillons et de triglyphes. On remarque à l'extérieur, à droite et à gauche du perron de sept marches qui précèdent l'édifice, des cassolettes en fonte posées sur des socles de pierre; à l'intérieur, un autel de marbre blanc, élevé de deux marches, et accompagné à droite et à gauche, de candélabres, également en marbre blanc, supportés par des socles de marbre bleu turquin.

Le cimetière de l'Est renferme aussi, par une exception unique, une mosquée située dans la partie spécialement réservée aux inhumations musulmanes. C'est là que repose l'infortunée reine d'Oude qui est venue mourir à Paris. Une autre partie de ce même cimetière est spécialement affectée aux inhumations israélites. C'est là que se trouve le tombeau en forme de chapelle, où repose également une autre reine de ce monde, Rachel, qui tint longtemps au Théâtre-Français le sceptre de la tragédie. La partie réservée aux inhumations des pauvres est au nord du cimetière. On les met dans des fosses de 80 mètres de longueur sur 4 mètres de largeur. Toutes les autres parties de cette ville mortuaire n'ont aucune affectation spéciale. C'est là qu'on trouve le tombeau si populaire d'Héloïse et d'Abailard que représente la gravure suivante, tombeau qui a été transporté, en 1804, du couvent du Paraclet, où il avait été érigé, en 1779, par Caroline de Roucy, alors abbesse de ce monastère, d'abord au musée des monuments français, et ensuite à la place qu'il occupe aujourd'hui.

Grav. 51. — Tombeau d'Héloïse et d'Abailard.

Je ne décrirai pas, un à un, les nombreux et splendides monuments funéraires, les pierres sépulcrales illustres et aimées que le cimetière de l'Est renferme. On y trouve des guides qui se chargent de diriger les visiteurs et les visiteuses dans leurs explorations à travers les bouquets d'arbres et les corbeilles de fleurs où dorment, dans le silence et la paix des tombeaux, tant de générations qui se sont succédé dans le bruit et l'agitation de la grande cité. Je me bornerai à publier la liste de ces monuments et de ces pierres, laissant à chacun le soin de chercher, d'après ses propres inspirations, les demeures funèbres qui l'attirent, le nom qui l'émeut et le cénotaphe qui le frappe.

Voici cette liste :

Mademoiselle Lenormand.	Victimes de Juin.	Daunou.
Schnetz.	Desbassins.	Girodet.
Méry.	Élisa Mercœur.	Saint-Simon.
Visconti.	Maréchal de Bellune.	Dupaty.
Dantan.	Comte d'Eu.	Général Hugo.
Poinsot.	Panckoucke.	Nansouty.
Alfred de Musset.	Labédoyère.	Pariset.
Rœderer.	Mounier.	Duc de Gaëte.
Potier.	Agasse.	Etienne.
Lambert.	Benguot.	Racine.
Beauvisage.	Laya.	Lacave-Laplagne.
Arago.	Lainé.	Bruat.
Chambure.	Thiriot.	Demidoff.
Royer-Collard.	De la Valette.	Geoffroy-Saint-Hilaire.
Plaisir.	E. Scribe.	Garnier-Pagès.
Destutt de Tracy.	Rovigo.	Pozzo di Borgo.
Golevine.	Schickler.	Benjamin Constant.
F. Soulié.	De Rigny.	Dulong.
Ravrio.	Bruix.	Dacier.
Delambre.	Belliard.	De la Tremoille.
Denon.	Abbadie.	Ney.
F. d'Olivet.	Famille Boissy d'Anglas.	Chappe.
G. Cuvier.	De Gérando.	Macdonald.
Prony.	Chaptal.	Gobert.
Bichat.	Perrégaux.	Larrey.
Mademoiselle Mars.	Duhamel.	Dupuytren.
Sonnerat.	Volney.	Caulaincourt.
Pigault-Lebrun.	De Lamettrie.	Gouvion Saint-Cyr.
Robertson.	Truguet.	Sieyès.
M. J. Chénier.	Picard.	N. Lemercier.
F. Didot.	Sidney Smith.	Duchesnois.
Reicha.	Lefèvre-Desnoettes.	Lanjuinais.
Héloïse et Abailard.	De Pradt.	Jacques Laffitte.
Marjolin.	Urquijo.	De Valmy.
De Castries.	Gourgaud.	Fourier.
Lallemand.	Bellart.	Andrieux.
Lavoisier.	Pérignon.	Gall.
Méhul.	Valence.	Monge.
Madame Blanchard.	Clary.	Madame Raspail.
Gossec.	De Genlis.	Dubois.
Hérold.	Junot.	Poisson.
Nicolo.	Faucher.	Pinel.
Bertholle.	Pradier.	Clairon.

Géricault.　　　　Puységur.　　　　Raucourt.
Boyer.　　　　　　Désaugiers.　　　Isabey.
Marchangy,　　　 Gros.　　　　　　Bosio.
Lafond.　　　　　 Laplace.　　　　 Joubert.
Talma.　　　　　　La Fontaine.　　 Aguado.
Mademoiselle Bourgoin.　Molière.　　Fressinet.
François de Neufchâteau.　Drake.　　Tripier.
Brongniart.　　　 Gay-Lussac.　　　Jacotot.
Boufflers.　　　　Parmentier.　　　Bory Saint-Vincent.
Delille.　　　　　 Camille Jordan.　Lalande.
La Harpe.　　　　 Le Tourneur.　　 Beaujour.
Grétry.　　　　　　Weber.　　　　　 Dias Santos.
Saint-Lambert.　　Turpin.　　　　　Souvestre.
Wilhem.　　　　　　Latreille.　　　 De Balzac.
Chopin.　　　　　　Cullerier.　　　 Charles Nodier.
Fourcroy.　　　　 Madame Cottin.　 Casimir Delavigne.
Lakanal.　　　　　 Serrurier.　　　 Lacretelle.
Habeneck.　　　　 Decrest.　　　　　Desnoyers.
Spaendonck.　　　 Cambacérès.　　　De Rayneval.
Cherubini.　　　　David d'Angers.　Darcet.
Regnault de St-J. d'Angély.　Sicard.　De Ricci.
Dugazon.　　　　　Beurnonville.　　Ponce-Camus.
Parny.　　　　　　 Bourke.　　　　　Millevoye.
Maréchal Berthier.　Guilleminot.　 Cartelier.
Bernardin de St.-Pierre.　Le Fèvre.　Desèze.
Mercier.　　　　　Masséna.　　　　　David.
Turgot.　　　　　 Davoust.　　　　 Général Neigre.
Barbié du Bocage.　Martignac.　　　Martin.
Bellini.　　　　　Suchet.　　　　　 Maréchal Grouchy.
Bréguet.　　　　　Beaumarchais.　　 Monpou.
Vandaël.　　　　　Damesme.　　　　　Deburcau.
Hauy.　　　　　　　Haxo.　　　　　　 Mademoiselle Rachel.
Casimir Périer.　Lameth.　　　　　 Rothschild.
Lauriston.　　　　Barras.　　　　　 Famille Fould.
Ch. Visconti.　　 Manuel.　　　　　 La reine d'Oude.
Duc de Plaisance.　Foy.
Maréchal Maison.　Mortier.

C'est dans le vingtième arrondissement, sur les hauteurs de Ménilmontant, que l'on construit en ce moment le vaste et profond RÉSERVOIR où un aqueduc de 140 kilomètres de longueur conduira bientôt les eaux de la source de la Dhuys qui émergent à Plargny dans l'Aisne. Lorsque ce gigantesque travail sera terminé, il comptera au nombre de l'une des plus importantes et des plus belles constructions de Paris.

Le vingtième arrondissement comprend les anciens territoires de Ménilmontant, de Charonne et de Fontarabie, où commence la ligne des communes de banlieue annexées, qui n'ont aucun souvenir caractéristique, aucun trait particulier, ligne qui, franchissant la Seine au delà de l'ancien Bercy, va rejoindre l'ancien Grenelle, en passant par les anciens territoires des Deux-Moulins, de la Maison-Blanche, de la Glacière, du Petit-Montrouge, de Plaisance et de Vaugirard.

II

EXCURSIONS EXTÉRIEURES

LE BOIS DE BOULOGNE.

Cette magnifique promenade, l'une des plus belles qui existent dans le monde, commence aux limites même de Paris, aussitôt après la ligne des fortifications qui la bordent à l'est; la Seine la longe, à l'ouest, depuis Boulogne jusqu'à Neuilly; enfin, au nord et au sud, elle est entourée d'un saut de loup qui la sépare de deux magnifiques boulevards s'étendant sur une longueur de plus de 8 kilomètres, du pied de l'enceinte continue au bord du fleuve, et fermés par une grille élégante, d'un modèle uniforme.

Les principales entrées du Bois sont la porte de l'Impératrice, qui est à l'extrémité de l'avenue de ce nom, et la porte Maillot, qui est au commencement de l'avenue de Neuilly. Au delà de cette dernière porte, dans cette même avenue de Neuilly, on trouve successivement la porte d'Orléans, qui est dans le voisinage du Jardin d'acclimatation, la porte de Madrid et la porte de Saint-James. Au delà de la porte de l'Impératrice, on trouve successivement la porte de la Muette, la porte de Passy et la porte d'Auteuil. Du côté de la Seine, on y entre par la porte de la Seine, presque en face de Puteaux, la porte de

Suresnes, en face du village de Suresnes, et la porte de Saint-Cloud, près du pont qui conduit au château impérial de ce nom. Enfin, du côté opposé à l'avenue de Neuilly, on y entre par la porte des Princes, la porte de Boulogne et la porte de l'Hippodrome, qui est dans la direction du champ de courses.

Quand on veut visiter le Bois de Boulogne dans tout son ensemble et dans une seule promenade, on doit louer une voiture découverte, de grande remise, à la demi-journée. On peut alors, en quelques heures, entre le déjeuner et le dîner, le parcourir tout entier et avoir une idée générale des principales curiosités qu'il renferme. Lorsqu'on veut, au contraire, y arriver sans fatigue, afin de s'y promener ensuite à pied, en choisissant la partie qu'on désire étudier, on doit prendre à la place du Havre le chemin de fer intérieur, de Paris à Auteuil, et on descend soit à la porte Maillot, soit à la porte de l'Impératrice, soit au débarcadère de Passy, soit à la porte d'Auteuil, près de la mare de ce nom et à peu de distance du parc. On peut encore prendre, place de la Bourse ou place du Palais-Royal, l'un des deux omnibus de Passy, qui passent également tout près du débarcadère de ce nom, dans la Grande-Rue, où on se fait descendre pour se diriger ensuite, à volonté, soit vers la porte de la Muette, soit vers la porte de Passy. On peut aussi monter dans l'omnibus qui fait le trajet du Louvre à Courbevoie, par l'avenue de Neuilly. On s'arrête alors, à son gré, soit à la porte Maillot, soit à la porte d'Orléans, pour aller visiter le Jardin d'acclimatation, qui est tout près de là, comme je l'ai déjà dit, soit à la porte de Madrid. Enfin, on peut choisir soit le chemin de fer américain de la place de la Concorde, qui s'arrête au pont de Saint-Cloud, à quelques pas de Boulogne, après avoir passé à côté d'Auteuil; soit la voiture de la rue du Bouloy, qui dessert d'abord Passy et ensuite ces deux mêmes localités, et entrer dans le Bois par celui de ces trois points qu'on préfère. Néanmoins, la route la plus fréquentée par toutes les classes de la société, c'est celle qui, partant de la place de l'Étoile, aboutit par l'avenue de l'Impératrice à la porte qu'on désignait autrefois sous le nom de porte Dauphine et qui s'appelle aujourd'hui comme l'avenue.

J'ai dit, dans la notice historique sur Paris, qu'au temps des Gaulois et des Romains une forêt s'étendait au nord, de l'ouest à l'est, grimpant de la plaine au sommet des collines, et que dans cette forêt on avait coupé deux bois, dont l'un est celui de Boulogne.

À une époque lointaine, mais après l'ère romaine et l'ère gauloise, la partie qui compose aujourd'hui ce dernier bois appartenait à une forêt plus vaste qui se nommait *Rouveret* ou *Rouvray*, forêt qui diminua d'étendue à mesure que des villages s'élevèrent sur la lisière, à ses dépens. Ce sont ces villages qui sont devenus plus tard Auteuil, Chaillot, Passy, en dedans de l'enceinte actuelle; Boulogne, en dehors de cette même enceinte.

La forêt de Rouvray s'appela le bois de Saint-Cloud avant de se nommer le Bois de Boulogne. Cette dernière dénomination lui fut donnée sous Louis XII, lorsqu'il fut de nouveau réuni au domaine de la couronne, dont Louis XI l'avait détaché pour en former un domaine à son médecin Jacques Coittier. Ce domaine, du reste, n'était alors fréquenté que par des détrousseurs de grands chemins, qui s'étaient même avisés un jour de s'emparer des bagages de Duguesclin, bagages que l'on dirigeait par cette route sur quelque champ de bataille où l'illustre capitaine les avait précédés.

Le Bois de Boulogne était destiné à devenir le théâtre d'un événement plus tragique. Un troubadour provençal renommé, Arnauld de Catelan, fut appelé par Philippe le Bel à son château de Saint-Cloud. En quittant Paris, il entra dans cette forêt redoutée qu'il lui fallait traverser pour aller retrouver le roi. Il était accompagné d'une nombreuse escorte que son souverain lui avait envoyée tout à la fois pour le protéger et pour l'honorer. Le chef de cette escorte se figurait que le poëte, qui n'avait que son imagination pour richesse, était un ambassadeur chargé de somptueux présents. De concert avec ses hommes d'armes, il l'assassina pour l'en dépouiller, et apprit trop tard, en visitant les habits de sa victime, qu'il avait commis un crime inutile.

La forêt de Rouvray ou le bois de Saint-Cloud n'en était pas moins un lieu de chasse royale.

Avant d'en faire don à Jacques Coittier, Louis XI avait placé sous la surveillance du terrible Olivier le Daim, son bourreau et son barbier, dont il fit, par surcroît, son garde-chasse, la partie de ce bois ou de cette forêt que l'on désignait alors sous le titre de garenne. Ce souvenir complète merveilleusement, avec le vol des bagages de Duguesclin et l'assassinat de Catelan, la sombre trilogie historique et dramatique de la première phase de l'existence de ce parc, devenu un lieu d'enchantement et un théâtre d'élégance, après avoir été un lieu de terreur et un théâtre de brigandage.

Le Bois de Boulogne resta longtemps un lieu sauvage et solitaire autant que dangereux, et sa transformation a été très-lente. Mais cette transformation, prodige de l'art de le Nôtre, devait en faire, en cinq ans, de 1853 à 1858, une merveille qui surpasse tout ce que Londres même possède en ce genre de plus vaste et de plus magnifique.

Le Bois de Boulogne, où s'élèvent de délicieuses villas modernes, a possédé jadis deux châteaux et une abbaye célèbres. Le plus vieux de ces châteaux est celui de *Madrid*, construit par François Ier, qui le nomma ainsi en souvenir de sa captivité. On y admirait alors de délicieux ornements de Bernard de Palissy. Henri II y fit ajouter deux pavillons, qui servirent souvent de retraite mystérieuse à Diane de Poitiers. C'est là que le roi de France allait la voir en secret, lorsqu'il habitait sa bonne ville de Paris.

Donné par Henri IV à la reine Marguerite, le château de François Ier et de Henri II perdit sa splendeur sous les règnes suivants. Louis XVI en ordonna la vente et la démolition. Aujourd'hui, ceux qui cherchent l'asile des amours de Diane de Poitiers, ne trouvent plus, sous ce nom de Madrid, qui est resté, qu'une maison de campagne fort ordinaire, voisine d'un restaurant à la mode, en face duquel on remarque le chêne de François Ier.

Le second des anciens châteaux du Bois de Boulogne existe encore. C'est la délicieuse demeure qu'on nomme *Bagatelle* et qui est située entre Madrid et Longchamp.

Bagatelle fut, à l'origine, la maison de campagne de prédilection de mademoiselle de Charolais. Mais cette maison de campagne ayant été achetée, à la mort de la propriétaire, par le comte d'Artois, il la fit démolir, et sur son emplacement il fit élever, en soixante-quatre jours, le château actuel, qui est un modèle de goût et de richesse. Sous la Restauration, Bagatelle devint la propriété du duc de Berry, qui le légua à sa veuve, et c'est là que, dans son enfance, le duc de Bordeaux, alors qu'il était destiné à occuper un jour le trône de France, allait faire ses promenades quotidiennes. Ce château sert aujourd'hui au prince impérial pour le même usage.

L'abbaye de *Longchamp* s'élevait autrefois non loin de Bagatelle et de Madrid, sur les bords mêmes de la Seine, au nord de Boulogne. Cette abbaye devait sa fondation à une fille de France, à Isabelle, sœur de saint Louis. On l'appelait alors le couvent des *Sœurs recluses mineures de l'Humilité de Notre-Dame*.

Pendant le quatorzième siècle, ce couvent prit le nom d'abbaye de Longchamp qui lui est resté. Sa réputation lui valut la visite de plusieurs monarques, et il eut la gloire de compter des princesses de sang royal au nombre de ses pieuses habitantes.

Dans les derniers temps de l'ancienne monarchie, l'abbesse de Longchamp avait imaginé de donner, trois fois par semaine, le mercredi, le jeudi et le vendredi, des concerts spirituels dans l'église du monastère. Ces concerts attiraient une si grande foule de visiteurs et de curieux, que l'archevêque de Paris crut devoir les interdire. La Révolution a emporté l'abbaye et l'église. Il ne reste plus d'autre vestige de ce monument de la foi catholique, que deux tours et le pignon d'une grange. La coutume des promenades de Longchamp lui a survécu et s'est perpétuée jusqu'à notre époque.

Au delà de la porte de l'Impératrice, on rencontre bientôt la *grande rivière*, du milieu de laquelle surgissent deux *îles* réunies l'une à l'autre par un pont intérieur qu'on trouve tout près d'un *chalet* très-fréquenté dans la belle saison. C'est tout à la fois un café-restaurant et une salle de bal, de théâtre et de concert. On y a donné, dans les longues soirées d'été, des fêtes vénitiennes vraiment féeriques. On ne peut se rendre au chalet qu'en barque. Des bateaux-omnibus fort élégants font ce trajet, de quinze minutes en quinze minutes, dans la belle saison. La grande rivière a 11 hectares de superficie, 1,152 mètres de long, 102 mètres de largeur et jusqu'à 1 mètre 50 centimètres de profondeur.

De même qu'on a créé, à force de travail et de volonté, une rivière dans le Bois de Boulogne, on y a également creusé un *lac* délicieux, couvert de barques légères. Ce lac a 3 hectares de superficie, 412 mètres de longueur, 55 mètres de largeur et jusqu'à 1 mètre 40 centimètres de profondeur ; son extrémité supérieure est dominée par la butte, dite *butte Mortemart*, où s'élève un beau cèdre, entouré à sa base d'un banc en bois circulaire.

Il convient aussi de signaler la *grande cascade*, d'un effet pres-

Grav. 52. — Grande cascade du Bois de Boulogne.

tigieux, située en face de la route qui conduit au pont de Suresnes et ayant 14 mètres de hauteur sur 60 mètres de largeur, cascade dont la gravure précédente reproduit la physionomie générale.

La grande cascade est alimentée par la *mare de Longchamp*, mare parsemée d'îlots. C'est dans cette mare que vient se jeter la rivière de ce nom, rivière où se fait l'écoulement des lacs, et qui, de sinuosité en sinuosité, conduit à la *mare aux Biches*, que domine l'*allée de la reine Marguerite*, et au-dessus de laquelle on aperçoit une voûte rocheuse.

Je dois également mentionner le *parc aux Daims*, qu'on admire dans le voisinage de la rivière de Longchamp ; le *rond des Chênes*, qui se trouve entre deux pépinières d'étude, près de la *mare d'Auteuil*, seule mare naturelle du Bois de Boulogne ; l'*étang de l'Abbaye*, qui est à droite de la porte de Suresnes, à l'est des ruines de Longchamp ; l'*étang de Bagatelle*, dans le voisinage du parc de ce nom ; la *mare Saint-James* et la *mare d'Armenonville*. Ces deux dernières mares sont formées chacune par l'une des deux branches d'un ruisseau qui, sortant de la grande rivière, se subdivise aussitôt en deux filets d'eau distincts. Ces filets d'eau vont se jeter au Jardin zoologique d'acclimatation, dans l'*avenue de Neuilly*.

Enfin, au premier rang des curiosités que renferme le Bois de Boulogne, figurent le *pré Catelan*, vrai jardin d'Armide, ainsi nommé parce qu'il se trouve dans le voisinage d'une croix érigée à la place où fut assassiné le troubadour Arnauld de Catelan ; l'*Hippodrome* ou champ de course, qui contient deux *pistes* de 30 mètres de largeur, l'une dans la plaine, l'autre sur le plateau, et ayant en longueur, la première 2,000 mètres et la seconde 4,000 mètres ; le *champ d'entraînement* et la *piste de dressage* de la pelouse de Madrid.

Le pré Catelan est de ces choses qui ne se décrivent pas : on ne raconte pas des parterres de fleurs, de gazon et de feuillages. Ce jardin couvre une superficie de 4 hectares.

L'Hippodrome se distingue surtout des autres établissements de ce genre par l'élégance de ses tribunes, qui peuvent contenir cinq mille spectateurs, et le nombre des voies qui y conduisent de tous les points du Bois de Boulogne.

La charmante *allée du bord de l'eau*, qui longe à l'ouest le champ d'entraînement, le sépare de la Seine.

Dans ce rayon le regard embrasse aujourd'hui avec ravissement, dans toute son étendue, la vaste plaine de Longchamp. Cette plaine aride et sablonneuse, est maintenant transformée en une verte et immense pelouse, plantée d'un nombre infini d'arbres et d'arbustes disposés en massifs à travers lesquels sont ménagés de merveilleux points de vue.

La piste de dressage de la pelouse de Madrid, champ de manœuvres, de forme presque ronde, est un vaste tapis de verdure dont la surface plane se trouve dépouillée de toute plantation. La piste a un parcours de 1,200 mètres de longueur sur 3 mètres de largeur.

Quelques obstacles ont été ménagés aux deux côtés opposés de cet hippodrome d'essai pour les cavaliers qui veulent faire sauter leurs chevaux. Ces obstacles sont garnis d'une double haie de jonc marin. Cette innovation complète l'ensemble des agréments qui font du Bois de Boulogne une création sans rivale.

Les dispositions du Bois de Boulogne sont du reste très-heureuses et très-variées. L'ombre et la fraîcheur y sont ménagées avec infiniment d'art; un ruisseau, qu'on nomme communément la petite rivière, encaissé entre deux rives étroites et verdoyantes, bordées de bancs de fer, y serpente dans toutes les directions, et les promeneurs à pied, à cheval et en voiture peuvent choisir, à leur gré, entre des allées de largeurs diverses et de caractères différents, celles qui conviennent le mieux au but de leur promenade.

La grande rivière, le lac et la petite rivière sont alimentés par les eaux de la Seine, que les machines à vapeur de Chaillot y font monter du quai de la Conférence; leur trop-plein se déverse dans la grande cascade.

La longueur de la canalisation d'eau pour l'alimentation des lacs et l'arrosement des routes et pelouses est de 80 kilomètres; le volume des eaux employées par jour, en été, est de 7,000 mètres cubes pour l'arrosement, de 8,000 mètres cubes pour l'alimentation des lacs et des cascades; la longueur des ruisseaux est de 9 kilomètres; celle des allées est de 95 kilomètres, dont 58 kilomètres pour les routes carrossables empierrées, 12 kilomètres pour les routes de cavaliers sablées, 25 kilomètres pour les sentiers de piétons sablés.

Le Bois de Boulogne couvre actuellement une superficie de 873 hectares, dont 434 en forêts, 273 en pelouses, 30 en pièces ou cours d'eau, 107 en routes et allées, 29 en massifs d'arbustes, en pépinières et en parterres de fleurs. Son entretien coûte annuellement plus de 600,000 francs, et occupe un personnel d'environ 250 personnes.

On peut se promener en bateau, sur la grande rivière, aux prix suivants, calculés pour trente minutes, et réduits de moitié pour les promenades sur le lac :

Une personne.	1 fr.	De trois à sept personnes.	3 fr.
Deux personnes.	2	De huit à quazorze personnes.	5

Au delà de trente minutes, on compte par quinze minutes.

Le Bois de Boulogne a une annexe comprise dans son enceinte, mais qui a une individualité trop caractérisée pour que je ne la signale pas d'une manière spéciale : c'est le Jardin zoologique d'acclimatation, dont la gravure suivante reproduit l'aspect général et la physionomie particulière, jardin dont l'entrée n'est pas gratuite. Il comprend les ménageries du jardin ouvert et les serres du jardin fermé. Les jours non fériés, on paye un franc pour visiter les ménageries et les serres ; les jours fériés, on paye séparément 50 centimes pour les ménageries et 50 centimes pour les serres. On peut ne visiter que les ménageries ou ne visiter que les serres. Les équipages payent en outre, les jours fériés comme les jours non fériés, 3 fr. pour la voiture, les chevaux et la livrée.

Le Jardin zoologique d'acclimatation longe le boulevard Maillot, entre la porte des Sablons, près de laquelle est l'entrée principale et la porte de Neuilly, près de laquelle se trouve une seconde entrée près de l'avenue de Neuilly. Sa forme est elliptique. Son plan général représente un vallon, à pentes douces, vallon traversé par une rivière s'élargissant, çà et là, en bassins de dimensions diverses, où s'ébattent toutes les variétés d'oiseaux d'eau. Le but de sa création, c'est de répandre, de multiplier et d'acclimater enfin toutes les espèces, animales et végétales, qui sont ou qui seraient nouvellement introduites en France.

On se repose d'habitude dans une grotte ouverte à la base d'un rocher artificiel qui s'élève au centre de l'un des nombreux parcs entourés d'un grillage qui coupent ce vaste et pittoresque jardin, où des animaux de toutes sortes répandent une attrayante animation.

On visite d'abord les *serres*, qui renferment les arbres les plus précieux, les fleurs les plus belles, les plantes les plus rares de toutes les parties du monde.

Grav. 52. — Jardin d'Acclimatation au Bois de Boulogne.

On visite ensuite l'*aquarium*, bâtiment rectangulaire de 50 mètres de longueur, peint à fresque, où se font d'intéressantes et curieuses expériences de pisciculture. On y voit quatorze réservoirs de 1 mètre 80 centimètres de longueur sur 1 mètre de largeur. Chacun de ces quatorze réservoirs contient 1,000 litres d'eau douce ou d'eau marine. Trois de leurs parois sont en ardoises d'Angers. Une glace sans tain de Saint-Gobain, qui laisse arriver la lumière, forme la quatrième. Au fond, on remarque de petits rochers et des végétations aquatiques.

Dans les quatre premiers réservoirs sont les animaux d'eau douce; les dix autres réservoirs sont consacrés aux animaux d'eau marine.

Ces dix derniers réservoirs sont alimentés à l'aide d'une machine qui sert à la fois à maintenir dans chacun d'eux l'eau de mer à la quantité et à la température convenables.

On visite enfin successivement des magnaneries, des ménageries, des volières, des poteries, des écuries, des étables et plusieurs autres dépendances analogues, dont l'inspection remplit aisément une journée.

On vend chez le concierge du Jardin zoologique d'acclimatation une sorte de catalogue indispensable à ceux qui veulent apprécier exactement toutes les richesses utiles que cet établissement renferme.

LE BOIS DE VINCENNES.

Le bois de Vincennes, dont la ville de Paris est actuellement propriétaire, comme elle l'était déjà du Bois de Boulogne, est en ce moment l'objet d'une complète transformation, encore inachevée.

Le bois de Vincennes est l'un des deux bois coupés, ainsi que je l'ai dit dans la notice historique sur Paris, et que je l'ai rappelé en parlant du Bois de Boulogne, dans la forêt de l'ère gauloise et de l'ère romaine que je signale dans cette même notice. C'est, du reste, le plus ancien parc de France. Louis VII le fit clore de murs du côté de Paris, en même temps qu'il y fit construire, pour y loger un garde, la tourelle qu'on voit encore à Saint-Mandé.

Mais le bois de Vincennes était déjà connu depuis longtemps, lorsque ce monarque voulut l'enfermer dans une enceinte. Dès 847, on en parle dans un titre de l'abbaye de Saint-Maur, où il est appelé *Vilcenna*, *Vilcenne*, d'où l'on fit plus tard *Vicenne*, et enfin *Vin-*

cennes. On prétend même que les Romains y avaient élevé un collége consacré à Sylvain, dieu des forêts. Sur l'emplacement de ce collége, Louis VII établit des religieux de Grammont, remplacés sous Louis XI par les ermites et sous Henri III par des minimes. Un petit parc dépendait de ce monastère, où François de Paule logea dans un corps de bâtiment que Louis XI fit construire.

La clôture, commencée par Louis VII, fut agrandie et continuée par Philippe Auguste et par saint Louis, qui allait y rendre la justice au pied d'un chêne devenu célèbre. Elle ne fut entièrement achevée qu'en 1671.

Le bois de Vincennes, qu'on transforme, comme on a transformé le Bois de Boulogne, a déjà été complétement restauré une première fois, sous Louis XV, qui y dépensa onze cent mille livres. Cette restauration lui enleva son ancienne physionomie et lui en donna une toute nouvelle, qu'il vient de perdre encore.

Un description détaillée du bois de Vincennes serait prématurée. Cependant on y visite déjà le LAC DES MINIMES, couvrant une superficie de 8 hectares, dont 6 hectares sont occupés par trois îles, en partie boisées, qui le coupent; le CHALET, qu'on voit déjà dans une de ces trois îles qu'on nomme *l'île de la Porte-Jaune* ; la CASCADE, qu'on trouve dans le voisinage de cette même île; les PELOUSES, qui s'étendent de la porte de Fontenay à la porte de Joinville-le-Pont; le RUISSEAU DE NOGENT, la MARE, d'où le ruisseau s'échappe, le RUISSEAU DES MINIMES, le CAMP DE SAINT-MAUR, le ROND DE BEAUTÉ, la FERME NAPOLÉON, où l'on expérimente les nouvelles méthodes d'agriculture; le LAC DE GRAVELLE, le LAC DE SAINT-MANDÉ, la RIVIÈRE ARTIFICIELLE, la SALLE D'ESCRIME, le TIR NATIONAL, l'ÉCOLE DE PYROTECHNIE et l'HIPPODROME de la plaine de Gravelle, récemment inauguré.

Deux grandes tribunes s'élèvent à l'extrémité de cette vaste plaine, sur la lisière du bois. Elles n'ont pas moins de 100 mètres de longueur chacune, et sont séparées l'une de l'autre par le pavillon impérial qui fait face au but. Elles se composent d'un soubassement de 4 mètres de hauteur, destiné à placer les spectateurs dans les meilleures conditions, pour suivre commodément les péripéties des courses.

Sept rangs de banquettes, divisés en diverses catégories de places, sont desservis par un grand nombre d'issues et par de spacieux escaliers ménagés dans la hauteur du soubassement.

Grav. 55. — Vue du bois de Vincennes.

Ce soubassement, ouvert du côté opposé à la piste, et par conséquent du côté de l'enceinte réservée, est divisé de manière à recevoir les services du pesage, du secrétariat, les salons des dames, les salles du comité et des paris, les bureaux de secours, le buffet, le logement des gardes, les magasins, les écuries et les remises.

La tribune à droite du pavillon impérial est spécialement réservée aux membres de la société des steeple-chases et à leurs femmes, aux souscripteurs divers et à toute personne ayant droit d'accès dans l'enceinte du pesage. Le surplus de cette tribune, desservi par un escalier spécial et en dehors de cette enceinte, est occupé par une autre catégorie de places. La tribune de gauche est affectée en partie aux autorités. Une terrasse ou galerie non couverte, construite mi-hauteur entre le sol de la piste, et celui des tribunes, et s'étendant sur toute la longueur des bâtiments, recevra les spectateurs se tenant debout et qui pourront ainsi dominer suffisamment l'ensemble de la plaine, sans qu'il en résulte aucune gêne pour les personnes assises, placées derrière.

Les deux tribunes, en y comprenant la terrasse, contiennent trois mille spectateurs environ. En avant, le sol a été disposé en fort talus et l'on y est encore fort bien pour embrasser, de l'enceinte même des courses, toute la plaine du regard. Le pavillon impérial s'élève entre les deux tribunes, en face de la tribune du juge. Il se compose principalement d'un salon élevé sur un haut soubassement, et précédé d'un porche ouvert du côté du champ de courses.

Afin de remplacer la partie du bois détruite par la création du polygone et du champ de manœuvres, on a acquis, pour le réunir à la promenade, tout le territoire de la plaine de Bercy et de Saint-Mandé situé entre les anciennes limites du bois et le mur d'enceinte des fortifications de Paris; la nouvelle promenade, comme le Bois de Boulogne, commencera désormais aux portes de Paris.

Les travaux entrepris en 1858 sont terminés dans les parties des Minimes et de Saint-Mandé; les travaux du plateau de Gravelle sont en cours d'exécution. Du sommet de ce plateau la vue s'étend sur les allées de la Marne et de la Seine et sur Paris, et les promeneurs jouiront du plus admirable panorama; les travaux de la plaine de Bercy et de Saint-Mandé sont à peine commencés.

Les pièces d'eau du bois de Vincennes sont alimentés et l'arrosage est fait au moyen des eaux de la Marne, élevées par une turbine placée dans la chute des moulins de Saint-Maur.

Le bois de Vincennes couvre aujourd'hui une superficie de 876 hectares, divisés ainsi qu'il suit : 370 hectares en forêt, 55 en massifs d'arbres et arbustes, 375 en prairies, 56 en routes et 20 en pièces d'eau et rivières. La longueur totale des routes et des allées sera de 70,033 mètres ; celle de la canalisation de 27,460 mètres, et celle des ruisseaux de 9,900 mètres. On emploiera 5,000 mètres cubes d'eau pour l'arrosement des routes, des allées et des sentiers, et l'alimentation des rivières, des cascades et des lacs.

La gravure suivante représente une vue du bois de Vincennes, prise du *lac des Minimes*, avec une lointaine perspective du donjon.

OBSERVATION GÉNÉRALE.

J'ai indiqué dans les vingt arrondissements de Paris, en dedans de l'enceinte continue, et même sur les limites extérieures de cette enceinte, comme la chapelle Saint-Ferdinand, le Bois de Boulogne et le bois de Vincennes, tout ce qui a quelque intérêt ou quelque importance, soit à titre de monument, soit à titre de musée ; j'ai signalé, dans ces mêmes arrondissements, tout ce qui, sans être ni un monument, ni un musée de premier ordre ou même de second ordre, est une curiosité, soit par un cachet exceptionnel, soit par sa nature spéciale, soit par un intérêt archéologique, historique ou artistique quelconque. J'ai passé, sans les nommer, à côté d'autres églises que rien ne désigne à l'attention ; d'hôtels de ministères ou d'administrations que rien ne distingue d'un grand nombre d'autres hôtels privés modernes, aussi vastes et aussi beaux ; d'établissements spéciaux, qui n'ont d'autre mérite que celui de leur utilité ; d'édifices consacrés à des usages publics, qui ne sont qu'une masse de bâtiments sans caractère ; de fontaines et de squares qui ne pourraient figurer que dans une liste générale, pour faire nombre ; de splendides demeures privées, qu'il ne convient pas d'indiquer, puisque les portes de ces demeures, souvent remplies d'admirables œuvres d'art, ne s'ouvrent qu'au nom d'un ami. Je ne fais à cette place ni un annuaire, ni un almanach, mais un *guide historique et descriptif*, qui ne doit s'occuper que de ce qui est digne d'arrêter les regards des voyageurs et des voyageuses de la France et de l'étranger, guide qui apprendrait à beaucoup de Parisiens eux-mêmes à connaître cette cité unique qu'ils habitent et qu'ils ignorent.

Enfin j'ai décrit les ponts dans leurs arrondissements respectifs; j'ai signalé la ligne des quais dans l'*Introduction*; j'ai parlé dans les diverses parties précédentes de ce livre des boulevards et des avenues qui méritent une mention spéciale; les ports sont sans importance, les cités sans caractère, et Paris ne possède pas encore de bazars et de passages dont la magnificence et la grandeur répondent à sa grandeur et à sa magnificence. On en trouvera l'indication dans le dictionnaire des rues, qui subissent de leur côté une transformation trop générale, trop prompte, pour qu'on puisse faire aujourd'hui autre chose que d'en donner la nomenclature. Une étude locale sur chacune d'elles serait tout à fait inopportune en ce moment, car pendant que les unes s'élèvent ou s'agrandissent, les autres disparaissent ou se modifient.

TROISIÈME SECTION
GUIDE PITTORESQUE

I

LES HOMMES

LA SOCIÉTÉ PARISIENNE.

Je ne me crois pas infaillible ; mais je dis ce que je pense, sans m'inquiéter de ce qu'on en pense ; je puis me tromper ; je suis sincère et convaincu. Ceci posé, j'entre résolûment en matière.

Préambule. — La société parisienne est une mosaïque dont toutes les pierres sont loin d'être précieuses ; mais, à coup sûr, dans aucune capitale d'Europe, dans aucune ville du monde, on ne trouve un amas d'êtres animés qui, sous l'apparence d'une sorte d'uniformité de commande, ne présente une aussi grande variété de physionomies, de qualités et de travers, de passions et d'aptitudes, de vertus et de vices. Les démarcations y sont plus tranchées qu'elles ne paraissent l'être au premier aspect, et dans ce pêle-mêle de tous les rangs, de tous les âges, de toutes les situations, il est facile d'apercevoir, pour peu qu'on y regarde de près, des cantonnements parfaitement distincts, marqués par des limites nettement accusées.

Le monde aristocratique. — En premier lieu, il y a ce que j'appellerai le monde aristocratique, bien que cette dernière expression n'ait plus de sens réel dans la France actuelle, car là où il n'y a pas de priviléges exceptionnels appartenant, par droit de naissance, à une classe spéciale, il n'y a pas de véritable aristocratie, dans l'acception qu'on donne généralement à ce mot. Or, les étrangers, comme les nationaux, n'ignorent pas qu'à l'exception de la famille impériale, aucune famille française ne jouit de droits particuliers qu'elle tienne de la loi et qui lui soient propres. Il n'y a donc plus dans Paris de classe aristocratique proprement dite, et cependant on y trouve encore quelques débris de l'ancienne aristocratie, qui forme, ce que j'ai déjà nommé, une sorte de monde aristocratique.

Ce monde aristocratique, il est nécessaire qu'on le sache, pour ne pas se faire une fausse idée de beaucoup de gens qu'on y rencontre, est excessivement frelaté. C'est là surtout qu'il est depuis longtemps avec la réalité des accommodements, et on risquerait souvent de se tromper, si on s'en rapportait à l'étiquette, en d'autres termes, si on acceptait sans examen tous les noms et tous les titres qu'on y rencontre.

La noblesse française, que le monde aristocratique parisien a la prétention de perpétuer, s'est successivement composée de quatre éléments divers.

Le premier de ces éléments a été la noblesse d'épée, la véritable héritière de la noblesse féodale, celle qui datait de la conquête, celle enfin qui était aux croisades, noblesse ignorante, mais chevaleresque, oppressive mais vaillante, devenue avec le temps la noblesse de cour, illustrée plutôt qu'illustre.

Le second de ces éléments a été la noblesse de robe, la noblesse parlementaire, venue plus tard, classe laborieuse et éclairée, qui s'est faite par le talent, qui a grandi par la vertu, et qui était devenue, dans les derniers jours de la vieille monarchie, une puissance presque révolutionnaire, formidable par ses richesses comme par ses lumières.

Le troisième de ces éléments a été la noblesse de finance, la dernière arrivée, noblesse de raccroc, qui achetait ses titres et ses priviléges avec l'argent gagné dans les jeux de l'agiotage, la ferme des impôts ou les bénéfices de l'usure.

Enfin le quatrième de ces éléments, le moins nombreux, élément qui s'est rencontré concurremment avec le second et le troisième, c'est la noblesse d'administration, celle qui s'acquérait par les charges publiques et les magistratures municipales, l'une des plus honorables, à coup sûr, puisqu'elle supposait une carrière utile, remplie de travaux et pleine de services.

Eh bien, lorsqu'on remonte à la source des titres de noblesse qui existent aujourd'hui légitimement, on reconnaît bien vite que le plus grand nombre d'entre eux appartient à la noblesse de finance, le moins glorieux et le plus nouveau des éléments dont se compose actuellement, dans la société parisienne, le monde aristocratique, et que quelques-uns seulement, en très-petit nombre, proviennent de la noblesse de cour ou d'épée. Je ne dis pas qu'il n'y ait plus de nos jours de fils des croisés; mais il en existe assurément fort peu. La plupart des noms historiques portés par des familles actuelles sont depuis longtemps éteints, en réalité, dans la descendance directe ou collatérale, de mâle en mâle; ainsi celui des Montmorency, illustre dès l'ère des croisades.

L'art de vérifier les dates, qui est l'évangile de l'histoire, constate formellement que le comte Henri de Montmorency, décapité à Toulouse par ordre du terrible cardinal de Richelieu, n'avait ni frère, ni fils, ni cousin; qu'il était le dernier de sa race et qu'avec lui s'est éteinte la glorieuse maison de Burchard de Montmorency, surnommé au temps chevaleresque des croisades le *premier baron chrétien*. Cependant le nom de Montmorency, ressuscité je ne sais trop comment, revit, par un miracle inexplicable, dans une nombreuse lignée.

Généralement les noms historiques qui existent encore ont été repris, avec ou sans l'agrément du roi, comme on disait naguère, par les gendres, et quelquefois aussi par des neveux ou des cousins par alliance. Ils sont donc presque tous sortis de la descendance directe ou collatérale, de mâle en mâle, pour entrer dans des branches greffées sur cette descendance, branches où elles ont été apportées par les femmes.

Le même fait s'est également reproduit très-fréquemment dans les trois autres éléments de la noblesse française, même dans l'élément de la finance, le plus nouveau et le plus nombreux; si bien que, dans ce qui constitue le monde aristocratique parisien, on ne rencontre que très-peu de familles ayant des titres transmis régulièrement à ceux qui les portent aujourd'hui, de génération en génération, et restés dans la descendance masculine, directe ou collatérale.

La fleur du monde aristocratique parisien se compose d'abord de quelques familles d'une très-ancienne origine, mais dont l'illustration ne date guère que du règne de la dynastie des Bourbons; de quelques familles dont les chefs se sont distingués avec éclat, sous cette même dynastie, soit dans les conseils de la royauté, soit à la tête des armées françaises de terre et de mer; enfin de quelques familles qui peuvent citer dans leur généalogie une grande individualité parlementaire, dont l'auréole de savoir, de courage civil et de vertu rejaillit encore sur elles. Mais on compte ces familles.

Une remarque importante à faire pour l'instruction des étrangers qui ne sont pas familiarisés avec les règles et les usages qui forment le code nobiliaire de la France, c'est que le titre de prince n'existe pas dans ce code. Ce titre n'a jamais appartenu qu'aux membres des familles souveraines. En dehors de ces familles, il n'a été donné à personne par lettres patentes émanant du roi.

Les titres de prince, qu'on rencontre aujourd'hui si fréquemment dans le monde aristocratique parisien, sont tous, sans exception aucune, de provenance étrangère, spécialement de provenance romaine. Ils sont donc très-inférieurs aux titres de duc, le premier des titres nobiliaires de France; titre qui, du reste, sous l'ancienne monarchie, n'appartenait guère qu'aux titulaires des duchés-pairies. Ce qui le relève encore, c'est qu'il n'en existait jamais qu'un seul dans une même maison, et qu'il était naturellement l'apanage du chef de la famille.

Ainsi, dans la maison de Noailles, il n'y a qu'un seul titre de duc français; ce titre appartient de droit au chef de la branche aînée de cette illustre maison, qui est le duc de Noailles, membre de l'Académie française, vrai grand seigneur d'autrefois, condamné par le cours des événements à l'inactivité politique, et retiré dans la dignité de sa vie d'étude et de méditation.

Le chef de la branche cadette n'est que comte de Noailles en France, bien qu'il tienne de l'Espagne, avec la grandesse, le titre de duc de Mouchy.

Au surplus, les titres ne sont plus aujourd'hui qu'une brillante broderie. Malheureusement, ce qui est plus rare encore que la transmission régulière de ces titres dans la descendance masculine, c'est la continuité des services, c'est l'héritage des talents qui en ont été souvent la cause première. Les mœurs actuelles de la jeunesse dans le monde aristocratique parisien sont trop généralement le symptôme d'une déplorable décadence de race. Toute la science de cette jeunesse inoccupée se résume aujourd'hui dans la science des courses de chevaux; toute sa passion, c'est celle du jeu; elle n'a même plus celle des femmes, car ce n'est pas aimer les femmes que d'entretenir à grands frais les Phrynés et les Olympias du Paris moderne. C'est acheter le corps pour se dispenser des soins et des peines que coûte la conquête du cœur.

Jouer gros jeu au club, faire d'énormes paris sur le turf, étaler le luxe insolent d'une maîtresse en renom, par genre et non par amour; tirer vanité de la richesse de ses équipages, boire beaucoup de champagne, fumer un grand nombre de cigares : voilà l'existence de cette jeunesse qui s'étiole dans les plaisirs faciles et s'abâtardit dans les occupations frivoles, jeunesse inhabile à remplir aucune fonction dans l'État, impropre à la vie publique, incapable de travaux utiles et sérieux d'aucun genre, et qui, dans le débraillé de ses mœurs, a perdu jusqu'à la tradition des élégances de langage et de ton qui ont fait si longtemps le charme des salons aristocratiques d'autrefois, si renommés par leur esprit et leur urbanité.

Aujourd'hui désertés par les fils et par les frères, et souvent par les pères et par les maris, ces salons, dépeuplés au profit du club, la plus triste et la plus funeste des importations anglaises, ou se ferment chaque jour davantage dans la solitude, ou chaque jour s'entr'ouvrent un peu plus aux intrus qui y apportent un peu de mouvement et de vie. L'ennui est un terrible révolutionnaire qui fait faire bien des capitulations. Le monde aristocratique parisien avait eu longtemps sa muraille de la Chine qu'on ne franchissait pas aisément; mais, en voyant le vide se faire autour de lui par la désertion des siens, il s'est résigné à chercher des recrues de gaieté et d'animation dans les mondes limitrophes. Il y a encore des familles aristocratiques qui s'isolent dans l'austérité de leur vie, au fond de leurs hôtels pleins de calme et de silence, sachant toujours allier le vieil esprit français à la réserve du langage, et la vieille courtoisie française à la dignité du maintien; des familles où l'on sait courtiser les femmes en gentilhomme; mais il n'y a plus de véritable monde aristocratique, ayant sa physionomie, ses usages, ses frontières, sa langue. La démocratie des lois avait tué sa puissance, la démocratie des mœurs a effacé son effigie.

Le monde politique. — Le monde politique parisien ne ressemble à aucun monde politique des autres nations européennes. Ce monde, qui comprend dans son ensemble toutes les divisions du monde officiel : administratif, diplomatique ou militaire, est généralement composé, partout ailleurs, d'éléments presque purement aristocratiques. En France, c'est tout autre chose. Il est le principal noyau de la véritable aristocratie de nos jours, aristocratie de talent, de pouvoir et d'influence; mais son double caractère distinctif, c'est la variété d'origine, c'est la mobilité de situation.

Les hommes les plus éminents du monde politique sortent de toutes les classes de la société, des plus humbles comme des plus élevées, des plus pauvres comme des plus riches. Le plus grand nombre appartient, par son origine, aux carrières libérales. Le commerce, la finance et l'industrie l'alimentent également dans d'assez larges proportions. Quoi qu'il en soit, c'est là surtout qu'est la vie, qu'est le mouvement; c'est là principalement que sont aussi le travail et l'intelligence. L'éducation première n'y est pas toujours, et j'appelle ici éducation première, non l'instruction qu'on reçoit dans les lycées et les colléges, mais l'apprentissage des belles manières et des beaux usages qu'on fait dans la vie de famille, ainsi que la tradition des hauts emplois et des grandes charges qu'on puise dans un milieu gouvernemental d'un ordre élevé; mais il est rare que la capacité fasse défaut, celle du moins d'un niveau moyen, car les supériorités sont plus que jamais, en tout et partout, l'exception.

Dans le monde politique, les supériorités se divisent en types, en individualités, en illustrations et en influences.

Ainsi M. Billault est aujourd'hui, par la hauteur du talent et la dignité du caractère, le type le plus éclatant et le plus élevé des orateurs de gouvernement et des hommes d'État de l'époque impériale, le type des véritables hommes politiques activement mêlés aux affaires publiques.

M. le duc DE MORNY est une des plus brillantes individualités du monde officiel. En effet, par la tournure particulière de son esprit, par sa situation personnelle dans les régions gouvernementales, par je ne sais quel côté chevaleresque qui n'appartient qu'à lui, par des traits saillants de son caractère et de sa vie qu'on ne retrouve pas ailleurs, il a ce cachet distinctif qui fait les grandes individualités d'un régime et d'une époque.

M. THIERS, qui vient de rentrer dans la vie publique active sans entrer dans les régions officielles, est une illustration au même titre que M. GUIZOT, redevenu et resté simple écrivain, après avoir rempli la scène politique de sa parole retentissante et de sa vaste personnalité.

A un autre point de vue, M. le DUC DE MALAKOFF et M. le DUC DE MAGENTA, dont les titres glorieux rappellent deux des plus récents et des plus beaux triomphes de l'armée française, sont également des illustrations du monde officiel.

MM. ACHILLE FOULD et ROUHER, par leur importance personnelle autant que par leur situation, et surtout par le rôle qu'ils ont sous le régime actuel, sont des influences gouvernementales.

Du reste, le monde politique parisien est changeant comme les vents, mobile comme les flots; il ressemble à l'Océan, qu'une tempête couvre d'écume. Les révolutions y introduisent parfois d'étranges éléments; elles emportent d'un bloc toute une couche d'hommes, et du même coup apportent toute une nouvelle couche d'influences gouvernementales et administratives. C'est rapide et complet comme le changement à vue d'un décor d'Opéra. Du jour au lendemain les physionomies, les langages, les manières, les mœurs, tout est changé du tout au tout; c'est à ne plus s'y reconnaître. Mais on s'y fait vite, et en définitive on s'aperçoit aisément et promptement que, si les hommes changent, les choses restent les mêmes.

Mêlé à tout et se mêlant de tout, primesautier par tempérament, quoique réservé par situation; vivant de cette vie fiévreuse qui est la vie publique; confinant à tous les mondes où se concentre l'autorité matérielle et morale; ne croyant qu'au succès, ne rêvant que la fortune, le plaisir, l'ambition; sceptique par caractère et par expérience; se hâtant de mettre à profit l'heure présente dans l'incertitude où il est toujours d'avoir à lui le lendemain, le monde politique parisien emprunte à ces diverses causes une variété de conversation, une vivacité de langage, une légèreté d'esprit, une tournure d'imagination et aussi une indulgence d'opinion qui en font peut-être tout à la fois le monde le plus pittoresque et le plus curieux, le plus étrange et le plus agréable de toute l'Europe civilisée.

Le monde judiciaire, c'est, avant tout, le corps de la magistrature, qui est à peu près dans la France moderne ce qu'étaient le parlement, la prévôté et le bailliage dans la France ancienne. Cette fraction de la société parisienne a sa physionomie distincte, physionomie extérieurement plus austère, intérieurement plus réservée.

Prise dans son ensemble, la magistrature française est à coup sûr la première magistrature d'Europe par la solidité de son instruction, par son désintéressement, par la modestie de sa vie, par le mouvement d'idées et la gravité de mœurs qui la caractérisent.

Les qualités qui distinguent la magistrature s'étendent généralement au barreau. Ces deux grandes divisions du monde judiciaire constituent peut-être le plus pur des éléments de la société parisienne, le lieu où on rencontre la plus grande somme de vertus privées alliées à la plus grande somme de talents publics.

Il est rare, du reste, que les sommités de la magistrature et du barreau ne soient pas au premier rang des sommités de l'une des diverses fractions du monde politique.

Ainsi MM. Troplong, Baroche et Dupin, qui sont à la tête de la magistrature et qui comptent parmi les illustrations du Sénat; ainsi MM. Berryer, Jules Favre et Marie, qui sont au nombre des gloires du barreau et qui figurent parmi les premiers orateurs du Corps législatif.

Le monde littéraire. — L'Académie française est encore hiérarchiquement placée à la tête de ce monde qui comprend tous les écrivains de savoir ou d'imagination.

Créée par le cardinal de Richelieu, sous le règne de Louis XIII, l'Académie française a été longtemps une institution logique, ayant un rôle actif et sa raison d'être. Elle formait un lien entre les hommes de lettres les plus éminents, alors isolés, et de ce centre commun devait naturellement rayonner, sur toutes les branches de la littérature et de la langue françaises, qui cherchaient encore leur forme dernière, une influence féconde, légitime, efficace.

Quelques grands seigneurs étaient mêlés aux académiciens lettrés, à raison de l'utilité de leur protection ; ces grands seigneurs ajoutaient au relief littéraire de l'institution, le relief d'une situation élevée, d'un nom illustre, d'une fortune considérable ; sous l'ancienne monarchie et dans l'ancienne société, cette association des hommes de naissance et des hommes de génie était nécessaire. Les seconds y trouvaient un point d'appui qui leur était indispensable ; les premiers y apprenaient à aimer les lettres, à apprécier les lettrés qu'ils se chargeaient ensuite de faire accepter par le monde de la cour et de la ville, toujours en garde contre les écrivains et les livres. Mais aujourd'hui l'Académie française n'est plus qu'un anachronisme vivant, une tradition surannée, sans action sur les mœurs publiques et privées, sans influence sur le mouvement des faits et des idées, sans autorité sur la littérature contemporaine, et qui ne parvient même plus à réglementer la langue française.

L'Académie française a, du reste, pris elle-même la tâche de cesser d'être une institution, un corps, en se faisant une coterie ; elle-même a achevé de s'annuler, en se tenant à l'écart de la vie active du monde réel, pour vivre d'une vie factice, dans une sphère de fantaisie. Quel lien peut avoir avec les générations nouvelles, une assemblée qui s'amuse à des jeux d'esprit, sans portée sur la marche du siècle, et qui se complaît dans ces puérils ressouvenirs du passé, à une époque où tout : hommes et choses, semble se précipiter avec une effrayante rapidité vers un terrible et mystérieux avenir, dont nul encore ne peut prévoir le caractère.

Le titre de membre de l'Académie française ne donne plus de relief qu'aux médiocrités littéraires.

M. de Lamartine serait-il un moins grand poëte, un moins grand prosateur, un moins grand orateur ; M. Victor Hugo aurait-il moins de gloire et de génie si, comme Molière et Béranger, ils n'appartenaient ni l'un, ni l'autre, à l'Académie française. Madame la baronne Dudevant, qui s'est faite sous le pseudonyme de Georges Sand, une renommée européenne, ne peut y avoir un fauteuil, parce qu'elle est femme. Cette exclusion empêche-t-elle qu'elle ne soit, par le style et par l'imagination, la rivale d'Honoré de Balzac, dans le domaine du roman moderne. Ces deux royautés littéraires, l'une morte, l'autre vivante, sont-elles moins incontestables et moins incontestées, parce qu'elles n'ont pas reçu la consécration officielle des scrutins académiques.

Le monde littéraire comprend les poëtes, les dramaturges, les écrivains de fantaisie, les romanciers, les critiques, les philosophes, les historiens et les publicistes.

On se ferait une fausse idée de la littérature parisienne, si on lui supposait des mœurs particulières, une manière de vivre spéciale, des costumes originaux.

Poëtes, dramaturges, romanciers, écrivains de fantaisie, publicistes, historiens et philosophes : tous vivent aujourd'hui de la vie commune, chacun selon ses ressources et ses goûts, sans trop s'assujettir aux convenances sociales, mais aussi sans trop s'en affranchir, ayant une certaine liberté d'allure et d'attitude en face de la société parisienne, mais sans excentricité ; montrant une certaine indépendance de manière et de conduite, mais n'allant jamais jusqu'à froisser les susceptibilités des salons. En un mot, ce sont généralement de spirituels sceptiques, qui ne croient qu'à eux, d'intelligents sybarites, qui cherchent surtout à s'arranger une vie à leur guise, sans se heurter à rien et sans choquer personne, de façon à se faire accepter par tous, à leur jour et à leur heure, sans se faire trop esclaves des obligations et des préjugés du monde.

Les excentriques par caractère et les bohèmes par goût, ne sont plus que des exceptions, sans influence sur la physionomie générale de la littérature contemporaine. On s'y habille, on s'y loge et on s'y nourrit du mieux qu'on peut ; on y calcule tout autant que dans la Banque et on y songe surtout à gagner beaucoup d'argent pour se donner la plus grande somme possible de jouissances matérielles, car on y est principalement de la religion du sensualisme.

Il va sans dire que je n'accepte pas comme appartenant à la littérature contemporaine, ces prétendus hommes de lettres, flâneurs du boulevard des Italiens, piliers de cafés et d'estaminets, qui n'ont jamais inventé que des titres d'ouvrage et qui meurent sans avoir achevé ni leur premier livre, ni leur premier article, ni leur première pièce.

Le monde artistique. — A l'exemple du monde littéraire, le monde artistique qui comprend surtout la peinture, la statuaire et la musique, ressemble, par sa manière d'être et même par sa manière de penser, aux autres éléments de la société parisienne. Sa physionomie générale peut avoir des traits plus accentués, son langage intime peut avoir des saillies plus humoristiques; mais on y vit de la vie de tout le monde.

Aujourd'hui les artistes se marient et élèvent leurs enfants dans le respect de Dieu et de la loi; ils payent leurs impôts et ils sont même gardes nationaux sans trop de résistance. Rien enfin ne les signale extérieurement et visiblement comme des êtres exceptionnels, en dehors de la société, ainsi qu'on se le figure encore dans quelques familles de province.

Il va sans dire également que je n'accepte pas comme appartenant au monde artistique, ces peintres dont personne n'a vu le premier tableau, ces sculpteurs qui n'ont pas commencé leur première statue, ces compositeurs dont personne n'a entendu la première note.

Beaucoup d'incapables et de paresseux qui n'ont jamais rien fait et qui ne feront jamais rien, se disent peintres, sculpteurs, compositeurs, poëtes, dramaturges, romanciers, historiens, philosophes, publicistes, pour se donner une contenance dans le monde. Mais l'art contemporain rejette ces faux artistes, la littérature contemporaine renie ces prétendus écrivains.

Quoi qu'il en soit, le monde littéraire et le monde artistique ont une influence considérable sur les mœurs de la société parisienne, où entrent, sans y laisser d'empreinte caractéristique, quelques autres éléments épars, les ECCLÉSIASTIQUES, les PROFESSEURS et les MÉDECINS, confondus dans l'ensemble, lorsqu'une illustration toute personnelle ne les met pas en relief d'une façon particulière.

Le monde littéraire et le monde artistique se sont bien façonnés à la mode générale; mais ils n'ont pas cependant abdiqué leur puissante individualité, leur esprit d'initiative, leur fougue d'imagination, leurs entraînements de passion, leurs originalités de langage, la spontanéité de leur nature, l'indépendance de leur caractère, et surtout leur terrible scepticisme. En se faisant accepter de la société parisienne, à l'aide de quelques concessions de forme, ils ont déteint profondément sur elle pour le fond des sentiments et des idées. En même temps qu'ils y ont apporté plus de séve et de mouvement, ils y ont introduit aussi une plus grande hardiesse de pensée, une plus grande liberté d'allure. Malheureusement ils ont gardé pour eux le trait saillant qui les distingue : l'esprit d'envie qu'on y trouve développé au suprême degré.

Lorsqu'on n'est pas décidé d'avance à entendre abaisser le caractère et le talent d'un homme que l'on aime et que l'on estime, il faut se garder de parler d'un peintre à un peintre, d'un sculpteur à un sculpteur, d'un compositeur à un compositeur, d'un dramaturge à un dramaturge, d'un romancier à un romancier, d'un historien à un historien, d'un philosophe à un philosophe, d'un poëte à un poëte, et surtout d'un journaliste à un journaliste. Ce déplorable esprit d'envie, qui tue tout sentiment de confraternité, est l'unique défaut spécial du monde littéraire et artistique; mais, par compensation, il y est profondément enraciné.

Le monde financier. — Ce monde, qui se compose surtout des grands spéculateurs de la Bourse, tous mêlés aux grandes entreprises d'utilité publique de notre temps, comprend encore la haute banque et la haute industrie. Dans ce monde il y a aujourd'hui, par exception, une royauté incontestée, c'est la royauté de M. le baron JAMES DE ROTHSCHILD. Celui-là par sa fortune colossale, par son influence européenne, est hors ligne.

M. de Rothschild n'est plus un spéculateur, n'est plus un banquier ; c'est une puissance sans précédent dans le passé, sans rivale dans le présent, et qui restera peut-être sans analogue dans l'avenir. C'est une de ces individualités qui ne peuvent servir de règle pour aucune appréciation générale, parce qu'elles dépassent tout ce qui les entoure d'une hauteur telle qu'elles semblent appartenir à une autre sphère.

Au-dessous de M. le baron James de Rothschild, il y a la haute banque, qui n'a pas ce que l'on pourrait appeler une physionomie bien caractéristique, en ce sens qu'elle se maintient, comme les Sellière, les Mallet, les Javal, les Hottinguer, dans un mouvement régulier d'affaires normales, provoquant peu l'attention publique, et courant moins encore les hasards et les aventures de l'agiotage ; ce sont, en un mot, de vraies maisons d'affaires et non des maisons de jeu ; celles-là sont classées et considérées. Elles constituent le véritable monde financier parisien, monde qui emploie ses immenses capitaux dans la grande industrie, qui commandite les usines, les manufactures, les forges, les mines ; monde enfin qui, depuis longtemps, est entré par beaucoup de fissures dans le monde aristocratique et qui se retrouve dans le monde politique.

Le monde financier embrasse, dans la variété de ses divisions, le MONDE DE LA BOURSE, monde à part qui, de onze heures du matin à quatre heures du soir, vit, six jours de la semaine, d'une vie exceptionnelle et factice ; vie de joueur, fiévreuse et monotone, qui se répète trois cents fois par an avec une exactitude photographique ; vie absorbante, quoique machinale, qui ne laisse de place qu'à une seule pensée et à une seule émotion ; vie qui écrase l'intelligence du poids de ses préoccupations spéciales.

Pendant trois heures surtout, les hommes de Bourse ne sont plus ni citoyens, ni époux, ni pères, ni fils, ni amants : ils sont haussiers ou baissiers.

Pendant ces trois heures, toute cette foule qui tourbillonne et qui bourdonne dans le palais de la Bourse semble appartenir à la même classe sociale et la plus complète égalité paraît régner au milieu d'elle. Cependant que de profondes séparations, que de classifications tranchées dans ce monde, où Jean qui rit est fatalement le vis-à-vis de Jean qui pleure.

Au sommet du monde de la Bourse, il y a le corps des agents de change, qui remplissent un mandat plutôt qu'ils ne jouent un rôle, et qui en sont tout à la fois les croupiers, puisqu'ils marquent les coups des marchés à terme, et les notaires, puisqu'ils enregistrent les achats et les ventes des marchés au comptant. Ce corps, à qui on dit de vivre comme la salamandre dans le feu sans s'y brûler, est un type d'héroïsme à sa manière, car trop souvent il paye vaillamment les frais de batailles qu'il n'a pas livrées.

Au-dessous des agents de change, il y a toute une classe nombreuse de spéculateurs qui a su faire de cette vie de joueurs à la hausse ou à la baisse une sorte de profession régulière, d'occupation lucrative et honnête. C'est le vrai monde de la Bourse, celui qui y entretient la vie et le mouvement, et qui, par ses transactions quotidiennes, contribue largement à maintenir l'activité dans ce qu'on appelle spécialement le monde des affaires, en provoquant le capital mobile à entrer dans toutes les grandes entreprises d'utilité publique.

Mais le monde de la Bourse comprend une autre catégorie de joueurs, la plus nombreuse et la plus variée, où tous les degrés de l'échelle sociale sont représentés pêle-mêle, par toutes les variétés possibles d'individus, sans capacité et sans métier, ayant adopté ce genre d'existence, parce qu'il n'exige ni talent ni travail.

Ces individus sont là, à peu près comme sur un navire en pleine mer, prêts à disparaître avec la première vague qui engloutit leurs rêves de fortune; se montrant, la tête haute et le regard assuré, sur le pont, ou, pour parler sans figure, sous le péristyle du palais de la Bourse, tant que la fortune les favorise; puis, dès qu'elle les abandonne, en un mot, dès qu'ils perdent, s'éclipsant tout à coup, sans même qu'on s'en aperçoive, remplacés par d'autres individus, venus, comme eux, on ne sait d'où, allant on ne sait pas où, aussi obscurs, aussi inconnus, et qui sont prédestinés à disparaître à leur tour comme leurs devanciers, emportés par une liquidation malheureuse.

Quelques-uns, brillant d'un éclat passager, vont pendant quelques semaines, quelques mois, quelques années, au Bois dans un élégant équipage. On les voit habiter un somptueux appartement et entretenir, avec fracas, pour se mettre à la mode, une actrice de dixième ordre. Puis, en quelques heures, toute cette fortune de hasard s'envole comme un château de cartes, et on ne les rencontre plus ni dans les promenades, où ils étalaient solitairement leur luxe d'emprunt, ni dans les salons qu'ils traversaient sans s'y mêler à la société parisienne qui les recevait sans les accepter, ni dans les théâtres, où ils avaient leur stalle à l'orchestre et leur entrée dans la coulisse.

Le monde interlope a sa partie masculine. — Ce sont d'audacieux exploiteurs, d'habiles joueurs, des hommes à bonnes fortunes dont l'élégance, la jeunesse et la beauté sont l'unique ressource. Ces chevaliers d'industrie d'une physionomie nouvelle trouvent le secret de vivre largement sur le fonds commun, sans travail, sans talent, sans fortune. Ils ont leur jour de triomphe et d'éclat, puis ils disparaissent comme les frelons de la Bourse, sans que l'on s'inquiète de savoir où ils vont, pas plus qu'on ne s'était inquiété de savoir d'où ils étaient venus. On les connaissait ou tout au moins on les devinait; on ne les estimait, ni on ne les aimait, et, cependant, en dépit de ce qu'il y avait d'équivoque dans leur vie, on les accueillait et on les supportait. La société parisienne est devenue si indulgente au milieu de la dégénérescence actuelle des mœurs et des caractères, qu'elle n'a plus le courage de ses mépris.

Toutefois, la partie masculine du monde interlope n'y occupe, par le nombre et par l'influence, qu'une place très-restreinte : ce monde-là appartient surtout à toute une classe de femmes qui a réussi à devenir l'un des traits saillants de notre époque.

Cette classe de femmes a ses cantonnements et ses divisions, ses catégories et ses degrés. Quel monde aujourd'hui n'a pas, son aristocratie, sa bourgeoisie et son peuple?

Il y a d'abord à l'extrême frontière de la société parisienne et du monde interlope des femmes qui, à l'imitation des vierges folles de leur corps dont parle la Bible, vendent leur amour à beaux deniers comptants, à la condition qu'elles ne seront pas publiquement compromises et que leurs relations intéressées seront environnées de certaines précautions qui sauveront les apparences. Ce sont de vraies femmes entretenues; mais elles parviennent si bien à dissimuler leur situation, que les salons parisiens leur restent ouverts et qu'elles continuent à y coudoyer les honnêtes mères de famille. Ce sont les habiles, car elles parviennent à cumuler les bénéfices du vice avec les honneurs de la vertu, comme on a vu souvent, sous le régime parlementaire, de spirituels sceptiques allier les profits du ministérialisme à la popularité de l'opposition.

Les femmes dans cette situation sont plus nombreuses qu'on ne pense; toutefois, elles constituent une spécialité plutôt qu'elles ne rentrent dans la généralité du monde interlope.

Le monde interlope, c'est surtout cet immense filet féminin aux mailles nombreuses et serrées qui enveloppe la partie masculine de la société parisienne à tous les degrés et à tous les âges, depuis l'homme d'État jusqu'à l'étudiant en droit ou en médecine, depuis le vieillard jusqu'à l'adolescent, les riches et les pauvres, les fous et les sages, les étrangers et les nationaux.

Tous les pays ont leurs vierges folles, mais on ne voit qu'à Paris cette ruche de lorettes d'une physionomie et d'une allure particulières, d'une vie et d'une situation exceptionnelles. Il y a des heures convenues et des points déterminés où, s'échappant du quartier Bréda comme un essaim de frelons, elles s'en vont, promeneuses intrépides, sur le boulevard de la Madeleine, au Gymnase, au jardin des Tuileries, rue de Rivoli, rue de la Paix, rue Vivienne, au Palais-Royal, faire métier et marchandise de leur personne, sans payer patente.

D'où viennent ces femmes? De toutes les régions. On s'en aperçoit aisément à la variété de leur accentuation. De quels rangs sortent-elles? Des plus infimes. On le comprend vite à la vulgarité de leur langage. Il en est sans doute qui ont de la jeunesse, de la fraîcheur, de la distinction; qui ont reçu une sorte d'éducation et d'instruction; qui ont de l'imagination, une conversation amusante, un caractère enjoué et une heureuse nature. C'est le petit nombre.

La plupart d'entre elles sont communes de figures et de langage, triviales de sentiments et de manières, sans charmes physiques, sans culture intellectuelle, sans idées, sans esprit naturel, sans qualités morales; elles ont de grosses mains et de grands pieds; elles sont fanées et fardées : cependant, il faut bien le dire, que ce soit à la gloire ou à la honte du siècle, elles prennent indirectement dans la société parisienne une place chaque jour plus grande par l'action détournée qu'elles exercent sur les mœurs contemporaines, à l'aide de la part qu'elles ont dans la vie des hommes. Elles ont leurs lieux de réunion spéciaux, qui sont la scène où elles se montrent le soir à leur public, et leurs salons particuliers, où se rencontrent sur un terrain neutre les aristocraties et les illustrations masculines de tous les pays. Au Bois, aux courses, au théâtre, ce sont elles qui attirent l'attention générale; les drames et les romans où on les met en relief excitent une curiosité universelle; il y a toute une littérature qui puise ses inspirations dans le milieu où elles s'agitent, et elles ont même leurs historiographes.

Quelques-unes, plus attrayantes, plus habiles ou plus favorisées, d'un esprit plus cultivé ou d'une intelligence plus vive, sortent de la foule de leurs compagnes de plaisir, qui sont aussi leurs rivales d'ambition, qui sont surtout leurs concurrentes de métier. Celles-là ont une sorte d'illustration, une espèce de royauté, et on s'occupe d'elles comme on s'occupe d'un artiste en renom, d'un écrivain à la mode, de la pièce en vogue ou de la nouvelle du jour; elles sont presque quelque chose.

Du reste, il faut le reconnaître, que ce soit un bien ou un mal, le monde interlope est l'une des plus puissantes attractions de Paris pour les riches étrangers qui viennent y dépenser leur fortune; c'est surtout ce monde étrange qui les y attire et qui les y retient; c'est lui qu'ils y viennent chercher et non tous les trésors de science et d'art, d'intelligence et d'instruction qu'ils y peuvent trouver. Ils le déserteraient demain, si demain on fermait les théâtres et si on chassait les lorettes.

Conclusion. — Avant 1789, la société parisienne comprenait deux divisions distinctes : le monde de la cour et le monde de la ville. Ces deux mondes où l'on admettait les petits abbés et les beaux esprits, se trouvaient rarement mêlés, quoique cela arrivât quelquefois; la ligne de démarcation qui les séparait était maintenue d'une manière à peu près permanente. Du reste, ils se composaient d'environ deux mille personnes.

En ce moment, les cadres de la société parisienne se sont singulièrement élargis, et les barrières de séparation qui en divisent les éléments divers ne se sont pas moins abaissées. Tous ces éléments se fractionnent et se subdivisent sans doute dans une foule de salons où ils se cherchent et se réunissent, selon les temps et les lieux, les professions et les personnes; mais, en définitive, ils se confondent tous dans les bals du palais des Tuileries et de l'Hôtel-de-Ville, dans les hôtels des ministres et des ambassadeurs, de façon à ne plus former qu'un seul et même monde, qui ne comprend pas moins de dix mille privilégiés.

Ces dix mille privilégiés de la naissance, du génie, de la fortune, de la renommée ou de la faveur, c'est la société parisienne actuelle, société composée d'éléments variés, parmi lesquels règne le même esprit, bien qu'on les distingue les uns des autres à des traits spéciaux, quelquefois à des cantonnements particuliers; car souvent ils se rencontrent sans se mêler et se fondre.

Cette société d'aspect uniforme, en dépit de la variété des éléments dont elle se compose, est le plus curieux des spectacles humains que puisse offrir la scène du monde. Malheureusement les étrangers de distinction qui y pénètrent n'en comprennent pas le sens, n'en saisissent pas les nuances, n'en devinent pas la pensée; ils se bornent à jouir du charme de la grande liberté qui y règne, sans se douter que cette liberté qui fait que l'on s'y contente en tout des apparences, est le symptôme significatif de la décadence des mœurs et de l'énervement des caractères.

La société parisienne est indulgente, parce qu'elle est sceptique; elle admet tout parce qu'elle ne croit à rien, et, sous les diamants et les fleurs des femmes, sous les broderies et les décorations des hommes, elle porte en elle un ver mystérieux et fatal qui la ronge, la mine, la consume : l'ENNUI.

L'ennui : tel est le dernier mot de cette société parisienne qui ouvre aujourd'hui ses rangs à tous les blasés du globe, accourant à elle pour y apprendre la science du bonheur et n'y trouvant que la satiété. Elle a tout pour elle, tout : le rayonnement des lumières, l'urbanité des mœurs, les élégances de l'esprit, les enchantements de l'art, le génie, le cœur, l'imagination. Mais il lui manque l'enthousiasme, il lui manque la foi. Elle ne croit même plus au plaisir, après lequel elle court haletante, comme après une proie qui lui échappe. Elle essaye de tout pour secouer la torpeur qui l'enveloppe : rien n'y fait. Les grandes dames ont beau imiter par désœuvrement et par lassitude les attitudes et les toilettes des Phrynés et des Olympias du jour. En revenant du Bois ou du turf, où elles ont lutté d'excentricité avec les étranges modèles qu'elles se font gloire de surpasser, elles retrouvent au fond de leurs hôtels de marbre et d'or cette effrayante maladie de l'ennui que M. de Chateaubriand avait pressentie lorsqu'il a écrit *René*, et qui est le signe infaillible de la fin des civilisations.

II

LES CHOSES.

LA VIE PARISIENNE

Préambule. — Ce que l'on nomme la vie parisienne est une manière d'être, de vivre et même de penser toute particulière à la population parisienne. Cette vie constitue une sorte d'individualité. Son caractère général, c'est surtout d'être plus extérieure que dans aucune autre capitale de l'Europe. Ce caractère lui vient de diverses causes.

Ce qui a donné à la vie parisienne son cachet, c'est d'abord la société parisienne telle que je l'ai décrite. Les goûts et les idées de cette société l'ont, de tout temps, prédisposée à vivre beaucoup plus au dehors qu'au dedans, à se montrer aussi souvent que possible à la promenade, dans les salons, au théâtre, ou dans d'autres lieux et d'autres occasions analogues.

Ces anciennes tendances de la société parisienne se sont considérablement développées de nos jours, et elles sont arrivées à leur extrême limite. L'amour du bruit, le besoin de mouvement sont un de ses traits caractéristiques. Elle se complaît dans l'agitation comme si elle cherchait à fuir sa pensée dans un perpétuel tourbillon de distractions et de plaisirs de toutes sortes.

En outre, le sentiment de la vanité a pris aujourd'hui, au sein de la société parisienne, une très-large place. On y veut paraître, à tout prix, avant d'être, même sans être, ce qui est une cause permanente d'actes d'ostentation et d'excentricité dont la conséquence est d'accroître encore ses entraînements naturels pour la vie extérieure.

Cache ta vie, a dit le sage, *si tu veux être heureux*. Si ce proverbe a raison, on doit croire que la société parisienne ne sait pas être heureuse, car aucune société ne pratique moins qu'elle ce précepte antique, aucune ne cache moins sa vie, aucune enfin ne pose davantage pour la galerie.

La population parisienne tout entière a les mêmes goûts et les mêmes tendances. L'impulsion première part de ce groupe de privilégiés qui constitue ce que j'ai appelé la société parisienne. Mais cette impulsion se communique avec d'autant plus de facilité et de rapidité aux diverses classes populaires de Paris, qu'on y retrouve le même fond de sentiments et d'idées. Employés, commerçants, gens d'affaires, corps de métiers, artisans, ouvriers : tout le monde, sans exception, aime au suprême degré la vie en dehors, la vie de plaisir.

On travaille beaucoup à Paris, mais c'est à la condition de s'y amuser beaucoup. On y fait deux parts de sa vie : l'une pour gagner de l'argent, l'autre pour le dépenser en distractions d'une nature quelconque. Les plus humbles et les plus pauvres eux-mêmes suivent, chacun dans son milieu, le mouvement universel.

Un troisième élément de la vie parisienne dont il faut tenir compte, c'est la masse considérable d'étrangers qui viennent à Paris pour s'y distraire, et qui souvent y restent pendant des semaines, pendant des mois et même pendant des années, n'ayant pas d'autre souci que celui de se divertir et de passer leur temps le plus agréablement possible.

Évidemment, cette population flottante, sans racines, sans liens de famille, sans devoirs de société, sans affaires, doit surtout vivre au dehors, presque en public, dans les cafés et les restaurants, se montrant partout, dans les théâtres et les promenades. Elle trouve un terrain tout préparé pour cette existence de flâneurs dont le charme l'attire; mais en même temps elle contribue largement à alimenter les sources de cette vie extérieure qu'elle rend tout à la fois plus visible et plus attractive.

Dans beaucoup de capitales d'Europe, dans plusieurs grands centres de commerce et d'industrie, il existe dans certains quartiers, à certaines heures, un immense et perpétuel mouvement de population affairée. Ce mouvement fatigue plus qu'il n'égaye. En voyant passer ces flots humains, le regard fixe, le front soucieux, on sent la marche hâtive de gens pressés d'arriver au terme de leur course, et préoccupés seulement de leurs intérêts.

Ainsi est Londres.

La physionomie générale de Paris est toute différente. Perpétuellement animée par le mouvement continu d'une population de promeneurs et de flâneurs qui ont l'air d'être constamment en fête, elle donne au voyageur qui passe l'idée d'une ville où personne ne travaille et où tout le monde s'amuse. C'est ce qui la rend pour les étrangers si vive et si enjouée, en un mot, si attrayante.

Cette physionomie, quoique variée dans ses aspects particuliers, quoique différente dans ses caractères locaux, selon les régions, est à peu près celle de tous les quartiers de Paris. Excepté dans l'île Saint-Louis, au Marais et dans le faubourg Saint-Germain, on la retrouve partout, même dans les faubourgs, même dans celles des anciennes communes suburbaines récemment annexées, qu'habitent plus spécialement les classes ouvrières. A coup sûr elle n'a pas partout autant d'éclat et de séduction que sur la ligne des Boulevards, que dans les environs du Palais-Royal et qu'aux Champs-Élysées; mais partout elle a la même animation.

Du reste, il faut voir, les jours fériés, dans la belle saison, cette population parisienne se répandre comme un océan humain qui déborde dans tous les environs de Paris, pour comprendre à quel degré elle est saisie, à tous ses échelons, de cette fièvre de mouvement et de plaisir qui la caractérise. Il faut la voir également s'entasser, le soir, en été, dans les quatre Cafés-Concerts des Champs-Élysées, où elle consomme de la mauvaise bière, de la mauvaise eau-de-vie ou de la mauvaise absinthe, en écoutant des chanteurs à la voix éraillée, et des chanteuses qui n'ont ni jeunesse, ni beauté, ni talent; en hiver, dans les établissements publics de tous genres, dont on a su faire, tout à la fois, des lieux de distraction et de consommation, tels que : l'Eldorado du boulevard de Strasbourg, 4, qui est presque un théâtre, en même temps qu'un café, le Grand Café-Parisien, rue de Bondy, 26, près le Château-d'Eau, qui est surtout curieux à visiter, à raison de son immensité ; le Café des Aveugles, galerie de Beaujolais, au Palais-Royal, qui est une excentricité qu'un observateur doit connaître ; le Café Procope, rue de l'Ancienne-Comédie, au faubourg Saint-Germain, fondé en 1724, par un sicilien de ce nom, et qui a vu passer, dans le dix-huitième siècle, toute une glorieuse génération d'écrivains célèbres ; la Brasserie Bavaroise, rue des Martyrs, 9, que visitent les musiciens ambulants, et qui compte, parmi ses habitués, quelques artistes et quelques écrivains.

C'est dans ces divers établissements surtout qu'on surprend au naturel et qu'on saisit sur le vif la population parisienne, avec son langage pittoresque, ses allures humoristiques, ses mœurs indépendantes et sa vivacité proverbiale.

Toutefois, la vie parisienne semble avoir établi son quartier général sur le boulevard des Capucines, le boulevard des Italiens et le boulevard Montmartre ; c'est là principalement qu'elle revêt sa physionomie la plus brillante et la plus mobile ; c'est là qu'elle se montre dans tout son luxe et toute son animation. Elle se manifeste également, à certains jours, sur le turf ; à certaines heures au Bois ; le jour, dans le jardin des Tuileries ; le soir, au Grand Concert des Champs-Élysées. Mais le seul point où elle se soit établie en permanence, de midi à minuit, c'est cet étroit espace qui s'étend du faubourg et de la rue Montmartre à la place de la Madeleine.

C'est dans cet espace que sont groupés la plupart des magasins les plus splendides et le plus grand nombre de restaurants et de cafés à la mode.

De la rue Le Peletier à la rue Mogador surtout, sur l'asphalte méridionale, ce n'est qu'une longue salle en plein air où les flots humains succèdent aux flots humains, salle qui s'anime le soir aux clartés resplendissantes d'innombrables becs de gaz et aux joyeux éclats de rire s'échappant à travers des bouffées de lumière, des restaurants où l'on soupe, des cafés où l'on prend des glaces.

Je ne crois pas qu'il y ait dans le monde un panorama vivant pareil à celui qu'offre le soir, avec ses magasins, ses restaurants et ses cafés, ses flâneurs, ses viveurs et ses lorettes, le Paris qui commence au *Café Riche* et qui finit au *Café de la Paix*.

La vie parisienne se retrouve encore, presque aussi extérieure, du mois de novembre au mois de juin, dans les salons, sorte d'hôtellerie du plaisir où la société parisienne s'efforce de s'oublier elle-même dans l'éclat des bals et l'enivrement des fêtes.

Mais le théâtre constitue le principal élément et la plus grande attraction de la vie parisienne, où il occupe une large place.

J'ai donné dans le *Guide pratique* les renseignements matériels qui concernent cette nature d'établissements : je vais maintenant apprécier leur caractère.

Je n'ai pas, du reste, à faire ici l'histoire générale du théâtre, ni même l'histoire particulière de chacun des spectacles que Paris possède ; je ne fais ni un cours d'art, ni un cours de littérature.

L'Académie impériale de musique ou le *Grand-Opéra*, a été fondé en 1669, par un abbé du nom de Perrin. Avant la Révolution de 1793, il a eu trois époques artistiques : la première commence et finit avec Lully ; la seconde commence et finit avec Rameau ; la troisième commence et finit avec Gluck, venu d'Allemagne, et rival heureux de Piccini, venu d'Italie.

Un des traits caractéristiques de cette troisième période, c'est qu'elle mit en présence, dans une lutte artistique, deux compositeurs étrangers, représentant, l'un, la musique allemande, l'autre, la musique italienne. C'est donc de cette lutte que date le caractère d'universalité de la scène de l'Opéra français, scène nationale, par la langue qu'on y parle, mais européenne par le caractère varié des œuvres et le nom des artistes qu'on y appelle de toutes les contrées où l'art a des interprètes.

Établissement royal sous l'ancienne monarchie, entreprise particulière sous la République, redevenu établissement public depuis le Consulat, le Grand-Opéra est maintenant placé sous la tutelle directe du Chef de l'État.

Le Grand-Opéra est tout à la fois une des premières institutions artistiques du monde et un établissement industriel de premier ordre, par le nombre des personnes qu'il fait vivre et, si on peut s'exprimer ainsi, par l'importance de son mouvement d'affaires.

Ainsi le chiffre du personnel de l'Opéra en tous genres est d'environ 800 personnes; celui de ses recettes, en moyenne, par soirée, est à peu près de 8,000 francs, ce qui produit pour 180 représentations ordinaires ou extraordinaires, 1,440,000 francs. L'Empereur est obligé d'ajouter chaque année à cette somme, sur sa liste civile, environ 860,000 francs, pour couvrir la totalité des dépenses. Ces dépenses s'élèvent par conséquent à 2,300,000 francs, ce qui fait un mouvement de fonds annuel d'environ 4,600,000 francs.

L'administration du Grand-Opéra est confiée par l'Empereur à un fonctionnaire appointé, qui le dirige sous l'autorité directe du surintendant des théâtres et sous la responsabilité immédiate du ministre de la maison de l'Empereur et des beaux-arts. Le directeur actuel de l'Opéra, M. Perrin, a donné dans sa longue et brillante gestion de l'Opéra-Comique les preuves éclatantes d'une capacité spéciale supérieure. Il était impossible de remettre en de meilleures mains les destinées de cette institution nationale, où l'on a fait beaucoup sans doute, mais où il y a toujours à faire pour la maintenir à la hauteur du rang qu'elle occupe dans le monde lyrique.

Aujourd'hui il n'est guère plus question de Gluck que de Rameau ou de Lully, bien qu'on ait repris récemment, avec beaucoup de succès son *Alceste*, pour mettre en relief le talent exceptionnel de madame Pauline Viardot, cantatrice de premier ordre, maintenant retirée de la scène. Quel qu'ait été, du reste, l'éclat de la troisième période, ouverte avec *Iphigénie en Aulide*, la splendeur des grandes œuvres de la quatrième période l'a complétement effacé. C'est à cette période, qui dure encore, qu'appartient toute cette glorieuse succession de compositeurs de génie qui ont enrichi l'Opéra français de leurs magnifiques inspirations, et qui s'appellent Méhul, auteur de la *Stratonice;* Mozart, auteur de *Don Juan;* Aubert, auteur de *la Muette;* Halévy, auteur de *la Juive* et de *la Reine de Chypre;* Donizetti, auteur de *la Favorite;* Meyerbeer, auteur de *Robert le Diable,* des *Huguenots* et du *Prophète;* Verdi, auteur des *Vêpres siciliennes* et du *Trouvère;* Félicien David, auteur d'*Herculanum;* et enfin Rossini, le roi de toute cette rayonnante pléiade, Rossini, l'auteur du *Comte Ory,* de *Moïse,* du *Siége de Corinthe,* et de ce miracle de l'art musical qu'on appelle *Guillaume Tell.*

La plupart des dernières œuvres qui viennent d'être citées, à partir de *la Muette,* composent actuellement le répertoire habituel du Grand-Opéra avec les ballets de *la Sylphide,* de *la Vivandière,* du *Diable boiteux,* de *Giselle,* du *Diable à quatre,* du *Papillon,* de l'*Étoile de Messine* et de *Diavolina.*

Les grandes œuvres appellent les grands interprètes. La scène du Grand-Opéra a été illustrée de nos jours par Adolphe Nourrit, Dupré, Roger, Levasseur, mesdames Cinti-Damoreau, Pauline Viardot, Falcon, Stolz, Alboni, Cruvelli, Borghi-Mamo, Tedesco, artistes du chant; Taglioni, Fanny Essler et Emma Livry, artistes de la danse. On remarque dans la troupe actuelle, MM. Gueymard, Michaud, Villaret, Bonnehée, Faure, Obin, Belval, Cazaux, Coulon; mesdames Gueymard, Van den Heuvel-Dupré, Marie Sax, de Taisy, artistes du chant, et mesdames Ferraris, Zina et Mourawief, artistes de la danse.

La salle actuelle de l'Opéra n'a rien d'architectural à l'extérieur. L'intérieur a été récemment restauré et richement décoré. Le foyer est remarquable par son étendue; il est orné d'un double rang de bustes représentant des célébrités littéraires et artistiques, dont les noms se rattachent à l'histoire de notre grande scène lyrique. La description matérielle de cette salle, qui est destinée à disparaître, ne peut offrir aucun intérêt.

Le Théâtre-Français a été fondé en 1680 par la volonté de

Louis XIV, avec les éléments que fournirent les comédiens du théâtre de l'hôtel de Bourgogne, où Corneille avait fait représenter ses œuvres les plus importantes, et les comédiens du théâtre de la rue Guénégaud, qui avaient formé pendant quelques années la troupe de Molière sur le théâtre du Palais-Royal, et qui avaient précédemment absorbé celle du théâtre de l'hôtel d'Argent, au Marais, où Racine avait fait jouer ses premières pièces. Désorganisé pendant la République, reconstitué sous le Consulat, il est le premier établissement de ce genre qui existe en Europe.

Les artistes du Théâtre-Français sont divisés en deux catégories : la première comprend les sociétaires, qui forment entre eux une société civile et qui ont droit à une pension de retraite, soit après vingt ans, soit après trente ans de service. La seconde comprend des pensionnaires qui sont aux appointements, et dont l'ambition est de passer dans les rangs des sociétaires. La direction de l'entreprise appartient à un administrateur général qui est nommé par l'Empereur. Elle reçoit de l'État une subvention annuelle de 240,000 francs.

Le Théâtre-Français a deux priviléges : le droit qu'il partage exclusivement avec l'Odéon, de jouer ce qu'on appelle le grand répertoire, qui comprend les œuvres de Corneille, de Molière, de Racine, de Voltaire et de Beaumarchais ; il a également le droit de prendre dans les autres théâtres les artistes qui lui conviennent, à la seule condition de faire connaître son intention un an à l'avance.

De 1800 à 1863, le Théâtre-Français a traversé des phases et des fortunes diverses. Mais chacun sait que, durant cette période, il a jeté, à plusieurs reprises, pendant de longues années, un vif éclat qui lui a fait une renommée européenne. Il a possédé, d'abord sous l'Empire, puis sous la Restauration, un magnifique ensemble de talents qui l'ont illustré et qui en ont fait la première scène littéraire du monde, comme le Grand-Opéra en est la première scène musicale.

Sous ces deux gouvernements, l'exécution des œuvres du grand répertoire a été admirable, et les artistes qui formaient alors le Théâtre-Français constituaient à coup sûr la plus merveilleuse troupe d'acteurs et d'actrices qu'on eût jamais vue. Talma était parvenu à l'apogée de son talent; mademoiselle Mars, qui fut le diamant de la Comédie, hérita, sans interruption, de la succession de mademoiselle Contat.

Mais, en revanche, le répertoire du Théâtre-Français demeura stationnaire. Plagiaires des grands écrivains dramatiques des dix-septième et dix-huitième siècles, les auteurs de ces deux époques ne composèrent que des pièces médiocres qui ne méritaient pas de rester à la scène. Leurs œuvres ne pouvaient pas avoir plus de durée qu'elles n'avaient d'originalité; tragédies ou comédies, elles n'étaient que des épreuves effacées de celles qui forment le grand répertoire; les drames même qu'on joua durant cette période ne furent qu'une copie des anciens drames restés dans ce répertoire, à côté des chefs-d'œuvre de Corneille, de Molière, de Racine, de Voltaire, de Crébillon, de Marivaux, de Regnard, de Gresset, de Piron, de Sedaine, de Lesage et de Beaumarchais.

Sous la monarchie de 1830, une littérature dramatique hardie et vigoureuse, originale et puissante, s'empara quelque temps de la scène française, où elle avait commencé de se produire dans les derniers temps de la Restauration. Cette littérature, qui eut un grand éclat et un grand retentissement, rendit au Théâtre-Français le mouvement qu'il avait perdu, la vie qui s'en était retirée. Elle avait de grands défauts sans doute, mais, au moins, elle avait d'éminentes qualités : c'était une grande et profonde étude de l'âme humaine, une vive et éclatante manifestation de la passion avec une expression différente et sous une forme nouvelle. Elle excitait de violentes colères, mais du moins elle soulevait d'ardents enthousiasmes; enfin, c'était de l'art, c'était de la poésie.

A côté de cette littérature qui servit de manifestation au vaste génie de Victor Hugo, à l'esprit poétique d'Alfred de Vigny, à la vive intelligence d'Alfred de Musset et à la puissante imagination d'Alexandre Dumas, on applaudissait également aux beaux drames en vers de Casimir Delavigne, et aux satiriques comédies en prose d'Eugène Scribe. C'était toujours le théâtre de Corneille et de Molière, modifié dans sa physionomie, mais digne encore de son passé de splendeur et de gloire. L'exécution, elle aussi, y était demeurée à la hauteur de sa vieille et brillante renommée, et on y représentait tout à la fois, avec la même supériorité, l'ancien répertoire et le répertoire moderne. Mademoiselle Mars continuait à prêter à l'un et à l'autre le concours de son merveilleux talent. Mademoiselle Rachel fit alors son éclatante apparition; Firmin Michot et Monrose achevaient leur brillante carrière artistique; Ligier, Menjaud, Samson, Beauvallet; Mesdames Desmousseaux, Dupont, Rose Dupuis, Anaïs Aubert, Dorval, Thénard, Volnis et Allan contribuaient à compléter cette admirable réunion de talents scéniques.

Aujourd'hui, le Théâtre-Français est toujours pour l'exécution le premier théâtre qui existe, non-seulement en France, mais même en Europe. La transformation radicale qui s'est opérée dans les mœurs sociales ôte désormais beaucoup de son charme et de son intérêt à l'ancien répertoire, qu'on nomme toujours le grand répertoire. Il n'est plus autant en harmonie avec le public de ce temps-ci, public de circonstance et de passage qui se recrute dans tous les pays comme dans toutes les classes. Il est donc naturel qu'ayant moins de spectateurs sympathiques et intelligents, il ait aussi moins d'interprètes en état de le faire aimer et comprendre.

Toutefois, on doit rendre aux artistes actuels du Théâtre-Français cette justice, qu'ils composent la troupe d'acteurs et d'actrices la plus complète qu'on puisse encore trouver pour représenter le drame et la comédie modernes, drame de passion, comédie de genre. C'est donc toujours au Théâtre-Français que doivent aller les voyageurs et les voyageuses de la province et de l'étranger, aussi bien que les Parisiens et les Parisiennes, pour voir jouer avec le plus de supériorité le grand répertoire et surtout le répertoire moderne.

On remarque dans cette troupe : MM. Geffroy, Régnier, Provost, Bressant, Got, Delaunay, Lafontaine; mesdames Plessy-Arnould, Augustine et Madeleine Brohan, Lafontaine, Favart, Guyon, Bonval, Émilie Dubois et Rosa Didier.

Malheureusement les auteurs qui sont aujourd'hui en possession de la faveur du public, ont fait descendre, même sur cette première scène, l'art dramatique. Elle n'a plus d'écrivains de la trempe d'Alfred de Musset et d'Alfred de Vigny, d'Alexandre Dumas et de Victor Hugo, de Casimir Delavigne et d'Eugène Scribe. On peut cependant espérer qu'une littérature dramatique, digne de son glorieux passé, ne tardera pas à s'y produire; car M. Édouard Thierry, qui la dirige en ce moment en qualité d'administrateur général, n'est pas seulement un homme d'esprit et de savoir, c'est aussi un homme de cœur et de dévouement qui consacre consciencieusement tous ses efforts à la ramener dans les voies élevées de l'art et de la poésie.

C'est M. Louis, l'architecte du théâtre de Bordeaux, qui conçut et fit exécuter le plan du Théâtre-Français. Il fut commencé en 1786, terminé en 1790, et ouvert au public le 15 mai de la même année.

Depuis sa fondation jusqu'à nos jours, le Théâtre-Français n'a eu qu'une façade, celle qui a vue sur la rue Richelieu. La façade donnant sur la place de l'Impératrice, en face de la rue Saint-Honoré, et qui complète le monument, est de construction récente.

Les deux façades de cet édifice sont identiquement semblables; elles présentent un péristyle d'ordre dorique à entre-colonnements surmonté d'un ordre corinthien embrassant deux rangs de fenêtres, avec deux étages décorés de pilastres. Le premier étage est orné d'un balcon qui supporte, placées de distance en distance, de petites colonnes de fer, terminées par un jet de gaz. Au vestibule, qui est de forme elliptique, se trouve une statue de Voltaire, par Houdon.

La scène du Théâtre-Français a près de 13 mètres d'ouverture; le théâtre en a 25 de profondeur.

Le théâtre de l'Opéra-Comique, qui est, depuis 1783, au premier rang des théâtres fixes de Paris, n'était, pendant le seizième siècle, que *le théâtre ambulant de la foire*, et ne parvint à conquérir ses lettres de grande naturalisation dans le domaine de l'art qu'après des luttes très-vives avec le Grand-Opéra, avec le Théâtre-Français et surtout avec la Comédie Italienne, qu'il a absorbée.

De 1783 à 1863, pendant une période de quatre-vingts ans, l'Opéra-Comique a traversé plusieurs phases d'un grand éclat et d'une grande prospérité. A diverses reprises, sous l'ancienne monarchie, sous le premier Empire, sous la Restauration, sous la monarchie de 1830, comme sous le second Empire, il a possédé des troupes merveilleuses d'ensemble qui comptaient dans leurs rangs des chanteurs et des cantatrices de premier ordre.

Parmi les noms d'artistes célèbres ou tout au moins remarquables qui ont brillé seulement sur la scène de l'Opéra-Comique, on cite, dans des temps déjà anciens, Trial, qui est resté un type; madame Dugazon, qui a eu la même gloire; Elleviou, Martin; dans des temps plus modernes, Ponchard, Chollet, Bataille; mesdames Gavaudan, Boulanger, Darcier.

En ce moment encore, MM. Léon Achard, Montaubry, Couderc, Sainte-Foy, Ponchard fils, Capoul, Gourdin, Troy, Prilleux, Crosti, Barrielle, Lemaire; mesdames Baretti, Lemercier, Cico, Cabel, Marimon, forment les éléments d'une troupe qui se fait toujours remarquer par un admirable ensemble, première condition d'une bonne exécution des pièces du répertoire.

Ce répertoire, du reste, est peut-être celui de tous les théâtres de Paris qui a, tout à la fois, le plus d'attrait et de variété. Il comprend encore *le Tableau parlant* et *Zémir et Azor*, de Grétry; *Adolphe et Clara*, de Dalayrac; *Joseph*, de Méhul; *Joconde, les Rendez-vous bourgeois* et *Jeannot et Collin*, de Nicolo, à qui l'on doit aussi *Cendrillon*; *le Calife de Bagdad, Jean de Paris, le Nouveau Seigneur* et *la Dame Blanche*, de Boïeldieu, à qui l'on doit également *Ma tante Aurore, le Petit chaperon rouge*, et *les Voitures versées*; *Zampa*, et *le Pré aux Clercs*, d'Hérold; *le Maçon, Fra Diavolo, les Diamants de la Couronne, le Domino noir, l'Ambassadrice, la Sirène, la Part du Diable* et *Haydée*, d'Aubert; *le Chalet*, *le Postillon de Lonjumeau*, et *Giralda*, d'Adolphe Adam; *l'Éclair, le Val d'Andorre, les Mousquetaires de la Reine* et *la Fée aux roses*, d'Halévy; *le Caïd* et *le Songe d'une nuit d'été*, d'Ambroise Thomas; *Gille ravisseur, Bonsoir, monsieur Pantalon, l'Eau merveilleuse*, de Grisard; *la Chanteuse voilée, Galathée* et *les Noces de Jeannette*, de Victor Massé; *l'Avocat Pathelin*, de François Bazin; *l'Etoile du Nord* et *le Pardon de Ploërmel*, de Meyerbeer, et *Lalla-Rouck*, de Félicien David.

Le répertoire de l'Opéra-Comique a surtout le mérite d'être un genre tout à fait français par son origine et son caractère. Fondé par des compositeurs de l'école nationale d'une incontestable supériorité, il s'est constamment enrichi d'œuvres promptement devenues et toujours restées populaires, œuvres dont la grâce, l'esprit et la vivacité expliquent la vogue inépuisable. Les pièces importantes de ce répertoire sont peut-être celles qu'on revoit volontiers le plus souvent, qui conservent le plus longtemps leur verve, leur fraîcheur et leur charme, et, surtout qu'on écoute avec le moins de fatigue. Souvent, du reste, l'attrait d'une action intéressante vient s'y ajouter aux séductions de la musique.

M. Perrin, qui a été l'un des plus intelligents et des plus heureux directeurs de l'Opéra-Comique, y a fait faire enfin, à la mise en scène, qui comprend aussi de petits ballets, des progrès qui, sous ce rapport, ont placé ce théâtre au niveau même de ceux où elle tient la première place. Subventionné par l'État, dont il reçoit annuellement une somme de 240,000 francs, actuellement dirigé par M. de Leuven, l'un des écrivains dramatiques les plus féconds et les plus spirituels de notre époque, ce théâtre continue à marcher dans les voies artistiques où, depuis 1850, il a trouvé tout à la fois l'éclat et la prospérité. De plus, il est au premier rang de ceux dont le spectacle n'offre aucun inconvénient, sous le rapport des convenances.

En un mot, à tous les points de vue, l'Opéra-Comique est du très petit nombre des théâtres de Paris dont la fréquentation convient également aux voyageurs et aux voyageuses de la province et de l'étranger de tous les rangs.

L'Opéra-Comique est revenu à l'ancienne salle Favart, qu'il avait autrefois possédée. On sait que cette salle, incendiée en 1838, pendant qu'elle était occupée par l'Opéra-Italien, a été reconstruite sur son plan actuel, plan dont on admire l'élégance et le confortable. La façade de ce théâtre est ornée d'un beau portail de dix colonnes ioniques; la salle a la forme semi-circulaire, avec trois rangs de loges au-dessus du parterre et de l'orchestre, qui sont entourés d'un cercle de baignoires et deux rangs de galeries. L'édifice est reconstruit presque en entier en pierre et en fer.

Théâtre-Lyrique. — Ce théâtre, qui, sous l'intelligente et heureuse direction de M. Carvalho, paraît être appelé à de brillantes destinées, et qui remplit déjà dans le monde de l'art musical un rôle important, est de création toute moderne. Fondé par Adolphe Adam, sous le nom d'*Opéra national*, dans l'ancienne salle du Cirque, aujourd'hui détruite, il n'eut d'abord qu'une existence éphémère. Il commençait à prendre de l'essor lorsque la révolution de 1848 vint interrompre ses premiers succès. Il rouvrit sous sa dénomination actuelle en 1851, dans la salle destinée à disparaître prochainement, qu'Alexandre Dumas avait fait construire, pour le **Théâtre historique,** sous la direction d'Edmond Seveste, qui mourut peu de temps après et qui fut remplacé par son frère Jules Seveste.

C'est sous l'administration de Jules Seveste que fut représentée *la Perle du Brésil*, début de M. Félicien David au théâtre, et que se produisit madame Cabel. Il mourut, à son tour, du choléra, laissant le Théâtre-Lyrique dans une situation précaire, dont cet établissement ne sortit, après diverses tentatives infructueuses, que sous l'habile et intelligente direction de M. Carvalho, qui venait d'épouser mademoiselle Miolan.

A dater de ce moment le Théâtre-Lyrique, dépassant les espérances qu'on avait fondées sur sa création, s'est placé au premier rang des scènes parisiennes. Il avait un bonheur : c'était de posséder la plus merveilleuse cantatrice de l'époque actuelle.

Madame Miolan-Carvalho avait déjà commencé avec éclat sa réputation à l'Opéra-Comique. Mise plus facilement en lumière au Théâtre-Lyrique dans des créations tout à fait conformes à la nature de sa voix et au caractère de son talent, elle atteignit d'un seul bond à l'apogée de la perfection et de la renommée, et remporta successivement dans *la Fanchonnette*, de M. Clapisson, dans *la Reine Topaze*, de M. Massé, dans *Faust*, de M. Gounod, de ces triomphes exceptionnels qui font époque dans les annales de l'art.

Du reste, M. Carvalho n'a pas eu seulement l'habileté de mettre en relief, dans le double intérêt du théâtre et du public, la plus belle perle de son écrin. L'ensemble de sa direction a constamment prouvé qu'il joignait à une grande expérience pratique et spéciale la portée d'intelligence et l'élévation d'esprit à l'aide desquelles on sait faire d'une entreprise dramatique un établissement d'utilité publique.

En effet, le Théâtre-Lyrique a doublement contribué au progrès et à la gloire de l'art français, soit en faisant connaître des compositeurs de grand mérite, soit en faisant mieux apprécier du public, par la supériorité de l'exécution, des œuvres classiques trop négligées et presque ignorées. Ainsi, dans *les Noces de Figaro*, on a pu applaudir, reunies dans un même cadre, mesdames Miolan-Carvalho, Ugalde et Caroline Duprez. Enfin, l'*Oberon*, de Weber y a précédé l'*Orphée*, de Gluck, dans lequel madame Pauline Viardot a couronné avec tant d'éclat sa longue et brillante carrière.

En définitive, M. Carvalho a su, par ses efforts persévérants, faire du Théâtre-Lyrique, sans le secours d'aucune subvention, un digne émule de l'Opéra-Comique, soit pour la composition du répertoire, soit pour la mise en scène, soit pour les ressources de l'exécution. A côté de madame Carvalho on y retrouve, en ce moment, mesdames Faure-Lefèvre, Ugalde, mademoiselle Charton, et on y applaudit, à côté de Montjauze, dont le talent s'y est développé, divers autres artistes d'un vrai mérite. Je n'hésite donc pas à recommander spécialement ce théâtre aux voyageurs et aux voyageuses de la province et de l'étranger qui ont la certitude d'y entendre des œuvres lyriques bien exécutées.

Le Théâtre-Lyrique figure maintenant au nombre des théâtres subventionnés par l'État. Le gouvernement a récemment accordé une subvention de cent mille francs à cette entreprise, que l'éclat de ses succès et les suffrages du public désignaient spécialement à sa protection bienveillante et éclairée.

Le Théâtre-Lyrique est aujourd'hui installé dans une salle de nouvelle construction, élevée en bordure, sur la place du Châtelet.

La façade principale mesure 42 mètres de longueur. Au-dessus du péristyle, percé de cinq arcades en plein cintre, s'ouvre un foyer large de 5 mètres 50 centimètres sur 25 mètres 27 centimètres de longueur et 7 mètres 50 centimètres de hauteur. Un second foyerterrasse, pour les places secondaires, couronne cette partie de la façade, derrière laquelle apparaît un attique percé de lucarnes rondes et surmonté d'un toit à pans coupés. L'édifice est orné de la base au faîte de sculptures et de statues.

La salle contient environ 1,500 places. Elle comprend un balcon, un premier et un second étage de loges toutes à salon, une galerie, et un amphithéâtre au-dessus. Deux riches avant-scènes encadrent le rideau et supportent une élégante voussure formant conque acoustique. La scène, agencée de la manière la plus complète, a la même profondeur que celle de l'Opéra-Comique, mais elle est de 7 mètres 50 centimètres plus large.

Le public est entièrement soustrait aux effets de la combustion du gaz, l'éclairage se faisant sans lustre ni bec apparent d'aucune sorte. La lumière, produite dans le cintre, est ramenée par un réflecteur d'une grande force sur un plafond en cristal, d'où elle se répand dans toutes les parties de la salle.

Chaque catégorie de places, y compris le parterre, est munie de conduits de rentrée d'air, qui sont en communication avec le cintre de la salle. L'air nouveau, puisé au centre du square de la tour de Saint-Jacques-la-Boucherie par un conduit passant sous l'avenue Victoria, et dont la section n'est pas inférieure à 9 mètres, sera chauffé, en hiver, par deux puissants calorifères.

Le système employé permet d'introduire constamment dans la salle 50 mètres cubes d'air par heure et par spectateur.

Le Gymnase dramatique est un théâtre de création entièrement moderne, puisqu'il ne date que de 1820. Ce théâtre est né sous une heureuse étoile. Son premier bonheur fut d'être le berceau de la réputation et du talent d'Eugène Scribe; son second bonheur fut d'être adopté par le monde de la Restauration, lorsqu'il obtint l'honneur de la protection de madame la duchesse de Berry. On le nommait alors *le Théâtre de Madame*.

La révolution de 1830 emporta la protection et le titre : il redevint le Gymnase dramatique, mais il garda son esprit et sa prospérité.

Construite sur l'emplacement de l'ancien cimetière de Notre-Dame de Bonne-Nouvelle, la salle était petite, mais élégante; le cadre des pièces qu'on y joua dès l'origine était étroit; mais dans ce cadre étroit de comédies à couplets, semi-sentimentales, semi-gaies, qui constituent le fond de son ancien répertoire, Scribe, Bayard, Mélesville semèrent tant d'esprit français, mirent tant de vie, déployèrent tant d'habileté scénique, que ce genre spécial obtint bientôt une vogue immense dans le monde élégant, avec lequel, du reste, cette littérature dramatique avait de secrètes affinités. Tout semblait y être dans une merveilleuse harmonie : les pièces, le public, les artistes.

En effet, dès le début, sous l'intelligente direction de M. Delestre-Poirson, on vit se former une troupe dont on a toujours admiré le remarquable ensemble, et qui a constamment compté dans ses rangs des artistes de premier ordre. C'est là que Léontine Fay, qui devint madame Volnys, débuta tout enfant. On y a vu paraître successivement mademoiselle Déjazet, dans sa jeunesse, Perlet, Bernard-Léon, Gontier, Numa, Paul Ferville, Allan, Klein, l'inimitable Bouffé, Dupuis, Berton, et enfin Bressan et Lafontaine, qui appartiennent aujourd'hui au Théâtre-Français; mesdames Grevedon, Jenny Vertpré, Jenny Colon, Eugénie Sauvage, et Rose Chéri, mariée à M. Lemoine-Montigny, femme charmante, comédienne éminemment sympathique, d'un jeu plein de grâce et de finesse, d'élégance et de distinction, adorée du public, que la mort a prématurément enlevée à l'art.

Un autre bonheur du Gymnase dramatique, c'est d'avoir eu deux directions également heureuses, également intelligentes et habiles : celle de M. Delestre-Poirson, qui l'a fondé; celle de M. Lemoine-Montigny, qui l'a maintenu dans les voies de la prospérité, en élargissant son cadre et en élevant son niveau.

Depuis quelques années, en effet, le Gymnase dramatique est entré dans une nouvelle phase. A côté de son répertoire habituel il s'est composé un second répertoire, d'un ordre plus élevé. On y a joué des drames et des comédies en trois ou cinq actes, sans couplets, *Diane de Lys* et *le Demi-Monde*, d'Alexandre Dumas fils, *le Gendre de M. Poirier*, de MM. Jules Sandeau et Emile Augier, qui l'ont fait entrer plus hardiment et plus largement sur le terrain de la comédie de mœurs, œuvres d'une actualité plus vive et plus saisissante, où l'on retrouve l'un des traits saillants de la société moderne; *le Pressoir* et *Flaminio* de George Sand, fantaisies dramatiques qui portent l'empreinte de l'énergique et suave individualité de la plume qui les a écrites.

Avec son double répertoire où sont restés un grand nombre d'anciens et charmants vaudevilles qu'on revoit toujours avec plaisir, tels que *le Piano de Berthe*, *le Chapeau d'un horloger*, *le Voyage de M. Perruchon*, son double courant de pièces et sa troupe toujours merveilleuse d'ensemble où se font surtout remarquer Lesueur et Landrol, mesdames Delaporte et Mélanie, le Gymnase dramatique est à coup sûr l'un des théâtres de Paris qui offrent le plus d'attraits aux voyageurs et aux voyageuses de la province et de l'étranger, aussi bien qu'aux Parisiens et aux Parisiennes.

Le théâtre de la Porte-Saint-Martin, construit à la fin du dernier siècle, pour servir de salle provisoire à l'Académie royale de musique, a été rouvert en 1802, sous sa dénomination actuelle, après une fermeture absolue de plusieurs années.

Les destinées du théâtre de la Porte-Saint-Martin ont été de tout temps aussi agitées que les vagues, aussi mobiles que les flots : c'est l'Océan de la littérature dramatique. Tantôt plongé dans un calme qui ressemble au marasme, tantôt splendide dans les spectacles qu'il déploie, tantôt grandiose par la portée des œuvres qu'on y représente, il descend parfois aux farces des tréteaux ; d'autres fois il s'élève aux plus hauts sommets de l'art et de la poésie, et il s'ouvre aux plus magnifiques inspirations du génie humain, le lendemain même du jour où il a été souillé par des saltimbanques.

On ne saurait dire quel est le genre du théâtre de la Porte-Saint-Martin, car il les a eu tous successivement ; mais à travers toutes ses variations il a toujours gardé je ne sais quelle physionomie populaire, quel air de vie et de mouvement qui attire la foule. Dès son ouverture, en 1802, il conquit le surnom d'*Opéra du peuple*, par la magnificence de ses ballets et le luxe de mise en scène de ses pièces à grand spectacle.

Après avoir été l'hôtellerie du mélodrame pur, comme à l'époque où Fréderic Lemaître et madame Dorval y faisaient frissonner le public dans *Trente Ans ou la Vie d'un joueur*, il fut un moment le vrai Théâtre-Français par le caractère des pièces et le nom des auteurs. Casimir Delavigne y apportait son *Marino Faliero*, pour Ligier; Alexandre Dumas y faisait représenter *Antony*, qui a été l'un des plus grands succès de l'époque, et qui a fait la réputation de Bocage, ainsi que *la Tour de Nesle*, où mademoiselle Georges devait mettre le dernier sceau à sa réputation; Victor Hugo y faisait représenter *Marion Delorme* et *Marie Tudor*, *Ruy-Blas* et *Lucrèce Borgia*; le tout entremêlé de vaudevilles où l'on avait applaudi Potier; de pièces où l'on avait vu Mazurier dans un rôle de singe.

Depuis longtemps, après avoir de nouveau essayé tour à tour du drame littéraire et du mélodrame élevé, le théâtre de la Porte-Saint-Martin est revenu avec autant de bonheur que d'habileté au système qui l'avait fait surnommer l'*Opéra du peuple*, car maintenant, drames ou féeries, tout y est prétexte à ballets de fantaisie d'une splendeur inconnue jusqu'à ce jour, à une richesse de costumes et à de merveilleux effets de décors qui reculent chaque fois les limites du luxe de la mise en scène.

Le théâtre de la Porte-Saint-Martin a usé un directeur de beaucoup d'esprit, M. Harel. Un autre directeur d'autant d'esprit est en train de le venger.

Ce n'est pas le théâtre qui usera M. Marc Fournier, c'est plutôt M. Marc Fournier qui usera le théâtre, car il y aura accompli tant de miracles de mise en scène, qu'après sa direction, aucune autre direction ne sera possible. Peut-être qu'alors cette salle provisoire, qui a déjà trois quarts de siècle d'existence, et qui a vu passer tant de gouvernements, sera démolie.

Quoi qu'il en soit, de même qu'il n'y a pas de Parisien ni de Parisienne qui ne fréquente le théâtre de la Porte-Saint-Martin, il n'y a pas de voyageur ou de voyageuse de la province ou de l'étranger qui ne doive le connaître. On ne peut pas quitter Paris sans y avoir été, quoi que ce soit que l'on y joue. C'est, du reste, l'une des plus vastes salles actuelles. Elle contient 1,800 personnes.

Le Théâtre impérial du Châtelet est l'ancien théâtre du *Cirque-Olympique*, situé originairement sur le boulevard du Temple, où il avait pris, en dernier lieu, le nom de *Théâtre impérial du Cirque*.

La nouvelle salle occupe tout l'espace compris entre le quai de la Mégisserie, l'avenue Victoria et la rue des Lavandières. La façade principale, qui est sur la place du Châtelet, fait face au nouveau Théâtre-Lyrique. Elle est ornée d'une galerie-vestibule où le public est admis à circuler pendant les entr'actes.

Le théâtre impérial du Châtelet est aussi éclairé sans lustre. Au cintre se trouve une voûte en verre au-dessus de laquelle est un immense foyer de gaz dont la lumière est ramenée par un réflecteur d'une grande puissance. Cette lumière, tamisée par le plafond de cristal, se répand dans toutes les parties de la salle en teintes douces dont la vue n'est jamais fatiguée.

La salle actuelle du théâtre impérial du Châtelet contient 3,000 spectateurs.

Actuellement dirigé par M. Hippolyte Hostein, qui, à force de goût, a su faire de la mise en scène un art de premier ordre, le théâtre impérial du Châtelet est l'un de ceux qui offrent le plus d'attrait aux voyageurs et aux voyageuses de la province et de l'étranger. Son répertoire se compose généralement, soit de pièces historiques et militaires, soit de pièces féeriques et fantaisistes à grand spectacle. Ce genre de pièces a un double avantage : il convient aux parents comme aux enfants; aussi les familles l'adoptent-elles volontiers à l'époque des vacances. Il convient également aux personnes étrangères peu familiarisées avec la langue française, à raison de la pompe des décors, de la richesse des costumes, du prestige des danses, toutes choses qui parlent éloquemment aux yeux et aux imaginations. Son habile et spirituel directeur lui a fait faire, sous ce rapport, d'immenses progrès qui l'ont placé, sous ce point de vue, au premier rang des scènes européennes. C'est, du reste, le vrai théâtre national du peuple.

Le théâtre de la Gaîté, que Nicolet a fondé en 1770, dans une salle en bois où l'on dansait sur la corde, est maintenant installé dans une salle de construction récente, élégante et commode. La façade principale, décorée de pilastres composites, est percée au milieu d'un double rang d'arcades cintrées, avec voussoirs en bossages et triglyphes alternés. Au premier étage, dont les arcades sont séparées par des colonnes de marbre, se trouve un foyer ouvert. L'attique est surmontée d'un fronton curviligne, richement sculpté, et d'un toit à pans coupés, couronné d'ornements en plomb. Le parterre et les secondes galeries ont leur sortie sur la rue de Réaumur. Le nouveau système d'éclairage qu'on y a adopté est d'un très-heureux effet : il rappelle celui du théâtre du Châtelet.

La fortune du théâtre de la Gaîté a été longtemps changeante. La faveur du public semble lui être revenue depuis que M. Harmant en a pris la direction. C'est à ce théâtre surtout que doivent aller les amateurs de mélodrames.

Le Théâtre des Bouffes-Parisiens est installé, depuis 1857, dans l'ancienne salle Comte, où était autrefois le *théâtre des Jeunes Élèves*, salle qui a été élégamment transformée pour être appropriée à sa destination nouvelle. Je ne parlerai ni de la troupe qui se renouvelle sans cesse, ni du répertoire qui ne se compose que d'œuvres d'une vogue passagère; mais je dois constater que son caractère rappelle surtout l'ancienne comédie italienne, dont le genre s'était depuis longtemps perdu en France, et que son fondateur, M. Jacques Offenbach, a ressuscité avec un grand bonheur et un grand succès.

On ne peut pas dire que le théâtre des Bouffes-Parisiens, tel que l'a compris ce charmant compositeur, soit une école de morale; mais c'est à coup sûr un modèle de franche gaieté, d'esprit de bon aloi et de verve caustique; c'est l'ancien vaudeville du Palais-Royal avec ses fines saillies, ses joviales bouffonneries, ses mordantes allusions et ses vives épigrammes servant de canevas à une musique légère, gracieuse, fraîche et spirituelle. On s'y distrait sans fatigue; on y rit, on s'y amuse. C'est beaucoup. L'auteur des *Deux Aveugles* joignait du reste, à l'intelligence et à l'habileté du directeur le goût sûr d'un compositeur original et distingué, et enseignait à ses confrères le vrai génie de la scène qu'il avait créée par son propre exemple. Aussi en a-t-il fait une école d'artistes et de compositeurs ; c'est de là que Duprato s'est élevé à des œuvres plus importantes ; c'est de là qu'est parti Berthelier.

J'ai groupé dans un même cadre tous les théâtres de Paris que je considère, non-seulement comme des lieux de divertissement public, mais encore comme des institutions nationales, tels que le Grand-Opéra et le Théâtre-Français, ou tout au moins comme des établissements d'art et de littérature, qui ont conservé leur caractère et leur rang.

J'ai laissé en dehors de ce cadre l'Odéon, le Théâtre-Italien et le Vaudeville, parce que rien ne signale aucune de ces trois entreprises, d'une manière permanente, à la curiosité du public cosmopolite auquel ce livre s'adresse.

L'Odéon a surtout le mérite d'être actuellement l'unique salle de spectacle monumentale que Paris renferme. Il est entièrement isolé ; sa façade se compose de colonnes d'ordre dorique, des arcades couvertes règnent tout autour du théâtre. On remarque le caractère grandiose du vestibule qui sert de foyer, des escaliers et de la salle, vaste et somptueux vaisseau qui contient 1,700 personnes.

Construite en 1779, par Wailly, cette salle, plusieurs fois incendiée et plusieurs fois réédifiée, a été, par moment, l'asile privilégié de la littérature dramatique moderne. On y a vu successivement des œuvres de Casimir Delavigne, d'Alexandre Dumas et d'Alfred de Vigny ; la *Lucrèce* et *l'Honneur et l'Argent*, de Ponsard ; *François le Champi*, de George Sand ; *la Jeunesse*, d'Émile Augier, et le *Macbeth*, de Jules Lacroix.

Malheureusement, si on parvient accidentellement à galvaniser l'Odéon, on ne peut réussir à le ressusciter. L'idée dans laquelle on persiste d'en faire une succursale du Théâtre-Français est une idée fausse. Le quartier où il se trouve est comme une grande ville de province ; il y faudrait une entreprise réunissant plusieurs genres : le drame, l'opéra-comique, le vaudeville.

Le Théâtre-Italien, qui ne fut réellement fondé qu'en 1815, dans la salle Louvois, est complétement déchu de sa splendeur passée. Ce théâtre a eu, de 1819 à 1848, une brillante existence, d'abord dans la salle Favart, ensuite dans la salle Ventadour, où il est encore.

Le succès du Théâtre-Italien, pendant cette longue période, n'a pas été seulement le résultat du goût passager de la société parisienne pour la musique italienne. On doit principalement l'attribuer à la rare perfection avec laquelle cette musique a été exécutée par des artistes qui ont eu l'art d'en faire ressortir toutes les beautés, et d'en faire saisir toutes les nuances d'une façon merveilleuse. Ces artistes se sont appelés Bordogni, Pellegrini, Donzelli, Galli, Rubini, Mario, Ronconi, Tamburini, Lablache et Gardoni. Auprès d'eux ont chanté tour à tour : mesdames Pasta, Naldi, Malibran, Viardot, Sontag, Cinti-Damoreau, Pisaroni, Grisi et Persiani.

A cette époque, le Théâtre-Italien était une véritable académie de chant, et sa vogue a été telle que, dans la société parisienne, il a été de mode d'avoir sa loge aux Italiens aussi bien qu'à l'Opéra. Mais, depuis 1848, ce théâtre est entré en pleine voie de décadence. Des artistes nouveaux d'une grande supériorité s'y sont encore montrés. On y a successivement applaudi mesdames Cruvelli, Alboni, Frezzolini, Bosio, Borghi-Mamo, Penco, Piccolomini, Patti, à côté de Graziani et de Tamberlick; mais on n'y retrouve plus, et sans doute on n'y retrouvera pas de longtemps ce magnifique ensemble qui en avait fait le succès et la célébrité. Aussi, malgré l'incontestable supériorité musicale des principales œuvres de son répertoire, formé par des compositeurs d'une renommée universelle, tels que : Mozart, Rossini, Donizetti, Bellini et Verdi, il a beaucoup perdu de l'attrait qu'il a eu pendant plus d'un quart de siècle.

La salle *Ventadour*, qu'occupe aujourd'hui le Théâtre-Italien, est un édifice de construction moderne, élevé sur l'emplacement de l'hôtel des Finances, pour le *théâtre de la Renaissance*, avec une façade divisée en deux étages couronnés par un attique où l'on a placé la statue d'Apollon entourée des statues des neuf Muses, et une salle semi-circulaire à trois doubles rangs de loges avec un simple rang de loges supérieur, et un cercle de baignoires entourant le parterre et l'orchestre.

Le théâtre du Vaudeville, fondé en 1792, dans la rue de Chartres maintenant détruite, par les deux chansonniers Piis et Barré, est établi, depuis 1838, dans une salle qui a été construite en 1827 pour le *théâtre des Nouveautés*, aujourd'hui disparu. Longtemps consacré à la comédie moitié sentimentale, moitié gaie, mêlée d'ariettes, il a complétement changé de genre. Le drame littéraire et la comédie aristophanesque y ont, parfois, attiré la foule dans ces dernières années. Mais les grands succès qu'il a obtenus dans cette voie, tels que ceux de *la Dame aux Camélias* et des *Filles de marbre*, ont été souvent suivis de longues périodes malheureuses. Aussi n'a-t-il ni répertoire fixe, ni troupe stable. Le public en retrouve le chemin dès qu'une pièce amusante ou intéressante l'y rappelle. Il ne s'y fixe pas; il y passe.

Spectacles. — Je classe en tête de ce chapitre l'Ambigu-Comique, le Palais-Royal et les Variétés.

Le THÉATRE DE L'AMBIGU-COMIQUE, où l'on a joué quelquefois des drames intimes d'un caractère élevé, tels que *la Closerie des Genêts*, tend, de plus en plus, à n'être plus qu'un théâtre de quartier, ayant son répertoire spécial et un public local, comme le THÉATRE BEAUMARCHAIS et le THÉATRE DU LUXEMBOURG, où les étrangers vont rarement, et que les Parisiens eux-mêmes ne fréquentent que par des raisons ou dans des circonstances exceptionnelles.

Le THÉATRE DU PALAIS-ROYAL et le THÉATRE DES VARIÉTÉS ont été fondés successivement, dans les dernières années du dix-huitième siècle, par mademoiselle Montansier, qui a laissé un grand renom d'activité, d'esprit et de beauté.

Pendant un grand nombre d'années et sous des directions diverses, ces deux théâtres ont eu un succès permanent de fou rire et de gaieté désopilante. Des auteurs de verve et d'esprit leur composèrent, pendant un quart de siècle, un répertoire éphémère sans doute, mais vif, animé, d'un comique de bon aloi, d'une jovialité de bon goût, aux refrains légers, aux amusantes bouffonneries. Ce répertoire était exécuté par d'excellentes troupes d'artistes, vrais comédiens, au nombre desquels ont figuré Brunet, Perlet, Alcide Touzez, Levassor, Ravel, Odry, Arnal, Achard, et surtout l'incomparable Déjazet, que l'on va voir avec plaisir dans la salle qui porte son nom. Jamais, sans doute, les mères n'ont pu y conduire leurs filles ; je n'aurais même jamais conseillé aux jeunes femmes de les fréquenter d'habitude. Ils ont toujours été, à vrai dire, destinés à un public qui cherche à se distraire à tout prix. Jusqu'à ces dernières années cependant, ils rachetaient par la supériorité de leur troupe, par la gaieté folle et spirituelle de leur répertoire spécial, par le sel du dialogue et le jeu des artistes, le côté par trop risqué de leur littérature, plus amusante qu'élevée; mais aujourd'hui, ils sont complétement déchus de leur ancienne réputation. On n'y voit plus que des parades, dont Paris même a peine à saisir le sens, qui échappe complétement à la province et à l'étranger, et tout l'esprit de leurs fournisseurs habituels de pièces ne consiste plus qu'à y donner, à des actrices aussi jolies que médiocres, l'occasion de montrer au public leur charmant visage, leurs jambes bien faites, leur petit pied. On y cherche le succès dans des œuvres qui n'ont d'autre mérite que de réunir sur la scène de nombreux groupes de femmes aux jupons courts et aux épaules nues, spectacle qui a plus de rapport avec l'art plastique qu'avec l'art dramatique. Ce sont des théâtres dont je ne peux conseiller la fréquentation habituelle à personne, pas même aux hommes qui veulent rire quand même, car on n'y rit pas; pas même aux femmes qui peuvent se montrer partout, sans scrupule et sans inconvénient, car bien qu'ils n'aient rien gagné en moralité, on y bâille comme, du temps de Boileau, on bâillait aux sermons de l'abbé Cottin. MM. Clairville et Thiboust seuls y sont quelquefois heureusement inspirés, en y donnant des vaudevilles qui rappellent les œuvres de Mélesville, de Bayard, de Carmouche et de Brazier. On le sait alors par le bruit que font ces vaudevilles et on peut aller les voir, comme on va voir une curiosité d'autant plus précieuse qu'elle est plus rare. Mais, généralement, on doit se défier de ces spectacles composés de pièces aux triviales plaisanteries, qui offensent le bon goût non moins que la morale publique, et aux scènes froidement bouffonnes d'où la gaieté n'a pas moins disparu que l'esprit.

D'autres spectacles encore, que j'ai indiqués dans le *Guide pratique*, prennent le titre ambitieux de *théâtres*; mais ce ne sont, en réalité, que des entreprises de divertissements sans caractère artistique, sans individualité propre, qui ne méritent, à aucun titre, d'être appréciés à cette place, même pour y être critiqués.

Les Bals-Concerts. — Ce titre rappelle l'un des traits saillants les plus caractéristiques de la vie parisienne et reporte la pensée au monde interlope dont j'ai déjà esquissé le tableau.

Les bals-concerts se divisent en deux catégories : les établissements d'hiver et les établissements d'été.

En tête des établissements d'hiver figure le Casino, de la rue Cadet. Certains jours on y fait de la musique; d'autres jours on y danse. Les soirs de concerts, comme les soirs de bals, c'est surtout une exhibition de femmes. Là le monde interlope féminin est chez lui. Il y écoute peu la musique et il y danse moins encore; mais il s'y promène beaucoup, et s'y amuse peu.

Il y a plus de gaieté et d'entrain dans la salle Valentino de la rue Saint-Honoré et dans la salle Barthélemy de la rue du Château-d'Eau. Le public qui fréquente ces deux salles a beaucoup moins d'élégance et de ton que celui du Casino. En revanche, sa joie est tout à la fois plus franche et plus bruyante; il prend volontiers sa part des plaisirs qu'annonce le programme; il paye de sa personne, il rit et il danse.

La même observation s'applique aux établissements d'été, en tête desquels figure le bal Mabille, de l'avenue Montaigne, et le Chateau des Fleurs, de la rue des Vignes. Ces deux jardins, coquettement disposés, luxueusement éclairés, sont le pendant du Casino. On y retrouve le même orchestre, les mêmes femmes et les mêmes hommes.

La Closerie des Lilas, du carrefour de l'Observatoire, et le Chateau-Rouge, de la chaussée de Clignancourt, habitation qui a servi de maison de campagne à Gabrielle d'Estrée, rappellent, par la physionomie du public, la salle Valentino et la salle Barthélemy.

La Closerie des Lilas a cependant des nuances qui lui sont spéciales. C'est l'établissement de ce genre qui copie le plus fidèlement l'ancienne *Chaumière*, où les étudiants et les grisettes d'autrefois allaient follement s'ébattre, surtout le dimanche et le lundi. Les femmes elles-mêmes y vont moins pour se montrer que pour se distraire ; les hommes y sont d'une gaieté démonstrative qui se manifeste par des cris, par des chants, par des lazzis où l'on retrouve toute l'effervescence de la vraie jeunesse ; enfin on y danse avec passion comme au bal masqué de l'Opéra.

Le bal masqué de l'Opéra constitue avec la promenade traditionnelle du *Bœuf gras* tout le carnaval parisien.

Là aussi, le temps a accompli une révolution radicale. Les bals masqués de l'Opéra d'aujourd'hui sont aussi différents des bals masqués de l'Opéra d'autrefois que le jour est différent de la nuit. La promenade des *dominos* et des *habits* au foyer n'est plus qu'un accessoire de ces vastes orgies nocturnes. Aussi fatigante que monotone, elle n'a plus ni épisodes, ni péripéties, ni émotions. A la différence près du costume, par le calcul qui y conduit les femmes, par l'ennui qui y assiége les hommes, elle n'est guère qu'une répétition en grand des promenades du Casino.

Le vrai bal masqué de l'Opéra n'est plus au foyer ; il est dans la salle, où des flots de lumière s'échappant de lustres nombreux suspendus au cintre font un jour éclatant, où un puissant orchestre surexcite une foule extravagante altérée de plaisirs.

Les étrangers qui n'ont pas vu le bal masqué de l'Opéra ne peuvent se faire une idée de ces fêtes carnavalesques, elles donnent la fièvre même à ceux qui n'y assistent qu'en simples spectateurs. Cette variété de costumes plus bizarres ou plus élégants les uns que les autres, dispersés sur un espace immense que domine une sombre bordure de dominos noirs ; cet orchestre, dont chaque coup d'archet ébranle, par la puissance de ses vibrations, la salle et le public ; cette foule, qui danse avec frénésie, en gesticulant et en chantant ; tout ce qu'on voit, tout ce qu'on entend, tout ce qu'on éprouve, fait rêver d'une ronde de sabbat, exécutée par des démons et des sorcières.

Le bal masqué de l'Opéra est plus qu'une curiosité à voir, c'est une étude à faire ; car, avec ses bruits qui couvrent le cri de la conscience, ses ivresses qui endorment la pensée, ses agitations, ses excentricités, ses folies, ses calculs, il est le résumé de la société et de la vie parisiennes : vaste sarabande qui déguise un vaste ennui.

Conclusion. — Au milieu de cette vie qui ressemble à un tourbillon, et de cette société qui n'ose regarder au fond d'elle-même, il y a cependant le vague et mystérieux instinct d'un nouvel avenir d'enthousiasme et de foi. Non, Paris n'a pas dit son dernier mot ; il est encore le cœur de la France ; il est toujours le cerveau de l'humanité.

FIN

TABLE ALPHABETIQUE DES MATIÈRES

A

Abattoir Montmartre, 584.
Administration de l'octroi, 128.
Académie de médecine, 71, 504.
Académie française, 61.
Académie des inscriptions et belles-lettres, 66.
Académie des sciences, 66.
Académie des beaux-arts, 67.
Académie des sciences morales et politiques, 67.
Ambassades, 154.
Ameublements, 166.
Approvisionnement des halles centrales, 25.
Aqueduc d'Arcueil, 657.
Aqueduc de Belleville, 656.
Arc de Triomphe du Carrousel, 116, 505.
Arc de Triomphe de l'Etoile, 118, 570.
Archevêché de Paris, 127.
Archives de l'Empire, 71.
Arsenal, 459.
Atelier général du timbre, 128.
Assistance publique, 97.
Auteuil, 628.

B

Bassin de la Villette, 636.
Belleville, 637.
Bijoutiers, 166.
Bièvre (la), 28.
Bimbeloterie, 167.
Bois (le) de Vincennes, 122, 655.
Bois (le) de Boulogne, 122, 643.
Bibliothèques diverses, 142.
Bibliothèque impériale, 76, 121, 568.
 — de l'Arsenal, 142, 459.
 — de la ville de Paris, 142.
 — du Conservatoire des arts et métiers, 142.
 — de la Sorbonne, 142.
 — du Louvre, 142.
 — du Muséum, 142.
 — Mazarine, 142.
 — Sainte-Geneviève, 142, 457.
 — de Belleville, 142.
 — du Conserv. de musique, 142.
 — de la Chambre de com., 142.
Bureau des longitudes, 82.
Bureau principal des douanes, 128.
Bureaux de tabac, 174.
Bureaux de papier timbré, 174.
Bureaux de ville des chemins de fer, 185.
Boucherie Duval, 577.
Bains publics, 169.
Bal masqué de l'Opéra, 704.
Bal-concert du Casino, 703.
 — du Château des Fleurs, 703.
 — du Château-Rouge, 703.
 — de la Closerie des Lilas, 703.
 — du jardin Mabile, 703.
 — de la salle Barthélemy, 703.
 — de la salle Valentino, 703.
Banque de France, 128.
Bateaux à vapeur, 204.
Banquiers, 172.
Beau-Séjour, 625.
Budget de Paris, 105.

Bonneterie, 166.
Buttes Chaumont, 637.
Brasserie Bavaroise, 681.
Bronzes, 167.

C

Cabinets inodores, 174.
Cafés, 163.
Cafés-concerts, 680.
Climat de Paris, 166.
Caisse des dépôts et consignations, 129.
— d'épargne, 129.
Canal de l'Ourcq, 28.
— de Saint-Martin, 28, 604.
Caserne du Prince-Eugène, 122, 599.
— de la rue de la Banque, 384.
— Napoléon, 440.
— de Reuilly, 610.
— Lobau, 440.
— de la Cité, 440.
— de Tournon, 506.
— d'Orsay, 534.
— de Bellechasse, 534.
— de l'École-Militaire, 122, 534.
Catacombes, 616.
Chaillot, 628.
Comité des travaux historiques et des sociétés savantes, 81.
Commandement de la place de Paris, 128.
Commissariats de police, 139.
Compagnie immobilière, 129.
Concert du Conservatoire, 588.
Concert des Champs-Élysées, 681.
Consommation de Paris, 95.
Conservatoire des arts et métiers, 88, 120, 385.
Conservatoire de musique et de déclamation, 73, 587.
Corps législatif, 59.
Commission administrative de Paris, 90.
Consulats, 155.
Cour de cassation, 61, 127.
— des comptes, 60.
— impériale, 127.
Cours d'archéologie, 76.
Collége de France, 111, 459.
— Rollin, 112.
— Stanislas, 112.
Colonne de Juillet, 118, 605.
— Vendôme, 118, 358.
Chancellerie de la Légion d'honneur, 63.
Château de la Muette, 623.
— de Madrid, 646.
— de Bagatelle, 646.

Champ de Mars, 122, 535.
Château d'Eau, 122, 598.
Cercles, 173.
Chalet de M. de Lamartine, 629.
Champs-Élysées, 122, 568.
Change de monnaie, 169.
Changeurs, 172.
Chapelle expiatoire, 546.
Chapelle de la Visitation, 619.
— Saint-Ferdinand, 39.
— Saint-Nicolas, 561.
— Marbeuf, 575.
— Américaine, 575.
Chemin de fer de ceinture, 75, 1.
Chemins de fer, 175, 204.
Cimetière de l'Est, 122, 638.
— du Nord, 635.
— du Sud, 615.
Couvent des Carmélites, 619.
Choix d'un quartier, 40.
Cirque de l'Impératrice, 182.
— Napoléon, 182.
Comptoir national d'escompte, 188.
Café Parisien, 680.
— des Aveugles, 680.
— Procope, 681.
Confiseurs, 164.
Couturières, 166.
Costumes d'enfants, 165.
Corsetières, 165.
Conseil d'État, 59.
— de préfecture, 90.
— des prud'hommes, 127.
— privé, 60.
— de l'Instruction publique, 81.
Chapeliers, 166.
Chaussures, 166.
Châles français, 165.
Châles des Indes, 166.
Confections pour dames, 165.
Crédit foncier de France, 129.
— mobilier, 129.
— agricole, 129.
— industriel et commercial, 129.
Cristaux, 167.
Chocolatiers, 165.
Chemisiers, 166.

D

Description générale de Paris, 52.
Distribution de l'eau, 19, 24, 92.
Distribution du gaz, 20.
Direction générale des cultes, 81.

TABLE ALPHABÉTIQUE DES MATIÈRES.

Direction des douanes et des contributions indirectes de Paris, 128.
Direction de l'enregistrement et des domaines de Paris, 128.
Décorations pour fête, 167.
Dentistes, 168.
Dépôt de la Guerre, 550.
— de la Marine, 80, 551.
Dôme des Invalides, 20, 511.
Dictionnaire des rues de Paris, 205.
Divertissements publics, 175.

E

Éclairage, 14, 92.
Égouts, 15.
Enceinte continue, 29.
Enceinte de Philippe Auguste, 274.
Enceinte de Charles V, 279.
Enceinte de Louis XIII, 284.
École des Chartes, 72, 595.
— de gymnastique, 80.
— normale de tir, 80.
— normale supérieure, 84.
— polytechnique, 79, 461.
— pratique, 108.
— spéciale des langues orientales vivantes, 76.
— d'accouchement, 107.
— de dessin pour les femmes, 115.
— impériale des Beaux-Arts, 74.
— d'application des tabacs, 78.
— d'application d'état-major, 80.
— d'hydrographie, 80.
— impériale de médecine et de pharmacie militaire, 80.
— impériale des ponts et chaussées, 86.
— des mines, 87, 498.
— centrale des arts et manufactures, 88.
— supérieure de pharmacie, 107.
Eldorado, 680.
Enseignement supérieur, 107.
— secondaire, 112.
Entrepôt réel des douanes, 128.
— général des liquides, 128.
— des sels, 128.
— des sucres indigènes, 128.
— d'octroi, 128.
Entrepôts généraux, 128, 129, 598.
Entrepôt des vins, 472.
État-major de la garde nationale, 128.
Eaux minérales de Passy, 625.
Eaux minérales d'Auteuil, 626.

Ébénisterie, 167.
Évantaillistes, 165.
Église anglicane, 575.
— de la Madeleine, 117, 542.
— de la Sorbonne, 460.
— de l'Assomption, 561.
— de la Trinité, 578.
— de l'Oratoire, 361.
— de Pantemont, 534.
— protestante des Carmes, 439.
— du Jésus, 503.
— du Val-de-Grâce, 477.
— russe, 117, 554.
— Notre-Dame de Paris, 117, 401.
— Notre-Dame d'Auteuil, 625.
— Notre-Dame de Bon-Secours, 505.
— Notre-Dame de Bonne-Nouvelle, 584.
— Notre-Dame de Clignancourt, 632.
— Notre-Dame de l'Abbaye-aux-Bois, 538.
— Notre-Dame de Lorette, 118, 578.
— Notre-Dame des Blancs-Manteaux, 458.
— catholique des Carmes, 503.
— Saint-Michel des Batignolles, 630.
— Notre-Dame des Oiseaux, 538.
— Notre-Dame des Victoires, 582.
— Sainte-Marie des Batignolles, 630.
— Saint-Augustin, 548.
— Saint-Bernard, 632.
— Saint-Denis du Saint-Sacrement, 597.
— Sainte-Marie, 459.
— Sainte-Clotilde, 117, 528.
— Sainte-Élisabeth, 597.
— Sainte-Geneviève, 117, 447.
— Sainte-Marguerite, 602.
— Saint-Étienne du Mont, 117, 455.
— Saint-Eugène, 583.
— Saint-Eustache, 117, 539.
— Saint-François-Xavier, 522.
— Saint-François-Xavier des Missions-Étrangères, 523.
— Saint-Germain des Prés, 500.
— Saint-Germain l'Auxerrois, 117, 527.
— Saint-Gervais et St-Protais, 117, 435.
— Saint-Jacques du Haut-Pas, 475.
— Saint-Jacques et Saint-Christophe, 635.
— Saint-Jean-Baptiste, 635.
— Saint-Jean-Saint-François, 597.
— Saint-Julien le Pauvre, 477.
— Sainte-Chapelle, 119, 353.
— Saint-Lambert, 620.
— Saint-Laurent, 597.
— Saint-Leu-Saint-Gilles, 561.
— Saint-Louis d'Antin, 58, 14.
— Saint-Louis des Invalides, 508.

Église Saint-Louis en l'Ile, 438.
— Saint-Médard, 474.
— Saint-Merry, 117, 417.
— Saint-Nicolas des Champs, 390.
— Saint-Nicolas du Chardonnet, 475.
— Saint-Paul-Saint-Louis, 419.
— Saint-Philippe du Roule, 562.
— Saint-Pierre de Chaillot, 622.
— Saint-Pierre de Montmartre, 631.
— Saint-Pierre du Gros-Caillou, 538.
— Saint-Ferdinand, 629.
— Saint-Roch, 117, 360.
— Saint-Séverin, 476.
— Saint-Sulpice, 117, 486.
— Saint-Thomas d'Aquin, 117, 531.
— Saint-Thomas de Villeneuve, 503.
— Saint-Vincent de Paul, 117, 588.

F

Franc-maçonnerie, 174.
Faculté de droit, 108, 456.
— de médecine, 107, 504.
— des lettres, 111.
— des sciences, 109.
— de théologie catholique, 107.
Fabrique de Javelle, 622.
Fontaine Cuvier, 472.
— du Trahoir, 384.
— de la rue de Grenelle, 539.
— de la Victoire, 120, 438.
— Desaix, 357.
— des Innocents, 121, 346.
— de Médicis, 118, 498.
— Saint-Georges, 587.
— Louvois, 121, 381.
— Molière, 117, 357.
— Notre-Dame, 416.
— Saint-Michel, 122, 466.
— Saint-Sulpice, 122, 488.
— de la place de la Concorde, 122, 566.
— de la place Royale, 436.
— Gaillon, 384.
Folie (la), 628.
Fleurs artificielles, 166.
Fleuristes, 167.

G

Gares des chemins de fer, 174.
Gare du Nord, 122, 591.
— des lignes de Normandie, 576.
— de l'Est, 598.

— des lignes de Bretagne, 619.
— du chemin de fer de Sceaux, 620.
Garde-meuble de la couronne, 540.
Gobelins, 62, 121, 611.
Greniers de réserve, 439.
Gantiers, 165.
Glaciers, 164.
Glaces, 167.

H

Habillements pour hommes, 165.
Halle au blé, 345.
— aux cuirs, 399.
Halles centrales, 121, 342.
Hôtel de Ville, 119, 420.
Hôtel des Invalides, 120, 507.
— de la Légion d'honneur, 533.
— de l'Intérieur, 562.
— des Affaires étrangères, 122, 527.
— de la Marine, 564.
— de la Banque de France, 362.
— des Monnaies, 120, 484.
— de la Préfecture de police, 330.
— des Ventes, 585.
— du Timbre, 584.
— des Postes, 365.
— des Archives de l'Empire, 293.
— de l'Imprimerie Impériale, 395.
— Saint-Aignan, 400.
— Carnavalet, 443.
— d'Albret, 444.
— de Béthune, 443.
— de Biron, 541.
— de Bourgogne, 585.
— de Brissac, 540.
— de la Vrillière, 364.
— de Cluny, 464.
— de Gabrielle d'Estrées, 444.
— de Hollande, 445.
— de la Reynière, 577.
— de Valentinois, 629.
— d'Estaing, 629.
— Pompéien, 574.
— Lambert, 442.
— d'Ormesson, 445.
— de Lavalette, 444.
— d'Orsay, 540.
— de Sens, 444.
— de Villette, 541.
— de Lamoignon, 444.
— de Luynes, 541.
— de Ninon de l'Enclos, 444.
— de Monaco, 541.

TABLE ALPHABÉTIQUE DES MATIÈRES.

Hôtel de Luxembourg, 444.
— de Pimodan, 444.
— de Toulouse, 506.
— de Nivernais, 506.
— de Savoie, 506.
Hôtels hors ligne, 157.
— de premier ordre, 159.
— spéciaux de premier ordre, 159.
— de second ordre, 159.
— spéciaux de second ordre, 160.
— de voyageurs de commerce, 160.
Hôtel (le Grand-), 585.
Hôtel-Dieu, 413.
Hôpital du Val-de-Grâce, 477.
— de la Maternité, 478.
— des Cliniques, 505.
— de la Charité, 505.
— Beaujon, 561.
Lariboisière, 594.
— Saint-Louis, 599.
— Saint-Antoine, 610.
Hospice des Quinze-Vingts, 610.
— des Enfants assistés, 619.
Hippodrome, 181.

I

Imprimerie impériale, 77.
Institut de France, 65.
Institutions particulières, 112.
Instruction primaire, 115.
Institution des Sourds-Muets, 179.
— des Jeunes-Aveugles, 539.
— de Sainte-Périne, 624.
Infirmerie de Marie-Thérèse, 619.
Intendance militaire, 128.

J

Jardin Botanique de la faculté de médecine, 107.
— d'Acclimatation, 631.
— des Tuileries, 299.
— de l'Infante, 508.
— du Luxembourg, 495.
Joailliers, 166.
Justices de paix, 59.

L

Légations, 154.
Lingerie, 166.
Location d'équipages, 167.

Lycée Bonaparte, 112, 584.
— Charlemagne, 112.
Louis-le-Grand, 112, 458.
- Napoléon, 112, 457.
— Saint-Louis, 112, 504.

M

Marchands de comestibles, 164.
Magasins à thé, 164.
Marché aux oiseaux, 167.
- aux chiens, 167.
- aux fleurs, 167.
Mairie, 159.
Mairie du premier arrondissement, 350.
- du deuxième arrondissement, 584.
- du cinquième arrondissement, 456.
- du sixième arrondissement, 489.
- du neuvième arrondissement, 584.
— du onzième arrondissement, 605.
— du quatorzième arrondissem., 618.
- du dix-septième arrondissem., 629.
Médecins, 168.
Maison de la Dette, 586.
— Eugène-Napoléon, 608.
- - municipale de santé, 168.
de Molière, 629.
de Clément-Marot.
historiques, 564, 565, 585, 456, 444, 506, 577, 588, 628, 629.
de Boileau, à Auteuil, 628, 629.
de François 1er, 575.
- de santé du Dr Blanche, 628.
Manutention (la), 625.
Marchands de chevaux, 204.
Marché aux chevaux, 204.
du Temple, 399.
Saint-Germain, 506.
de la Madeleine, 577.
— Saint-Martin, 400.
Ministère de l'agriculture, du commerce et des travaux publics, 85.
- de la justice et des cultes, 76.
- de la guerre, 78.
- de la maison de l'Empereur et des beaux-arts, 62.
— de la marine et des colonies, 80, 561.
- de l'instruction publique, 81.
— de l'intérieur, 77, 562.
des affaires étrangères, 77, 122.
- - - des finances, 77.
- d'État, 62.
Mont-de-Piété, 174.
Manufactures de Tabacs, 78.

40

Monde aristocratique, 659.
— politique, 664.
— judiciaire, 666.
— littéraire, 667.
— artistique, 669.
— financier, 671.
— de la Bourse, 671.
— interlope, 673.
Modes, 165.
Moyens de transport, 183.
Montmartre, 635.
Morgue (la), 441.
Musée d'artillerie, 121, 551.
— du Luxembourg, 118, 495.
— des monnaies et des médailles, 120, 485.
— Dupuytren, 108.
— de Cluny et des Thermes, 121, 463, 465.
Musées du Louvre, 117, 319.
Muséum d'histoire naturelle, 85, 120, 468.

N

Nécessaires, 167.
Nouveautés, 165.
Nouvel Opéra (le), 580.
Nouvelle école de commerce, 187.

O

Obélisque de Louqsor, 122, 565.
Observatoire, 82, 614.
Omnibus de famille, 184.
— de la Compagnie générale, 186.
— des chemins de fer (les), 185.
— sur rails, 196.
— de banlieue, 196.
Orfèvres, 166.

P

Parfumeurs, 166.
Promenades et plantations, 11.
Papeterie, 167.
Périmètre de Paris, 51.
Palais de la Bourse, 119, 566.
— de Justice, 119, 347.
— de l'Elysée-Napoléon, 117, 562.
— de l'Industrie, 122, 569.
— de l'Institut, 119, 483.
— des Beaux-Arts, 119, 480.
— des Thermes, 462.
— des Tuileries, 116, 290.
— Bourbon, 118, 523.

Palais du Louvre, 116, 304.
— du Luxembourg, 118, 489.
— d'Orsay, 119, 533.
— du Commerce, 440.
Palais-Royal (le), 117, 352.
Petit-Luxembourg (le), 494.
Petit-Bourbon, 527.
Parc de Monceaux, 122, 550.
Panorama national, 182.
Passy, 126.
Pâtissiers, 664.
Pensions de famille, 161.
Photographes, 166.
Place Dauphine, 357.
— de l'Hôtel-de-Ville, 429.
— de la Bastille, 605.
— de la Bourse, 566.
— du Trône, 600.
— Napoléon III, 514.
— de la Concorde, 122, 564.
— de l'Étoile, 575.
— des Victoires, 122, 385.
— du Carrousel, 501.
— du Châtelet, 119, 457.
— du Louvre, 552.
— du Palais-Bourbon, 527.
— du Palais-Royal, 536.
— du Panthéon, 456.
— de l'École-de-Médecine, 505.
— Louvois, 381.
— Notre-Dame, 416.
— Royale, 122, 436.
— Sainte-Geneviève, 456.
— Saint-Georges, 587.
— Saint-Sulpice, 488.
— Vendôme, 118, 337.
Plan général de Paris, 4.
Population de Paris, 92.
Pompes à feu de Chaillot, 624.
Pompes funèbres (les), 100.
Pont au Change, 444.
— Double, 446.
— de l'Hôtel-de-Ville, 446.
— d'Austerlitz, 610.
— de Bercy, 610.
— de Grenelle, 627.
— de la Concorde, 576.
— de l'Alma, 576.
— de l'Archevêché, 446.
— de la Tournelle, 447.
— des Arts, 365.
— des Invalides, 576.
— de Solferino, 363.
— de Billancourt, 627.

TABLE ALPHABÉTIQUE DES MATIÈRES.

Pont de Constantine, 447.
— d'Iéna, 627.
— du Carrousel, 565.
— Louis-Philippe, 446.
— Marie, 447.
— Napoléon III, 611.
— Neuf, 122, 557.
— Notre-Dame, 446.
— (Petit), 446.
— Royal, 565.
— Saint-Louis, 446.
— Saint-Michel, 446.
Porte Saint-Denis, 122, 596.
— Saint-Martin, 122, 597.
Poste aux lettres, 129.
Préfecture de la Seine, 89.
— de police, 102.
Puits artésien de Grenelle, 620.
— de Passy, 624.
Prison de la Conciergerie, 119, 551.
— d'arrêt cellulaire, 609.
— Sainte-Pélagie, 475.
— Saint-Lazare, 594.
— de la Roquette, 603.
— des Jeunes Détenus, 605.
Prix de l'Institut et des académies, 68.
Programme d'excursions, 122.
Porcelaines, 167.
Poste aux chevaux, 157.

Q

Quartier général du premier corps d'armée, 128.

R

Restaurants hors ligne, 161.
— de premier ordre, 161.
— de second ordre, 162.
— spéciaux, 163.
— à prix fixe de première classe, 162.
— à prix fixe de seconde classe, 162.
Raffinerie Delessert, 628.

S

Situation de Paris, 26.
Seine (la), 26.
Salpêtrière (la), 615.
Sénat, 59.
Séminaire Saint-Sulpice, 489.
Sorbonne (la), 459.
Spectacles, 701.

Square du Conservatoire des art et métiers, 120, 389.
— du Temple, 399.
— Saint-Jacques, 451.
— Louvois, 121, 381.
— des Innocents, 121, 346.
— Sainte-Clotilde, 550.
Statue de Henri IV, 122, 359.
— du maréchal Ney, 500.
— de Louis XIV, 122, 583.
— de Louis XIII, 122, 456.
Synagogue (la), 398.
Sous-comptoir des chemins de fer, 129.
— des entrepreneurs, 129.
Société générale maritime, 129.
Sociétés savantes, 143.
Société de charité, 154.

T

Tapis, 167.
Tabletterie, 167.
Tailleurs, 166.
Tattersall (le) français, 204.
Télégraphie, 158.
Théâtre Déjazet, 180.
— de la Gaîté, 120, 179, 697.
— de l'Ambigu-Comique, 179, 701.
— de la Porte-Saint-Martin, 178, 695.
— Beaumarchais, 701.
— du Luxembourg, 701.
— de l'Odéon, 118, 177, 699.
— de l'Opéra, 176, 682.
— de l'Opéra-Comique, 177, 688.
— des Bouffes-Parisiens, 180, 698.
— des Délassements-Comiques, 181.
— des Folies-Dramatiques, 181, 701.
— des Variétés, 180, 701.
— du Châtelet, 120, 178, 696.
— du Gymnase dramatique, 178, 693.
— Robert-Houdin, 182.
— du Palais-Royal, 180, 701.
— du Vaudeville, 179, 700.
— Français, 176, 117, 684.
— Italien, 176, 699.
— Lyrique, 120, 177, 690.
— Robin, 182.
— Séraphin, 182.
Tombeau de Napoléon, 120, 549.
Tour Saint-Jacques la Boucherie, 118, 454.
Tribunal de commerce, 127.
— de première instance, 127.
— de simple police, 128.
Tour Saint-Germain l'Auxerrois, 117, 550.

U

Usine électro-métallurgique, 629.

V

Vidange, 20.

Villa Montmorency, 628.
— de la Thuilerie, 628.
— Boileau, 628.
— Rossini, 629.
Voitures de places, 196.
Voitures sous remises, 201.

FIN DE LA TABLE ALPHABÉTIQUE.

PARIS. — IMP. SIMON RAÇON ET COMP., RUE D'ERFURTH, 1.

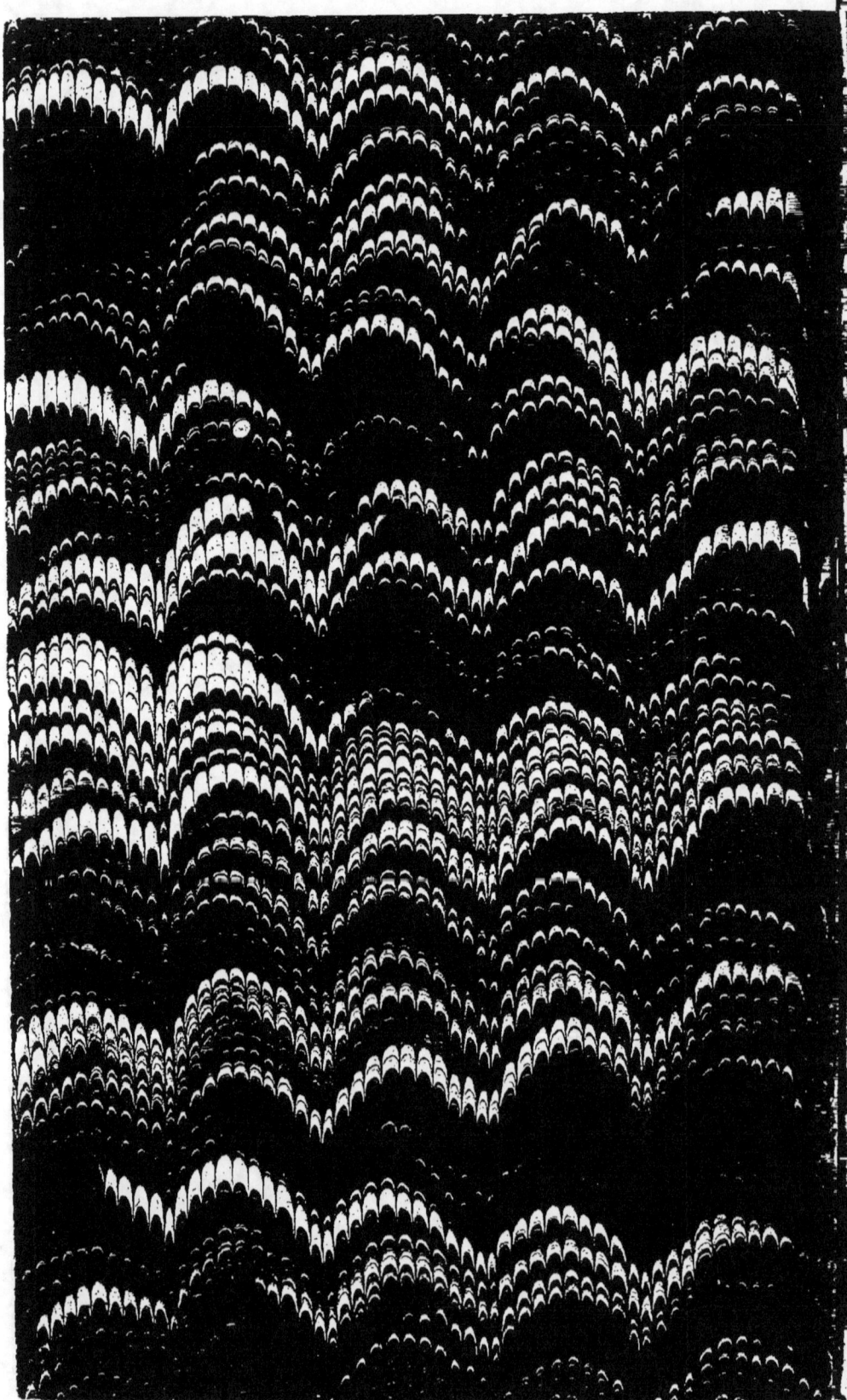

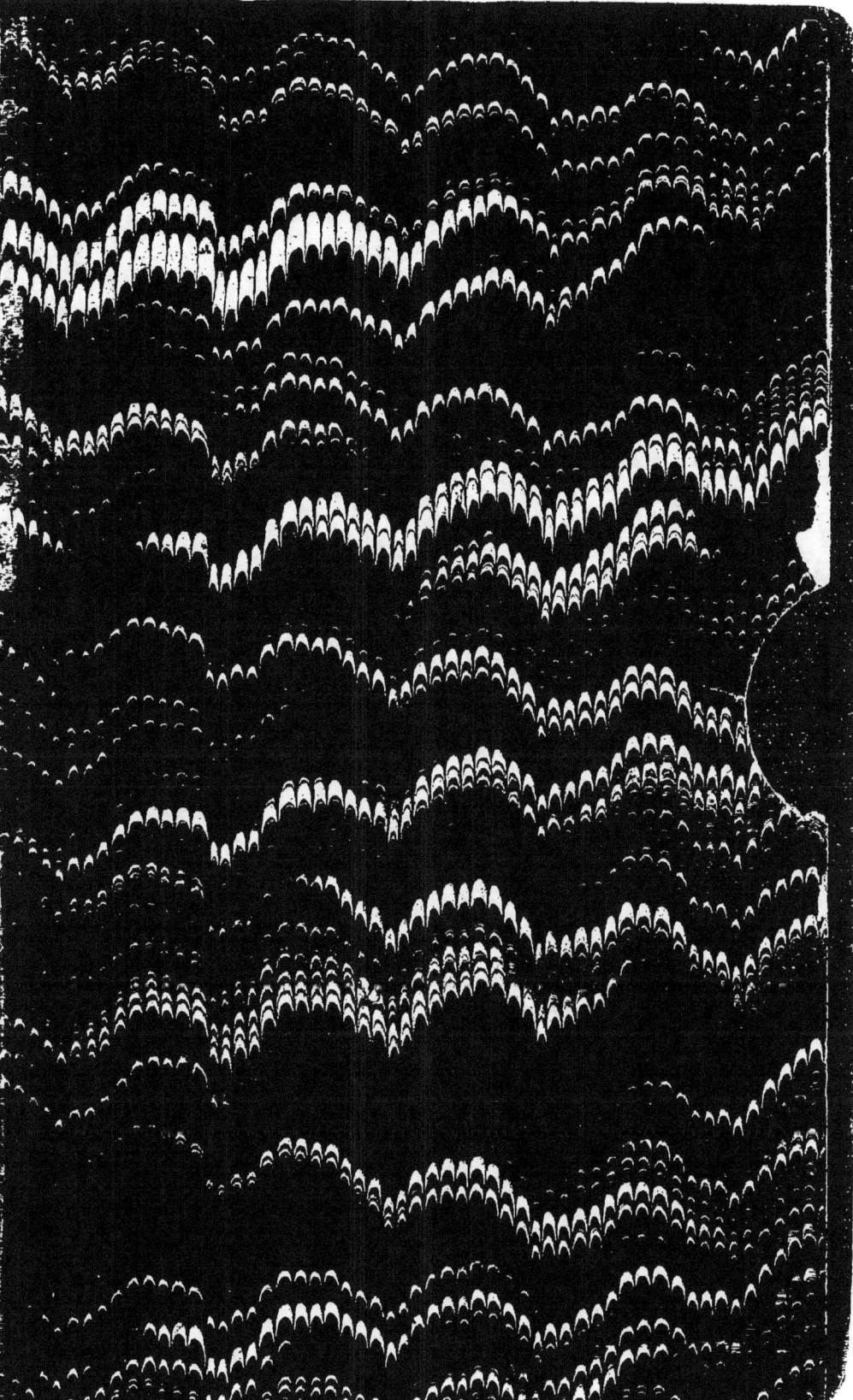

www.ingramcontent.com/pod-product-compliance
Lightning Source LLC
Chambersburg PA
CBHW071706300426
44115CB00010B/1323